REALSCHULE BAYERN

Mathematik 9

Wahlpflichtfächergruppe I

Autoren

Christa Englmaier
Franz-Josef Götz
Katja Mohr
Josef Widl

westermann

Zeichenerklärung

Aufgaben zum Tüfteln (Detektiv Knödelmeier)

Hinweis auf Wiederholungsaufgaben, hier z. B. auf Seite 8

PC-Einsatzmöglichkeit

Aufgaben mit TR- oder GTR-Einsatzmöglichkeit

Suche in geeigneten Medien (z. B. Lexikon, Atlas, Internet, …)

Lösungsstrategie

M – Definition, Merksätze, Regeln

B – Beispiele, Hinweise, Lösungsverfahren

G – historische Exkurse

Beweise

6 – Aufgaben mit Prüfzahlen zur Selbstkontrolle

8 – Offene Aufgaben

Üben an Stationen

Themenseiten

Methodenseiten

5 / 5 – Dieses Zeichen gibt an, wie groß du das Gitternetz zeichnen musst (hier 5 Längeneinheiten [LE] nach rechts, 5 Längeneinheiten [LE] nach oben). In der Regel gilt: 1 LE entspricht 1 cm.

Druck A² / Jahr 2015
Alle Drucke der Serie A sind inhaltlich unverändert.

Lektorat: Ulrike Voigt
Typografie und Layout: Jennifer Kirchhof
Herstellung: Reinhard Hörner

Umschlaggestaltung: Klaxgestaltung, Braunschweig
Satz: media service schmidt, Hildesheim
Repro, Druck und Bindung: westermann druck GmbH, Braunschweig

ISBN 978-3-14-**121759**-9

So arbeiten wir am Stationszirkel „Team 9 auf Mathe-Tour“

Der Zirkel besteht aus mehreren Stationen.

Die Stationen findest du an den Tischen im Klassenzimmer.

Gleiche Stationen können auch öfters aufliegen, müssen aber nur einmal bearbeitet werden.

Du arbeitest allein, mit deinem Partner oder mit deiner Gruppe.

Die Reihenfolge der Stationen könnt ihr selbst festlegen.
Gebt nicht auf, wenn ihr mit der gestellten Aufgabe nicht zurechtkommen solltet.
Vielleicht bringt euch ein Nachschlagen an geeigneter Stelle im Buch weiter.

Notiert die Ergebnisse auf dem Laufzettel, den ihr von eurem Lehrer oder eurer Lehrerin bekommt.

Prozent- und Zinsrechnung

Ein Hundertstel der Gesamtgröße nennt man ein **Prozent** $\frac{1}{100} = 1\,\%$.

Die Zinsrechnung ist eine Anwendung der Prozentrechnung.

Prozentrechnung		
Grundwert	Prozentwert	Prozentsatz
↓	↓	↓
Kapital	Zinsen	Zinssatz
	Zinsrechnung	

Berechnung des Prozentwertes

Ein Pkw kostet **30 000 €** (Grundwert **GW**). Das Werk erhöht den Preis um **2** (Prozentsatz **p**) Prozent. Berechne die Preiserhöhung (Prozentwert **PW**).

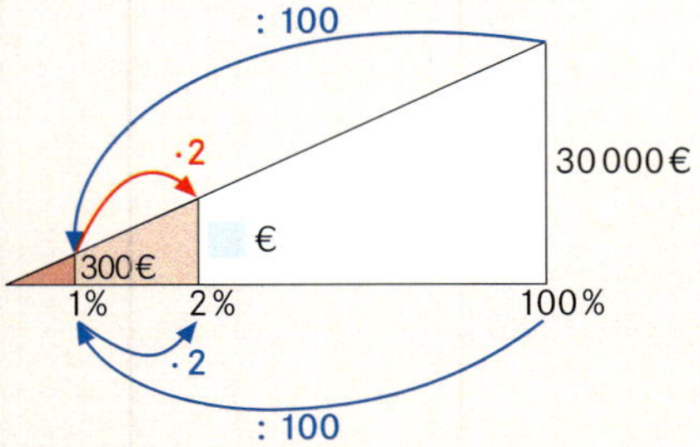

Antwort: Es sind 600 €.

Ist eine andere Größe gesucht, musst du die gegebenen und gesuchten Größen an der Treppenskizze entsprechend eintragen.

Kreisdiagramm

Die Tabelle enthält eine Übersicht über die Teilnahme von Schülerinnen und Schülern an Wahlfächern.

Keyboard	Schwimmen	Handball	Technik
25 %	30 %	15 %	30 %

1. Ein geeigneter Radius wird gewählt.
2. Für jeden Prozentsatz wird das entsprechende Winkelmaß berechnet.
3. Der gezeichnete Kreis wird beschriftet.

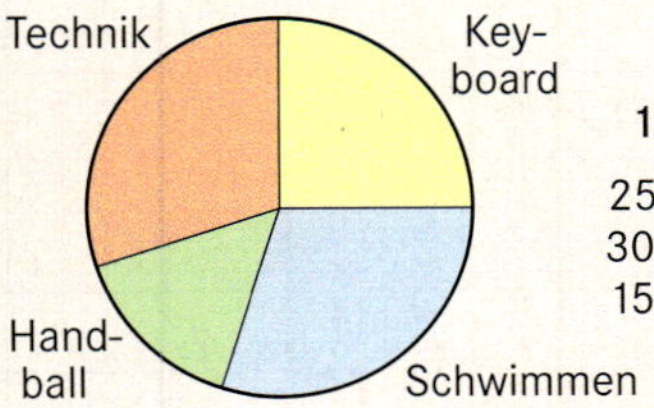

1 % ≙ 3,6°

25 % ≙ 90°
30 % ≙ 108°
15 % ≙ 54°

1 Ergänze die Platzhalter im Heft.

a)	$\frac{1}{2}$	0,5	50 %	12 von 24
b)	$\frac{3}{4}$	…	…	… von 24
c)	…	…	…	9 von 36
d)	…	0,01	…	17 von …
e)	…	…	$33\frac{1}{3}\,\%$	15 von …
f)	$\frac{7}{8}$	…	…	… von …

2 In der Ju-Jutsu-Mannschaft des Sportvereins sind doppelt so viele Jungen wie Mädchen. Wie viel Prozent sind Mädchen? Zeichne ein passendes Kreisdiagramm und markiere darin den Mädchenanteil.

3 Robin verbringt durchschnittlich 6 Stunden des Tages in der Schule inklusive Fahrtzeit, ungefähr 7,5 % des Tages verbringt er mit den Mahlzeiten, 10 % mit Hausaufgaben und 37,5 % des Tages schläft er.
a) Welcher Prozentsatz des Tages bleibt für seine Freizeit?
b) Erstelle ein Kreisdiagramm für Robins Tagesablauf.
c) Wie viel Zeit wendet er für seine Hausaufgaben auf?
d) Wie viele Stunden schläft Robin?

4 In einer Aktionswoche wird der Preis für einen DVD-Player (140 €) um 20 % herabgesetzt. Nach der Aktionswoche wird der Preis wieder um 20 % erhöht. Wie viel kostet der DVD-Player nach der Aktionswoche?

5 Herr Baum möchte Landrat werden und kandidiert in seinem Landkreis, in dem es 200 000 wahlberechtigte Einwohner gibt. Die Wahlbeteiligung lag bei 60 %. Er erhielt 70 % der abgegebenen Stimmen.
Wie viele Einwohner haben Herrn Baum gewählt? Wie viel Prozent der Wahlberechtigten sind das?

6 Das Diagramm zeigt, wie viel Zeit Chiara in einer Woche vor dem Computer verbringt.
a) Wie viele Stunden sitzt Chiara an den Werktagen durchschnittlich am Computer?
b) Um wie viel Prozent wird dieser Wert am Samstag (am Sonntag) übertroffen?

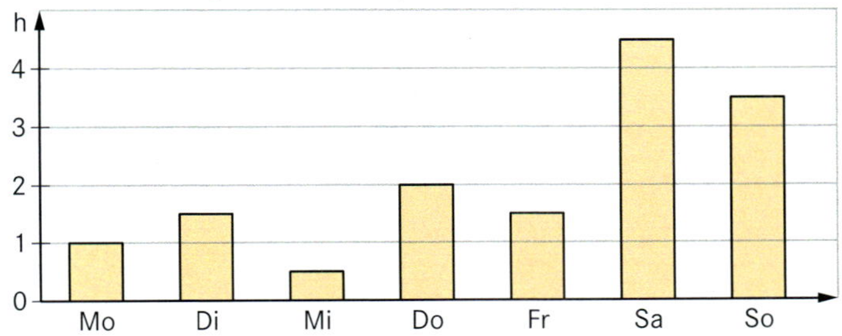

Terme addieren

Ordne nach gleichartigen Termen. Addiere die Koeffizienten (Zahlfaktoren) der gleichartigen Terme.

$3x + 4x^2 - 6x + 2x^2 - x$
$= 4x^2 + 2x^2 + 3x - 6x - x$
$= 6x^2 - 4x$

Terme multiplizieren

Bilde das Produkt aller Koeffizienten und dann das Produkt aller Variablen, verwende die Potenzschreibweise.

$4x \cdot 0{,}5xy \cdot (-3xy^3)$
$= 4 \cdot 0{,}5 \cdot (-3) \cdot x \cdot x \cdot x \cdot y \cdot y^3$
$= -6\,x^3y^4$

Klammern auflösen

+ vor der Klammer

$a + (b + c) = a + b + c$
$a + (b - c) = a + b - c$

$3 + (-4 + 5) = 3 - 4 + 5$

Die Klammer kann man weglassen, ohne dass sich die Zeichen in der Klammer verändern.

– vor der Klammer

$a - (b + c) = a - b - c$
$a - (b - c) = a - b + c$

$3 - (-4 + 5) = 3 + 4 - 5$

Beim Auflösen der Klammer muss man die Zeichen vor jedem Summanden in der Klammer umkehren.

Ausmultiplizieren

$a \cdot (b + c) = a \cdot b + a \cdot c$
$-2 \cdot (-4 + x) = -2 \cdot (-4) + (-2) \cdot x$
$= 8 - 2x$

Jeder Summand in der Klammer wird mit dem Faktor vor der Klammer multipliziert. Die Produkte werden dann addiert.

Ausklammern (Faktorisieren)

$a \cdot b + a \cdot c = a \cdot (b + c)$
$-6x^2y - 3y = -3 \cdot 2 \cdot x^2 \cdot y + (-3) \cdot y$
$= -3 \cdot y \cdot 2x^2 + (-3) \cdot y \cdot 1$
$= -3 \cdot y\,(2x^2 + 1)$

Enthält jeder Summand einen oder mehrere gemeinsame Faktoren, so kann man diese ausklammern.

1 Vereinfache die Terme. Überprüfe die Termwerte des gegebenen und des vereinfachten Terms für $x = -1$.

a) $13x + x - 9x$
b) $-6x^2 + 4x \cdot x - 2x^2$
c) $3x + 7x - 6x + 12$
d) $2{,}4x^2 - 1{,}2x + 0{,}6x^2$
e) $1{,}8x^2 \cdot x - 0{,}8x^3 + 2x^2$
f) $-5{,}2x + 0{,}2x^2 + 3{,}2x$
g) $1{,}5x^3 - x^2 + x^3 - 2{,}5x^3$
h) $5x^2 \cdot x^2 - 5x^2 + x^2 - x^4$

2 Der Term $6x - x(4 + 2x)$ wurde vereinfacht. Ordne richtig zu.

A $2x + 2x^2$ **B** $6 - 2x$ **C** $2x - 2x^2$ **D** $24 - 12x$

3 Vereinfache die Terme.

a) $6x + 1{,}5y - 3x - y$
$6x \cdot 1{,}5y \cdot (-3x) \cdot (-y)$

b) $-2a - 0{,}2ab + 1{,}5a - ab$
$-2a \cdot (-0{,}2ab) \cdot 1{,}5a \cdot (-ab)$

c) $5x^3 - 0{,}5x + 3x - 0{,}3x^3$
$5x^3 \cdot (-0{,}5x) \cdot 3x \cdot (-0{,}3x^3)$

d) $\frac{1}{2}cx + \frac{5}{6}x^2 - 0{,}75xc - x^2$
$\frac{1}{2}cx \cdot \frac{5}{6}x^2 \cdot (-0{,}75xc) \cdot (-x^2)$

4 Löse die Klammern auf und vereinfache.

a) $-(x + y) + 2y$
b) $2 + (-x - 2)$
c) $y - (2y + 4) + 5$
d) $-(x + x^2) + (x^2 + 2x)$
e) $-8 - (x^3 + 2) + 3x^3$
f) $-1{,}2 + (-4x - 1{,}8 + x^2)$
g) $1{,}3x + (0{,}7 + x^2 - x)$
h) $x^3 - (-x^3 + 4x) - 6x$

5 Multipliziere aus.

a) $b\,(2 + 4a)$
b) $3x\,(5 - 11x)$
c) $4\,(3x + 2y - z)$
d) $-2y\,(4 - y + 3x)$
e) $-3x^2\,(12x - 4)$
f) $(4y - ay + y^2) \cdot (-y)$

6 Klammere aus mit Hilfe des Malkreuzes.

a) $8x^2 - 6x$
Ersetze in deinem Heft die Platzhalter.

$\cdot$	$4x$	-3	
▢	$8x^2 = 4x \cdot$ ▢	$-6x = -3 \cdot$ ▢	
			$2x \cdot (4x - 3)$

b) $18a - 24b$
c) $12y^2 + 10xy$
d) $6xy^3 - 15x^3y$

7 Klammere den angegebenen Faktor aus.

a) $15x^2 + 35x;\ 5x$
b) $-3x^2 - 12x + 18;\ -3$
c) $-6y^2 - 3y;\ -6y$
d) $16a - 28 + 8a^2;\ 8$
e) $6y^2 + 12y - 6;\ 6$
f) $-4x^2 + x - 4;\ -4$

8 Berechne den Umfang und Flächeninhalt der dargestellten Vielecke in Abhängigkeit von x (alle Angaben in cm).

a)
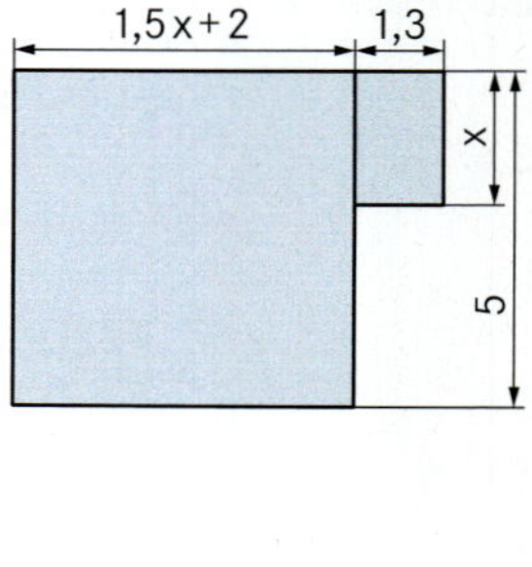

b)
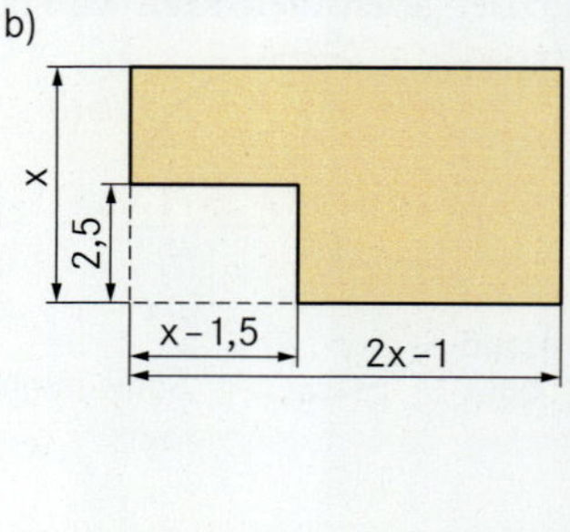

Multiplikation von Summen

$(a + b) \cdot (c + d) = a \cdot c + a \cdot d + b \cdot c + b \cdot d$

$(a - b) \cdot (c + d) = a \cdot c + a \cdot d - b \cdot c - b \cdot d$

Jeder Summand der ersten Summe wird mit jedem Summanden der zweiten Summe multipliziert. Dabei sind die Vorzeichen zu beachten.

Binomische Formeln

1. Binomische Formel

Malkreuz

·	a	b	
a	a^2	ab	
b	ab	b^2	$a^2 + 2ab + b^2$

$(a + b)^2 = a^2 + 2ab + b^2$

$(x + 0{,}5)^2 = x^2 + 2 \cdot x \cdot 0{,}5 + 0{,}5^2$

$= x^2 + x + 0{,}25$

2. Binomische Formel

$(a - b)^2 = a^2 - 2ab + b^2$

$(3x - 4)^2 = (3x)^2 - 2 \cdot 3x \cdot 4 + 4^2$

$= 9x^2 - 24x + 16$

3. Binomische Formel

$(a + b)(a - b) = a^2 - b^2$

$(x + 1)(x - 1) = x^2 - 1^2$

$= x^2 - 1$

Extremwerte

Terme der Form $a(x - m)^2 + n$ besitzen ein **Minimum n** für **$a > 0$** und ein **Maximum n** für **$a < 0$**

Man schreibt: $T_{min} = n$ für $x = m$
bzw. $T_{max} = n$ für $x = m$

Quadratische Ergänzung

$T(x) = -0{,}5x^2 - 5x + 11$
$= -0{,}5\,[x^2 + 10x \qquad] + 11$
$= -0{,}5\,[x^2 + 2 \cdot x \cdot 5 \qquad] + 11$
$= -0{,}5\,[x^2 + 2 \cdot x \cdot 5 + 5^2 - 5^2] + 11$
$= -0{,}5\,[(x + 5)^2 - 25 \qquad] + 11$
$= -0{,}5\,(x + 5)^2 - 25 \cdot (-0{,}5) + 11$
$= -0{,}5\,(x + 5)^2 + 23{,}5$

$T_{max} = 23{,}5$ für $x = -5$

1 Gib für die Flächeninhalte der Figuren (1) und (2) verschiedene Terme an (alle Angaben in cm).

(1)

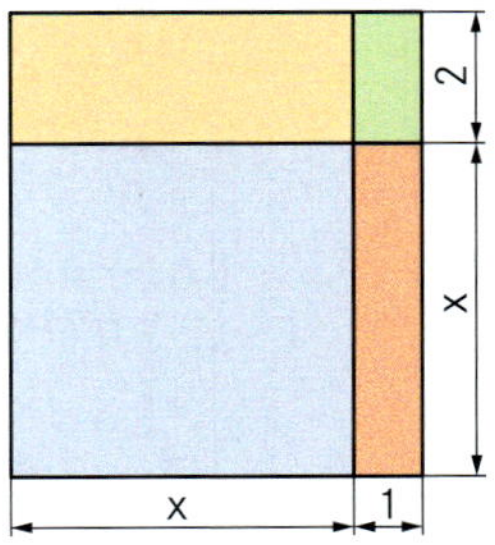

(2)

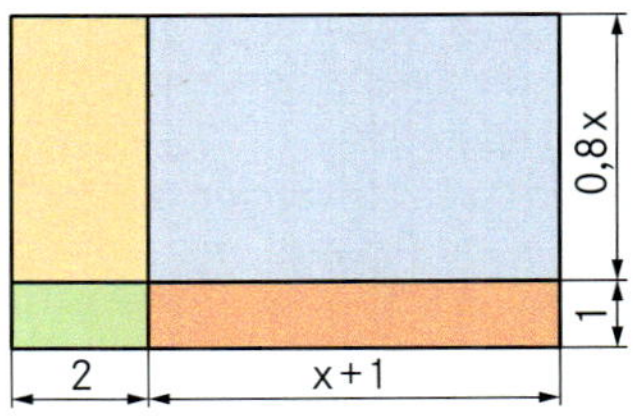

2 Multipliziere aus und fasse zusammen.

a) $(x + 3)(x + 2)$
b) $(2x - 4)(3x + 6)$
c) $(a + b)(a + 2)$
d) $(-3 + y)(4 + z)$
e) $(1{,}2 - x)(2x + 5)$
f) $(-7x + 3z)(-z + 4)$
g) $-(2x + 1)(0{,}5x + 2)$
h) $3x^2 - (1{,}5x + 6)(2x + 1)$

3 Wende die binomischen Formeln an.

a) $(x + 3)(x - 3)$
b) $(2 + y)^2$
c) $(5 - x)^2$
d) $(3x + 2)^2$
e) $(5x + 1)(5x - 1)$
f) $(0{,}5x - 1)^2$
g) $4x^2 + 12x + 9$
h) $0{,}01x^2 - 1{,}4x + 49$
i) $36 - x^4$
k) $25x^2 - 2x + 0{,}04$

4 Setze in deinem Heft für die Platzhalter richtig ein.

a) $(3 + \square)^2 = \square + \square + x^2$
b) $(x - \square)^2 = \square - \square + 25$
c) $(x + \square)(x - \square) = \square - 1$
d) $\square + 8x + \square = (\square + 2x)^2$

5 Gib die Extremwerte der Terme und die zugehörige Belegung von x an ($\mathbb{G} = \mathbb{Q}$).

a) $T(x) = -x^2 + 5$
b) $T(x) = x^2 + 5$
c) $T(x) = -(x + 2)^2 + 5$
d) $T(x) = (x + 2)^2 + 5$
e) $T(x) = -(x + 3)^2$
f) $T(x) = (x + 3)^2 - 7$
g) $T(x) = 3 - 2(x - 8)^2$
h) $T(x) = 9 + 4(x - 1)^2$

6 Bestimme den Extremwert durch quadratische Ergänzung ($\mathbb{G} = \mathbb{Q}$). Überprüfe mit dem GTR.

a) $T(x) = x^2 + 6x + 3$
b) $T(x) = 2x^2 + 4x + 5$
c) $T(x) = -3x^2 + 9x$
d) $T(x) = 0{,}5x^2 + x + 1$
e) $T(x) = -x^2 - x + 2{,}5$
f) $T(x) = 3x^2 + 1{,}2x + 3$

7 a) Gib einen Term an für das Volumen des Körpers.
b) Gib einen Term an für das Volumen des blauen Teilkörpers.

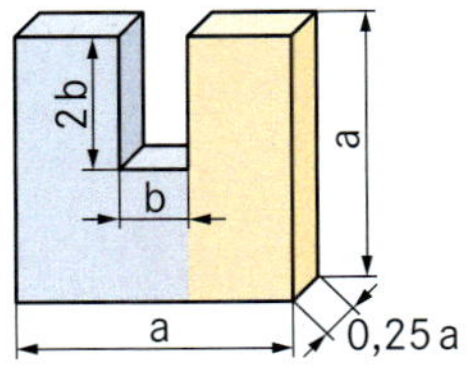

Gleichungen und Ungleichungen

Bei Gleichungen und Ungleichungen mit **Variablen auf beiden Seiten** werden die Variablen durch Äquivalenzumformungen auf eine Seite gebracht und die Zahlen auf die andere Seite.
Beachte das **Inversionsgesetz**!

$x\,(2 - x) > 17 - (x - 3)^2; \quad \mathbb{G} = \mathbb{Q}$

$2x - x^2 > 17 - (x^2 - 6x + 9)$

$2x - x^2 > 17 - x^2 + 6x - 9$

$2x - x^2 > -x^2 + 6x + 8 \quad | + x^2$

$2x > 6x + 8 \quad | - 6x$

$-4x > 8 \quad | : (-4)$

$x < -2$

$\mathbb{L} = \{x \mid x < -2\}$

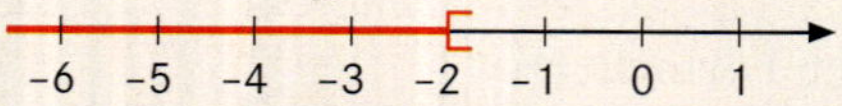

Bruchterme

Terme mit mindestens einer Variablen im Nenner heißen **Bruchterme**.
Bei Bruchtermen muss immer die Definitionsmenge angegeben werden.

$\frac{2 - x}{x + 4}; \quad \mathbb{G} = \mathbb{Q}$

$x + 4 = 0$ für $x = -4$

Somit gilt: $\mathbb{D} = \mathbb{Q} \setminus \{-4\}$

Bruchgleichungen

Gleichungen, die mindestens einen Bruchterm enthalten, heißen **Bruchgleichungen**. Bruchgleichungen folgender Form kann man durch **„über Kreuz multiplizieren"** lösen.

$\frac{6}{x + 2} = \frac{8}{x} \quad \mathbb{G} = \mathbb{Q}; \ \mathbb{D} = \mathbb{Q} \setminus \{-2; 0\}$

$6 \cdot x = (x + 2) \cdot 8$

$6x = 8x + 16$

$x = -8$

Die Lösung muss in der Definitionsmenge enthalten sein.

$\mathbb{L} = \{-8\}$

Ist die Lösung nicht in $\mathbb{D}$ enthalten gilt:
$\mathbb{L} = \emptyset$

1 Bestimme die Lösungsmenge im Kopf ($\mathbb{G} = \mathbb{Q}$).

a) $3x - 17 = 3 - 2x$ b) $7 - 9x = x + 33$
c) $-6x - 18 = 6 + 2x$ d) $0{,}5x < 5 - 2x$
e) $\frac{1}{4}x - 4 > \frac{1}{2}x$ f) $0{,}1 - x = \frac{1}{5} + x$

2 Bestimme die Lösungsmenge ($\mathbb{G} = \mathbb{Q}$).

a) $3{,}7x - 0{,}8 = 4{,}9x - 6{,}4$ b) $5^2 - 3a = 1{,}5a + 4^2$
c) $-9 - \frac{1}{4}x = \frac{1}{12}x - 4{,}8$ d) $138y + 10\frac{1}{3} = -\frac{8}{3} - 31y$

3 Bestimme die Lösungsmenge ($\mathbb{G} = \mathbb{Q}$).

a) $3x - (14 + 5x) = -6x + 8\,(7x - 1{,}5) + 11$
b) $(x - 1)(3 + x) = (8 + x)(x - 6)$
c) $(2x + 5)(\frac{1}{4} - x) \geqq (2\frac{1}{2} + x)(\frac{1}{2} - 2x)$
d) $(x + 0{,}3)(x - 0{,}3) = (x - 0{,}9)^2$
e) $(5x + 4)^2 + 4x\,(14x - 12) - (6 - 9x)^2 < 0$

4 Schreibe als Gleichung und löse das Zahlenrätsel.

a) Das Zehnfache der Differenz einer Zahl und 9 ist genauso groß wie das Vierfache dieser Zahl vermindert um zwölf.
b) Das Dreifache einer Zahl vermindert um 6 ist halb so groß wie zehn vermindert um die Differenz aus dem Doppelten dieser Zahl und 6.
c) Addierst du zu den Nennern der Brüche $\frac{4}{17}$ und $\frac{1}{2}$ jeweils dieselbe Zahl, haben beide Brüche den gleichen Wert.

5 Herr Glück ist heuer 42 Jahre, seine Kinder sind acht, neun und elf Jahre alt. Nach wie viel Jahren sind seine Kinder zusammen genau so alt wie er?

6 Ein Quadrat hat die Seitenlänge 18 cm. Es wird durch einen Schnitt in zwei Rechtecke zerlegt (siehe Abbildung), so dass das obere Rechteck einen Umfang von 40,4 cm hat. Berechne den Umfang und den Flächeninhalt des unteren Rechtecks.

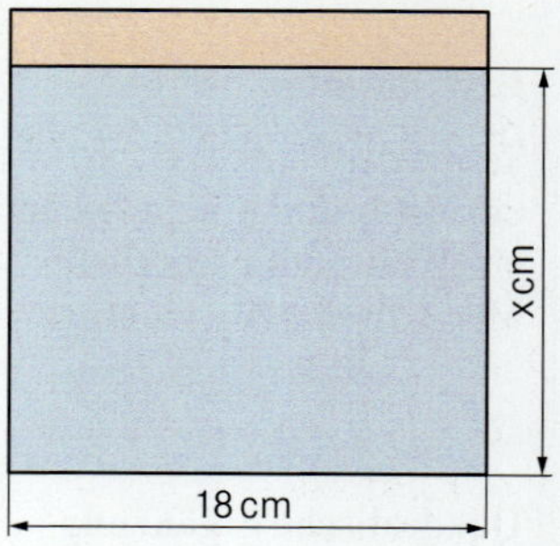

7 Bestimme die Lösungsmenge ($\mathbb{G} = \mathbb{Q}$).

a) $\frac{13}{4x - 7} = -\frac{1}{3}$ b) $\frac{-6}{8 - x} = \frac{4}{x - 2}$ c) $\frac{2x - 5}{3 + 4x} = 1$

d) $\frac{2}{5\,(3x - 2)} = \frac{1}{10}$ e) $\frac{x + 1}{x - 2} = \frac{x + 2}{x}$ f) $\frac{x - 1}{2x + 3} = \frac{2x - 3}{4x + 5}$

Seiten-Winkelbeziehungen

In jedem Dreieck liegt der größeren Seite der größere Winkel gegenüber.
Aus $a < b$ folgt: $\alpha < \beta$
Die Summe von zwei Seitenlängen ist immer größer als die dritte Seitenlänge.

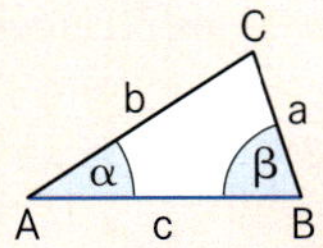

Kongruenzsätze

Dreiecke sind kongruent, wenn sie in folgenden Größen übereinstimmen:

(1) Drei Seitenlängen (**SSS**)

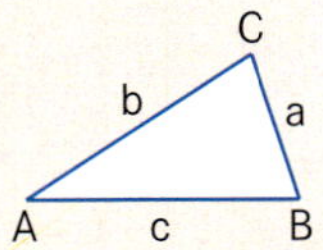

(2) Zwei Seitenlängen und dem Maß des Zwischenwinkels (**SWS**)

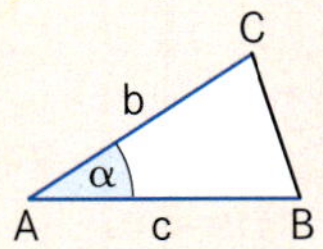

(3) Einer Seitenlänge und den Maßen der beiden anliegenden Winkel (**WSW**)

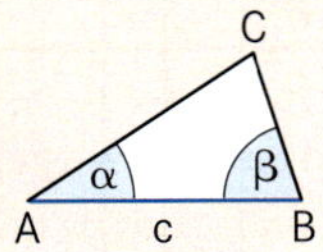

Wegen $\alpha + \beta + \gamma = 180°$ kann das Maß des dritten Winkels stets berechnet werden.

(4) Zwei Seitenlängen und dem Maß des Gegenwinkels der größeren Seite (**SSW**$_g$)

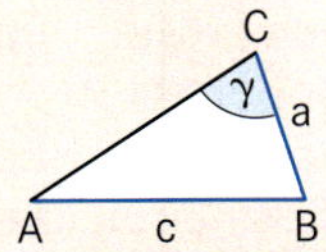

Strecken im Koordinatensystem

Die Strecken [AB], [CD] und [EF] sind parallel und gleich lang, weil die zugehörigen Pfeile gleiche bzw. entgegengesetzte Koordinaten haben.

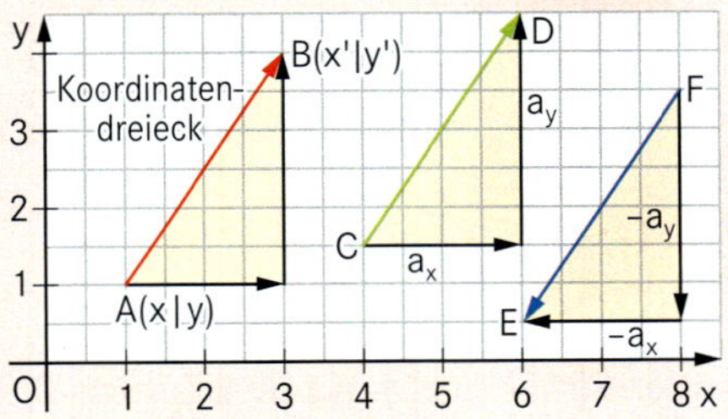

$\overrightarrow{AB} = \begin{pmatrix} x' - x \\ y' - y \end{pmatrix} = \begin{pmatrix} a_x \\ a_y \end{pmatrix}$

„Spitze minus Fuß"

1 Gleichschenklige Dreiecke haben die Basislänge 9 cm. Für welche Schenkellängen existieren solche Dreiecke?

A 4 cm **B** 5 cm **C** 9 cm **D** 90 cm

2 Existiert ein Dreieck ABC mit $a = 9$ cm, $c = 6$ cm und $\gamma = 92°$? Begründe.

3 Gib an, welche der Dreiecke $A_1B_1C_1$ und $A_2B_2C_2$ zueinander kongruent sind. Nenne den zugehörigen Kongruenzsatz.

a) $a_1 = 5{,}1$ cm; $b_1 = 4{,}9$ cm; $b_1 + c_1 = 9{,}4$ cm
$a_2 = 4{,}9$ cm; $c_2 = 5{,}1$ cm; $c_2 + b_2 = 9{,}4$ cm
b) $\alpha_1 = 45°$; $\beta_1 = 55°$; $b_1 = 6{,}5$ cm
$\alpha_2 = 55°$; $\beta_2 = 45°$; $b_2 = 6{,}5$ cm
c) $\alpha_1 = 40°$; $a_1 = 5{,}6$ cm; $b_1 = 6{,}5$ cm
$\beta_2 = 40°$; $a_2 = 5{,}6$ cm; $b_2 = 6{,}5$ cm

4 Konstruiere ein Dreieck ABC mit den angegebenen Größen. Begründe, ob die Lösung eindeutig ist.

a) $c = 5$ cm; $\alpha = 40°$; $\gamma = 80°$
b) $b = 6$ cm; $c = 7$ cm; $\alpha = 35°$
c) $a = 5{,}7$ cm; $c = 6$ cm; $\gamma = 65°$
d) $a = 5{,}7$ cm; $c = 6$ cm; $\alpha = 65°$

5 a) Benenne die dargestellten Dreiecke.
b) Mache Aussagen über Seitenlängen und Winkelmaße. Notiere im Heft.

(1)

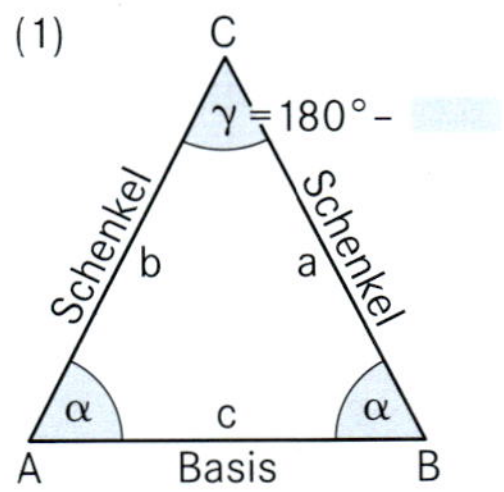

(2)

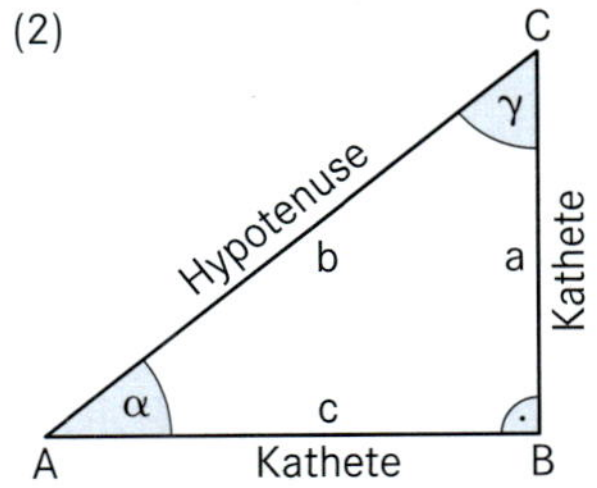

6 Der Punkt M ist Mittelpunkt der Strecken [AP] und [BQ]. Die Geraden g und h sind zueinander parallel. Begründe: Die Dreiecke ABM und MPQ sind kongruent und damit sind die Strecken [AB] und [PQ] gleich lang.

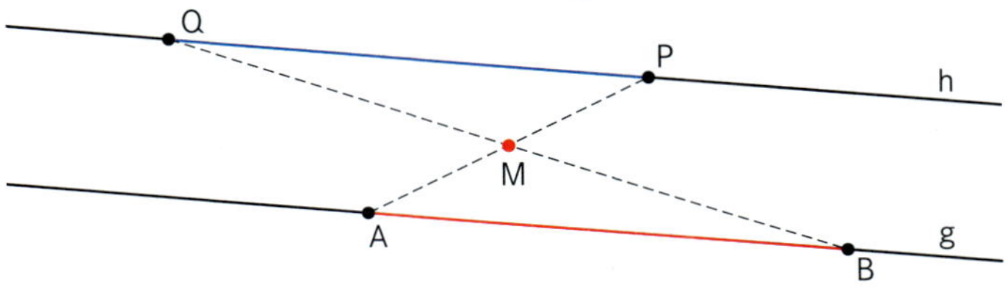

7 Überprüfe, ob die Strecken [AB] und [PQ] gleich lang und parallel sind.

a) A(−6|−1); B(−8|−5); P(−4|2); Q(−2|6)
b) A(−2|3); B(4|5); P(−4|−2); Q(2|2)

Thaleskreis

Alle Punkte C auf einem Halbkreis bilden mit den Endpunkten des Durchmessers [AB] einen rechten Winkel. Es gilt: $\sphericalangle$ ACB = 90°

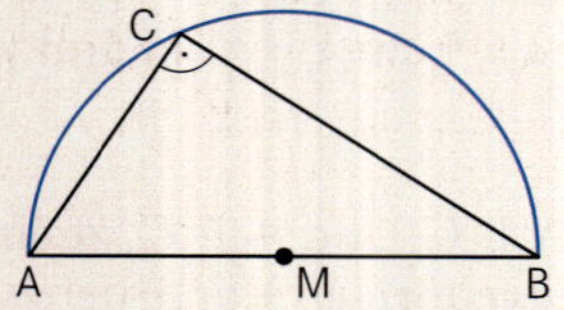

Tangenten am Kreis

Jede Tangente t an einen Kreis k steht im Berührpunkt senkrecht auf dem Berührradius.

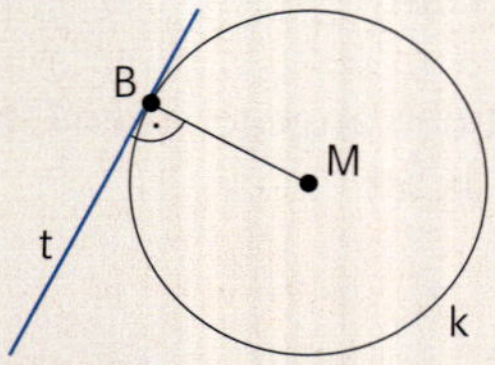

1 Die Dreiecke A_nBC sind bei A_n rechtwinklig.
Es gilt: B(– 1 | 2); C(5 | 0)

a) Konstruiere das Dreieck A_1BC mit A_1 (0 | y).
b) Konstruiere das gleichschenklige Dreieck A_2BC.
c) Für A_3 (x | 3) gibt es zwei Dreiecke. Begründe.

2 Gegeben sind ein Kreis k (M(1 | 3); r = 5 LE) sowie der Punkt P(8 | 4).

a) Der Punkt C(– 3 | 0) liegt auf k. Trage die Tangente an k im Punkt C ein.
b) Konstruiere von P aus die Tangenten an den Kreis k.

3 Die Punkte A(– 1 | 1) und C(6 | 2) sind Eckpunkte von Rechtecken AB_nCD_n.

a) Auf welcher Ortslinie liegen die anderen Eckpunkte B_n und D_n?
b) Trage das Reckteck für B_1 (1 | y) in ein Koordinatensystem ein.
c) Gibt es für D_2 (x | 3) Rechtecke? Geht das auch für B_3 (x | – 3)?
d) Finde das Quadrat unter den Rechtecken und trage es in das Koordinatensystem ein.

Die Menge aller möglichen Ergebnisse eines Zufallsexperiments nennt man **Ergebnisraum Ω**.
Fasst man Ergebnisse eines Experiments zu einer Teilmenge zusammen, nennt man diese Teilmenge **Ereignis E**. Die übrigen Ergebnisse von Ω bilden das **Gegenereignis $\overline{E}$**.
Beispiel: Würfeln eines normalen Würfels
Ω = {1; 2; 3; 4; 5; 6}
Ereignis: Würfeln einer geraden Zahl
E = {2; 4; 6} $\overline{E}$ = {1; 3; 5}

Wahrscheinlichkeit

Durch geschicktes Abzählen im Baumdiagramm kann man für ein Ereignis E die **Wahrscheinlichkeit P** bestimmen.

Beispiel: Ziehen ohne Zurücklegen
E: Summe der Zahlen ist 6

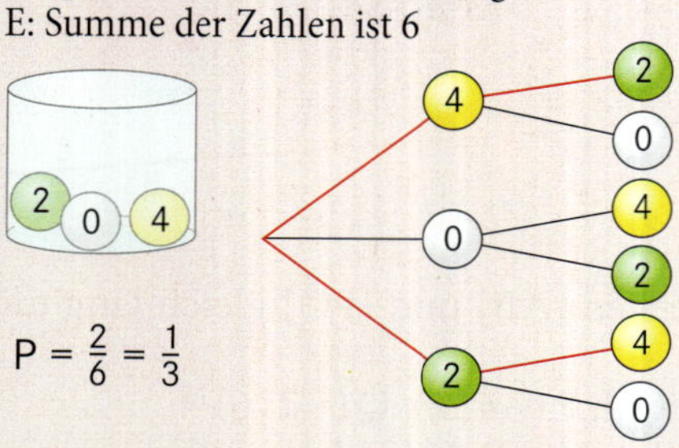

$P = \frac{2}{6} = \frac{1}{3}$

1 In einem Gefäß befinden sich Kugeln mit den geraden Zahlen von 2 bis 8. Es werden gleichzeitig zwei Kugeln gezogen. Das Produkt der beiden Zahlen ist das Ergebnis des Zufallsversuchs. Gib den Ergebnisraum Ω und jeweils das Ereignis E und das Gegenereignis $\overline{E}$ an.

a) Das Ergebnis ist eine gerade (ungerade) Zahl.
b) Das Ergebnis ist größer als 30.
c) Das Ergebnis liegt zwischen 10 und 25.
d) Bestimme die Wahrscheinlichkeiten für Aufgabe a) und b).

2 Formuliere ein Gegenereignis.

a) Bei der Überprüfung von 400 Lastwagen werden 185 bemängelt.
b) Höchstens 4 Schüler der Klasse 9B kommen regelmäßig zu Fuß in die Schule.
c) Bei der letzten Stegreifarbeit gab es mindestens eine Eins.

3 Bestimme zum Baumdiagramm links die Wahrscheinlichkeit

a) für die Summe 4 der gezogenen Zahlen.
b) für das Produkt 0 der gezogenen Zahlen.

4 In einem Behälter befinden sich Kugeln mit den Zahlen 2, 3, 4 und 6. Es werden ohne Zurücklegen zwei Kugeln gezogen.

a) Erstelle ein Baumdiagramm.
b) Bestimme die Wahrscheinlichkeit für die Summe 8 (das Produkt 12) der gezogenen Zahlen.

Vierecke

Das **Trapez** hat zwei parallele Seiten.
[AB] || [CD]

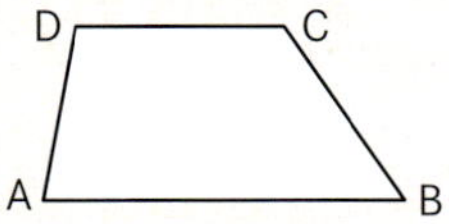

Das **gleichschenklige Trapez** ist achsensymmetrisch.

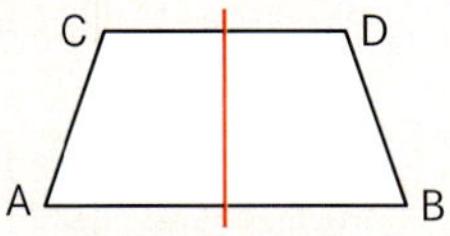

Das **Drachenviereck** ist achsensymmetrisch.

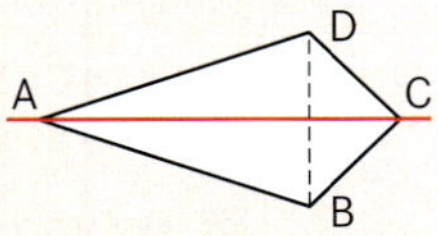

Das **Parallelogramm** ist punktsymmetrisch.

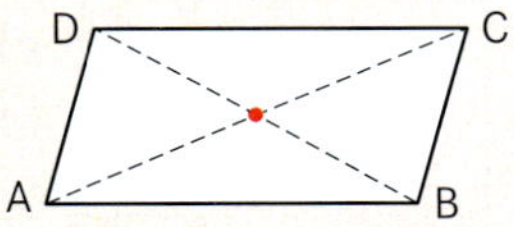

Die **Raute** ist achsen- und punktsymmetrisch.

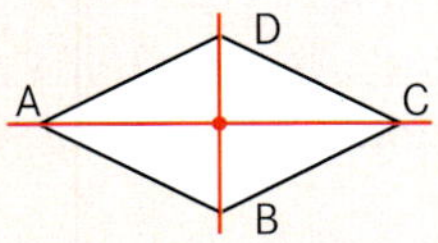

Das **Rechteck** ist achsen- und punktsymmetrisch.

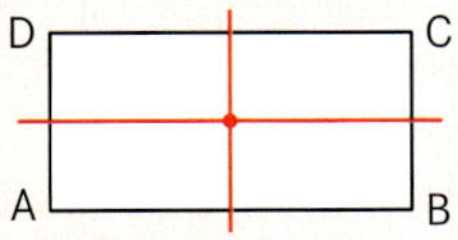

Das **Quadrat** ist achsen- und punktsymmetrisch.

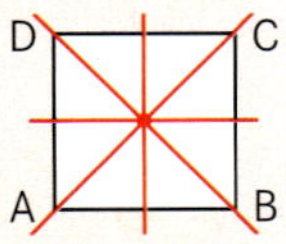

Für die Konstruktion und Berechnung benötigt man die Eigenschaften der Vierecke.

1 Für welche Vierecke treffen folgende Eigenschaften zu?
a) Die benachbarten Seiten stehen senkrecht zueinander.
b) Nur eine Diagonale ist Symmetrieachse.
c) Die gegenüberliegenden Seiten sind gleich lang.
d) Die benachbarten Seiten sind gleich lang.
e) Die gegenüberliegenden Seiten sind zueinander parallel.
f) Die Diagonalen halbieren sich gegenseitig.
g) Die Diagonalen stehen senkrecht zueinander.

2 Benenne alle Trapeze, die du erkennst.

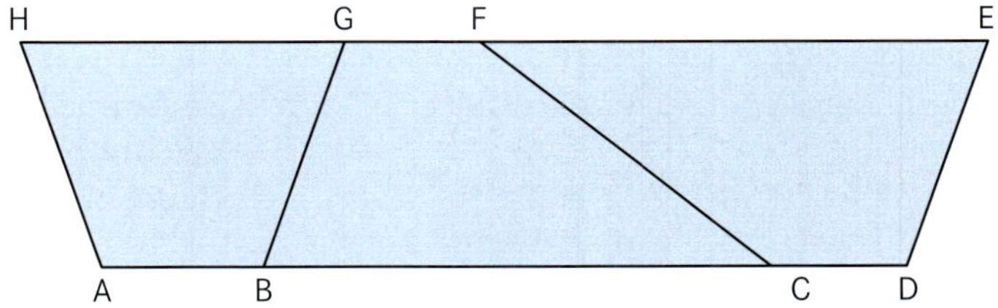

3 Konstruiere (M ist der Diagonalenschnittpunkt).
a) eine Raute: $\overline{AB} = 7{,}2$ cm; $\alpha = 47°$
b) ein Rechteck: $\overline{AC} = 7{,}4$ cm; $\sphericalangle$ BMC = 34°
c) ein Quadrat: $\overline{AC} = 5{,}6$ cm
d) eine Raute: $\overline{AC} = 6{,}2$ cm; $\overline{BD} = 4{,}4$ cm
e) ein Rechteck: $\overline{BC} = 4{,}5$ cm; $\sphericalangle$ BMC = 58°

4 Im Trapez mit den parallelen Seiten [AB] und [CD] gilt:
$\overline{AB} = \overline{AC}$, $\sphericalangle$ ADC = 100°, $\sphericalangle$ CAD = 45°. Berechne β.

5 Konstruiere ein gleichschenkliges Trapez mit [AB] || [CD].
a) $\overline{AB} = 7{,}5$ cm; $\overline{BC} = 4$ cm; $\alpha = 51°$
b) $\overline{AC} = 6{,}2$ cm; $\overline{DC} = 4{,}7$ cm; $\gamma = 101°$

6 Konstruiere ein Drachenviereck ABCD.
(Suche zuerst eine geeignete Symmetrieachse.)
a) A(−1 | −1,5); C(3 | 2); D(1 | 2)
b) $\overline{AB} = 4{,}8$ cm; $\overline{BC} = 2{,}6$ cm; $\overline{AC} = 6{,}1$ cm

7 Berechne die Koordinaten der fehlenden Eckpunkte des Parallelogramms ABCD und überprüfe dies jeweils durch Zeichnung.
a) B(3,2 | 3,7), C(1,3 | 5,1), D(−0,9 | 3,4)
b) A(−2 | −0,5), D(1,5 | 4), M(1 | 0,5)
Der Punkt M ist der Diagonalenschnittpunkt.

8 Weise durch Rechnung nach, dass das Viereck PQRS ein Parallelogramm ist.
Es gilt: P(−1,5 | −1,5); Q(2,5 | −0,5); R(3,5 | 2,5); S(−0,5 | 1,5)

Relation – Funktion

Eine Relation ist eine Menge geordneter Zahlenpaare, die durch eine Vorschrift aus einer Produktmenge A x B aussortiert wurden.
Eine **Funktion** ist eine Relation, bei der zu jedem $x \in \mathbb{D}$ genau ein $y \in \mathbb{W}$ existiert.

Lineare Funktion

Die Gleichung f: $y = mx + t$ stellt eine lineare Funktion dar.
m heißt Steigung, t heißt y-Achsenabschnitt.
Der Graph einer linearen Funktion ist eine Gerade.

Beispiel: $y = \frac{1}{2}x + 2$

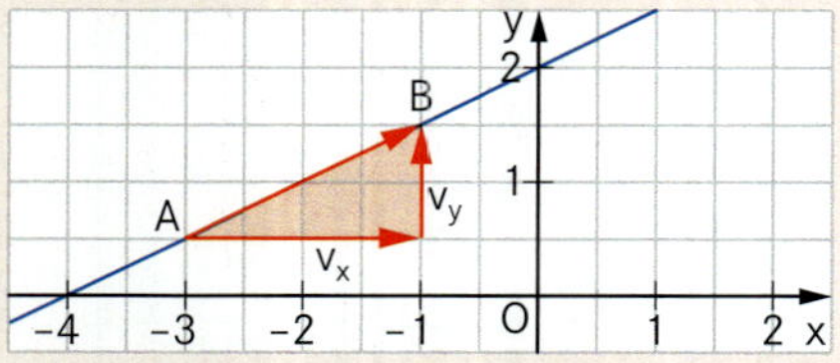

Steigung einer Geraden

Für g = AB gilt:
$\overrightarrow{AB} = \binom{v_x}{v_y}$; $m = \frac{v_y}{v_x}$

Beispiel: A (2 | 1), B (4 | 4);
$\overrightarrow{AB} = \binom{2}{3}$; $m = \frac{3}{2}$

Es gilt: g || h, wenn $m_g = m_h$
Parallele Geraden bilden eine **Parallelenschar** p (t) mit der Gleichung $y = m_0x + t$

Punkt-Steigungs-Form

g mit $y = m(x - x_P) + y_P$ mit $P(x_P | y_P) \in g$.
Beispiel: $m = \frac{3}{2}$; $P(-1 | 4) \in g$;
g mit $y = \frac{3}{2}(x + 1) + 4$ bzw. $y = 1{,}5x + 5{,}5$
Lässt man $m \in \mathbb{Q}$ variabel, so erhält man die Gleichung eines **Geradenbüschels**:
g (m) mit dem Büschelpunkt P (– 1 | 4)
g (m) mit $y = m(x + 1) + 4$

Senkrechte Geraden

Zwei Geraden g und h stehen senkrecht aufeinander, wenn gilt:
$m_g \cdot m_h = -1$ bzw. $m_g = -\frac{1}{m_h}$

1 Gegeben ist eine Relation $R = \{(x | y) | y + 0{,}5x^2 = 3\}$ in der Grundmenge $M \times \mathbb{Z}$, wobei $M = \{-4; -2; -1; 0; 1; 2; 4\}$.
a) Bestimme die Elemente der Relation.
b) Fertige eine grafische Darstellung an.
c) Entscheide ob R eine Funktion ist. Begründe.

2 Zeichne die Graphen zu folgenden Funktionen in ein Koordinatensystem:
a) f: $y = 3x$
g: $y = x + 3$
h: $y = 3$
b) f: $y = -1{,}5x + 2$
g: $1{,}5x + 2 - y = 0$
h: $2x + \frac{1}{2}y + 2 = 0$

3 Bestimme aus der Zeichnung die Gleichungen der Geraden.

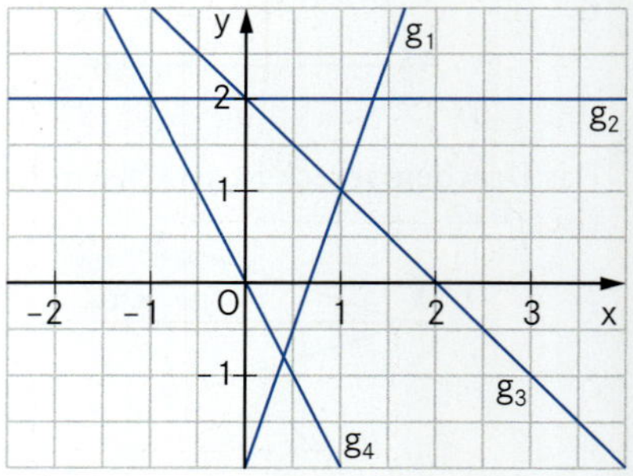

4 Stelle die Geradengleichungen auf für g = AB.
a) A (– 5 | 3); B (2 | 1)
b) A (4,5 | 1); B (1 | 4,5)
c) A (0,5 | – 0,5); B (0 | 5,5)
d) A (– 2 | 5); B (13 | 30)

5 Gegeben ist das Dreieck ABC mit A (– 2 | 3); B (– 5 | – 2) und C (5,5 | – 1,5). Für die Zeichnung: $-6 \leqq x \leqq 6$; $-6 \leqq y \leqq 4$
a) Zeichne das Dreieck in ein Koordinatensystem und zeige rechnerisch, dass es rechtwinklig ist.
b) Die Parallele p zur Seite [AC] durch den Eckpunkt B schneidet die y-Achse im Punkt D. Berechne seine Koordinaten.
c) Die Gerade s verläuft senkrecht zur Seite [AC] durch den Punkt E (3 | 0). Prüfe rechnerisch, ob der Punkt D auf dieser Geraden s liegt.

6 Eine Parallelenschar p (t) ist festgelegt durch $y = 0{,}5x + t$, ein Geradenbüschel g (m) durch $y = m(x - 3) + 1$.
a) Welche Geraden verlaufen jeweils durch A (– 1 | 4)?
b) Welche Gerade der Schar p (t) gehört zum Büschel g (m)?
c) Fertige eine Zeichnung mit jeweils 3 Geraden an.

Schrägbild

Im **Schrägbild** erscheinen alle zur Zeichenebene parallel verlaufenden Strecken, Flächen und Winkel in wahrer Größe. Strecken, die senkrecht zur Zeichenebene verlaufen, werden verzerrt und verkürzt dargestellt, z. B. Verzerrungswinkel $\omega = 45°$, Verkürzungsfaktor $q = 0{,}5$.

Schrägbild der Pyramide ABCDS

Es gilt: $\overline{AB} = \overline{BC} = 3$ cm; $\overline{MS} = 3{,}5$ cm; $\omega = 45°$; $q = 0{,}5$; Schrägbildachse DC.

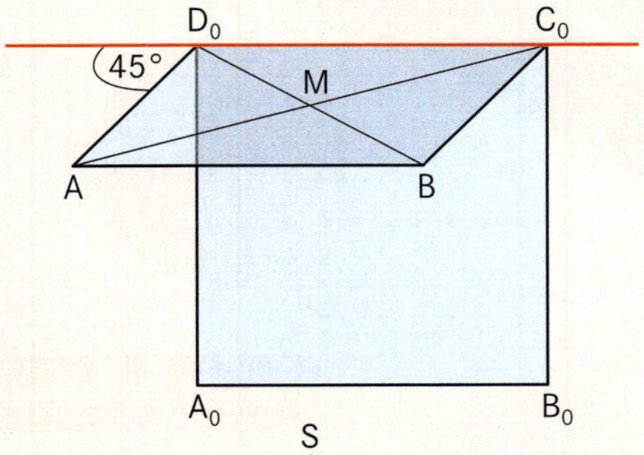

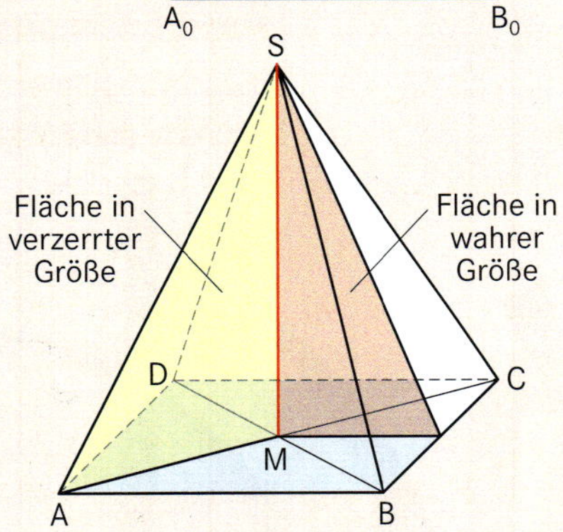

Die Strecken [AD] und [BC] verlaufen senkrecht zur Zeichenebene. Sie werden um den Winkel ω verzerrt und um den Faktor q verkürzt.
Die Höhe [MS] verläuft parallel zur Zeichenebene und wird in wahrer Länge angetragen.

1 Eine gerade Pyramide mit quadratischer Grundfläche ist zweimal als Schrägbild dargestellt. Worin besteht der Unterschied?

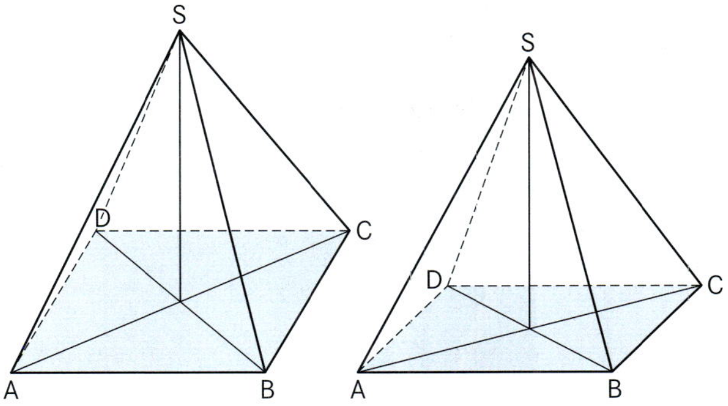

2 Das Rechteck ABCD ist Grundfläche der Pyramide ABCDS. Die Spitze S steht senkrecht über dem Punkt C.

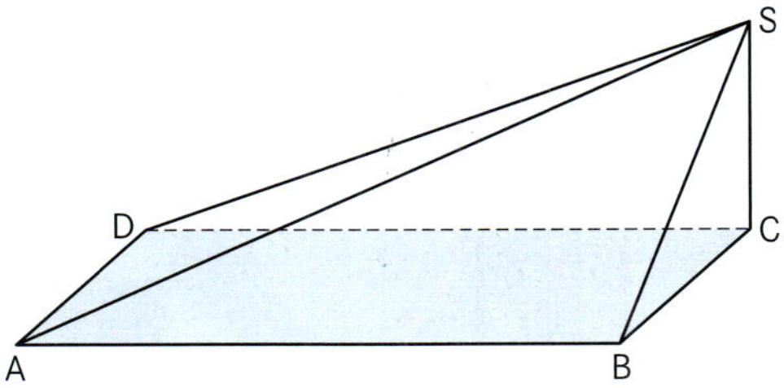

a) Zeichne ein Schrägbild der Pyramide ABCDS mit DC als Schrägbildachse. Für die Zeichnung gilt: $\overline{AB} = 6$ cm; $\overline{AD} = 4$ cm; $\overline{CS} = 3$ cm; $\omega = 45°$; $q = 0{,}5$
b) Zeichne in das Schrägbild den Winkel ein, den die Seitenfläche BCS mit der Grundfläche bildet. Wie groß ist er?
c) Kennzeichne alle rechten Winkel im Schrägbild.
d) Welche Winkel und Strecken sieht man im Schrägbild so groß, wie sie in Wirklichkeit sind?

3 Das Rechteck ABCD ist Grundfläche der Pyramide ABCDS. Die Spitze S liegt senkrecht über dem Punkt D. Zeichne ein Schrägbild dieser Pyramide.
Es gilt: $a = 5$ cm; $b = 3$ cm; $h = 4$ cm; $\omega = 60°$; $q = \frac{2}{3}$; CD ist Schrägbildachse.

4 Die Grundfläche einer geraden Pyramide ABCDS ist ein Quadrat mit der Seitenlänge $a = 4$ cm.
a) Zeichne ein Schrägbild der Pyramide ABCDS. Es gilt: AC ist Schrägbildachse; $q = 0{,}5$; $\omega = 45°$; $\overline{MS} = 3$ cm; M ist der Diagonalenschnittpunkt der Grundfläche.
b) Kennzeichne im Schrägbild die Winkel, die die Seitenkanten [AS] und [DS] mit der Grundfläche bilden.
c) Zeichne in das Schrägbild den Winkel ein, den die Seitenfläche BCS mit der Grundfläche bildet.
d) Welche Winkel und Strecken sieht man im Schrägbild in wahrer Größe?

2 Flächeninhalt ebener Vielecke

Benenne die dir bekannten geometrischen Figuren im Bild.
Von welchen Figuren kannst du den Flächeninhalt berechnen?

(1) a) Was meinst du zu der Antwort von Irina? Begründe.
b) Wie kannst du das Parallelogramm in ein flächengleiches Rechteck verwandeln?
c) Finde weitere flächengleiche Figuren, die du aus den Teilflächen des Parallelogramms herstellen kannst.

M

Zerlegungsgleichheit

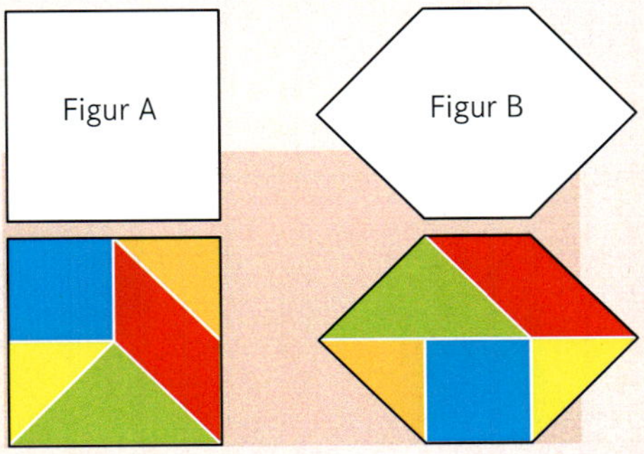

Zwei Figuren heißen **zerlegungsgleich**, wenn sie in paarweise kongruente Teilflächen zerlegt werden können.

Zerlegungsgleiche Figuren – wie die Figuren A und B – haben den gleichen Flächeninhalt.

Übungen

(2) Finde möglichst viele flächengleiche geometrische Figuren mit gleichem Flächeninhalt zu dem im Kasten abgebildeten Quadrat.

(3) Welche der Figuren haben gleichen Flächeninhalt? Begründe.

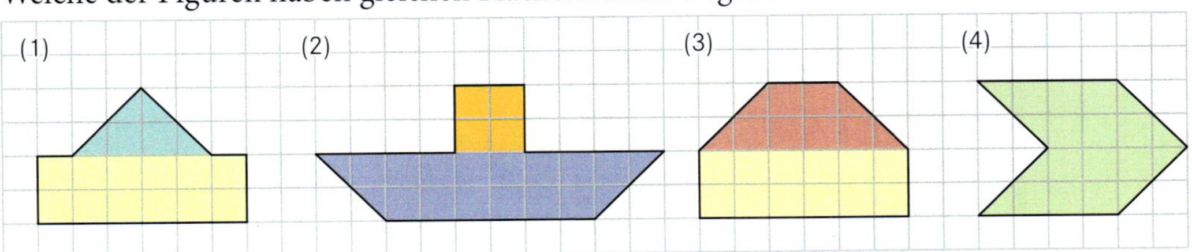

1 Zerschneide einen Streifen Papier so, dass unterschiedliche geometrische Flächen entstehen und klebe sie in dein Heft ein. Was haben diese Flächen gemeinsam?

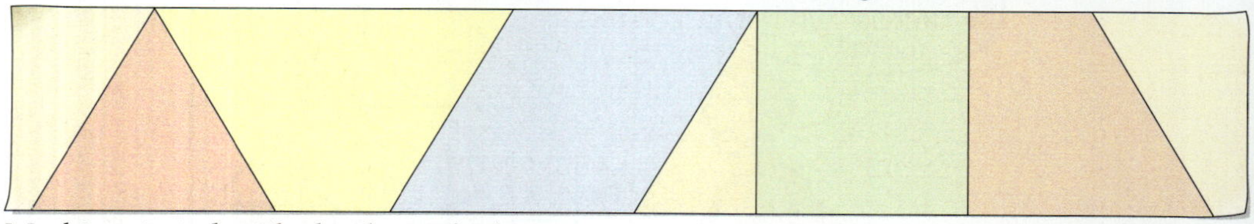

Markiere in jeder Fläche die Höhe h.

M **Höhen**

Die Höhe h im **Dreieck** ist der Abstand eines Eckpunktes von der gegenüberliegenden Seite.

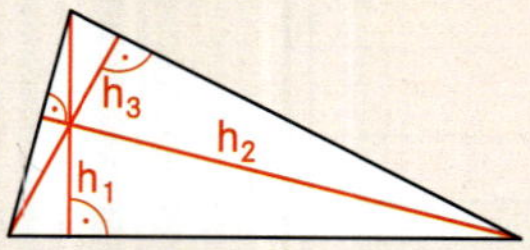

Die Höhe h im **Parallelogramm** ist der Abstand zweier paralleler Seiten.

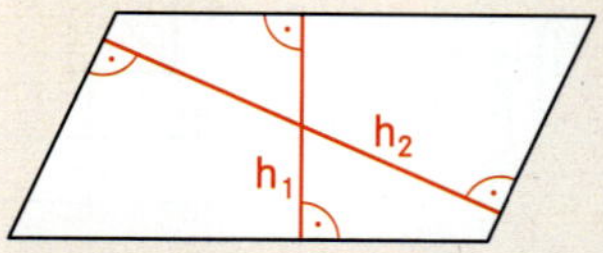

Die Höhe h im **Trapez** ist der Abstand der beiden parallelen Grundseiten.

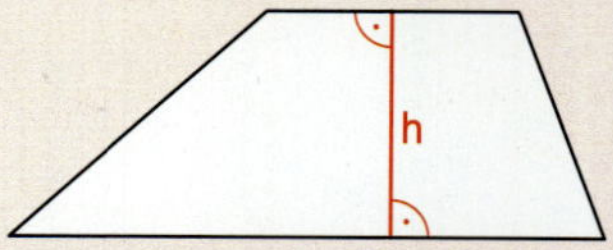

Übungen

2 Übertrage die Figuren in dein Heft, benenne sie und finde jeweils eine Höhe h mit gleicher Länge. Gib diese Länge an.

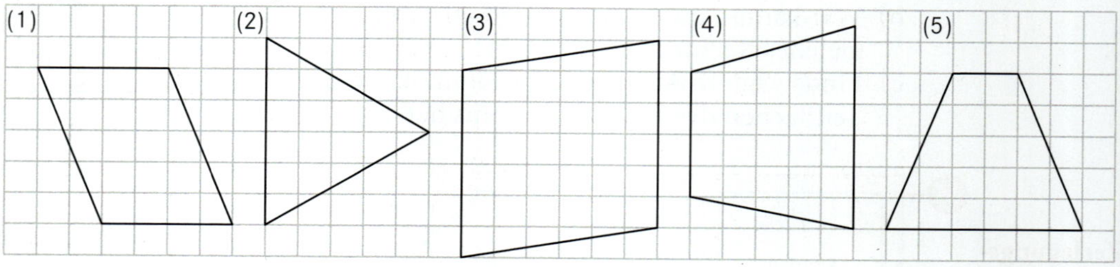

3

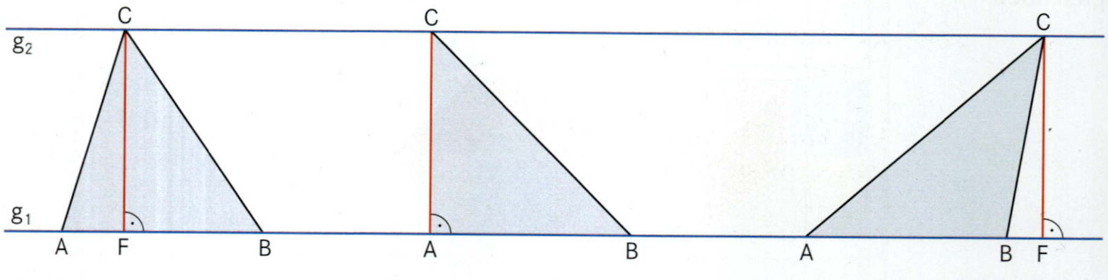

a) Zeichne zwei parallele Geraden g_1 und g_2 und füge ein Dreieck ABC so ein, dass $[AB] \subseteq g_1$ und $C \in g_2$. Konstruiere die Höhe h auf die Seite [AB] und verändere mit dem Zugmodus die Form des Dreiecks. Beobachte dabei die Höhe und den Höhenfußpunkt F.

b) Beschreibe, wie Höhe und Höhenfußpunkt im spitzwinkligen, rechtwinkligen und stumpfwinkligen Dreieck liegen.

c) Ergänze das Dreieck ABC zum Parallelogramm ABCD. Untersuche die Lage der Höhen in unterschiedlichen Parallelogrammen.

4 Konstruiere die folgenden Figuren und zeichne alle Höhen ein.

a) Dreieck ABC mit $c = 6{,}4$ cm; $b = 5$ cm; $\alpha = 110°$

b) Parallelogramm ABCD mit $a = 4$ cm; $b = 5$ cm; $\beta = 35°$

c) Dreieck ABC mit $b = c$; $a = 7$ cm; $\beta = 43°$

1 Schneide ein Parallelogramm aus und falte eine Höhe. Beschrifte die Höhe mit h und die zugehörige Grundseite mit g.

a) Falte die Figur wie im Bild zu einem Rechteck.

b) Wie lang sind die Seiten des doppellagigen Rechtecks? Gib den Flächeninhalt mit den Größen g und h an.

c) Vergleiche die Flächen von Rechteck und Parallelogramm.

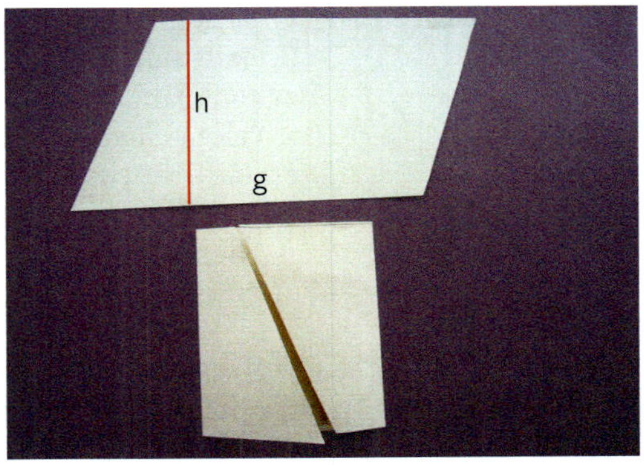

M Flächeninhalt des Parallelogramms

Flächeninhalt des Parallelogramms

$A = g \cdot h$

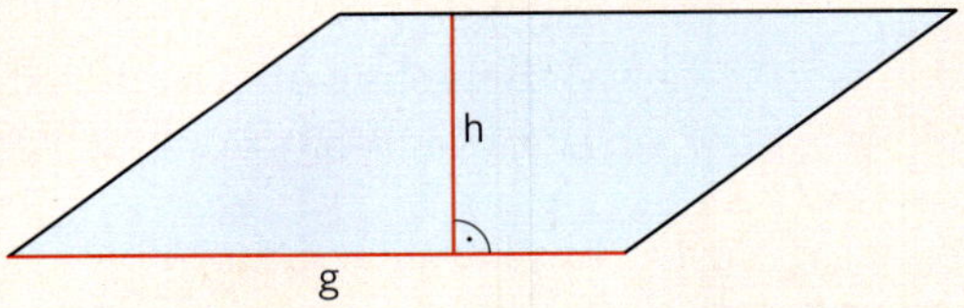

Übungen

2 Berechne jeweils den Flächeninhalt der Parallelogramme (1 Kästchenlänge ≙ 0,5 cm). Was stellst du fest? Begründe deine Antwort.

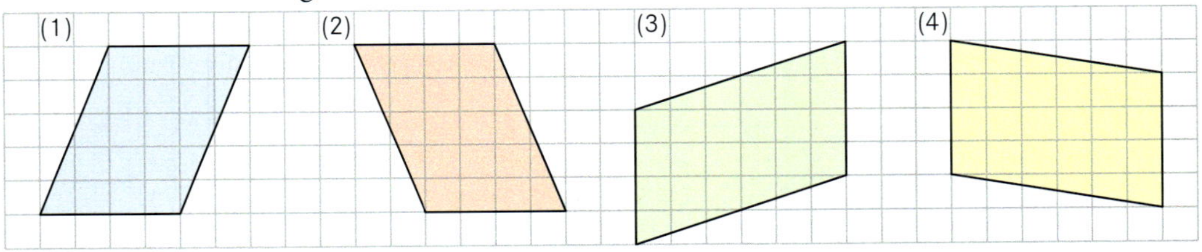

3 Zeichne zwei Parallelogramme mit verschiedenen Höhen und einem Flächeninhalt von 12 cm^2.

4 Gib zwei Terme für den Flächeninhalt des Parallelogramms an.

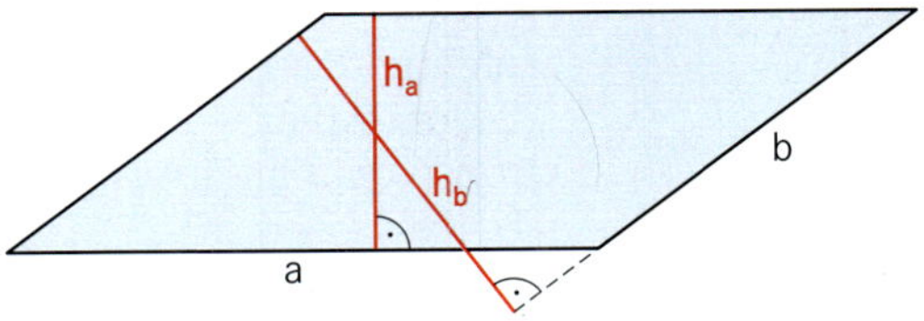

5 Berechne die fehlenden Größen des Parallelogramms:

	a)	b)	c)	d)	e)
a	24 cm	4,56 m		$2 \cdot b$	
b		3,80 m	3,75 m		$3 \cdot a$
h_a	25 cm		54 dm	18 mm	7,5 dm
h_b	15 cm	90 cm			
A			27,0 m^2	20,88 cm^2	24 dm^2

6 Landwirt Klein verkauft für den Bau einer Straße einen Teil seines Feldes an die Stadt.

a) Wie viele Quadratmeter gibt er ab?

b) Die Stadt zahlt 22 € für den Quadratmeter. Welche Summe erhält er insgesamt?

c) Die Stadt möchte zusätzlich Grund an der Straße für einen Fahrradweg. Landwirt Klein will maximal 30 % der verkauften Fläche zur Verfügung stellen.

7 Die Grundseite eines Parallelogramms ist doppelt so lang wie die zugehörige Höhe. Der Flächeninhalt beträgt 50 cm^2, der Umfang ist 31,4 cm.

8 Ein Parallelogramm soll in ein Quadrat und zwei kongruente Dreiecke zerlegt werden. Das Quadrat hat einen Flächeninhalt von 36 cm^2, ein Dreieck hat einen Flächeninhalt von 4,95 cm^2.

a) Berechne die Grundseite des Parallelogramms.

b) Ist es möglich, dass dieses Parallelogramm einen Umfang von 27 cm hat? Begründe.

9 Ein Parallelogramm hat einen Flächeninhalt von 33,8 cm^2 und einen Umfang von 26 cm bei einer Höhe von 5,2 cm. Zeige durch Rechnung, dass es sich um eine Raute handelt.

10 So kannst du Flächeninhalte, z. B. eines Parallelogramms, im Koordinatensystem berechnen, wenn die zur Berechnung benötigten Strecken parallel zu den Koordinatenachsen verlaufen. Es gilt: A (2 | 2); B (6 | 2); C (8 | 4); D (4 | 4)

B Die Maßzahlen der Längen erhältst du als Differenz der entsprechenden Koordinaten:

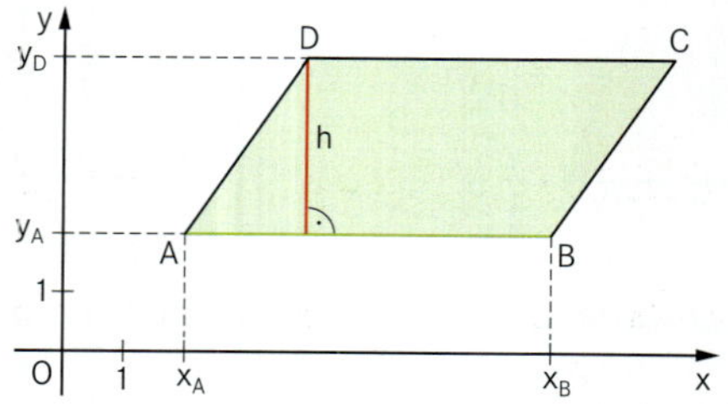

$\overline{AB} = (x_B - x_A)$ LE

$\overline{AB} = (6 - 2)$ LE $= 4$ LE

$h = (y_D - y_A)$ LE

$h = (4 - 2)$ LE $= 2$ LE

$A = 4 \cdot 2$ FE $= 8$ FE

Zeichne das Parallelogramm ABCD in ein Koordinatensystem ein und berechne seinen Flächeninhalt.

a) A (−2 | −1); B (4 | −1); C (6 | 3); D (0 | 3) b) A (−3 | −2); B (2 | −4); C (2 | 2); D (−3 | 4)

11 Der Punkt A(−1 | −2) ist Eckpunkt von Parallelogrammen $AB_nC_nD_n$ mit A = 18 FE. Der Punkt D liegt auf der y-Achse. Zeichne Parallelogramme so, dass du die Koordinaten der Eckpunkte angeben kannst.

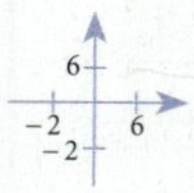

12 Die Punkte B_n (x | 0) von Parallelogrammen AB_nC_nD liegen auf der x-Achse. Es gilt: A (−2 | −1); D (−2 | 5)

a) Zeichne das Parallelogramm AB_1C_1D für x = 1,5 in ein Koordinatensystem und berechne seinen Flächeninhalt.

b) Der Flächeninhalt des Parallelogramms AB_2C_2D beträgt 36 FE. Berechne die Koordinaten von B_2 und zeichne das Parallelogramm ein.

c) Bestimme die Koordinaten des Punktes C_2.

d) Gib die Koordinaten der Punkte C_n in Abhängigkeit von x an.

1 Schneide ein spitzwinkliges Dreieck aus. Beschrifte eine Seite mit g und falte die zugehörige Höhe h durch die gegenüberliegende Ecke.

a) Falte diese Ecke dann auf den Höhenfußpunkt und klappe wie im Bild die Ecken nach innen.

b) Wie lang sind die Seiten des doppellagigen Rechtecks? Gib den Flächeninhalt mit den Größen g und h an.

c) Vergleiche die Flächen von Rechteck und Dreieck.

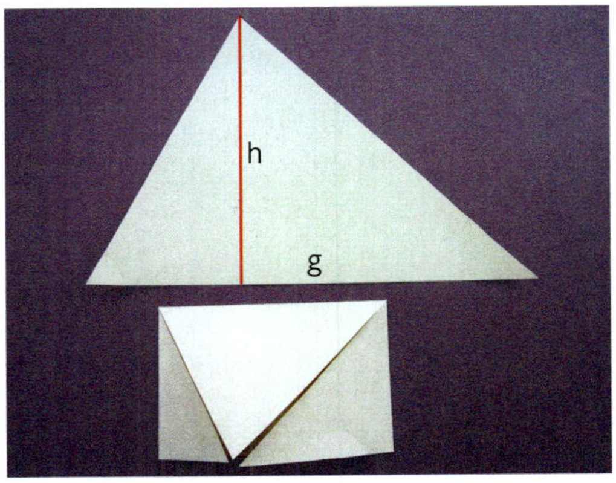

M **Flächeninhalt des Dreiecks**

Flächeninhalt des Dreiecks

$A = \frac{1}{2} \cdot g \cdot h$

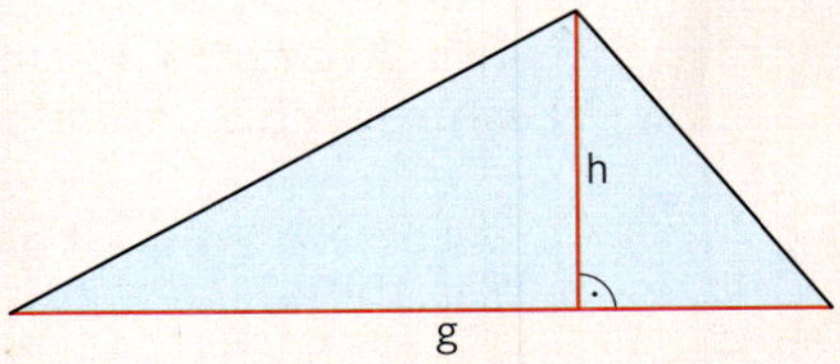

Übungen

2 Finde weitere Terme für den Flächeninhalt eines Dreiecks.

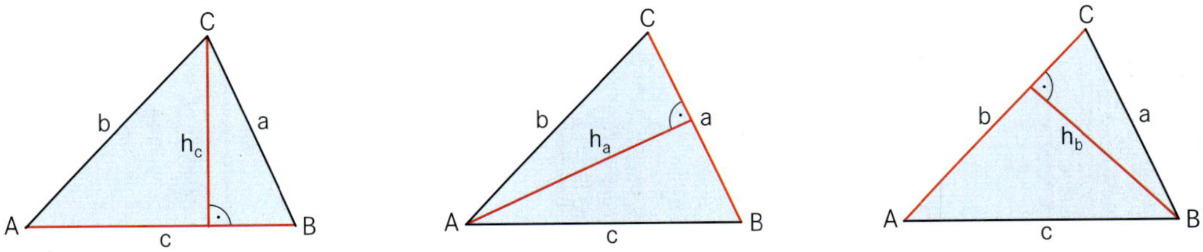

3 Zeichne zwei Dreiecke mit $A = 12\ cm^2$ und verschiedenen Höhen.

4 Begründe, dass für das stumpfwinklige Dreieck ABC ebenfalls gilt: $A = \frac{1}{2} \cdot g \cdot h$.

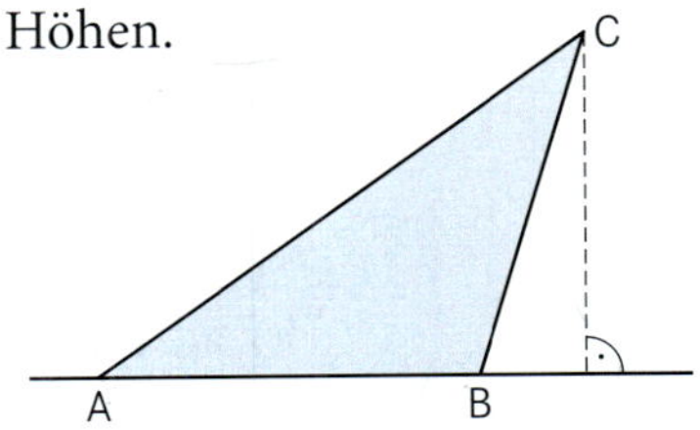

5 Berechne die in Klammern angegebenen Größen. Runde sinnvoll.

$c = 4{,}7\ cm$; $h_c = 5{,}6\ cm$;
$b = 3{,}3\ cm$ (A; h_b)
$A = \frac{1}{2} \cdot 4{,}7\ cm \cdot 5{,}6\ cm$
$A = 13{,}16\ cm^2$
$13{,}16\ cm^2 = \frac{1}{2} \cdot 3{,}3\ cm \cdot h_b$
$h_b = 7{,}98\ cm$

a) $b = 4{,}0\ cm$; $h_b = 3{,}75\ cm$; $h_a = 3{,}2\ cm$ (A; a)
b) $A = 15{,}2\ cm^2$; $c = 9{,}5\ cm$; $h_b = 4{,}0\ cm$ (h_c; b)
c) $a = 3{,}7\ dm$; $h_b = 32\ cm$; $A = 8\ dm^2$ (h_a; b)
d) $a = 46\ cm$; $h_a = 4{,}16\ dm$; $c = 4{,}32\ dm$ (A; h_c)
e) $A = 25{,}5\ cm^2$; $h_c = 5\frac{2}{5}\ cm$; $a = 6\ cm$ (c; h_a)
f) $b = 60\ cm$; $h_c = 37{,}5\ cm$; $A = 0{,}15\ m^2$ (c; h_b)
g) $c = 48\ dm$; $h_c = 2{,}4\ m$; $h_b = 36\ dm$ (A; b)

Lösungen (nur Maßzahlen): 3,2; 7,6; $9\frac{4}{9}$; 8,5; 4,32; 5; 80; 50; 7,5; 4,69; 5,76; 3,2; 9,57; 4,43; 4,5

6 So kannst du den Flächeninhalt eines rechtwinkligen Dreiecks mit den Kathetenlängen $a = 6$ cm, $c = 8$ cm berechnen.

B Die Katheten stehen senkrecht aufeinander. Somit kannst du eine Kathete als Grundseite, die andere als Höhe verwenden.

$A = \frac{1}{2} \cdot g \cdot h = \frac{1}{2} \cdot a \cdot c$
$= \frac{1}{2} \cdot 6\text{ cm} \cdot 8\text{ cm} = 24\text{ cm}^2$

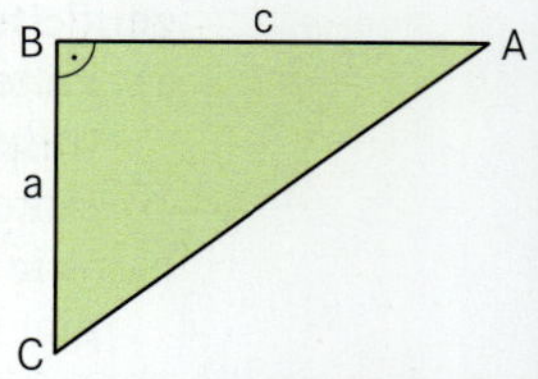

a) $a = 4$ cm, $c = 6$ cm, $\beta = 90°$
b) $a = 5$ cm, $b = 5{,}5$ cm, $\gamma = 90°$

7 Berechne die fehlenden Größen der Dreiecke.
a) $\alpha = 90°$, $b = 12$ cm, $c = 13$ cm
b) $b = 12$ m, $\gamma = 90°$; $A = 96\text{ m}^2$
c) $c = 10$ cm, $A = 15\text{ cm}^2$, $\alpha = 90°$
d) $A = 18\text{ cm}^2$, $a = b$

Lösungen zu 6 und 7: (nur Maßzahlen) 12; 78; 13,75; 3; 6; 16; 15

8 Das Dreieck ABC ist gleichschenklig und bei C rechtwinklig. Die Hypotenuse hat die Länge 10 cm.

9 Für eine Patchworkdecke werden Quadrate mit 10 cm Kantenlänge zusammengenäht. Diese Quadrate wiederum bestehen aus einzelnen Dreiecken aus unterschiedlichen Stoffen. Berechne die Flächeninhalte der Stoffteile eines Quadrats.
(Längenangaben in cm)

10 Von einer rechteckigen Metallplatte soll ein Drittel der Fläche abgeschnitten werden (s. Abbildung). Wo liegt der Punkt P?

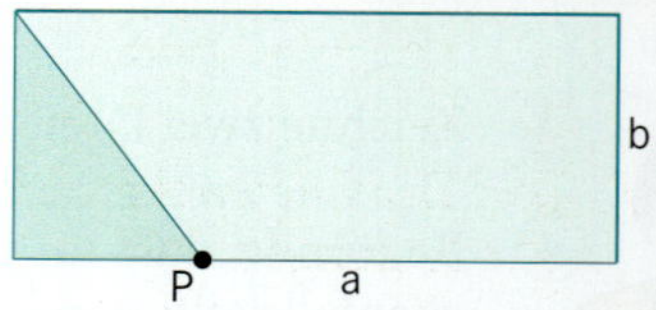

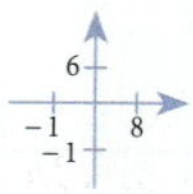

11 Die Punkte B_n $(x \mid 0)$ von Dreiecken AB_nC_n liegen auf der x-Achse. Es gilt: $A\,(1 \mid 4)$
a) Zeichne das Dreieck AB_1C_1 für $x = 6$ und $C_1\,(6 \mid 5)$ in ein Koordinatensystem. Berechne seinen Flächeninhalt.
b) Es gibt ein zweites Dreieck AB_2C_1 mit dem gleichen Punkt C_1 und dem gleichen Flächeninhalt wie in a). Wo liegt B_2? Zeichne ein.
c) Der Flächeninhalt des Dreiecks AB_2C_2 beträgt 8 FE. Finde mögliche Punkte C_n.

12 In einem alten chinesischen Rechenbuch findet sich diese Zeichnung. Das rechtwinklige Dreieck ABC hat die Kathetenlängen $\overline{AC} = 6$ cm und $\overline{AB} = 10$ cm. Gleich gefärbte Figuren sind kongruent.
a) Berechne den Flächeninhalt des Dreiecks ABC.
b) Finde einen Term für den Flächeninhalt des Rechtecks PBRS.
c) Wie groß ist die Seitenlänge x des rot gefärbten Quadrats?

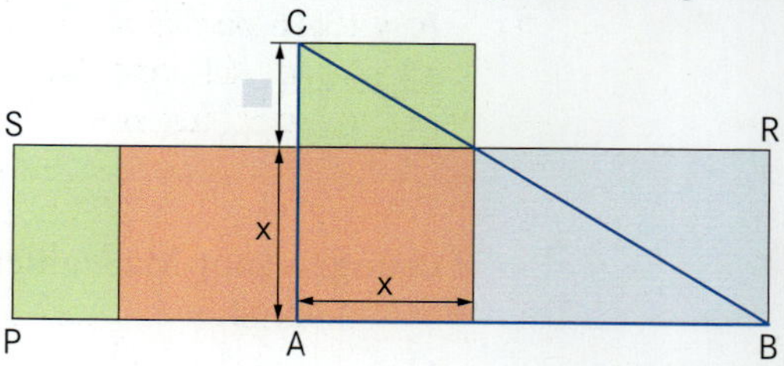

1 Schneide einen symmetrischen Drachen aus und bezeichne die Diagonalen mit e und f.

a) Falte entlang der Symmetrieachse. Bestimme den Flächeninhalt des doppellagigen Dreiecks mit den Größen e und f.

b) Vergleiche die Flächeninhalte von Dreieck und Drachenviereck.

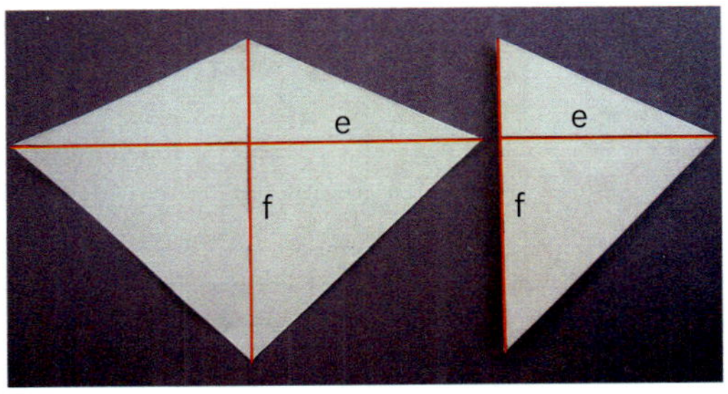

2 Bestimme den Flächeninhalt der Drachen. Was fällt dir auf?

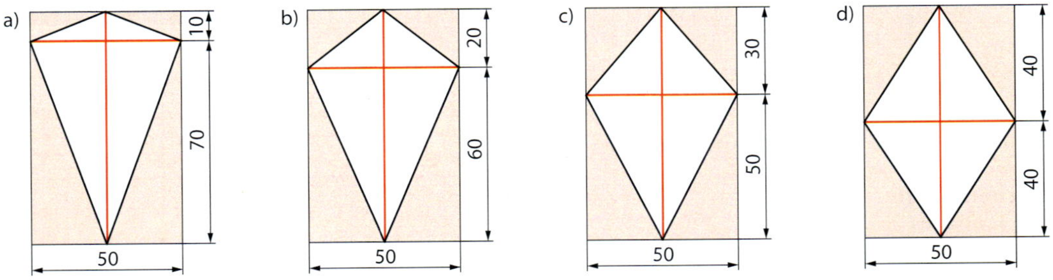

M **Flächeninhalt des Drachenvierecks und der Raute**

Flächeninhalt des Drachenvierecks und der Raute

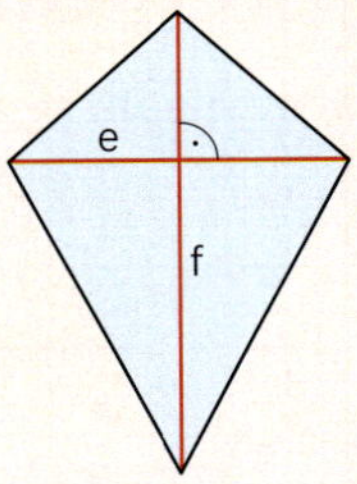

$$A = \frac{1}{2} \cdot e \cdot f$$

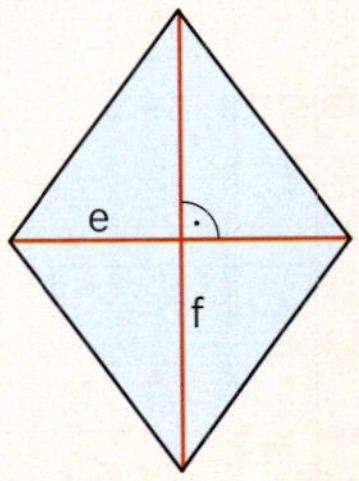

Drachenviereck

Raute

Übungen

3 Zeichne zwei Drachen mit jeweils 36 cm^2 Flächeninhalt und unterschiedlichen Diagonalenlängen.

4 Berechne jeweils die fehlende Größe des Drachens.

a) e = 7,2 cm; f = 8,8 cm
b) e = 0,71 m; f = 124 cm
c) e = f = 0,6 m
d) e = 64 mm; A = 16,96 cm^2
e) f = 0,75 m; A = 22,5 dm^2
f) e = f; A = 32 cm^2

Lösungen: 0,18; 4402; 31,68; 8; 1,8; 6; 5,3

5 a) Zeichne das Drachenviereck ABCD mit A (−2|−1), B (1,5|−4), C (5|−1) und D (1,5|2) in ein Koordinatensystem ein und berechne seinen Flächeninhalt.

b) Zeige durch Rechnung, dass es sich um eine Raute handelt.

6 Drachen können auch nebenstehende Form haben. Man nennt sie dann konkav.

a) Gilt auch für diese Drachen die Formel für den Flächeninhalt von Drachenvierecken? Begründe.

b) Berechne den Flächeninhalt des nebenstehenden Drachen.

c) Wo kannst du solche Drachen sehen?

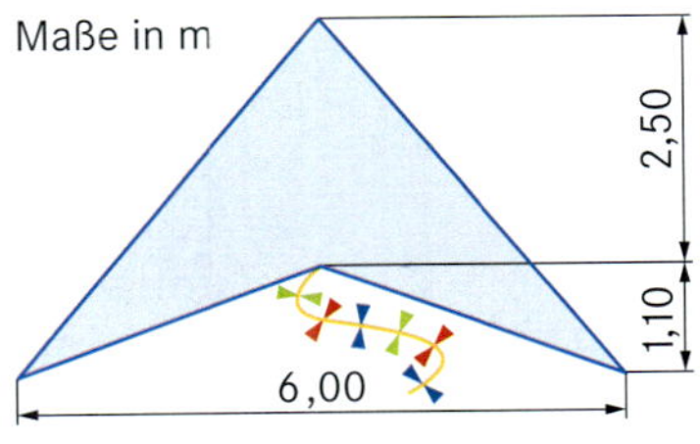

1 Schneide ein Trapez aus. Beschrifte die parallelen Seiten mit a und c sowie deren Abstand mit h.

a) Falte die parallelen Seiten aufeinander und beschrifte die Faltlinie mit m. Klappe die Dreiecke so nach innen, dass ein Rechteck entsteht.

b) Wie lang sind die Seiten des doppellagigen Rechtecks? Gib den Flächeninhalt mit den Größen m und h an.

c) Vergleiche die Flächen von Rechteck und Trapez.

d) Vergleiche die Länge von m mit den Längen von a und c. Ergänze in deinem Heft die Platzhalter: $m = \frac{1}{2}(\square + \square)$

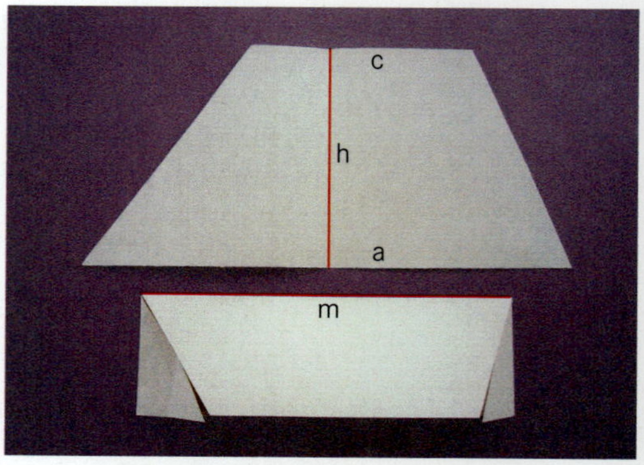

M **Flächeninhalt des Trapezes**

Flächeninhalt des Trapezes

$A = m \cdot h$

Mittellinie $m = \frac{1}{2} \cdot (a + c)$

$A = \frac{1}{2} \cdot (a + c) \cdot h$

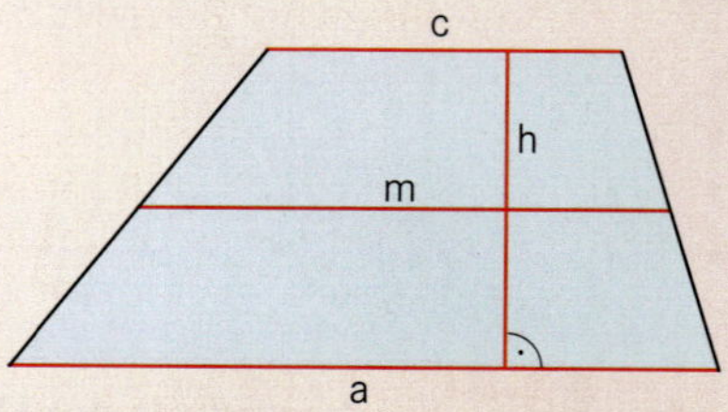

Übungen

2 Zeichne zwei Trapeze mit 24 cm^2 Flächeninhalt und unterschiedlichen Höhen.

3 Berechne die fehlenden Größen in folgenden Trapezen:

	a)	b)	c)	d)	e)
a	6 cm	2,4 cm	4,5 m	$2 \cdot c$	7,6 dm
c	4,6 cm	3,4 cm	95 dm	56 mm	48 cm
h	1,8 cm	1,6 cm	□	38 mm	□
A	□	□	91 m^2	□	21,7 dm^2

4 So kannst du eine fehlende Grundseitenlänge c = x cm an einem Trapez ABCD berechnen. Es gilt: [AB] || [CD]; a = 7 cm; h = 4,5 cm; A = 18,9 cm^2

B

Setze die Maßzahlen in die Formel ein.	$18{,}9 = \frac{1}{2} \cdot (7 + x) \cdot 4{,}5$
Vereinfache.	$18{,}9 = 2{,}25 \cdot (7 + x)$
Löse nach x auf.	$x = 1{,}4$
Ergebnis:	$c = 1{,}4$ cm

a) c = 25 mm; h = 13 mm; A = 3,90 cm^2 b) a = 2,4 m; h = 75 cm; A = 2,25 m^2

5 Gegeben ist das Trapez ABCD mit A (6 | 1), B (6 | 8), C (−1 | 5,5) und D (−1 | 2).

a) Zeichne das Trapez in ein Koordinatensystem und bestimme die Längen der Seiten a und c sowie der Höhe h.

b) Berechne den Flächeninhalt A des Trapezes und die Länge der Mittellinie m.

1 Ein Trapez mit der Höhe h = 6 cm und der Grundlinie a = 7 cm hat den gleichen Flächeninhalt wie das Quadrat über der Mittellinie. Wie lang ist die zweite Grundseite c?

2 Tobias hat in seinem Heft die folgenden Flächenberechnungen entdeckt. Leider findet er die zugehörigen Angaben nicht mehr.
(1) $A = 0{,}5 \cdot 8 \cdot 4\ \text{cm}^2$ (2) $24{,}5\ \text{cm}^2 = x \cdot 7\ \text{cm}^2$ (3) $25{,}6\ \text{cm}^2 = 0{,}5(4\ \text{cm} + x\ \text{cm}) \cdot 5\ \text{cm}$
a) Um welche Figuren könnte es sich jeweils handeln? Welche Größen müssen gegeben sein?
b) Berechne die fehlenden Größen.
c) Zeichne jeweils eine passende Figur.

3 Wie verändert sich der Flächeninhalt A, wenn man
a) beim Dreieck die Grundseite verdoppelt?
b) beim Parallelogramm Grundseite und Höhe halbiert?
c) bei einem Trapez eine Grundseite verdoppelt?
d) bei einem Drachenviereck eine Diagonale um 20 % verlängert?

4 a) Der abgebildete Querschnitt eines Kanals hat einen Flächeninhalt von 585 m². Wie hoch kann das Wasser maximal stehen?
b) Der Kanal ist nicht vollständig mit Wasser gefüllt. Die Wassertiefe beträgt 6 m. Die durch das Wasser bestimmte Querschnittsfläche hat einen Flächeninhalt von 330 m². Berechne die Breite des Wasserspiegels.

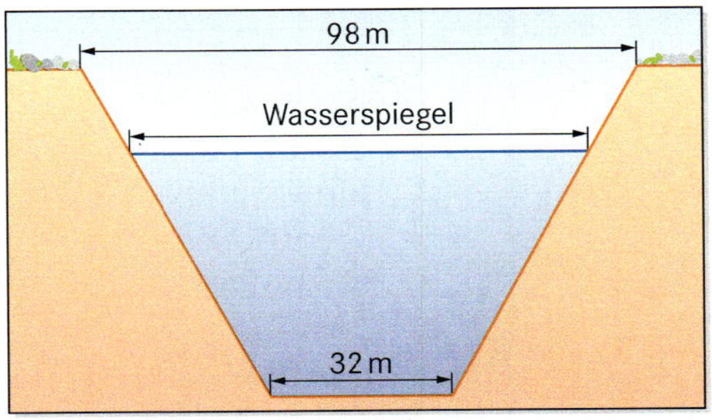

5 Berechne den Inhalt der gelb gefärbten Fläche:

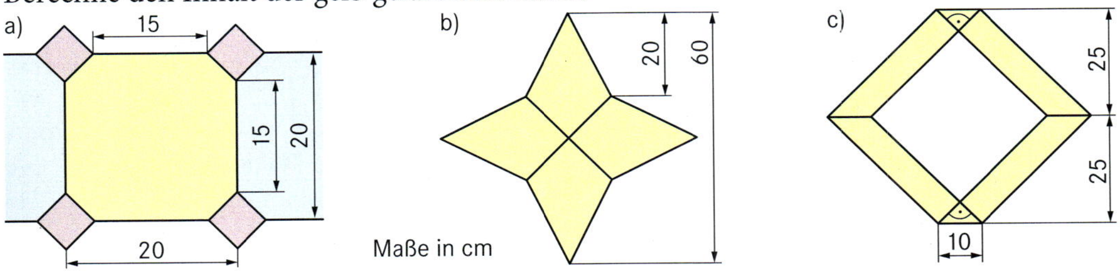

6 Die Diagonalen eines 96 cm² großen Drachen verhalten sich wie 3 : 4. Berechne ihre Längen.

7 Mit einer 33,5 m langen Schnur soll eine Fläche abgesteckt werden, welche die Form eines gleichschenkligen Trapezes mit 6,25 m Schenkellänge und einem Flächeninhalt von 52,5 m² hat. Berechne die Höhe dieses Trapezes.

8 Gegeben ist ein Trapez ABCD. Die Punkte P und Q sind Seitenmittelpunkte der parallelen Seiten. Die Punkte S_n liegen auf [PQ].
Es gilt: A (0 | 1), B (8 | 1), C (7 | 7), D (3 | 7)
a) Zeichne das Trapez ABCD und berechne seinen Flächeninhalt.
b) Ergänze in der Zeichnung die Dreiecke AS_1D und CS_1B für S_1 (x | 5). Berechne jeweils ihren Flächeninhalt.
c) Begründe, dass die Dreiecke für alle Punkte S_n gleichen Flächeninhalt haben.

9 Ein Parallelogramm hat die Form wie in der nebenstehenden Skizze. Der Punkt F ist Mittelpunkt der Strecke [AB].
a) Zeichne das Parallelogramm für $\overline{AB} = 10$ cm.
b) Berechne den Flächeninhalt der Figur aus a).
c) Wie lang ist die Strecke [AB] für $\overline{FD} = 8$ cm? Welchen Flächeninhalt hat die Figur?

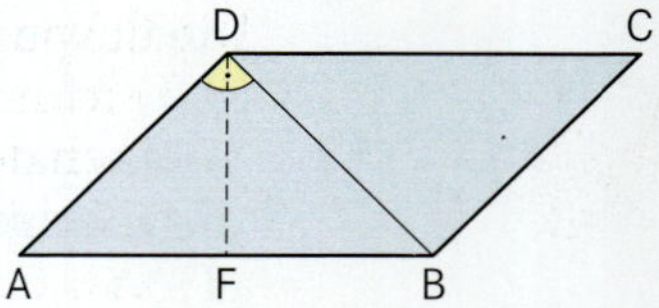

10 a) Zeichne die abgebildete symmetrische Figur auf ein leeres Blatt Papier und berechne den Flächeninhalt.

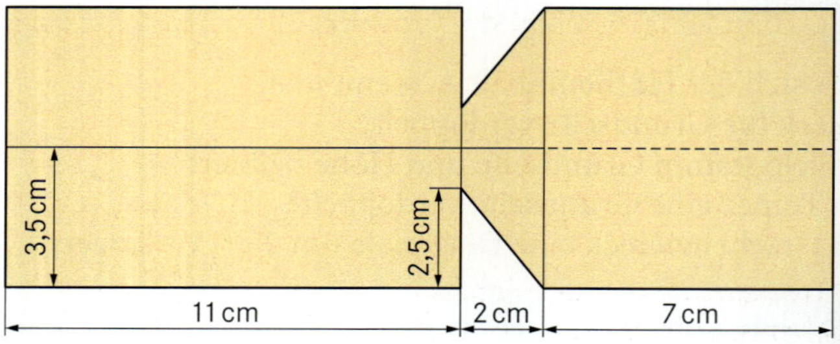

b) Schneide die Figur aus und teile das kleinere Rechteck entlang der gestrichelten Linie. Klappe eine Hälfte nach hinten und rolle das größere Rechteck (z. B. um einen Bleistift) zusammen. Du brauchst nicht zu kleben. Halte das Modell hoch und lasse es fallen.

11 Finde das Lösungswort.

Bei einer Raute ist eine Diagonale vier mal so lang wie die andere. Der Flächeninhalt beträgt $3\frac{1}{8}$ cm².
Berechne die Länge der kürzeren Diagonale.

(A) 1,5 cm (E) 1,25 cm

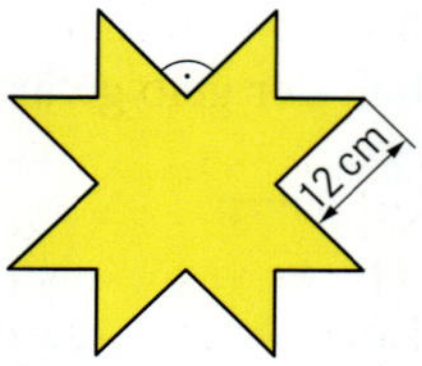

Berechne den Flächeninhalt.

(L) 576 cm²
(M) 648 cm²

Einem Kreis mit 50 cm Durchmesser wird ein Quadrat einbeschrieben. Um wie viel cm² ist der Flächeninhalt des Kreises größer?

(H) 519,3 cm²
(K) 712,5 cm²

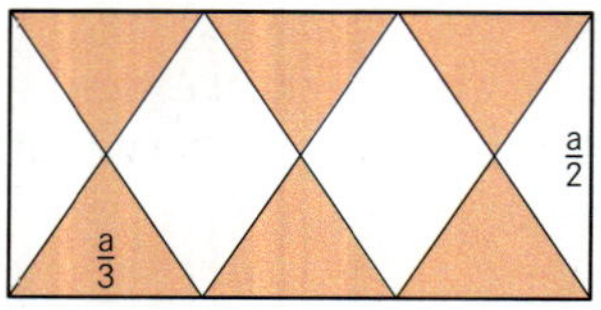

Wie viel % des Gesamtflächeninhaltes ist weiß?

(O) 60 (U) 50

Ein Trapez hat einen Umfang von 25,8 cm. Die Schenkel sind 6,5 cm und 4,7 cm lang, die Höhe beträgt 3,2 cm. Berechne den Flächeninhalt.

(I) 23,36 cm²
(N) 17,92 cm²

Der Flächeninhalt des runden Fensters beträgt 1,4 % der Giebelfläche. Berechne den Durchmesser des Fensters.

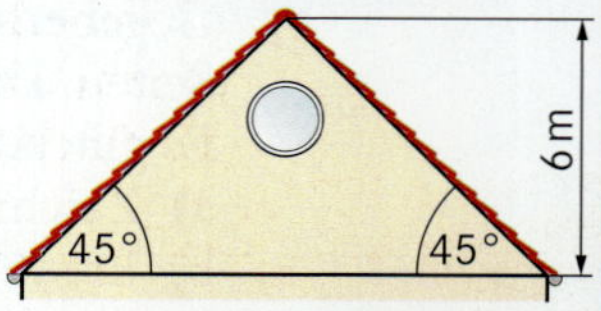

(D) 80 cm (F) 60 cm

1 Die Punkte A (– 2 | 1) und B (3 | 1) bilden die Grundseite von Dreiecken ABC_n.
Die Eckpunkte C_n (x | y) liegen auf der Geraden g mit der Gleichung y = 0,25x + 4.

a) Zeichne mit einem Geometrieprogramm die Punkte A und B, die Gerade g und binde einen der Punkte C_n auf g. Zeichne das Dreieck ABC_n und die Höhe h_c. Lass die x- und y-Koordinaten von C_n anzeigen sowie die Höhe h_c und den Flächeninhalt der Dreiecke ABC_n.

b) Verändere mit dem Zugmodus die Lage von C_n. Was stellst du fest? Begründe.

c) Der Flächeninhalt der Dreiecke ABC_n verändert sich, wenn sich die Abszisse x der Punkte C_n ändert.

So kannst du den Flächeninhalt der Dreiecke ABC_n in Abhängigkeit von der Abszisse x der Punkte C_n darstellen.

B Da die Punkte C_n (x | y) auf der Geraden g liegen, gilt für ihre Koordinaten:
C_n (x | 0,25x + 4)

Suche nach Strecken, die du zur Berechnung des Flächeninhalts verwenden kannst.

Die Maßzahlen der Streckenlängen erhältst du mit Hilfe der Koordinaten von Punkten.

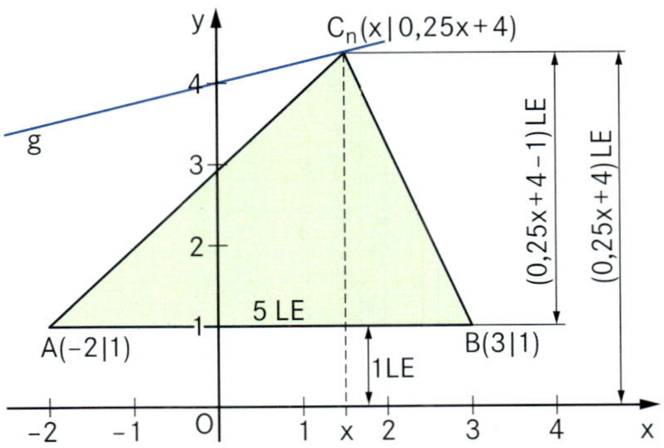

d) Zeige, dass für den Flächeninhalt der Dreiecke ABC_n gilt: A (x) = (0,625x + 7,5) FE.

e) Unter den Dreiecken der Schar gibt es zwei rechtwinklige Dreiecke. Zeichne sie ein und berechne ihren Flächeninhalt.

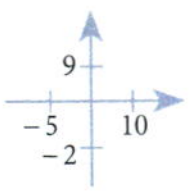

2 Die Parallelogramme ABC_nD_n sind gegeben durch die Punkte A (3 | – 1), B (8 | – 1) und die Punkte C_n (x | y) auf der Geraden g mit der Gleichung y = 1,5x + 2.

a) Zeichne die Gerade g und zwei Parallelogramme ABC_1D_1 für x = 1 und ABC_2D_2 für x = 4,5 in ein Koordinatensystem ein.

b) Berechne die Flächeninhalte A_1 und A_2 dieser Parallelogramme.

c) Bestimme den Flächeninhalt der Parallelogramme ABC_nD_n in Abhängigkeit von der Abszisse x der Punkte C_n. [Ergebnis: A (x) = (7,5x + 15) FE]

d) Welche Werte kann x annehmen?

e) Gibt es ein Parallelogramm mit dem Flächeninhalt 3,75 FE? Berechne.

f) Für welche Belegung von x ist die Höhe eines Parallelogramms ABC_nD_n halb so groß wie die Grundseite? Berechne.

g) Unter den Parallelogrammen gibt es ein Rechteck. Berechne seinen Flächeninhalt.

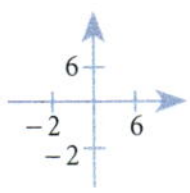

3 Von den Vierecken AB_nCD liegen die Punkte C (x_C | 4) und B_n (x | y) auf der Geraden g mit der Gleichung $y = \frac{4}{3}x - 1{,}5$. Es gilt: A (– 1,5 | – 1); D (– 1,5 | 4).

a) Zeichne das Viereck AB_1CD für x = 1,5 in ein Koordinatensystem ein.

b) Berechne x_C und den Flächeninhalt A_1 des Vierecks AB_1CD.

c) Für welches x ergibt sich ein Trapez? Berechne den zugehörigen Flächeninhalt A_2.

d) Zeichne das Viereck AB_3CD mit B_3 (0 | y_3). Berechne y_3 und den Flächeninhalt A_3.

Welche Kantenlänge muss ein Würfel haben, damit die Maßzahlen von Volumen und Oberfläche gleich sind?

4 Die Punkte A_n (x|0) und B_n sind Eckpunkte einer Schar von rechtwinkligen Dreiecken $A_nB_nC_n$. Die Punkte B_n bewegen sich auf der Geraden g mit der Gleichung $y = 0{,}5x + 2{,}5$, wobei die x-Koordinaten der Punkte B_n um 5 LE größer sind als die x-Koordinaten der Punkte A_n. Die Katheten $[A_nC_n]$ und $[B_nC_n]$ verlaufen parallel zu den Koordinatenachsen.

So kannst du die Koordinaten der Punkte B_n in Abhängigkeit von der Abszisse x (x-Koordinate) der Punkte A_n bestimmen.

B

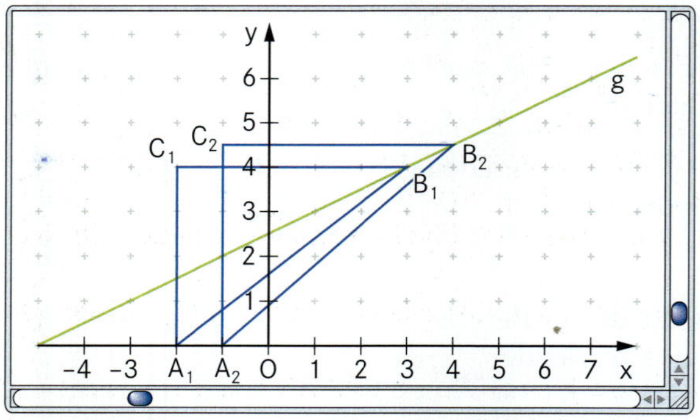

Für die Punkte B_n $(x_B|y_B)$ gilt:
$x_B = x + 5$

Da sie auch auf der Geraden liegen, erfüllen die Koordinaten die Geradengleichung:

$y_B = 0{,}5x_B + 2{,}5$
$y_B = 0{,}5(x + 5) + 2{,}5$
$y_B = 0{,}5x + 5$

Es folgt:
B_n $(x + 5 | 0{,}5x + 5)$

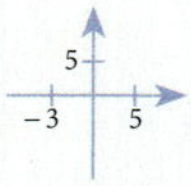

a) Zeichne die Dreiecke $A_1B_1C_1$ für $x = -2$ und $A_2B_2C_2$ für $x = -1$ in ein Koordinatensystem ein und berechne ihre Flächeninhalte A_1 und A_2.
b) Bestimme den Flächeninhalt der Dreiecke $A_nB_nC_n$ in Abhängigkeit von der Abszisse x der Punkte A_n.

5 Gegeben sind die Parallelogramme $OP_nQ_nR_n$. Die Punkte P_n (x|0) liegen auf der x-Achse und die Punkte Q_n $(x_Q|y_Q)$ auf der Geraden g mit der Gleichung $y = -x + 10$. Die x-Koordinaten der Punkte Q_n sind stets um 2 größer als die der Punkte P_n.
a) Zeichne zwei Parallelogramme $OP_1Q_1R_1$ für x = 2 und $OP_2Q_2R_2$ für x = 5.
b) Was fällt dir bei den Koordinaten von R_n auf? Begründe.
c) Stelle die Koordinaten der Punkte Q_n in Abhängigkeit von der Abszisse x der Punkte P_n dar. [Ergebnis: Q_n (x + 2 | −x + 8)]

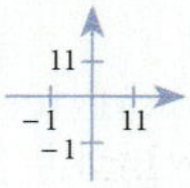

d) Für welche Werte von x existieren Parallelogramme $OP_nQ_nR_n$?
e) Berechne den Flächeninhalt der Parallelogramme $OP_nQ_nR_n$ in Abhängigkeit von x. Berechne anschließend, für welche Belegung von x der Flächeninhalt maximal wird.
f) Entscheide, welche Koordinaten der Punkte R_n richtig dargestellt sind. Begründe.
A R_n (x | −x + 8) **B** R_n (2 | −x + 8) **C** R_n (x − 2 | −x + 8)

6 Eine Gerade h verläuft senkrecht zur x-Achse und wandert von P aus über das Trapez. Dabei überstreicht es die blau markierte Fläche.
Welcher der drei Graphen stellt den Flächeninhalt in Abhängigkeit von x richtig dar?
Es gilt: P (0|0); Q (12|0); R (8|6); S (3|6)

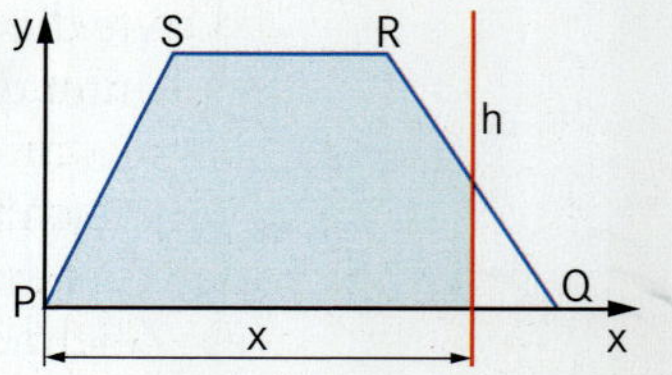

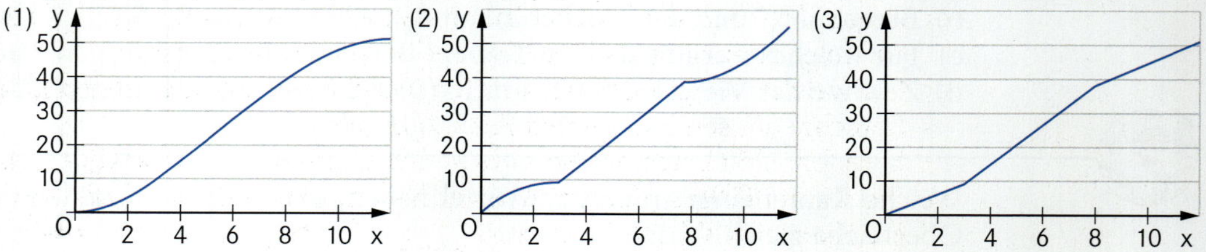

1 Gegeben ist ein gleichschenkliges Dreieck ABC mit der Grundseitenlänge $\overline{AB} = 5$ cm und der Höhe $h = \overline{MC} = 8$ cm. Es entstehen neue Dreiecke $A_nB_nC_n$, wenn man die Seite [AB] über A und B hinaus je um 2x cm verlängert und gleichzeitig die Höhe h von C aus um x cm verkürzt.

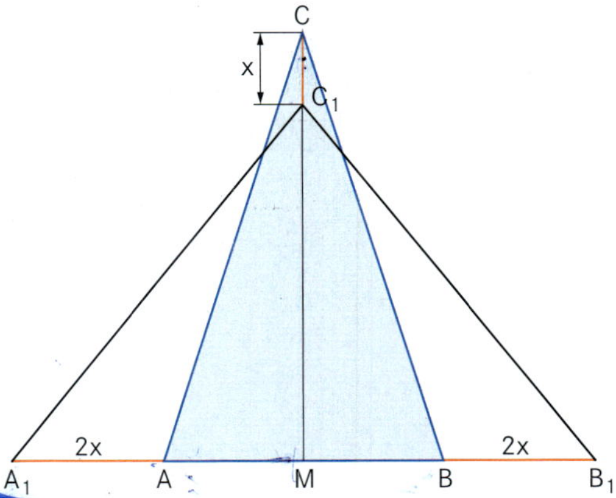

a) Zeichne das Dreieck ABC und ein neues Dreieck $A_1B_1C_1$ für x = 2 und berechne seinen Flächeninhalt A_1.
b) Welche Werte kann x annehmen?
c) Bestimme den Flächeninhalt A der Dreiecke $A_nB_nC_n$ in Abhängigkeit von x. [Ergebnis: $A = (-2x^2 + 13{,}5x + 20)$ cm²]
d) Für welchen Wert von x wird der Flächeninhalt der neuen Dreiecke maximal? Berechne A_{max}.
e) Berechne den Flächeninhalt A_2 für das Dreieck $A_2B_2C_2$, dessen Höhe sich zur Basis wie 1 : 3 verhält.
f) Um wie viel Prozent ist der Flächeninhalt des Dreiecks $A_2B_2C_2$ größer als der des ursprünglichen Dreiecks? Berechne.
g) Für welchen Wert von x ergibt sich ein gleichschenklig-rechtwinkliges Dreieck? Berechne seinen Flächeninhalt.

2 Eine Raute ABCD hat die Diagonalenlängen $\overline{AC} = 9$ cm und $\overline{BD} = 6$ cm. Es entstehen neue Rauten $A_nB_nC_nD_n$, wenn man die Strecke [AC] von A und C aus um je x cm verkürzt und die Strecke [BD] über B und D hinaus um je x cm verlängert.

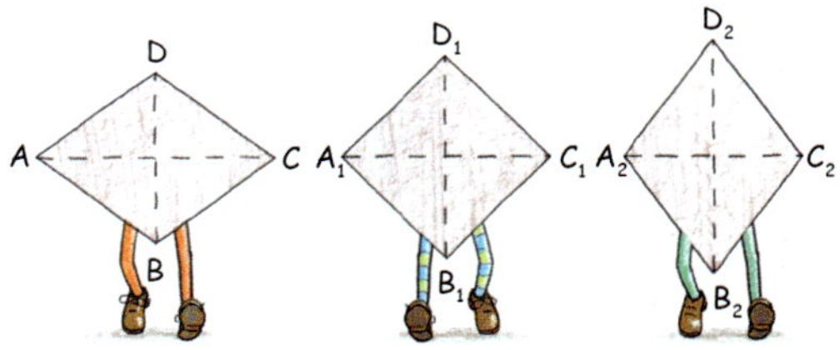

a) Zeichne die Raute ABCD und eine neue Raute $A_1B_1C_1D_1$ für x = 2. Berechne die Flächeninhalte der beiden Rauten.
b) Für welche Werte von x gibt es Rauten $A_nB_nC_nD_n$?
c) Bestimme den Flächeninhalt der Rauten $A_nB_nC_nD_n$ in Abhängigkeit von x. [Ergebnis: $A(x) = (-2x^2 + 3x + 27)$ cm²]
d) Für welche Belegung von x wird der Flächeninhalt einer Raute $A_0B_0C_0D_0$ maximal? Berechne diese maximale Fläche.
e) Für welche Belegung von x entsteht ein Quadrat? Berechne.

3 Ein rechtwinkliges Dreieck ABC hat die Kathetenlängen $\overline{AB} = 6$ cm und $\overline{BC} = 5$ cm. Verkürzt man die Kathete [AB] um $\frac{1}{2}x$ cm und verlängert man gleichzeitig die Kathete [BC] um x cm, entstehen neue Dreiecke A_nBC_n.
a) Zeichne das Dreieck ABC und ein neues Dreieck A_1BC_1 für x = 3. Um wie viel Prozent ist der Flächeninhalt A_1 größer als der Flächeninhalt A des ursprünglichen Dreiecks?
b) Welche Werte kann x annehmen?
c) Zeige, dass sich der Flächeninhalt der neuen Dreiecke A_nBC_n in Abhängigkeit von x wie folgt darstellen lässt: $A(x) = (-\frac{1}{4}x^2 + 1{,}75x + 15)$ cm²
d) Für welche Belegung von x wird der Flächeninhalt eines Dreiecks A_0BC_0 maximal? Berechne diesen maximalen Flächeninhalt.
e) Berechne den Flächeninhalt des gleichschenklig-rechtwinkligen Dreiecks A_2BC_2.
f) Bearbeite die Teilaufgaben a) bis e), indem du die Kathete [AB] um x cm verkürzst und die Kathete [BC] um 2x cm verlängerst. [Teilergebnis: $A(x) = (-x^2 + 3{,}5x + 15)$ cm²]

1 Dem Rechteck ABCD mit $\overline{AB} = 12$ cm und $\overline{BC} = 7$ cm werden Parallelogramme $P_nQ_nR_nS_n$ einbeschrieben, indem man entgegen dem Uhrzeigersinn auf den Rechteckseiten von den Eckpunkten aus je x cm anträgt ($P_n \in [AB]$; $Q_n \in [BC]$ usw.)

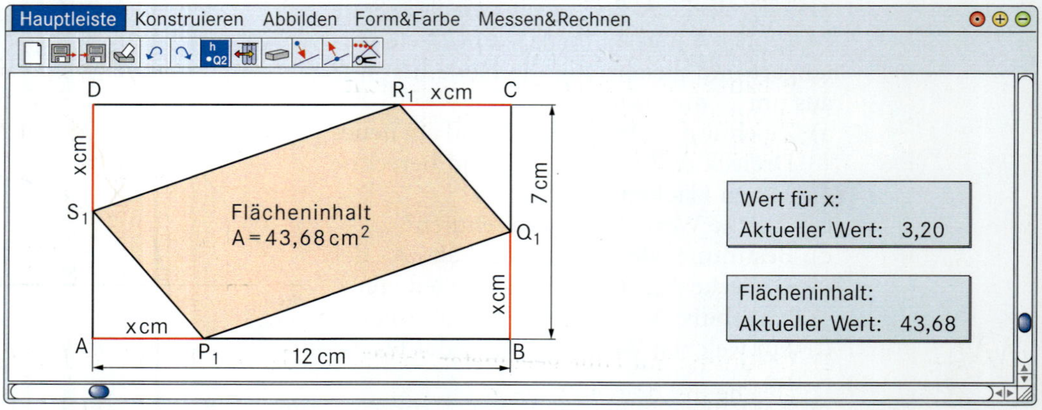

a) Zeichne mit einem Geometrieprogramm das Rechteck ABCD mit einem einbeschriebenen Parallelogramm $P_1Q_1R_1S_1$.
b) Welche Werte kann x annehmen?
c) Verändere mit dem Zugmodus x. Wie verändert sich der Flächeninhalt?
d) Bestimme den Flächeninhalt der einbeschriebenen Parallelogramme in Abhängigkeit von x. [Ergebnis: $A(x) = (2x^2 - 19x + 84)$ cm²]
e) Berechne den Flächeninhalt des Parallelogramms $P_2Q_2R_2S_2$ für $x = 1{,}5$ und überprüfe mit dem Zugmodus.
f) Für welchen Wert von x nimmt der Flächeninhalt der Parallelogramme $P_nQ_nR_nS_n$ einen Extremwert an? Gib Art und Größe des Extremwertes an und überprüfe mit dem Zugmodus.
g) Für welchen Wert von x ist der Flächeninhalt halb so groß wie der des Rechtecks? Ermittle mit dem GTR durch Probieren.
h) Verändere die Aufgabenstellung, indem du z. B. statt x cm jeweils 2x cm anträgst. Löse die Aufgabe mit deinem Banknachbarn.

2 Dem Rechteck ABCD mit $\overline{AB} = 7$ cm und $\overline{BC} = 5$ cm werden Parallelogramme $P_nQ_nR_nS_n$ einbeschrieben, indem von den Eckpunkten A und C aus auf den Rechteckseiten nach beiden Seiten je x cm angetragen werden.
a) Zeichne das Rechteck ABCD mit einem einbeschriebenen Parallelogramm $P_1Q_1R_1S_1$ für $x = 1{,}5$ und berechne den Flächeninhalt des Parallelogramms $P_1Q_1R_1S_1$.
b) Welche Werte kann x annehmen?
c) Für welche Belegung von x nimmt der Flächeninhalt eines der Parallelogramme $P_nQ_nR_nS_n$ einen Extremwert an? Berechne. [Teilergebnis: $A(x) = (-2x^2 + 12x)$ cm²]

3 Dem Rechteck ABCD mit $\overline{AB} = 8$ cm und $\overline{BC} = 6$ cm werden Dreiecke AP_nQ_n einbeschrieben, wobei gilt: $P_n \in [BC]$, $Q_n \in [DC]$, $\overline{BP_n} = \overline{CQ_n} = x$ cm.
a) Zeichne das Rechteck ABCD mit einem einbeschriebenen Dreieck AP_1Q_1 für $x = 1{,}5$ und berechne den Flächeninhalt A_1 des Dreiecks AP_1Q_1.
b) Welche Werte kann x annehmen?
c) Für welche Belegung von x nimmt der Flächeninhalt eines der Dreiecke AP_nQ_n einen Extremwert an? Berechne. [Teilergebnis: $A(x) = (0{,}5x^2 - 4x + 24)$ cm²]
Anmerkung: Du kannst hier wie in den Aufgaben 1 a) bis 1 c) mit einem Geometrieprogramm arbeiten.
d) Verändere die Aufgabenstellung, indem du z. B. 0,5x cm statt x cm anträgst.

1 Gegeben ist das Dreieck ABC. Es gilt: A (2 | 1); $\overrightarrow{AB} = \begin{pmatrix} 7 \\ 3 \end{pmatrix}$; $\overrightarrow{AC} = \begin{pmatrix} 1 \\ 6 \end{pmatrix}$

a) Zeichne das Dreieck in ein Koordinatensystem und bestimme aus der Zeichnung den Flächeninhalt des Dreiecks. Vergleiche mit deinem Nachbarn.

b) Ergänze das Dreieck wie im Bild rechts zu einem Rechteck. Fülle in deinem Heft die Platzhalter aus.

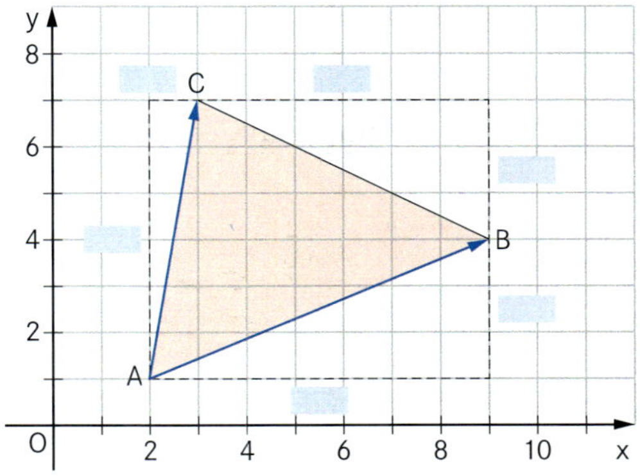

c) Bestimme mit Hilfe geeigneter Teilflächen den Flächeninhalt des Dreiecks ABC. Vergleiche mit deinem Ergebnis aus a).

d) Fertige eine neue Skizze an wie in b) mit $\overrightarrow{AB} = \begin{pmatrix} a_x \\ a_y \end{pmatrix}$, $\overrightarrow{AC} = \begin{pmatrix} b_x \\ b_y \end{pmatrix}$. Ersetze alle Platzhalter durch passende Terme.

e) Zeige, dass sich der Flächeninhalt des Dreiecks wie folgt darstellen lässt:
$A = [a_x b_y - \frac{1}{2} a_x a_y - \frac{1}{2} b_x b_y - \frac{1}{2} (a_x - b_x)(b_y - a_y)]$ FE

f) Zeige, dass sich der Term aus e) auf folgende Form bringen lässt:
$A = \frac{1}{2} (a_x b_y - a_y b_x)$ FE

M

Determinante

Für den Term $a_x b_y - a_y b_x$ führt man eine neue Schreibweise ein:

$\begin{vmatrix} a_x & b_x \\ a_y & b_y \end{vmatrix} = a_x b_y - a_y b_x$ Dieses Schema heißt (zweireihige) **Determinante**[1].

Übungen

2 Berechne mit Hilfe des Terms aus Aufgabe 1 f) den Flächeninhalt des Dreiecks ABC aus 1a).

3 Nick und Felix haben den Flächeninhalt des abgebildeten Dreiecks wie folgt berechnet:

Felix: $A = 0{,}5 \begin{vmatrix} 5 & 4 \\ 1 & 4 \end{vmatrix}$ FE

Nick: $A = 0{,}5 \begin{vmatrix} 4 & 5 \\ 4 & 1 \end{vmatrix}$ FE

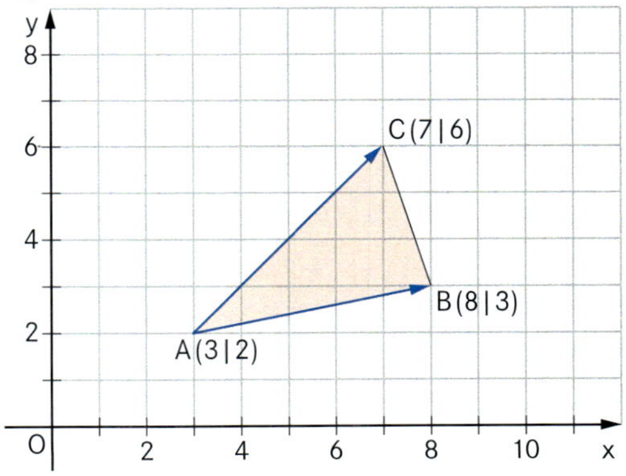

a) Rechne fertig. Was stellst du fest?

b) Cara hat folgenden Ansatz aufgestellt:

Cara: $A = 0{,}5 \begin{vmatrix} -1 & -5 \\ 3 & -1 \end{vmatrix}$ FE

Welche Vektoren hat sie verwendet? Berechne und vergleiche.

c) Suche zwei weitere Vektoren, mit denen du den Flächeninhalt ebenfalls ermitteln kannst. Vergleiche mit dem Ergebnis von Felix.

[1] „determinare" lateinisch „bestimmen"

M

Flächeninhalt des Dreiecks

Die Vektoren $\overrightarrow{AB} = \vec{a} = \begin{pmatrix} a_x \\ a_y \end{pmatrix}$ und $\overrightarrow{AC} = \vec{b} = \begin{pmatrix} b_x \\ b_y \end{pmatrix}$ spannen das Dreieck ABC auf.

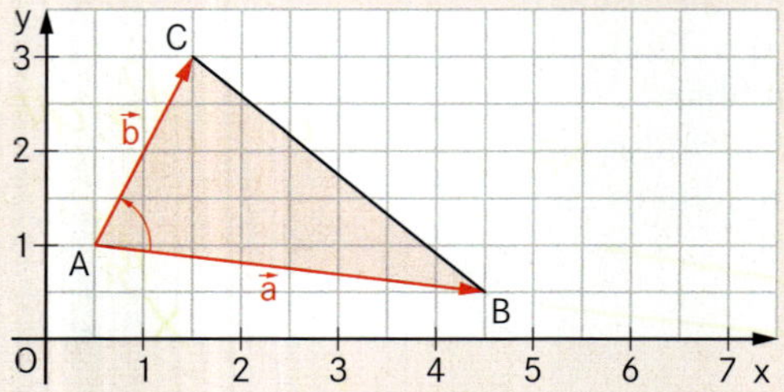

Für den **Flächeninhalt des Dreiecks** ABC gilt:

$$A = \frac{1}{2} \cdot \begin{vmatrix} a_x & b_x \\ a_y & b_y \end{vmatrix} \text{ FE} = \frac{1}{2} \cdot (a_x b_y - a_y b_x) \text{ FE}$$

Beachte: Beide Vektoren müssen den gleichen Fußpunkt haben. Man beginnt mit demjenigen Vektor, der *entgegen dem Uhrzeigersinn* das Winkelfeld überstreicht.

4 Zeichne das Dreieck ABC und berechne seinen Flächeninhalt.

a) A (−5 | 2); B (−1 | −2,5); C (1 | 4)
b) A (−1,5 | −3); B (3 | −0,5); C (0 | 5)
c) A (3 | −2); B (3 | 6); C (−1 | 4)
d) A (5 | 6,5); B (−2 | 3); C (0,5 | −2)

5 a) Zeichne das Dreieck ABD mit A (−4 | −2,5), B (3 | 0) und D (−2 | 1,5) in ein Koordinatensystem und berechne seinen Flächeninhalt.

b) Ergänze das Dreieck ABD zum Parallelogramm ABCD. Welcher Zusammenhang besteht zwischen den Flächeninhalten von Parallelogramm und Dreieck?

c) Mit Hilfe des Ergebnisses aus b) kannst du eine allgemeine Formel für die Berechnung des Flächeninhalts von Parallelogrammen im Koordinatensystem formulieren.

M

Flächeninhalt des Parallelogramms

Für den **Flächeninhalt des Parallelogramms** gilt:

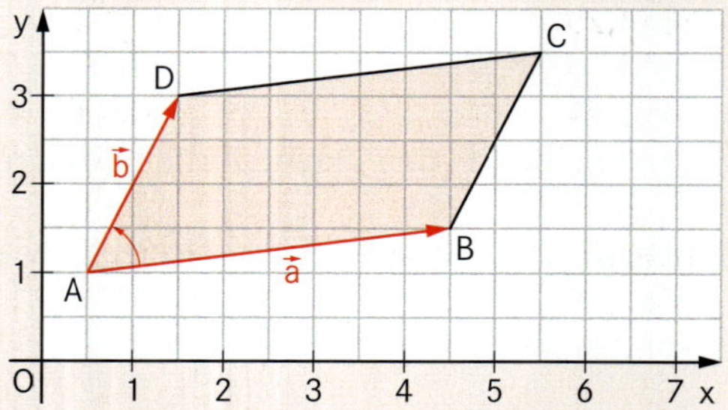

$$\overrightarrow{AB} = \vec{a} = \begin{pmatrix} a_x \\ a_y \end{pmatrix}; \quad \overrightarrow{AD} = \vec{b} = \begin{pmatrix} b_x \\ b_y \end{pmatrix}$$

$$A = \begin{vmatrix} a_x & b_x \\ a_y & b_y \end{vmatrix} \text{ FE} = (a_x b_y - a_y b_x) \text{ FE}$$

Übungen

6 Zeichne das Parallelogramm ABCD und berechne seinen Flächeninhalt.

a) A (−4 | 1); $\overrightarrow{AB} = \begin{pmatrix} 5 \\ -3 \end{pmatrix}$; $\overrightarrow{AD} = \begin{pmatrix} 2 \\ 4 \end{pmatrix}$
b) B (6 | −3); $\overrightarrow{BC} = \begin{pmatrix} -3 \\ 3{,}5 \end{pmatrix}$; $\overrightarrow{BA} = \begin{pmatrix} -5 \\ -2{,}5 \end{pmatrix}$
c) A (−1 | −3); B (5 | −1); C (7 | 2); D (1 | 0)
d) A (0 | −2); B (1,5 | 2); C (−1 | 4,5); D (−2,5 | 0,5

Lösungen zu 4 und 6: (nur Maßzahlen) 25; 27; 16; 13,75; $21\frac{7}{8}$; 14; 17,5; $16\frac{1}{8}$; 26

7 Der Flächeninhalt eines Vierecks wird wie folgt berechnet: $A = \begin{vmatrix} 4 & 2 \\ -0{,}5 & 3{,}5 \end{vmatrix}$ FE

a) Rechne zu Ende.
b) Um welches besondere Viereck handelt es sich?
c) Zeichne das Viereck ABCD. Es gilt: A (2 | 1)

8 Der Eckpunkt B des Dreiecks ABC liegt auf der x-Achse. Es gilt: A (−4 | −4); C (−1 | 2)
Berechne die Koordinaten von B, wenn der Flächeninhalt des Dreiecks 19,5 FE beträgt.

1 Gegeben ist das Viereck ABCD mit A (−2 | −1), B (2 | −4), C (4 | −1) und D (1 | 3).

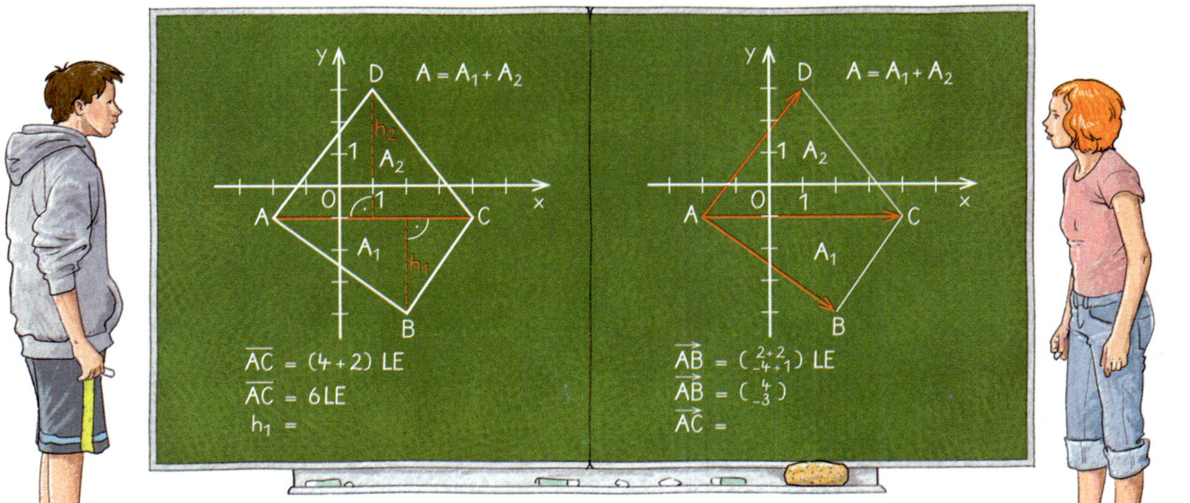

a) Führe beide Rechnungen zu Ende.
b) Ergeben beide Berechnungen dasselbe Ergebnis?
c) Können immer beide Verfahren angewendet werden? Begründe.

2 Berechne den Flächeninhalt der folgenden Vielecke.
a) Fünfeck ABCDE: A (−3,5 | 1); B (−2 | −2,5); C (2 | −3); D (5 | 1); E (2,5 | 3,5).
b) Viereck ABCD: A (−4 | −1,5); B (−1 | −4); C (5 | −1); D (1,5 | 3).
c) Fünfeck ABCDE: A (−3,5 | 2); B (−3,5 | −3); C (0 | −5); D (2 | −3); E (3 | 0).
d) Sechseck ABCDEF: A (−4,5 | 2); B (−2,5 | −1,5); C (2 | −4); D (5,5 | −1,5); E (5,5 | 4); F (−1 | 5).

Lösungen: 63; $30\frac{7}{8}$; 30; 27,75; 34,25

3 Der Flächeninhalt eines Parallelogramms beträgt 18 FE. Der Punkt B liegt auf der y-Achse. Es gilt: A (−1 | 2), D (2 | 8)

Strategie – Lösung

4 Der Eckpunkt A des Parallelogramms ABCD mit B (3 | 1) und $\overrightarrow{BC} = \begin{pmatrix} -5 \\ 2 \end{pmatrix}$ hat die y-Koordinate −1. Der Flächeninhalt des Parallelogramms beträgt 20 FE.
Berechne die x-Koordinate des Punktes A. Hinweis: Eine Skizze ist hilfreich.

5 Die Punkte A (−3 | −1) und B (2 | −3) sind Eckpunkte von Parallelogrammen ABC_nD_n, die Eckpunkte C_n bewegen sich auf einer Geraden g mit der Gleichung $y = -\frac{2}{5}x + 3$.
a) Zeichne die Gerade g und die Parallelogramme ABC_1D_1 und ABC_2D_2 für x = 2,5 und x = 6 in ein Koordinatensystem ein und berechne ihre Flächeninhalte A_1 und A_2.
b) Für beliebige Punkte C_n auf der Geraden g gilt $C_n\,(x \,|\, -\frac{2}{5}x + 3)$. Berechne mit Hilfe der Vektoren $\overrightarrow{AB}$ und $\overrightarrow{AC_n}$ den Flächeninhalt aller Parallelogramme ABC_nD_n. Was stellst du fest?

6 Gegeben ist eine Schar von Dreiecken ABC_n mit A (−2 | 0), B (4 | −3) und C_n (3 | y).
a) Zeichne ein Dreieck ABC_1 für $y_1 = 3$ in ein Koordinatensystem ein und berechne seinen Flächeninhalt A_1.
b) Bestimme den Flächeninhalt der Dreiecke ABC_n in Abhängigkeit von der y-Koordinate der Punkte C_n. [Ergebnis: A (y) = (3y + 7,5) FE]
c) Welche Werte kann y annehmen? Begründe.
d) Für welchen Wert von y wird der Flächeninhalt der Dreiecke 30 FE? Berechne.

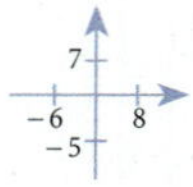

7 Die Eckpunkte B_n einer Schar von Parallelogrammen bewegen sich auf der Geraden g mit der Gleichung $y = \frac{1}{2}x - 2$. Es gilt: $A\,(-4{,}5\,|\,-1)$; $\overrightarrow{B_nC_n} = \binom{4}{5}$

a) Zeichne die Gerade g und zwei Parallelogramme AB_1C_1D für $x = -1$ und AB_2C_2D für $x = 2$ in ein Koordinatensystem ein und berechne ihre Flächeninhalte A_1 und A_2.

b) Berechne den Flächeninhalt der Parallelogramme AB_nC_nD in Abhängigkeit von der Abszisse x (x-Koordinate) der Punkte B_n. [Ergebnis: $A(x) = (3x + 26{,}5)$ FE]

c) Für welche Belegung von x hat ein Parallelogramm AB_3C_3D den Flächeninhalt 19 FE? Berechne die Koordinaten der Eckpunkte B_3, C_3 und D.

d) Welche Werte kann der Flächeninhalt der Parallelogramme annehmen? Welche Werte sind für x möglich?

e) Das Parallelogramm AB_4C_4D ist ein Rechteck. Berechne die Koordinaten des Eckpunktes B_4. Überprüfe durch Zeichnung.

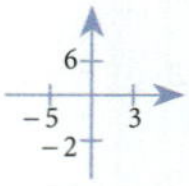

8 Gegeben sind die Dreiecke ABC_n. Dabei bewegen sich die Punkte C_n auf der Geraden g mit $y = \frac{1}{2}x + 3{,}5$. Es gilt: $A\,(-4\,|\,-1)$; $B\,(2\,|\,1)$; $C_n\,(x\,|\,\frac{1}{2}x + 3{,}5)$

a) Zeichne die Gerade g und die Dreiecke ABC_1 für $x = -3$ und ABC_2 für $x = 1$ in ein Koordinatensystem.

b) Zeige durch Rechnung, dass das Dreieck ABC_2 rechtwinklig ist.

c) Berechne den Flächeninhalt des Dreiecks ABC_1.

d) Bestimme den Flächeninhalt der Dreiecke ABC_n in Abhängigkeit von der Abszisse x der Punkte C_n. Welche Werte kann x annehmen? [Ergebnis: $A(x) = (0{,}5x + 9{,}5)$ FE]

e) Berechne die Koordinaten von C_3 so, dass das Dreieck ABC_3 einen Flächeninhalt von 15 FE besitzt.

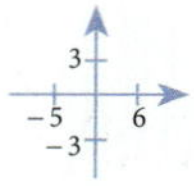

9 Die Eckpunkte B_n einer Schar von Parallelogrammen AB_nC_nD bewegen sich auf der Geraden g mit der Gleichung $y = \frac{1}{4}x - 3$. Es gilt: $A\,(-3\,|\,-2)$; $\overrightarrow{B_nC_n} = \binom{4}{3}$

a) Zeichne die Gerade g und zwei Parallelogramme AB_1C_1D und AB_2C_2D für $x = -1$ und $x = 2$ in ein Koordinatensystem ein und berechne ihre Flächeninhalte A_1 und A_2.

b) Gibt es ein Parallelogramm mit dem Flächeninhalt 12 FE?

c) Welche Werte kann der Flächeninhalt der Parallelogramme annehmen? Welche Werte für x sind möglich?

10 Gegeben ist das Viereck ABCD. Es gilt: $A\,(0\,|\,-1)$; $B\,(6\,|\,-1)$; $C\,(8\,|\,3)$; $D\,(-2\,|\,1)$

a) Zeichne das Viereck ABCD und berechne dessen Flächeninhalt.

b) Zeige rechnerisch, dass die Gerade g, die parallel zu AC und durch den Eckpunkt D verläuft, folgende Gleichung hat: $y = 0{,}5x + 2$.

c) Auf der Geraden g liegen die Punkte $E_n\,(x\,|\,0{,}5x + 2)$. Versuche den Flächeninhalt der Vierecke $ABCE_n$ in Abhängigkeit von der Abszisse x der Punkte E_n darzustellen. Was stellst du fest?

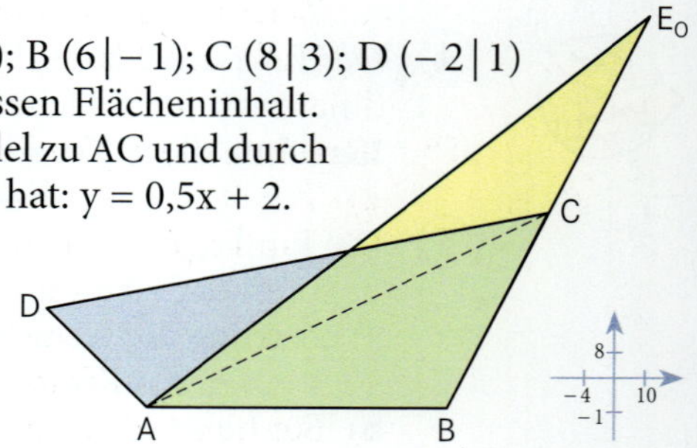

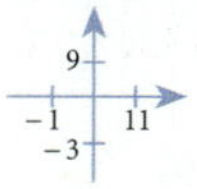

11 Gegeben sind die Dreiecke AB_nC_n mit $A\,(1\,|\,-2)$, $B_n\,(x + 2\,|\,0)$ und $C_n\,(x\,|\,-0{,}5x + 8)$.

a) Zeichne die Dreiecke AB_1C_1 für $x = 1$ und AB_2C_2 für $x = 8$ in ein Koordinatensystem ein und berechne den Flächeninhalt A_1 des Dreiecks AB_1C_1.

b) Zeige durch Rechnung, dass sich der Flächeninhalt der Dreiecke AB_nC_n wie folgt in Abhängigkeit von der Abszisse x der Punkte C_n darstellen lässt:
$A(x) = (-0{,}25x^2 + 3{,}75x + 6)$ FE

W 9

c) Berechne mit diesem Term den Flächeninhalt A_2 des Dreiecks AB_2C_2.

d) Für welche Belegung von x wird der Flächeninhalt eines Dreiecks maximal? Berechne A_{max}.

12 Das Viereck $ABCD_1$ gehört zu einer Schar von Vierecken $ABCD_n$, die alle denselben Flächeninhalt besitzen. Es gilt: A (−2 | −2); B (4 | −3); C (3 | 1); D_1 (−2,5 | 1,5)

a) Zeichne das Viereck in ein Koordinatensystem ein und berechne seinen Flächeninhalt A_1.
b) Der Eckpunkt D_2 des Vierecks $ABCD_2$ der Schar liegt auf der x-Achse. Berechne die Koordinaten des Punktes D_2 und zeichne das Viereck in das Koordinatensystem zu a) ein.
c) Es gibt ein Viereck der Schar, dessen Eckpunkt D_3 auf der y-Achse liegt. Berechne die Koordinaten des Punktes D_3 und zeichne das Viereck $ABCD_3$ ebenfalls ein.
d) Was stellst du fest bezüglich der Lage der Punkte D_n? Begründe geometrisch.
e) Berechne die Gleichung der Geraden, auf der die Punkte D_n liegen.
f) Gib Bedingungen für weitere Eckpunkte D_n von Vierecken $ABCD_n$ an und berechne ihre Koordinaten.

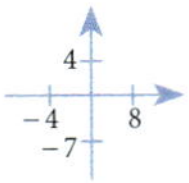

13 Von einer Schar von Vierecken $ABCD_n$ bewegt sich der Punkt D_n (x | y) auf einer Geraden mit der Gleichung $y = \frac{3}{4}x - 1{,}5$. Es gilt: A (−1 | −5); B (4 | −5); C (6 | −2)

a) Zeichne die Vierecke $ABCD_1$ für x = −2 und $ABCD_2$ für x = 4 in ein Koordinatensystem ein und berechne ihren Flächeninhalt.
b) Berechne den Flächeninhalt der Vierecke $ABCD_n$ in Abhängigkeit von der Abszisse x der Punkte D_n. [Ergebnis: $A(x) = (\frac{9}{8}x + 18{,}25)$ FE]
c) Für welche Belegung von x ist der Flächeninhalt eines der Vierecke $ABCD_3$ doppelt so groß wie der des Teildreiecks ABC?
d) Unter den Vierecken gibt es ein Trapez $ABCD_4$ mit den Grundseiten [AB] und $[CD_4]$. Berechne dazu die Belegung von x und den Flächeninhalt.
e) Gibt es unter den Vierecken ein Parallelogramm? Begründe deine Antwort geometrisch und durch Rechnung.

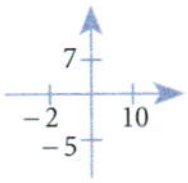

14 Gegeben ist die Funktion f: $y = \frac{6}{x}$; $\mathbb{G} = \mathbb{Q}^+ \times \mathbb{Q}$

a) Tabellarisiere f für x ∈ {1; 2; 3; 4; 6; 9} und zeichne den Graphen zu f.
b) Die Strecke $[B_nD_n]$ mit 6 LE ist Diagonale der Rauten $A_nB_nC_nD_n$.

Es gilt: A_n (x | −4); C_n $(x \mid \frac{6}{x})$

Zeichne eine Raute $A_1B_1C_1D_1$ für x = 2 und berechne den Flächeninhalt.
c) Stelle den Flächeninhalt der Rauten $A_nB_nC_nD_n$ in Abhängigkeit von x dar.

d) 

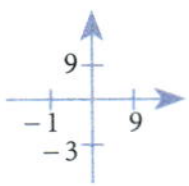

15 Gegeben ist die Funktion f: $y = \frac{4}{x}$; $\mathbb{G} = \mathbb{Q}^+ \times \mathbb{Q}$

a) Tabellarisiere f für x ∈ {0,5; 1; 2; 4; 8} und zeichne den Graphen zu f.
b) Die Trapeze $AB_nC_nD_n$ haben die Grundseiten $[AB_n]$ und $[C_nD_n]$. Die Länge $\overline{C_nD_n}$ beträgt immer 1 LE. Die Punkte B_n (x | −2) und die Punkte C_n $(x \mid \frac{4}{x})$ haben immer dieselbe Abszisse x. Es gilt: A (1 | −2)
Zeichne das Trapez $AB_1C_1D_1$ für x = 4 und berechne dessen Flächeninhalt.
c) Stelle den Flächeninhalt der Trapeze $AB_nC_nD_n$ in Abhängigkeit von x dar.
[Ergebnis: A(x) = (x + 2) FE]
d) Ermittle die Koordinaten des Punktes C_2, für den das Trapez $AB_2C_2D_2$ einen Flächeninhalt von 8 FE hat.

Die Maßzahl des Flächeninhalts der grünen Fläche in der abgebildeten Figur ist:

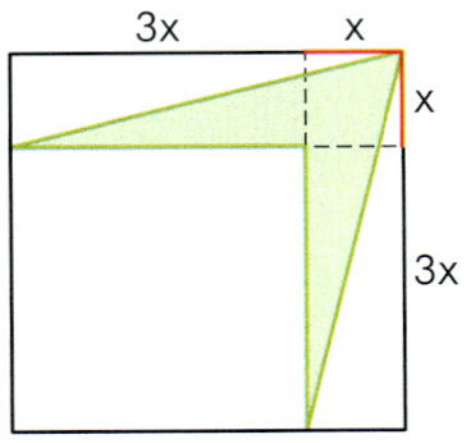

A x^2 **B** $3x^2$ **C** $2x^2$ **D** $1{,}5x^2$ **E** $2{,}5x^2$

1 Die Klasse 9b bestimmt näherungsweise den Flächeninhalt Bayerns anhand der Karte.

a) Führt die Flächenbestimmungen durch und vergleicht die drei Methoden. Welche ist nach eurer Meinung die genaueste?
b) Überprüft eure Ergebnisse anhand des tatsächlichen Flächeninhalts von Bayern und berechnet jeweils die prozentuale Abweichung.
c) Nach Angaben von Naturschützern hat sich der Anteil der für Siedlungen und Verkehr aufgewendeten Flächen auf 10,4 % der Gesamtfläche erhöht. Wie viele Hektar Land sind verbaut?
d) Die Naturschützer beklagen zudem, dass täglich eine Fläche von 28,4 ha zusätzlich durch Bebauung versiegelt würde. Dies entspräche einer Fläche von 40 Fußballfeldern. Überprüfe diesen Größenvergleich.
e) Ungefähr $\frac{4}{37}$ der Bewohner Bayerns leben in München in insgesamt 715 000 Haushalten. Wie viele Personen fasst ein Münchner Haushalt durchschnittlich? Berechnet.

3 Lineare Gleichungssysteme

Der griechische Mathematiker und PHILOSOPH XENON (ca. 490 – 430 v. Chr.) erfand folgendes paradoxe mathematische Problem:

Achilles, der berühmte griechische Held, macht einen Wettlauf mit einer Schildkröte. Obwohl er 10mal so schnell läuft wie die Schildkröte und diese nur einen Vorsprung von 100 m hat, kann er sie niemals einholen.

Wenn nämlich ACHILLES die ersten 100 m gelaufen ist, hat sich die Schildkröte bereits „aus dem Staub gemacht“ und befindet sich bei 110 m (s. Abbildung unten).
Hat nun ACHILLES die 110 m erreicht, ist die Schildkröte wieder 1 m weiter gekrochen und befindet sich bei 111 m.
Gelangt ACHILLES wiederum bei 111 m an, ist die Schildkröte bei ….

Warum meint XENON, dass ACHILLES die Schildkröte nie einholen kann?
Stelle dazu den Wettlauf zwischen ACHILLES und XENON in einem Diagramm dar. (Für die Zeichnung: ACHILLES läuft die 100 m in 20 s.)
Glaubst du nun, dass XENON Recht hat?

1 a) Welche der beiden Graphen beschreibt den Tarif *Blabla*, welche den Tarif *UFO*? Begründe.
b) Hat Lena Recht oder Guiseppe? Begründe.
c) Welche Bedeutung haben die Koordinaten des Schnittpunktes S der beiden Halbgeraden [OC und [AB?

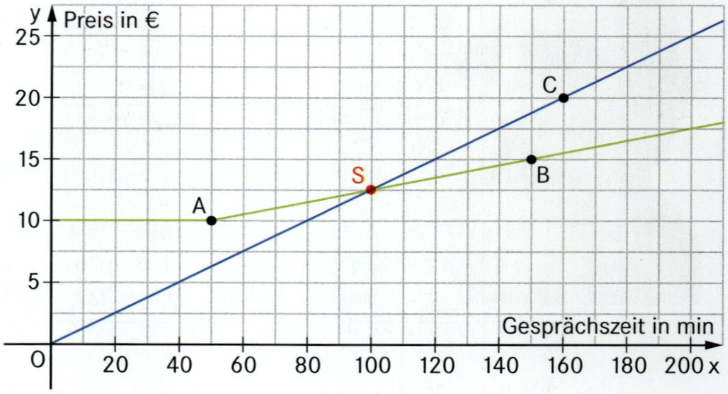

M

lineares Gleichungssystem

Verknüpft man zwei lineare Gleichungen mit zwei Variablen durch „∧" („und zugleich"), so entsteht ein **lineares Gleichungssystem**. Die Lösung erhält man als Koordinaten des Schnittpunktes S der beiden Geraden g und h, die zu den beiden Gleichungen gehören: $\{S\} = g \cap h$.
Die Lösung erfüllt die beiden Gleichungen gleichzeitig.

2 So kannst du ein lineares Gleichungssystem mit zwei Variablen grafisch lösen.

(I) $y + x = 3{,}5$ $\mathbb{G} = \mathbb{Q} \times \mathbb{Q}$
(II) $\wedge\ 0{,}5y = x - 0{,}5$

B

grafisches Lösungsverfahren

Löse beide Gleichungen nach y auf, so dass sie die Form $y = mx + t$ erhalten.

(I) $y = -x + 3{,}5$
(II) $\wedge\ y = 2x - 1$

Zeichne für jede der beiden Gleichungen die zugehörige Gerade ins Koordinatensystem.

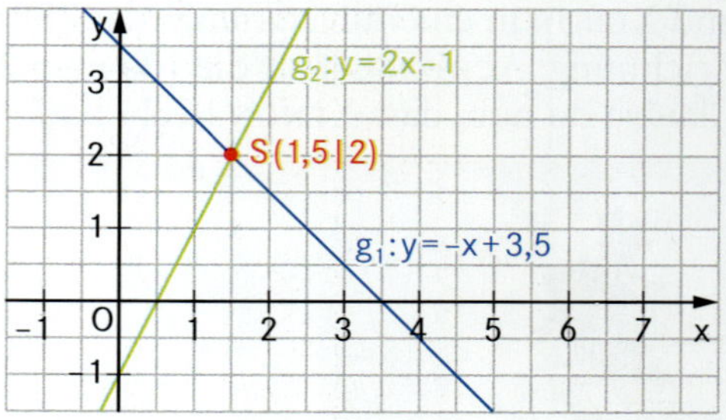

Lies die Koordinaten des Schnittpunktes S ab. S (1,5 | 2)

Mache die Probe durch Einsetzen der Koordinaten von S in beide Ausgangsgleichungen.

(I) $2 + 1{,}5 = 3{,}5$ (w)
(II) $\wedge\ 0{,}5 \cdot 2 = 1{,}5 - 0{,}5$ (w)

Gib die Lösungsmenge an. $\mathbb{L} = \{(1{,}5 \mid 2)\}$

a) $y - 3x = -2$
$\wedge\ y = -x + 6$

b) $y = x + 1$
$\wedge\ y = -2x + 7$

c) $y = 0{,}5x - 4$
$\wedge\ y - 1 = 3x$

d) $y = \frac{2}{3}x + 2$
$\wedge\ y + x = -6$

1 So kannst du grafisch mit dem GTR die Lösungsmenge des linearen Gleichungssystems ermitteln. $y = 2{,}5x + 1 \wedge y = -0{,}5x + 5$ $(\mathbb{G} = \mathbb{Q} \times \mathbb{Q})$

B

Gib die Gleichungen ein.	Stelle das Koordinatensystem ein.	Lass die Graphen zeichnen.	Lass den Schnittpunkt berechnen.

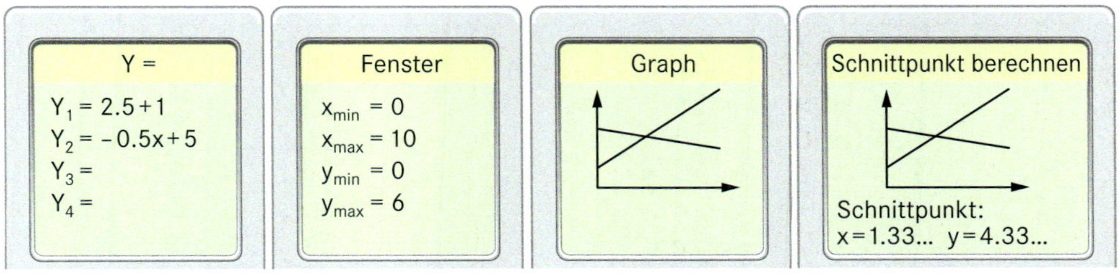

a) $y = -x + 7$
$\wedge\ y = 2x + 5$

b) $y = 0{,}25x - 1{,}7$
$\wedge\ y = -2{,}5x + 5$

c) $y = 1{,}75x - 2$
$\wedge\ y = -4{,}5x + 9$

d) $2y = 3x - 4{,}2$
$\wedge\ y = 0{,}75x + 5{,}5$

2 Lies die Lösungsmenge ab. Gib das zugehörige Gleichungssystem an $(\mathbb{G} = \mathbb{Q} \times \mathbb{Q})$.

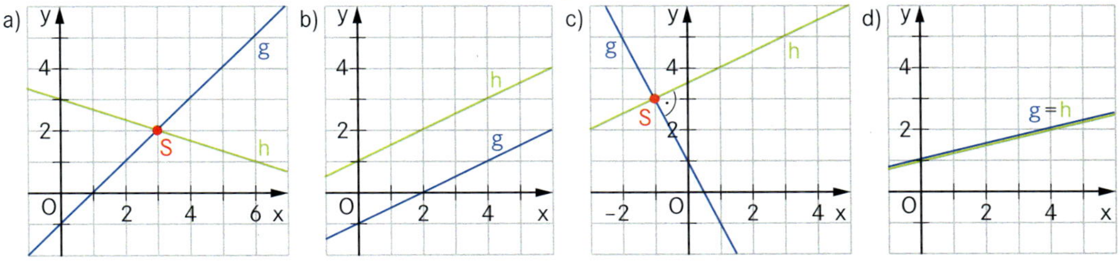

Lösbarkeit linearer Gleichungssysteme

M Für ein lineares Gleichungssystem gibt es folgende Lösungsmöglichkeiten:

Die zugehörigen Geraden haben unterschiedliche Steigung.
Es gibt einen Schnittpunkt und somit **eine Lösung**.

$m_g \neq m_h$

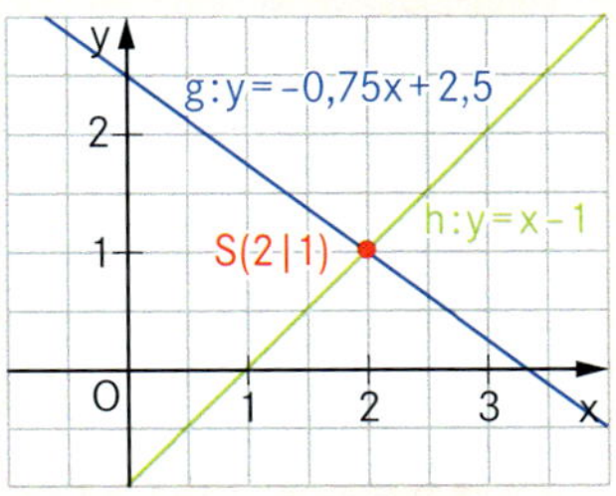

$\mathbb{L} = \{(2|1)\}$

Die Geraden haben gleiche Steigung und verschiedene y-Achsenabschnitte. Sie sind parallel. Es gibt keinen Schnittpunkt und somit **keine Lösung**.

$m_g = m_h$ und $t_g \neq t_h$

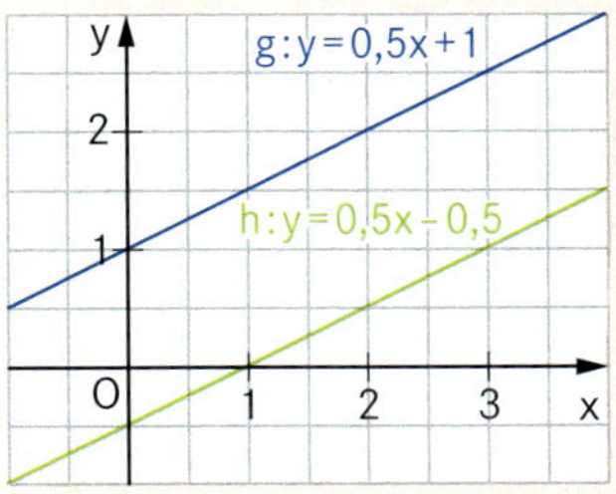

$\mathbb{L} = \emptyset$

Die zugehörigen Geraden haben gleiche Steigung und gleiche y-Achsenabschnitte. Sie sind identisch. Somit gibt es **unendlich viele Lösungen**.

$m_g = m_h$ und $t_g = t_h$

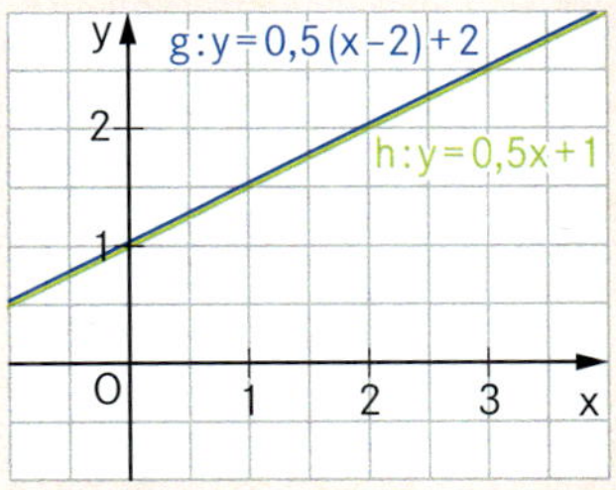

$\mathbb{L} = \{(x|y) \mid y = 0{,}5x + 1\}$

3 Setze in deinem Heft aus der Menge $\{-6;\ 0{,}5;\ 1;\ 2;\ 3;\ 6\}$ für die Platzhalter so ein, dass das Gleichungssystem $y = 0{,}5x + 3 \wedge 2y = \square x + \square$
a) eine, b) keine, c) unendlich viele Lösungen hat.

1 Gegeben ist das Gleichungssystem

(I) $y = 0{,}2x + 1$
(II) $\wedge\ y = 0{,}25x + 0{,}6$

Versuche die Lösung grafisch (ohne GTR) zu ermitteln. Welches Problem ergibt sich?

2 Unten siehst du ein lineares Gleichungssystem und dessen Umformung im Bild dargestellt. Hinweis: In einer blauen Schachtel befinden sich y, in einer grünen Schachtel x Hölzchen.

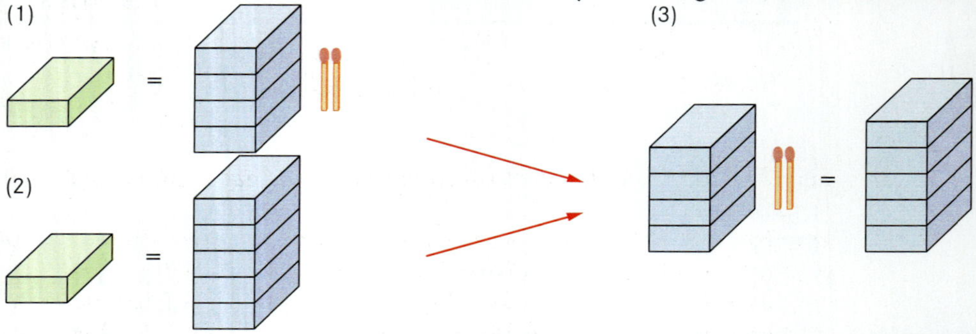

a) Übersetze die Aufgabenstellung in den Bildern (1) und (2) in ein lineares Gleichungssystem.
b) Gib eine Gleichung für das Bild (3) an. Erkläre, wie man auf diese Gleichung kommt.
c) Berechne anschließend die Lösung des Gleichungssystems.

3 So kannst du mit dem **Gleichsetzungsverfahren** ein lineares Gleichungssystem durch Rechnung lösen.

(I) $y + 2x = 1$
(II) $\wedge\ 2y = 6x + 4$

B

Aus zwei Gleichungen mit zwei Variablen bildet man zunächst eine Gleichung mit einer Variablen.

Löse dazu beide Gleichungen nach derselben Variablen auf.
(I) $y = -2x + 1$
(II) $\wedge\ y = 3x + 2$

Setze die Terme auf der rechten Seite gleich und berechne den Wert von x.
(I) = (II) $-2x + 1 = 3x + 2$
$-5x = 1$
$x = -0{,}2$

Gleichsetzungsverfahren

Berechne den Wert von y, indem du den Wert von x in die Gleichung (I) oder (II) einsetzt.
(I) $y = -2\,(-0{,}2) + 1$
$y = 1{,}4$

Mache die Probe. Setze dazu die Lösung in die beiden Ausgangsgleichungen ein.
(I) $1{,}4 + 2 \cdot (-0{,}2) = 1$ (w)
(II) $\wedge\ 2 \cdot 1{,}4 = 6 \cdot (-0{,}2) + 4$ (w)

Gib die Lösungsmenge an.
$\mathbb{L} = \{(-0{,}2 \mid 1{,}4)\}$

a) $y = 0{,}5x + 5$ $\wedge\ y = 2{,}5x - 7$
b) $y = 3x - 15$ $\wedge\ y = -0{,}5x + 13$
c) $y = 1{,}5x - 20$ $\wedge\ y + x = 5$
d) $x = -1{,}5y$ $\wedge\ x = -3y - 18$
e) $3y - 12x = 6$ $\wedge\ 4y + 100 = 40x$
f) $12x + 6y = 12$ $\wedge\ 4x - 2y = -94$
g) $2y + 3x = 2$ $\wedge\ 8x - 34 = -2y$
h) $6x = -18y$ $\wedge\ 2x = -5y + 4$

Lösungen: $(12 \mid -4)$; $(6 \mid 8)$; $(4{,}5 \mid 20)$; $(-3 \mid 1)$; $(8 \mid 9)$; $(18 \mid -12)$; $(6{,}4 \mid -8{,}6)$; $(10 \mid -5)$; $(-11{,}25 \mid 24{,}5)$

4 Berechne, nach welcher Zeit ACHILLES in der Aufgabe auf Seite 37 die Schildkröte einholt.

5 Man kann Gleichungen jeweils nach dem gleichen Vielfachen von y (oder von x) auflösen.

a) Rechne das Beispiel zu Ende und gib die Lösungsmenge an.

b) Berechne die Lösungsmenge.

(1) $-2{,}5x = 5y + 1$
$\wedge\ 5 - 2{,}5x = 8y$

(2) $11y + x = 12$
$\wedge\ 5{,}6 - 3x = 11y$

(I) $3y - 5x = 4$
(II) $\wedge\ 3y + 2x = 11$

(I) $3y = 5x + 4$
(II) $\wedge\ 3y = -2x + 11$

$5x + 4 = -2x + 11$

6 Berechne die Lösung, indem du zunächst jeweils nach einem Vielfachen von y (oder von x) auflöst.

a) $3y - 5x = 11$ $\wedge\ 3y + 1 = 11x$
b) $-7x + 11y = -30$ $\wedge\ 10y - 7x = -33$
c) $-6y + 4x = -30$ $\wedge\ 3x - 6y = -33$
d) $4x - 6y = -72$ $\wedge\ 6y + 5x = 18$
e) $3y - 4x = -20$ $\wedge\ 4x - 10y = 6$
f) $6x + 14y = 98$ $\wedge\ 14y - 7 = 20x$
g) $6y + 14x = 98$ $\wedge\ 14x - 7 = 20y$
h) $5y + 14x = 98$ $\wedge\ 14x - 7 = 5y$

Lösungen: (3,5 | 4,5); (2 | 7); (6,5 | 2); (3,5 | 5,5); (5,5 | 3,5); (9 | 3); (3 | 7); (3,75 | 9,1); (−6 | 8)

7

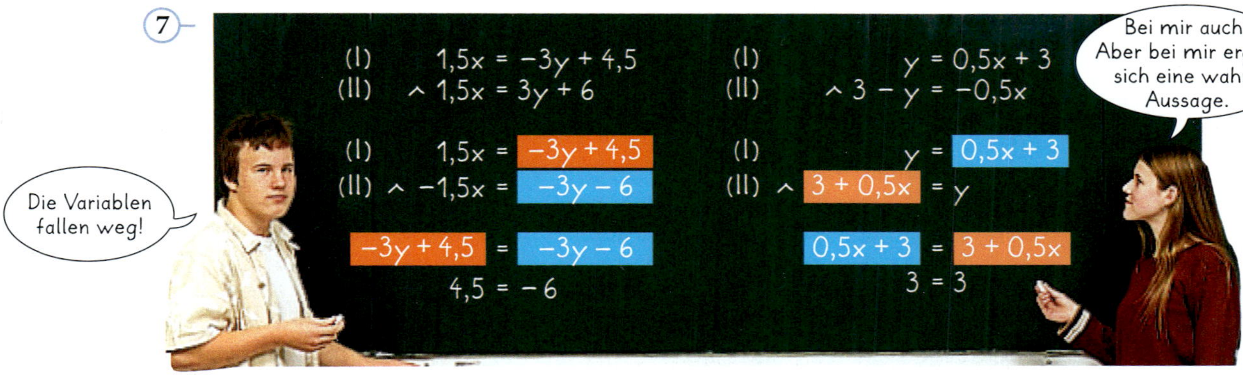

a) Überprüfe, ob die beiden Schüler richtig gerechnet haben.

b) Nenne Bedingungen, für die ein lineares Gleichungssystem genau eine Lösung, keine Lösung oder unendlich viele Lösungen hat.

8 Wie viele Lösungen besitzt das Gleichungssystem? Gib die Lösungsmenge an.

a) $3y = x + 6$ $\wedge\ x = 3y + 2$
b) $2{,}5x - 5y = -10$ $\wedge\ 5y = 2{,}5x + 10$
c) $3y - 1{,}5x = -6$ $\wedge\ 3y = -7{,}5x + 12$
d) $2y = 4x + 6$ $\wedge\ 6 - 2y = 4x$
e) $y = 0{,}4x + 1{,}5$ $\wedge\ y + 0{,}3 = -0{,}8x$
f) $2y = 2{,}8x + 3$ $\wedge\ 2y + 1{,}5 = 2{,}8x$
g) $2y = -1{,}5x + 4$ $\wedge\ 2y + 1{,}5x = 4$
h) $-3x + 4{,}5 = -3y$ $\wedge\ -3x + 0{,}3 = 3y$

Lösungen: (−1,5 | 0,9); Ø; y = −0,75x + 2; (0,8 | −0,7); y = 0,5x + 2; Ø; (2 | −1); (0 | 3); y = 2x + 3; (−1 | 4)

9 Setze in deinem Heft für die Platzhalter Zahlen aus der Menge {−12; −6; 6; 8; 10} so ein, dass das Gleichungssystem $2y = 3x - 5$ $\wedge\ 4y = \square x - \square$

a) genau eine Lösung
b) keine Lösung
c) unendlich viele Lösungen hat.

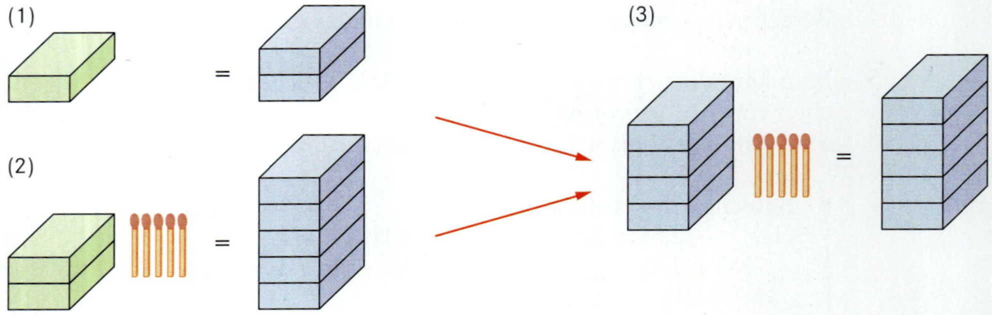

1 a) Übersetze die Aufgabenstellung in den Bildern (1) und (2) in ein lineares Gleichungssystem.
b) Gib eine Gleichung für das Bild (3) an. Erkläre, wie man auf diese Gleichung kommt.
c) Berechne anschließend die Lösung des Gleichungssystems.

2 So kannst du mit dem **Einsetzungsverfahren** ein lineares Gleichungssystem lösen.

$$\begin{array}{ll} \text{(I)} & y + 2x = 1 \\ \text{(II)} & \wedge\ 2y - 6x = 4 \end{array}$$

B **Einsetzungsverfahren**

Aus zwei Gleichungen mit zwei Variablen bildet man zunächst eine Gleichung mit einer Variablen.

Löse eine Gleichung nach y auf.

$$\begin{array}{ll} \text{(I)} & y = -2x + 1 \\ \text{(II)} & \wedge\ 2y - 6x = 4 \end{array}$$

Setze den Term für y in die Gleichung (II) ein und berechne den Wert von x.

$$\begin{array}{lr} \text{(I) in (II)} & 2 \cdot (-2x + 1) - 6x = 4 \\ & -4x + 2 - 6x = 4 \\ & -10x = 2 \\ & x = -0{,}2 \end{array}$$

Berechne den Wert von y, indem du den Wert von x in die Gleichung (I) oder (II) einsetzt.

$$\begin{array}{ll} \text{(I)} & y = -2\,(-0{,}2) + 1 \\ & y = 1{,}4 \end{array}$$

Mache die Probe. Setze dazu die Lösung in die beiden Ausgangsgleichungen ein.

$$\begin{array}{lll} \text{(I)} & 1{,}4 + 2 \cdot (-0{,}2) = 1 & \text{(w)} \\ \text{(II)} & \wedge\ 2 \cdot 1{,}4 - 6 \cdot (-0{,}2) = 4 & \text{(w)} \end{array}$$

Gib die Lösungsmenge an.

$$\mathbb{L} = \{(-0{,}2\,|\,1{,}4)\}$$

a) $2y + 3x = 45$ $\wedge\ y = 6x$
b) $x = 3y$ $\wedge\ 5x - 4y = 22$
c) $y = -3x + 1$ $\wedge\ -4x + y = -13$
d) $x = 6 - 4y$ $\wedge\ -x + 5y = 30$
e) $0{,}6x + 3y = 4{,}2$ $\wedge\ 2x - 4y = -7$
f) $4{,}5y = 9x - 13{,}5$ $\wedge\ 2y + 6 - 8x = 0$
g) $-7(x + 5) = 3{,}5y$ $\wedge\ 0{,}5y + 4 = 3x$
h) $4\,(x - 3) = 2y$ $\wedge\ 3y + 2x = 6$

Lösungen: $(-10\,|\,4)$; $(3\,|\,0)$; $(3\,|\,18)$; $(6\,|\,2)$; $(-0{,}5\,|\,1{,}5)$; $(-0{,}25\,|\,-9{,}5)$; $(0\,|\,-3)$; $(2\,|\,-5)$; $(1\,|\,2)$

3 Was passiert mit der Lösungsmenge bei der Aufgabe 2a), wenn du die folgenden Änderungen vornimmst? Begründe.
a) Bei der ersten Gleichung wird auf beiden Seiten die Zahl 3 addiert.
b) Bei beiden Gleichungen wird jeweils auf der rechten Seite die Zahl 3 addiert.

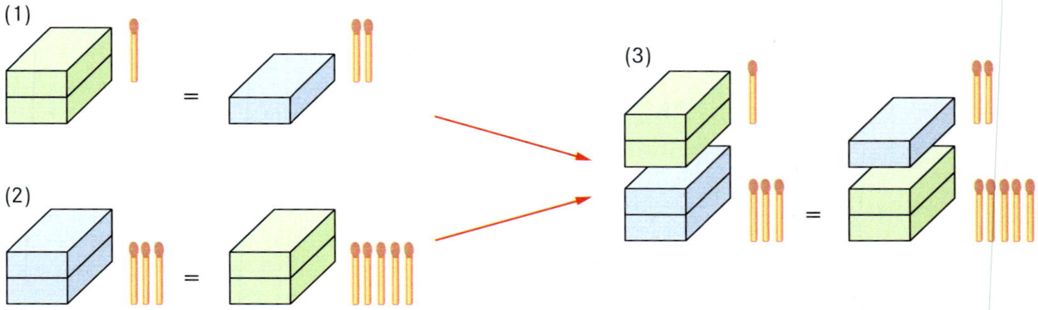

1 a) Übersetze die Aufgabenstellung in den Bildern (1) und (2) in ein lineares Gleichungssystem.
b) Gib eine Gleichung für das Bild (3) an. Erkläre, wie man auf diese Gleichung kommt.
c) Berechne anschließend die Lösung des Gleichungssystems.

2 Bei den linearen Gleichungen unterscheiden sich die Koeffizienten vor einer Variablen nur im Vorzeichen.
So kannst du mit dem **Additionsverfahren** das Gleichungssystem lösen.

$$\begin{aligned} &\text{(I)} && 5 - 2y = x + 1 \\ &\text{(II)} && \wedge\ 3x + 2y = 18 \end{aligned}$$

Additionsverfahren

B Aus zwei Gleichungen mit zwei Variablen bildet man zunächst eine Gleichung mit einer Variablen.

Addiere jeweils die Terme auf den linken und rechten Seiten des Gleichheitszeichens.

$$\text{(I)} + \text{(II)}\quad 5 - 2y + 3x + 2y = x + 1 + 18$$

Die Terme mit y heben sich auf.

$$5 + 3x = x + 19$$

Berechne nun den Wert von x.

$$\begin{aligned} 2x &= 14 \\ x &= 7 \end{aligned}$$

Berechne den Wert von y, indem du den Wert von x in eine der beiden Gleichungen (I) oder (II) einsetzt.

$$\begin{aligned} &\text{(II)}\quad 3 \cdot 7 + 2y = 18 \\ &\qquad y = -1{,}5 \end{aligned}$$

Mache die Probe.

$$\begin{aligned} &\text{(I)} && 5 - 2 \cdot (-1{,}5) = 7 + 1 && \text{(w)} \\ &\text{(II)} && \wedge\ 3 \cdot 7 + 2 \cdot (-1{,}5) = 18 && \text{(w)} \end{aligned}$$

Gib die Lösungsmenge an.

$$\mathbb{L} = \{(7 \mid -1{,}5)\}$$

Übungen

a) $4x + 3y = 17$ $\wedge\ -x - 3y = -2$
b) $5x + y = 13$ $\wedge\ 2x = y + 1$
c) $3x + 2y = 5$ $\wedge\ -3x + 4y = -17$
d) $x + 1 = 2y$ $\wedge\ 2y + 7 = 3x$
e) $7x + 0{,}3 = y$ $\wedge\ -7x + 1{,}7 = y$
f) $-3{,}5x + 12{,}5 = 3y$ $\wedge\ 3y + x = 10$
g) $7x + 4y = 9$ $\wedge\ x - 4y = 79$
h) $-5x + 3y = 21$ $\wedge\ 5x - 22{,}5y = 96$

Lösungen: $(5 \mid -1)$; $(3 \mid -2)$; $(4 \mid 2{,}5)$; $(-7{,}8 \mid -6)$; $(11 \mid -17)$; $(1 \mid 3)$; $(0{,}1 \mid 1)$; $(2 \mid 3)$; $(5 \mid 3)$

3 So kannst du ein lineares Gleichungssystem umformen, damit sich das Additionsverfahren anwenden lässt.

B Forme die Gleichungen geschickt so um, dass durch Addition eine Variable herausfällt.

$$\begin{array}{lrl} \text{(I)} & 6x + 5y = 1 & |\cdot 2 \\ \text{(II)} & \wedge\ 4x + 2y = -1{,}2 & |\cdot(-3) \end{array}$$

$$\begin{array}{lr} \text{(I)} & 12x + 10y = 2 \\ \text{(II)} & \wedge\ -12x - 6y = 3{,}6 \end{array}$$

$$\begin{array}{lr} \text{(I)} + \text{(II)} & 10y - 6y = 2 + 3{,}6 \\ & 4y = 5{,}6 \end{array}$$

Berechne die Lösung des Beispiels im grünen Kasten und mache die Probe.

4 Berechne die Lösungsmenge mit Hilfe des Additionsverfahrens.

a) $6x - 4y = 10 \wedge 4x + 2y = 44$
b) $1{,}75x + y = 2{,}25 \wedge x - 4y = 79$
c) $6x + 6 = 12y \wedge 4y + 14 = 6x$
d) $14x + 8y = 18 \wedge 3x - 12y = 237$
e) $16x + 12y = 68 \wedge 2x + 6y = 6$
f) $-7x + 25 = 6y \wedge 1{,}5y + 0{,}5x = 5$
g) $0{,}25x + 0{,}5y = -1 \wedge -x + 0{,}5y = -7{,}5$
h) $-(x - 2y) = 1 \wedge 0{,}2x - y = -6$

Lösungen: $(11|-17)$; $(4|2{,}5)$; $(18\frac{1}{3}|9\frac{2}{3})$; $(1|3)$; $(-4|2)$; $(7|8)$; $(11|-17)$; $(5{,}2|-4{,}6)$; $(4\frac{2}{3}|-\frac{5}{9})$

5 Maria und Leon möchten lineare Gleichungssysteme mit Hilfe eines Tabellenkalkulationsprogramms lösen. Sie entscheiden sich für das Additionsverfahren.
Anhand des Beispiels wollen sie ein allgemeines Lösungsverfahren entwickeln. Deshalb arbeiten sie mit den Adressen der entsprechenden Zellen, nicht mit den Inhalten.

Additionsverfahren — H4 =

	A	B	C	D	E	F	G	H
1	Additionsverfahren							
2								
3	(I)	2	x+	3	y=	16	|*	2
4	(II)	11	x+	2	y=	59	|*	
5								
6	(I)	4	x+	6	y=	32		
7	(II)	-33	x+	-6	y=	-177		
8		B4*H4				F4*H4		
9								
10	(I)+(II)	-29	x=			-145	|:	-29
11		B6+B7				5		
12			x=			F10/H10		
13								
14	Einsetzen in (I)							
15		10	+	3	y=	16		
16		B3*F12		3	y=	6		
17					y=	2		
18								
19	Lösung:		x=	5		y=	2	
20								

Damit bei der anschließenden Addition y herausfällt, multiplizieren sie **B3**, **D3** und **F3** mit **D4**.

a) Gib an, womit die Zellen **B4**, **D4** und **F4** multipliziert werden müssen.
b) Gib die Vorschriften für die Zellen **H3**, **F10** und **H10** an.
c) Wie lauten die Vorschriften für die Zellen **D15**, **F15**, **F16** und **F17**?
d) Ändere im Beispiel den Wert der Zelle **B3** von 2 auf 4. Gib das lineare Gleichungssystem und dessen Lösung an.
e) Ändere die Werte in den Zellen **B3**, **D3**, **F3**, **B4**, **D4** und **F4** nach deinen Vorstellungen. Gib die Lösung der zugehörigen Gleichungssysteme an.
f) Finde Werte für die Zellen in e) so, dass sich keine (unendlich viele) Lösungen ergeben. Was wird dann angezeigt?

1 Gegeben ist folgendes lineare Gleichungssystem: (I) $7 - 6x = y + 1$
(II) $\wedge\ 3y + 6x = 12$

a) Ermittle die Lösungsmenge mit den drei verschiedenen Verfahren. Vergleiche.
b) Welches Verfahren erscheint dir für die Lösung des obigen Gleichungssystems am günstigsten? Begründe.

2 Das *Gleichsetzungsverfahren*, das *Einsetzungsverfahren* und das *Additionsverfahren* sind drei verschiedene Verfahren, um aus zwei Gleichungen mit zwei Variablen zunächst eine Gleichung mit einer Variablen herzuleiten.
So kannst du entscheiden, für welche Aufgaben sich welches Verfahren besonders gut eignet.

B

		Beispiel:
Gleichsetzungsverfahren	(I)	$y = x - 6$
Wenn in beiden Gleichungen auf einer	(II)	$\wedge\ y = 2{,}5x + 12$
Seite dieselbe Variable steht.	(I) = (II)	$x - 6 = 2{,}5x + 12$
Einsetzungsverfahren	(I)	$x = 2y + 5$
Wenn die eine Gleichung nach einer	(II)	$\wedge\ 3x - 1{,}5y = 12$
Variablen aufgelöst ist, die andere nicht.	(I) in (II)	$3 \cdot (2y + 5) - 1{,}5y = 12$
Additionsverfahren	(I)	$5x - 3{,}5y = -8$
Wenn in zwei Gleichungen die Zahlen	(II)	$\wedge\ 2x + 3{,}5y = 1$
vor einer Variablen bis auf das Vorzeichen übereinstimmen.	(I) + (II)	$5x + 2x = -8 + 1$

Häufig müssen Gleichungen zuerst umgeformt werden, damit eines dieser Lösungsverfahren angewendet werden kann. Aber jedes Lösungsverfahren führt zur selben Lösung.

Übung

Bestimme die Lösung mit Hilfe eines geeigneten rechnerischen Verfahrens.

a) $y = 3x + 2$
$\wedge\ x = y + 6$

b) $y = -2x - 12$
$\wedge\ 17x - 6 = 5y$

c) $2y = -x + 6$
$\wedge\ -2y = 4x - 18$

d) $x = 2{,}5y + 8$
$\wedge\ x = -14$

e) $y = 3x + 2$
$\wedge\ 11x - 6 = 3y$

f) $4y - 8x - 24 = 0$
$\wedge\ 17x + 9 - 5y = 0$

g) $y = -x + 8$
$\wedge\ 14y = 28 - 14x$

h) $x = 3{,}5y + 8$
$\wedge\ -3x + 8{,}5y = -14$

Lösungen: $(-14\,|\,-8{,}8)$; $(4\,|\,1)$; $(-2\,|\,-8)$; $(-4\,|\,-10)$; $(6\,|\,20)$; $\emptyset$; $(3\,|\,12)$; $(-27\,|\,-10)$; $(-9{,}5\,|\,-5)$; $(7\,|\,-2)$

1 Berechne die Lösungsmenge.

a) $y = 0{,}25x + 14{,}75$
$\wedge\ y - 15{,}5x = -0{,}5$

b) $2y + 4 = 8x$
$\wedge\ 3x + 6 = 3y$

c) $1{,}5\,(3x - 5) + y = 0$
$\wedge\ 2\,(y - 3) = y + 2{,}25x - 9$

d) $0{,}2\,(2x - 1{,}35) = y$
$\wedge\ -0{,}3 = y - 0{,}8x$

e) $-2\,(y + 3x) = 11$
$\wedge\ 2y = 6x + 1$

f) $5\,(x + y) = 3\,(y - 1)$
$\wedge\ 5x + 3 - 4y = 0$

Lösungen: $(-1\,|\,-2{,}5)$; $(-0{,}6\,|\,0)$; $\emptyset$; $(1\,|\,15)$; $(\frac{14}{9}\,|\,0{,}5)$; $(1\frac{1}{3}\,|\,3\frac{1}{3})$; $(0{,}075\,|\,-0{,}24)$

2 Ein Bild steht immer für eine Gleichung. Zwei Gleichungen ergeben ein Gleichungssystem. Notiere die möglichen Gleichungssysteme, die sich mit den drei Bildern bilden lassen. Löse die Gleichungssysteme.

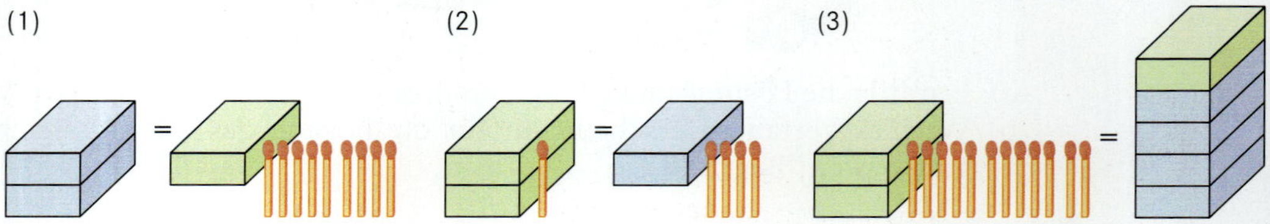

3 Herr Hasso ist mit Bello unterwegs.

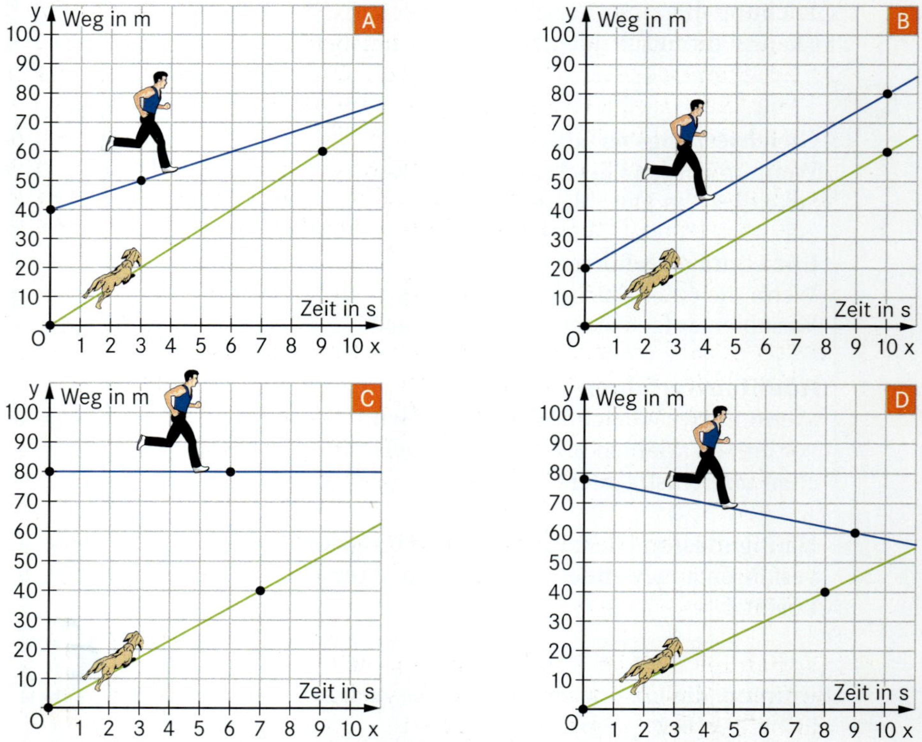

a) Erfinde passende Rechengeschichten zu jeder Grafik.

b) Felix hat zum Bild A folgendes Gleichungssystem erstellt:
$y = \frac{20}{3}x \ \wedge\ y = \frac{1}{3}(x + 3) + 50$
Passt dieses Gleichungssystem zum Bild? Begründe. Korrigiere gegebenenfalls.

c) Gib zu den Bildern B – D je ein passendes Gleichungssystem an.
Ermittle jeweils dessen Lösung.

1 Die Summe zweier natürlicher Zahlen beträgt 69. Die Differenz aus dem Dreifachen der ersten Zahl und der zweiten Zahl ist 15. Wie heißen die beiden Zahlen?
So kannst du das Zahlenrätsel mit Hilfe eines linearen Gleichungssystems lösen.

B

(1) Lege eine Tabelle an und trage alle Informationen zum Rätsel in der Spalte *Text* ein.

(2) Spiele das Rätsel mit einem Zahlenbeispiel durch.

(3) Lege fest, welche Zahl du mit x und welche Zahl du mit y bezeichnest.

(4) Übersetze die Informationen im Text in Terme, Gleichungen.

Text	Beispiel	Term, Gleichung
erste Zahl	39	x
zweite Zahl	30	y
Die Summe zweier Zahlen beträgt 69.	$39 + 30 = 69$ (wahr)	$x + y = 69$
Das Dreifache der ersten Zahl.	$3 \cdot 39 = 117$	$3x$
Die Differenz ist 15.	$117 - 30 = 15$ (falsch)	$3x - y = 15$

(5) Bestimme die Lösungsmenge mit Hilfe eines geeigneten Verfahrens. $\mathbb{L} = \{(21 \mid 48)\}$

(6) Formuliere eine Antwort. Die erste Zahl ist 21, die zweite 48.

a) Die Summe zweier ganzer Zahlen beträgt 35, ihre Differenz ist 51.
b) Die Summe zweier rationaler Zahlen beträgt 26. Das Doppelte der ersten Zahl und die Hälfte der zweiten Zahl ergeben zusammen 37.
c) Addiere zu einer Zahl 5, so erhältst du das Vierfache einer zweiten Zahl. Das Doppelte der ersten Zahl vermehrt um 6 ergibt auch das Vierfache der zweiten Zahl.
d) Multipliziere eine Zahl mit 3 und addiere zum Produkt 4, so erhältst du das Doppelte einer zweiten Zahl vermindert um 1. Das Doppelte der ersten Zahl ist der Nachfolger der zweiten Zahl.

Lösungen: $(7 \mid 13)$; $(43 \mid -8)$; $(16 \mid 10)$; $(-1 \mid 1)$; $(52 \mid 40)$

2 Rechts ist ein Zahlenrätsel durch Bilder dargestellt.
a) Begründe, ob folgender Text passt:
Das Doppelte einer Zahl ist um 1 kleiner als das Dreifache einer zweiten Zahl. Die Summe der beiden Zahlen ist um 2 kleiner als das Dreifache der zweiten Zahl.
b) Wie würdest du den Text zum Zahlenrätsel formulieren?
c) Löse das Zahlenrätsel.

(1)

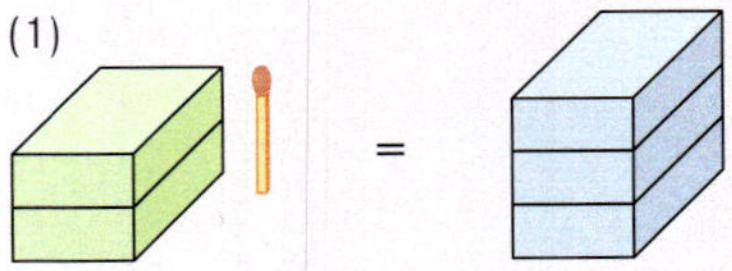

(2)

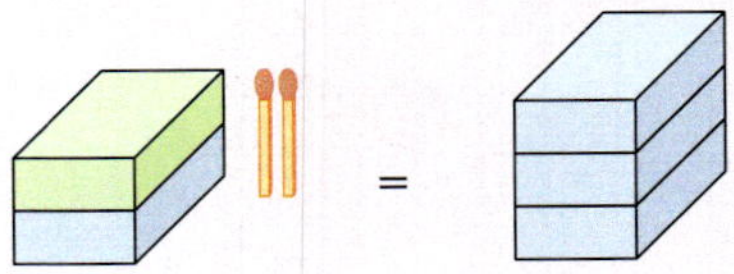

3 Die Summe der vier Zahlen in den orange gefärbten Feldern ist genau so groß wie in den grün oder blau gefärbten Feldern. Zudem ist sie genau so groß wie die Summe der vier Zahlen in einer Zeile oder Spalte. Berechne die Werte der Zahlen x_1 bis x_4.

Lösungen: 20; 19; 15; 22; 11; 13

	x_2	13	
x_3	18	x_1	$x_1 - 1$
x_4	16	17	$2x_4$
	12	$x_2 + 1$	

1 Gegeben ist das lineare Gleichungssystem in $\mathbb{G} = \mathbb{Q} \times \mathbb{Q}$: (I) $3x + 5y + (-4{,}5) = 0$
(II) $\wedge\ ax + by + 3 = 0$

a) Bestimme die Lösungsmenge für $a = 2$ und $b = 4$
b) Berechne wieder die Lösungsmenge für $a = 2$ und $b = 2$. Vergleiche mit a).
c)

Nimm Stellung zu den Aussagen von Wladimir und Kathrin.

2 Jedes lineare Gleichungssystem lässt sich in allgemeiner Form darstellen:

$$\begin{aligned} &\text{(I)} && a_1x + b_1y + c_1 = 0;\quad \mathbb{G} = \mathbb{Q} \times \mathbb{Q} \\ &\text{(II)}\ \wedge && a_2x + b_2y + c_2 = 0 \\ & && a_1;\ b_1;\ c_1;\ a_2;\ b_2;\ c_2 \in \mathbb{Q} \end{aligned}$$

So kannst du die Auflösung nach x und die Auflösung nach y durchführen.

B

$$\begin{aligned} &\text{(I)} && a_1x + b_1y + c_1 = 0 \quad && |\cdot b_2 \\ &\text{(II)}\ \wedge && a_2x + b_2y + c_2 = 0 \quad && |\cdot(-b_1) \end{aligned}$$

$$\begin{aligned} &\text{(I)} && a_1b_2x + b_1b_2y + c_1b_2 = 0 \\ &\text{(II)}\ \wedge && -b_1a_2x - b_1b_2y - b_1c_2 = 0 \end{aligned}$$

Mit dem Additionsverfahren folgt:

$$\begin{aligned} \text{(I)} + \text{(II)}\quad & a_1b_2x + c_1b_2 - b_1a_2x - b_1c_2 = 0 \\ & (a_1b_2 - b_1a_2)\,x = b_1c_2 - c_1b_2 \quad |:(a_1b_2 - b_1a_2) \\ & x = \frac{b_1c_2 - c_1b_2}{a_1b_2 - b_1a_2} \end{aligned}$$

$$\begin{aligned} &\text{(I)} && a_1x + b_1y + c_1 = 0 \quad && |\cdot(-a_2) \\ &\text{(II)}\ \wedge && a_2x + b_2y + c_2 = 0 \quad && |\cdot a_1 \end{aligned}$$

⋮

⋮

$$y = \frac{c_1a_2 - a_1c_2}{a_1b_2 - b_1a_2}$$

a) Löse ebenso in deinem Heft nach y auf.
b) Die Zähler- und Nennerterme haben jeweils dieselbe Form. Kennst du dafür eine andere Schreibweise?

Determinantenverfahren

M Für $a_1b_2 - b_1a_2 \neq 0$ hat ein lineares Gleichungssystem der Form

$$\begin{aligned} & a_1x + b_1y + c_1 = 0;\quad \mathbb{G} = \mathbb{Q} \times \mathbb{Q} \\ \wedge\ & a_2x + b_2y + c_2 = 0 \end{aligned}$$

die **Lösungsterme** $x = \frac{b_1c_2 - c_1b_2}{a_1b_2 - b_1a_2}$ und $y = \frac{c_1a_2 - a_1c_2}{a_1b_2 - b_1a_2}$.

Mit $D_N = a_1b_2 - b_1a_2 = \begin{vmatrix} a_1 & b_1 \\ a_2 & b_2 \end{vmatrix}$; $D_x = b_1c_2 - c_1b_2 = \begin{vmatrix} b_1 & c_1 \\ b_2 & c_2 \end{vmatrix}$; $D_y = c_1a_2 - a_1c_2 = \begin{vmatrix} c_1 & a_1 \\ c_2 & a_2 \end{vmatrix}$

folgt: $x = \frac{D_x}{D_N}$ und $y = \frac{D_y}{D_N}$

Diese Darstellungsform heißt **Determinantenverfahren** oder **Cramersche Regel**. D_N heißt **Nennerdeterminante**, D_x und D_y nennt man **Zählerdeterminanten**.

3 So kannst du die Lösungsmenge mit dem Determinantenverfahren berechnen.

$$\begin{array}{ll} \text{(I)} & 4x - 3y + 9 = 0 \\ \text{(II)} \wedge & -2x + y = 0 \end{array}$$

B Bringe das Gleichungssystem zunächst auf die Form:

$$\begin{array}{ll} \text{(I)} & 4x - 3y + 9 = 0 \\ \text{(II)} \wedge & -2x + 1y + 0 = 0 \end{array}$$

Ordne die Koeffizienten des Gleichungssystems nach folgendem Schema (Matrix) und bestimme damit die Determinanten D_N, D_x und D_y.

$$\underbrace{\begin{vmatrix} 4 & -3 \\ -2 & 1 \end{vmatrix}}_{D_N} \begin{matrix} 9 & 4 \\ 0 & -2 \end{matrix} \qquad \begin{matrix} 4 \\ -2 \end{matrix} \underbrace{\begin{vmatrix} -3 & 9 \\ 1 & 0 \end{vmatrix}}_{D_x} \begin{matrix} 4 \\ -2 \end{matrix} \qquad \begin{matrix} 4 & -3 \\ -2 & 1 \end{matrix} \underbrace{\begin{vmatrix} 9 & 4 \\ 0 & -2 \end{vmatrix}}_{D_y}$$

$D_N = 4 \cdot 1 - (-2) \cdot (-3)$ $\quad$ $D_x = -3 \cdot 0 - 1 \cdot 9$ $\quad$ $D_y = 9 \cdot (-2) - 0 \cdot 4$

$D_N = -2$ $\quad$ $D_x = -9$ $\quad$ $D_y = -18$

$x = \frac{-9}{-2}$; $y = \frac{-18}{-2}$ $\quad$ $\mathbb{L} = \{4{,}5 \,|\, 9\}$

a) $4x - 8y - 20 = 0 \wedge 6x + 12y - 6 = 0$

b) $6x - 6y - 18 = 0 \wedge 6x + 12y - 108 = 0$

c) $4x - 2y - 26 = 0 \wedge x - 1{,}5y + 15 = 0$

d) $\frac{4}{15}x + 1\frac{1}{3}y = 4 \wedge x + y - 1 = 0$

Übungen

4 So kannst du die Lösung des linearen Gleichungssystems für a = 4,6 mit dem TR berechnen. Runde dabei sinnvoll.

$$\begin{array}{ll} \text{(I)} & 9{,}6x = 8y - 6{,}4 \\ \text{(II)} \wedge & ax + 3{,}5y = -1{,}8 \end{array}$$

B Bringe die Gleichungen auf die Form $ax + by + c = 0$.

$$\begin{array}{ll} \text{(I)} & 9{,}6x - 8y + 6{,}4 = 0 \\ \text{(II)} \wedge & 4{,}6x + 3{,}5y + 1{,}8 = 0 \end{array}$$

Ordne die Koeffizienten nach nebenstehendem Schema an.

$$\begin{matrix} 9{,}6 & -8 & 6{,}4 & 9{,}6 \\ 4{,}6 & 3{,}5 & 1{,}8 & 4{,}6 \end{matrix}$$

Berechne D_N und stelle den Wert in den Speicher A.

Tastenfolge:
9.6 [×] 3.5 [−] 4.6 [×] [(] [(−)] 8 [)] [=] [STO] [A]
Anzeige: 70.4

Berechne D_x.

Tastenfolge:
[(−)] 8 [×] 1.8 [−] 3.5 [×] 6.4 [=]
Anzeige: -36.8

Berechne den Wert von x. Dividiere dazu durch den Wert im Speicher A.

Tastenfolge:
[÷] [RCL] [A] [=]
Anzeige: -.5227272727

Ergebnis: $x \approx -0{,}52$

a) Berechne ebenso den Wert von y.

b) Berechne die Lösung für a = 13,78 (a = 6,3; a = −1,7).

5 a) Überprüfe die Aussagen von Sinem und Tobias im Bild oben.
b) Verteile die folgenden Textbausteine in deinem Heft passend auf die Platzhalter.

keine Lösung | unendlich viele Lösungen | genau eine Lösung

Ein lineares Gleichungssystem der Form $a_1x + b_1y + c_1 = 0$
$\wedge\ a_2x + b_2y + c_2 = 0$

hat für $D_N \neq 0$ ▭
hat für $D_N = 0$ ▭, falls $D_x \neq 0$ oder $D_y \neq 0$
hat für $D_N = 0$ ▭, falls $D_x = 0$ und zugleich $D_y = 0$

6 Forme das Gleichungssystem –wenn nötig – so um, dass man das Determinantenverfahren anwenden kann. Löse. Runde auf zwei Stellen nach dem Komma.

a) $12x - 4{,}5y + 22{,}5 = 0$
$\wedge\ 4x - 0{,}25y = 3{,}25$

b) $9x + 15y = -135$
$\wedge\ -6x - 10y = 200$

c) $0{,}5x - 0{,}4y = 0{,}2$
$\wedge\ -3{,}2y + 1{,}6x + 6{,}8 = 0$

d) $(2x + 3)^2 = 4x^2 - 5y$
$\wedge\ (y - 2)^2 + 3x = y^2$

e) $12x - 20y = 16$
$\wedge\ 9x - 15y = 12$

f) $y = -x + 22{,}5$
$\wedge\ -2\,(x - 23) - \frac{1}{2}x + 17 = y$

7

Determinantenverfahren

	A	B	C	D	E	F	G	H	I
1	Determinantenverfahren								
2									
3				4x−3y+9=0					
4				−2x+y+5=0					
5									
6	Koeffizienten-		4	−3	9	4			
7	schema		−2	1	5	−2			
8									
9				C6*D7−C7*D6					
10		DN=	−2						
11				D6*E7*−D7*E6			C12/C10		
12		Dx=	−24			x=	12		
13									
14		Dy=				y=			

Lineare Gleichungssysteme lassen sich mit Hilfe der Tabellenkalkulation lösen.

a) Gib die Formel zur Berechnung von D_x in Zelle **C12** an.
b) Welcher Wert ergibt sich für D_y in Zelle **C14**?
c) Gib die Formel zur Berechnung von y und den Wert von y an.
d) Berechne die Lösung des folgenden linearen Gleichungssystems mit Hilfe der Tabellenkalkulation.

$145x + 89y - 234 = 0$
$\wedge\ 67{,}5x - 39y + 239 = 0$

G

Gabriel Cramer wurde 1704 in Genf als Sohn eines Arztes geboren. Rasch durchlief er die schulische Ausbildung. Bereits mit 18 Jahren schrieb er eine Doktorarbeit mit Theorien zur Entstehung von Klängen. Zwei Jahre später erhielt er zusammen mit dem 21-jährigen Calandrini an der Akademie in Genf den Lehrstuhl für Mathematik. In einem 1750 veröffentlichten Werk von Cramer über algebraische Kurven erschien im Anhang die so genannte Cramersche Regel. Sie war zwar zur damaligen Zeit bereits bekannt, Cramer hatte die Formel aber wesentlich vereinfacht und somit zur Verbreitung beigetragen.

1 Durch zwei Geraden g_1 und g_2 wird ein lineares Gleichungssystem festgelegt.

a) Gib ein lineares Gleichungssystem an, das zur Abbildung passt. Berechne die zugehörige Lösungsmenge.

b) Berechne das Verhältnis der Flächeninhalte des Vierecks OPQR und des Dreiecks QTR.

c) Ändere eine Gleichung in a) so, dass das Gleichungssystem keine Lösung besitzt. Gib dieses Gleichungssystem an.

d) Suche ein Gleichungssystem mit Gleichungen der Form $y = mx + t$, das die Lösung $\mathbb{L} = \{(5\,|\,0)\}$ hat.

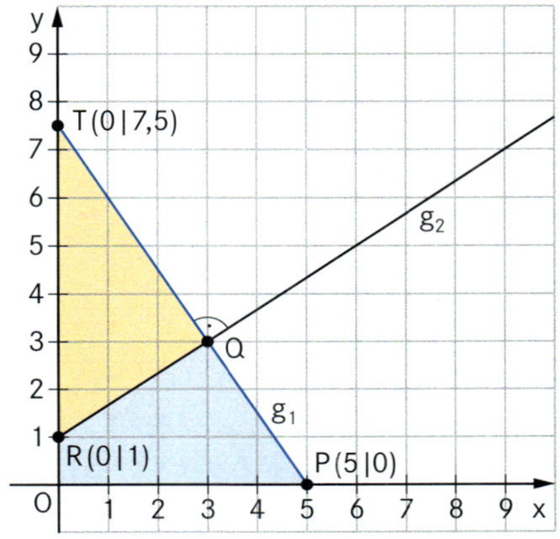

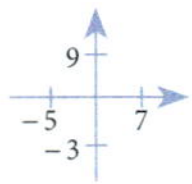

2 Die Schnittpunkte A, B und C der drei Geraden g_1, g_2 und g_3 legen ein Dreieck ABC fest. Es gilt: g_1 mit $y = 5x + 8$; g_2 mit $y = 0{,}5x - 1$; g_3 mit $y = -x + 8$;

$g_1 \cap g_2 = \{A\}$; $g_2 \cap g_3 = \{B\}$; $g_1 \cap g_3 = \{C\}$

a) Zeichne das Dreieck ABC. Konstruiere den Mittelpunkt M des Umkreises.

b) Berechne die Koordinaten der Eckpunkte des Dreiecks ABC.

c) Berechne den Flächeninhalt des Dreiecks ABC.

d) Berechne die Koordinaten des Umkreismittelpunktes M.

3 Das Dreieck ABC ist gleichschenklig mit der Basis [AB]. Der Punkt C liegt auf der Geraden AD. Es gilt: A $(-4\,|\,1)$; B $(5\,|\,-2)$

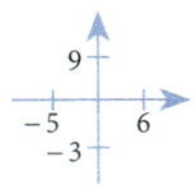

a) Zeichne das Dreieck ABC für D $(-1\,|\,4)$.

b) Zeige durch Rechnung, dass gilt: C $(3{,}5\,|\,8{,}5)$

c) Berechne den Flächeninhalt des Dreiecks ABC.

d) Führe die Aufgaben a), b) und c) für D $(0\,|\,3)$ durch.

4 Das Trapez ABCD hat die Grundseiten a und c und die Höhe h.

a) Im Trapez ist a um 3,6 cm länger als c. Der Flächeninhalt beträgt 24,75 cm² und die Höhe 4,5 cm. Berechne a und c.

b) Im Trapez beträgt die Höhe 5 cm und c macht 60 % der Länge a aus. Der Flächeninhalt des Trapezes ist genau so groß wie der eines Drachenvierecks mit den Diagonalenlängen 10 cm und 6 cm.

5 Die Koordinaten der rot markierten Punkte kannst du aus dem Koordinatensystem entnehmen. Die Strecke $[GS_2]$ verläuft parallel zur Strecke $[FS_1]$ und die Strecke $[KS_2]$ parallel zu [HI].

a) Erstelle Aufgaben, in denen die Anwendung eines Gleichungssystems erforderlich ist. Löse die Gleichungssysteme.

b) Erstelle Aufgaben, in denen Flächeninhalte berechnet werden müssen. Löse die Aufgaben.

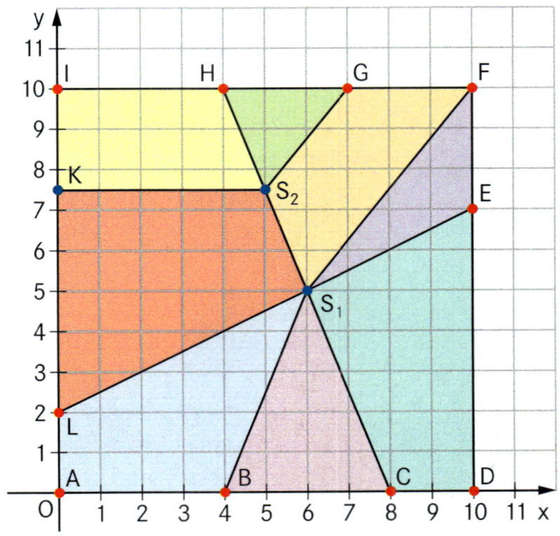

6 Gegeben sind die Gerade h mit $3x + 6y + (-4{,}5) = 0$ und die Geradenschar g (a) mit $ax + 4y + 3 = 0$ ($\mathbb{G} = \mathbb{Q} \times \mathbb{Q}$; $a \in \mathbb{Q}$).

a) Zeige, dass sich die Koordinaten der Schnittpunkte S_n (x | y) der Geraden h mit der Geradenschar wie folgt in Abhängigkeit von a darstellen lassen:

$x = \frac{6}{2 - a}$; $y = \frac{-3a - 6}{4(2 - a)}$

b) Für welchen Wert von a gibt es keinen Schnittpunkt?

c) Berechne den Wert von a und von y für $x = -1$.

7 Der Punkt P (3 | 0) liegt auf der Seite [AB] des Quadrats ABCD. Auf der Seite [BC] liegen die Punkte Q_n (5 | a).
Es gilt: A (0 | 0); B (5 | 0);
($\mathbb{G} = \mathbb{Q} \times \mathbb{Q}$; $a \in \mathbb{Q}$)

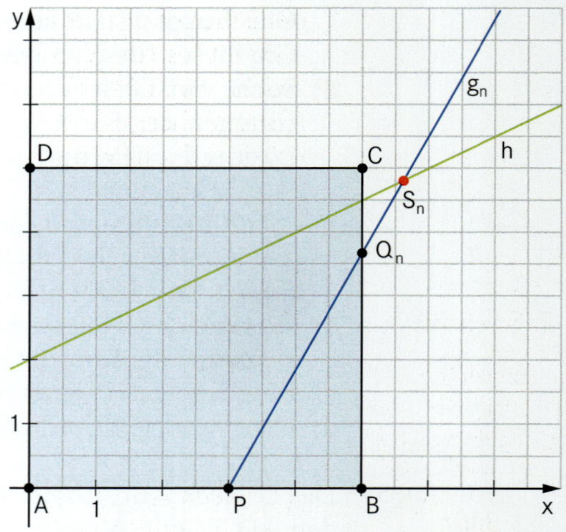

a) Aus welchem Intervall kann man a wählen?

b) Zeige, dass für die Geraden $g_n = PQ_n$ gilt:

g_n: $y = \frac{a}{2}x - 1{,}5a$

c) Stelle die Koordinaten der Schnittpunkte S_n (x_n | y_n) der Geraden g_n mit der Geraden h: $y = 0{,}5x + 2$ in Abhängigkeit von a dar.

[Ergebnis: $x_n = \frac{3a + 4}{a - 1}$; $y_n = \frac{3{,}5a}{a - 1}$]

d) Für welche Belegung von a gibt es keinen Schnittpunkt? Zeichne die zugehörigen Geraden g_1 und h.

e) Berechne die Belegung von a, für die der Schnittpunkt S_1 der Geraden g_2 und der Geraden h auf der Strecke [BC] liegt.

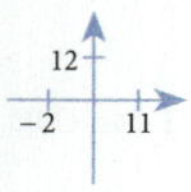

8 Gegeben sind Trapeze $PQ_nR_nS_n$ mit den Grundseiten [PQ_n] und [R_nS_n]. Die Punkte Q_n (x | y) liegen auf der Geraden h mit y = 1 und die Punkte R_n (x | −x + 11) auf der Geraden g mit $y = -x + 11$. Die Strecken [R_nS_n] haben die Länge 2 LE. Es gilt: P (0 | 1)

a) Zeichne zwei Trapeze $PQ_1R_1S_1$ und $PQ_2R_2S_2$ für x = 1 und x = 5.

b) Für welche Belegungen von x existieren Trapeze $PQ_nR_nS_n$?

c) Berechne den Flächeninhalt der Trapeze $PQ_nR_nS_n$ in Abhängigkeit von x.
[Ergebnis: $A(x) = (-0{,}5x^2 + 4x + 10)$ FE]

d) Für welche Belegung von x wird der Flächeninhalt eines der Trapeze maximal?

e) Das Trapez $PQ_4R_4S_4$ ist ein Rechteck. Berechne dessen prozentualen Anteil am Flächeninhalt des Trapezes aus Aufgabe d).

f) Zeige, dass für die Koordinaten der Punkte S_n gilt: S_n (x − 2 | −x + 11)

g) Der Punkt S_5 des Trapezes $PQ_5R_5S_5$ soll zusätzlich auf der Geraden w mit $0{,}5x - y + 4 = 0$ liegen.

1 Verschiedenprozentige Alkoholmengen werden gemischt. Beim Mischvorgang geringfügig auftretende Volumenänderungen sind zu vernachlässigen.

a) Ein Liter 90 %iger Alkohol wird mit zwei Litern 40 %igem Alkohol gemischt. Der Vorgang ist in der Abbildung skizziert. Erkläre.

b) Berechne, wie viel Prozent Alkohol das neue Gemisch enthält.

c) Aus 90 %igem und 40 %igem Alkohol sollen durch Mischen 25 Liter 50 %iger Alkohol hergestellt werden. Berechne, wie viel Liter Alkohol von jeder Sorte erforderlich ist.

d) Durch Mischen von 10 Liter 44 %igem Spiritus und x Litern 35 %igem Spiritus erhält man y Liter 38 %igen Spiritus.

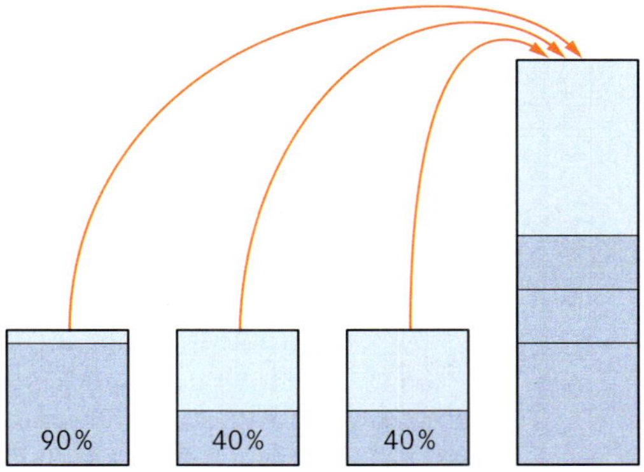

	Menge in *l*	reiner Alkohol in *l*
90 %iger Alkohol	x	
40 %iger Alkohol	y	
Mischung	x + y =	

Feingehalt	Karat (kt)
1000	24
750	18
585	14
333	8

2 Gold ist ein weiches und leicht dehnbares Metall. Es wird deshalb nicht rein, sondern in Legierungen (Verschmelzungen) mit Silber und Kupfer verwendet. Der Goldgehalt einer Legierung wird durch den **Feingehalt** oder in **Karat** angegeben (siehe Tabelle).

a) Durch Mischen von Gold mit 18 Karat und Gold mit 8 Karat sollen 200 g Gold mit 14 Karat hergestellt werden. Welche Mengen 18 Karatgold und 8 Karatgold sind erforderlich?

b) Stelle eine eigene Mischung her.

G Es wird berichtet, dass der König HIERO VON SYRACUS einem Goldschmied einen Klumpen reines Gold übergab und ihn beauftragte, daraus eine Krone herzustellen. Nach der Fertigstellung schöpfte der König allerdings den Verdacht, dass der Goldschmied dem Gold weniger wertvolles Silber beigemischt haben könnte. Er beauftragte daher den berühmten ARCHIMEDES (287 – 212 v. Chr.), den größten Mathematiker des Altertums, ohne Beschädigung der Krone herauszufinden, ob sein Verdacht berechtigt war. ARCHIMEDES wusste, dass Silber eine geringere Dichte hat als Gold. Ein Kilogramm Gold hat ungefähr ein Volumen von 50 cm³ und ein Kilogramm Silber etwa ein Volumen von 100 cm³. Außerdem konnte er die Masse der Krone mit 5 kg und das Volumen mit 260 cm³ bestimmen.

a) Wie konnte ARCHIMEDES die Frage des Königs beantworten?

b) Bestimme gegebenenfalls den Gold- und Silberanteil der Krone.

c) Es wird von einem weiteren Versuch berichtet, wie ARCHIMEDES mit Hilfe des Auftriebs in Flüssigkeiten das Problem gelöst haben soll.

1 Für einen Jahresverbrauch von 1200 *l* Heizöl zahlt Familie Knapp 1280 €. Darin sind y € Wartungskosten enthalten. Nachbar Heizer zahlt für 1400 *l* Heizöl bei gleichem Literpreis 1510 €, wobei die Wartungskosten um 50 € höher sind.

a) Berechne den Preis für einen Liter Heizöl.

b) Der Tank der Familie Knapp fasst 4500 *l*. Beim Auftanken läuft gleichmäßig Öl zu. Nach vier Minuten sind 1860 *l* im Tank, 5 Minuten später sind es bereits 3060 *l*. Wann ist der Tank voll?

	Familie Knapp	Familie Heizer
Preis für 1 *l* Heizöl in €	x	■
Wartungskosten in €	y	■
Gesamtkosten in €	1200x + y = 1280	■

2 Die Firma „Tag-Hell“ produziert Nachttischlampen. Wenn das Unternehmen nicht pleite gehen soll, dürfen auf Dauer die Kosten die Einnahmen nicht übersteigen.

a) Interpretiere das Diagramm und mache Aussagen zum **Break-even-Point**.

b) Berechne die Koordinaten des Break-even-Points.

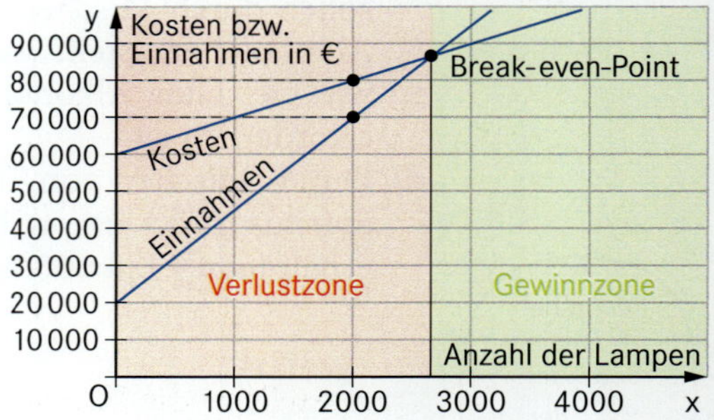

3

Kosten:	
Personal, Steuer, Versicherung, … jährlich	300 000 €
Unterhalt vermietetes Zimmer täglich	40 €
Unterhalt nicht vermietetes Zimmer täglich	10 €
Einnahmen:	
pro vermietetes Zimmer mit Frühstück täglich	80 €

Das Hotel Seeblick hat 90 Doppelzimmer und 300 Tage im Jahr geöffnet. Der Hoteldirektor erstellt die links abgebildete Gewinn-Verlust-Rechnung.

Berechne, wie viele Zimmer täglich vermietet werden müssen, damit das Hotel am Ende des Jahres den Break-even-Point erreicht.

4 Für den Kauf einer Doppelhaushälfte hat Familie Hingerl zwei Darlehen mit insgesamt 80 000 € bei der Sparkasse aufgenommen. Für das erste Darlehen muss Familie Hingerl 4,00 % Zinsen bezahlen. Das zweite Darlehen erhält sie zu 3,50 % Zinsen. Insgesamt bezahlt die Familie im Jahr 3050 € Zinsen.

a) Wie hoch ist die durchschnittliche Belastung durch das Darlehen für die Familie Hingerl im Monat?

b) Berechne die Höhe der beiden Darlehen. Erstelle dazu ein lineares Gleichungssystem.

c) Erkundige dich nach den aktuellen Zinssätzen für Kredite und Geldanlagen.

5 Frau Monet hat 5000 € Festgeld bei der Raibank und Herr Diridari 8000 € bei der Schlaukasse angelegt. Für beide Anlagen zusammen gibt es im Jahr 77,50 € Zinsen. Wenn man die beiden Zinssätze vertauschen würde, würden sich insgesamt 75,00 € Zinsen im Jahr ergeben.

a) Wer hat sein Geld zu einem höheren Zinssatz angelegt? Begründe.

b) Schätze, wie hoch die Zinssätze sein könnten.

c) Berechne mit Hilfe eines linearen Gleichungssystems die beiden Zinssätze.

1 Ein mögliches Hilfsmittel für die Beurteilung einer Aktie ist der so genannte Chart, d. h. die grafische Darstellung der Kursentwicklung in Abhängigkeit von der Zeit (z. B. Tage oder Monate). Um beurteilen zu können, wie sich eine Aktie in Zukunft entwickeln könnte, verbindet man zwei markante Tiefpunkte des Graphen durch eine Gerade. Man erhält eine so genannte untere Trendlinie. Parallel dazu zeichnet man durch einen markanten Hochpunkt eine obere Trendlinie. Den Bereich zwischen den beiden Trendlinien nennt man **Trendkanal**.

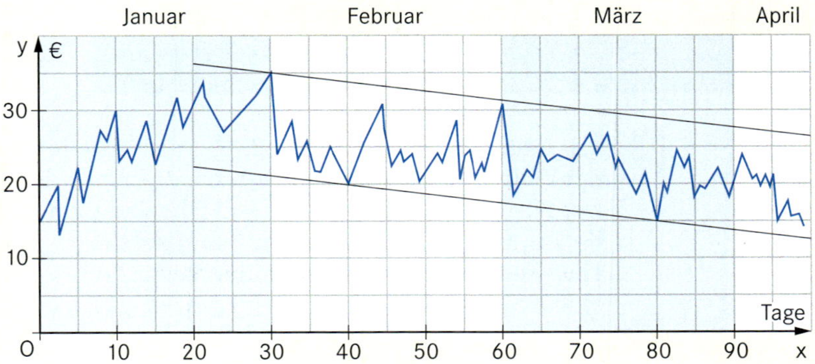

Dargestellt ist die Entwicklung der Aktie Zackzick in den ersten 100 Tagen des Jahres.

a) Herr Windig von der Beraterbank versucht Frau Neureich vom Kauf der Aktie Zackzick zu überzeugen. Würdest du die Aktie kaufen? Begründe.

b) Gib die Gleichungen der beiden Trendlinien an.

c) Welcher Tiefstkurs bzw. welcher Höchstkurs ist nach 150 Tagen (also Anfang Juni) zu erwarten, wenn die Kursentwicklung dem Trendkanal folgen würde?

d) Um wie viel Prozent liegt der mögliche Tiefstkurs Anfang Juni unter dem Höchstkurs nach 30 Tagen?

e) Um wie viel Prozent müsste der Aktienkurs in d) wieder steigen, um den Höchstkurs nach 30 Tagen wieder zu erreichen?

2 Nach 120 Tagen wird der Abwärtstrend der Aktie Zackzick durch schnelle Auf- und Abwärtsbewegungen des Kurswertes unterbrochen. Die oberen und unteren Trendlinien bilden eine **Dreiecksformation**. Die untere Trendlinie läuft durch die Punkte (120 | 10) und (140 | 12,5). Die obere Trendlinie geht durch (125 | 20) und (135 | 17,5).

a) Berechne, wann der Aktienkurs bis in die Dreiecksspitze gelaufen ist. Gib den zugehörigen Kurswert der Aktie an.

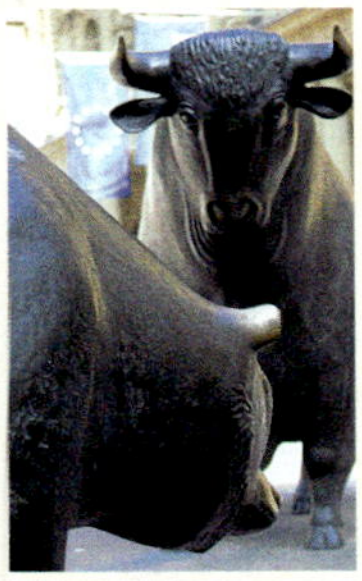

b) Eine Dreiecksformation des Chart ist zweideutig. Wenn der Kurs bis in die Spitze läuft und dann nach oben ausschert, ist ein Aufwärtstrend zu erwarten. Bricht der Kurs allerdings nach unten aus, ist dies ein Anzeichen für fallende Kurse und damit ein Verkaufssignal. Nach 150 Tagen beträgt der Kurs der Aktie Zackzick 11,50 €.

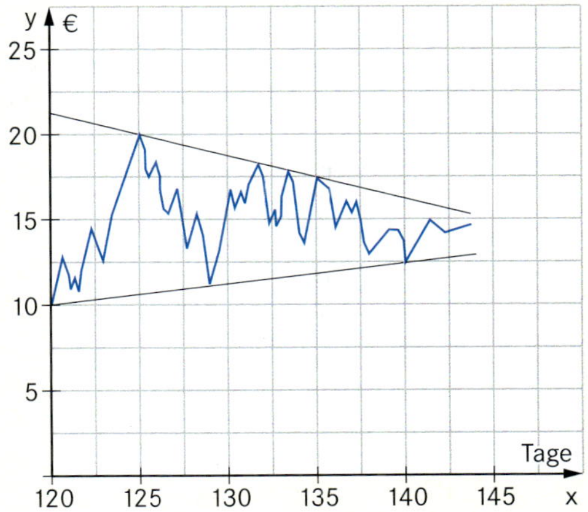

c) Durch den Kauf von Aktien unseriöser Unternehmen oder durch den Kauf zum falschen Zeitpunkt haben viele Anleger oft großes Vermögen verloren. Erkundige dich in geeigneten Medien über Aktien als „Kapitalvernichter“.

1 Ein Güterzug G fährt mit 1,2 $\frac{\text{km}}{\text{min}}$ von Arstetten Richtung Rattenbeck. Um 12:00 Uhr ist der Güterzug 3 km von Arstetten entfernt. In der gleichen Richtung fährt ein Intercity IC mit 2,0 $\frac{\text{km}}{\text{min}}$. Er passiert um 12:05 Uhr den Bahnhof Arstetten.
So kannst du ein Gleichungssystem aufstellen, mit dem du berechnen kannst, nach welcher Zeit der Intercity den Güterzug einholt.

B

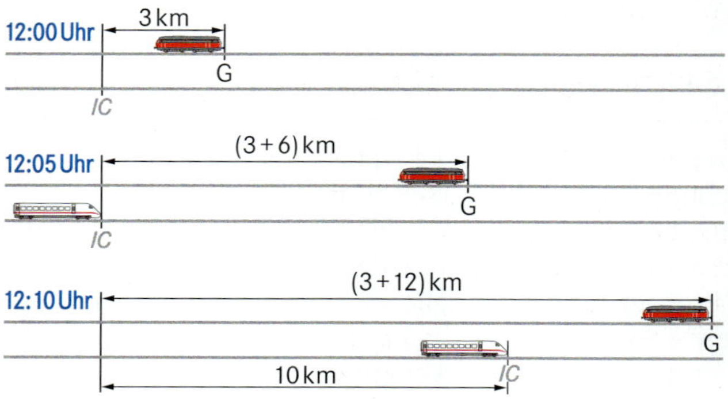

- Fertige eine Skizze der Ausgangssituation (12:00 Uhr) an.
- Skizziere die Situation für den Zeitpunkt, zu dem erstmalig die Position beider Züge bekannt ist.
- Skizziere die Situation für einen weiteren Zeitpunkt.
- Fertige mit Hilfe der Skizze eine Text-Term-Tabelle an.

Zeit nach 12:00 Uhr in x min	0	5	10	x
Güterzug G: Entfernung vom Bahnhof in y km	3	3 + 5 · 1,2	3 + 10 · 1,2	
Intercity IC: Entfernung vom Bahnhof in y km	–	0	(10 – 5) · 2	

a) Stelle mit Hilfe der Text-Term-Tabelle den Überholvorgang grafisch dar.
b) Erstelle zu a) das zugehörige Gleichungssystem und löse es.

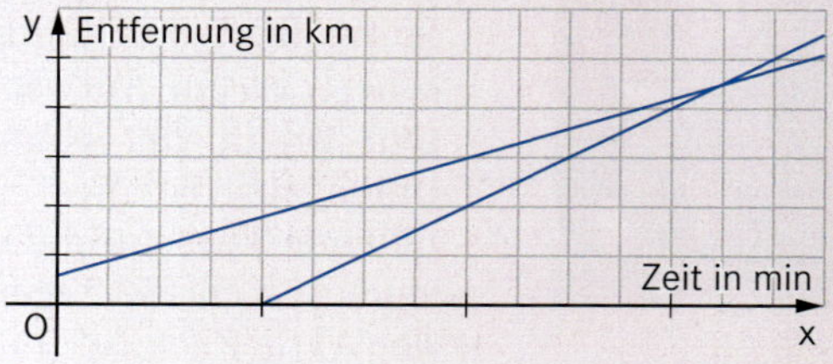

2 Eine Regionalbahn fährt mit 1,3 $\frac{\text{km}}{\text{min}}$. Um 12:00 Uhr ist sie bereits 2,3 km vom Bahnhof Arstetten entfernt. In gleicher Richtung wie die Regionalbahn passiert um 12: 04 Uhr ein EC den Bahnhof Arstetten. Er ist mit 2,5 $\frac{\text{km}}{\text{min}}$ unterwegs. Berechne, wann er die Regionalbahn einholt.

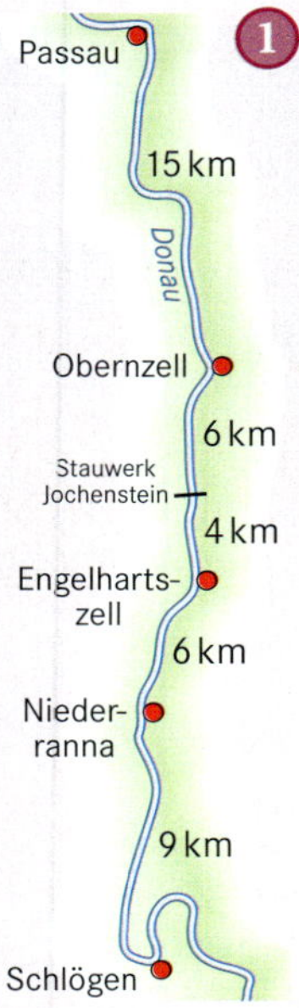

1

In der Abbildung ist die Fahrt der beiden Schiffe grafisch dargestellt.

a) Gib die Koordinaten der Punkte C und D an.

b) Erstelle zu den Graphen ein passendes lineares Gleichungssystem. Berechne, wann sich die beiden Schiffe begegnen.

c) Gib die Durchschnittsgeschwindigkeiten der beiden Schiffe an.

Um 14:20 Uhr startet in Passau ein Ausflugsschiff P nach Engelhartszell und erreicht das 15 km entfernte Obernzell um 15:05 Uhr. Ein Frachter F passiert um 14:25 Uhr Obernzell und legt um 15:40 Uhr in Passau an.

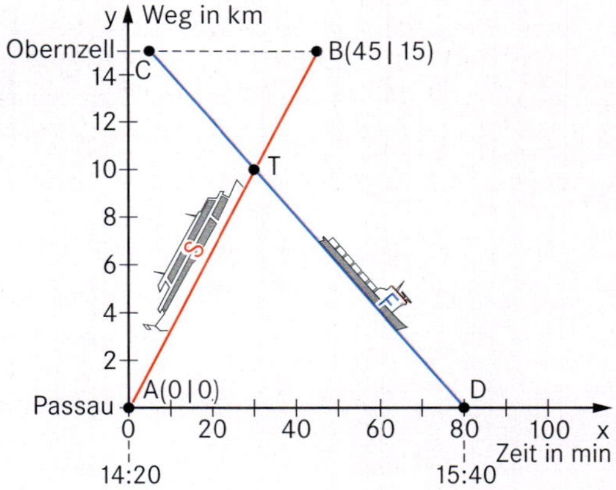

2 Eine Folge von Bildern zeigt die Fahrt eines Schiffes S und eines Frachters F zwischen Passau und Obernzell.

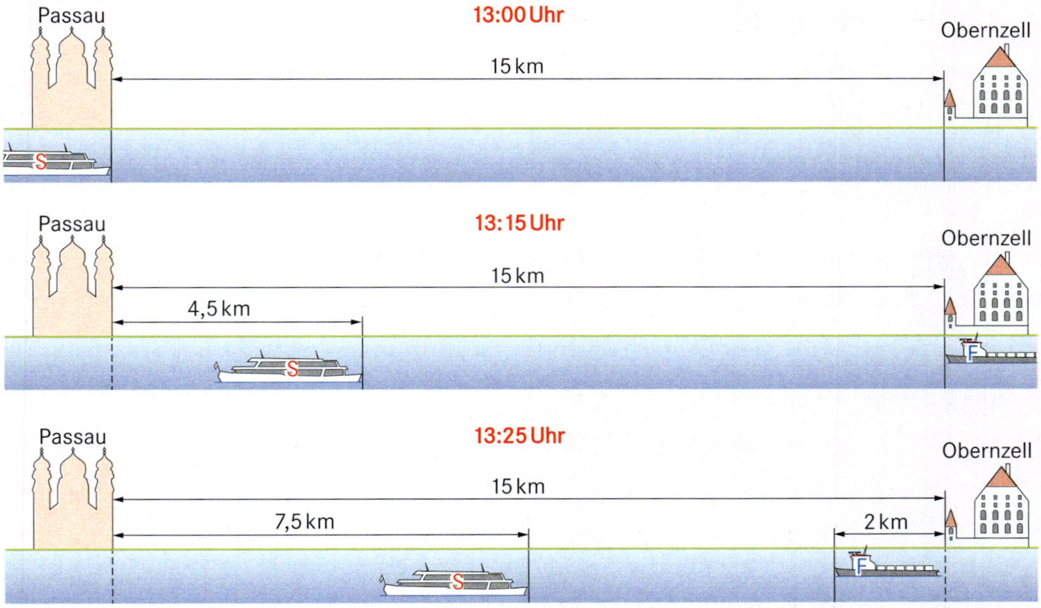

Schreibe einen passenden Text zur Aufgabe. Erstelle dazu ein lineares Gleichungssystem und löse dann die Aufgabe.

Strategie
Lösung

3 Frau Hackl macht mit ihren Kindern eine Wanderung auf einem 10 km langen Rundweg, der unmittelbar hinter ihrem Haus beginnt. Sie gehen um 14:30 Uhr los. Geplant sind 2,5 h. Herr Hackl, der dringend einen Geschäftstermin erledigen muss, merkt um 15:30 Uhr, dass seine Frau seinen Autoschlüssel eingesteckt hat.

a) Er folgt sofort mit durchschnittlich 8 $\frac{km}{h}$ seiner Frau und seinen Kindern.

b) Würdest du ebenfalls hinterherlaufen?

1 Die Fähre FAST-LINE befindet sich um 10 Uhr bei dichtem Nebel in der Ostsee südlich der dänischen Insel Bornholm. Ihre Position ist F (80 | 40) und ihr Kurs beträgt 15 sm (Seemeilen) pro Stunde Richtung West und 5 sm pro Stunde Richtung Süd. Zur gleichen Zeit ist ein Containerschiff östlich der Insel Rügen unterwegs. Seine Position C ist 40 sm westlicher und 30 sm südlicher als die Position F. Der Kurs des Containerschiffs beträgt 2,5 sm pro Stunde Richtung Ost und 7,5 sm Richtung Nord. Wir untersuchen, ob eine Kurskorrektur notwendig ist.

1 sm = 1,85 km

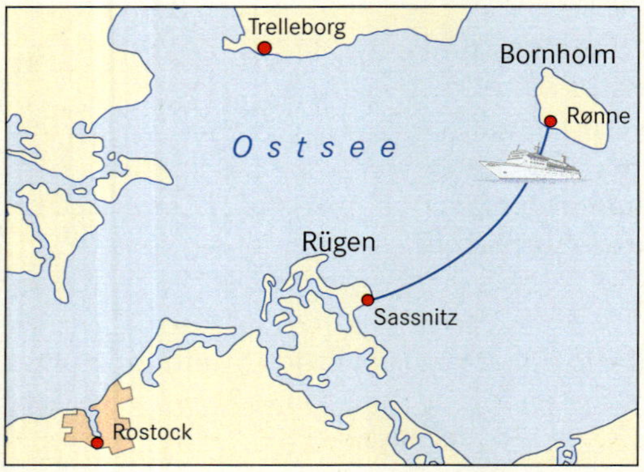

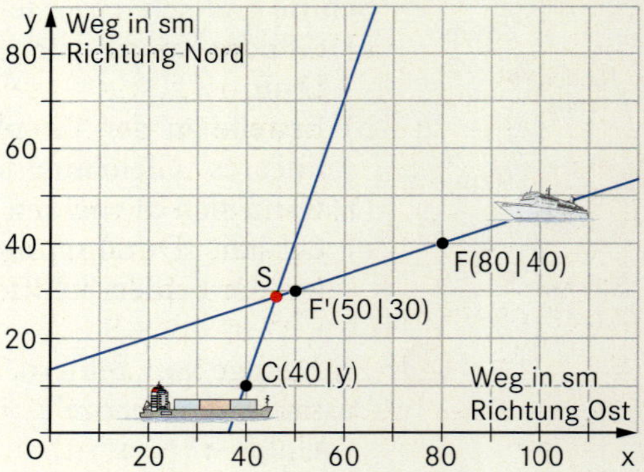

Die Koordinaten des Schnittpunktes S der Fahrtrouten der beiden Schiffe kannst du mit Hilfe des GTR bestimmen. Dazu musst du aber vorher jeweils zwei Punkte bestimmen, die auf den Fahrtrouten der beiden Schiffe liegen.

a) Begründe: Mit den Positionen F (80 | 40) und F′ (50 | 30) kann man die Fahrtroute der Fähre festlegen.

b) Bestimme die vollständigen Koordinaten von C und eines weiteren Punktes C′.

c) Mit dem GTR soll nun die Gleichung der Geraden FF′ berechnet werden.

(1) Trage die Koordinaten der Punkte F (80 | 40) und F′ (50 | 30) unter **STAT Edit** in eine **Liste** ein.

(2) Mit Hilfe des Untermenüs **Lineare Regression (ax + b)** ermittelt der Rechner die Steigung a und den y-Achsenabschnitt b der Geraden FF′. Überprüfe mit deinem GTR die für die Gerade FF’ rechts ermittelten Daten.

(3) Lass die Gerade FF′ zeichnen. Gib dazu unter Y = die Geradengleichung ein:
Y1 = .333333333X + 13,33333333

(4) Verfahre bei der Berechnung der Geraden CC′ wie in (1) und (2). Lass die Gerade CC′ anschließend zeichnen.

(5) Berechne mit dem GTR den Schnittpunkt der Geraden FF′ und CC′.

zu (1)

Liste

L1	L2
80	40
50	30

zu (2)

LinReg
y = ax + b
a = .3333333333
b = 13,33333333

zu (4)

LinReg
y = ax + b
a = .3
b = −110

2 So kannst du mit dem GTR untersuchen, ob beide Schiffe zum gleichen Zeitpunkt die Position S durchfahren. Dazu wird die unterschiedliche Geschwindigkeit der beiden Schiffe auf dem GTR simuliert.

Beachte deinen GTR.

(1) Ändere bei deinem GTR unter **MODE** die Einstellung von **Fkt** auf **Par** und von **Sequential** auf **Simultan**.

(2) Die Fähre F hat am Anfang die Koordinaten x = 80 und y = 40. Pro Stunde ändert sich der x-Wert um – 15 und der y-Wert um – 5.
Nach T Stunden erhält man die Koordinaten x = 80 – 15 T und y = 40 – 5 T
Unter **Y =** kannst du diese Koordinaten eingeben.
Führe ebenso für das Containerschiff die Eingabe der Koordinaten $X_{2\,T}$ und $Y_{2\,T}$ durch.

zu (2)

PLOT 1 PLOT 2 PLOT 3

$X_{1\,T} = 80 - 15T$

$Y_{1\,T} = 40 - 5T$

$X_{2\,T} =$

$Y_{2\,T} =$

(3) Mit Menü **Fenster** legst du den Ausschnitt des Koordinatensystems und den Testablauf fest.
Mit $\mathbf{T_{min}}$ und $\mathbf{T_{max}}$ kannst du das Zeitintervall angeben, in dem du die Bewegungen der beiden Schiffe betrachten willst.

Mit $\mathbf{T_{step}}$ stellst du die Geschwindigkeit ein, mit der Bewegungen der beiden Schiffe grafisch dargestellt werden.

zu (3)

Fenster

$T_{min} = 0$

$T_{max} = 5$

$T_{step} = 0{,}05$

$X_{min} = 0$

$X_{max} = 90$

$Y_{min} = 0$

$Y_{max} = 50$

(4) Untersuche nun mit dem Menü **Graph**, ob die beiden Schiffe ihre Fahrtrouten beibehalten können.

zu (4)

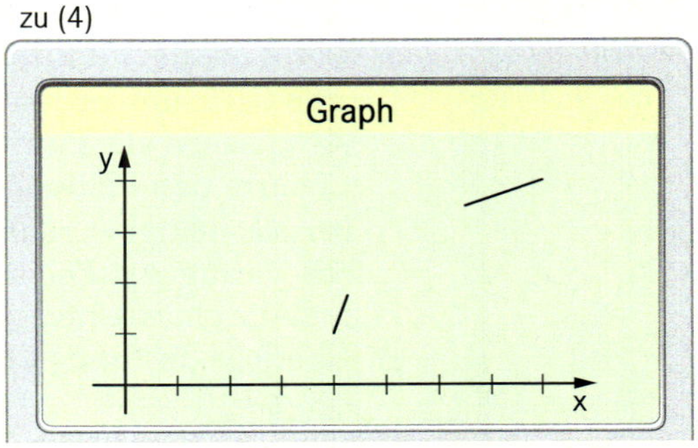

3 Der Überholvorgang der beiden Züge aus Aufgabe 1 auf Seite 56 soll wie in Aufgabe 2 beschrieben dargestellt werden. Dazu ist zunächst wieder die Eingabe der Koordinaten vorzunehmen.

a) Begründe die rechts dargestellten Koordinaten.

b) Führe die weiteren Schritte durch.

PLOT 1 PLOT 2 PLOT 3

$X_{1\,T} = 1T$

$Y_{1\,T} = 3 + 1.2T$

$X_{2\,T} = 1T$

$Y_{2\,T} = 2(T-5)$

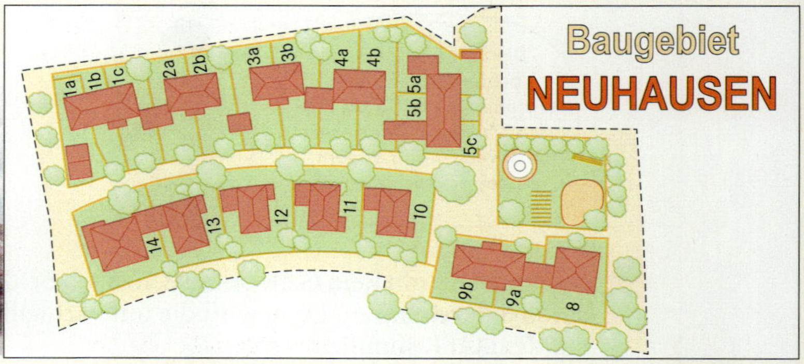

1 Die Wohnbaufirma *Bayernhaus* hat ein 10 500 m² großes Baugrundstück am Ortsrand von Neuhausen erworben. Davon können höchstens 9000 m² für Doppelhaus- und Einfamilienhausgrundstücke verplant werden. Die restliche Fläche wird für Fahrwege und einen vom Gemeinderat geforderten Kinderspielplatz benötigt. Laut Bebauungsplan dürfen höchstens acht Doppel- und höchstens zwölf Einfamilienhäuser errichtet werden. Die Firma *Bayernhaus* plant für ein Doppelhaus mit 900 m² und für ein Einfamilienhaus mit 600 m² Grundstücksfläche.

a) Folgende Bezeichnungen sollen gelten: Anzahl der Doppelhäuser: x
Anzahl der Einfamilienhäuser: y
Übertrage die Tabelle in dein Heft und ergänze sie.

Bedingung	zugehörige Ungleichung	Gleichungen der Randgeraden	
höchstens 8 Doppelhäuser	$0 \leqq x \leqq$ ▢	$x = 0$	$x =$ ▢
höchstens 12 Einfamilienhäuser	$0 \leqq$ ▢ $\leqq 12$	$y = 0$	▢ $= 12$
bebaubare Grundstücksfläche	$900x +$ ▢ $\leqq$ ▢	$900x +$ ▢ $=$ ▢	

b) Zeichne die Randgeraden und markiere mit grüner Farbe den eingegrenzten Bereich.

c) Überprüfe, ob der gleichzeitige Bau von acht Doppel- und sechs Einfamilienhäusern (von vier Doppel- und sechs Einfamilienhäusern) möglich ist.

d) Der Rand des in Aufgabe b) grün markierten Bereichs wird durch ein System von linearen Gleichungen festgelegt. Man nennt ihn **Planungsbereich**. In ihm oder auf seinem Rand liegen alle Punkte, deren Koordinaten Lösungen des Problems sind.
Ergänze den Planungsbereich der Aufgabe b), wenn folgende Bedingung zusätzlich berücksichtigt werden soll: Die Baufirma hat ein Kapital von maximal 2,6 Millionen € zur Verfügung. Die schlüsselfertige Errichtung eines Doppelhauses kostet 300 000 € und die eines Einfamilienhauses 200 000 €.

e) Überlege dir für den Planungsbereich eine weitere mögliche Bedingung.

2 Der Verkauf einer Doppelhaushälfte bringt der Firma *Bayernhaus* 20 000 € Gewinn, bei einem Einfamilienhaus sind es 40 000 €.

a) Der Gesamtgewinn z € beim Verkauf von x Doppel- und y Einfamilienhäusern lässt sich in Abhängigkeit von x und y so darstellen: $z = 40\,000\,x + 40\,000\,y$
Begründe diese Form der Darstellung. Gib anschließend den Wert von z an, der sich beim Verkauf von drei Doppel- und vier Einfamilienhäusern ergibt.

b) Eine Gleichung der Form $z = 40\,000\,x + 40\,000\,y$ bezeichnet man als **Zielwertgleichung**. Setzt man für z. B. $x = 3$ und $y = 4$, so erhält man den **Zielwert** $z = 280\,000$. Finde verschiedene Möglichkeiten, um einen Gewinn von 280 000 € zu erzielen.

3 a) Setze den Zielwert $z_1 = 280\,000$ in die Zielwertgleichung aus Aufgabe 2a) Seite 60 ein und löse sie nach y auf. Zeichne die zugehörige Gerade h_1 (**Zielwertgerade**) in das Koordinatensystem der Aufgabe 1b) Seite 60 ein.

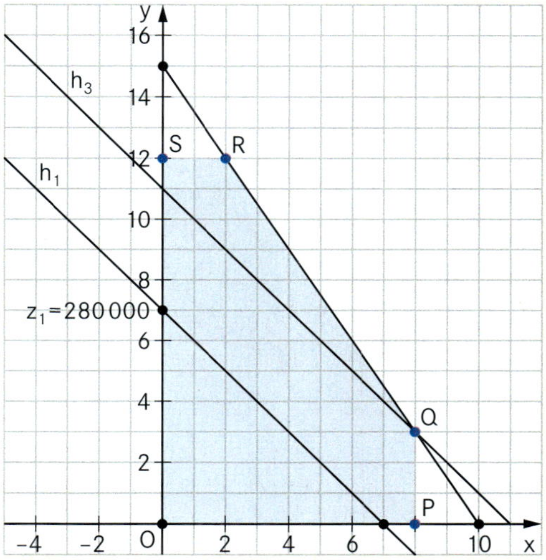

b) Die in Aufgabe 2b) Seite 60 gefundenen Möglichkeiten sind Koordinaten von Punkten. Welche Eigenschaften haben diese Punkte?

c) Zeichne die Zielwertgerade h_2 mit $y = -x + 8$ in das Koordinatensystem ein. Wie hoch ist der zugehörige Zielwert z_2?
Ermittle die Koordinaten von geeigneten Punkten, um diesen Zielwert zu erreichen.

d) Zeige durch Äquivalenzumformung, dass sich die allgemeine Zielwertgleichung $z = 40\,000x + 40\,000y$ auf folgende Form bringen lässt: $y = -x + \frac{z}{40\,000}$
Begründe anschließend: Alle Zielwertgeraden haben die gleiche Steigung und sind deshalb zueinander parallel.

e) Vervollständige den Satz: „Je größer der y-Achsenabschnitt der Zielwertgeraden, …".

4 a) Wie beurteilst du die Aussage von Paul im Bild oben? Welcher Zielwert wird mit den Koordinaten des Punktes Q erreicht?

b) Überprüfe, ob die Koordinaten des Eckpunktes R zum Planungsbereich gehören. Begründe anschließend: Die Koordinaten des Punktes R führen zum maximalen Zielwert. Gib diesen maximalen Zielwert und damit den maximal möglichen Gewinn an.

c) In dem durch ein System von linearen Ungleichungen festgelegten Planungsbereich gibt es Punkte, deren Koordinaten eine **maximale** oder **minimale** Lösung eines Problems ergeben können. Man spricht von einer **linearen Optimierung**.
Ermittle den maximal möglichen Gewinn in Aufgabe 1 auf Seite 60, wenn zusätzlich die Bedingung in 1d) erfüllt werden soll.

d) Eine Doppelhaushälfte bietet bis zu fünf Personen und ein Einfamilienhaus bis zu sechs Personen Platz. Für wie viele Personen kann die Baufirma auf dem Neubaugebiet maximal Wohnmöglichkeiten schaffen?

1 Was stimmt hier nicht?

5 Auf einer Landstraße möchte ein Motorradfahrer einen 20 m langen Lkw mit Anhänger überholen. Der Lkw fährt mit $20\,\frac{m}{s}$ ($72\,\frac{km}{h}$). Zum Überholen schert der Motorradfahrer 30 m hinter dem Lkw auf die Gegenfahrbahn aus und biegt nach dem Überholvorgang 30 m vor dem Lkw wieder auf seine Spur zurück.
Während des Überholvorgangs fährt der Motorradfahrer mit einer durchschnittlichen Geschwindigkeit von $28\,\frac{m}{s}$ (ca. $100\,\frac{km}{h}$).

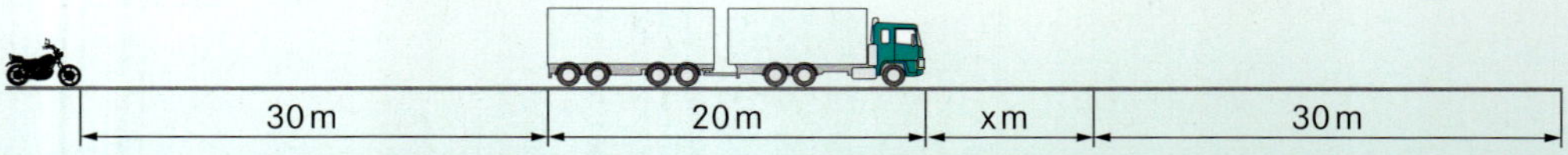

a) Welche Strecke braucht das Motorrad auf der Gegenfahrbahn für das Überholen? Wie lange dauert der Überholvorgang?
b) Ist das Überholen möglich, wenn zum Zeitpunkt des Ausscherens 600 m entfernt auf der Gegenfahrbahn ein Pkw mit $90\,\frac{km}{h}$ entgegenkommt? Begründe.
c) Der Lkw fährt mit $90\,\frac{km}{h}$. Der Motorradfahrer überholt trotz eines entgegen kommenden Pkw und wechselt nach 280 m wieder auf seine Spur zurück.

2 Die Ecke A eines Quadrates mit der Seitenlänge 10 cm wird auf den Mittelpunkt M der Seite [BC] gefaltet. Dabei wird ein Viereck EBCF festgelegt.
Berechne den Anteil dieses Vierecks EBCF an der Fläche des Ausgangsquadrates ABCD.
Hinweis: Klebe die Faltfigur in ein Koordinatensystem, so dass gilt: A (0|0), B (10|0)
[Zwischenergebnis: EF $y = -2x + 12{,}5$]

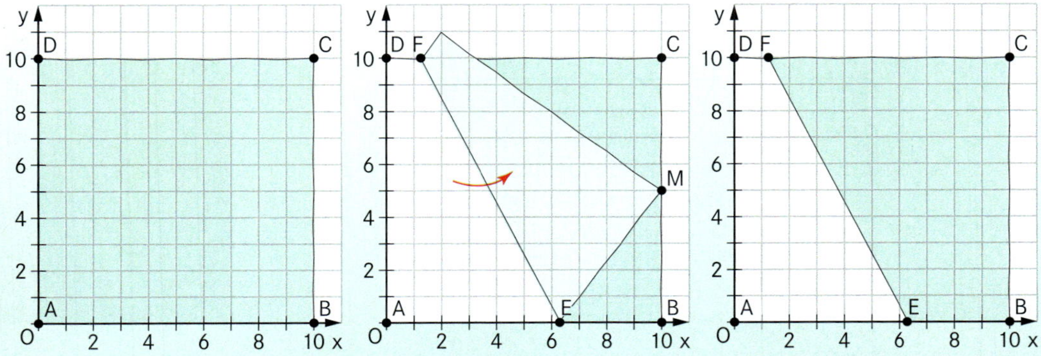

3 Thomas hat versucht, das folgende lineare Gleichungssystem grafisch zu lösen.

(I) $y = -0{,}5x + 2$; $\mathbb{G} = \mathbb{Q} \times \mathbb{Q}$

(II) $\wedge$ $x = y + 5$

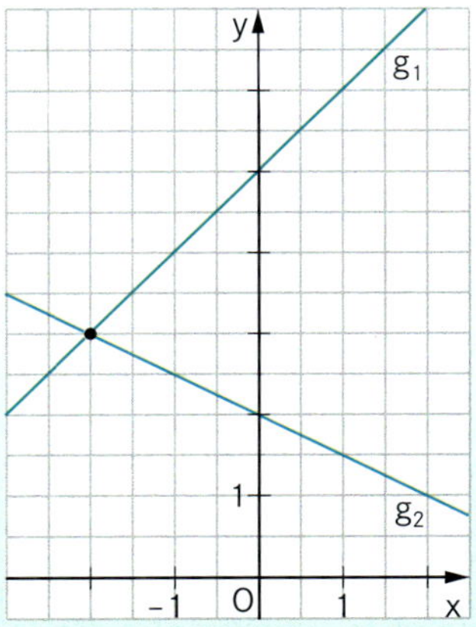

a) Welche Lösung könnte man aus der Zeichnung ablesen?
b) Eine der Geraden, die zu einer der obigen Gleichungen gehört, ist falsch eingezeichnet. Deshalb ist die Lösung falsch. Bestimme die Lösung des obigen linearen Gleichungssystems rechnerisch.
c) Gib ein lineares Gleichungssystem so an, dass es der Darstellung in der Zeichnung entspricht.
d) Die beiden eingezeichneten Geraden werden von der Geraden h in den Punkten P(0|2) und Q(1|6) geschnitten. Dadurch wird ein Dreieck festgelegt. Berechne dessen Flächeninhalt.

4 In ein regelmäßiges Achteck sind zwei Dreiecke eingezeichnet.

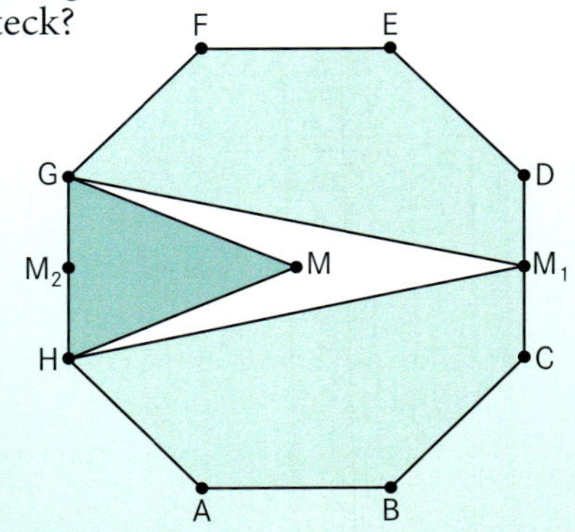

a) Wie viele kleine Dreiecke passen in das Achteck? Begründe.
b) Vergleiche den Flächeninhalt der beiden Dreiecke. Wie oft passt der Flächeninhalt des großen Dreiecks in das Achteck?
c) Zeichne ein regelmäßiges Achteck und trage darin eine Figur ein, deren Flächeninhalt die Hälfte der Achtecksfläche beträgt.
d) Zeichne in ein regelmäßiges Sechseck zwei Dreiecke wie im Achteck. Formuliere ähnliche Fragen und beantworte sie.

4 Reelle Zahlen

Die heute in Europa meist verwendeten Papierformate entsprechen den sogenannten DIN-Normen (**D**eutsches **I**nstitut für **N**ormung). Walter Porstmann, ein Ingenieur aus Berlin, entwickelte diese Normung. Dort befindet sich auch der Sitz des Institutes.

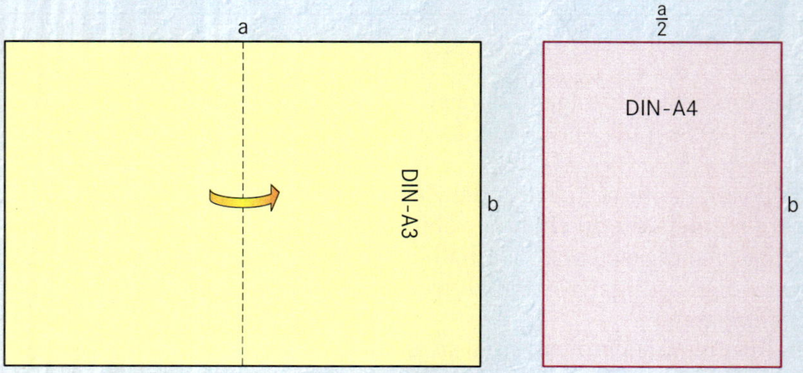

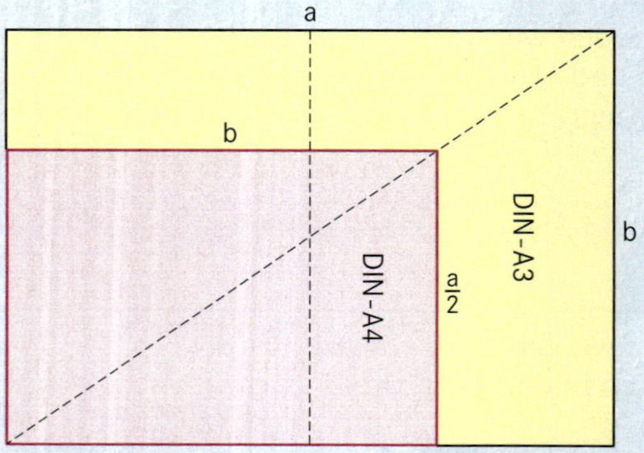

Die Abbildung oben zeigt, wie du z. B. aus dem DIN-A3-Format das DIN-A4-Format erhältst. Erkläre die Zusammenhänge zwischen den Flächen und Seitenlängen.
Auf Grund der DIN-Vorschrift gilt: Das Verhältnis der längeren Seite zur kürzeren Seite bleibt stets gleich.
Stelle eine Verhältnisgleichung auf. Zeige, dass daraus folgt: $\left(\frac{a}{b}\right)^2 = 2$
Findest du einen Bruch $\frac{a}{b}$ oder einen Dezimalbruch, der die Gleichung $\left(\frac{a}{b}\right)^2 = 2$ erfüllt?

1

a) Bilde aus zwei Quadraten mit dem Flächeninhalt 1 cm^2 ein neues zerlegungsgleiches Quadrat mit dem Flächeninhalt 2 cm^2.

b) Veranschauliche die Lösungen der Gleichung $x^2 = 2$ an der Zahlengeraden.

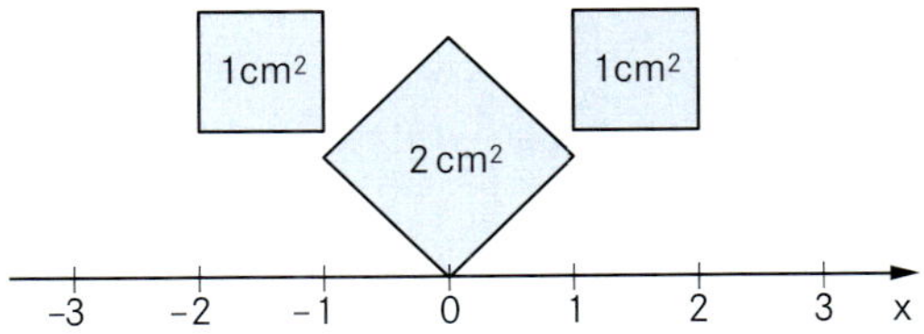

$1{,}4 \cdot 1{,}4$
14
56
1,96 ← Endziffer

c) Beurteile die Aussagen der drei Schüler.

d) Begründe mit Hilfe der Endziffern, dass es keine Zahl x aus $\mathbb{Q}_0^+$ gibt mit $x^2 = 2$.

1 Untersucht werden Gleichungen der Form $x^2 = a$.

$x^2 = 3{,}24 \qquad \mathbb{L} = \{-1{,}8;\ 1{,}8\}$

a) Finde Gleichungen, die in $\mathbb{Q}$ lösbar sind.
b) Nenne die positive Zahl, deren Quadrat 0,36 (6,25; 20,25; 0,0081; 0,09; $\frac{1}{9}$; $\frac{121}{144}$) ist.
c) Mit welcher der folgenden Zahlen für a ist die Gleichung $x^2 = a$ für $x \in \mathbb{Q}$ sicher nicht lösbar? Begründe.
(1) $a = 1\,000\,672$ (2) $a = 0{,}0361$ (3) $a = 0{,}0367$ (4) $a = 0{,}0368$ (5) $a = 0{,}324$
d) Gibt es eine Lösung für die Gleichung $x^2 = -64$? Begründe.

Quadratwurzel

Radikand

M

Die Gleichung $x^2 = a$ ist leicht lösbar, wenn a eine Quadratzahl ist.

$x^2 = 2{,}25$
$x = 1{,}5 \lor x = -1{,}5$

Wenn a ($a \geqq 0$) keine Quadratzahl ist, kann man die zwei Lösungen der Gleichung $x^2 = a$ mit Hilfe des Wurzelzeichens schreiben.

$x^2 = a$
$x = \sqrt{a} \lor x = -\sqrt{a}$
lies: *x ist Wurzel aus a*

$x^2 = 2$
$x = \sqrt{2} \lor x = -\sqrt{2}$

$\sqrt{a}$ ist die nicht negative Zahl, die beim Quadrieren a ergibt.

$(\sqrt{a})^2 = a$

$(\sqrt{2})^2 = 2$
$(\sqrt{0})^2 = 0$

Man bezeichnet $\sqrt{a}$ ($a \geqq 0$) als **Quadratwurzel** der Zahl a. Der nicht negative Term unter der Wurzel heißt **Radikand**.

2 So kannst du zeigen, dass $\sqrt{2}$ nicht rational ist.

Angenommen, $\sqrt{2}$ wäre durch eine rationale Zahl $\frac{a}{b}$ ($a, b \in \mathbb{N}$) darstellbar, wobei der Bruch $\frac{a}{b}$ vollständig gekürzt ist, also $\sqrt{2} = \frac{a}{b}$.

Dann müsste gelten:

$$(\sqrt{2})^2 = \left(\frac{a}{b}\right)^2$$
$$2 = \frac{a \cdot a}{b \cdot b}$$

Wenn $\frac{a}{b}$ vollständig gekürzt ist, dann kann man auch $\frac{a \cdot a}{b \cdot b}$ nicht mehr kürzen. Somit kann $\frac{a \cdot a}{b \cdot b}$ nicht die natürliche Zahl 2 sein. Unsere Annahme, dass $\sqrt{2}$ durch eine rationale Zahl darstellbar ist, ist falsch. Folgerung: $\sqrt{2}$ ist keine rationale Zahl.

irrationale Zahlen

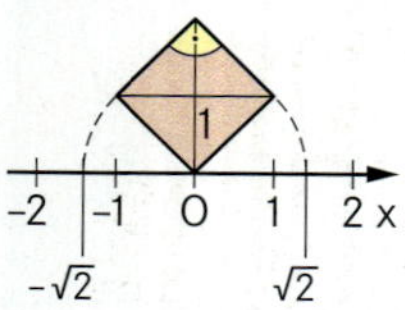

reelle Zahlen

M

Zahlen, die nicht durch einen Bruch dargestellt werden können, heißen **irrationale Zahlen**. Jeder irrationalen Zahl lässt sich auf der Zahlengeraden eindeutig ein Punkt zuordnen.

Die Menge der irrationalen Zahlen bildet zusammen mit der Menge $\mathbb{Q}$ der rationalen Zahlen die Menge $\mathbb{R}$ der **reellen Zahlen**.

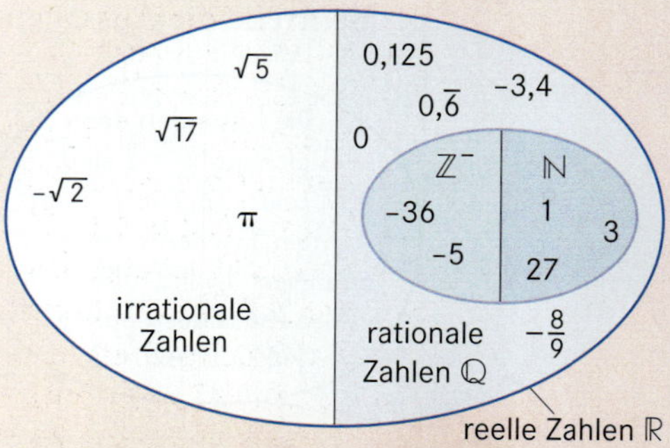

Übungen

3 Ist die Zahl rational oder irrational? Begründe.

a) $\sqrt{9}$ $\quad$ $\sqrt{0{,}9}$

b) $\sqrt{8{,}1}$ $\quad$ $\sqrt{81}$

c) $\sqrt{0{,}36}$ $\quad$ $\sqrt{3{,}6}$

d) $\sqrt{36}$ $\quad$ $\sqrt{3600}$

e) $\sqrt{0}$ $\quad$ $\sqrt{0{,}01}$

f) $\sqrt{\sqrt{16}}$ $\quad$ $\sqrt{\sqrt{0{,}16}}$

4 Bestimme die Definitionsmenge $\mathbb{D}$ in $\mathbb{G} = \mathbb{R}$.

a) $\sqrt{x-1}$ $\quad$ $\sqrt{1-x}$

b) $\sqrt{2x-1}$ $\quad$ $\sqrt{1-2x}$

c) $\sqrt{3x-6}$ $\quad$ $\sqrt{6-3x}$

d) $\sqrt{-3x-6}$ $\quad$ $\sqrt{0{,}3x-6}$

> $\sqrt{5x-1}$
> $5x - 1 \geqq 0$
> $\mathbb{D} = \{x \mid x \geqq 0{,}2\}$

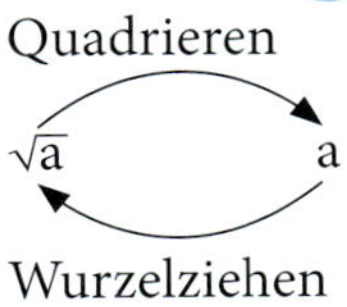

5 Gib die Lösungen der Gleichung $x^2 = a$ an. Begründe, wenn es keine Lösung gibt ($\mathbb{G} = \mathbb{R}$).

a) $x^2 = 9$ $\quad$ $x^2 = -9$ $\quad$ $x^2 = 0{,}9$ $\quad$ $x^2 = 0{,}09$

b) $x^2 = 1{,}21$ $\quad$ $x^2 = 12{,}1$ $\quad$ $x^2 = 0{,}0121$ $\quad$ $x^2 = -1{,}21$

c) $x^2 = 0{,}01$ $\quad$ $x^2 = 1$ $\quad$ $x^2 = -1$ $\quad$ $x^2 = 1{,}1$

d) $x^2 - 21 = 4$ $\quad$ $x^2 + 21 = 4$ $\quad$ $x^2 - 21 = -4$ $\quad$ $x^2 + 21 = -4$

> $x^2 = 0{,}16$
> $\mathbb{L} = \{-0{,}4;\ 0{,}4\}$
>
> $x^2 = 1{,}6$
> $\mathbb{L} = \{-\sqrt{1{,}6};\ \sqrt{1{,}6}\}$

6 Bestimme die Quadratwurzel im Kopf.

a) $\sqrt{2{,}25}$ b) $\sqrt{0{,}09}$ c) $\sqrt{0{,}01}$ d) $\sqrt{0{,}0289}$ e) $\sqrt{6{,}25}$ f) $\sqrt{10\,000}$ g) $\sqrt{0{,}16}$

h) $\sqrt{\frac{4}{9}}$ i) $\sqrt{\frac{16}{25}}$ k) $\sqrt{\frac{36}{49}}$ l) $\sqrt{\frac{12}{48}}$ m) $\sqrt{\frac{10}{1000}}$ n) $\sqrt{\frac{10}{100\,000}}$ o) $\sqrt{1\frac{13}{36}}$

7 So kannst du mit dem Taschenrechner Wurzelterme berechnen.

B

> $\sqrt{\sqrt{2} - 1} =$
>
> Tastenfolge: [√] [(] 2 [)] [−] 1 [)] [=]
>
> Anzeige: .6435942529
> Näherungswert: 0,64
>
> $\sqrt{\frac{\sqrt{2} - 1}{3}} =$
>
> Tastenfolge: [√] [(] [(] [√] [(] 2 [)] [−] 1 [)] [÷] 3 [)] [=]
>
> Anzeige: .3715793152
> Näherungswert: 0,37

a) $\sqrt{\sqrt{2} + 1}$ $\quad$ $\sqrt{\frac{\sqrt{2} + 1}{2}}$

b) $\sqrt{\sqrt{1{,}8} - 1}$ $\quad$ $\sqrt{\frac{\sqrt{1{,}8} - 1}{\sqrt{2}}}$

c) $\sqrt{\sqrt{4{,}41} - 0{,}89}$ $\quad$ $\sqrt{\frac{\sqrt{4{,}41} - 0{,}1}{0{,}5}}$

d) $\sqrt{\sqrt{169} + 51}$ $\quad$ $\sqrt{\frac{\sqrt{169} + 51}{3\sqrt{2}}}$

Lösungen: 2,00; 3,88; 1,44; 0,49; 1,10; 1,10; 1,55; 0,58; 8,00

8 Fang die Wurzel – ein Spiel für zwei

1. Einigt euch zunächst auf die Intervalllänge, z. B. hat das Intervall [1; 4] eine größere Länge als das Intervall [2; 4]. Je kürzer die Intervalllänge, umso schwieriger ist es, eine Wurzel einzufangen!
2. Spieler A gibt eine Zahl vor, z. B. 579.
3. Spieler B schätzt das Intervall, in dem die Wurzel der Zahl liegen könnte, z. B. [22; 24].
4. Das Nachprüfen mit dem TR ergibt 24,06. Spieler B hat die Wurzel somit nicht „eingefangen". Deshalb muss er nun eine Zahl vorgeben und Spieler A hat nun die Chance, eine Wurzel „einzufangen". Es gewinnt, wer am meisten Wurzeln „einfängt".

9 Das Papierformat DIN A0 hat einen Flächeninhalt von 1 m^2 und die Seitenlängen b_0 und $a_0 = b_0\sqrt{2}$.

a) Begründe, dass gilt: $b_0^2\sqrt{2} = 10\,000\ cm^2$

b) Berechne die Längen a_0 und b_0 des Formats DIN A0.
[Ergebnis: $b_0 = 84{,}09$ cm]

c) Ergänze die Tabelle in deinem Heft.

DIN Format	Fläche in cm^2	Seitenlänge a in cm	Seitenlänge b in cm
A0	10 000		
A1		84,09	
A2			
A3			
A4			

d) Kannst du die Bodenfläche deines Klassenzimmers mit einer Packung Kopierpapier bedecken?

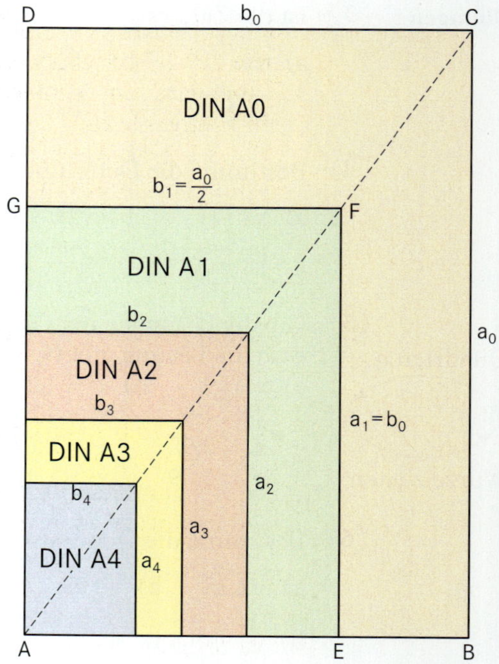

G

„Alles ist Zahl“ (Leitsatz der Pythagoreer)

Ca. 582 – 507 v. Chr. lebte der „Zahlenmystiker“, Mathematiker und Naturforscher PYTHAGORAS. Er und seine Anhänger glaubten, alle Phänomene in der Natur und alle Probleme in der Mathematik ließen sich durch ganze Zahlen oder als Verhältnisse von ganzen Zahlen (Brüche) darstellen.
50 Jahre nach dem Tod von Pythagoras konnte HIPPASOS VON METAPONT – einer Stadt in Sizilien – beweisen, dass es auch Zahlen gibt, die sich nicht durch Brüche darstellen lassen. Diese Entdeckung passte nicht in das Weltbild der damaligen Zeit. Der Legende nach wurde er von Verfechtern der pythagoreischen Lehre auf offener See aus dem Boot geworfen. Dabei ertrank er.
Das Rechnen mit irrationalen Zahlen ließ sich jedoch nicht aufhalten. Die ersten modernen Wurzelzeichen findet man 1525 in Büchern von CHRISTOPH RUDOLFF und ADAM RIES. Die heutige Form verdankt das Wurzelzeichen dem Mathematiker MICHAEL STIFEL (1487 – 1567). Das Zeichen stellt ein stilisiertes r dar und steht für *radix* (lateinisch: Wurzel). MICHAEL STIFEL hatte in seinen jungen Jahren versucht, Texte und Schriften der Bibel mathematisch zu deuten. So berechnete er für den 19. Oktober 1553 den Weltuntergang. Als dieser nicht eintrat, wurde STIFEL für vier Wochen inhaftiert. Die Redewendung „einen Stiefel rechnen“ kommt von der Fehldeutung STIFELS.

Die Zahl 6 ist eine vollkommene Zahl. So heißt eine Zahl, wenn sie gleich der Summe ihrer echten Teiler ist, also 6 = 1 + 2 + 3
Nur für die Zahl 6 gilt außerdem: $6 = \sqrt{\square^{\square} + \square^{\square} + \square^{\square}}$. Setze für die Platzhalter die drei echten Teiler so ein, dass die Gleichung stimmt. Du darfst einen Teiler mehrmals verwenden.

G

Schon HERON VON ALEXANDRIA berechnete den Näherungswert von Wurzeln. Dabei wird ein Rechteck schrittweise in ein flächengleiches Quadrat verwandelt. Dieses Verfahren bezeichnet man auch als **Heronverfahren**.

HERON VON ALEXANDRIA war ein griechischer Mathematiker und Physiker, der im 1. Jahrhundert n. Chr. lebte. Er verfasste Schriften zur Mathematik, Mechanik und Optik.

1 So kannst du mit dem Heronverfahren $\sqrt{6}$ näherungsweise bestimmen.

B

Es gilt: $x^2 = 6$
Wähle einen beliebigen Anfangswert, z. B. $x_1 = 3$.
Da es sich um ein Rechteck handelt, erhält man als zweiten Wert

$\frac{6}{x_1} = 6 : 3 = 2.$

Der Mittelwert von x_1 und $\frac{6}{x_1}$ ergibt einen genaueren Wert x_2:

$x_2 = (x_1 + \frac{6}{x_1}) : 2$

$x_2 = (3 + 2) : 2 = 2{,}5$

Bilde den Mittelwert von x_2 und $\frac{6}{x_2}$:

$x_3 = (x_2 + \frac{6}{x_2}) : 2$

$x_3 = (2{,}5 + 2{,}4) : 2 = 2{,}45$

Bilde den Mittelwert von x_3 und $\frac{6}{x_3}$:

$x_4 = (x_3 + \frac{6}{x_3}) : 2$

$x_4 = (2{,}45 + 2{,}449) : 2 = 2{,}449$
…

Allgemein gilt für $x^2 = a$ ($a \in \mathbb{Q}$):

$x_{n+1} = (x_n + \frac{a}{x_n}) : 2$

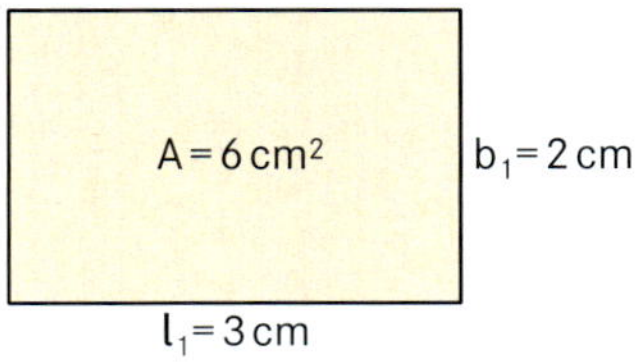

Neue Länge: $l_2 = (l_1 + b_1) : 2$
$l_2 = (3\text{ cm} + 2\text{ cm}) : 2 = 2{,}5\text{ cm}$
Neue Breite:
$b_2 = 6\text{ cm}^2 : 2{,}5\text{ cm} = 2{,}4\text{ cm}$

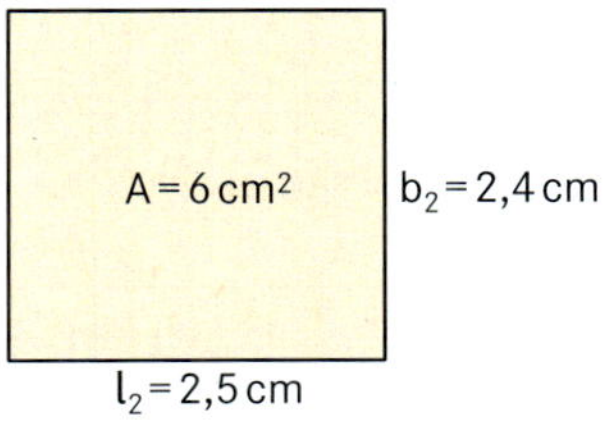

$l_3 = (l_2 + b_2) : 2$
$l_3 = (2{,}5\text{ cm} + 2{,}4\text{ cm}) : 2 = 2{,}45\text{ cm}$
$b = 6\text{ cm}^2 : 2{,}45\text{ cm} = 2{,}449\text{ cm}$

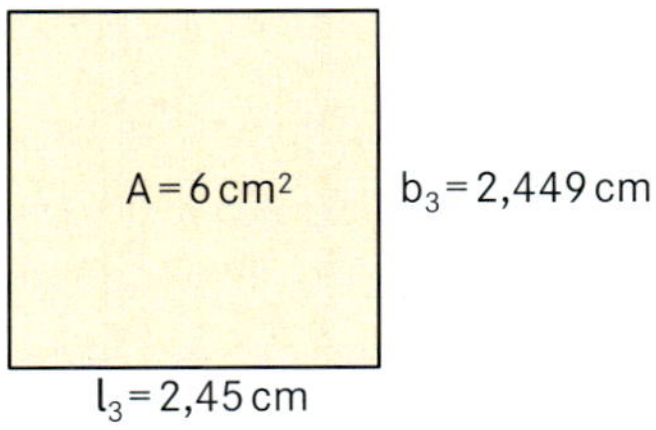

Man kann das Verfahren abbrechen, wenn sich die Seitenlängen l_n und b_n in den gewünschten Nachkommastellen nicht mehr unterscheiden.

a) Erläutere die einzelnen Schritte.
b) Bestimme mit dem Heronverfahren $\sqrt{15}$ ($\sqrt{56}$; $\sqrt{458}$) auf vier Dezimalstellen genau.
c) Was passiert, wenn du dich einmal verrechnest? Überprüfe dies mit deinen Nachbarn.

1 Berechne und vergleiche.

a) $3\sqrt{7} \cdot 5\sqrt{11}$
$5\sqrt{11} \cdot 3\sqrt{7}$

b) $(\sqrt{2} + \sqrt{3}) + \sqrt{5}$
$\sqrt{2} + (\sqrt{3} + \sqrt{5})$

c) $5\sqrt{7}$
$-2{,}4\sqrt{7} + 7{,}4\sqrt{7}$

d) $3\sqrt{7} - 2\sqrt{7} + 5\sqrt{7}$
$6\sqrt{7}$

Permanenzprinzip

M Die Rechengesetze (Kommutativgesetz, Assoziativgesetzt, Distributivgesetze) gelten auch in $\mathbb{R}$ (**Permanenzprinzip**).

Addition und Subtraktion

Terme mit gleichem Radikanden lassen sich beim **Addieren** und **Subtrahieren** zusammenfassen.
$a\sqrt{b} + c\sqrt{b} - d\sqrt{b} = (a + c - d)\sqrt{b}$ $\quad (a; c; d \in \mathbb{R}; b \in \mathbb{R}_0^+)$

2 Berechne. Was stellst du fest?

a) $\sqrt{18} + \sqrt{2}$
$\sqrt{20}$

b) $\sqrt{18} - \sqrt{2}$
$\sqrt{16}$

c) $\sqrt{18} \cdot \sqrt{2}$
$\sqrt{36}$

d) $\sqrt{18} : \sqrt{2}$
$\sqrt{9}$

3 So kannst du zeigen, dass $\sqrt{a} \cdot \sqrt{b} = \sqrt{a \cdot b}$ gilt $(a, b \in \mathbb{R}^+)$.

B

$(\sqrt{a} \cdot \sqrt{b})^2 = (\sqrt{a \cdot b})^2$ Quadriere beide Seiten,

$(\sqrt{a})^2 \cdot (\sqrt{b})^2 = (\sqrt{a \cdot b})^2$ Quadrieren und Radizieren „heben sich auf".

$a \cdot b = a \cdot b$ (w)

W 9

a) Führe den Beweis entsprechend für die Division durch.

b) Zeige: $\sqrt{a} + \sqrt{b} \neq \sqrt{a + b}$ $(a > 0$ und $b > 0)$

M Für das **Multiplizieren** (**Dividieren**) zweier reeller Zahlen gilt:

Multiplikation

$\sqrt{a} \cdot \sqrt{b} = \sqrt{a \cdot b}$; für alle $a, b \in \mathbb{R}_0^+$

Division

$\sqrt{a} : \sqrt{b} = \sqrt{a : b}$; für $a \in \mathbb{R}_0^+$, $b \in \mathbb{R}^+$

Beachte: $\sqrt{a} + \sqrt{b} \neq \sqrt{a + b}$; $\sqrt{a} - \sqrt{b} \neq \sqrt{a - b}$; $a, b \in \mathbb{R}^+$; $a > b$

Übungen

4 Vereinfache wie im Beispiel (alle Variablen sind aus $\mathbb{R}^+$).

a) $\sqrt{75} \cdot \sqrt{3}$
$\sqrt{75} : \sqrt{3}$

b) $\sqrt{0{,}16} \cdot \sqrt{4}$
$\sqrt{0{,}16} : \sqrt{4}$

c) $\sqrt{4x} \cdot \sqrt{x}$
$\sqrt{4x} : \sqrt{x}$

d) $\sqrt{3x^3} \cdot \sqrt{12x}$
$\sqrt{3x^3} : \sqrt{12x}$

$\sqrt{1{,}8} : \sqrt{5} = \sqrt{\frac{1{,}8}{5}} = \sqrt{0{,}36}$
$= 0{,}6$

5 Ziehe einen Faktor vor die Wurzel.

a) $\sqrt{18}$
$\sqrt{180}$
$\sqrt{0{,}18}$

b) $\sqrt{75}$
$\sqrt{750}$
$\sqrt{0{,}75}$

c) $\sqrt{56a}$
$\sqrt{56a^2}$
$\sqrt{0{,}56a}$

d) $\sqrt{10a^2}$
$\sqrt{27a^2}$
$\sqrt{0{,}01a}$

e) $\sqrt{5x^2}$
$\sqrt{5x^4}$
$\sqrt{4{,}9x^2}$

$\sqrt{45} = \sqrt{9 \cdot 5} = \sqrt{9} \cdot \sqrt{5}$
$= 3\sqrt{5}$

$\sqrt{5a^2} = \sqrt{5} \cdot \sqrt{a^2} = a\sqrt{5}$

6 Sind die Aussagen wahr $(a > 2)$? Begründe.

a)
$\sqrt{25} - \sqrt{9} = \sqrt{25 - 9}$
$(\sqrt{25} - \sqrt{9})^2 = (\sqrt{25 - 9})^2$
$\sqrt{25} \cdot \sqrt{9} = \sqrt{25 \cdot 9}$
$(\sqrt{25} \cdot \sqrt{9})^2 = (\sqrt{25 \cdot 9})^2$

b)
$\sqrt{16} + \sqrt{9} = \sqrt{16 + 9}$
$(\sqrt{16} + \sqrt{9})^2 = (\sqrt{16 + 9})^2$
$\sqrt{16} : \sqrt{9} = \sqrt{16 : 9}$
$(\sqrt{16} : \sqrt{9})^2 = (\sqrt{16 : 9})^2$

c)
$\sqrt{a^2 + 4} = \sqrt{a^2} + \sqrt{4}$
$\sqrt{a^2 - 2^2} = \sqrt{(a - 2)^2}$
$\sqrt{a^2 \cdot 4} = \sqrt{a^2} \cdot \sqrt{4}$
$\sqrt{a^2 : 4} = 0{,}5a$

7 Ergänze die Platzhalter in deinem Heft.

a)

	☐	
$2\sqrt{14}$	☐	
$2\sqrt{7}$	$\sqrt{2}$	$\sqrt{14}$

b)

$\sqrt{96}$	$\sqrt{12}$	☐
$\sqrt{8}$	$\sqrt{2}$	
	☐	

c)

	$\sqrt{24}$	
☐	☐	
☐	☐	☐

8

$\sqrt{5} + 2\sqrt{5} = 3\sqrt{5}$

$\sqrt{5} \cdot 2\sqrt{5} = 2 \cdot (\sqrt{5})^2 = 10$

$\frac{\sqrt{5}}{2\sqrt{5}} = \frac{1}{2}$

Vereinfache soweit wie möglich (alle Variablen sind aus $\mathbb{R}^+$).

a) $4\sqrt{3} + 2\sqrt{3}$; $4\sqrt{3} \cdot 2\sqrt{3}$; $\frac{4\sqrt{3}}{2\sqrt{3}}$

b) $6\sqrt{x} - 0{,}3\sqrt{x}$; $6\sqrt{x} \cdot 0{,}3\sqrt{x}$; $\frac{6\sqrt{x}}{0{,}3\sqrt{x}}$

c) $-1{,}6\sqrt{x} - 8\sqrt{x}$; $-1{,}6\sqrt{x} \cdot 8\sqrt{x}$; $\frac{-1{,}6\sqrt{x}}{8\sqrt{x}}$

d) $x^2\sqrt{11} - 9x^2\sqrt{11}$; $x^2\sqrt{11} \cdot 9x^2\sqrt{11}$; $\frac{x^2\sqrt{11}}{9x^2\sqrt{11}}$

e) $11\sqrt{x} + 11\sqrt{9x}$; $11\sqrt{x} \cdot 11\sqrt{9x}$; $\frac{11\sqrt{x}}{11\sqrt{9x}}$

Lösungen: $5{,}7\sqrt{x}$; $6\sqrt{3}$; 24; 2; $-12{,}8x$; $-0{,}2$; $44\sqrt{x}$; $363x$; $1{,}8x$; 20; $-9{,}6\sqrt{x}$; $\sqrt{11}$; $99x^4$; $0{,}\overline{1}$; $0{,}\overline{3}$; $-8x^2\sqrt{11}$; 1,5

9 Wende das Distributivgesetz an.

$2\sqrt{5} \cdot (\sqrt{5} + \sqrt{20})$
$= 2\sqrt{5} \cdot \sqrt{5} + 2\sqrt{5} \cdot \sqrt{20}$
$= 2 \cdot \sqrt{25} + 2 \cdot \sqrt{100}$
$= 2 \cdot 5 + 2 \cdot 10 = 30$

a) $(\sqrt{3} + \sqrt{12}) \cdot \sqrt{3}$; $(\sqrt{3} + \sqrt{12}) \cdot 2\sqrt{3}$; $(\sqrt{3} + \sqrt{12}) : \sqrt{3}$; $(\sqrt{3} + \sqrt{12}) : (2\sqrt{3})$

b) $\sqrt{6} \cdot (\sqrt{24} - \sqrt{54})$; $5\sqrt{6} \cdot (\sqrt{24} - \sqrt{54})$; $(\sqrt{24} - \sqrt{54}) : \sqrt{6}$; $(\sqrt{24} - \sqrt{54}) : (5\sqrt{6})$

c) $(\sqrt{6} + \sqrt{54}) \cdot \sqrt{6}$; $(\sqrt{6} + \sqrt{54}) \cdot 2\sqrt{6}$; $(\sqrt{6} + \sqrt{54}) : \sqrt{6}$; $(\sqrt{6} + \sqrt{54}) : (2\sqrt{6})$

d) $\sqrt{5} \cdot (\sqrt{16{,}2} + \sqrt{24{,}2})$; $3\sqrt{5} \cdot (\sqrt{16{,}2} + \sqrt{24{,}2})$; $(\sqrt{16{,}2} + \sqrt{24{,}2}) : \sqrt{5}$; $(\sqrt{16{,}2} + \sqrt{24{,}2}) : (3\sqrt{5})$

e) $-\sqrt{7} \cdot (\sqrt{63} - \sqrt{28})$; $-0{,}5\sqrt{7} \cdot (\sqrt{63} - \sqrt{28})$; $(\sqrt{63} - \sqrt{28}) : (-\sqrt{7})$; $(\sqrt{63} - \sqrt{28}) : (-0{,}5\sqrt{7})$

Lösungen: -2; -1; $-3{,}5$; -7; 4,5; 18; 9; 3; 2,5; 48; 24; 20; $\frac{4}{3}$; 60; 4; -6; $-0{,}2$; -1; -30; 2; 4

10 Vereinfache soweit wie möglich ($x > 3$).

a) $(\sqrt{x} + \sqrt{0{,}49x}) \cdot \sqrt{x}$; $(\sqrt{x} + \sqrt{0{,}49x}) : \sqrt{x}$

b) $(\sqrt{5} + \sqrt{5x^2}) \cdot \sqrt{5}$; $(\sqrt{5} + \sqrt{5x^2}) : \sqrt{5}$

c) $(\sqrt{18x} + \sqrt{32x}) \cdot \sqrt{8x}$; $(\sqrt{18x} + \sqrt{32x}) : \sqrt{8x}$

d) $(\sqrt{117x} - \sqrt{52x}) \cdot \sqrt{13x}$; $(\sqrt{117x} - \sqrt{52x}) : \sqrt{13x}$

e) $(\sqrt{x} + 5)^2$; $(\sqrt{x} + 5) \cdot (\sqrt{x} - 5)$

f) $(\sqrt{x} - \sqrt{5})^2$; $(\sqrt{x} + \sqrt{5}) \cdot (\sqrt{x} - \sqrt{5})$

g) $\sqrt{x^2 + 6x + 9}$; $\sqrt{(x + 3)(x - 3) + 9}$

h) $\sqrt{2{,}25x^2 + 18x + 36}$; $\sqrt{(2{,}25x + 6)(2{,}25x - 6) + 36}$

$(\sqrt{4x} + \sqrt{9x}) : \sqrt{x}$
$= \sqrt{\frac{4x}{x}} + \sqrt{\frac{9x}{x}}$
$= \sqrt{4} + \sqrt{9} = 5$

$(x + \sqrt{5})^2$
$= x^2 + 2x\sqrt{5} + (\sqrt{5})^2$
$= x^2 + 2x\sqrt{5} + 5$

Lösungen: $1{,}5x + 6$; $x - 5$; $2{,}25x$; $1{,}7x$; 1,7; $x - 2\sqrt{5x} + 5$; $5 + 5x$; $1 + x$; $28x$; 3,5; $x - 25$; $13x$; 1; $x + 10\sqrt{x} + 25$; $x + 3$; x; 1

1 Erkläre, wie die Terme ineinander umgeformt werden ($x > 0$).

a) $\sqrt{18}$, $\sqrt{3^2 \cdot 2}$, $3\sqrt{2}$

b) $\sqrt{80}$, $\sqrt{4^2 \cdot 5}$, $4\sqrt{5}$

c) $\sqrt{12x^2}$, $\sqrt{3 \cdot 2^2 \cdot x^2}$, $2x\sqrt{3}$

d) $\sqrt{27x^4}$, $\sqrt{3 \cdot 3^2 \cdot (x^2)^2}$, $3x^2\sqrt{3}$

e) $\sqrt{5x^3}$, $\sqrt{5 \cdot x \cdot x^2}$, $x\sqrt{5x}$

M

teilweises Radizieren

Man kann aus einem Radikanden teilweise die Wurzel ziehen, wenn er sich so in Faktoren zerlegen lässt, dass mindestens ein Faktor ein Quadrat ist. Dieses Verfahren nennt man **teilweises Radizieren**.

$\sqrt{45} = \sqrt{3^2 \cdot 5} = \sqrt{3^2} \cdot \sqrt{5} = 3\sqrt{5}$

$\sqrt{a^5 \cdot x^3} = \sqrt{(a^2)^2 \cdot a \cdot x \cdot x^2} = \sqrt{(a^2)^2} \cdot \sqrt{ax}\sqrt{x^2} = a^2x\sqrt{ax} \quad (a; x \in \mathbb{R}^+)$

Übungen

2 Zerlege in ein Produkt und radiziere teilweise ($a, x \in \mathbb{R}_0^+$).

a) $\sqrt{98}$ b) $\sqrt{72x^2}$ c) $\sqrt{128a^3}$ d) $\sqrt{175a^2x^3}$ e) $\sqrt{288ax^5}$

W 8; 9

3 Vereinfache (alle Variablen sind so zu wählen, dass die Terme definiert sind).

a) $\sqrt{50a^2b}$ b) $\sqrt{98ax^3}$ c) $\sqrt{75x^4}$ d) $\sqrt{32a^2b^2}$ e) $7ab\sqrt{98b^2}$

f) $\frac{3}{2}\sqrt{\frac{8a^4}{45}}$ g) $\frac{5}{2}\,\frac{\sqrt{28x^3}}{\sqrt{75}}$ h) $\sqrt{\frac{a^2+b^2}{a^2b^2}}$ i) $\frac{\sqrt{8a^3b^3}}{\sqrt{2ab}}$ k) $\sqrt{\frac{2ab}{16ab^3}}$

l) $\sqrt{\frac{45a^3b^4}{5ab^2}}$ m) $\sqrt{\frac{3ax}{48ax^3}}$ n) $\frac{\sqrt{(a+b)^3}}{\sqrt{a+b}}$ o) $\sqrt{\frac{a^2-b^2}{a+b}}$ p) $\frac{\sqrt{4a^2-9b^2}}{\sqrt{2a-3b}}$

4 Erklärе die Termumformungen ($x \in \mathbb{Q}^+$).

a) $\frac{1}{\sqrt{2}} = \frac{\sqrt{2}}{\sqrt{2} \cdot \sqrt{2}} = \frac{\sqrt{2}}{2} = \frac{1}{2}\sqrt{2}$ b) $\frac{3}{\sqrt{x}} = \frac{3\sqrt{x}}{\sqrt{x} \cdot \sqrt{x}} = \frac{3\sqrt{x}}{x} = \frac{3}{x}\sqrt{x}$

5 So kannst du den Nenner rational („wurzelfrei“) machen. Alle Variablen sind so zu wählen, dass die Terme definiert sind.

B

Hat ein Term einen irrationalen Nenner, so kann man den Nenner durch Erweitern rational machen.

$$\frac{3}{2\sqrt{3}} = \frac{3}{2\sqrt{3}} \cdot \frac{\sqrt{3}}{\sqrt{3}} = \frac{3 \cdot \sqrt{3}}{2 \cdot 3} = \frac{1}{2} \cdot \sqrt{3}$$

$$\frac{7}{3-\sqrt{2}} = \frac{7(3+\sqrt{2})}{(3-\sqrt{2})(3+\sqrt{2})} = \frac{7(3+\sqrt{2})}{3^2-(\sqrt{2})^2} = \frac{7(3+\sqrt{2})}{7} = 3+\sqrt{2}$$

$$\frac{\sqrt{3}+\sqrt{5}}{\sqrt{3}-\sqrt{5}} = \frac{(\sqrt{3}+\sqrt{5})(\sqrt{3}+\sqrt{5})}{(\sqrt{3}-\sqrt{5})(\sqrt{3}+\sqrt{5})} = \frac{(\sqrt{3}+\sqrt{5})^2}{3-5} = -\frac{1}{2} \cdot (\sqrt{3}+\sqrt{5})^2$$

Das Beseitigen der Wurzel im Nenner durch Erweitern nennt man **Rationalmachen des Nenners**.

a) $\frac{3}{\sqrt{7}}$, $\frac{7}{\sqrt{3}}$, $\frac{3}{\sqrt{7} \cdot \sqrt{3}}$

b) $\frac{5}{3\sqrt{2}}$, $\frac{5}{2\sqrt{3}}$, $\frac{2}{\sqrt{2} \cdot \sqrt{3}}$

c) $\frac{\sqrt{11}}{\sqrt{7}}$, $\frac{\sqrt{11}}{11\sqrt{7}}$, $\frac{\sqrt{7}}{7\sqrt{11}}$

d) $\frac{9}{3+\sqrt{6}}$, $\frac{9}{\sqrt{3}+6}$, $\frac{9}{\sqrt{3}+\sqrt{3}}$

e) $\frac{3}{\sqrt{3}-\sqrt{x}}$, $\frac{3}{\sqrt{3}+\sqrt{x}}$, $\frac{3}{3+\sqrt{x}}$

f) $\frac{x}{\sqrt{5}+x}$, $\frac{x}{\sqrt{5}+\sqrt{x}}$, $\frac{x}{\sqrt{5}-x}$

1 Untersuche, ob richtig gerechnet wurde. Korrigiere gegebenenfalls im Heft (x > 3).

a) $\sqrt{3} \cdot \sqrt{27} = \sqrt{81} = 9$
$\sqrt{3} : \sqrt{27} = \sqrt{\frac{1}{9}} = 3$

b) $\sqrt{x} \cdot \sqrt{x^3} = \sqrt{x^4} = 2x$
$\sqrt{x} : \sqrt{x^3} = \sqrt{\frac{1}{x^2}} = \frac{1}{x}$

c) $(3 + \sqrt{2})^2 = 9 + 6\sqrt{2} + 2$
$(3 - \sqrt{2})^2 = 3^2 - (\sqrt{2})^2$

d) $\sqrt{5}\,(\sqrt{20} - \sqrt{15}) = \sqrt{5} \cdot \sqrt{5} = 5$
$\sqrt{5}\,(\sqrt{20} + \sqrt{15}) = \sqrt{100} + \sqrt{75} = 10 + 5\sqrt{3}$

e) $\sqrt{x + 1} \cdot \sqrt{x - 1} = \sqrt{x^2 - 1^2} = x - 1$
$\sqrt{1 + x} \cdot \sqrt{1 + x} = \sqrt{(1 + x)^2} = 1 + x$

f) $\sqrt{x^2 + 6x + 9} = x + \sqrt{6x} + 3$
$\sqrt{x^2 - 6x + 9} = x - 3$

2 Die schlaue Christina hat diese Gleichungen aufgestellt.

(1) $\frac{\sqrt{2^{(2+2)}}}{2} = 2$ (2) $\frac{\sqrt{3^{(3+3)}}}{3^2} = 3$ (3) $\frac{\sqrt{4^{(4+4)}}}{4^{\square}} = 4$

a) Überprüfe (1) und (2).
b) Setze für den Platzhalter in (3) richtig ein.
c) Setze die Reihe fort.

3 Wurzel-Kuriositäten: Überprüfe. Kannst du die Rechnungen in beide Richtungen ergänzen?

a) $\ldots \sqrt{2 \cdot 4 + 1} = 3;\ \sqrt{3 \cdot 5 + 1} = \square;\ \ldots$
b) $\ldots \sqrt{2 \cdot 3 + 0{,}25} = 2 + 0{,}5;\ \sqrt{3 \cdot 4 + 0{,}25} = \square;\ \ldots$
c) $\ldots \sqrt{5 + 2^2} = 5 - 2;\ \sqrt{7 + 3^2} = \square;\ \ldots$
d) $\ldots \sqrt{3 \cdot 4 \cdot 5 \cdot 6 + 1} = 19;\ \sqrt{4 \cdot 5 \cdot 6 \cdot 7 + 1} = \square;\ \ldots$

4 Welcher der beiden Terme ist größer? Begründe.
(Es gilt: a; b $\in \mathbb{R}^+$, a > b)

a) $a + b$ oder $\sqrt{a^2 + b^2}$
b) $a - b$ oder $\sqrt{a^2 - b^2}$

5 Bei einem EU Gipfel in Brüssel im Jahr 2007 machte Polen den in der Grafik dargestellten Vorschlag.

a) Berechne, wie viele Stimmen den einzelnen Ländern zustehen sollten.
b) Begründe, warum kleinere Länder nach diesem Vorschlag „mehr Gewicht" erhalten.

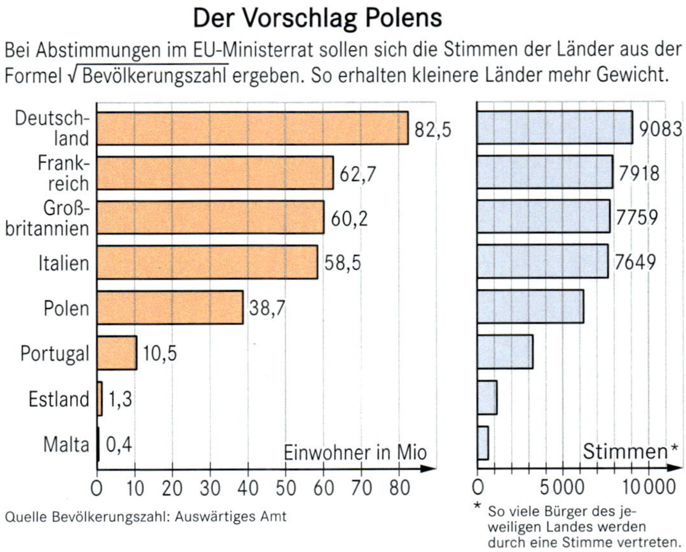

6 Die Maßzahlen der Seitenlängen von Quadraten stellen die Wurzeln von Zahlen dar.

a) Begründe: $b = \sqrt{5}$ cm.
b) Gib die Wurzeln an, die durch a und c dargestellt werden.
c) Stelle drei weitere Wurzeln zeichnerisch dar.

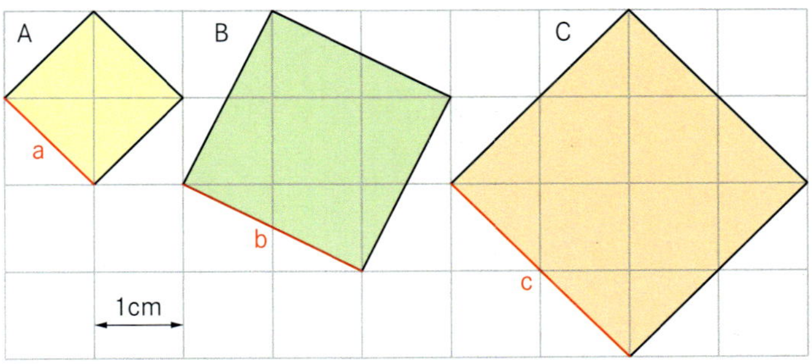

1 Zeichne ein Quadrat ABCD mit der Seitenlänge a = 5 cm. Trage im Gegenuhrzeigersinn von den Punkten A, B, C und D jeweils 1 cm ab (vgl. Bild).
a) Zeige, dass die neue Figur EFGH ein Quadrat ist.
b) Welchen Flächeninhalt hat das Quadrat EFGH?
c) Ermittle die Seitenlänge des Quadrats EFGH.

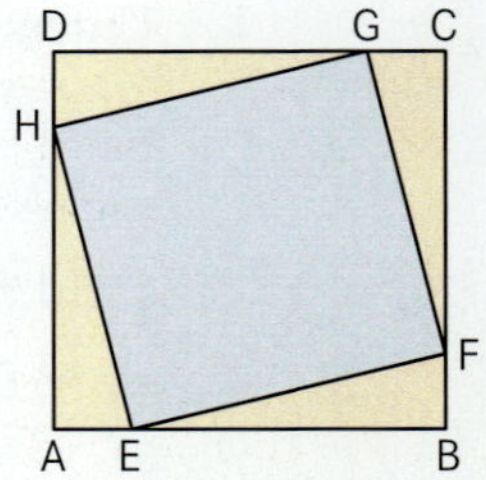

2 Berechne den Flächeninhalt der Figuren. Bestimme die Seitenlänge eines Quadrats mit gleichem Flächeninhalt.
a) Parallelogramm: a = 32 cm; h_a = 24,5 cm
b) Dreieck: g = 7 cm; h = 3,5 cm
c) Dreieck: A (1 | 1); B (7 | 1); C (1 | 7,75)
d) Trapez: a = 175 cm; c = 162 cm; h = 26 cm
e) Drachen: e = 29 cm; f = 58 cm
f) Raute: e = 36 cm; f = 40,5 cm

3 Die Gerade g verläuft durch die Eckpunkte von zwei aneinanderliegenden Quadraten.
a) Ermittle die Gleichung der Geraden g.
b) Erstelle selber eine Aufgabe zu einer Geraden, die durch zwei Eckpunkte von zwei verschieden großen Quadraten verläuft.
Lass sie deinen Nachbarn lösen.

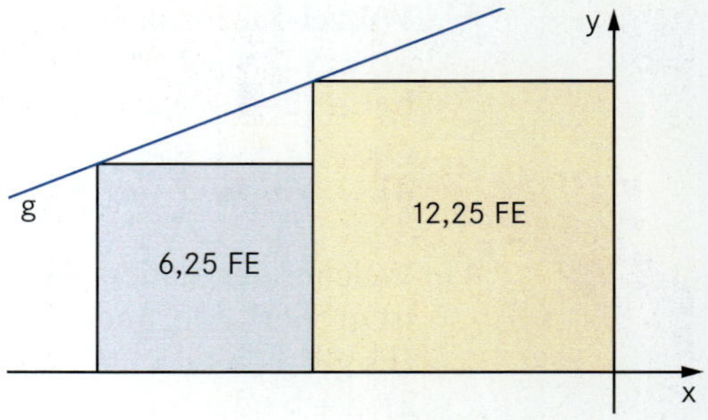

4 Im abgebildeten Quadrat ABCD mit der Seitenlänge 8 cm befinden sich vier Teilflächen, die alle den gleichen Inhalt haben.
a) Berechne die Länge der Strecke [EF].
b) Berechne die Längen der Strecken [FG] und [DG].

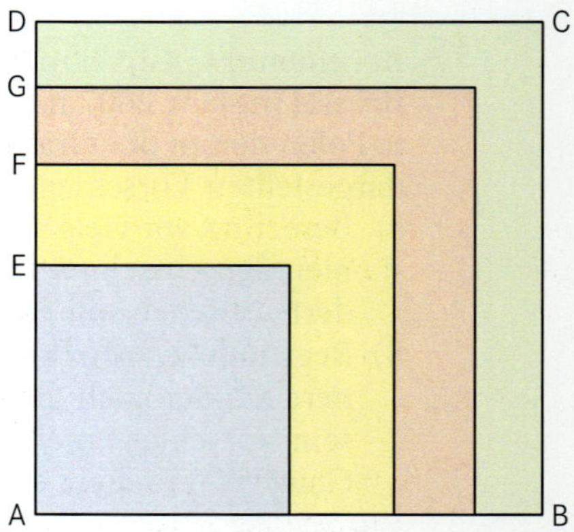

5 Die Abbildung zeigt vier gleichschenklig rechtwinklige Dreiecke.

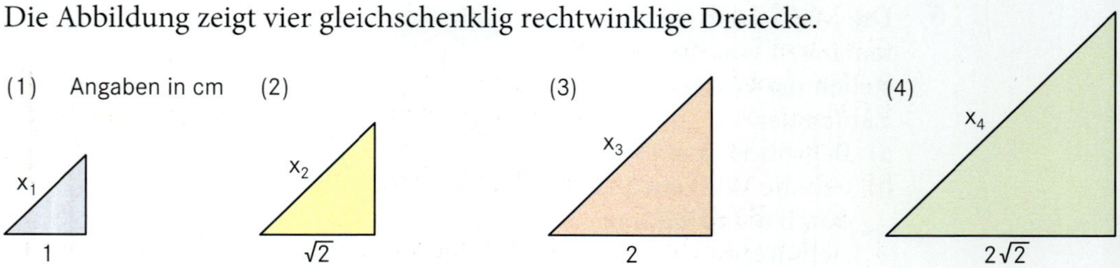

a) Berechne die Flächeninhalte und die Hypotenusenlängen der vier Dreiecke.
b) Welchen Faktor musst du auf einem Kopiergerät einstellen, damit du aus einem kleinerem Dreieck das nächst größere Dreiecks erhältst? Begründe.

Energie kennst du aus dem Alltag. Sie kann die Form wandeln ohne gleich den Besitzer zu wechseln. Eine Trampolinspringerin, die sich z. B. 1,80 m über dem Sprungtuch befindet, hat die **Lageenergie W_L**. Beim Fallen nimmt die Lageenergie ab. Dafür steigt die **Bewegungsenergie W_B** der Springerin.

Diese wird beim Auftreffen auf das Sprungtuch in **Spannenergie W_{Sp}** der elastischen Federn, die das Sprungtuch halten, umgewandelt. Zusätzlich entsteht durch Luftwiderstand und Reibung Wärme. Diese soll bei den folgenden Berechnungen vernachlässigt werden.

Folgende Formeln gelten:

> Ein Körper der Masse m, der sich in der Höhe h über dem Nullniveau befindet, hat die Lageenergie
> $\mathbf{W_L = m \cdot 10\,\frac{m}{s^2} \cdot h}$ oder $\mathbf{W_L = m \cdot 10\,\frac{N}{kg} \cdot h}$.
>
> Ein Körper der Masse m und der Geschwindigkeit v hat die Bewegungsenergie $\mathbf{W_B = 0{,}5 \cdot m \cdot v^2}$.
>
> Die Federn mit der Härte[1] D halten das Sprungtuch. Dehnt man sie aus der entspannten Lage insgesamt um die Strecke s, dann haben sie die Spannenergie $\mathbf{W_{Sp} = 0{,}5 \cdot D \cdot s^2}$.

1 Eine Trampolinspringerin hat eine Masse von 44 kg und lässt sich aus 1,80 m Höhe auf das Trampolin fallen.
a) Begründe, dass beim Auftreffen der Springerin auf das Sprungtuch annähernd folgende Gleichung gilt: $44\text{ kg} \cdot 10\,\frac{m}{s^2} \cdot 1{,}80\text{ m} = 0{,}5 \cdot 44\text{ kg} \cdot v^2$
Berechne, welche Geschwindigkeit die Springerin kurz vor dem Sprungtuch erreicht.
b) Die Härte der Federn, die das Sprungtuch halten, beträgt $D = 900\,\frac{N}{m} = 2475\,\frac{kg}{s^2}$.
Berechne, um welche Gesamtstrecke s alle Federn zusammen gedehnt werden.
c) Wie ändern sich die Ergebnisse in den Aufgaben a) und b), wenn sich eine Springerin mit 56 kg auf das Trampolin fallen lässt? Begründe.

2 Die Feder ($D = 120\,\frac{N}{m} = 120\,\frac{kg}{s^2}$) einer Federpistole wird um die Strecke s zusammengedrückt und rastet dann ein. Legt man eine Kugel (m = 50 g) auf die Feder und schießt die Kugel nach oben, so erreicht sie eine Höhe von 2,0 m über dem Nullniveau NN.
a) Beschreibe die stattfindenden Energieumwandlungen.
b) Berechne, wie weit die Feder am Anfang zusammengedrückt wird.
c) Was könnte man ändern, dass die Kugel höher als 2,0 m fliegt? Begründe.
d) Welche Geschwindigkeit erreicht die Kugel, wenn sie 5,0 m nach unten fällt?

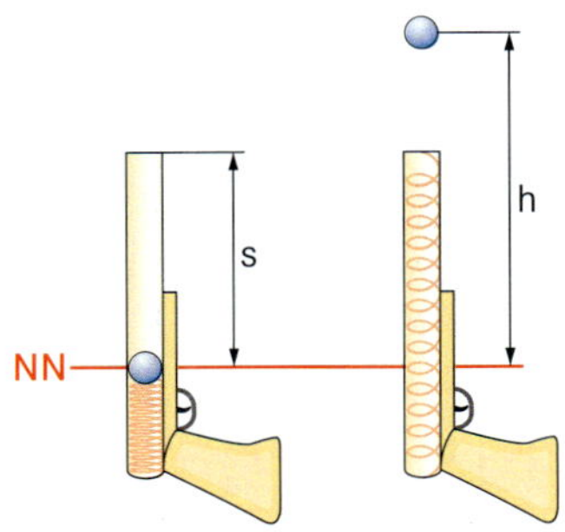

[1] Die Federhärte z. B. $D = 120\,\frac{N}{m}$ gibt an, dass man eine Kraft von 120 N auf die Feder ausüben muss, um sie um 1,0 m zu verlängern oder zu verkürzen. Auf der Erde hat ein Körper der Masse 1,0 kg eine Gewichtskraft von ca. 10 N.

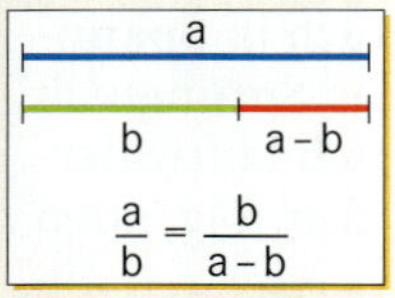

1 Schon in der Antike wurden Kunstwerke nach besonderen Proportionen geschaffen. Dazu gehört auch der „goldene Schnitt“. Teilstrecken werden hier nach folgender Regel gebildet: Das Verhältnis von einer ganzen Strecke a zum längeren Abschnitt b ist gleich dem Verhältnis vom längeren Abschnitt b zum kürzeren Abschnitt a – b. Man bezeichnet dieses Verhältnis als **goldenes Verhältnis** oder **goldener Schnitt**.

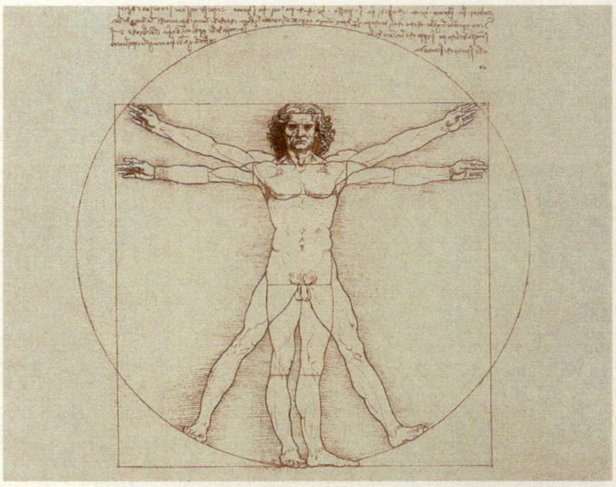

a) Sucht in dem bekannten Bild von LEONARDO DA VINCI nach zwei Beispielen für solche Streckenverhältnisse.

b) „Goldene Verhältnisse“ findet man angenähert auch in der Natur. Untersucht die jeweiligen Verhältnisse a : b durch Messen und Rechnen.
(1) Arm zu Unterarm
(2) Kopf – Kinn zu Augenbrauen – Kinn
(3) Sohle – Scheitel zu Sohle – Bauchnabel

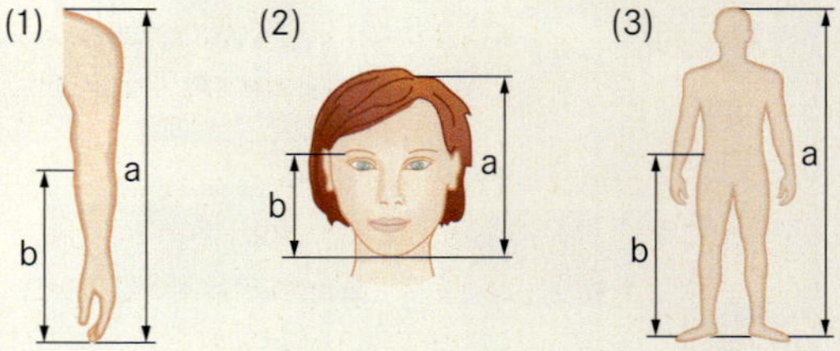

2 Das „goldene Rechteck“ ABCD ist in ein Quadrat BCEF und ein Rechteck AFED so zerlegt, dass die Regel des goldenen Schnitts gilt.

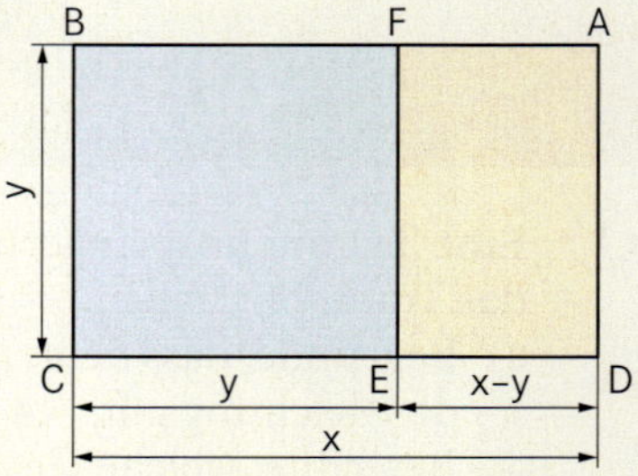

alle Angaben in LE

a) Zeige, dass aus dem Verhältnis entsprechender Seitenlängen folgt:
$x^2 - xy - y^2 = 0$

b) Zeige durch Einsetzen: Für y = 1 ist die Lösung der Gleichung in a) $x = \frac{\sqrt{5}+1}{2}$.

c) Die irrationale Zahl $\phi = \frac{\sqrt{5}+1}{2}$ ist die Zahl des goldenen Schnitts. Zeige: Der Näherungswert ist 1,618. Vergleiche mit den goldenen Verhältnissen in Aufgabe 1.

d) Bilde den Kehrwert der Zahl 1,618. Was stellst du fest?

e) Es wird behauptet: $\phi^2 = \phi + 1$ und $\phi = 1 + \frac{1}{\phi}$. Überprüfe durch Rechnung.

3 Das alte Rathaus in Leipzig wird von seinem Turm nach der Regel des goldenen Schnitts geteilt.

a) Miss dazu entsprechende Längen und bestätige die Aussage oben durch Rechnung.

b) Berechne die Längen der Teilabschnitte, wenn das ganze Rathaus 90 m lang ist.

c) Psychologen haben das Kaufverhalten von Kunden untersucht. Es gibt Behauptungen, die besagen, dass Kunden unbewusst Verpackungen bevorzugen, die an ein „goldenes Rechteck“ erinnern.

1 In der Abbildung siehst du eine Folge von Quadraten, Rechtecken und eine Spirale, die auch als „goldene Spirale“ oder Fibonacci-Spirale bezeichnet wird.

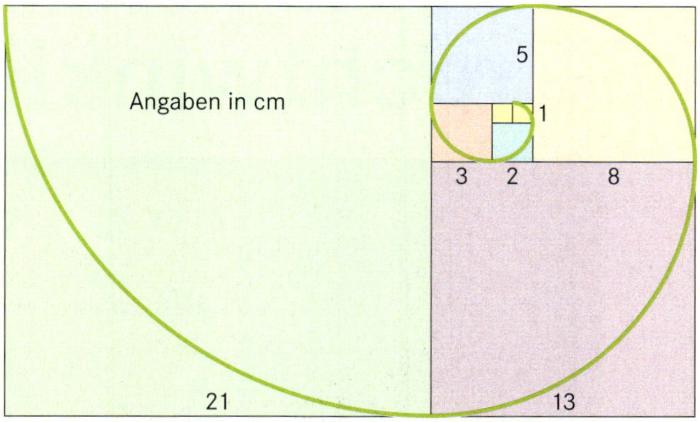

a) Beschreibe, wie die Figur mit der Spirale entsteht.
b) Berechne die Länge der Spirale in der Figur.
c) Der Figur kann man eine Folge von Zahlen zuordnen:
1; 1; 2; 3; …; 21; …
Man bezeichnet diese Folge als Fibonaccifolge. Gib drei weitere Zahlen dieser Folge an. Erkläre ihre Gesetzmäßigkeit.
d) Bilde die Quotienten von je zwei aufeinander folgenden Zahlen der Fibonaccifolge in c). Vergleiche mit der Zahl 1,618 des goldenen Schnitts. Was stellst du fest?

2 Die Zahlen der Fibonaccifolge und die Form der Fibonacci-Spirale findet man vielfach in der Natur.

a) Zähle bei der Sonnenblume die Anzahl der Spiralen, die nach links und die nach rechts drehen.
A 89 **B** 55 **C** 34 **D** 21
b) Zähle bei einer Ananas die Anzahl der Spiralen.
c) Suche nach weiteren Beispielen in der Natur, die sich annähernd wie die Fibonacci-Spirale winden.

G

Leonardo da Pisa, kurz Fibonacci (filius bonacci also Sohn des Bonacci) wurde 1180 in Pisa geboren und gilt als der bedeutendste Rechenmeister des Mittelalters. Sein Vater war Kaufmann, der häufig Handel mit den arabischen Ländern Nordafrikas trieb. Auf den Reisen in diese Länder lernte Fibonacci unsere heutigen arabischen Ziffern und die Rechenkunst der arabischen Mathematiker kennen. Diese erfasste er in seinem Buch „Liber Abaci“, das im Jahr 1202 fertig gestellt wurde. Vieles davon war zur damaligen Zeit in Europa unbekannt. 1241 starb Fibonacci.

5 Flächensätze am rechtwinkligen Dreieck

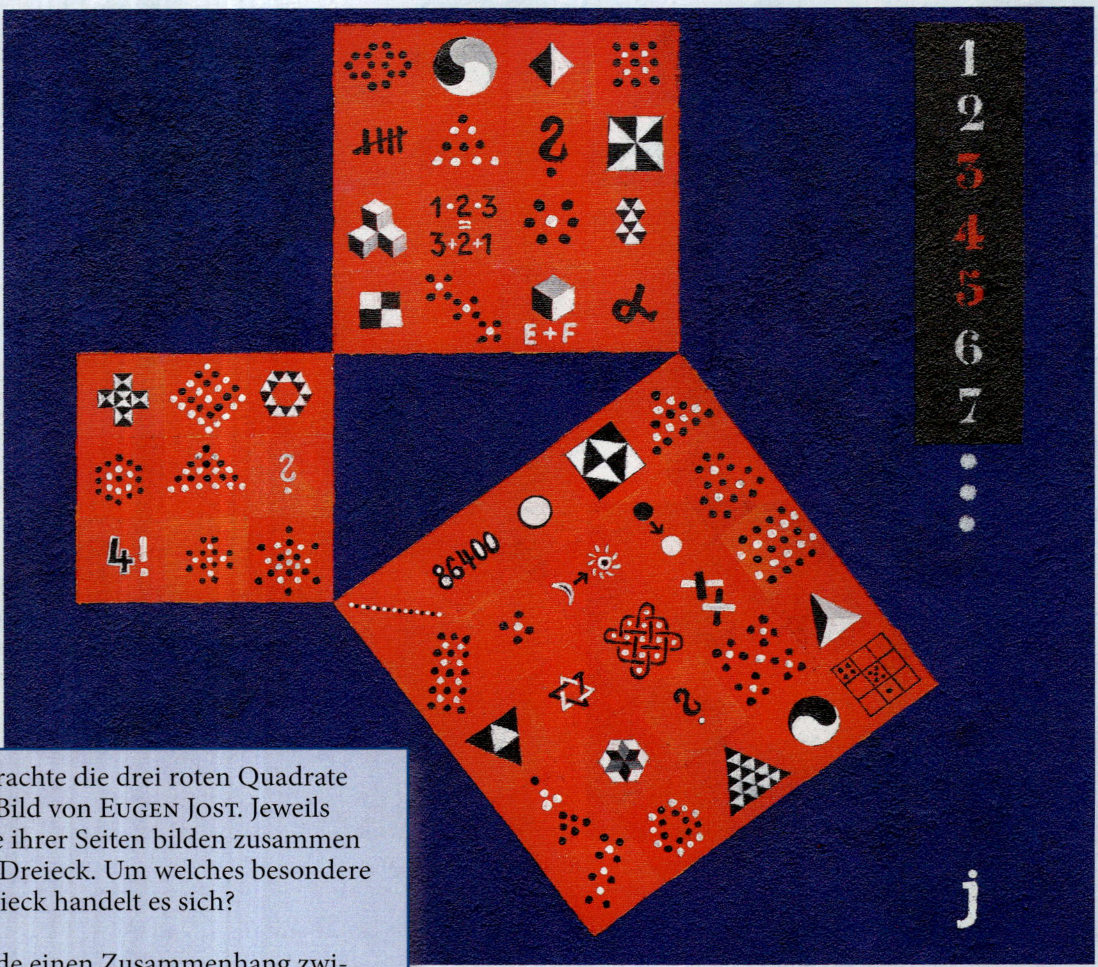

Betrachte die drei roten Quadrate im Bild von Eugen Jost. Jeweils eine ihrer Seiten bilden zusammen ein Dreieck. Um welches besondere Dreieck handelt es sich?

Finde einen Zusammenhang zwischen den Flächeninhalten der drei roten Quadrate.

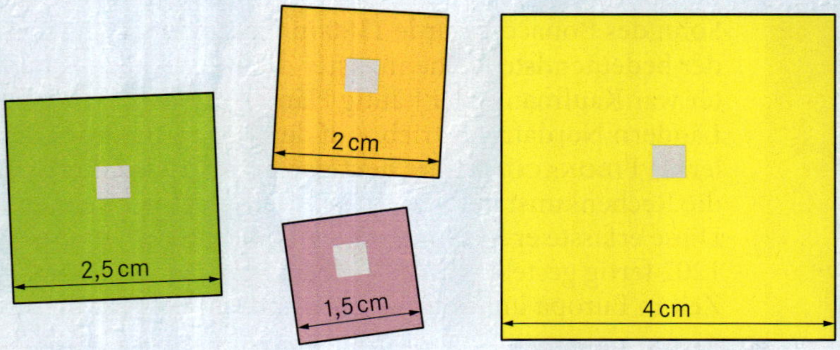

Fertige verschiedene Quadrate wie links abgebildet an. Lege immer drei Quadrate wie im Bild von Eugen Jost zusammen, so dass ihre Seiten ein rechtwinkliges Dreieck bilden.

1 Zeichne mit einem Geometrieprogramm ein Dreieck ABC so, dass mit dem Zugmodus spitz-, recht- und stumpfwinklige Dreiecke entstehen. Lass dir das Winkelmaß γ anzeigen. Zeichne anschließend die Quadrate über den drei Seiten des Dreiecks ABC.

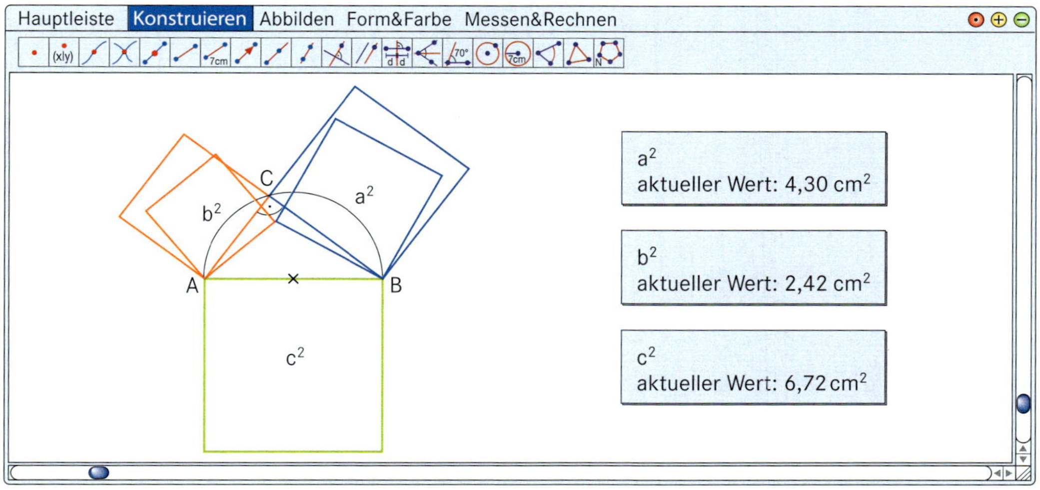

a) Lass die Flächeninhalte der drei Quadrate anzeigen und vergleiche sie. Was fällt dir auf?
b) Übertrage folgende Terme in dein Heft und setze für die Platzhalter richtig ein.
spitzwinklige Dreiecke: $a^2 + b^2 \;\square\; c^2$
stumpfwinklige Dreiecke: $a^2 + b^2 \;\square\; c^2$
rechtwinklige Dreiecke: $a^2 + b^2 \;\square\; c^2$
c) Überprüfe den Zusammenhang für rechtwinklige Dreiecke an weiteren Dreiecken.

2 Zeichne zwei blaue Quadrate in dein Heft. Zeichne acht grüne rechtwinklige Dreiecke auf ein Blatt und schneide sie aus. Für die Zeichnung gilt: a = 3 cm; b = 4 cm und c = 5 cm Bezeichne die Seiten jeweils mit a, b und c. So kannst du zeigen, dass im rechtwinkligen Dreieck ABC mit der Hypotenuse c gilt: $a^2 + b^2 = c^2$

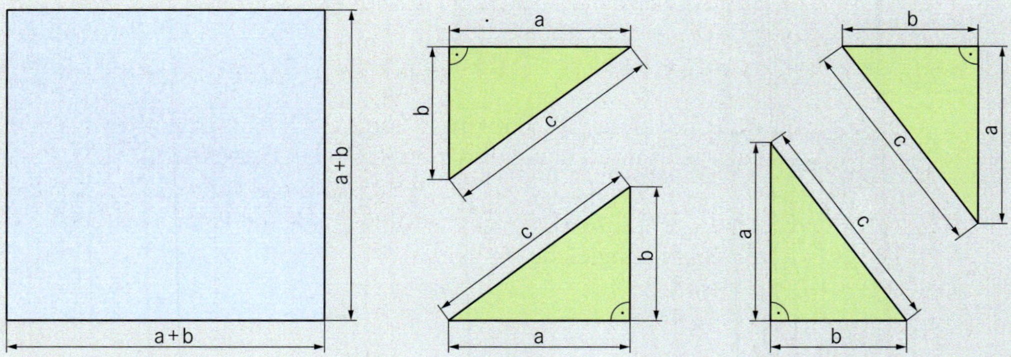

(1) Verteile vier grüne Dreiecke in einem der beiden großen blauen Quadrat so, dass eine quadratische Fläche sichtbar bleibt.
(2) Verteile in dem zweiten großen blauen Quadrat vier grüne Dreiecke so, dass zwei quadratische Flächen sichtbar bleiben.
(3) Begründe den Zusammenhang $a^2 + b^2 = c^2$. Ergänze dazu für die beiden Figuren die Platzhalter in deinem Heft.
eine quadratische Fläche sichtbar: $c^2 = (\square + \square)^2 - 4 \cdot \frac{1}{2} \cdot \square \cdot \square$
zwei quadratische Flächen sichtbar: $a^2 + b^2 = (\square + \square)^2 - 4 \cdot \frac{1}{2} \cdot \square \cdot \square$

Satz des Pythagoras

M

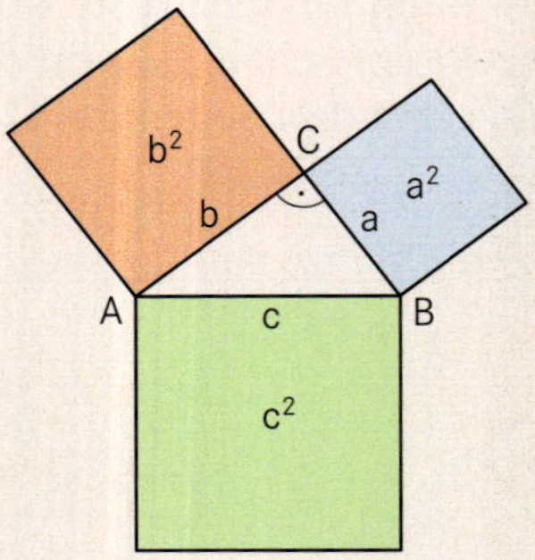

Satz des Pythagoras

In einem **rechtwinkligen Dreieck** mit den Kathetenlängen a und b und der Hypotenusenlänge c gilt:

$$a^2 + b^2 = c^2$$

Die Summe der Flächeninhalte der Quadrate über den Katheten ist gleich dem Flächeninhalt des Quadrats über der Hypotenuse.

Es gilt auch die **Umkehrung des Satzes** des Pythagoras. Ein Dreieck mit der Hypotenuse c und den Katheten a und b ist rechtwinklig, wenn gilt: $a^2 + b^2 = c^2$.

Übungen

3 Gib für jedes Dreieck den Zusammenhang zwischen den Quadraten über den Dreiecksseiten an.

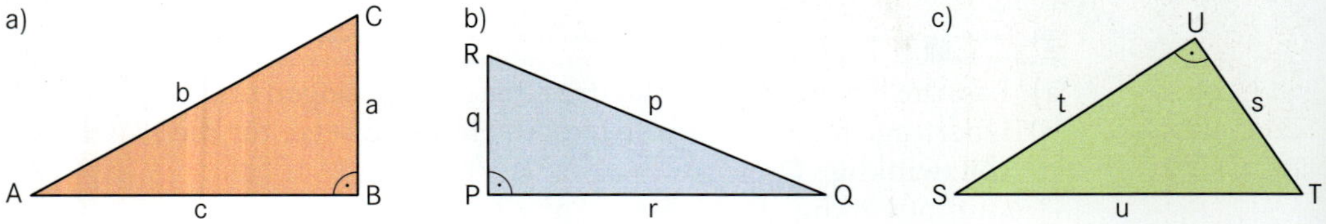

4 Überprüfe, ob das Dreieck ABC mit den nebenstehenden Maßen rechtwinklig ist. Überlege dir vorher, welche Seite die Hypotenuse des Dreiecks sein muss.

	a)	b)	c)	d)	e)
a	90 cm	1,20 m	28 mm	1,95 m	96 cm
b	48 cm	1,25 m	9,6 cm	24 dm	20,4 dm
c	114 cm	35 cm	10 cm	3,25 m	1,8 m

5 Berechne die Hypotenusenlänge im rechtwinkligen Dreieck ABC mit

a) $\gamma = 90°$; a = 6,3 cm; b = 1,6 cm
b) $\alpha = 90°$; c = 18 m; b = 80 m
c) $\beta = 90°$; a = 0,81 m; c = 3,60 m
d) $\gamma = 90°$; a = 11,2 cm; b = 8,25 cm

6 So kannst du in einem rechtwinkligen Dreieck ABC mit $\alpha = 90°$; a = 37 cm und b = 1,2 dm die fehlende Kathetenlänge c = x cm ($x \in \mathbb{R}^+$) berechnen.

B

Fertige eine Skizze an. Trage die Maßzahlen ein. Achte dabei auf gleiche Einheiten.

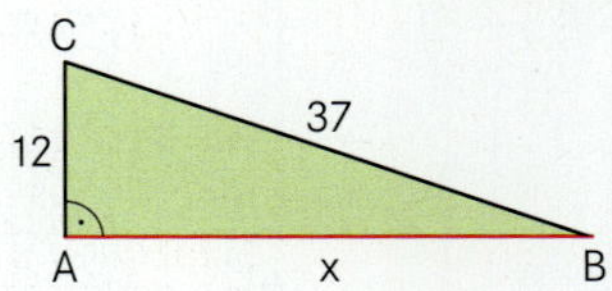

Wende den Satz des Pythagoras an.

$$12^2 + x^2 = 37^2$$
$$x^2 = 37^2 - 12^2$$

Forme um und fasse zusammen.

$$x^2 = 1225$$

Ziehe die Wurzel und gib das Ergebnis an.

$$x = \sqrt{1225}$$
$$x = 35 \qquad c = 35\ \text{cm}$$

a) $\alpha = 90°$; a = 26 cm; c = 10 cm
b) $\gamma = 90°$; b = 3,6 cm; c = 45 mm
c) $\beta = 90°$; b = 12,5 cm; c = 11,7 cm
d) $\alpha = 90°$; b = 6 dm; a = 68 cm
e) $\beta = 90°$; b = 4,0 cm; c = 9 mm
f) $\beta = 90°$; b = 1,53 m; c = 85,8 cm

Eugen Jost: Quattro Stagioni

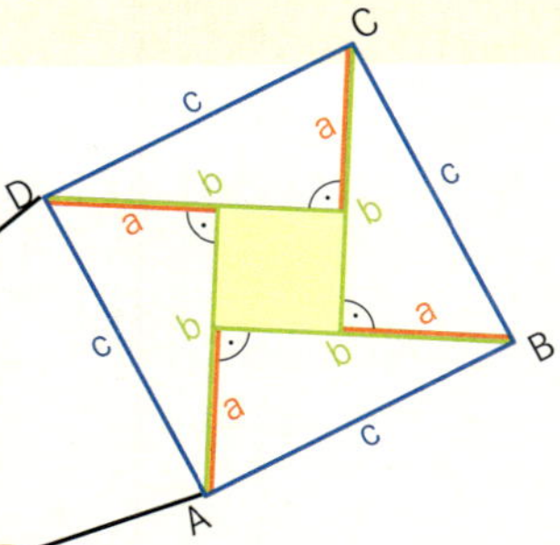

1 Vier kongruente rechtwinklige Dreiecke mit den Seitenlängen a, b und c werden wie oben abgebildet auf ein Quadrat ABCD mit der Seitenlänge c gelegt. Ein kleines Quadrat bleibt sichtbar.

a) Bestimme die Seitenlänge und den Flächeninhalt des kleinen Quadrats mit Hilfe von a und b.

b) Der Flächeninhalt des Quadrats ABCD kann mit Hilfe der vier kongruenten Dreiecke und des kleinen Quadrats dargestellt werden. Welcher der folgenden Terme beschreibt den Flächeninhalt?

A $ab + (b - a)^2$ **B** $(b - a)^2 + 2ab$

c) Zeige, dass gilt: $c^2 = a^2 + b^2$

2 Ein weiterer Beweis zum Satz des Pythagoras stammt von James Abram Garfield (1831 – 1881). Seine Beweisfigur besteht aus zwei kongruenten rechtwinkligen Dreiecken AED und EBC und einem gleichschenkligen Dreieck DEC.

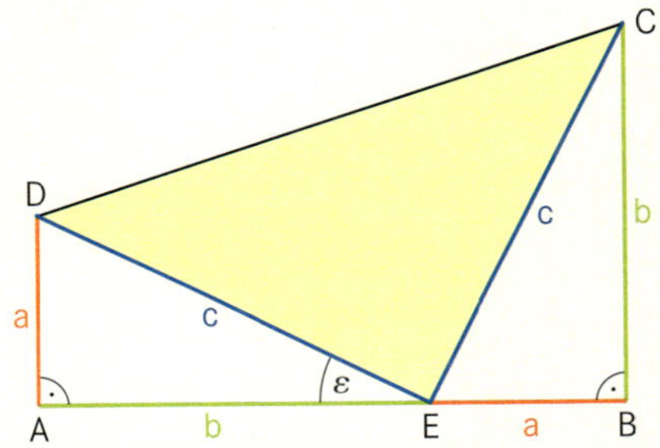

a) Begründe, dass das Dreieck DEC bei E rechtwinklig ist.

b) Die Beweisfigur ist ein Viereck ABCD. Um welches Viereck handelt es sich? Stelle den Flächeninhalt mit Hilfe der Flächeninhaltsformel dar.

c) Stelle den Flächeninhalt des Vierecks als Summe der drei Dreiecke dar.

d) Vergleiche die Ergenisse aus b) und c) und leite daraus den Satz des Pythagoras her.

e) James Abram Garfield war Mathematiklehrer und später 20. Präsident der USA. Finde weitere Informationen über ihn.

G

Pythagoras-Denkmal auf der Insel Samos

Der Zusammenhang zwischen den Flächeninhalten der Kathetenquadrate und dem Hypotenusenquadrat ist nach dem griechischen Mathematiker Pythagoras von Samos (siehe auch S. 68) benannt, war aber bereits den Babyloniern und den Ägyptern bekannt. Die erste schriftliche Aufzeichnung und ein Beweis des Satzes finden sich in den „Elementen" des Euklid (ca. 340 – 270 v. Chr.).
Der junge Pythagoras reiste nach Ägypten zu den Priestern von Memphis und Diospolis, die auch den griechischen Mathematiker Thales lehrten. Dort befasste er sich viele Jahre lang mit Sternenkunde und Geometrie. Durch Kriegsgefangenschaft gelangte er nach Babylonien, wo er sein Wissen in der Zahlenlehre und der Musik vervollkommnen konnte.

1 Mit zwei unterschiedlich großen Quadraten wurde ein Parkett gelegt. Über das Parkett kannst du ein Quadratgitter zeichnen (Abbildung rechts).

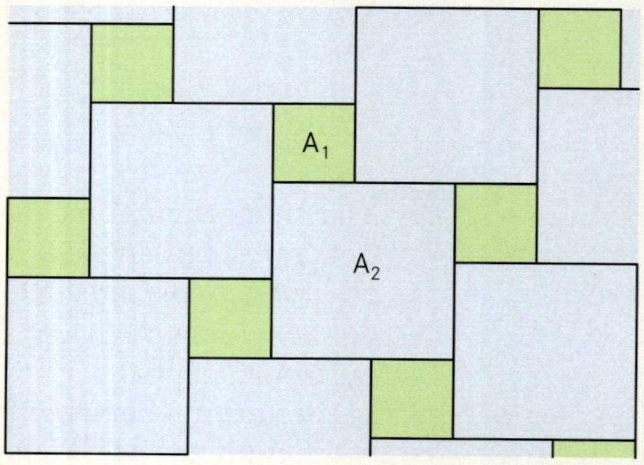

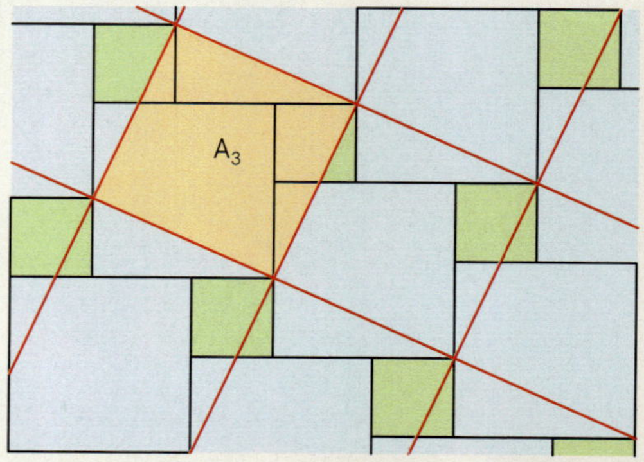

a) Stelle den Flächeninhalt A_3 des orangen Quadrats mit Hilfe des Flächeninhalts A_2 des blauen Quadrats und des Flächeninhalts A_1 des grünen Quadrats dar. Denke dabei an die Zerlegungsgleichheit von Figuren. Du erhältst zum Zerschneiden eine Kopiervorlage von deinem Lehrer.

b) Um welches besondere Dreieck handelt es sich bei dem roten Dreieck in der Abbildung rechts?

c) Finde Beziehungen zwischen den Seitenlängen des roten Dreiecks und den Seitenlängen der drei Quadrate.

d) Leite aus deinen Überlegungen von Teilaufgabe a), b) und c) den Satz des Pythagoras her.

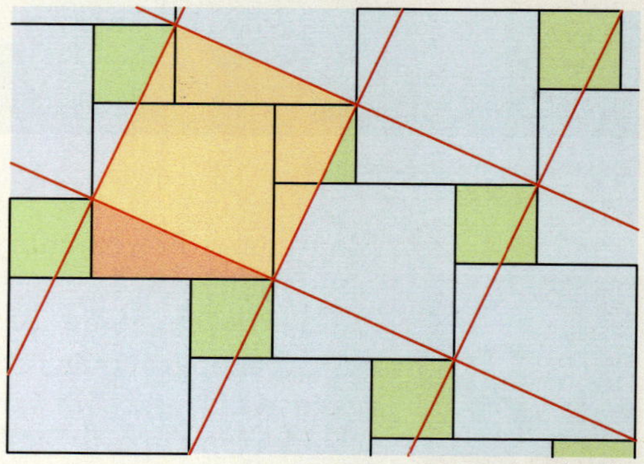

2 Du benötigst ein grünes Quadrat mit der Seitenlänge 2 cm und ein blaues Quadrat mit der Seitenlänge 5 cm, die du wie in Abbildung (1) zusammenklebst.

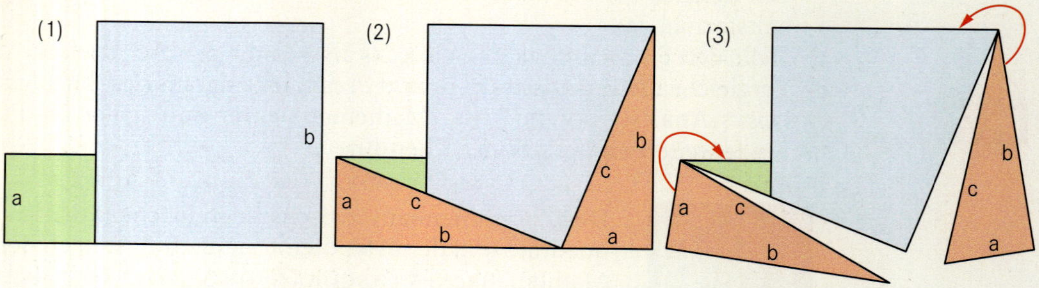

a) Wie lang sind die Katheten, der beiden roten Dreiecke in Abbildung (2)? Zeichne diese zwei kongruenten Dreiecke ein und schneide sie ab.

b) Jedes Dreieck wird um einen Eckpunkt gedreht (siehe Abbildung (3)). Welche Figur entsteht dabei? Probiere es aus.

c) Welcher Zusammenhang besteht zwischen dem Flächeninhalt der Figur, die entsteht, und den Flächeninhalten der beiden Ausgangsquadrate?

d) Begründe mit deinen Überlegungen aus Teilaufgabe a) und c) den Satz des Pythagoras.

e) Welche Gemeinsamkeiten erkennst du zwischen dieser Aufgabe und Aufgabe 1?

1 Ein Rechteck kann in zwei rechtwinklige Dreiecke zerlegt werden.

a) Berechne die Diagonalenlänge eines Rechtecks mit den Seitenlängen a = 6 cm und b = 8 cm.

b) Zeige, dass für die Diagonalenlänge d eines Rechtecks gilt: $\mathbf{d = \sqrt{a^2 + b^2}}$

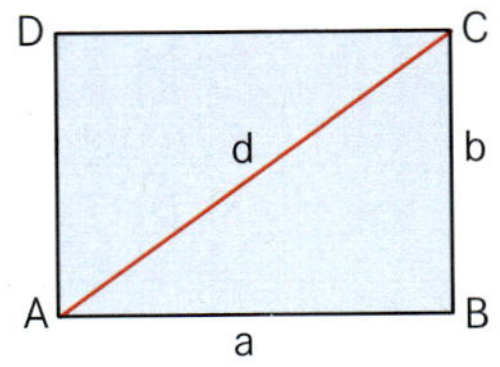

2 Ein Quadrat kann in zwei gleichschenklig rechtwinklige Dreiecke zerlegt werden.

a) Zeichne ein Quadrat mit der Seitenlänge 3 cm und berechne die Länge der Diagonalen d.

b) Zeige, dass für die Diagonalenlänge d eines Quadrates mit der Seitenlänge a gilt: $d^2 = 2a^2$ und somit $\mathbf{d = a\sqrt{2}}$

3 So kannst du fehlende Größen in einem gleichschenkligen Dreieck ABC bestimmen. Es gilt: a = b = 11,9 cm; h_c = 10,5 cm; c = x cm

B

Fertige eine Skizze an und trage die Maßzahlen ein.

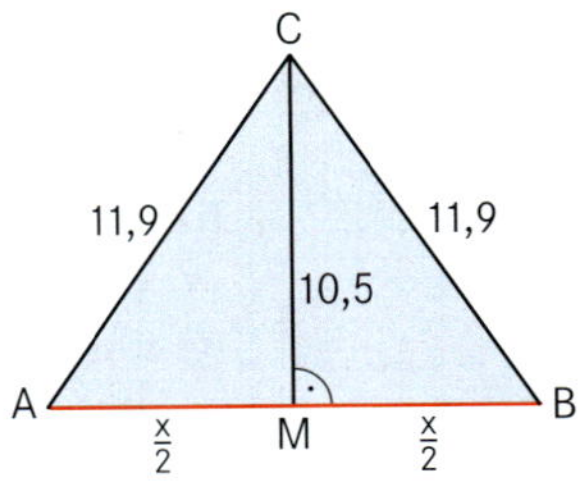

Das Teildreieck AMC ist rechtwinklig, also gilt der Satz des Pythagoras.

$$\overline{AC}^2 = \overline{AM}^2 + \overline{MC}^2$$

Setze die Maßzahlen ein.

$$11{,}9^2 = \left(\frac{x}{2}\right)^2 + 10{,}5^2$$

$$11{,}9^2 - 10{,}5^2 = \left(\frac{x}{2}\right)^2$$

Fasse zusammen und forme um.

$$31{,}36 = \frac{x^2}{4}$$

$$125{,}44 = x^2$$

Ziehe die Wurzel und gib das Ergebnis an.

$$11{,}2 = x$$

$$c = 11{,}2 \text{ cm}$$

a) a = b = x cm; c = 16 cm; h_c = 19,2 cm

b) a = b = 105 cm; h_c = 84 cm; c = x cm

c) b = c = 1,04 m; a = 80 cm; h_a = x cm

d) a = c = 6,25 dm; h_b = 50 cm; b = x dm

4 Berechne den Flächeninhalt der gleichschenkligen Dreiecke ABC.

a) a = b = 12,5 cm; h_c = 3,5 cm

b) a = c = 17,8 m; b = 32 m

c) b = c = 4,25 m; a = 4 m

d) b = c = 1,53 m; h_a = 72 cm

Lösungen zu 3 und 4 (nur Maßzahlen): 96; 42; 20,8; 63; 7,5; 97,2; 124,8; 7,5; 126

5 Ein gleichseitiges Dreieck kann in zwei rechtwinklige Dreiecke zerlegt werden.

a) Zeichne das gleichseitige Dreieck ABC mit der Seitenlänge a = 5 cm.

b) Berechne den Flächeninhalt des Dreiecks ABC.

c) Zeige, dass allgemein gilt: $h^2 = \frac{3}{4}a^2$ und somit $\mathbf{h = \frac{a}{2}\sqrt{3}}$

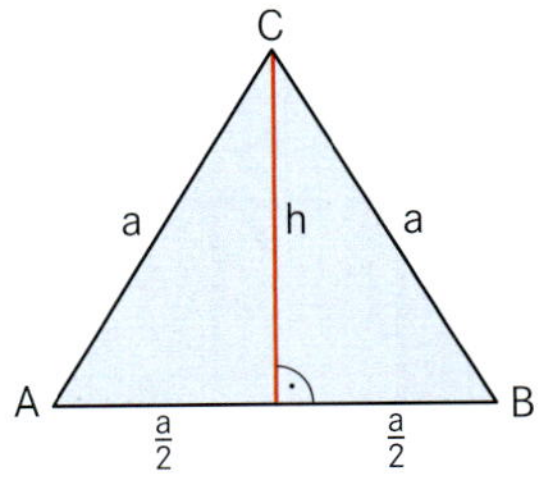

6 Fertige jeweils eine Skizze an und beschrifte sie.

a) Ein Rechteck mit der Diagonalenlänge 14,5 cm hat eine Länge von 8,7 cm. Berechne die Breite des Rechtecks.

b) Ein Quadrat hat eine Diagonalenlänge von 7 cm. Berechne die Seitenlänge. Berechne anschließend den Flächeninhalt auf zwei verschiedenen Wegen.

7 Berechne den Umfang und Flächeninhalt der symmetrischen Figuren.

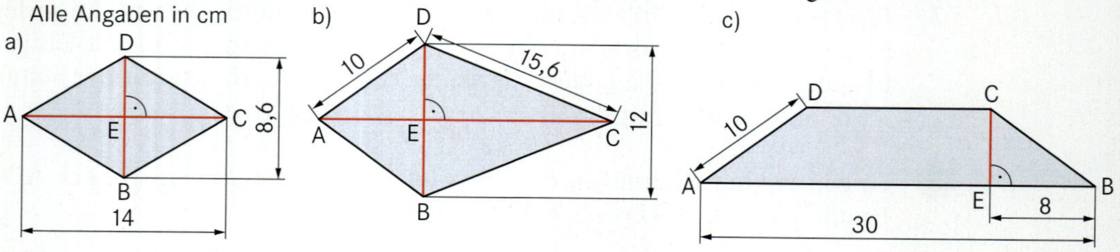

8 Ein Drachenviereck ABCD mit der Symmetrieachse [AC] ist gegeben durch $\sphericalangle$ DCB = 90°, $\overline{BC}$ = 8,5 cm und $\overline{AC}$ = 23,5 cm. Berechne den Flächeninhalt. Runde jeweils auf eine Stelle nach dem Komma.

9 a) In einem Kreis mit dem Radius r = 3,5 cm (8 cm) wird eine Sehne der Länge s = 4,2 cm (9,6 cm) eingezeichnet. Welchen Abstand d hat der Mittelpunkt des Kreises von der Sehne? Berechne und überprüfe durch Konstruktion.

b) Welche Länge s hat eine Sehne, von der der Mittelpunkt des Kreises mit dem Radius r = 6,75 cm (8,1 cm) einen Abstand von 5,4 cm (6,48 cm) hat?

c) Der Mittelpunkt eines Kreises hat von einer Sehne s = 10,5 cm (21,6 cm) den Abstand d = 7 cm (14,4 cm). Wie groß ist der Radius des Kreises?

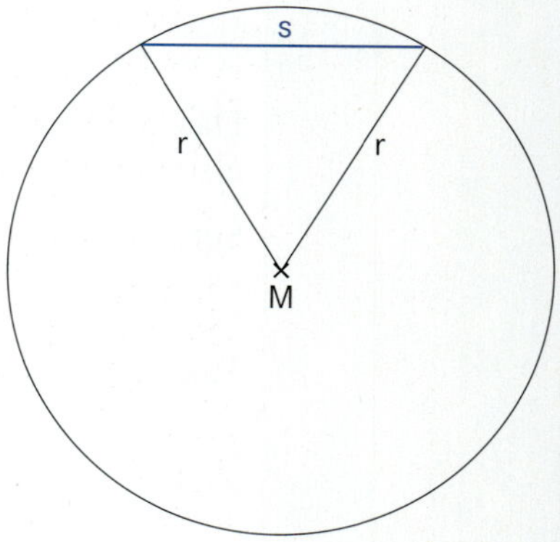

Lösungen zu 7, 8 und 9 (nur Maßzahlen):
32,86; 64; 134,4; 54,0; 51,2; 8,75; 6,4;
141,0; 18; 132; 60,2; 9,1 ; 2,8; 9,72; 8,1

10 a) Konstruiere ein regelmäßiges Sechseck mit 3 cm Seitenlänge. Überlege zunächst, in welche Dreiecke das Sechseck zerlegt werden kann.

b) Berechne den Flächeninhalt des regelmäßigen Sechsecks.

c) Setze für die Seitenlänge des regelmäßigen Sechsecks a und zeige, dass sich sein Flächeninhalt wie folgt darstellen lässt: $A = \frac{3}{2}a^2\sqrt{3}$

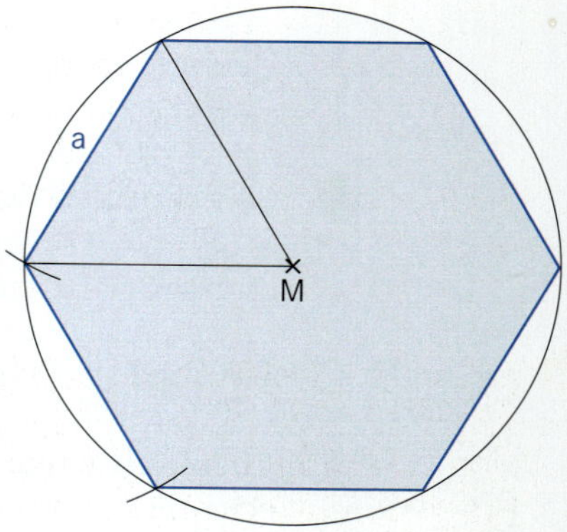

Es wird behauptet, dass für die Jahreszahl 2015 gilt:
$2015 = 1008^2 - 1007^2$

a) Stimmt das? Begründe.

b) Wie geht das mit der Jahreszahl von diesem Jahr?

1 Mathematik in Ägypten (und Babylonien) diente als Hilfsmittel für wirtschaftliche und geometrische Berechnungen und richtete sich nach den Erfordernissen von Landvermessern und Bautechnikern. Mit Hilfe eines „Knotenseils" wurden bereits vor 4000 Jahren rechte Winkel abgesteckt. Dieses Seil war durch Knoten in jeweils gleich lange Abschnitte geteilt (siehe Abbildung links).

a) Fertige ein Knotenseil mit 12 Knoten und lege mit diesem Seil ein rechtwinkliges Dreieck, wobei drei Knoten die drei Eckpunkte des Dreiecks sein sollen.
b) Aus wie vielen Abschnitten bestehen die Seiten des rechtwinkligen Dreiecks?
c) Bilde weitere Knotenseile mit 24 (30; 36) Knoten, versuche mit ihnen rechtwinklige Dreiecke auszulegen und notiere die Anzahl der Abschnitte auf jeder Seite.
d) Die Anzahl der Abschnitte des Seils auf jeder Seite, mit denen man ein rechtwinkliges Dreieck auslegen kann, bilden pythagoreische Zahlentripel, z. B. 3; 4; 5. Sie erfüllen des Satz des Pythagoras, da $3^2 + 4^2 = 5^2$. Überprüfe dies bei deinen anderen Knotenseilen.
e) Dreiecke mit Seitenlängen, deren Maßzahlen pythagoreische Zahlentripel bilden, sind rechtwinklig. Man kann sie heute noch im so genannten Mauererdreieck finden (siehe Foto rechts). Berechne die Länge der Hypotenuse.

2

a) Aus den pythagoreischen Zahlentripeln (5; 12; 13) und (15; 8; 17) entwickelt Chiara an der Tafel jeweils weitere Zahlentripel. Überprüfe, ob sie richtig gerechnet hat. Verbessere falsche Zahlen in einem Heft. Beschreibe dazu deinen Lösungsweg.
b) Bilde von dem pythagoreischen Zahlentripel (7; 24; 25) ausgehend drei weitere Zahlentripel und lasse sie von einem Mitschüler überprüfen.

1 Konstruiere mit dem Geometrieprogramm ein rechtwinkliges Dreieck ABC mit der Hypotenusenlänge c = 7,5 cm, wobei die Lage des Punktes C auf dem Thaleskreis veränderlich sein soll. Trage die Höhe h_c mit dem Höhenfußpunkt D ein. D teilt die Hypotenuse in die beiden Abschnitte [AD] und [BD].

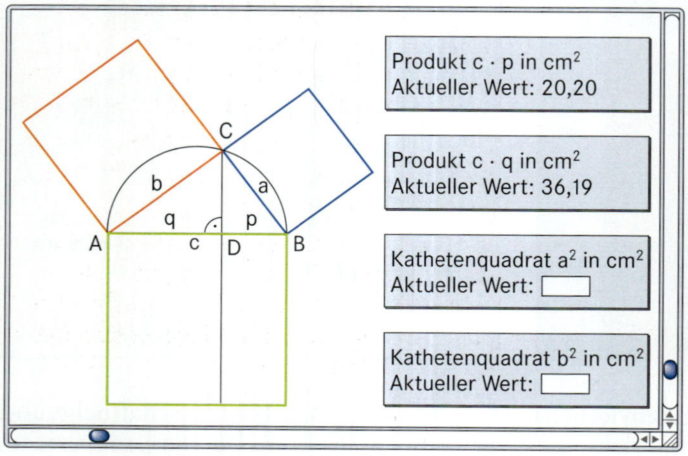

a) Miss die Längen der Dreiecksseiten und der Hypotenusenabschnitte. Verändere die Lage des Punktes C so, dass a = 4,5 cm und b = 6 cm. Lass die Produkte c · p und c · q sowie die Kathetenquadrate a^2 und b^2 berechnen. Vergleiche.

b) Verändere mit dem Zugmodus die Längen der Dreiecksseiten. Vergleiche wie in a).

c) Miss die Höhe h_c und lass das Quadrat $h_c^{\,2}$ sowie das Produkt p · q berechnen. Verändere jetzt die Länge der Höhe. Vergleiche das Quadrat $h_c^{\,2}$ mit dem Produkt p · q.

2 Im rechtwinkligen Dreieck ABC ist D der Fußpunkt der Höhe h, M der Mittelpunkt der Hypotenuse und r der Radius des Thaleskreises. So kannst du zeigen, dass gilt: $h^2 = p \cdot q$

Ergänze für das grüne Dreieck die Platzhalter in deinem Heft. Begründe:

$$h^2 = \square^2 - \square^2$$

und somit $h^2 = (\square + \square) \cdot (\square - \square)$

Begründe damit nun den oben genannten Zusammenhang.

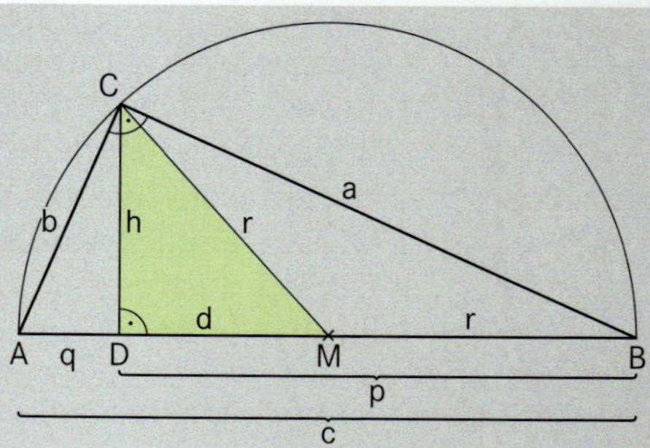

3 Betrachte die Abbildung von Aufgabe 2. So kannst du zeigen, dass gilt: $b^2 = q \cdot c$

Ergänze für das Dreieck ADC die Platzhalter rechts in deinem Heft. Verwende das Ergebnis aus Aufgabe 2.

$$b^2 = \square^2 + \square^2$$

und somit $b^2 = \square \cdot q + \square \cdot q$

Begründe damit nun den oben genannten Zusammenhang.
Betrachte das Dreieck DBC und zeige, dass gilt: $a^2 = p \cdot c$

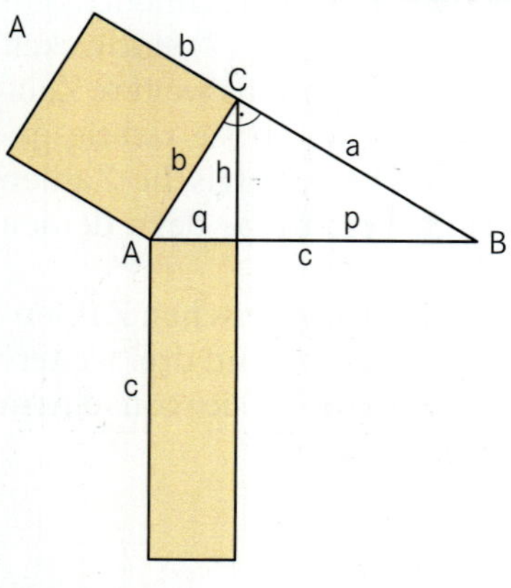

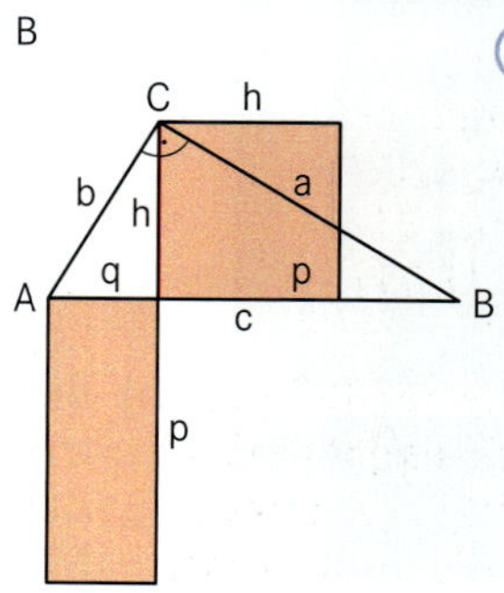

4 a) Welches Bild veranschaulicht die folgenden Zusammenhänge in einem rechtwinkligen Dreieck? Ordne richtig zu und begründe.
(1) $h^2 = p \cdot q$ (2) $b^2 = q \cdot c$
(3) $a^2 = p \cdot c$

b) Ergänze zu dem fehlenden Zusammenhang das passende Bild in deinem Heft.

Kathetensatz
Höhensatz

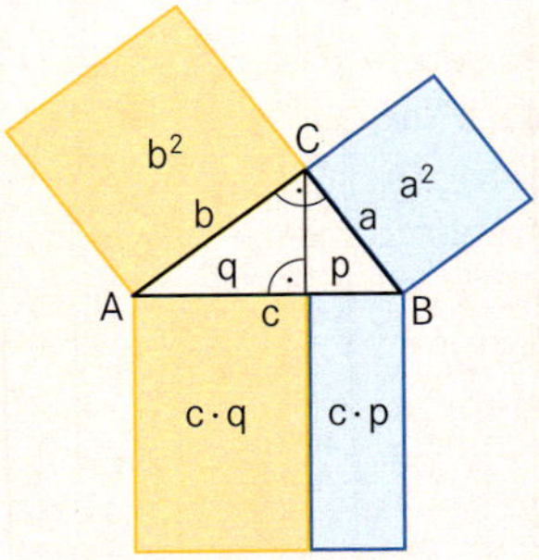

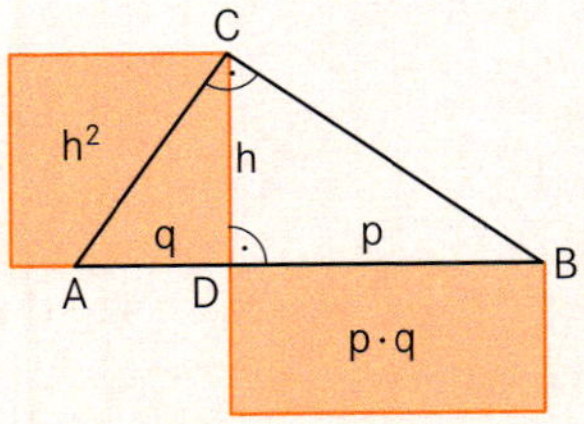

Kathetensatz

Im rechtwinkligen Dreieck ist der Flächeninhalt des Quadrates über einer Kathete gleich dem Flächeninhalt des Rechtecks, dessen Seiten von der Hypotenuse und dem der Kathete anliegenden Hypotenusenabschnitt gebildet werden.

$$\mathbf{b^2 = c \cdot q} \qquad \mathbf{a^2 = c \cdot p}$$

Höhensatz

Im rechtwinkligen Dreieck ist der Flächeninhalt des Quadrats über der Höhe gleich dem Flächeninhalt des Rechtecks, dessen Seiten die beiden Hypotenusenabschnitte bilden.

$$\mathbf{h^2 = p \cdot q}$$

Übungen

5 Berechne im Dreieck ABC ($\gamma = 90°$) die fehlenden Größen in deinem Heft. Achte auf die Einheiten. Runde auf zwei Stellen nach dem Komma.

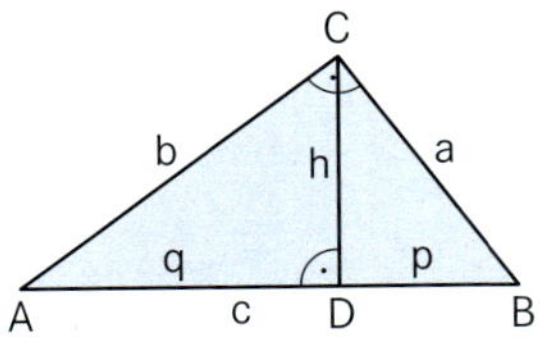

	a)	b)	c)	d)	e)	f)
a	10 cm		16 cm	32 m		
b			3 dm			
c	26 cm	7,5 m				8 cm
p		4,8 m			4 dm	5,12 cm
q						
h					8 dm	
A				384 m²		

$p = 6{,}4$ cm; $h = 4{,}8$ cm
$q = x$ cm; $a = y$ cm; $b = z$ cm
Höhensatz:
$4{,}8^2 = 6{,}4 \cdot x$
$x = 3{,}6$ $\qquad q = 3{,}6$ cm
Mit $c = p + q$ folgt $c = 10$ cm

Kathetensatz:
$y^2 = 10 \cdot 6{,}4$
$y^2 = 64$
$y = 8$ $\qquad a = 8$ cm

Satz des Pythagoras:
$8^2 + z^2 = 10^2$
$z^2 = 100 - 64$
$z = 6$ $\qquad b = 6$ cm

6 Das rechts abgebildete Dreieck ABC ist bei B rechtwinklig. Es gilt: $\overline{AD} = 2{,}7$ cm; $\overline{DB} = h_b = 4{,}5$ cm
Überlege zunächst, welche Seite Hypotenuse ist und berechne dann die fehlenden Seitenlängen des Dreiecks ABC und die Länge der Seitenhalbierenden s_b.

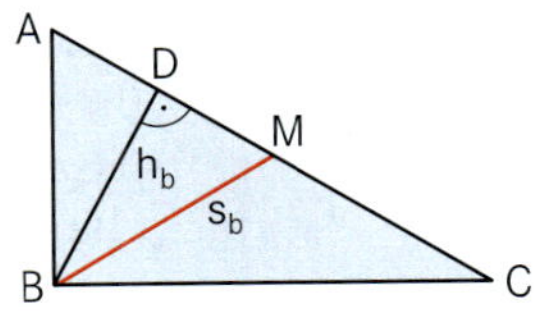

7 Das Dreieck ABC ist gleichseitig.
a) Simon behauptet: „Die Teildreiecke ABD und ADE sind kongruent. Sie stimmen in einer Seite und zwei Winkeln überein." Überprüfe diese Behauptung.
b) Berechne die Flächeninhalte der Teildreiecke ABD und ADE, wenn die Seitenlänge des gleichseitigen Dreiecks ABC 5 cm beträgt. Runde auf zwei Stellen nach dem Komma.

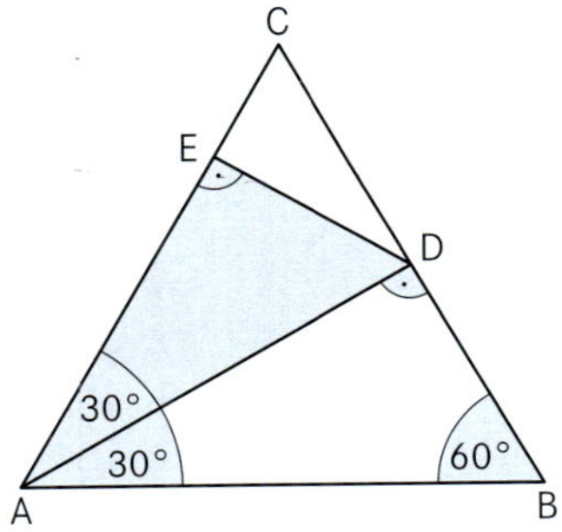

1 a) Zeichne ein rechtwinkliges Dreieck ABC mit den Kathetenlängen a = 4 cm und b = 3 cm. Konstruiere die Quadrate über den Katheten und der Hypotenuse c und benenne sie wie in nebenstehender Zeichnung.

b) Zeichne die Höhe h_c mit dem Höhenfußpunkt H ein. Ihre Verlängerung teilt das Quadrat über der Hypotenuse in die zwei Rechtecke AFKH und HKGB.

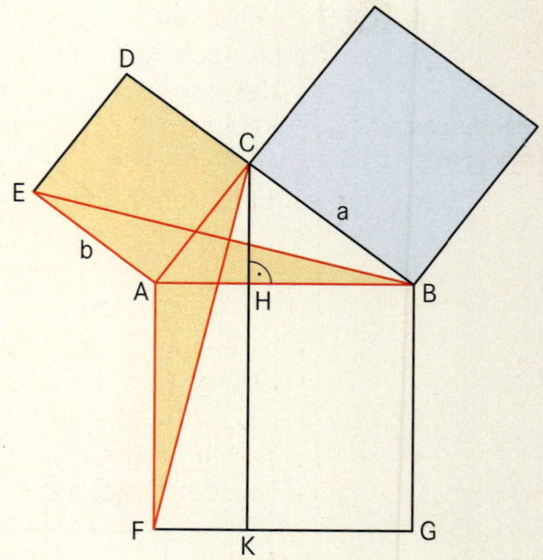

c) Verbinde den Punkt E mit B und den Punkt F mit C. Du erhältst die Dreiecke ABE und AFC.
Zeige mit Hilfe der Kongruenzsätze, dass diese Dreiecke gleichen Flächeninhalt haben.

d) Begründe: Das Dreieck ABE hat den halben Flächeninhalt des Quadrats ACDE.
Tipp: Verwende [AE] als Grundseite.

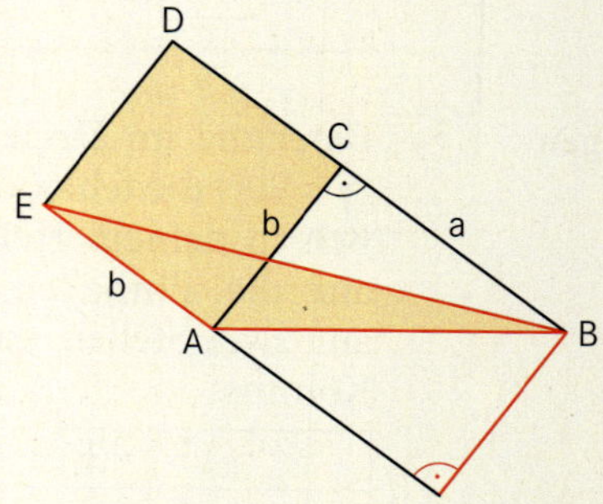

e) Begründe ebenso: Das Dreieck AFC hat den halben Flächeninhalt des Rechtecks AFKH.

f) Was folgt aus c), d) und e) für die Flächeninhalte des Quadrats ACDE und des Rechtecks AFKH? Übertrage in dein Heft und ergänze die Platzhalter:
$b^2 = \square \cdot \square$

g) Zeige in einer neuen Zeichnung, dass gilt: $a^2 = c \cdot \overline{HB}$

h) Mit den Ergebnissen aus f) und g) kannst du den Satz des Pythagoras beweisen. Addiere a^2 und b^2 und ergänze dazu in deinem Heft die Platzhalter.

$$\begin{aligned} a^2 + b^2 &= c \cdot \overline{HB} + c \cdot \overline{AH} \\ &= c \cdot (\square + \square) \\ &= c \cdot \square \\ &= c^2 \end{aligned}$$

i) Suche weitere Beweise zu den Flächensätzen in der Literatur oder im Internet.

G Der oben durchgeführte Beweis des Pythagoreischen Lehrsatzes stammt von EUKLID (4. Jh. v. Chr.), dem Verfasser der „Elemente". EUKLID ist es zu verdanken, dass das gesamte mathematische Wissen der damaligen Zeit geordnet und durch Beweise gesichert zusammengefasst wurde.

Der König der Wahrheit sagt immer die Wahrheit, der König der Lüge lügt immer und der König der Diplomatie sagt entweder die Wahrheit oder die Unwahrheit.
Wer ist der König der Wahrheit?

1 Berechne die fehlenden Größen und anschließend den Flächeninhalt.
a) Dreieck ABC mit b = 12,6 cm, c = 17,4 cm und $\gamma = 90°$
b) Dreieck ABC mit a = 63 dm, b = 22,5 m und $\beta = 90°$
c) Rechteck ABCD mit a = 288 mm, Diagonalenlänge e = 36 cm
d) Dreieck ABC mit a = b = 2,5 cm und c = 48 mm
e) gleichschenkliges Trapez mit a = 48,5 cm, b = d = 17 cm und h = 0,15 m
Lösungen (nur Maßzahlen): 32,5; 68,04; 7,1; 622,08; 0,7; 12; 1,68; 8; 21,6; 607,5; 75,6; 21,6

2 Erstelle eine Skizze und berechne anschließend.
a) Ein Quadrat hat eine Seitenlänge von 14 cm. Wie groß ist der Abstand eines Eckpunktes zu der Diagonalen?
b) Welchen Abstand hat ein Eckpunkt eines Rechtecks mit 30 cm Länge und 16 cm Breite von der Diagonalen?

3 Betrachte das rechtwinklige Dreieck ABC in der Abbildung rechts.
Es gilt: $\overline{AC} = 15$ cm und die Maßzahlen der anderen Streckenlängen sind:
$x = \sqrt{15^2 - y^2}$, $x^2 = y \cdot z$, $s^2 = 25 \cdot z$
a) Übertrage die Skizze rechts in dein Heft und ordne die Variablen x, y, z und s den Platzhaltern richtig zu.
b) Welche Streckenlänge beträgt 25 cm?
c) Berechne die Maßzahlen der restlichen Streckenlängen.

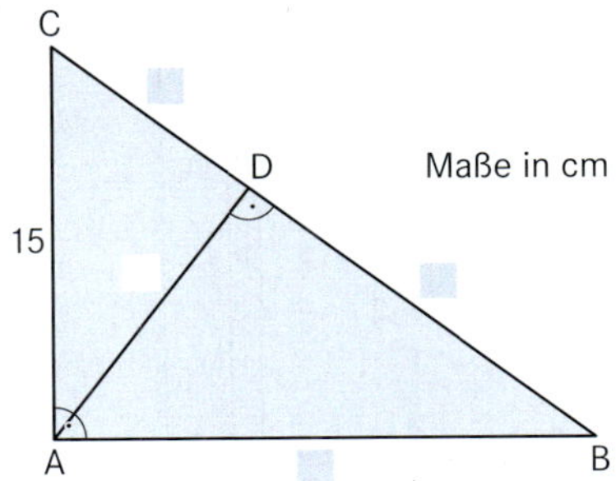

4 Ein 3,9 m hoher Baum steht 80 cm vom Ufer eines 2,1 m breiten Baches entfernt.
a) Der Baum ist in einer Höhe von 1 m abgeknickt. Ragt der Baum über den Bach?
b) In welcher Höhe ist der Baum abgeknickt, wenn er gerade noch über den Bach ragt?

5 Familie Mayer zieht um und will ihren 60 cm tiefen Schlafzimmerschrank im neuen Zimmer aufstellen. Die Höhe der Zimmerdecke beträgt 2,40 m.
a) Muss der Schrank auseinandergebaut werden, wenn er 2,10 m hoch ist?
b) Wie hoch darf ein Schrank höchstens sein, damit er wie abgebildet aufgestellt werden kann?

6 Heimwerker Friedel will sein Haus frisch streichen. Er verwendet dazu eine 7,20 m lange Leiter, die er sicherheitshalber so an die Hauswand stellt, dass das untere Ende der Leiter 2,50 m von der Hauswand entfernt ist.
a) In welcher Höhe berührt das Leiterende die Hauswand?
b) Herr Friedel steigt bis zur fünftletzten Leitersprosse. Sie ist 1,50 m vom oberen Leiterende entfernt. Er befindet sich 5,34 m über dem Boden. Wie weit ist er von der Hauswand entfernt?

7 Ein Sandspielkasten wird in der Form eines regelmäßigen Sechsecks gebaut. Sein Flächeninhalt soll 9 m^2 betragen. Die Seiten werden aus Holzbalken gebildet.

a) Berechne die Länge der Holzbalken.

b) Um einen Teil des Sandspielkastens abzuschatten, wird ein dreieckiges Sonnensegel gespannt. Die Pfosten zur Befestigung des Segels werden wie abgebildet aufgestellt, durch die Spannseile liegt die Segelfläche exakt über dem Sandkasten. Berechne den Flächeninhalt des Sonnensegels.

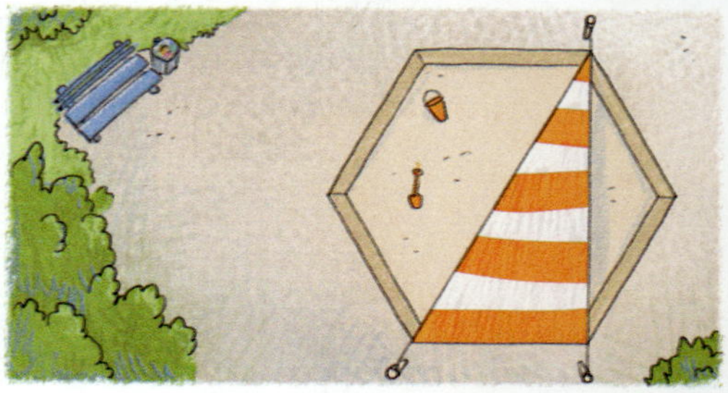

8

Ein Tunnel mit halbkreisförmigem Querschnitt ist 12 m breit. Es gibt zwei Fahrspuren. Zwischen den Fahrspuren ist ein 1 m breiter Trennstreifen vorhanden. An den Seiten links und rechts gibt es jeweils einen 1,50 m breiten Randstreifen, der nicht befahrbar ist.

a) Zeichne den Querschnitt des Tunnels im Maßstab 1 : 100 und ermittle daraus wie hoch ein Lkw maximal sein darf, wenn er an der äußersten Spurkante fährt.

b) Berechne diese maximale Höhe.

9

Strategie – Lösung

In der Schweiz sind noch sehr viele Zahnradbahnen in Betrieb, die die Fahrgäste auf den Berg transportieren.

a) Eine dieser Bahnen mit einer Länge von 1,7 km verbindet die Talstation mit der Bergstation. Auf der Karte mit einem Maßstab von 1 : 100 000 liest man eine horizontale Entfernung zwischen der Berg- und Talstation von 1,5 cm ab. In welcher Höhe befindet sich die Talstation, wenn die Bergstation auf 2100 m Höhe liegt?

b) Wie viel Prozent beträgt die Steigung der Zahnradbahn?

10

Strategie – Lösung

1 Streckenlängen mit einer irrationalen Zahl als Maßzahl kann man zeichnen.
a) Übertrage die nebenstehende Zeichnung in dein Heft und ergänze die Werte der Streckenlängen.
b) Diese Spirale heißt **Wurzelspirale**. Warum wohl?
c) Konstruiere mit Hilfe der Wurzelspirale eine Strecke mit der Länge $\sqrt{17}$ cm ($\sqrt{27}$ cm).
Tipp: Beginne die Wurzelspirale erst bei $\sqrt{16}$ cm.

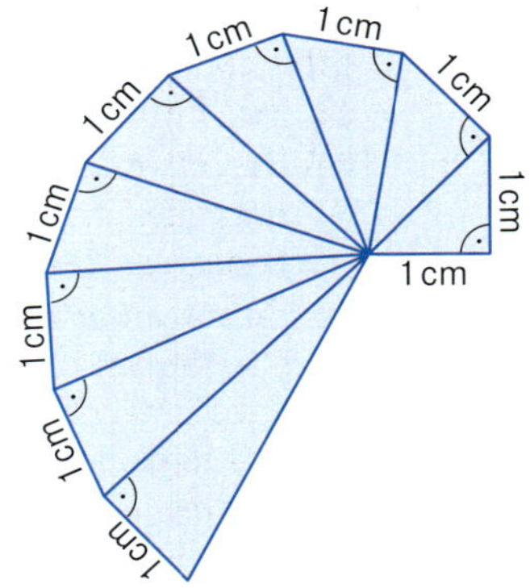

2 Einem Quadrat mit der Seitenlänge 10 cm werden Quadrate einbeschrieben. Die Eckpunkte der einbeschriebenen Quadrate sind die Mittelpunkte der Seiten des vorhergehenden Quadrats. Berechne die Seitenlängen, Umfänge und Flächeninhalte der ersten vier einbeschriebenen Quadrate.

3

Das Bild links hat den Titel „7 pythagoreische Dreiecke als Quadrat“ und stammt von Max Bill. Ist der Titel des Bildes gerechtfertigt?

4 a) Das „Haus des Nikolaus“ stellt einen geschlossenen Streckenzug dar. Wenn man es geschickt anfängt, kann man ihn ohne abzusetzen zeichnen. Wie lang ist dieser Streckenzug? (2 Kästchen ≙ 1 cm)
b) Zeichne, wie nebenstehend gezeigt, neun Punkte in dein Heft und verbinde sie durch vier gerade Linien ohne abzusetzen. Berechne die Länge dieses Streckenzugs.

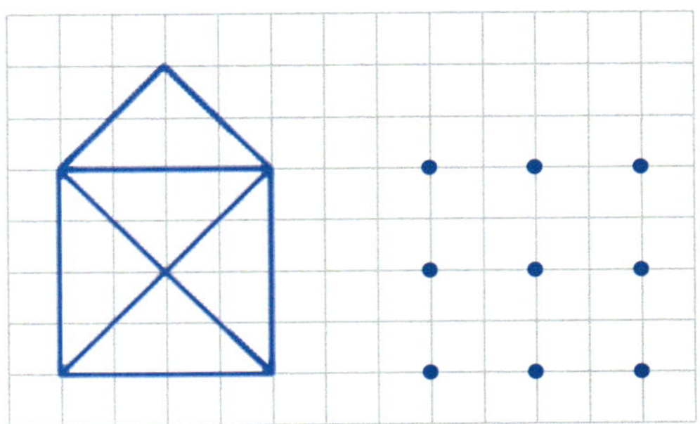

1 Von einem Punkt P aus werden Tangenten an einen Kreis mit r = 12,8 cm gelegt.
Es gilt: $\overline{PM} = 27{,}2$ cm
a) Berechne die Längen der Strecken [PB] und [PB′].
b) Berechne die Länge der Sehne [BB′].
c) Führe die Aufgaben a) und b) mit r = 48 mm und $\overline{PM} = 102$ mm durch.

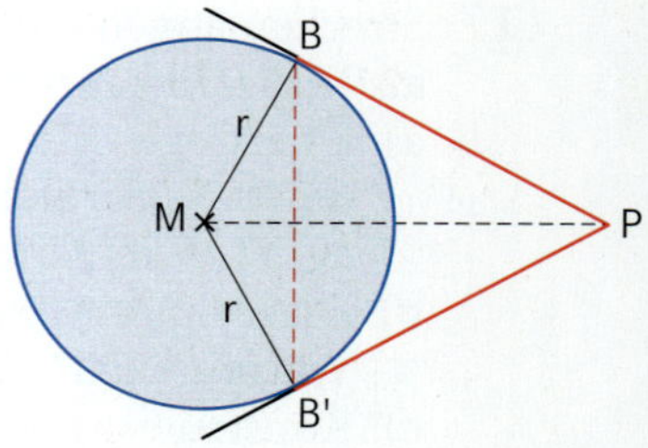

2 Ein Kreis mit dem Radius r schneidet ein gleichseitiges Dreieck mit der Seitenlänge a so in sechs Punkten, dass die orange markierten Flächen gleichen Inhalt haben.
a) Welche Folgerung ergibt sich für die Flächeninhalte des Kreises und des Dreiecks?
b) Wie groß ist der Radius r für a = 10 cm?
c) Gib r in Abhängigkeit von a an.

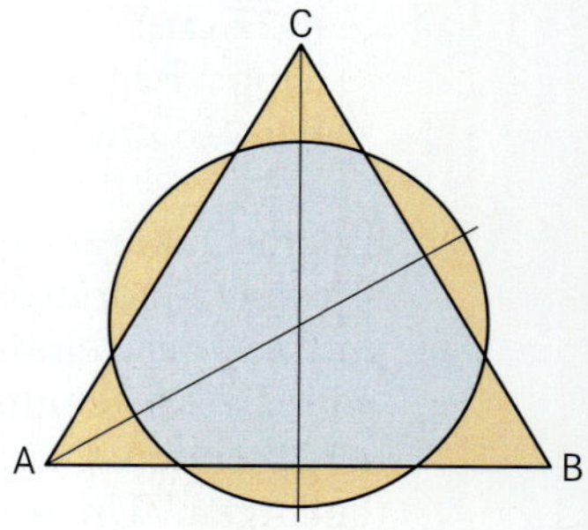

3 Dem Rechteck ABCD sind wie in der Abbildung Dreiecke AE_nF_n einbeschrieben.
a) Zeichne das Rechteck und das Dreieck AE_1F_1 für x = 2. Berechne die Länge der Strecke $[E_1F_1]$.
b) Zeige, dass sich die Längen $\overline{E_nF_n}$ wie folgt in Abhängigkeit von x darstellen lassen: $\overline{E_nF_n} = \sqrt{5x^2 - 12x + 36}$ cm.
c) Die Strecke $\overline{E_0F_0}$ hat minimale Länge. Berechne diese Länge. (Hinweis: Ein Wurzelterm ist minimal, wenn der Radikand minimal ist.)
d) Berechne die Belegung von x, für die der Flächeninhalt eines der Dreiecke minimal ist. Berechne A_{min}. [Zwischenergebnis: A (x) = $(x^2 - 5x + 30)$ cm²]

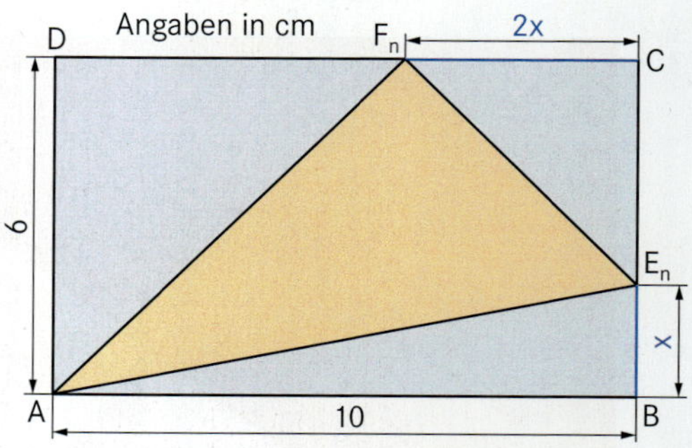

4 Ein rechtwinkliges Dreieck ABC hat die Kathetenlängen $\overline{AB} = 4$ cm und $\overline{AC} = 6$ cm. Es entstehen neue Dreiecke AB_nC_n, wenn man die kürzere Kathete um x cm verlängert und gleichzeitig die längere Kathete um x cm verkürzt.
a) Zeige, dass sich die Länge der Hypotenuse folgendermaßen in Abhängigkeit von x darstellen lässt: $\overline{B_nC_n} = \sqrt{2x^2 - 4x + 52}$ cm
b) Für welche Belegung von x wird die Hypotenusenlänge $\overline{B_0C_0}$ minimal? Berechne $\overline{B_0C_0}$.

5 Falte aus einem DIN A4 Papier einen Drachen bzw. ein Parallelogramm und berechne jeweils die Seitenlängen.

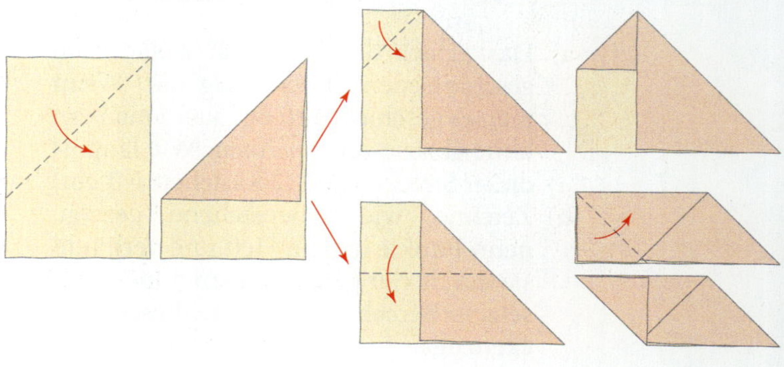

Für die Bearbeitung der Aufgaben dieser Seite benötigst du den mittleren Erdradius, der 6378 km beträgt. Fertige dir jeweils eine geeignete Skizze an und beschrifte sie.

1 Der Leuchtturm in Lindau am Bodensee ist eine Touristenattraktion. Er besitzt in einer luftigen Höhe von 33 m eine Plattform. Von dieser hat man einerseits einen großartigen Blick auf den Seehafen und die Altstadt und auf der anderen Seite blickt man über den Bodensee bis weit in die Alpentäler hinein. Kann man aber auch die Stadt Konstanz am anderen Ende des Bodensees sehen? Die Luftlinienlänge zwischen Konstanz und Lindau beträgt ungefähr 40 km.

2 Ein Ballonfahrer blickt auf die Erdoberfläche.

a) Berechne, wie weit er bei klarer Sicht aus 1000 m Höhe sehen kann, wenn keine Bäume, Häuser und Unebenheiten die Sicht behindern. Runde auf ganze Kilometer.

b) Julia sagt: „Aus 2000 m Höhe sehe ich doppelt so weit."

3 Hat man nur kleine Erhebungen über dem Meeresspiegel, werden Entfernungen mit einer einfachen Formel abgeschätzt. Susi und Pit haben sich auf ihrem kleinen Ruderboot zu weit aufs Meer hinausgewagt. Wenn Pit sich aufstellt, kann er den Strand gerade noch am Horizont erkennen. Man sagt, der Strand ist „in der Kimm sichtbar".

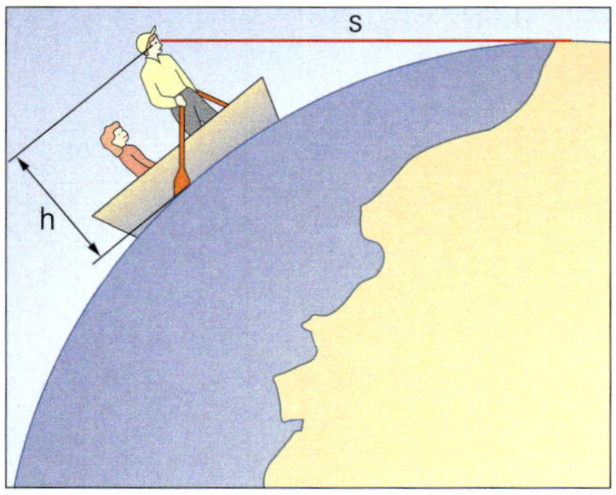

a) Berechne, wie weit Pit sehen kann.

b) Diese Kimmentfernung ist für Laien nur schwer schätzbar. Man kann aber eine einfache Näherungsformel für die Sichtweite s berechnen.
Begründe, dass gilt: $s^2 = (r + h)^2 - r^2$ (r: Erdradius)

c) Zeige, dass mit b) folgt: $s^2 = 2rh + h^2$

d) Begründe: h^2 ist im Verhältnis zum Term 2rh verschwindend klein und kann daher weggelassen werden.
Es folgt: $s = \sqrt{2rh}$

e) Berechne mit der Formel aus c) Pits Sichtweite und vergleiche mit dem Wert aus a).

1 a) Berechne die Länge e der Raumdiagonalen eines Würfels in Abhängigkeit von seiner Seitenlänge a. Ersetze dazu in deinem Heft die Platzhalter.

$d^2 = □^2 + □^2$; $e^2 = d^2 + □^2$

$e^2 = □^2 + □^2 + □^2$

$e^2 = 3 \cdot □$

$e = a\sqrt{□}$

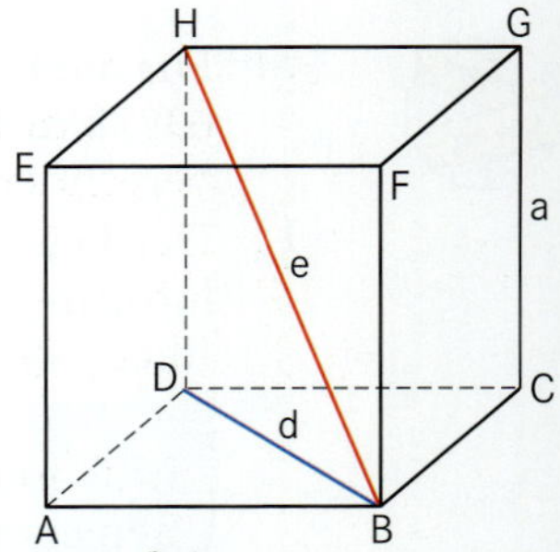

b) Zeichne das Schrägbild eines Quaders mit a = 5 cm; b = 6 cm und c = 4 cm. Berechne die Länge e der Raumdiagonalen.

c) Zeige, dass für die Länge der Raumdiagonalen im Quader gilt: $\mathbf{e = \sqrt{a^2 + b^2 + c^2}}$

2 Euer Klassenzimmer hat die Form eines Quaders.

a) Bestimmt die Ausmaße eures Klassenzimmers.

b) Welche Strecke ist die längste in eurem Raum? Spannt diese Strecke mit einer Schnur und messt die Länge.

c) Berechnet nun die Länge. Vergleicht die beiden Ergebnisse.

Raumdiagonale

M Zur Berechnung der Länge der Raumdiagonalen wird ein rechtwinkliges Hilfsdreieck festgelegt, bei dem die Raumdiagonale Hypotenuse ist.

Raumdiagonale im Würfel

$\overline{BH}^2 = \overline{BD}^2 + \overline{DH}^2$

$e^2 = 2a^2 + a^2$

$e^2 = 3a^2$

$e = a\sqrt{3}$

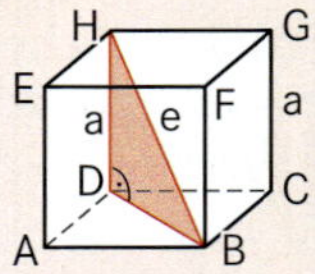

Raumdiagonale im Quader

$\overline{BH}^2 = \overline{BD}^2 + \overline{DH}^2$

$e^2 = a^2 + b^2 + c^2$

$e = \sqrt{a^2 + b^2 + c^2}$

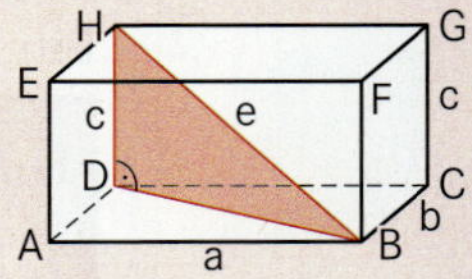

Übungen

3 Berechne die Längen der Flächen- und Raumdiagonalen des Körpers. Runde auf zwei Stellen nach dem Komma.

a) Würfel: Kantenlänge 7 cm (10 cm; 15 cm)

b) Quader: Kantenlängen a = 8 cm; b = 5 cm; c = 3 cm (a = 2,4 dm; b = 20 cm; c = 0,8 dm)

4 Die Länge der Raumdiagonalen eines Würfels ist $25\sqrt{3}$ cm ($72\sqrt{3}$ cm).

a) Gib die Kantenlänge des Würfels an.

b) Berechne die Größe der Oberfläche und das Volumen des Würfels.

c) Zeige: Die Flächendiagonalen verhalten sich zu den Raumdiagonalen wie $\sqrt{2} : \sqrt{3}$.

Lösungen zu 3 und 4 (nur Maßzahlen): 17,32; 9,90; 12,12; 25,98; 32,25; 25; 72; 15 625; 3750; 31 104; 373 248; 14,14; 21,21; 9,43; 5,83; 8,54; 9,90; 31,24; 21,54; 25,30

5 Die Eckpunkte von Dreiecken ABC liegen stets auf den dargestellten gelben Punkten eines Würfels. Alle drei Punkte liegen nie zugleich in einer Ebene.

a) Übertrage das Schrägbild mit dem Dreieck ABC in dein Heft (ω = 45°; q = 0,5). Lege drei rechtwinklige Hilfsdreiecke fest, bei denen die Seiten des roten Dreiecks Hypotenusen sind und ergänze sie im Schrägbild.

b) Berechne den Umfang des Dreiecks ABC.

c) Suche nach Dreiecken ABC mit besonders großen oder kleinen Umfängen. Überprüfe anhand einer Rechnung.

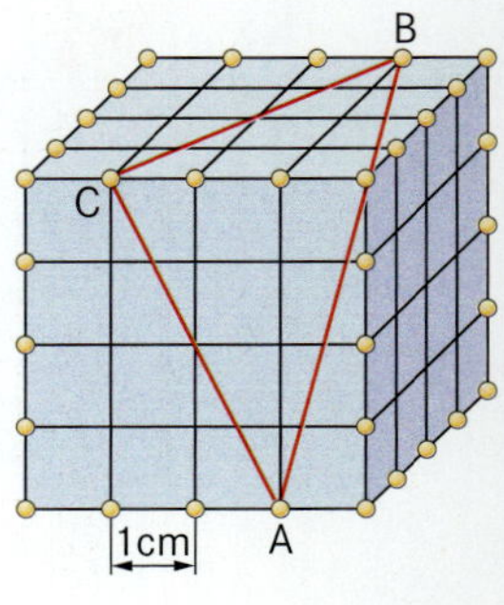

6 So kannst du in einer Pyramide mit rechteckiger Grundfläche (a = 5 cm; b = 2,5 cm) und der Höhe h = 3 cm die Länge der Seitenkante s = y cm und die Seitenflächenhöhe h_b = z cm berechnen.

B

Zeichne ein Schrägbild der Pyramide.
Lege ein rechtwinkliges Hilfsdreieck fest.

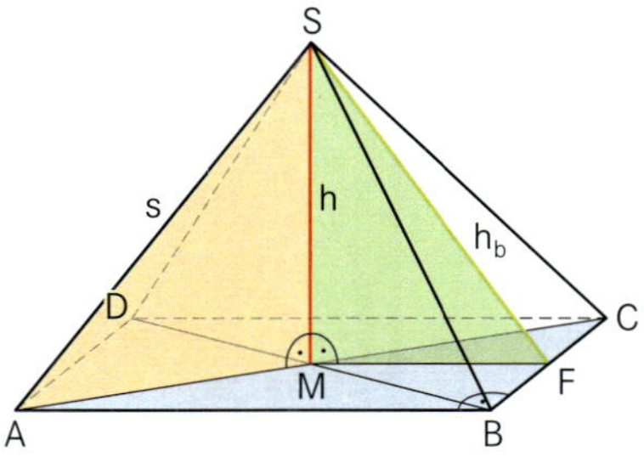

Hilfsdreieck ABC:
Berechnung der Flächendiagonalen d = x cm
$x^2 = 5^2 + 2{,}5^2$
$x^2 = 31{,}25$
$x = 5{,}59$ d = 5,59 cm

Hilfsdreieck AMS:
$y^2 = \left(\frac{5{,}59}{2}\right)^2 + 3^2$
$y^2 = 16{,}81$
$y = 4{,}10$ s = 4,10 cm

Hilfsdreieck MFS:
$z^2 = \left(\frac{5}{2}\right)^2 + 3^2$
$z^2 = 15{,}25$
$z = 3{,}91$ h_b = 3,91 cm

Bestimme s und h_a für a = 6,5 cm; b = 3,5 cm und h = 4 cm.

7 Das Rechteck ABCD ist die Grundfläche einer 9 cm hohen Pyramide ABCDS. Die Spitze S der Pyramide liegt senkrecht über dem Mittelpunkt M der Grundfläche.
Es gilt: $\overline{AB}$ = 8 cm; $\overline{BC}$ = 6 cm; q = 0,5; ω = 45° und [AB] liegt auf der Schrägbildachse.
Hier sind ein Teil des Netzes der Pyramide sowie drei Stützdreiecke gezeichnet.

a) Zeichne ein Schrägbild der Pyramide.
b) Du erhältst von deinem Lehrer eine Kopie des Netzes und der Stützdreiecke. Schneide sie aus.
c) Welche Stützdreiecke benötigst du, um die Seitenflächenhöhen zu berechnen? Berechne anschließend die Höhen.
d) Berechne den Flächeninhalt des Pyramidennetzes.

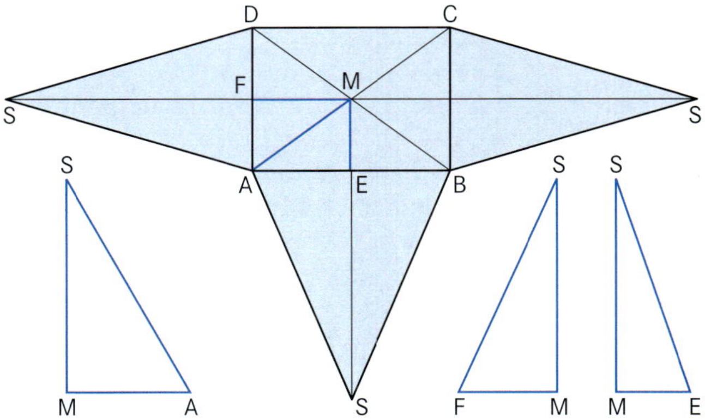

8 Berechne im Heft die fehlenden Größen einer Pyramide mit rechteckiger Grundfläche (Angaben in cm). Runde auf zwei Stellen nach dem Komma.

	a)	b)	c)	d)
a	5	$6\sqrt{2}$		
b	4	$4\sqrt{2}$		$8\sqrt{2}$
s		10	14	
h	7		12	15
h_a				
h_b			13	16

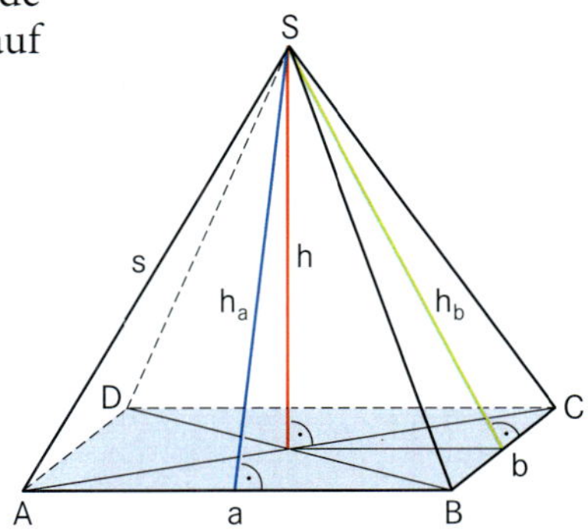

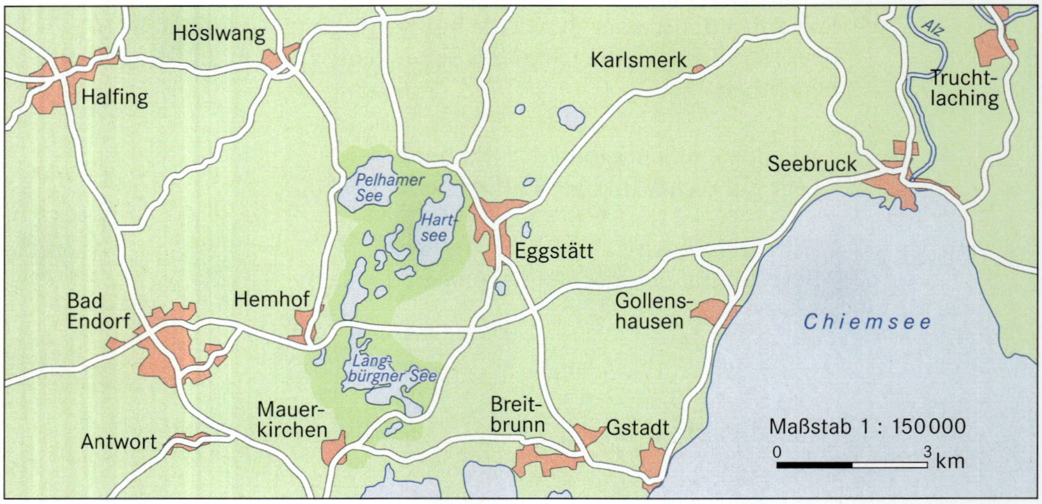

1 Luna darf mit ihrem Vater segelfliegen. Sie drehen gerade eine Runde über Bad Endorf und überlegen, ob sie nach Eggstädt oder nach Höslwang weiterfliegen sollen. Luna, die gerne fliegt, fragt sich, welche Strecke länger ist.

a) Miss die Entfernungen und vergleiche.

b) Übertrage den Sachverhalt in ein Koordinatensystem, wobei du die Flugrichtung mit Pfeilen markierst. Die Orte Bad Endorf (B), Eggstädt (E) und Höslwang (H) haben folgende Koordinaten: B $(1|0)$; E $(5{,}5|1{,}5)$; H $(2{,}5|4)$. Berechne die gesuchten Streckenlängen mit Hilfe geeigneter Koordinatendreiecke. Wie groß ist der Unterschied?

2 Gegeben sind die Punkte A und B im Koordinatensystem.

a) Die Länge der Strecke [AB] kannst du mit Hilfe der Koordinaten der Punkte A $(x_A|y_A)$ und B $(x_B|y_B)$ berechnen. Übertrage die Zeichnung in dein Heft und ersetze im Heft die Platzhalter.

$\overline{AB}^2 = (\square^2 + \square^2)$ LE²

$\overline{AB} = \sqrt{\square^2 + \square^2}$ LE

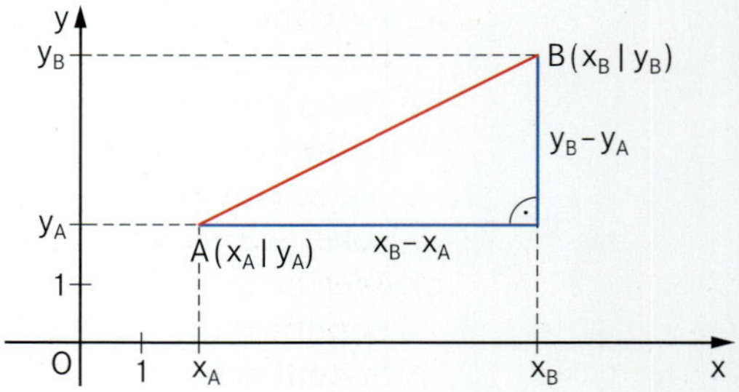

b) Die Länge der Strecke [AB] kann auch mit Hilfe der Koordinaten des Pfeils $\overrightarrow{AB} = \binom{a_x}{a_y}$ berechnet werden. Der Pfeil $\overrightarrow{AB}$ ist Repräsentant des Vektors $\vec{a} = \binom{a_x}{a_y}$. Die Maßzahl der Länge des Pfeils heißt Betrag $|\vec{a}|$ des Vektors $\vec{a}$.
Begründe, dass gilt: $|\vec{a}| = \sqrt{a_x^2 + a_y^2}$

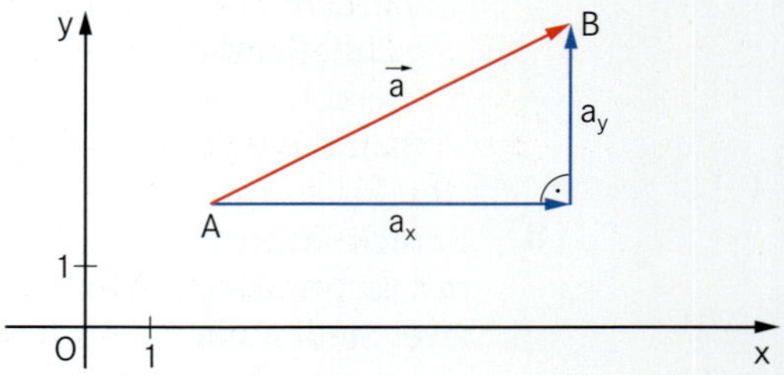

M **Länge einer Strecke**

Betrag eines Vektors

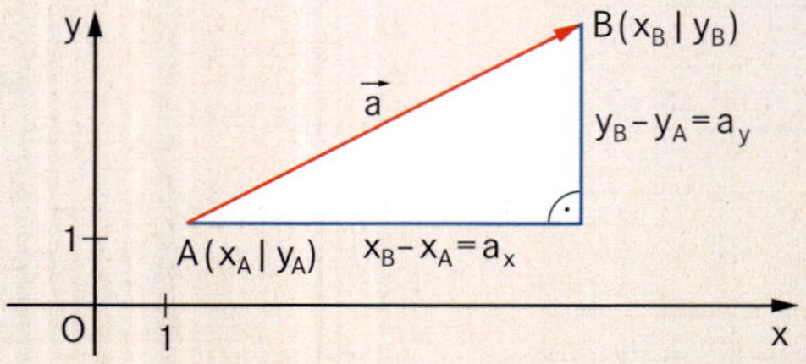

Länge der Strecke [AB]

$\overline{AB} = \sqrt{(x_B - x_A)^2 + (y_B - y_A)^2}$ LE

Betrag des Vektors $\vec{a}$

$|\vec{a}| = \sqrt{a_x^2 + a_y^2}$

Übungen

3 Berechne den Betrag des Vektors $\overrightarrow{PQ}$ und überprüfe durch Zeichnung. Runde auf zwei Stellen nach dem Komma.

a) P (−4 | 2); Q (3 | 7)
b) P (6 | 0); Q (−1 | 5)
c) P (−5 | −6); Q (3,5 | 4)
d) P (−2,5 | 1); Q (7 | −5,5)

4 Durch den Pfeil $\overrightarrow{AB}$ wird eine Strecke festgelegt. Berechne ihre Länge und überprüfe anhand einer Zeichnung. Runde auf zwei Stellen nach dem Komma.

a) $\begin{pmatrix}3\\4\end{pmatrix}$ b) $\begin{pmatrix}-5\\2\end{pmatrix}$ c) $\begin{pmatrix}0\\-4\end{pmatrix}$ d) $\begin{pmatrix}8\\-6\end{pmatrix}$ e) $\begin{pmatrix}7\\0\end{pmatrix}$ f) $\begin{pmatrix}-9\\-5\end{pmatrix}$

Lösungen zu 3, 4 (Maßzahlen): 11,51; 8,60; 9,15; 4; 5; 10; 5,39; 8,60; 13,12; 7; 10,30

5 Wähle in Aufgabe 1b auf Seite 96 für Seebruck die Koordinaten S (10,5 | 2,5).
a) Berechne die Entfernungen Seebrucks von den drei anderen Ortschaften.
b) Vergleiche mit den Entfernungen, die du aus der Karte bestimmen kannst.

6 Prüfe wie im Beispiel, ob das Dreieck ABC rechtwinklig ist.

A (−1 | 2); B (7 | 1); C (1 | 5)

Berechne die Längen der Seiten:

$\overline{AB} = \sqrt{(7+1)^2 + (1-2)^2}$ LE $= \sqrt{65}$ LE

$\overline{AC} = \sqrt{(1+1)^2 + (5-2)^2}$ LE $= \sqrt{13}$ LE

$\overline{BC} = \sqrt{(1-7)^2 + (5-1)^2}$ LE $= \sqrt{52}$ LE

Wende für die Maßzahlen den Satz des Pythagoras an. Die längste Seite muss Hypotenuse sein.

$\sqrt{65}^2 = \sqrt{13}^2 + \sqrt{52}^2$

$65 = 13 + 52$

$65 = 65$ (w)

Ergebnis: Das Dreieck ABC ist rechtwinklig.

a) A (−4 | −2); B (1 | 0); C (0 | 2,5)
b) A (−2 | −1); B (6 | 3); C (3,5 | 7)
c) A (−0,5 | 5,5); B (6 | 5); C (0 | 7)
d) A (−4 | −1); B (1 | −3,5); C (−3 | 1)

7 Zeige durch Rechnung, dass die Behauptung jeweils stimmt und berechne den Flächeninhalt.
a) Das Viereck ist ein Quadrat: A (−1,5 | −0,5); B (0 | 5,5); C (−6 | 7); D (−7,5 | 1).
b) Das Viereck ist ein Rechteck: A (−5 | −4); B (4 | −1); C (3 | 2); D (−6 | −1).
c) Das Viereck ist eine Raute: A (3 | 1); B (3,5 | 5); C (0 | 3); D (−0,5 | −1).
d) Das Dreieck ist gleichschenklig: A (−5 | −0,5); B (8,5 | 2,5); C (−2 | 13).

8 Verena, Andy, Laura und Ben haben Karten für das Konzert der bekannten Popband „Showers".
a) Begründe durch Rechnung: Vom Platz A aus sieht man die Bühne [CD] unter einem Winkel mit dem Maß 90°.
Es gilt: C (0 | 10); D (8 | 4); A (0 | 4)
b) Von welchem der Plätze V, B und L sieht man die Bühne ebenfalls unter einem Winkel mit dem Maß 90°?
Es gilt: V (1 | 3); B (2 | 4); L (3 | 2)
c) Finde zu b) weitere Plätze mit Koordinaten, die auf Kästchen liegen.

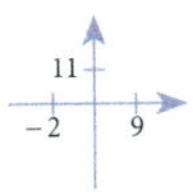

9 Über den Fluss Imm wird eine Brücke gebaut, die von Aufhausen A und Chorstetten C gleich weit entfernt sein soll.

a) Ermittle die Lage der Brücke B durch Konstruktion.
Es gilt: A $(-3\,|\,3{,}5)$; C $(3\,|\,5{,}5)$; Fluss: x-Achse

b) Berechne die Koordinaten des Punktes B.

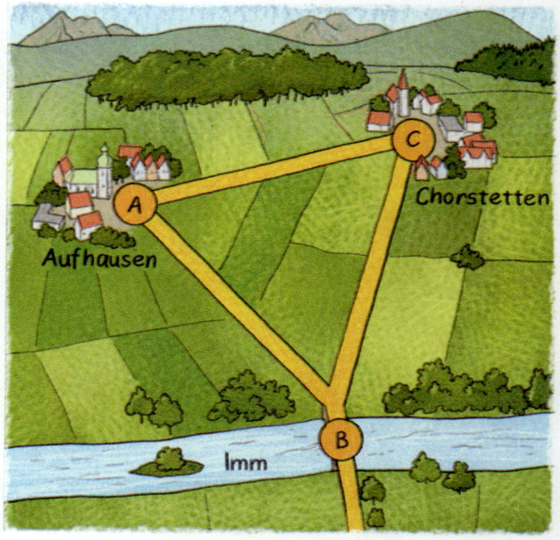

10 Das Dreieck ABC ist gleichschenklig mit der Basis [AB], der Eckpunkt C $(2{,}5\,|\,y)$ liegt auf einer Parallelen zur y-Achse. Es gilt: A $(-2\,|\,0)$; B $(4\,|\,-2)$.

a) Zeichne die Punkte A und B in ein Koordinatensystem ein und konstruiere das Dreieck.

b) Zeige, dass sich die Seitenlängen $\overline{AC}$ und $\overline{BC}$ wie folgt in Abhängigkeit von y ausdrücken lassen: $\overline{AC} = \sqrt{20{,}25 + y^2}$ LE; $\overline{BC} = \sqrt{y^2 + 4y + 6{,}25}$ LE

c) So kannst du die fehlende y-Koordinate des Eckpunktes C berechnen.

Für das gleichschenklige Dreieck gilt:	$\overline{AC} = \overline{BC}$
Setze die Terme für $\overline{AC}$ und $\overline{BC}$ ein.	$\sqrt{20{,}55 + y^2} = \sqrt{y^2 + 4y + 6{,}25}$
Wurzelterme sind gleich, wenn ihre Radikanden gleich sind.	$20{,}25 + y^2 = y^2 + 4y + 6{,}25$

Löse die Gleichung.

d) Berechne die y-Koordinate des Punktes C, wenn gilt: C $(3\,|\,y)$.

11 Die Punkte Q_n $(x\,|\,\frac{1}{2}x + 1)$ liegen auf der Geraden g. Sie bilden mit dem Punkt P $(3{,}5\,|\,-1)$ die Strecken $[PQ_n]$.

zu 11 und 12

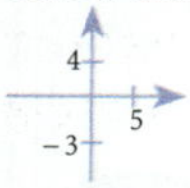

a) Zeichne die Gerade g, den Punkt P und eine Strecke $[PQ_1]$ für $x = 4$ in ein Koordinatensystem ein. Berechne die Streckenlänge $\overline{PQ_1}$.

b) Zeige, dass folgender Term die Streckenlängen $\overline{PQ_n}$ in Abhängigkeit von x darstellt:
$\overline{PQ_n} = \sqrt{\frac{5}{4}x^2 - 5x + 16{,}25}$ LE

c) Berechne die Koordinaten des Punktes Q_0 so, dass die Streckenlänge $\overline{PQ_0}$ minimal ist. (Hinweis: Ein Wurzelterm ist minimal, wenn der Radikand minimal ist.)

d) Welche Lage hat die Strecke $[PQ_0]$ bezüglich der Geraden g? Begründe.

12 Führe die Aufgabe 11 durch mit dem Punkt P $(2{,}5\,|\,-2)$ und Q_n auf der Geraden g mit der Gleichung $y = -\frac{1}{4}x + 3$. [Teilergebnis: $\overline{PQ_n} = \sqrt{1\frac{1}{16}x^2 - 7{,}5x + 31{,}25}$ LE]

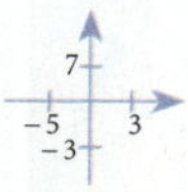

13 Das Dreieck PQR ist gleichschenklig-rechtwinklig mit $\sphericalangle RQP = 90°$. Es gilt: P $(-4\,|\,-2)$; Q $(2\,|\,0)$.

a) Konstruiere das Dreieck PQR.

b) Zeige, dass der Punkt R auf der Geraden s mit $y = -3x + 6$ liegt.

c) Berechne die Koordinaten des Punktes R.

14 Die Punkte A (−2 | 1); B (7 | −2); C (6 | 5) und D (3 | 6) legen ein Trapez fest.
a) Zeige, dass gilt: $\overline{AB} : \overline{DC} = 3 : 1$
b) Zeichne das Trapez und zeige, dass es gleichschenklig ist.
c) Berechne die Koordinaten des Schnittpunktes E der Diagonalen des Trapezes.
d) Überprüfe die Aussage von Paulina durch Rechnung.
e) Das Teildreieck ABE ist gleichschenklig-rechtwinklig. Zeige dies durch Rechnung.

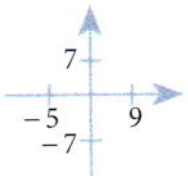

15 Die Tangente durch den Punkt P berührt den Kreis k (A; r) im Punkt B_1.
Es gilt: A (0 | −2); B_1 (−2 | 2); P (6 | 6); M ist Mittelpunkt der Strecke [AP].
a) Zeichne den Kreis mit der Tangente PB_1 in ein Koordinatensystem ein und berechne den Kreisradius r.
b) Zeige durch Rechnung, dass B_1 auf dem Thaleskreis über [AP] liegt.
c) Konstruiere den zweiten Berührpunkt B_2 und zeichne das Drachenviereck AB_2PB_1 ein.
d) Berechne den Flächeninhalt des Drachenvierecks AB_2PB_1.
e) Berechne die Streckenlänge $\overline{B_1B_2}$.
f) Zeichne den Drachen B_1MB_2P ein und berechne seinen Flächeninhalt.

16 Gegeben ist eine Schar von Dreiecken AB_nC_n.
Es gilt: A (1 | −2); B_n (x + 2 | 0); C_n (x | 4)
a) Zeichne mit einem Geometrieprogramm ein Dreieck AB_nC_n. Achte darauf, dass der Punkt B_n so konstruiert wird, dass seine x-Koordinate immer um zwei größer ist als die x-Koordinate des Punktes C_n.
b) Ermittle mit dem Zugmodus diejenigen Werte für x, für die sich Dreiecke AB_nC_n ergeben. Bestätige durch Rechnung.
c) Berechne die Längen der Dreiecksseiten in Abhängigkeit von x.
d) Untersuche mit dem Zugmodus, ob es unter der Dreiecksschar gleichschenklige Dreiecke gibt.
e) Ermittle durch Rechnung die Koordinaten der Eckpunkte B_1 und C_1 für das gleichschenklige Dreieck AB_1C_1 mit der Basis $[B_1C_1]$.
f) Berechne die Koordinaten B_2 und C_2 des gleichschenkligen Dreiecks AB_2C_2 mit der Basis $[AC_2]$. Zeige dazu, dass sich aus der Bedingung $\overline{AB_n} = \overline{B_nC_n}$ folgende Gleichung ergibt: $(x + 1)^2 + 4 = 20$. Löse mit dem GTR.
g) Untersuche mit dem Zugmodus, ob es unter der Dreiecksschar rechtwinklige Dreiecke gibt.
h) Ermittle die Koordinaten der Eckpunkte B_3 und C_3 bzw. B_4 und C_4 für die rechtwinkligen Dreiecke AB_3C_3 und AB_4C_4.
i) Zeige, dass sich der Flächeninhalt der Dreiecke AB_nC_n wie folgt in Abhängigkeit von x darstellen lässt: A (x) = (2x + 4) FE

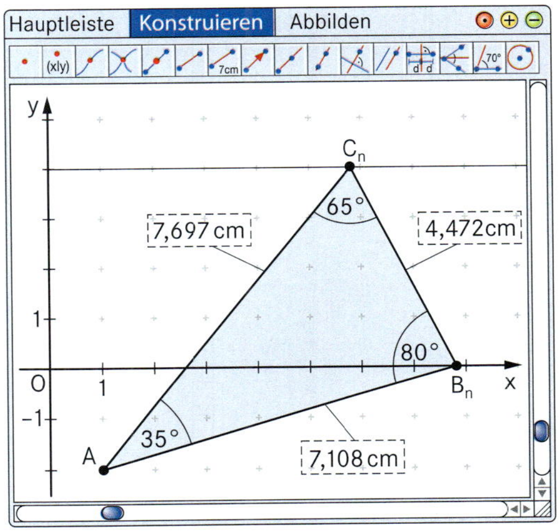

17 Die Punkte A (−4 | −1) und C (4 | 5) bilden die Hypotenuse eines gleichschenklig-rechtwinkligen Dreiecks ABC. Berechne die Koordinaten des Eckpunktes B.

1 Hilfsmittel: Fadenpendel, Stoppuhr, Maßband

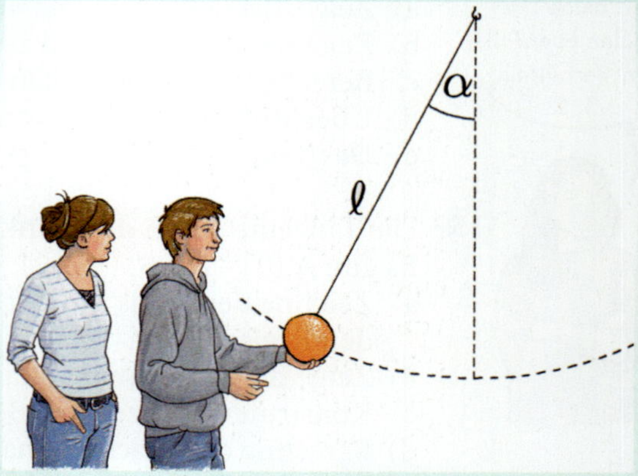

Eine Hin- und Herbewegung eines Pendels bezeichnet man als **Schwingung.**
Die Zeit für eine Schwingung ist die **Schwingungsdauer T**.
Sie lässt sich mit folgender Formel berechnen:
$T = \frac{44}{7}\sqrt{\frac{l}{g}}$
(Ortsfaktor $g = 10\,\frac{m}{s^2}$; Fadenlänge l in m)

a) Erstaunlicherweise ist die Schwingungsdauer von der Masse m der Kugel unabhängig. Überprüfe dies im Versuch.
Hinweis: Miss dazu mit der Stoppuhr die Zeit für 10 Schwingungen und bestimme daraus die Schwingungsdauer T. Das Auslenkwinkelmaß α sollte nicht größer als 15° sein.
b) Berechne die Schwingungsdauer für ein Pendel mit 90 cm Fadenlänge. Runde sinnvoll. Überprüfe dein Ergebnis im Versuch.
c) Um welchen Faktor ändert sich die Schwingungsdauer, wenn die Fadenlänge verdoppelt wird?
d) Ein Pendel, das für eine halbe Schwingung 1,0 s braucht, bezeichnet man als Sekundenpendel. Für welche Fadenlänge ist dies der Fall?

4 Für ein Geduldspiel werden in eine Holzplatte kreisrunde Löcher gebohrt, in denen kleine Kugeln (d = 6 mm) zum Liegen kommen müssen. Damit die Kügelchen beim leichten Kippen der Platte nicht gleich wieder herausrollen, sollen sie zu einem Drittel ihres Radius in das Loch einsinken.
Berechne den Durchmesser des Loches.

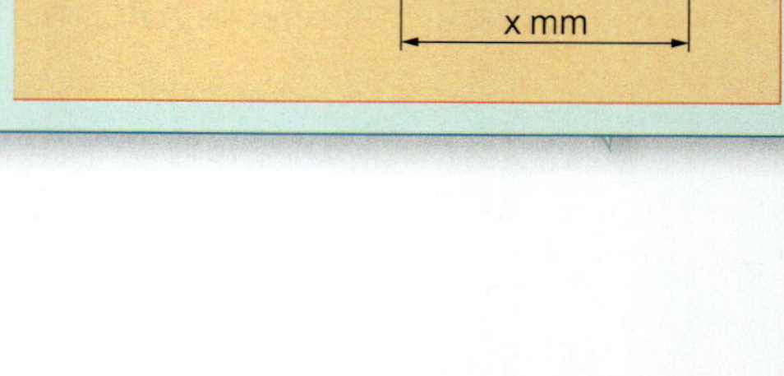

2 In Müllverbrennungsanlagen werden die beim Verbrennungsprozess entstehenden Rauchgase in Filteranlagen entstaubt. Nach der Abscheidung aus dem Rauchgasstrom wird der Staub in so genannten Staubtrichtern gesammelt und von dort mittels Förderschnecken abtransportiert. Der im Foto abgebildete Trichter weist oben eine rechteckige Querschnittsfläche von 370 cm Länge und 200 cm Breite sowie unten eine rechteckige Öffnung von 78 cm Länge und 76 cm Breite auf. Die Länge aller vier Kanten ist gleich und beträgt 285 cm.

a) Berechne die Höhe dieses Staubtrichters.
b) Berechne den Flächeninhalt der Ummantelung des Trichters.

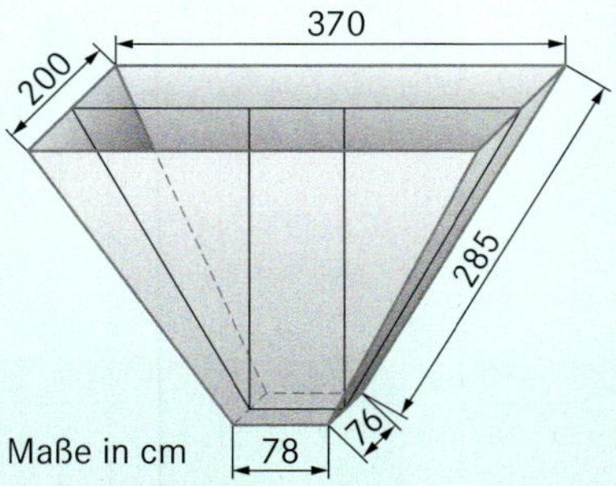

3 Die Grundfläche einer Pyramide ABCDS ist das Rechteck ABCD. Die Spitze S der Pyramide liegt senkrecht über dem Punkt C.
Es gilt: $\overline{AB} = 30$ cm; $\overline{BC} = 20$ cm; $\overline{CS} = 15$ cm; $q = 0{,}5$; $\omega = 45°$;
[AB] liegt auf der Schrägbildachse.

a) Zeichne das Schrägbild der Pyramide im Maßstab 1 : 5.
b) Berechne die Längen der Strecken [AS], [BS] und [DS].
c) Die Seitenfläche ABS der Pyramide soll durchgehend mit rotem Papier beklebt werden. Genügt dafür ein rotes DIN-A4-Blatt?

6 Quadratische Funktionen

In den Bildern siehst du einige in Natur und Technik vorkommende „gekrümmte“ Linien. Beschreibe die Form dieser Linien.
Übertrage eine Linie aus dem Vulkanbild auf Transparentpapier oder Folie und lege sie auf ein Koordinatensystem. Kann es sich bei dieser Darstellung um den Graphen einer Funktion handeln? Begründe.

1 Roger, Irina und Carla haben zur Funktion $y = x^2$ eine Wertetabelle erstellt und die Punkte in ein Koordinatensystem gezeichnet.

a) Nimm zu den Aussagen der Schüler Stellung.
b) Zeichne selbst den Graphen in ein Koordinatensystem. Erstelle dazu eine Wertetabelle für $x \in [-3; 3]$ mit $\Delta x = 0{,}5$.
c) Vergleiche mit einer Linie aus dem Vulkanbild von Seite 102.

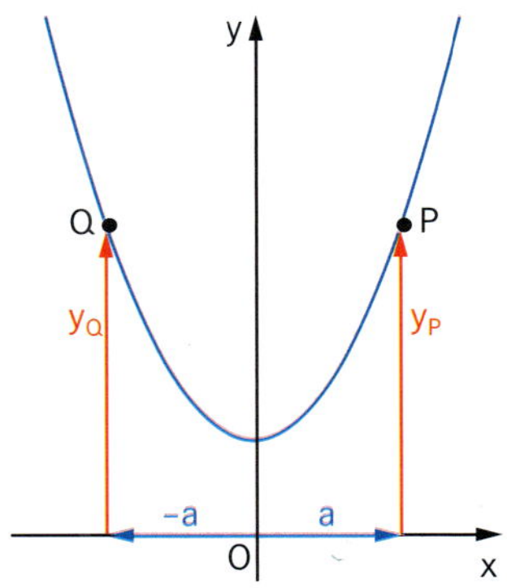

2 Die Punkte P $(a \,|\, y_P)$ und Q $(-a \,|\, y_Q)$ liegen auf dem Graphen zu $y = x^2$. Begründe mit Hilfe der nebenstehenden Zeichnung die Symmetrieeigenschaft.

M

quadratische Funktion
Normalparabel
Scheitelpunkt

Die Gleichung $y = x^2$; $\mathbb{G} = \mathbb{R} \times \mathbb{R}$ bestimmt eine **quadratische Funktion**.
Der Graph der Funktion ist eine **Normalparabel** p. Sie ist symmetrisch zur y-Achse. Der Punkt des Graphen auf der Symmetrieachse heißt **Scheitelpunkt** S der Parabel. Sein y-Wert ist der kleinste Funktionswert.
Es gilt: Definitionsmenge $\mathbb{D} = \mathbb{R}$; Wertemenge $\mathbb{W} = \mathbb{R}_0^+$.

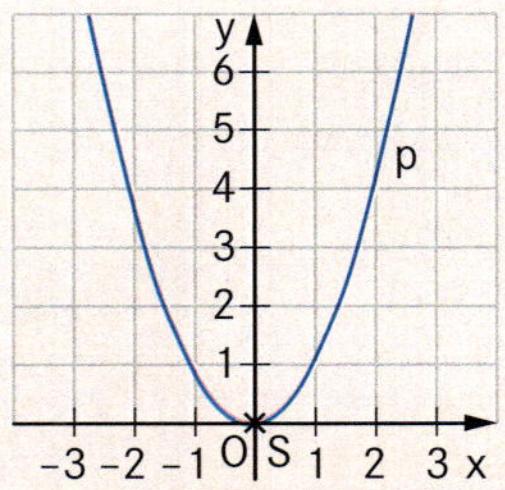

Übungen

3 In den Zeichnungen sind die Graphen der Funktionen f_1 mit $y = x^2$ und f_2 mit $y = 2x$ gegenüber gestellt ($\mathbb{G} = \mathbb{R} \times \mathbb{R}$).
Beschreibe die Graphen, stelle Unterschiede heraus, gehe dabei auch auf die Definitions- und Wertemengen ein.

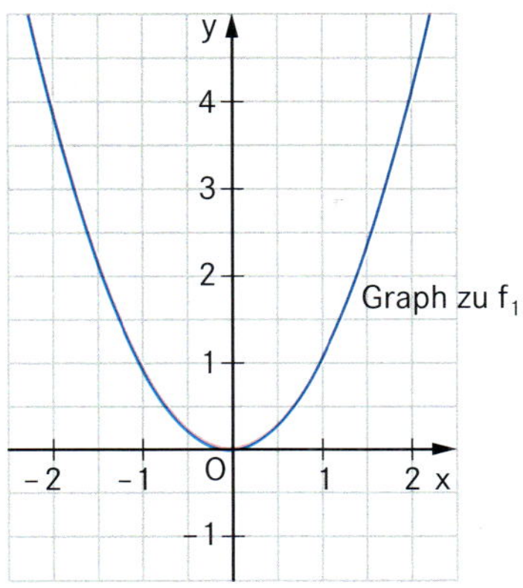

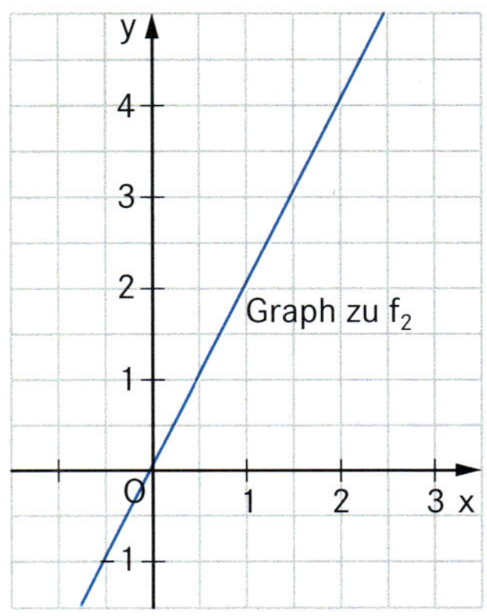

Die Klasse wird in 6 (zweimal 3) Gruppen eingeteilt (**Expertenteams**). Jede Gruppe löst im Heft eine der Aufgaben A bis C.

1 Die Parabel p_0 mit der Gleichung $y = x^2$ wird auf die Parabeln p_1, p_2 und p_3 abgebildet.

a) Zeichne die Parabeln p_0, p_1, p_2 und p_3 in ein Koordinatensystem ein. Gib jeweils die Koordinaten des Scheitelpunktes S an.

b) Mit welcher Abbildung wird die Parabel p_0 auf die Parabeln p_1, p_2 und p_3 abgebildet?

Gruppe A:	$p_1: y = x^2 + 4{,}5$	$p_2: y = x^2 - 4$	$p_3: y = x^2 - 2$
Gruppe B:	$p_1: y = (x + 4)^2$	$p_2: y = (x - 3)^2$	$p_3: y = (x - 5)^2$
Gruppe C:	$p_1: y = (x - 3)^2 - 4$	$p_2: y = (x + 4)^2 - 2$	$p_3: y = (x - 5)^2 + 1{,}5$

Nun werden 6 neue Gruppen so gebildet, dass in jeder Gruppe mindestens ein Schüler (Experte) aus jeder ursprünglichen Gruppe vertreten ist. Somit ist jede der Aufgaben A bis C in jeder Gruppe vorhanden.

2 a) Berichtet euren Mitschülern über die Aufgaben, die ihr bearbeitet habt.

b) Die Parabel p_0 soll auf die Parabeln p_4, p_5 und p_6 abgebildet werden mit den Scheitelpunkten $S_4\,(0\,|\,-6)$, $S_5\,(-4\,|\,0)$ und $S_6\,(-5\,|\,3)$. Zeichne die Parabeln in ein Koordinatensystem. Bestimme jeweils die Parabelgleichung und gib den Verschiebungsvektor an.

M

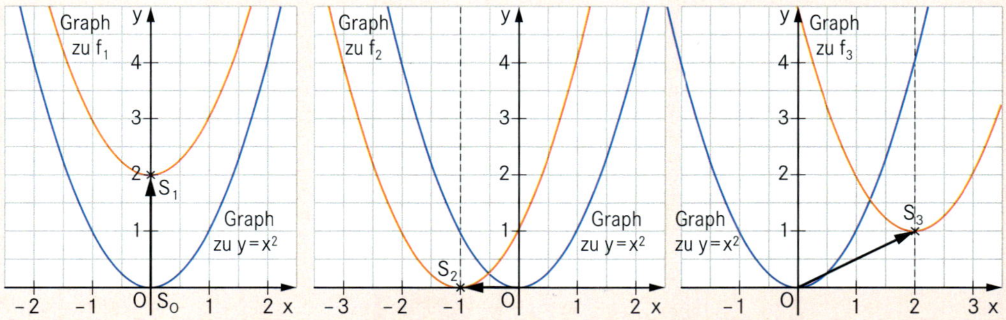

f_1: $y = x^2 + 2$
Graph: Um 2 Einheiten nach oben verschobene Normalparabel
Scheitelpunkt: $S_1\ (0|2)$
Symmetrieachse: $x = 0$
Wertemenge: $\mathbb{W} = \{y | y \geqq 2\}$

f_2: $y = (x + 1)^2$
Graph: Um 1 Einheit nach links verschobene Normalparabel
Scheitelpunkt: $S_2\ (-1|0)$
Symmetrieachse: $x = -1$
$\mathbb{W} = \mathbb{R}_0^+$

f_3: $y = (x - 2)^2 + 1$
Graph: Um 2 Einheiten nach rechts und um 1 nach oben verschobene Normalparabel
Scheitelpunkt: $S_3\ (2|1)$
Symmetrieachse: $x = 2$
Wertemenge: $\mathbb{W} = \{y | y \geqq 1\}$

verschobene Normalparabel
Scheitelform

Der Graph einer quadratischen Funktion mit der Funktionsgleichung $y = (x - x_S)^2 + y_S$ ist eine **verschobene Normalparabel** mit dem **Scheitelpunkt S** $(x_S | y_S)$. Diese Darstellung einer quadratischen Funktion heißt **Scheitelform**.
Die y-Koordinate des Scheitels ist der kleinste Funktionswert (Minimum).

Übungen

1 Zeichne den Graphen der angegebenen Funktion. Bestimme zunächst den Scheitelpunkt. Gib die Symmetrieachse und die Wertemenge an.

a) $y = x^2 - 5$
$y = 5 + x^2$

b) $y = (x - 2)^2 + 3$
$y = (x + 3)^2 - 2$

c) $y = (x + 3{,}5)^2 - 4$
$y = (x - 4)^2 + 3{,}5$

d) $y = (x - 6)^2$
$y = (x + 6)^2$

2 Ordne jeder Funktionsgleichung die passende Parabel zu.

	Funktionsgleichung
A	$y = (x - 2)^2 + 3$
B	$y = (x + 3)^2 - 2$
C	$y = (x - 3{,}5)^2 + 1$
D	$y = (x - 1)^2 + 3{,}5$
E	$y = (x + 1)^2 - 1$

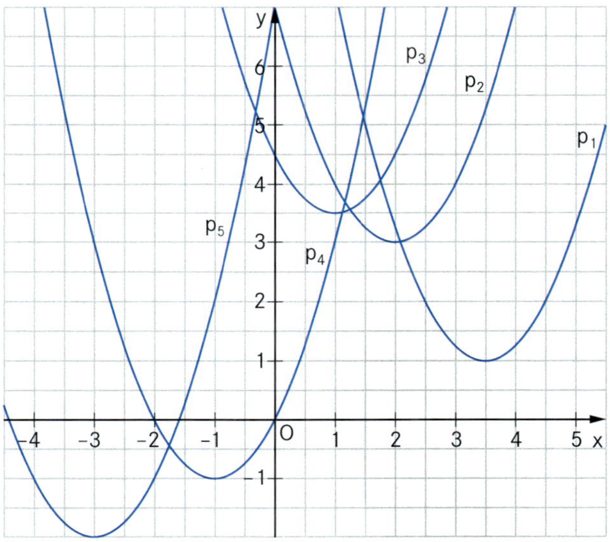

3 Der Scheitelpunkt einer Normalparabel ist gegeben. Bestimme die Gleichung der zugehörigen quadratischen Funktion.

a) $S\ (8|0)$ b) $S\ (0|-11)$ c) $S\ (12|14)$ d) $S\ (-3|4)$ e) $S\ (5|-3)$ f) $S\ (-8|-11)$

Lösungen: $y = x^2 - 24x + 158$; $y = x^2 - 11$; $y = x^2 - 10x + 22$; $y = x^2 + 6x + 34$; $y = x^2 + 16x + 53$; $y = x^2 - 16x + 64$; $y = x^2 + 6x + 13$

4 So kannst du überprüfen, ob die Punkte P (9,5 | 52,6) und Q (– 1 | 15,8) auf der Parabel p mit der Gleichung $y = (x - 2{,}5)^2 + 3{,}6$ liegen.

B

Parabelgleichung:	$y = (x - 2{,}5)^2 + 3{,}6$	$y = (x - 2{,}5)^2 + 3{,}6$
Punkte:	P (9,5 | 52,6)	Q (– 1 | 15,8)
Setze die Koordinaten ein und vereinfache:	$52{,}6 = (9{,}5 - 2{,}5)^2 + 3{,}6$ $52{,}6 = 52{,}6$ (w)	$15{,}8 = (-1 - 2{,}5)^2 + 3{,}6$ $15{,}8 = 15{,}85$ (f)
Ergebnis:	$P \in p$	$Q \notin p$

a) $y = x^2 + 18$; P (0,5 | 18,25); Q (– 7 | 67)
b) $y = (x + 25)^2 - 14$; P (1 | 670); Q (– 23 | 10)
c) $y = (x - 30)^2 - 21$; P (29 | – 20); Q (32 | – 22)
d) $y = (x - 27)^2$; P (25 | 4); Q (28 | 0,5)

5 Die Punkte A, B und C liegen auf der Parabel p. Setze für die Platzhalter richtig ein.
a) p: $y = 2{,}5 + x^2$; A (▢ | 6,5); B (▢ | 2,75); C (▢ | 11,5)
b) p: $y = (x - 2)^2$; A (▢ | 4); B (▢ | 12,25); C (▢ | 25)

6 Im Bild rechts sind Normalparabeln gezeichnet.
a) Bestimme jeweils den Scheitelpunkt der Parabeln.
b) Gib die Funktionsgleichungen der gezeichneten Parabeln an.

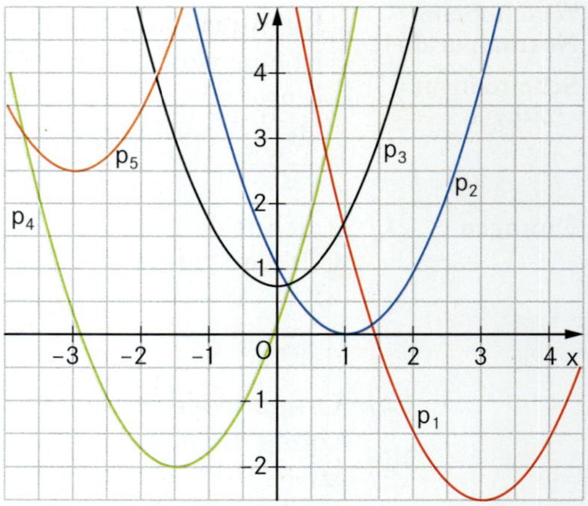

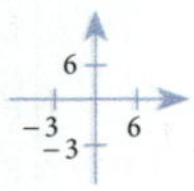

7 Von einer Normalparabel p ist mit S $(2 \mid y_S)$ nur eine Scheitelkoordinate bekannt. Außerdem liegt der Punkt A (– 1 | 6) auf der p.
a) Bestimme die Gleichung von p, die fehlende Scheitelkoordinate und zeichne p in ein Koordinatensystem ein.
b) Stellt euch gegenseitig Aufgaben wie oben und löst sie.

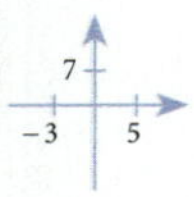

8 Die Funktionsgleichungen f_1: $y = x^2 + 4$ und f_2: $y = (x - 3)^2 + 2$ legen die Parabeln p_1 und p_2 fest.
a) Gib die Scheitelkoordinaten an und zeichne die Parabeln in ein Koordinatensystem ein.
b) Die Parabel p_1 kann durch Parallelverschiebung mit einem Vektor $\vec{v}$ auf die Parabel p_2 abgebildet werden. Finde einen geeigneten Vektor $\vec{v}$.

9 Die Punkte D_n $(x \mid x^2 + 4)$ liegen auf der Parabel p mit $y = x^2 + 4$. Sie bilden zusammen mit den Punkten A (– 1 | 0) und C (6 | 3) Parallelogramme AB_nCD_n.
a) Zeichne die Parabel p und die Parallelogramme AB_1CD_1 für $x = -1$ und AB_2CD_2 für $x = 2$ in ein Koordinatensystem.
b) Berechne für $x = 2$ den Flächeninhalt A des Parallelogramms.
c) Bestimme den Flächeninhalt A (x) der Parallelogramme in Abhängigkeit von x. [Ergebnis: $A(x) = (7x^2 - 3x + 25)$ FE]
d) Für welchen Wert von x erhält man das flächenkleinste Parallelogramm AB_0CD_0? Zeichne es ein.

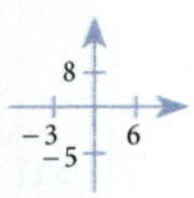

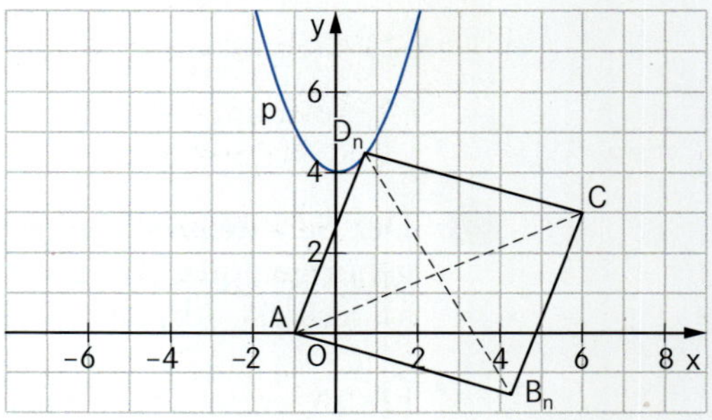

1 Gegeben ist eine Funktion mit der Gleichung $y = x^2 + 4x + 3$.
a) Erstelle eine Wertetabelle für $x \in [-5; 1]$ mit $\Delta x = 0{,}5$. Zeichne den Graphen.
b) Bestimme aus dem Graphen den Scheitelpunkt der Parabel.
c) Kann man die Koordinaten des Scheitels mit Hilfe der Wertetabelle erkennen?
d) Stelle die Scheitelform der Parabel auf und forme diese um. Vergleiche mit der gegebenen Funktionsgleichung.

2 So kannst du mit Hilfe der quadratischen Ergänzung aus der Funktionsgleichung $y = x^2 + 6x + 11$ die Koordinaten des Scheitels der Parabel p bestimmen.

B

Funktionsgleichung:	$y = x^2 + 6x + 11$
Quadratische Ergänzung:	$y = x^2 + 6x + 3^2 - 9 + 11$
Scheitelform:	$y = (x + 3)^2 + 2$
Scheitelkoordinaten:	$S(-3 \mid 2)$

a) $y = x^2 + 10x + 15$
b) $y = x^2 - 2x + 3$
c) $y = x^2 + 5x - 3$
d) $y = x^2 - 8x$

W 9

Normalform

M Die Funktionsgleichung $y = x^2 + px + q$ heißt **Normalform** der Parabelgleichung. Die Koordinaten des Scheitelpunktes $S(x_S \mid y_S)$ erhält man mit der quadratischen Ergänzung.

Übungen

3 Bestimme die Scheitelkoordinaten und zeichne die Parabeln in ein Koordinatensystem. Gib jeweils die Gleichung der Symmetrieachse und die Wertemenge an.

a)	b)	c)	d)
$y = x^2 + 12x + 39$	$y = x^2 - 6x + 4$	$y = x^2 + x - 1$	$y = x^2 - 3x$
$y = x^2 - 12x + 39$	$y = x^2 + 6x$	$y = x^2 - x + 1$	$y = x^2 - 3x - 6$
$y = x^2 - 12x + 36$	$y = x^2 - 6x - 4$	$y = x^2 + 2x + 1$	$y = x^2 + 3x + 6$

Lösungen zu 2 und 3 (nur Scheitelkoordinaten): $(-3 \mid -9)$; $(-6 \mid 3)$; $(-1 \mid 0)$; $(1 \mid 2)$; $(1{,}5 \mid -2{,}25)$; $(0{,}5 \mid 0{,}75)$; $(1{,}5 \mid -8{,}25)$; $(6 \mid 3)$; $(4 \mid -16)$; $(3 \mid -5)$; $(6 \mid 0)$; $(3 \mid -13)$; $(-2{,}5 \mid -9{,}25)$; $(-1{,}5 \mid 3{,}75)$; $(6 \mid 3)$; $(-5 \mid -10)$; $(-0{,}5 \mid -1{,}25)$

4 Überprüfe, ob der Punkt A auf der Parabel p liegt.
a) p mit $y = x^2 + 4x - 1$; $A(-5 \mid 4{,}5)$
b) p mit $y = x^2 + x + 2$; $A(-1{,}5 \mid 2{,}75)$

5 Die Punkte A und B liegen auf der Parabel p. Berechne die fehlende Koordinate.
a) p: $y = x^2 + x - 1$; $A(-1{,}5 \mid y)$; $B(-\frac{1}{5} \mid y)$
b) p: $y = x^2 - 3$; $A(0{,}25 \mid y)$; $B(x \mid 1)$
c) p: $y = x^2 - 5x - 2$; $A(-3 \mid y)$; $B(2 \mid y)$

$A(3 \mid y)$ p:	$y = x^2 + 4x + 4$;
Koordinate einsetzen:	$y = 3^2 + 4 \cdot 3 + 4$
	$y = 25$ $A(3 \mid 25)$

6 So kannst du die Gleichung einer Normalparabel p bestimmen, auf der die Punkte $A(4 \mid 5)$ und $B(0{,}5 \mid 3{,}25)$ liegen.

B

Gleichung der Normalparabel p:		$y = x^2 + px + q$
Koordinaten von A und B einsetzen:	(I)	$5 = 4^2 + 4p + q$
	(II)	$\wedge\ 3{,}25 = 0{,}5^2 + 0{,}5p + q$
Gleichungssystem lösen:		$p = -4$ $q = 5$
Parabelgleichung p:		$y = x^2 - 4x + 5$

a) $A(2 \mid -1)$; $B(-1 \mid 2)$ b) $A(-1{,}5 \mid -0{,}75)$; $B(1 \mid 8)$ c) $A(0{,}5 \mid 2{,}25)$; $B(4 \mid 4)$

Lösungen: $y = x^2 - 4x + 4$; $y = x^2 - 2x - 1$; $y = x^2 - 4x + 3$; $y = x^2 + 4x + 3$

1 Der österreichische Extremsportler Felix Baumgartner (der „furchtlose Felix“) konnte am 14.10.2012 als erster Mensch beim Sprung in die Tiefe die Schallmauer durchbrechen. Nachdem ihn ein Heliumballon auf die Höhe von 39 000 m transportiert hatte, stürzte er sich in die Tiefe. Ungefähr 37 Sekunden fiel er fast ohne Luftwiderstand in die Tiefe. Dann wurde er durch die dichter werdenden Luftschichten wieder abgebremst.
In der Grafik rechts ist die Entfernung von der Kapsel in den ersten 4 Sekunden dargestellt.

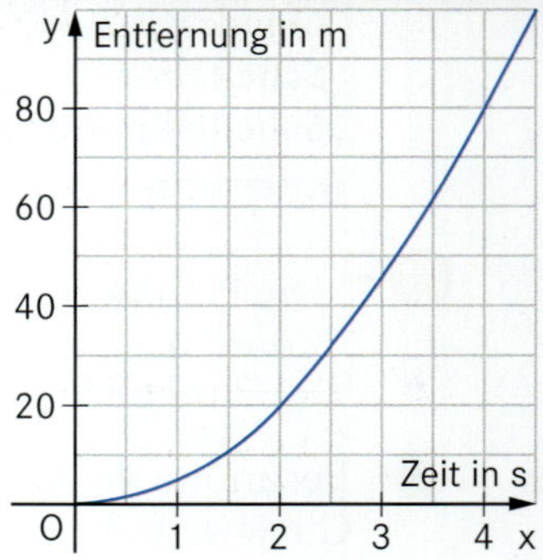

a) Übertrage die Messwerte als Listen in deinen GTR und stelle sie grafisch dar.
b) Lass zusätzlich den Graphen zu $y = x^2$ zeichnen und vergleiche.
c) Versuche eine Gleichung so zu finden, dass die Messwerte auf dem Graphen aus Teilaufgabe a) liegen. Wähle dazu verschiedene Faktoren vor dem Term x^2.

2 Der Graph zu $y = x^2$ ist eine Normalparabel. Untersuche mit Hilfe des GTR oder eines geeigneten Computerprogramms den Graphen von Funktionen mit der Gleichung $y = ax^2$.
a) Wähle dazu $a \in \{-2{,}5;\ -1;\ 0{,}5;\ 1;\ 1{,}5;\ 3\}$.
b) Beschreibe, wie der Faktor a die Form der Parabel beeinflusst.
c) Welcher Wert ist für a nicht sinnvoll?

M

Öffnungsfaktor

Gleichungen der Form $y = ax^2$ mit $a \in \mathbb{R} \setminus \{0\}$ legen Parabeln fest.
Der Faktor a heißt **Öffnungsfaktor** und gibt die Form der Parabel an.

Dabei gilt: $a > 0$ oben offen
$\mathbb{W} = \{y \mid y \geqq 0\}$

$a < 0$ unten offen
$\mathbb{W} = \{y \mid y \leqq 0\}$

$|a| > 1$ gestreckt (schmal)
$|a| = 1$ Normalparabel
$|a| < 1$ gestaucht (breit)

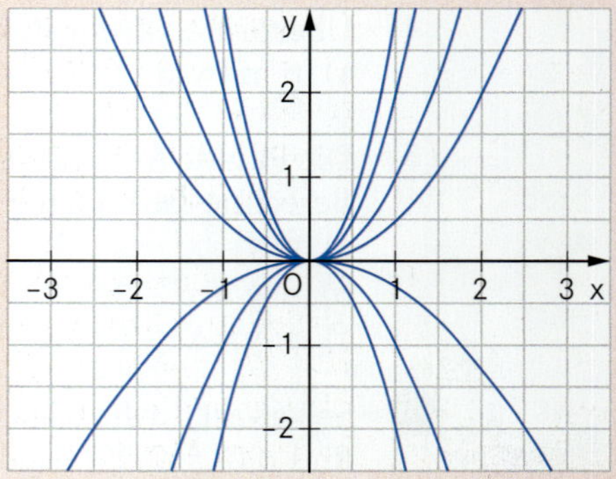

Übungen

3 Prüfe durch Rechnung, ob der Punkt A jeweils auf der angegebenen Parabel liegt.
a) $A\,(3 \mid -3{,}6)$; p: $y = -0{,}4x^2$ b) $A\,(-2 \mid 10)$; p: $y = 5x^2$ c) $A\,(4 \mid 1)$; p: $y = \frac{1}{16}x^2$

4 Die y-Koordinaten der Scheitelpunkte von Parabeln sind minimale bzw. maximale Funktionswerte. Gib an, ob ein Minimum oder ein Maximum vorliegt.

a) $y = 0{,}25x^2$ b) $y = -5x^2$ c) $y = -\frac{1}{2}x^2$ d) $y = 10x^2$

5

a) Erkläre, wie Simon und Lena vorgegangen sind.
b) Zeichne ebenso die Parabeln zu den angegebenen Gleichungen.

(1) $y = \frac{1}{2}x^2$ (2) $y = -\frac{1}{2}x^2$ (3) $y = 1{,}5x^2$ (4) $y = -2x^2$ (5) $y = 1{,}25x^2$

6 Der Punkt P liegt jeweils auf einer Parabel $y = ax^2$. Bestimme den Faktor a und zeichne die Parabel in ein Koordinatensystem. Wähle jeweils eine geeignete Größe.
a) $P(-4\,|\,2)$ b) $P(3\,|\,-9)$ c) $P(2{,}5\,|\,12{,}5)$ d) $P(5\,|\,-12{,}5)$ e) $P(-2\,|\,0{,}5)$

7 Die Punkte P_n und Q_n auf der Parabel p bilden zusammen mit R_n und S_n auf der x-Achse Rechtecke $P_nQ_nR_nS_n$.

Es gilt: $P_n(x\,|\,y) \in p$ mit der Gleichung $y = 0{,}5x^2$.
a) Zeichne die Parabel p und die Rechtecke für $x \in \{1; 2{,}5; 4\}$ ein.
b) Gib an, welche Werte für x sinnvoll sind.
c) Zeige, dass man für den Umfang u aller Rechtecke in Abhängigkeit von x erhält: $u(x) = (x^2 + 4x)$ LE
d) Stelle u (x) in einem neuen Koordinatensystem grafisch dar. Beachte die möglichen Einsetzungen für x.

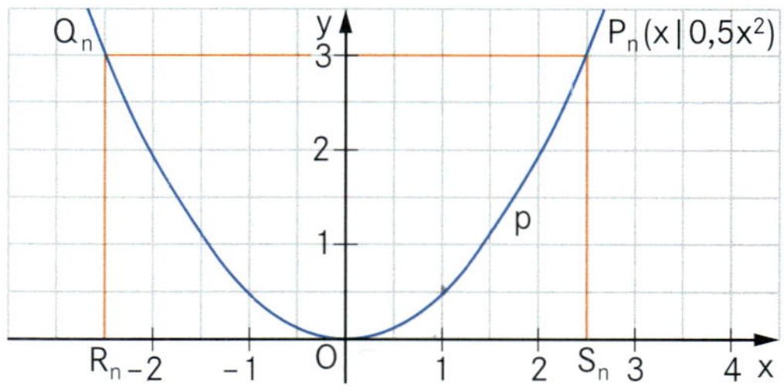

8 Uwe macht ein Praktikum in einer Metallwerkstatt. Dort wird gerade ein Trägergerüst für eine Skatingbahn gebaut. Uwe soll die Längen der Träger bestimmen und erhält vom Meister die Information, dass die Biegelinie der Bahn eine Parabel mit der Gleichung $y = 1{,}78\,x^2$ ist. Der Scheitelpunkt der Parabel liegt im Punkt Q.

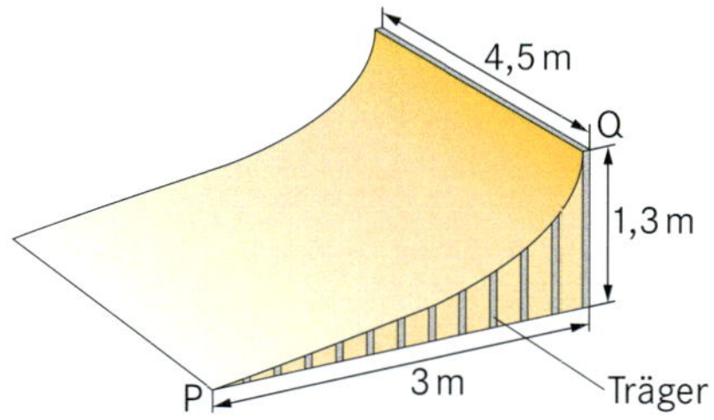

a) Hat der Meister Recht? Begründe.
b) Bestimme die Längen der Träger. Der Abstand zwischen den Trägern beträgt von P aus zunächst $33\frac{1}{3}$ cm, ab 1 m Entfernung jeweils 25 cm.
c) Erstelle eine maßstabsgerechte Zeichnung.
d) Auf dem Gerüst wird als Lauffläche ein Stahlblech montiert. Welchen Flächeninhalt hat dieses, wenn man davon ausgeht, dass die Biegelinie 4,5 % länger ist als die geradlinige Verbindung zwischen den beiden Endpunkten P und Q?

1 Gegeben sind die Parabeln p_1 mit $y = 0{,}5x^2$ und p_2 mit $y = 0{,}5x^2 - 3x + 6{,}5$.
a) Zeichne beide Parabeln in ein Koordinatensystem.
b) Vergleiche die Form und die Lage der Parabeln.
c) Mit welchem Vektor $\vec{v}$ kann man p_1 auf die Parabel p_2 abbilden?

2 Die Parabel p mit $y = ax^2$ wird mit $\vec{v} = \binom{3}{2}$ auf die Parabel p′ verschoben. So kannst du die Gleichung der verschobenen Parabel p′ bestimmen.

B

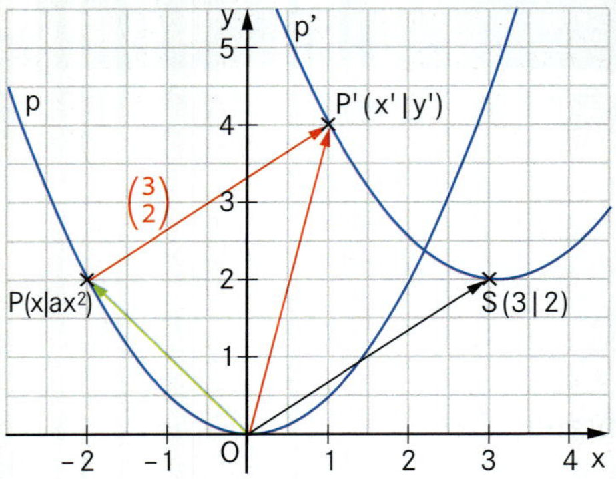

$P(x|ax^2) \overset{\vec{v}}{\mapsto} P'(x'|y')$
Berechne mit Hilfe einer Vektorkette:
$\overrightarrow{OP'} = \overrightarrow{OP} \oplus \vec{v}$
$\binom{x'}{y'} = \binom{x}{ax^2} \oplus \binom{3}{2}$
$x' = x + 3$ (I)
$\wedge\ y' = ax^2 + 2$ (II)

Das Ziel ist es, einen Zusammenhang zwischen den Koordinaten x′ und y′ der Punkte P′ auf der Parabel zu finden. Deshalb eliminiert (entfernt) man die Variable x aus dem Gleichungssystem.

Ein solches Verfahren nennt man **Parameterverfahren**.

Löse die Gleichung (I) nach x auf.	$x = x' - 3$
Setze den Term für x in die Gleichung (II) ein.	$y' = a(x' - 3)^2 + 2$
Ergebnis:	p′: $y = a(x - 3)^2 + 2$
Scheitelkoordinaten von p′:	$S(3\|2)$

a) Forme für $a = 0{,}5$ die Gleichung von p′ um in eine Gleichung der Form $y = ax^2 + bx + c$.
b) Ermittle die Gleichung von p′. Es gilt: p mit $y = -2x^2$; $\vec{v} = \binom{-1}{4}$

M

Scheitelform

allgemeine Form

Die Gleichung der Form $y = a(x - x_S)^2 + y_S$ heißt **Scheitelform** der Parabelgleichung. Durch Umformung erhält man die **allgemeine Form** $y = ax^2 + bx + c$ mit $a, b, c \in \mathbb{R}$; $a \neq 0$.
$a > 0$: Die y-Koordinate des Scheitelpunkts ist der kleinste Funktionswert (Minimum).
$a < 0$: Die y-Koordinate des Scheitelpunkts ist der größte Funktionswert (Maximum).

Übungen

3 Eine Parabel lässt sich durch eine Gleichung der Form $y = a(x - x_S)^2 + y_S$, einen Graphen, einen Text oder eine Tabelle festlegen. Übertrage die gegebenen Darstellungsform in dein Heft und ergänze die drei fehlenden Formen.

a) **Gleichung**
$y = -(x + 1)^2 + 4$ oder
$y = -x^2 - 2x + 3$

b) **Graph**

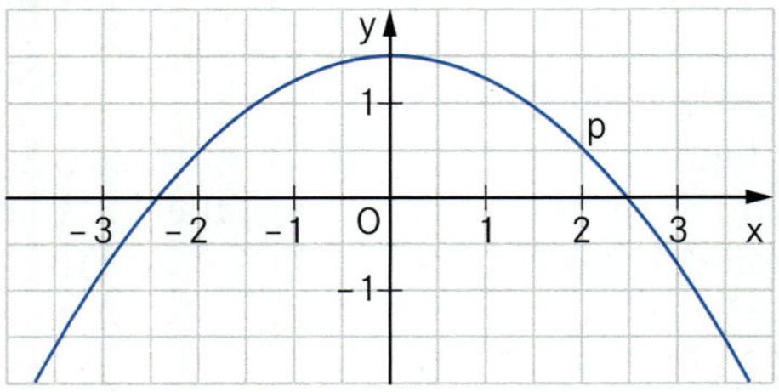

c) **Text**
Eine nach oben geöffnete Parabel ist gestaucht mit dem Faktor 0,25. Die Symmetrieachse ist $x = -5$, die y-Werte sind alle größer oder gleich 0.

d) **Tabelle**

	Scheitel $S(x_S\|y_S)$	Punkt $P(x\|y)$
x	6	8
y	−4	0

4 So kannst du die Scheitelkoordinaten einer allgemeinen Parabel berechnen und eine Formel für die Scheitelkoordinaten herleiten.

B

Parabel p:	$y = 0{,}5x^2 + 2x - 1$	$y = ax^2 + bx + c$
Faktor ausklammern:	$y = 0{,}5\,[x^2 + 4x] - 1$	$y = a\,[x^2 + \frac{b}{a}x] + c$
Quadratische Ergänzung:	$y = 0{,}5\,[x^2 + 4x + 2^2 - 4] - 1$	$y = a\,[x^2 + \frac{b}{a}x + \left(\frac{b}{2a}\right)^2 - \frac{b^2}{4a^2}] + c$
Binom erzeugen:	$y = 0{,}5\,[(x + 2)^2 - 4] - 1$	$y = a\,[(x + \frac{b}{2a})^2 - \frac{b^2}{4a^2}] + c$
Äußere Klammer auflösen:	$y = 0{,}5\,(x + 2)^2 - 3$	$y = a\,(x + \frac{b}{2a})^2 - \frac{b^2}{4a} + c$
Scheitelkoordinaten:	$S\,(-2 \mid -3)$	$S\,(-\frac{b}{2a} \mid c - \frac{b^2}{4a})$

Berechne wie im Beispiel rechts die Scheitelkoordinaten der Parabel und zeichne den Graphen. Wähle jeweils eine geeignete Größe für das Koordinatensystem.

a) $y = 2x^2 - 8x + 5$ b) $y = -0{,}2x^2 - 0{,}4x + 2{,}4$

c) $y = \frac{2}{3}x^2 - 4x + 6$ d) $y = -0{,}5x^2 - x + 4{,}5$

$y = 0{,}25x^2 - x - 3$

$a = 0{,}25;\ b = -1;\ c = -3$

$x_S = -\frac{-1}{2 \cdot 0{,}25} = 2;\ y_S = -3 - \frac{(-1)^2}{4 \cdot 0{,}25} = -4$

$S\,(2 \mid -4)$

Lösungen: $(3 \mid 0)$; $(0 \mid -1)$; $(-1 \mid 2{,}6)$; $(2 \mid -3)$; $(-1 \mid 5)$; $(1{,}5 \mid 9)$

5 Auch mit einem Tabellenkakulationsprogramm kannst du Scheitelkoordinaten von Parabeln berechnen. Hier wurden in den Zellen C5, C6 und C7 die Werte für a, b und c eingegeben.

a) Welche Formel musst du in die Zelle G5 eingeben?

b) Gib auch die Formel für die Zelle G6 an.

c) Berechne nun für selbst gewählte Werte von a, b, c die Scheitelkoordinaten.

Quadratische Funktionen

	A	B	C	D	E	F	G
1	Quadratische Funktionen						
2							
3	y=ax^2+bx+c						
4							
5	Eingabe:	a=	-1		Scheitel:	x=	-3
6		b=	-6			y=	13
7		c=	4				

6 So kannst du mit Hilfe des GTR die Scheitelkoordinaten einer Parabel p mit der Gleichung $y = 2x^2 - 3x + 4$ bestimmen.

B

Gib wie auf Seite 39 die Funktionsgleichung ein und lass den Graphen zeichnen. Achte dabei auf eine passende Einstellung des Fensters.

Da der Scheitelpunkt der tiefste Punkt ist, bestimmst du nun das Minimum.

Ergebnis: $S\,(0{,}75 \mid 2{,}875)$

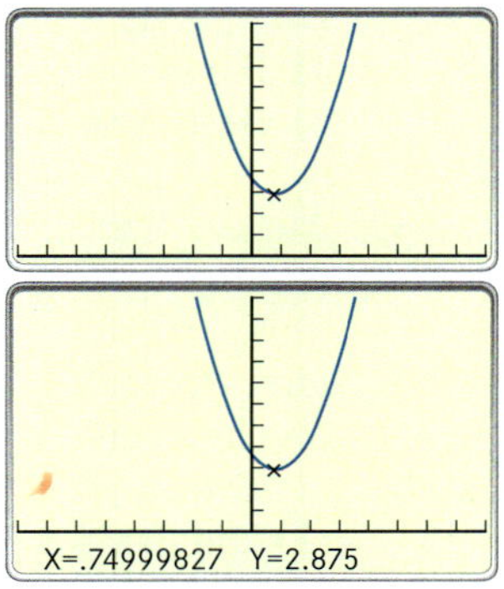

a) $y = 0{,}8x^2 - 1{,}6x - 2{,}2$ b) $y = 1{,}5x^2 - 9x + 12{,}5$ c) $y = -0{,}4x^2 + 1{,}2x$

Lösungen: $(1{,}5 \mid 0{,}9)$; $(-1{,}5 \mid 5)$; $(1 \mid -3)$; $(3 \mid -1)$

1 So kannst du die Gleichung einer Parabel berechnen, wenn zwei Parabelpunkte P (4 | 3) und Q (− 1 | 0,5) sowie der Öffnungsfaktor a = − 0,5 gegeben sind.

B

Verwende die allgemeine Form der Parabelgleichung.	$y = ax^2 + bx + c$
Setze a = − 0,5 ein.	$y = -0{,}5x^2 + bx + c$
Setze die Koordinaten der gegebenen Punkte für x und y ein.	$3 = -0{,}5 \cdot 4^2 + b \cdot 4 + c$
	$0{,}5 = -0{,}5 \cdot (-1)^2 + b \cdot (-1) + c$
Du erhältst ein Gleichungssystem.	$3 = -8 + 4b + c$
	$0{,}5 = -0{,}5 - b + c$
Löse das Gleichungssystem.	$b = 2 \quad c = 3$
Parabelgleichung p:	$y = -0{,}5x^2 + 2x + 3$

a) P (4 | 5); Q (1 | 0,5); a = 1,5
b) P (0 | 2,5); Q (5 | − 5); a = − 0,5
c) P (1 | − 2); Q (6 | − 7); a = − 1
d) P (0,5 | − 1); Q (− 0,5 | − 3); a = − 2
e) P (0 | 3); Q (2 | 1); a = − 0,25
f) P (3 | 0); Q (1,5 | − 2,25); a = 3

2 So kannst du die Gleichung einer Parabel berechnen, wenn du die Koordinaten des Scheitels S (4 | − 1) und die Koordinaten eines weiteren Parabelpunktes P (0 | 3) kennst.

B

Verwende die Scheitelform der Parabelgleichung.	$y = a\,(x - x_S)^2 + y_S$
Setze die Koordinaten des Scheitels S für x_S und y_S ein.	$y = a\,(x - 4)^2 - 1$
Setze die Koordinaten des Punktes P für x und y ein.	$3 = a\,(0 - 4)^2 - 1$
Bestimme den Wert von a.	$a = 0{,}25$
Scheitelgleichung der Parabel:	$y = 0{,}25\,(x - 4)^2 - 1$
Durch Termumformungen erhältst du die allgemeine Form der Parabelgleichung:	$y = 0{,}25x^2 - 2x + 3$

a) P (− 2 | 2); S (− 1 | 4)
b) P (6 | 3); S (4 | 7)
c) S (1 | 1); P (0 | 5)
d) S (3 | 2); P (4 | 3,5)
e) S (− 1 | − 6); P (3 | − 10)
f) P (4 | − 2,5); S (5 | − 3)

Lösungen zu 1, 2: $y = -0{,}25x^2 - 0{,}5x - 6{,}25$; $y = 3x^2 - 12x + 9$; $y = -2x^2 - 4x + 2$; $y = -0{,}5x^2 + x + 2{,}5$; $y = 0{,}5x^2 - 5x + 9{,}5$; $y = 1{,}5x^2 - 6x + 5$; $y = -x^2 + 8x - 9$; $y = -2x^2 + 2x - 1{,}5$; $y = 4x^2 - 8x + 5$; $y = -0{,}25x^2 - 0{,}5x + 3$; $y = -x^2 + 6x - 7$; $y = 1{,}5x^2 - 9x + 15{,}5$

3 Die Punkte A (− 2 | − 5) und B (4 | 1) liegen auf einer nach unten geöffneten Normalparabel.
a) Berechne die Parabelgleichung.
b) Bestimme den Scheitelpunkt und zeichne die Parabel.

4 Auf der Parabel p liegt der Punkt A (4 | 8,5), die Symmetrieachse ist x = 2,5 und die Wertemenge beträgt $\mathbb{W} = \{y \mid y \geqq 4\}$. Bestimme die Parabelgleichung.

5 Drei Parabeln p_1, p_2 und p_3 verlaufen durch den Punkt A(− 2 | 5). Bestimme ihre Funktionsgleichungen, wenn gilt:
(1) Die Parabel p_1 mit a = 0,5 verläuft zusätzlich durch den Punkt B (1 | − 2,5).
(2) Die Parabel p_2 ist eine nach unten offene Normalparabel und verläuft ebenfalls durch B (1 | − 2,5).
(3) Die Parabel p_3 mit a = 0,25 hat die gleiche Symmetrieachse wie p_1.

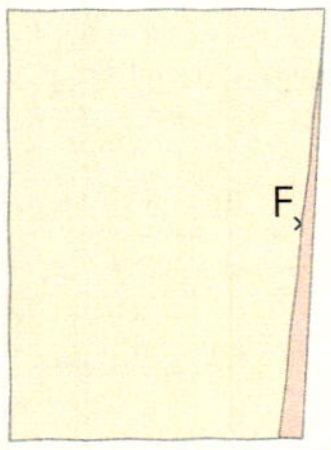

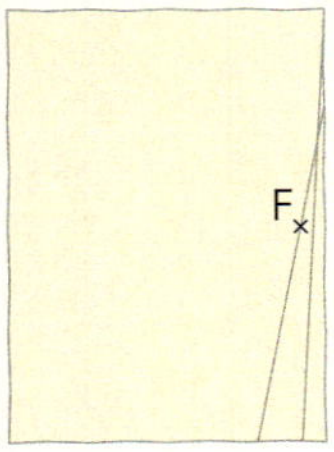

1 a) Zeichne auf ein A4-Blatt etwa 3 cm vom Rand der langen Seite einen Punkt F und falte dann das Blatt so, dass der Blattrand genau durch F geht. Führe solche Faltungen mindestens zehnmal aus. Du kannst die Faltkanten auch noch mit einem Stift markieren.
b) Welche Figur erkennst du?
c) Beschreibe die Lage der Faltgeraden zu der gefundenen Figur.

2 Die Punkte P auf einer Parabel besitzen gemeinsame geometrische Eigenschaften. Sie bilden eine Ortslinie. Es gilt: Die Entfernung der Punkte P von einem Punkt F ist genauso groß wie ihr Abstand von einer achsenparallelen Geraden g.

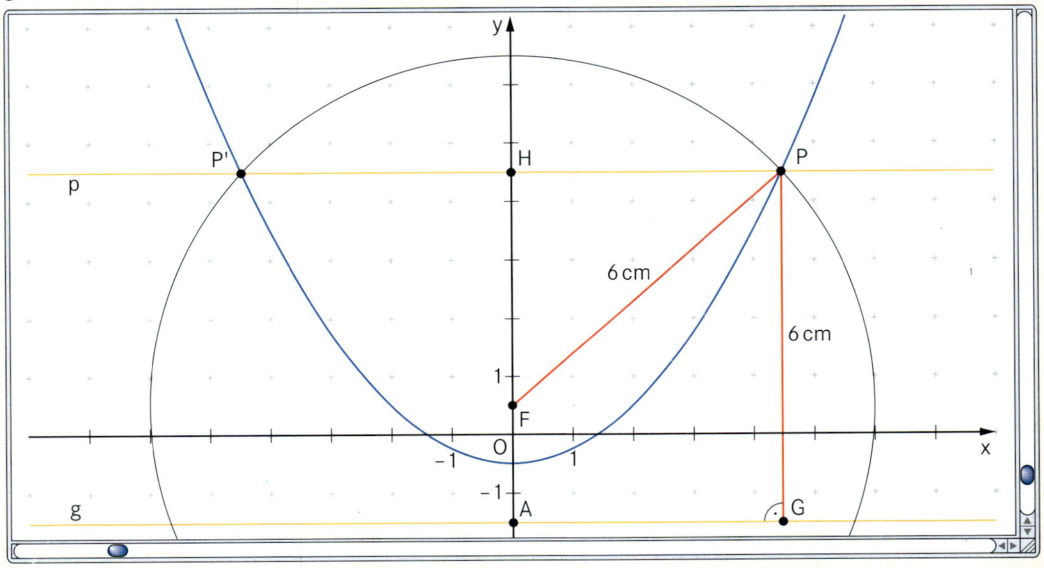

a) Das Bild oben zeigt die Figur für F (0 | 0,5), A (0 | – 1,5) und eine Parallele g zur x-Achse durch den Punkt A. Der Punkt H ist beweglich auf der y-Achse, durch ihn ist der Abstand der Parallelen p zur Geraden g festgelegt und auch der Radius $\overline{AH} = \overline{FP} = \overline{GP}$. Durch Ziehen am Punkt H kannst du diesen Abstand verändern. Erstelle mit einem Geometrieprogramm diese Figur.
b) Stelle eine Vermutung auf, wie die Gleichung der Parabel heißen könnte.
c) Bestätige deine Vermutung rechnerisch mit Hilfe des Dreiecks FPH. Welchen Wert musst du für den Platzhalter rechts einsetzen?
d) Verändere die Koordinaten der Punkte F und A.
e) Der Punkt F heißt Brennpunkt der Parabel. Finde heraus, welche Bedeutung dieser Punkt z. B. bei einer so genannten „Satellitenschüssel“ hat.

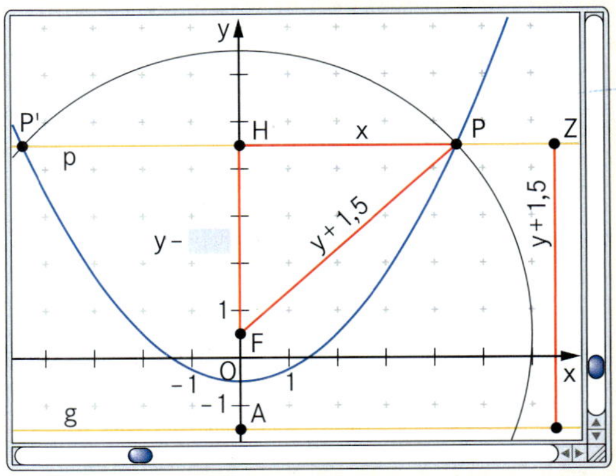

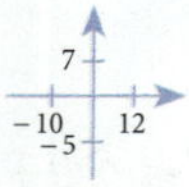

1 Berechne die Scheitelkoordinaten zu folgenden Parabeln. Gib jeweils die Symmetrieachse und die Wertemenge an. Zeichne jeweils den Graphen.

a) p: $y = x^2 + 8x + 13$ b) p: $y = -0{,}5x^2 - x + 1$ c) p: $y = 2x^2 + x + 4$

d) p: $y = \frac{1}{4}x^2 - 3x + 1$ e) p: $y = -x^2 - 5x$ f) p: $y = \frac{1}{8}x^2 + \frac{1}{2}x - 2$

2 Überprüfe, ob die angegebenen Punkte auf der Parabel p liegen.

a) p mit $y = -\frac{2}{9}x^2 + 2x - 3$; A $(1\,|\,-1)$; B $(3\,|\,1)$; C $(9\,|\,-3)$; D $(12\,|\,-10)$

b) p mit $y = 0{,}15x^2 + 0{,}5x - 6$; A $(-10\,|\,-4)$; B $(-5\,|\,-4\frac{3}{4})$; C $(5\,|\,0{,}5)$; D $(6\,|\,2{,}4)$

3 Britta hat für ihre Tischnachbarin einen komplizierten Graphen gezeichnet.

a) Welche der Funktionsgleichungen passt zu den Abschnitten (1), (2) und (3)? Begründe.

A $y = 0{,}5\,(x + 2)^2 + 3$
B $y = 0{,}5x + 5$
C $y = 0{,}5\,(x - 2)^2 + 3$
D $y = -0{,}5x + 5$
E $y = 0{,}25\,(x - 8)^2 + 3$
F $y = 0{,}25\,(x - 8) + 3$

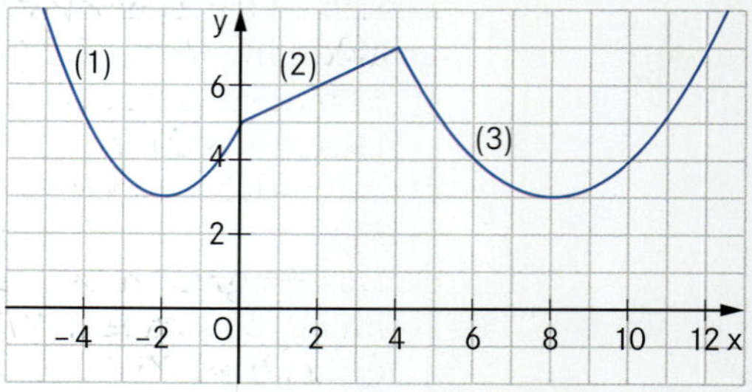

b) Erkläre, warum die übrigen Funktionsgleichungen zu keinem Abschnitt passen.

c) Erstelle für deinen Nachbarn einen ähnlichen Graphen und lass ihn die Funktionsgleichungen für die verschiedenen Abschnitte finden.

4 Die Nullstellen einer Funktion, deren Graph eine nach unten geöffnete Normalparabel ist, sind $x_1 = 4$ und $x_2 = 2$. Berechne die Gleichung der Parabel.

5 Stelle jeweils die Gleichung einer Parabel der Form $y = ax^2 + bx + c$ auf, die durch die Punkte A und B verläuft.

a) A $(-1\,|\,0)$, B $(2\,|\,-1)$; $a = -\frac{1}{2}$ b) A $(-2\,|\,8)$; B $(4\,|\,14)$; $b = c$ c) A $(-3\,|\,4)$; B $(6\,|\,-5)$; $b = -2$

6 Bestimme die Gleichung der Parabel, die durch den Punkt A $(2\,|\,2{,}5)$ verläuft. Zusätzlich ist bekannt:

a) Scheitelpunkt S $(4\,|\,2)$

b) Symmetrieachse $x = 1{,}5$ und Wertemenge $\mathbb{W} = \{y\,|\,y \geqq 0{,}5\}$

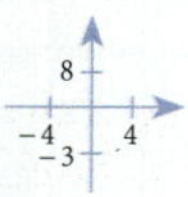

7 Bestimme die Gleichung der Parabel p. Berechne die Scheitelkoordinaten und zeichne die Parabel in ein Koordinatensystem ein.

a) Die Gleichung der Parabel p hat die Form $y = ax^2 + ax + 2c$. Die Punkte A $(3\,|\,1)$ und B $(-1\,|\,4)$ liegen auf der Parabel.

b) Die Gleichung der Parabel hat die Form $y = ax^2 + bx + b$. Die Punkte A $(-2\,|\,4)$ und B $(2\,|\,20)$ liegen auf der Parabel.

8 Die drei Punkte im Diagramm liegen auf dem Graph einer quadratischen Funktion. Finde die zugehörige Gleichung.

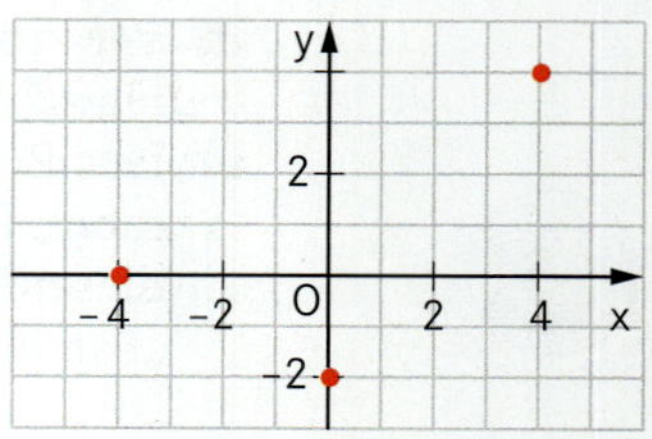

1 Die nach unten geöffnete Normalparabel p ist symmetrisch zur Geraden g mit der Gleichung $x = -2$. Der Punkt P $(-3 \mid 12)$ liegt auf der Parabel p.

a) Ermittle die Gleichung der Parabel p.

b) Zeichne die Parabel p* mit $y = -(x - 2)^2 + 3$. Mit welchem Vektor kann die Parabel p auf die Parabel p* verschoben werden?

c) Die Punkte $A_n\ (x \mid -(x-2)^2 + 3)$ und $B_n\ (x_B \mid -(x_B - 2)^2 + 3)$ liegen auf der Parabel p*. Dabei ist die Koordinate x_B der Punkte B_n stets um 2 größer als die x-Koordinate der Punkte A_n. Stelle die Koordinaten der Punkte B_n in Abhängigkeit von x dar.

2 Die Dreiecke AB_nC_n sind festgelegt durch A $(0 \mid 0)$, $B_n\ (8 \mid -\frac{1}{2}x)$ und $C_n\ (x \mid -\frac{1}{2}x^2 + 4x)$. Ihr Flächeninhalt verändert sich mit der Lage der Punkte B_n und C_n. Dies kann mit Hilfe eines Geometrieprogramms veranschaulicht werden.

a) Erstelle ein Zahlobjekt und gib die Koordinaten von C_n und B_n ein, indem du für die Variable x jeweils das Zahlobjekt anklickst. Mit dem Zugmodus kannst du dann x verändern.

b) Verändere nun dein Dreieck und lass dabei die Ortslinie von C_n aufzeichnen. Was stellst du fest?

c) Auf welcher Ortslinie liegen die Punkte B_n?

d) Das Programm kann auch den Flächeninhalt berechnen. Wie verändert sich dieser beim Ziehen?

e) Berechne den Flächeninhalt aller Dreiecke AB_nC_n in Abhängigkeit von x. Bestimme dann den Wert von x für das flächengrößte Dreieck.
[Teilergebnis: $A(x) = (-1{,}75x^2 + 16x)$ FE]

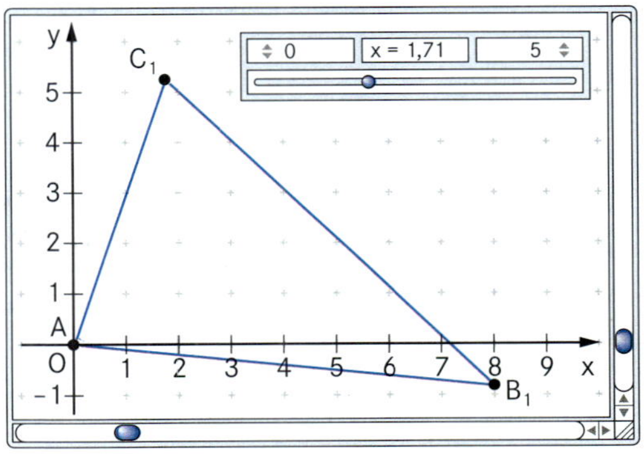

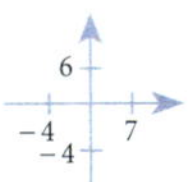

3 Die Punkte A, B, C_n und D auf der Parabel p bilden eine Menge von Vierecken ABC_nD. Die Punkte C_n bewegen sich dabei zwischen B und D. Form und Flächeninhalt der Vierecke hängen von der Abszisse x (x-Koordinate) der Punkte C_n ab.
Es gilt: A $(-4 \mid -3)$; B $(6 \mid 2)$; $C_n\ (x \mid y)$; D $(-2 \mid 2)$; p mit $y = -0{,}25x^2 + x + 5$

a) Fertige eine Zeichnung für $x = 4$ an. Welches besondere Viereck entsteht? Bestätige durch Rechnung.

b) Berechne den Flächeninhalt A der Vierecke in Abhängigkeit von x.
[Ergebnis: $A(x) = (-x^2 + 4x + 32)$ FE]

c) Ermittle den größten Flächeninhalt.

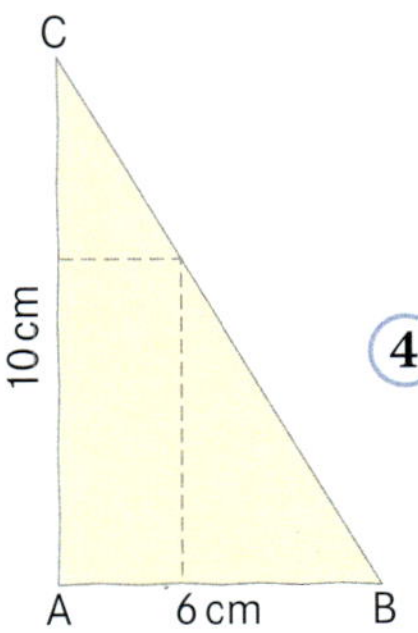

4 a) Schneide wie in der Abbildung links ein rechtwinkliges Dreieck aus Papier aus. Falte es zu einem Rechteck. Führe mehrere Versuche durch. Welches der Rechtecke hat den größten Flächeninhalt?

b) Übertrage die Aufgabe in ein Koordinatensystem. Lege dabei den Punkt A in den Ursprung. Löse nun die Aufgabe rechnerisch.

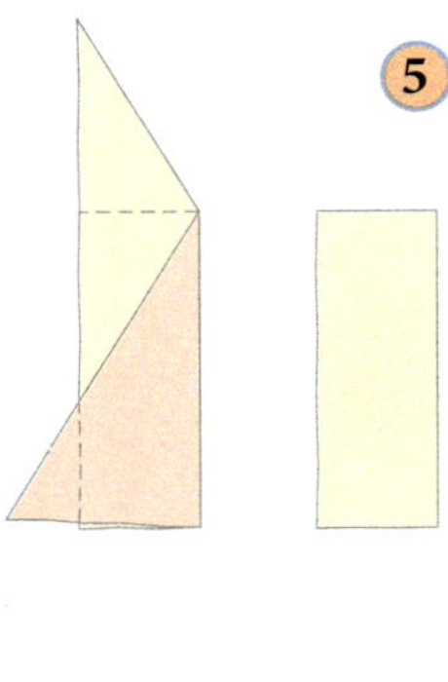

5 In einem alten Märchen darf ein Bauer so viel Land behalten, wie er an einem Tag umschreiten kann. Nimm an, der Bauer kann einen 40 km langen Weg zurücklegen und er will eine rechteckige Fläche erhalten.

1 Im Jahr 1929 wurde in Gelsenkirchen vom Architekten J. FRANKE eine Kirche erbaut, deren Mittelschiff durch Parabelbögen geprägt ist, die 15 m hoch und 10 m breit sind.

a) Zeige durch Rechnung, dass sich der Verlauf der Bögen durch folgende Gleichung darstellen lässt:
p mit $y = -0{,}6x^2 + 15$

b) Zeichne den Querschnitt der Kirche im Maßstab 1 : 200.

2 Hat der Brückenbogen im Bild die Form einer Parabel? Denke dir dazu ein geeignetes Koordinatensystem über das Bild gelegt. Entnimm notwendige Maße der Grafik.

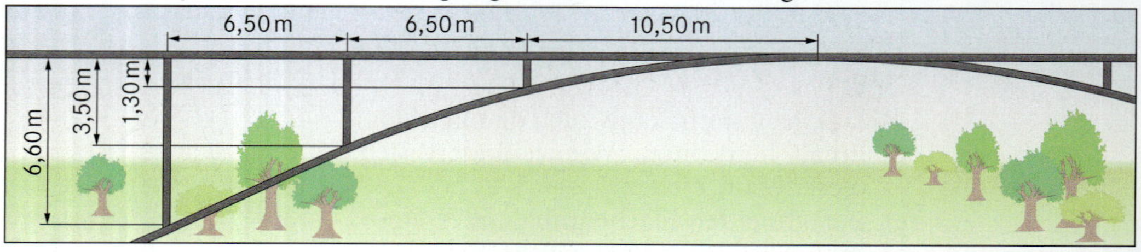

3 Ein Brückenbogen hat die Form einer nach unten geöffneten Parabel. Er überspannt eine Straße, ist am Fuß 12 m breit und am höchsten Punkt 13,5 m hoch. Welchen Faktor a muss die zugrundeliegende Parabel haben?

4

Ein Stein fällt im freien Fall von der 190 m hohen Europabrücke bei Innsbruck. Seine Höhe h über dem Talboden lässt sich näherungsweise mit folgender Formel berechnen:
$h = 190\ \text{m} - 5\,\frac{\text{m}}{\text{s}^2} \cdot t^2$

a) Übertrage die Wertetabelle in dein Heft und vervollständige sie.

t in s	0	0,5	1	1,5	2	2,5	3	3,5	4	4,5	5
h in m	190	188,75	185	■	■	■	■	■	■	■	■

b) Zeichne den Graphen dieser Funktion in ein Koordinatensystem (x-Achse: 1 cm ≙ 0,5 s; y-Achse: 1 cm ≙ 20 m).
Ermittle mit dem Graphen, nach welcher Zeit der Stein 150 m (120 m) zurückgelegt hat.

c) Ermittle mit dem GTR, nach welcher Zeit der Stein den Talboden erreicht hat.

5 Auch in der Natur findest du Parabelbögen.

a) Wähle ein Koordinatensystem wie angedeutet und finde eine geeignete Funktionsgleichung.

b) Suche selbst nach Parabeln in der Natur.

Landscape Arch, Arches NP, USA

G

Schon seit dem 16. Jahrhundert hat man in Europa Kanonen zur Kriegführung benutzt. Doch das Treffen war reine Glückssache. Über die Flugbahn der Kanonenkugeln gab es die abenteuerlichsten Vorstellungen, wie du hier siehst.

Heute weiß man, dass Flug-, Wurf- und Sprungkurven Parabeln sind.

1 Ein Basketball bewegt sich bei einem Freiwurf auf einer Parabel. Nach einer horizontalen Entfernung von ca. 80 cm befindet er sich in der gleichen Höhe wie der Korb. Bestimme eine passende Gleichung.

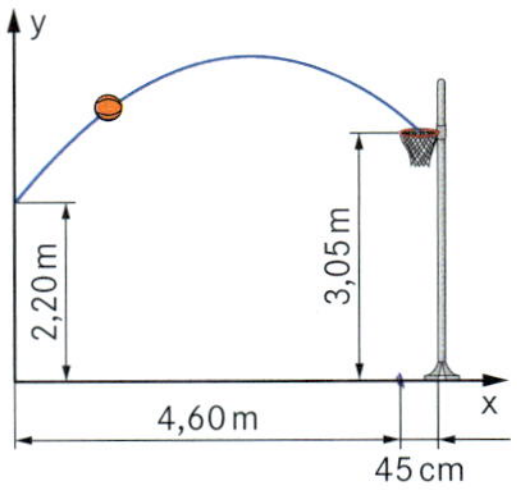

2 Beim Hochsprung bewegt sich der Körperschwerpunkt nach dem Absprung annähernd auf einer Parabel (siehe Skizze). Der höchste Punkt, den der Schwerpunkt erreicht, liegt unter der Latte. Nimm für die folgenden Berechnungen an, dass dieser Punkt 5 cm unter der Latte liegt. Lege den Ursprung des Koordinatensystems jeweils genau unter die Hochsprunglatte.

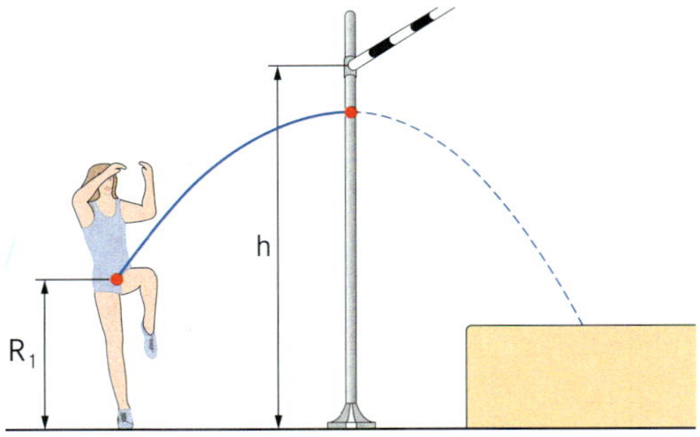

a) Der Weltrekord der Frauen im Hochsprung liegt seit 1987 bei 2,09 m. Der Körperschwerpunkt der Springerin bewegte sich auf der Parabel mit $y = -0{,}0119x^2 + 204$. Sie sprang 91 cm vor der Latte ab. Wie hoch lag in diesem Moment ihr Körperschwerpunkt?

b) Ein anderer Wettkämpfer legt seinen Absprungpunkt 1 m vor die Anlage. Er schafft die Höhe von 2,35 m. Sein Körperschwerpunkt liegt beim Absprung 118 cm hoch.

c) Bestimme deine eigene Sprungparabel (die des besten Sportlers der Klasse …). Nimm für die Lage des Körperschwerpunkts das 0,5fache der Körpergröße.

d) Überlege dir die Veränderung der Parabel und die Folgen, wenn der Springer den Absprungpunkt um eine Fußlänge (25 cm) verfehlt.

3 Der Wasserstrahl aus dem Gartenschlauch wird in etwa durch folgende Gleichung beschrieben: $y = -0{,}2x^2 + x + 1{,}4$

a) Stelle den Verlauf grafisch in einem Koordinatensystem dar.

b) Wie weit reicht der Wasserstrahl? Entnimm den Wert dem Graphen.

c) Wie könntest du die Reichweite vergrößern? Was müsste dann an der Gleichung geändert werden?

1 Im Zauberland Merlin befindet sich eine wunderschöne Brücke. Die Brückenbögen lassen sich als unten offene Normalparabeln beschreiben.

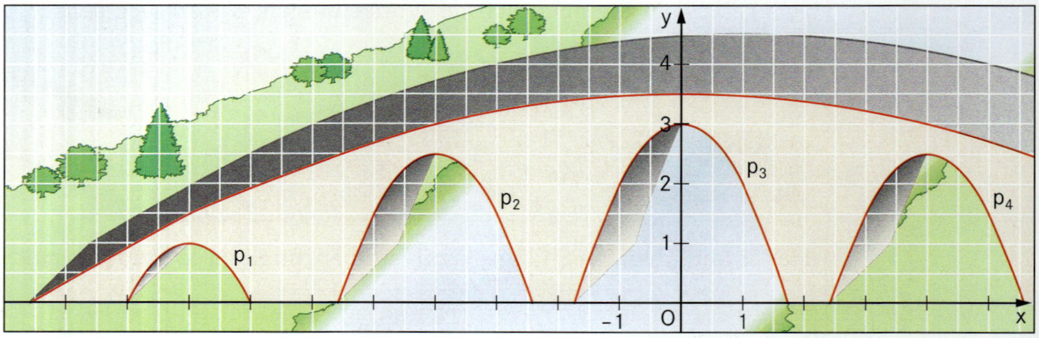

a) Stelle die Gleichungen für die Parabeln p_1 bis p_4 auf.
b) Die Parabeln aus a) lassen sich mit Hilfe des Parameters a durch die Gleichung $y = -(x - a)^2 - \frac{1}{32}a^2 + 3$ beschreiben. Gib für p_1 bis p_4 die Werte für a an.
c) Die Scheitelpunkte der Parabeln p_1 bis p_4 liegen auf einer Parabel p_0. Finde ihre Gleichung.
d) Aus b) folgt für alle Scheitelpunkte $S_n\,(a\,|\,-\frac{1}{32}a^2 + 3)$. Begründe, dass für die Koordinaten dieser Scheitelpunkte der folgende Zusammenhang gilt: $y = -\frac{1}{32}x^2 + 3$

M

Parabelschar

Trägergraph

Enthält eine quadratische Funktionsgleichung eine weitere Variable, einen so genannten Parameter, erhält man als Graph eine **Parabelschar**.
Liegen die Scheitelpunkte aller Scharparabeln auf einem Graphen, so nennt man diesen den **Trägergraphen** der Scheitelpunkte.

Beispiel:
Parabelschar:
p (a) mit $y = x^2 - ax + 3a$
$= (x - 0{,}5a)^2 - 0{,}25a^2 + 3a$

Scheitelpunkte:
$S_n\,(0{,}5a\,|\,-0{,}25a^2 + 3a)$
wobei $a \in [0;\ 12]_{\mathbb{Z}}$

Trägergraph der Scheitelpunkte:
p_t mit $y = -(x - 3)^2 + 9$

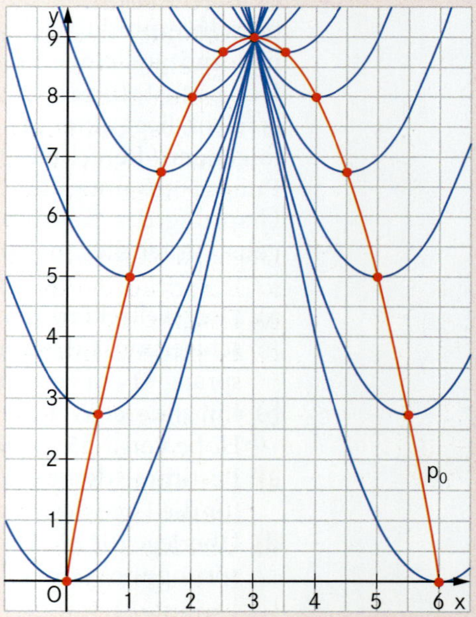

Übungen

2 Gegeben ist eine Parabelschar p (a) mit $y = x^2 - 2ax + a^2 + 0{,}5a - 2$; $\mathbb{G} = \mathbb{R} \times \mathbb{R}$; $a \in \mathbb{Z}$.
a) Berechne für $a \in \{-2; -1; 0; 1; 2\}$ die Scheitelkoordinaten und zeichne die Parabeln in ein Koordinatensystem.
b) Versuche nun, alle Scheitelkoordinaten in Abhängigkeit vom Parameter a zu ermitteln.
c) Stelle ein Vermutung über die Lage aller Scheitelpunkte auf. Versuche, für diesen Trägergraphen eine Gleichung aufzustellen.

3 So kannst du die Gleichung des Trägergraphen aller Scheitelpunkte der Parabelschar p(a) mit $y = x^2 + 2ax + a - 1$ berechnen.

B

Berechne zunächst die Scheitelkoordinaten in Abhängigkeit von a.	$y = x^2 + 2ax + a^2 - a^2 + a - 1$ $y = (x + a)^2 - a^2 + a - 1$
	$S\,(-a \mid -a^2 + a - 1)$
Mit S (x | y) folgt:	I $\quad x = -a \quad \rightarrow a = -x$ II $\quad y = -a^2 + a - 1$
	$y = -(-x)^2 + (-x) - 1$
Gleichung des Trägergraphen:	$y = -x^2 - x - 1$

a) $y = -x^2 + 2ax - a^2 + 0{,}5a + 1$

b) $y = 0{,}5x^2 + 2ax + a^2 - 2$

4 Gegeben ist eine Parabel p_1, die durch A $(-1 \mid 1)$ und B $(0{,}5 \mid 6{,}25)$ verläuft. Ihre Gleichung hat die Form $y = ax^2 + bx + b$. Außerdem wird eine Parabelschar p(c) festgelegt durch $y = x^2 + 4cx + 4c^2 + \frac{1}{c} - 1$ ($\mathbb{G} = \mathbb{R} \times \mathbb{R}$; a, b, c $\in \mathbb{R}$; a, c $\neq 0$).

a) Bestimme die Gleichung von p_1.
[Ergebnis: $y = x^2 + 4x + 4$]

b) Zeige, dass die Parabel p_1 zur Parabelschar gehört.

c) Berechne die Koordinaten aller Scheitelpunkte der Parabelschar in Abhängigkeit von c und bestimme den Trägergraphen dieser Punkte.

d) Im Graphen sind einige Parabeln der Schar dargestellt. Gib für p_2 und p_3 den jeweiligen Wert der Variablen c an.

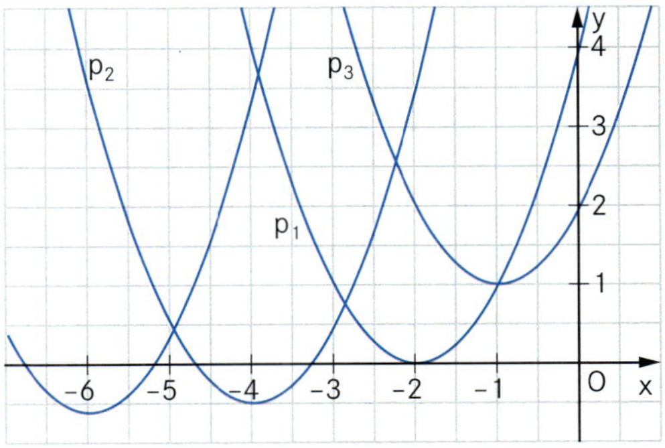

5 Gegeben ist eine Parabelschar p (a) mit $y = ax^2 + 2x$; $a \in \mathbb{R} \setminus \{0\}$.

a) Berechne die Koordinaten aller Scheitel in Abhängigkeit von a.

b) Zeichne die Parabeln für $a \in \{0{,}2;\ 0{,}4;\ 0{,}6;\ 0{,}8;\ 1;\ 1{,}2\}$ in ein Koordinatensystem.

c) Ermittle rechnerisch die Gleichung des Trägergraphen der Scheitel.

6 Die Gleichung $y = ax^2 - ax + 3a$ bestimmt für verschiedene Werte von a unterschiedliche Parabeln.

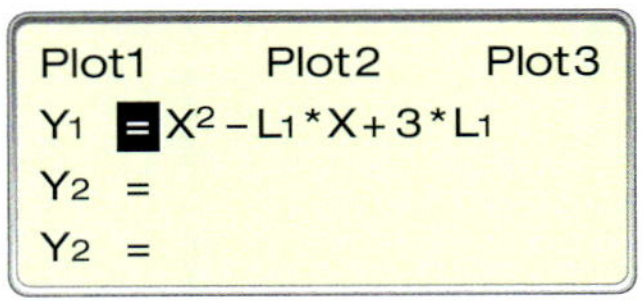

a) Die Graphen der Funktionen können mit dem GTR dargestellt werden. Gib dazu sinnvolle Werte für die Variable a in eine Liste (z. B. L_1) ein. Den Namen dieser Liste setzt du in der Funktionsgleichung an die Stelle der Variablen a.

b) Ermittle rechnerisch die Gleichung des Trägergraphen der Scheitelpunkte und ergänze diesen in deiner Darstellung der Funktionen.

7 Gegeben ist die Parabelschar p(b) mit $y = 2x^2 - 2bx - 3$; $b \in \mathbb{R}$.

a) Stelle die Parabelschar für $b \in \{-4; -2; 0; 3; 5\}$ mit dem GTR dar.

b) Bestimme die Gleichung des Trägergraphen der Scheitelpunkte.

c) Gibt es eine Parabel der Schar mit dem Scheitelpunkt S $(-2{,}5 \mid -15{,}5)$? Wenn ja, für welche Belegung von b?

d) Bestimme die Gleichung der Parabel der Schar, die durch den Punkt P $(0{,}5 \mid -6{,}5)$ verläuft.

e) Gehört die Parabel p* mit der Gleichung $y = 2x^2 - 3(2x - 1)$ zur gleichen Parabelschar?

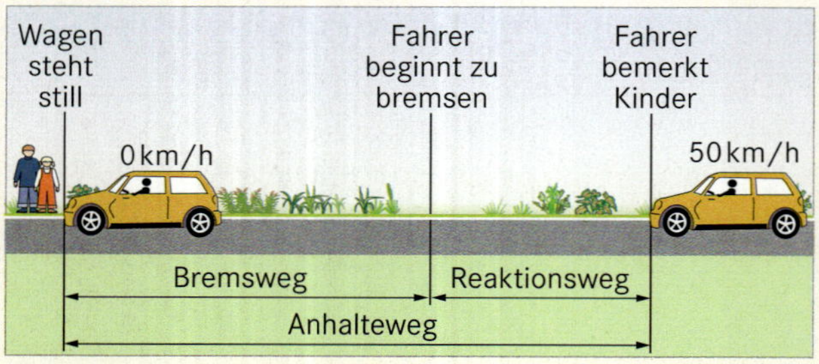

Gemäß der Straßenverkehrsordnung darf ein Autofahrer nur so schnell fahren, dass er innerhalb der übersehbaren Strecke halten kann. Wie lang der Weg ist, bis das Auto steht, wird allerdings oft unterschätzt, was dann zu – vermeidbaren – Unfällen führen kann.

1 Wenn ein Auto bremsen muss, gibt es immer zwei Phasen.
Reaktionsweg: Strecke, die ein Fahrzeug in der Zeitspanne zurücklegt, zwischen der ein Hindernis erkannt und der Bremsvorgang eingeleitet wird. In diesem Zeitraum ändert sich die Geschwindigkeit nicht.
Bremsweg: Strecke, die ein Fahrzeug ab Betätigung der Bremse bis zum Stillstand zurücklegt.

Faustformel aus der Fahrschule für den Reaktionsweg in Meter: $\frac{3}{10} \cdot$ **Tachoanzeige**

Faustformel aus der Fahrschule für den Bremsweg in Meter: $\left(\frac{\textbf{Tachoanzeige}}{10}\right)^2$

Anhalteweg = **Reaktionsweg** + **Bremsweg**

a) Berechne für die in der Tabelle angegebenen Geschwindigkeiten den Reaktionsweg, den Bremsweg und den Anhalteweg. Übertrage die Tabelle in dein Heft und fülle sie aus.

Tachoanzeige	0	10	20	30	40	50	60
Reaktionsweg in m	0	$\frac{3}{10} \cdot 10 = 3$					
Bremsweg in m	0	$\left(\frac{10}{10}\right)^2 = 1$					
Anhalteweg in m	0	4					

b) Den Reaktionsweg, den Bremsweg und den Anhalteweg könnt ihr z. B. auf dem Sportplatz darstellen. Dazu braucht ihr für jede Geschwindigkeit drei Schülerinnen oder Schüler oder drei Hütchen zur Markierung sowie Maßbänder (mindestens 50 m).
Wie im Beispiel steht eine Person P_1 auf der Rechtswertachse an der zur Geschwindigkeit passenden Stelle. Eine weitere Person P_2 geht von P_1 aus den Reaktionsweg 3 m in Richtung der Hochwertachse. Eine Person P_3 geht von P_2 aus den Bremsweg von 1 m weiter.

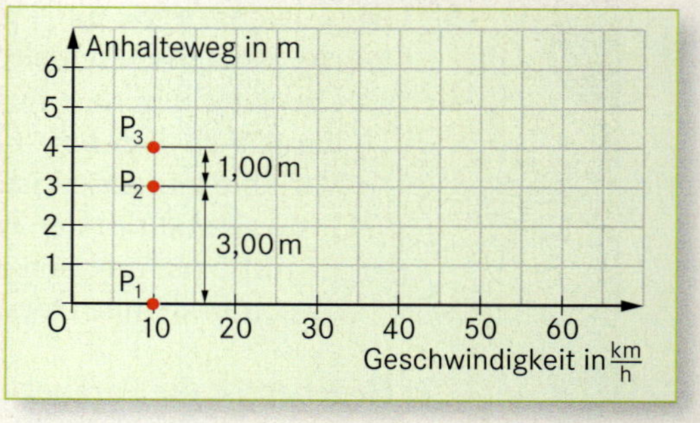

2

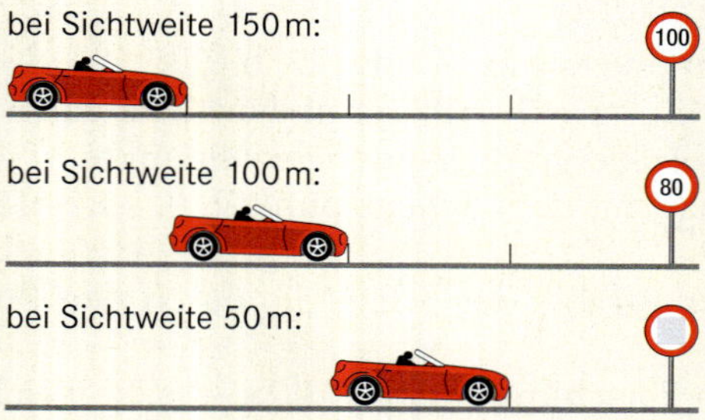

Der übersehbare Weg ist unterschiedlich.
a) Setze für den Platzhalter links richtig ein.
b) Welches Schild würdest du vor einem Kindergarten aufstellen? Begründe.
c) Nenne weitere Gründe für Geschwindigkeitsbegrenzungen.

7 Quadratische Gleichungen und Gleichungssysteme

Für den Weltrekordsprung im freien Fall von FELIX BAUMGARTNER gelten zu Beginn folgende physikalische Gesetze.

Erreichte Geschwindigkeit v nach der Zeit t in Sekunden: $v = 10\,\frac{m}{s^2} \cdot t$

Höhe h über der Erde nach der Zeit t in Sekunden: $h = 39\,000\text{ m} - 0{,}5 \cdot 10\,\frac{m}{s^2} \cdot t^2$

Welche Faktoren könnten die Fallgeschwindigkeit beeinflussen? Informiere dich über den „Weltraumausstieg“ von FELIX BAUMGARTNER.

1 Bei seinem Sprung aus dem „Weltraum“ aus 39 000 m Höhe flog der Extremsportler Felix Baumgartner (siehe auch Seite 108 und Seite 121) zu unterschiedlichen Zeiten mit verschiedenen Geschwindigkeiten.

a) Welche Geschwindigkeit erreichte er nach 37 Sekunden? In welcher Höhe befand sich Baumgartner dann in etwa?

b) Bestimme, in welcher Zeit t nach dem Absprung in etwa die Schallgeschwindigkeit erreicht wurde.

c) In welcher Höhe befand er sich nach 5 (10; 20) Sekunden?

d) Nach welcher Zeit war er noch 30 000 m (27 000 m) über der Erde?

2 So kannst du eine Gleichung der Form $x^2 = a$ lösen.

B

$x^2 = 9 \mid \sqrt{\ }$ $\quad \mathbb{G} = \mathbb{R}$	$x^2 = a \mid \sqrt{\ }$ $\quad \mathbb{G} = \mathbb{R};\ a \in \mathbb{R}$
$\lvert x \rvert = 3$	$\lvert x \rvert = \sqrt{a}$
$x = 3 \lor x = -3$	$x = \sqrt{a} \lor x = -\sqrt{a}$
$\mathbb{L} = \{3; -3\}$	$\mathbb{L} = \{\sqrt{a}; -\sqrt{a}\}$

Löse ebenso folgende Gleichungen in der Grundmenge $\mathbb{R}$.

(1) $x^2 + 12 = 28$ (2) $2x^2 - 7 = 3$ (3) $12 - 3x^2 = -24$ (4) $4 - x^2 = 5$

reinquadratische Gleichung

M Eine Gleichung der Form $x^2 = a$ in der Grundmenge $\mathbb{R}$ mit $a \in \mathbb{R}$ ist eine **reinquadratische Gleichung**.
Sie wird durch Radizieren beider Seiten gelöst.

Übungen

3 Bestimme die Lösungen der folgenden Gleichungen in der Grundmenge $\mathbb{R}$.

a) $x^2 - 12 = 0$ b) $2\,(4{,}5 - x) = (x + 2)\,(x - 8) + 4x$ c) $4{,}5 - 4{,}5x + 21x^2 = 4{,}5\,(1 - x)$

4 Gegeben sind quadratische Funktionen, die durch folgende Graphen dargestellt sind.

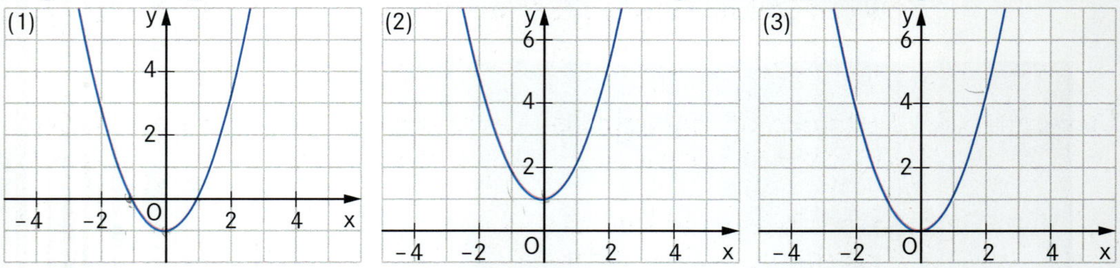

a) Besitzen die zugehörigen Funktionen Nullstellen? Gib diese an.

b) Stelle die zugehörigen Funktionsgleichungen auf und bestätige die in a) abgelesenen Ergebnisse durch Rechnung.

c) Formuliere eine Regel über die Anzahl der Lösungen einer quadratischen Gleichung.

Zwei normale Spielwürfel liegen wie im Bild nebeneinander. Wie groß ist die Augensumme auf den sieben nicht sichtbaren Flächen der beiden Würfel?

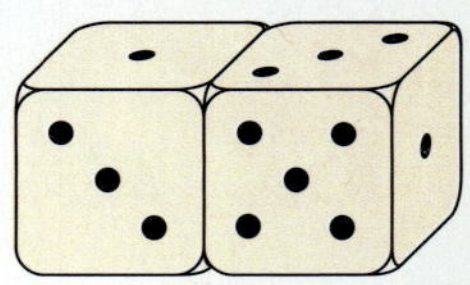

1 Für den grafischen Taschenrechner gibt es eine einfache Möglichkeit zur Lösung quadratischer Gleichungen.

(1) Gib den Links- und den Rechtsterm als Funktionsterme y_1 und y_2 ein.

(2) Lass dir die Grafik in einem geeigneten Fenster anzeigen.

(3) Je nach Rechner musst du nun die Funktion für den Schnittpunkt, z. B. Intersect, verwenden. Nach der Angabe von zwei Intervallgrenzen kann man eine Lösung berechnen lassen.

a) Erkläre, welche Idee hinter diesem Verfahren steht.

b) Bestimme nun ebenso die zweite Lösung.

c) Löse mit dem GTR.

(1) $x^2 + 0{,}24x - 1 = 0$

(2) $-0{,}4x^2 + 1{,}2x + 3 = 0$

(3) $2x^2 + 10x + 12 = 0$

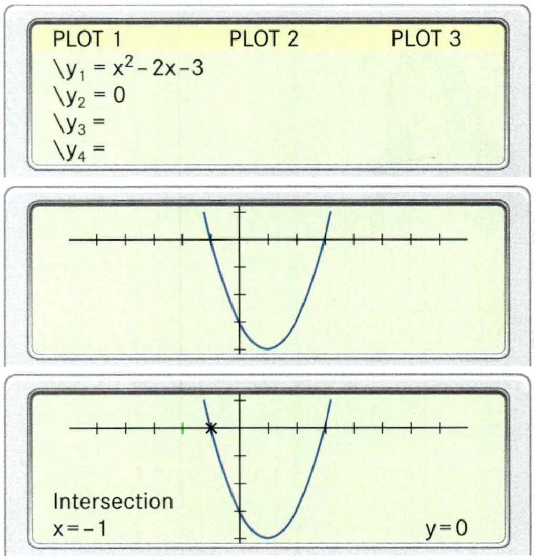

2 Informiere dich, ob es für deinen grafischen Taschenrechner einen weiteren Weg zum Lösen von Gleichungen gibt.

allgemeine Form

M Eine Gleichung der Form $ax^2 + bx + c = 0$ nennt man **allgemeine Form** der quadratischen Gleichung ($a; b; c \in \mathbb{R}; a \neq 0$).

Übungen

3 Bestimme die Lösungen der quadratischen Gleichungen mit dem GTR.

a) $-2x^2 + 6x + 1 = 0$ b) $0{,}5x^2 + x + 2 = 0$ c) $16x^2 - 256 = 0$

4 In der Zeichnung sind die Parabeln p_1 und p_2 dargestellt.

a) Gib die Gleichungen der Parabeln an.

b) Bestimme die Nullstellen der zugehörigen Funktionen.

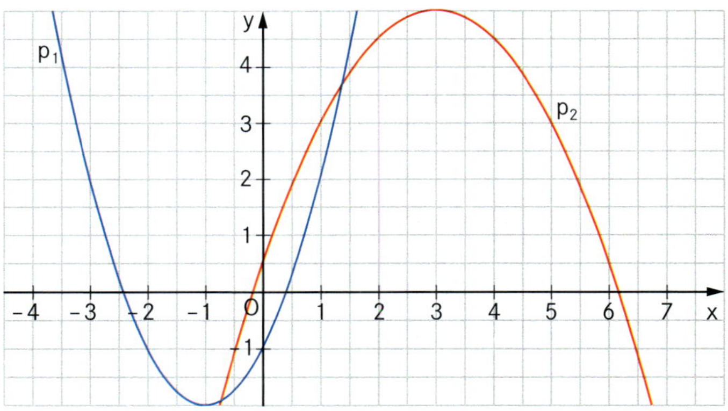

1 In einer Zeitschrift für Ernährung und Gesundheit findet sich folgende Information:

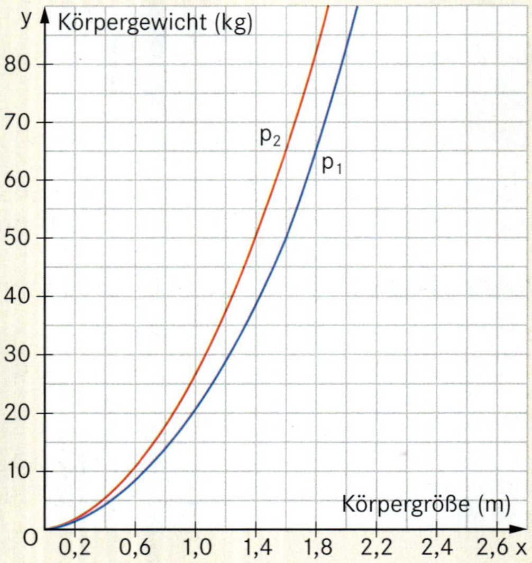

Berechnen Sie Ihren BMI

Der Body-Mass-Index BMI ist eine anerkannte Methode, um Über- oder Untergewicht festzustellen. So können Sie den BMI berechnen:

$$\text{BMI} = \frac{y}{x^2}$$

Dabei ist die Körpergröße in x m und das Gewicht in y kg anzugeben.
Mit einem BMI zwischen 20 und 25 hat man ideales Gewicht. Personen mit einem BMI über 30 spricht man Fettsucht (Adipositas) zu.
Grundsätzlich als untergewichtig gilt, wer einen BMI unter 18 hat.

a) Ermittle deinen BMI und schätze ihn geeignet ein.
b) Hugo glaubt in obigem Artikel einen Fehler entdeckt zu haben. Er schreibt sofort folgenden Brief an den Herausgeber der Zeitschrift:
„Sehr geehrte Verfasser des Artikels *Berechnen Sie Ihren BMI,*
ich bin 1,82 m groß und wiege 72 kg. Nach Ihrer Formel habe ich einen BMI von 40 berechnet. Dass ich an Fettsucht leide, möchte ich aber absolut bestreiten. Können Sie mir eine Erklärung geben?“
Schreibe im Auftrag der Zeitschrift eine kurze Antwort an Hugo.
c) Der Zusammenhang zwischen der Körpergröße x m und dem Gewicht y kg bei einem bestimmten BMI stellt eine Funktion f dar.
Ermittle die Gleichungen der Funktionen f_1 und f_2, deren Graphen p_1 und p_2 in der Abbildung oben gezeichnet sind. Gib jeweils den zugehörigen BMI an.
d) Welche Körpergröße wäre für eine Person erforderlich, die momentan 81 kg wiegt, damit sie einen BMI von 25 hat? Löse grafisch und rechnerisch.
Führe die Aufgabe analog durch für einen BMI von 20 und einem Gewicht von 57,8 kg.
e) In welchem Bereich sollte das Körpergewicht einer 1,80 m großen Person im Idealfall liegen? Löse grafisch und berechne die Grenzen rechnerisch.
f) In der Abbildung unten ist ein Bausatz zur Ermittlung des BMI. Lass dir den Bausatz vergrößert kopieren und baue die Body-Mass-Scheibe zusammen.

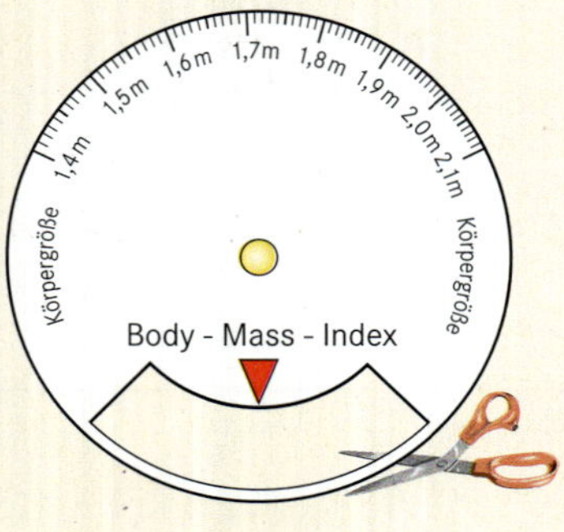

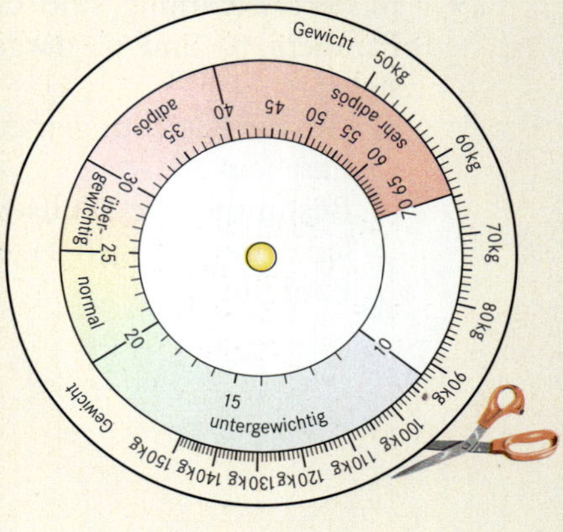

1 Gegeben sind die quadratischen Gleichungen in der Grundmenge $\mathbb{R}$.

(1) $x^2 + 3x - 4 = 0$ (2) $x^2 + 6x + 9 = 0$ (3) $x^2 - 2x + 4 = 0$

(4) $2{,}5x^2 + 10x - 12{,}5 = 0$ (5) $-2x^2 + 10x - 12{,}5 = 0$ (6) $2{,}5x^2 - 7{,}5x + 10 = 0$

Bestimmt jeweils mit eurem Banknachbarn oder in Gruppen die Lösungsmengen.

2

So kannst du eine allgemeine Lösungsformel für quadratische Gleichungen finden.

$2x^2 + 6x - 8 = 0 \quad \vert :2$	$ax^2 + bx + c = 0 \quad \vert :a \qquad \mathbb{G} = \mathbb{R};\ a \in \mathbb{R}\setminus\{0\}$
$x^2 + 3x - 4 = 0$	$x^2 + \frac{b}{a}x + \frac{c}{a} = 0$
$x^2 + 3x + 1{,}5^2 - 2{,}25 - 4 = 0$	$x^2 + \frac{b}{a}x + \left(\frac{b}{2a}\right)^2 - \frac{b^2}{4a^2} + \frac{c}{a} = 0$
$(x + 1{,}5)^2 = 6{,}25$	$(x + \frac{b}{2a})^2 = \frac{b^2}{4a^2} - \frac{c}{a}$
	$(x + \frac{b}{2a})^2 = \frac{b^2 - 4ac}{4a^2}$
$\vert x + 1{,}5\vert = \sqrt{6{,}25}$	$\vert x + \frac{b}{2a}\vert = \frac{\sqrt{b^2 - 4ac}}{2a}$
$x_{1,2} = -1{,}5 \pm \sqrt{6{,}25}$	$x_{1,2} = \frac{-b \pm \sqrt{b^2 - 4ac}}{2a}$

Wenn die Wurzeln existieren, die Radikanden also nicht negativ sind, besitzt die Gleichung Lösungen.

$x_{1,2} = -1{,}5 \pm 2{,}5$	$x_{1,2} = \frac{-b \pm \sqrt{b^2 - 4ac}}{2a}$

Bestimme die Lösungen der Gleichungen mit der Formel.

$3x^2 + 12x + 9 = 0$

$a = 3;\ b = 12;\ c = 9$

$x_{1,2} = \frac{-12 \pm \sqrt{12^2 - 4 \cdot 3 \cdot 9}}{2 \cdot 3} \qquad \mathbb{L} = \{-3; -1\}$

a) $3x^2 + 12x + 12 = 0$
b) $-12x^2 + 3x + 15 = 0$
c) $-3x^2 + 9x + 12 = 0$
d) $9x^2 - 3x - 12 = 0$

3 Hat Tobias Recht?
Bestimme dazu in Aufgabe 1 jeweils den Wert des Terms $b^2 - 4ac$.

M

Diskriminante

Lösungsformel

Der Term $b^2 - 4ac$ heißt **Diskriminante D**. Er bestimmt die Anzahl der Lösungen:
$D > 0$ 2 Lösungen
$D = 0$ 1 Lösung
$D < 0$ keine Lösung
Die Lösungen erhält man mit der **Lösungsformel** $x_{1,2} = \frac{-b \pm \sqrt{D}}{2a}$.

1 Welche der folgenden Gleichungen kannst du im Kopf lösen? Bestimme bei den anderen die Lösungen rechnerisch.

a) $-x^2 + 4 = 0$ b) $x^2 - 24x + 2 = 0$ c) $(x - 3)^2 = 0$
d) $(x - 3)(2x + 2) = 0$ e) $x^2 + 4x + 4 = 0$ f) $-0{,}5x^2 + x + 1 = 0$

2
a) $x^2 + 6x + 9 = 0$; $x^2 + 9x + 6 = 0$; $9x^2 + 6x + 1 = 0$; $6x^2 + x + 9 = 0$
b) $x^2 + 6x + 5 = 0$; $x^2 + 5x + 6 = 0$; $5x^2 + 6x + 1 = 0$; $6x^2 + x + 5 = 0$
c) $x^2 - 4x + 2 = 0$; $4x^2 + x + 2 = 0$; $2x^2 + x - 4 = 0$; $-x^2 + 2x + 4 = 0$

3 Bestimme die Lösungen der quadratischen Gleichungen.

a) $x^2 + 5x + 4 = 0$ b) $-0{,}5x^2 + x = -4$ c) $3x^2 = 8x - 12$
d) $\frac{3}{4}x^2 + 6x + 12 = 0$ e) $x^2 - x - 6 = 0$ f) $x + x^2 = 2x^2 + 5$
g) $\frac{1}{3}x^2 + x - \frac{4}{3} = 0$ h) $12x^2 + 156x + 144 = 0$ i) $x^2 + 2x + 1 = 2x^2 + 1$

Lösungen zu 2, 3: -1; $-8{,}27$; $-\frac{1}{3}$; -1; -4; -3; -1; Ø; Ø; 3,41; 0,59; 0; 1,19; $-0{,}73$; $-1{,}69$; $-1{,}24$; -3; -12; -4; -1; -2; 4; 3; $-0{,}2$; -4; -5; 5; -2; Ø; Ø; Ø; 1; 3,24; 2; -2; -3

4 Stelle für folgende Angaben zunächst eine geeignete Gleichung auf und löse sie dann.

a) Multipliziert man das Dreifache einer reellen Zahl mit der Differenz aus dieser Zahl und 6, so erhält man die dreifache Summe aus dieser Zahl und 8.
b) Das Doppelte einer Zahl, vermindert um 2, wird mit der gesuchten Zahl multipliziert. Als Ergebnis erhält man 12.
c) Erfinde selbst eine ähnliche Aufgabe und lass sie von deinem Banknachbarn lösen.

5 Für die Diskriminante D = 0 hat eine quadratische Gleichung genau eine Lösung. Bestimme wie im Beispiel in den folgenden Gleichungen die Variable $p \in \mathbb{R}$ so, dass die Gleichung genau eine Lösung besitzt. Löse die Gleichung anschließend.

a) $2x^2 + 2px + p = 0$
b) $-x^2 - 4x + p = 0$
c) $px^2 - 2x + 8 = 0$
d) $\frac{1}{2}x^2 + 2px + p + 3 = 0$

> $2x^2 + px + p = 0$
> $D = p^2 - 8p$
> eine Lösung, also D = 0:
> $p^2 - 8p = 0$
> $p_1 = 0$; $p_2 = 8$
> Gleichungen:
> $2x^2 = 0$ und $2x^2 + 8x + 8 = 0$

6 Funktionen mit Gleichungen der Form $y = ax^2 + bx + c$ und $y = x^2 + px + q$ können gleiche Nullstellen besitzen und somit die zugehörigen quadratischen Gleichungen die selben Lösungen haben.

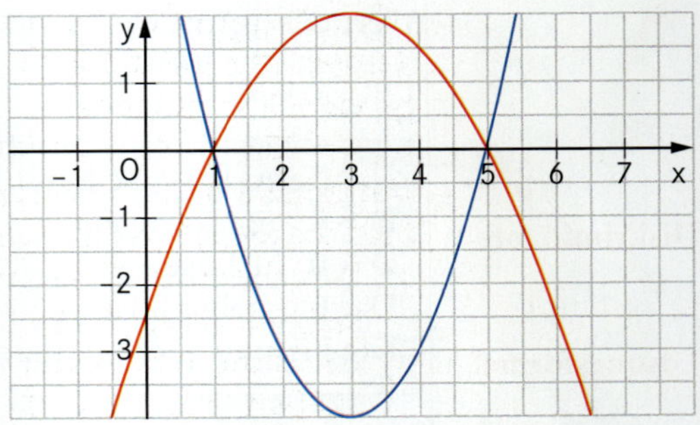

a) Zeichne die Graphen zu den Beispielen p_1 mit $y = -0{,}5x^2 + 3x - 2{,}5$ und p_2 mit $y = x^2 - 6x + 5$ in ein Koordinatensystem.
b) Zeige durch Rechnung, dass die Nullstellen beider Funktionen gleich sind.
c) Finde eine weitere Funktionsgleichung mit den selben Nullstellen wie in b).

7 Eine Kiste ist 2 m hoch und hat ein Volumen von 1 m^3. Länge und Breite der Kiste betragen zusammen 1,5 m. Wie breit ist die Kiste?

8 a) Ein Rechteck hat einen Flächeninhalt von 16 cm^2 und einen Umfang von 20 cm.
b) Kann ein Quadrat den doppelten (dreifachen, …) Flächeninhalt haben, wenn man seine Seiten um 1 cm verlängert?

9 Das Fenster in der Abbildung hat einen Flächeninhalt von 2,5 m^2.
a) Zeige, dass dieser Zusammenhang gilt:
$z = \frac{2,5}{x} - 0,3925x$
b) Berechne x so, dass der untere Teil ein Quadrat ergibt.
c) Wie breit wird das Fenster für z = 1,08?

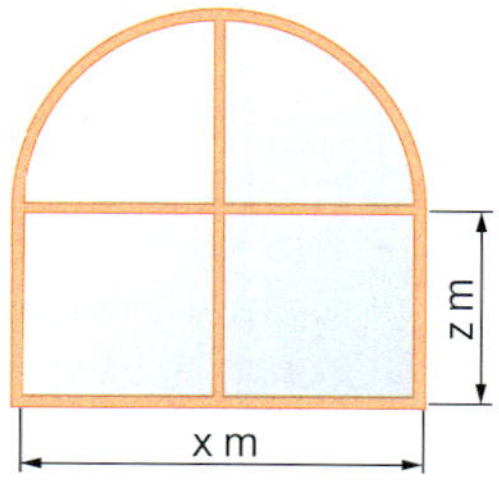

10 Einer Normalparabel mit S (0|0) wird ein gleichseitiges Dreieck einbeschrieben.

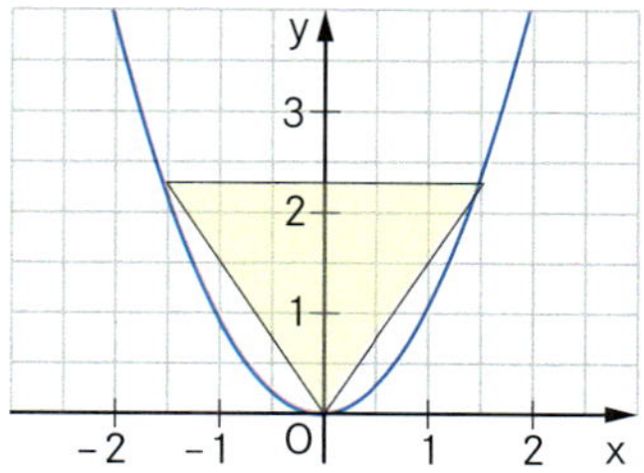

11 Beim Tischtennisverein „Topspin" haben in diesem Jahr x Spieler für das Vereinsturnier gemeldet. Dabei spielt jeder gegen jeden immer zwei Sätze.

a) Wie viele Spiele und Sätze sind das bei drei (vier) Spielern?
b) Gib einen Term an, der die Anzahl der Sätze bei x Spielern beschreibt.

A $\frac{x(x-1)}{2}$ **B** x^2 **C** $x(x-1)$ **D** $2x$

c) Im letzten Jahr nahmen eineinhalbmal so viele Spieler teil wie in diesem Jahr. Deshalb mussten letztes Jahr 76 Sätze mehr gespielt werden als heuer. Erstelle eine passende Gleichung und berechne, wie viele Spieler in diesem Jahr am Vereinsturnier teilnehmen.

12 Mit der Höhe über dem Meeresspiegel nimmt der Luftdruck ab. Deshalb siedet Wasser in großen Höhen schon bei einer Temperatur unter 100 °C. Es gilt etwa folgender Zusammenhang:
$h(t) = 256 \cdot (100 - t) + (100 - t)^2$
Dabei steht h für die Meereshöhe in m und t für die Siedetemperatur in °C.
a) Berechne die Höhe, wenn das Wasser bei 100 °C (90 °C; 95 °C) siedet.
b) Berechne t bei einer Meereshöhe von 2000 m (3000 m; 8000 m).

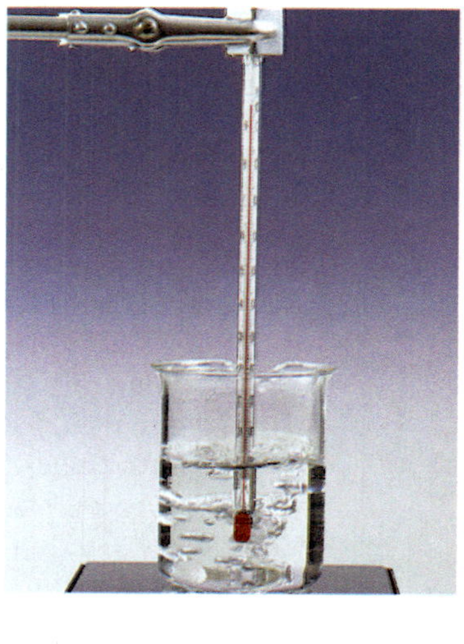

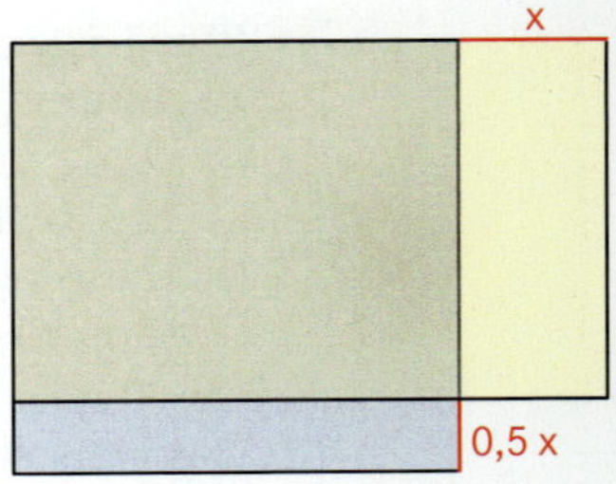

(1) Verlängert man eine Seite eines Quadrats mit a = 6 cm um x cm und verkürzt die andere um 0,5x cm, so entstehen Rechtecke. Berechne x so, dass der Flächeninhalt des Rechtecks 40 cm^2 (32 cm^2, 44 cm^2) beträgt.

(2) Ein gleichseitiges Dreieck hat eine Seitenlänge von 2 cm. Verlängert man alle Seiten um x cm, so entstehen neue Dreiecke. Für welches dieser Dreiecke ist der Flächeninhalt um 4 cm^2 größer als der ursprüngliche?

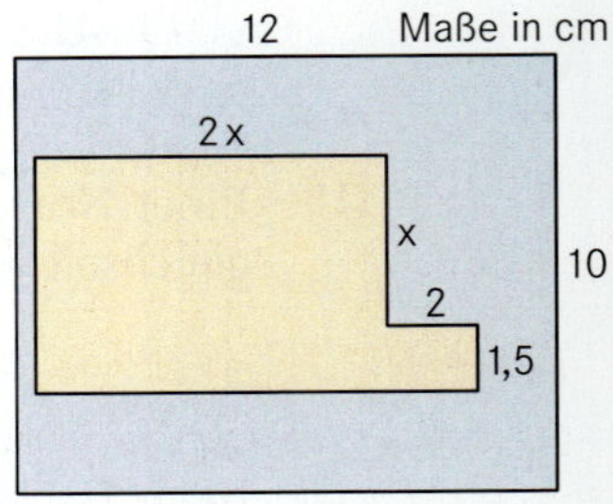

(3) Nebenstehende Figur zeigt zwei Flächen.
a) Aus welchem Intervall kann man x wählen?
b) Berechne x so, dass die innere Fläche einen Flächeninhalt von 45 cm^2 hat.
c) Überprüfe durch Rechnung, ob für diese Figur ein Flächeninhalt von 91 cm^2 möglich ist.
d) Für welche Belegungen von x beträgt der Flächeninhalt der inneren Figur genau 47,5 % des Flächeninhalts des äußeren Rechtecks?

W 7

(4) Eine Seite eines Rechtecks ist doppelt so lang wie die andere, der Flächeninhalt des Rechtecks beträgt 24 cm^2. Vergrößert man die kurze Seite um 2 cm und verkürzt man die längere Seite um 3 cm, so erhält man ein neues Rechteck.
a) Berechne die Seitenlängen des ursprünglichen Rechtecks.
b) Zeige, dass man für den Flächeninhalt A(x) in Abhängigkeit von der Seitenlänge x cm der kurzen Seiten erhält: $A(x) = (2x^2 + x - 6)$ cm^2
c) Berechne nun x so, dass der Flächeninhalt der neuen Figur 9 cm^2 beträgt.
d) Prüfe durch Rechnung, ob es einen kleinsten Flächeninhalt gibt.

Strategie Lösung

(5) Ein Quadrat mit 12 cm Seitenlänge ist gegeben. Verkürzt man eine Seite um x cm und verlängert die andere um 1,5x cm, so erhält man Rechtecke.
a) Welche Werte für x sind möglich?
b) Berechne den Flächeninhalt A(x) der Rechtecke.
[Ergebnis: $A(x) = (-1{,}5x^2 + 6x + 144)$ cm^2]
c) Welchen Wert musst du für x einsetzen, um einen Flächeninhalt von 132 cm^2 (150 cm^2, 180 cm^2) zu erhalten?
d) Bestimme das flächengrößte Rechteck. Welchen Umfang besitzt es?

Strategie Lösung

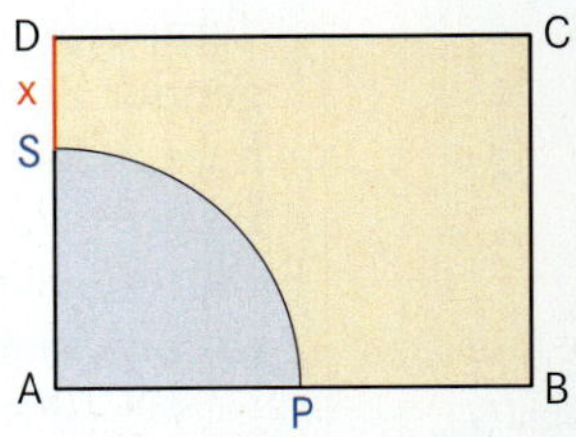

(6) Auf der Seite [AD] eines Rechtecks bewegt sich ein Punkt S mit $\overline{DS}$ = x cm. Der Viertelkreis um A mit dem Radius [AS] wird aus dem Rechteck ausgeschnitten.
Es gilt: $\overline{AB}$ = 8 cm, $\overline{AD}$ = 6 cm
a) Fertige eine Zeichnung für x = 1,5.
b) Berechne den Flächeninhalt der Restfläche für x = 1,5.
c) Zeige, dass für den Inhalt der Restfläche in Abhängigkeit von x gilt: $A(x) = (-0{,}785x^2 + 9{,}42x + 19{,}74)$ cm^2
d) Berechne x so, dass der Viertelkreis einen Flächeninhalt von 12,56 cm^2 besitzt.
e) Bestimme x so, dass die Restfläche genau so groß wie die Fläche des Viertelkreises ist.

1 Die Eintrittspreise zu den Spielen sind eine wichtige Einnahmequelle aller Vereine. Zu den „Grünweißen“ kamen im Durchschnitt 25 000 Zuschauer je Spiel bei 15 € Eintritt. Der Verein entschließt sich, die Eintrittspreise schrittweise um 1,50 € zu senken und die Einnahmen zu beobachten. Tatsächlich kommen dann jeweils 4000 Fans mehr.

a) Stelle die Entwicklung der Einnahmen tabellarisch dar. Ergänze die Tabelle im Heft.

Preissenkung	Zuschauer	Preis je Karte	Einnahmen gesamt
0	25 000	15 €	25 000 · 15 € =
1	25 000 + 1 · 4000	(15 – 1 · 1,50) €	(25 000 + 1 · 4000) (15 – 1 · 1,50) € =
2	25 000 + 2 · 4000	(15 – 2 · 1,50) €	(25 000 + 2 · 4000) (15 – 2 · 1,50) € =
3			
x			

b) Entscheide rechnerisch, ob die Einnahmen um 10 % gesteigert werden können.

c) Euphorisch über die ersten Erfolge will der Vereinspräsident wissen, wann endlich die halbe Million Euro je Heimspiel eingenommen wird. Der Manager Berti erinnert sich an die quadratischen Funktionen aus seiner Realschulzeit. Er löst das Problem grafisch.

d) Beim Nachbarverein, den „Rotschwarzen“, wird über die Preisgestaltung der „Grünweißen“ nur gelächelt. Hier kommen bei 15 € Eintritt durchschnittlich 45 000 Zuschauer und über einen Preisnachlass wird nicht nachgedacht. Die Zuschauer protestieren und bei jedem Preisnachlass in der Nachbarstadt kommen 5000 Fans weniger zu den Heimspielen. Wann nehmen die „Grünweißen“ mehr ein als die „Rotschwarzen“?

e) Ist es bei der geschilderten Preisgestaltung möglich, dass die Grünweißen 120 000 € mehr einnehmen als der Nachbarverein?

2 Ein Torwart schlägt den Ball aus 90 cm Höhe ab. Nach 25 m horizontaler Entfernung hat der Ball eine Höhe von 10 m und trifft nach 45 m auf den Boden auf. Die Flugbahn des Balls kann durch eine Parabelgleichung der Form $y = ax^2 + bx + c$ beschrieben werden. Dabei steht x m für die horizontale Flugweite und y m für die Höhe über dem Boden.

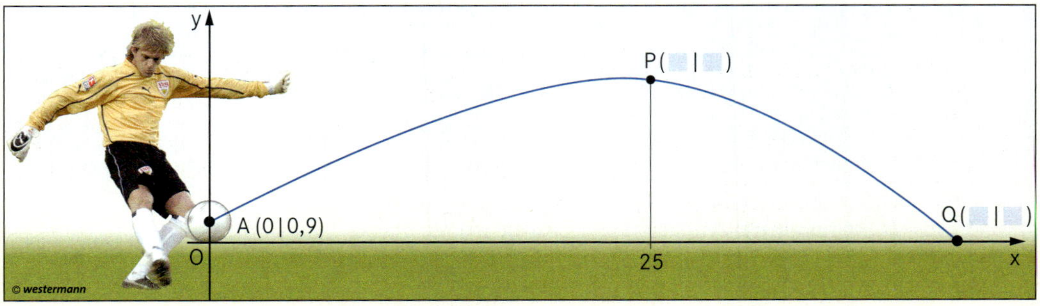

a) Ordne den Punkten P und Q geeignete Koordinaten zu.

b) Begründe, dass gilt: c = 0,9

c) Bestimme rechnerisch die Gleichung der Flugparabel.
[Teilergebnis: a = – 0,0192; b = 0,8440]

d) Ermittle mit dem GTR die maximale Flughöhe des Balls.

e) Der 1,80 m große Abwehrspieler Tobi Rauf springt 50 cm hoch und köpft den Ball weiter. Wie weit steht Tobi vom Torwart entfernt?

1 Immobilienhändler Makl bietet der Familie Schwalb mehrere rechteckige Grundstücke mit einem Umfang von 80 m zum Kauf an.

a) Welcher Term stellt den Flächeninhalt der Grundstücke in Abhängigkeit von der Seitenlänge x m dar?

A $A(x) = (x^2 - 40x)\ m^2$ **B** $A(x) = (80 - x) \cdot x\ m^2$ **C** $A(x) = x\,(40 - x)\ m^2$

b) Stelle den Flächeninhalt der Grundstücke grafisch dar.

c) Formuliere die Frage von Frau Schwalb als Ungleichung.

2 So kannst du die quadratische Ungleichung $x^2 - 2x > 0$ grafisch lösen.

B

Löse zunächst die zugehörige quadratische Gleichung $x^2 - 2x = 0$
Lösungen: $x_1 = 0$; $x_2 = 2$

1. Möglichkeit:
Zeichne den Graphen der zugehörigen quadratischen Funktion $y = x^2 - 2x$.

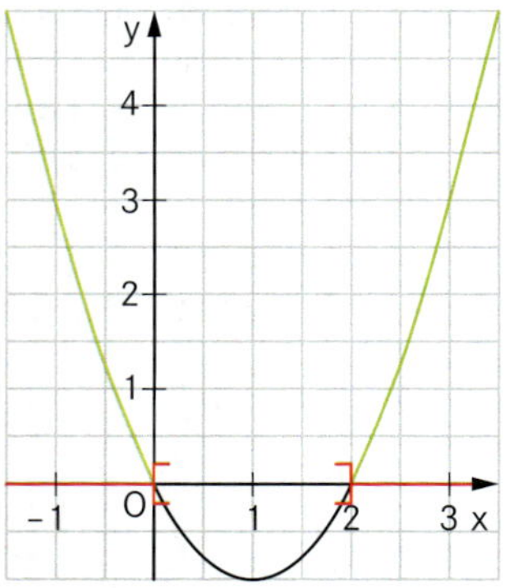

Die Lösungen der Gleichung sind die Nullstellen der Funktion. Die Funktionswerte mit $x^2 - 2x > 0$ liegen oberhalb der x-Achse. Für die zugehörigen x-Werte erhält man hier zwei Bereiche als Lösungsmenge der Ungleichung.

$\mathbb{L} = \{x \mid x < 0 \vee x > 2\} = \mathbb{R} \setminus [0; 2]$

2. Möglichkeit:
Die Lösung der Ungleichung kann zwischen den Lösungen der Gleichung oder außerhalb liegen. Setzte deshalb geeignete Werte ein und überprüfe.

$x = 1$: $1^2 - 2 \cdot 1 > 0$
$-1 > 0$ (f)

$x = 3$: $3^2 - 2 \cdot 3 > 0$
$3 > 0$ (w)

$\mathbb{L} = \{x \mid x < 0 \vee x > 2\} = \mathbb{R} \setminus [0; 2]$

a) $x^2 + 4x > 0$ b) $3x + 2x^2 > 0$ c) $x^2 + 4x + 1 > 0$

3 Gegeben ist die Ungleichung $-0{,}5x^2 + x + 12 < 8$.

a) Forme um und löse dann die zugehörige Gleichung.

b) In den Zeichnungen rechts sind zwei alternative Darstellungen des Lösungsweges am GTR aufgezeigt. Erkläre die beiden Graphen und beschreibe, wie du jeweils die Lösung der Ungleichung findest. Gib die Lösungsmenge an.

c) Löse die Ungleichung von Aufgabe 1c).

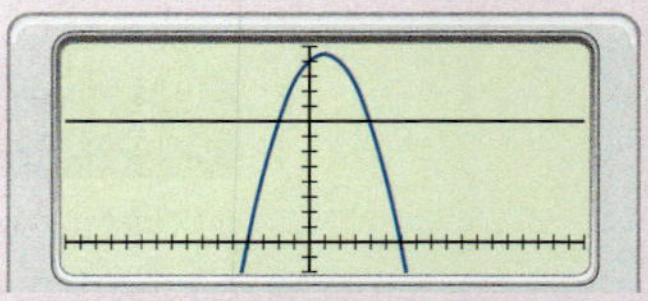

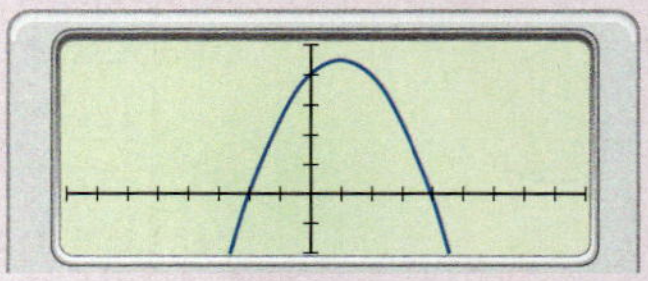

1 Zur Ungleichung $x^2 - 2x - 1 < 0$ erhältst du nebenstehende Parabel mit den Nullstellen x_1 und x_2. Begründe, dass gilt:
$\mathbb{L} =]1 - \sqrt{2}; 1 + \sqrt{2}[$

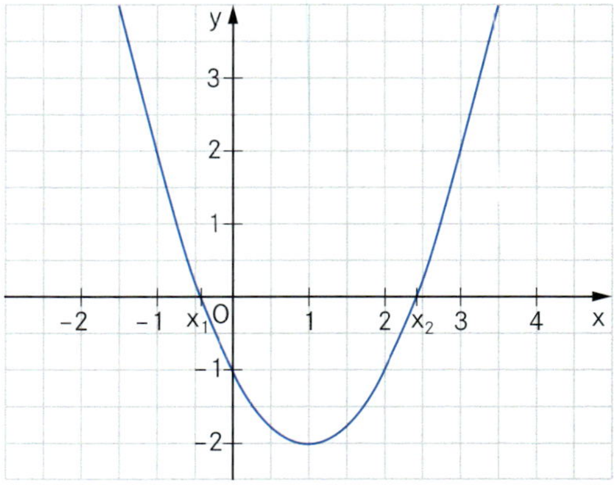

2 Bestimme die Lösungsmengen der folgenden Ungleichungen.
a) $x^2 + 6x < 4$
b) $-0{,}5x^2 + x + 2 \geqq 5$
c) $(x - 1{,}5)\,(x - 2) < 0$

3 Die Punkte $P_n\,(x\,|\,y)$, $Q\,(-2\,|\,0)$ und $R\,(2{,}5\,|\,-2{,}25)$ liegen auf der Parabel p mit $y = 4 - x^2$.
a) Zeichne die Parabel p und das Dreieck P_1QR für $x = 1$ in ein Koordinatensystem ein.
b) Gib ein Intervall für x an, sodass Dreiecke P_nQR entstehen.
c) Zeige, dass man für den Flächeninhalt der Dreiecke in Abhängigkeit von x erhält:
$A\,(x) = (-2{,}25x^2 + 1{,}125x + 11{,}25)$ FE
d) Für welchen Wert von x erhält man das flächengrößte Dreieck? Gib A_{max} an.
e) Berechne x so, dass der Flächeninhalt der Dreiecke höchstens 8 FE beträgt.

4 Ein Quadrat hat die Seitenlänge x cm. Die Seiten werden jeweils verdoppelt. Wie groß muss die Quadratseite sein, damit der Flächeninhalt um mindestens 120 cm^2 zunimmt?

5 Ein Rechteck hat 1 m Umfang.
a) Berechne den Flächeninhalt A aller möglichen Rechtecke in Abhängigkeit von der Seitenlänge x einer Rechtecksseite. [Ergebnis: $A\,(x) = (-x^2 + \frac{1}{2}x)\ m^2$]
b) Für welchen Wert von x erhält man den größten Flächeninhalt? Gib A_{max} an.
c) Für welche Werte von x ist der Flächeninhalt größer als 200 cm^2?

6 Im rechtwinkligen Dreieck ABC gilt für die Kathetenlängen $\overline{AB} = 3$ cm und $\overline{AC} = 4$ cm.
a) Zeichne das Dreieck ABC und berechne die Streckenlänge $\overline{BC}$.
b) Verlängert man [AB] über B hinaus um x cm und verkürzt [AC] von C aus um ebenfalls x cm, so erhält man neue rechtwinklige Dreiecke AB_nC_n.
Zeichne für $x = 1{,}5$ das Dreieck AB_1C_1 ein.
c) Welche Werte für x sind sinnvoll?
d) Berechne den Flächeninhalt A der Dreiecke AB_nC_n in Abhängigkeit von x.
[Ergebnis: $A\,(x) = \frac{1}{2}\,(-x^2 + x + 12)\ cm^2$]
e) Berechne x so, dass das Dreieck AB_0C_0 den größten Flächeninhalt annimmt.
f) Für welche Werte von x erhältst du einen Flächeninhalt von mindestens 4 cm^2?

7 Arzneimittel müssen für Erwachsene und Kinder in unterschiedlichen Mengen dosiert werden. Ist die Erwachsenendosis E bekannt, so kann man mit den folgenden Formeln die Kinderdosis K berechnen. Die Variable a steht dabei für das Alter des Kindes.

(1) $K = \frac{a}{a + 12} \cdot E$ (2) $K = \frac{a + 1}{24} \cdot E$

a) Für welches Alter ergibt sich bei beiden Formeln die gleiche Dosis?
b) Für welches Alter liefert die Formel (2) den kleineren Wert?

1 Gegeben sind die Gerade g mit $y = 0{,}5x - 1$ und die Parabel p mit $y = x^2 - 4$.

a) Führe die Idee von David in deinem Heft durch.
b) Versuche mit der Überlegung von Hannah die Schnittpunkte von Parabel und Gerade zu berechnen.

M **quadratisches Gleichungssystem**

Enthält ein Gleichungssystem mindestens eine quadratische Gleichung, so spricht man von einem **quadratischen Gleichungssystem**. Solche Systeme werden nach den gleichen Verfahren wie die linearen Gleichungssysteme (Einsetzungs-, Gleichsetzungs-, Additionsverfahren) gelöst.

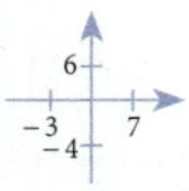

2 Zeichne jeweils die Parabel p und die Gerade g in ein Koordinatensystem und berechne die Koordinaten der Schnittpunkte.
a) p mit $y = x^2 - 4$ und g mit $2x + 3y = 4$
b) p mit $y = -\frac{1}{2}x^2 + 2x + 4$ und g mit $y = 0{,}2x - 1$

3

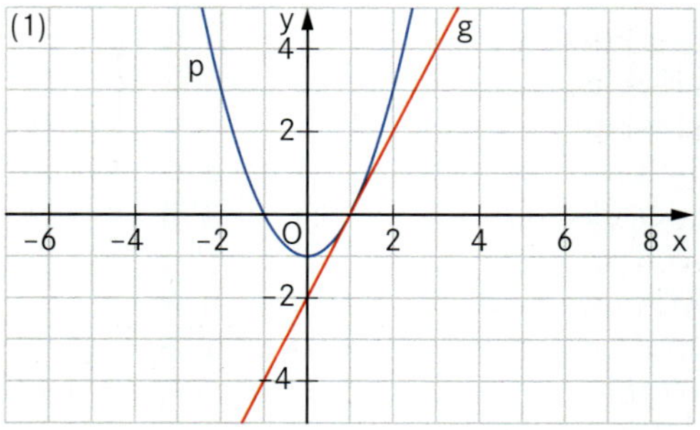

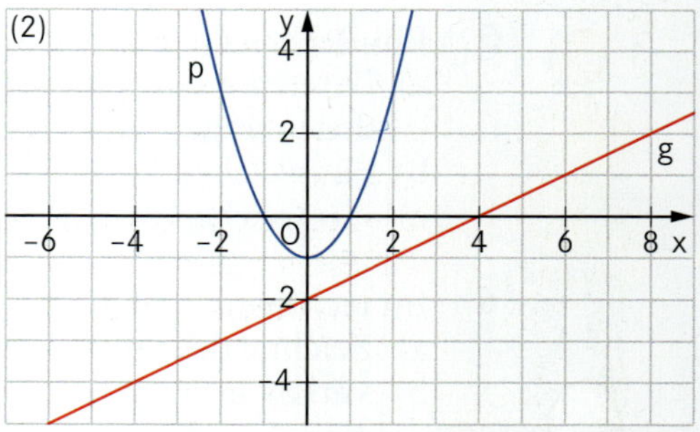

a) Die Grafik (1) lässt vermuten, dass sich die Parabel und die Gerade berühren. Ermittle mit Hilfe der Grafik die Funktionsgleichungen und bestätige die Vermutung rechnerisch.
b) In der Grafik (2) gibt es keinen Schnittpunkt zwischen p und g. Bestätige.
c) Formuliere einen Zusammenhang zwischen der Anzahl der Schnittpunkte in der grafischen Darstellung und der Anzahl der Lösungen des Gleichungssystems.

M **Schnittpunkt von Parabel und Gerade**

Schneidet man eine Parabel mit einer Geraden, so erhält man unterschiedlich viele **Schnittpunkte**. Für die jeweilige Anzahl und für das zugehörige Gleichungssystem gilt:

Anzahl der Schnittpunkte	Anzahl der Lösungen des Gleichungssystems	Bezeichnung der Gerade
2	2	Sekante s
1	1	Tangente t
keine	keine	Passante p

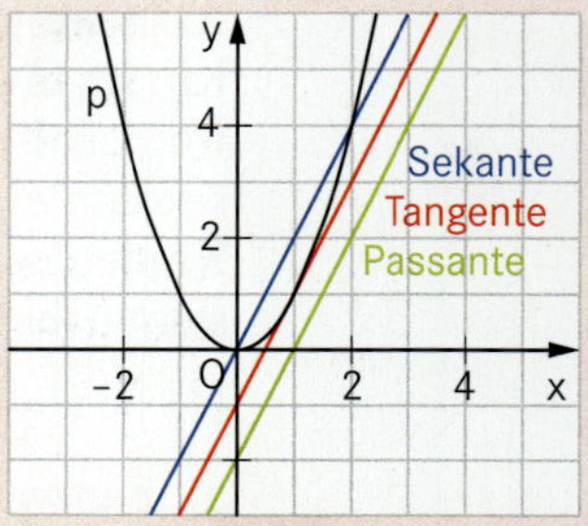

4 So kannst du zeigen, dass die Gerade g mit $y = 2x - 2$ Tangente an die Parabel p mit $y = x^2 - 2x + 2$ ist.

B

Stelle ein Gleichungssystem auf:	(I)	$y = 2x - 2$	$\mathbb{G} = \mathbb{R} \times \mathbb{R}$
	(II)	$\wedge\ y = x^2 - 2x + 2$	
Gleichsetzungsverfahren:	(I) = (II)	$x^2 - 2x + 2 = 2x - 2$	$\mathbb{G} = \mathbb{R}$
		$x^2 - 4x + 4 = 0$	
Bestimme die Diskriminante:		$D = (-4)^2 - 4 \cdot 4 = 0$	

Da D = 0 ist, hat die Gleichung nur eine Lösung, somit ist g Tangente an die Parabel.

Berechne die Koordinaten des Berührpunktes B:	$x = \frac{-(-4)}{2} = 2$ und	
	$y = 2 \cdot 2 - 2 = 2$	
Ergebnis:	B (2 | 2)	

Übungen

Überprüfe, ob die Gerade g jeweils Tangente an die Parabel p ist. Berechne gegebenenfalls die Koordinaten des Berührpunktes oder der Schnittpunkte.

a) p: $y = -x^2 + 4x + 2$; g: $y = -4x + 2$
b) p: $y = -x^2 + 8x - 13$; g: $y = -2x + 12$
c) g: $y = -6x - 2$; p: $y = x^2 - 2x + 2$
d) p: $y = -(x - 4)^2$; g: $y = 6x - 14$

Lösungen: (8 | −30); (−2 | 10); keine Lösung; (0 | 2); (0 | −2); (5 | 2)

5 Die Parabel p_1 mit $y = x^2 - \square$ und die Parabel p_2 mit $y = -0{,}5\,(x - \square)^2 + \square$ schneiden sich wie in der Zeichnung in den Punkten A und B.

a) Ergänze in deinem Heft die Platzhalter.
b) Berechne die Koordinaten der Schnittpunkte A und B.

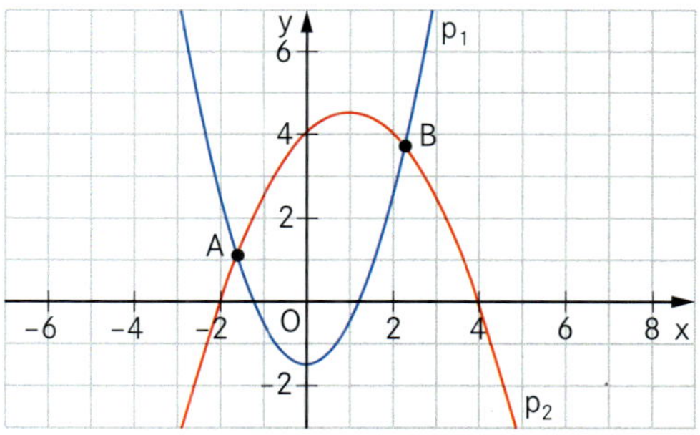

6 Bestimme die Lösungsmenge der folgenden Gleichungssysteme.

a) $y = 2x + 4 \wedge y = x^2 - 2x + 3$
b) $y = -x^2 + 4x + 4 \wedge y = 0{,}5x^2 - 0{,}5x - 2$
c) $y = -0{,}5x^2 + x - 3{,}5 \wedge y = x^2 + 4x - 8$
d) $2x - y = 1 \wedge 2x^2 - 4x - y = -3$

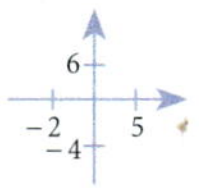

7 Gegeben sind die Parabeln p_1 mit $y = -x^2 + 6x - 6$ und p_2 mit $y = x^2 - 2x + 2$.

a) Berechne die Scheitelkoordinaten und zeichne die beiden Parabeln in ein Koordinatensystem ein.
b) Stelle eine Vermutung über die Anzahl der Schnittpunkte auf.
c) Bestätige deine Vermutung durch Rechnung.

8 Stelle zunächst fest, ob sich die beiden Parabeln berühren. Berechne dann gegebenenfalls die Koordinaten des Berührpunktes oder der Schnittpunkte.

a) p_1: $y = x^2 - 4x + 2$; p_2: $y = -x^2 - 4x + 2$
b) p_1: $y = 0{,}25x^2$; p_2: $y = 0{,}5\,(x - 3)^2 + 2{,}25$
c) p_1: $y = x^2 - 6x + 5$; p_2: $y = -x^2 + 4x + 5$
d) p_1: $y = x^2 - 6x + 8$; p_2: $y = -(x - 5)^2 + 1$

Lösungen: (3 | 2,25); (4 | 0); (0 | 2); (0 | 4); (0 | 5); (5 | 0); (9 | 20,25); (2 | 0)

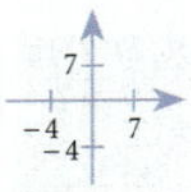

1 Gegeben sind die Parabel p mit der Gleichung $y = -0{,}5x^2 + x + 5{,}5$ und die Gerade g mit $y = -\frac{1}{6}x - 2{,}5$.

a) Zeichne die Gerade g und die Parabel p in ein Koordinatensystem ein.

b) Parabel und Gerade schneiden sich in den Punkten A und E. Berechne deren Koordinaten. [Teilergebnis: $A\,(-3\,|\,-2)$]

c) Die Punkte B_n auf der Geraden g und die Punkte D_n auf der Parabel p haben die gleiche Abszisse x. Sie bilden zusammen mit dem Punkt A und $C\,(4\,|\,1{,}5)$ die Vierecke AB_nCD_n. Trage die Vierecke für $x = -1$ und $x = 2$ in das Koordinatensystem ein.

d) Zeige, dass sich der Flächeninhalt der Vierecke in Abhängigkeit von x wie folgt darstellen lässt: $A\,(x) = (-1{,}75x^2 + \frac{49}{12}x + 28)$ FE.

e) Für welche Belegungen von x gibt es Vierecke mit 24,5 FE?

f) Unter den Vierecken gibt es ein Trapez mit den Grundseiten [AB] und [CD]. Berechne den zugehörigen Wert für x und den Flächeninhalt.

2 a) Für die Seiten eines Rechtecks gilt $a + b = 18$ cm. Der Flächeninhalt beträgt $4{,}25\ \text{cm}^2$ ($8\ \text{cm}^2$).

b) Für die Seiten eines Rechtecks gilt $a = b + 5$ cm. Die Diagonalen des Rechtecks sind 15 cm lang.

3 Einem Quadrat wird wie in der Zeichnung ein gleichseitiges Dreieck einbeschrieben.

a) Konstruiere für ein selbst gewähltes Quadrat das einbeschriebene Dreieck.

b) Berechne die Seitenlänge s des Dreiecks für $a = 6$ cm.

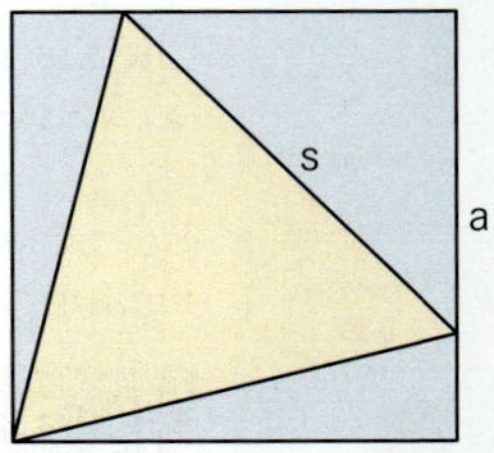

4 Das Wohnzimmer der Familie Massl hat eine Grundfläche von $31{,}5\ \text{m}^2$ bei einer Raumhöhe von 2,50 m. Im Zuge von Renovierungsmaßnahmen soll das Zimmer neu gestrichen werden. Mit Decke und Wänden ist dies insgesamt eine Fläche von $81\ \text{m}^2$. Dabei sind bereits $8\ \text{m}^2$ für Fenster und Türen abgezogen.
Berechne mit Hilfe eines geeigneten Gleichungssystems die Länge und Breite des Wohnzimmers.

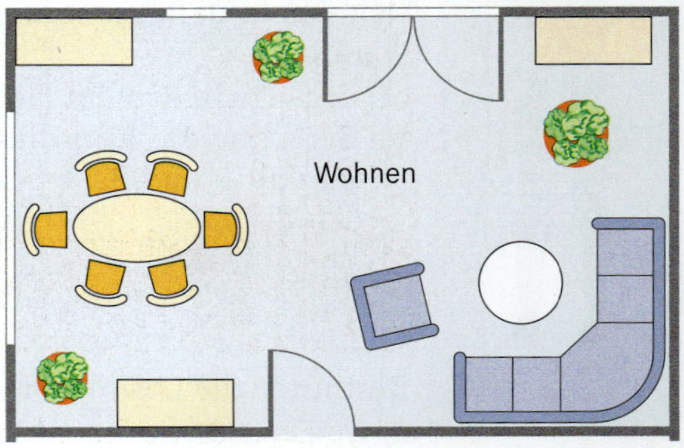

A $x \cdot y = 31{,}5$
$\wedge\ (x + y) \cdot 5 + 31{,}5 + 8 = 81$

B $x \cdot y = 31{,}5$
$\wedge\ 5x + 5y + 31{,}5 = 89$

C $x \cdot y = 31{,}5$
$\wedge\ (x + y) \cdot 2 \cdot 2{,}5 + 8 = 81$

5 Auf Seite 120 hast du eine Faustformel zur Berechnung des Anhalteweges eines Autos kennengelernt. Eine genaue Formel lautet: $s = v \cdot t + \frac{1}{2b} \cdot v^2$.

Dabei ist t die Reaktionszeit in Sekunden (s), b die fahrzeugtypische Bremsverzögerung in $\frac{m}{s^2}$ und v die Geschwindigkeit in $\frac{m}{s}$.

a) Begründe für $b = 4\,\frac{m}{s^2}$ und eine Reaktionszeit von 1 s die Faustformel für den Anhalteweg s aus der Fahrschule: $s = \frac{3}{10} \cdot \text{Tachoanzeige} + \left(\frac{\text{Tachoanzeige}}{10}\right)^2$

b) Für ein bestimmtes Fahrzeug und einen Fahrer gelten die Werte $b = 4{,}5\,\frac{m}{s^2}$ und $t = 1{,}2$ s. Mit welcher Geschwindigkeit fährt der Fahrer, wenn sein Anhalteweg 136 m beträgt?

6 Der Schanzentisch der Sprungschanze in Schneewinkel ist parabelförmig gebogen. In der Zeichnung lässt sich das Profil des Schanzentisches durch einen Graphen darstellen, der durch die Punkte O $(0|0)$, P $(5|0{,}25)$ und Q $(30|9)$ verläuft.

a) Ermittle die Gleichung der Parabel p, die das Profil des Schanzentisches beschreibt.
b) Erstelle für $x \in [0; 30]$ mit $\Delta x = 5$ eine Wertetabelle und zeichne den Graphen. Für die Zeichnung: 1 LE $\triangleq$ 5 m
c) Die Anlaufspur verläuft vom Punkt Q aus geradlinig nach oben bis S $(95|48)$. Erstelle für diesen Abschnitt der Geraden g die zugehörige Gleichung. Ergänze die Zeichnung.
d) Zeige, dass g Tangente an die Parabel p ist.
e) Wie viel Prozent beträgt die Steigung im Anlauf?

7 Bei einer so genannten „Satellitenschüssel" oder einem „Sonnenofen" (Parabolspiegel) werden die einfallenden Signale oder Sonnenstrahlen wie in der Skizze „umgelenkt".

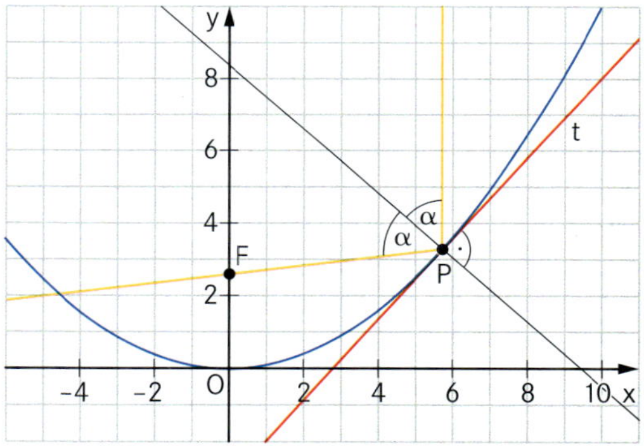

a) Zeige, dass die Gerade t mit der Gleichung $y = x - 2{,}5$ Tangente an die Parabel ist. Die Satellitenschüssel hat die Form einer Parabel mit der Gleichung $y = 0{,}1x^2$.
b) Bestimme die Koordinaten des Berührpunktes P.
c) Konstruiere den Brennpunkt F, wenn das Signal genau parallel zur Symmetrieachse der Parabel eintrifft. Gib die Koordinaten von F an.
d) Welche Bedeutung hat der Punkt F bei der Satellitenschüssel und beim Sonnenofen?

In einem Glas befindet sich Wasser, im anderen Apfelsaft, jeweils die gleiche Menge. Gießt man die Hälfte des Saftes zum Wasser, rührt um und schüttet dann soviel von der Mischung zurück in den Saft, dass die Gläser wieder gleich weit gefüllt sind. Bestimme das Mischungsverhältnis in jedem Glas.

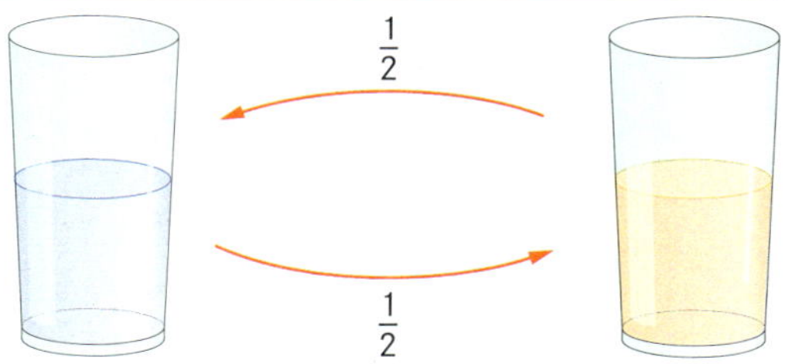

1 Der Punkt M (3 | 3) ist Mittelpunkt von Strecken $[P_nQ_n]$ mit $P_n \in g$ und $Q_n \in p$.
Es gilt: g mit $y = \frac{1}{2}x + 4$; p mit $y = -x^2 + 10x - 23$

a) Trage die Gerade in ein Koordinatensystem ein. Wähle Punkte P_1 (0 | ▒), P_2 (1 | ▒), P_3 (3 | ▒) auf der Geraden g und zeichne die Strecken $[P_nQ_n]$ mit dem Mittelpunkt M.

b) Begründe, dass die Punkte Q_n auf einer Geraden liegen.
A $y = -0{,}5x + 1$ **B** $y = 0{,}5x - 1$
C $y = 0{,}5\,(x - 3) + 3$

c) Begründe, dass es zwei Lösungspunkte Q und Q_0 gibt.

d) Trage die gesuchten Strecken in die Zeichnung ein.

e) Berechne die Koordinaten der gesuchten Punkte.

f) Löse die Aufgabe, indem du zunächst Punkte Q_n auf der Parabel wählst.

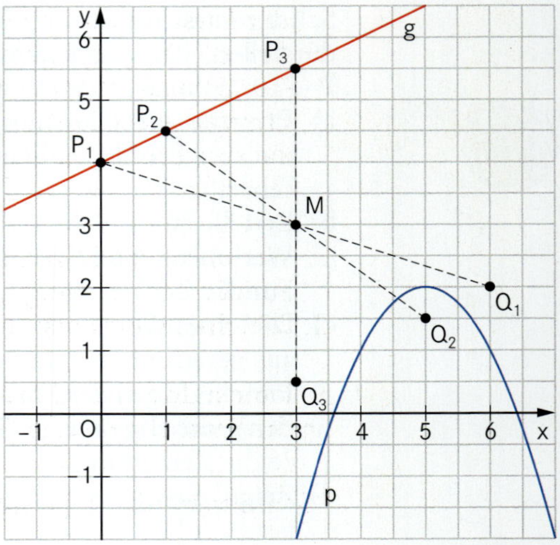

2 Die Punkte A_n liegen auf einer Parabel p und die Punkte B_n auf einer Geraden g.
Weiter gilt: $\overrightarrow{A_nB_n} = \begin{pmatrix} 4 \\ -1 \end{pmatrix}$;
p mit $y = x^2 + 2x + 2$ und g mit $y = \frac{1}{3}x$

a) Fertige eine Zeichnung an. Gehe dabei vor wie bei Aufgabe 1.

b) Berechne die Koordinaten der möglichen Punkte A und B.

c) Löse die Aufgabe mit $\overrightarrow{A_nB_n} = \begin{pmatrix} 2{,}5 \\ -3{,}5 \end{pmatrix}$;
g mit $y = x - 1$ und p mit $y = x^2 - 6x + 9$

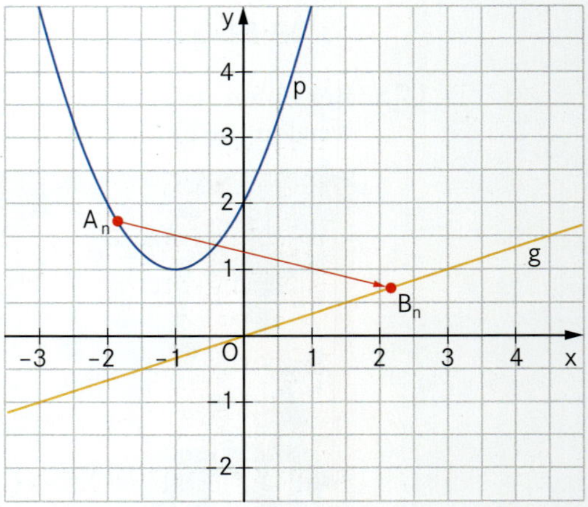

3 Die Parallele zur y-Achse durch den Punkt P (2 | 0) ist Mittelsenkrechte der Strecke [AB]. Der Punkt A liegt auf der Parabel p_1 mit $y = x^2$, der Punkt B auf der Parabel p_2 mit $y = -x^2 + 10x - 23{,}5$.

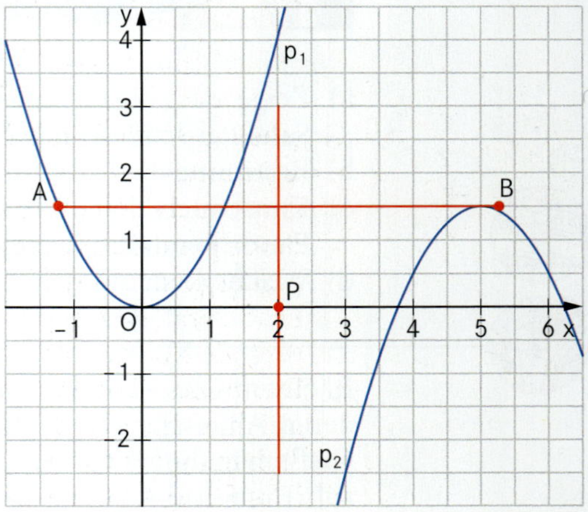

1 Im Bild dargestellt sind eine Parabel p und einige Geraden einer Parallelenschar.

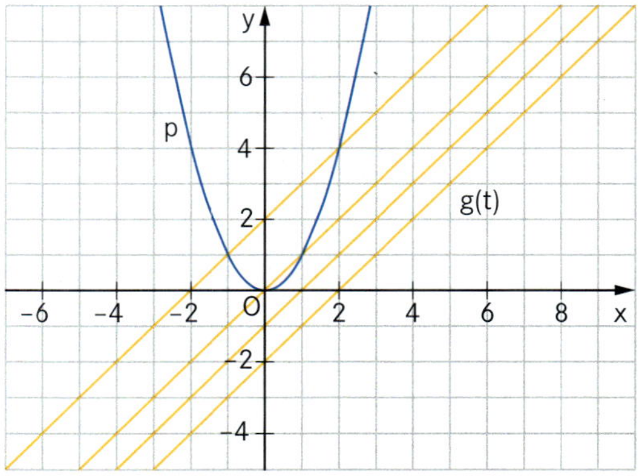

a) Gib die Gleichungen der Parabel p und der Parallelenschar g (t) an.
b) Um die Schnittpunkte von Parabel und Geraden zu erhalten, musst du ein Gleichungssystem aufstellen. Daraus erhältst du eine der folgenden Gleichungen:
A $x^2 - x + t = 0$ **B** $x^2 - x - t = 0$
C $x^2 - tx + 1 = 0$
c) Bestimme die Diskriminante D der gefundenen Gleichung.
d) Welchen Wert muss die Diskriminante D haben, wenn die Gerade Tangente an p ist?

2 So kannst du aus der **Parallelenschar** g (t) mit der Gleichung $y = -0{,}5x + t$ die **Tangente** t an die Parabel p mit der Gleichung $y = x^2$ berechnen ($\mathbb{G} = \mathbb{R} \times \mathbb{R};\ t \in \mathbb{R}$).

B

Schnittpunktbedingung:	$y = x^2$ $\wedge\ y = -0{,}5x + t$
Gleichsetzen:	$x^2 = -0{,}5x + t$ $x^2 + 0{,}5x - t = 0$
Diskriminante $D = b^2 - 4ac$:	$D = 0{,}5^2 - 4 \cdot 1 \cdot (-t)$ $= 4t + 0{,}25$
Wenn D = 0 gilt, ist t Tangente:	$4t + 0{,}25 = 0$ $t = -\frac{1}{16}$
Ergebnis:	t mit $y = -0{,}5x - \frac{1}{16}$

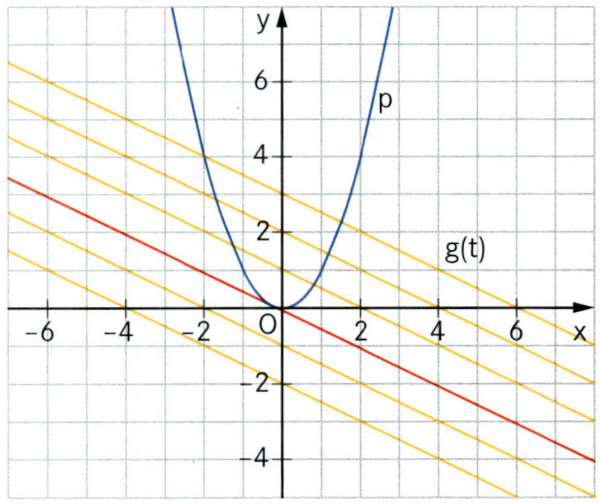

a) p: $y = x^2$; g (t): $y = -x + t$
b) p: $y = 0{,}5x^2 + 2$; g (t): $y = 0{,}5x + t$
c) p: $y = x^2 - 2x + 1$; g (t): $y = \frac{2}{3}x + t$
d) p: $y = x^2 - 4x + 1$; g (t): $y = 1{,}5x + t$

Lösungen (nur t): $-\frac{7}{9}$; $-\frac{1}{4}$; $\frac{1}{2}$; $-\frac{105}{16}$; $\frac{15}{8}$

3 Gegeben sind die Parabel p mit der Gleichung $y = 0{,}5x^2 - 3x + 6{,}5$ und die Gerade g mit $y = 0{,}5x + 3{,}5$.
a) Zeichne die Parabel p und die Gerade g in ein Koordinatensystem.
b) Berechne die Koordinaten der Schnittpunkte A und B von Parabel und Gerade.
[Teilergebnis: A (6 | ▭)]
c) Eine Parallele t zur Geraden g ist Tangente an die Parabel. Berechne ihre Gleichung und die Koordinaten des Berührpunktes P.
d) Die Punkte C_n $(x \mid y_C)$ liegen auf der Parabel zwischen A und B. Sie bilden Dreiecke ABC_n. Zeichne eines dieser Dreiecke ein und berechne den Flächeninhalt A der Dreiecke in Abhängigkeit von x.
[Ergebnis: $A(x) = (-1{,}25x^2 + 8{,}75x - 7{,}5)$FE]
e) Ermittle x so, dass das Dreieck ABC_0 den größten Flächeninhalt besitzt. Gib die Koordinaten von C_0 an.
f) Begründe, warum C_0 der Berührpunkt P der Tangente t an die Parabel p sein muss.

4 Der Punkt P (1 | 1) liegt auf einer oben offenen Normalparabel mit dem Scheitel S (0 | 0). P ist Büschelpunkt eines Geradenbüschels mit $y = mx - m + 1$.
a) Zeichne die Parabel und einige Geraden des Büschels in ein Koordinatensystem ein.
b) Versuche aus der Zeichnung zu erkennen, ob es unter den Büschelgeraden eine Tangente gibt. Zeichne diese ein.
c) Wenn du die Parabel mit dem Geradenbüschel schneidest, erhältst du eine quadratische Gleichung. Welche ist richtig?
A $x^2 + mx - m + 1 = 0$ **B** $x^2 - mx + m - 1 = 0$ **C** $x^2 + mx + 1 = 0$
d) Bestimme die Diskriminante der gefundenen Gleichung.
e) Welchen Wert hat diese Diskriminante, wenn die Gerade Tangente an die Parabel ist? Versuche den zugehörigen Wert für m zu bestimmen.

5 So kannst du aus einem **Geradenbüschel** g (m) mit der Gleichung $y = mx - m - 3$ die **Tangenten** an die Parabel p mit $y = x^2$ berechnen.

B

Schnittpunktbedingung: $y = x^2$
$\wedge\ y = mx - m - 3$

Gleichsetzen: $x^2 = mx - m - 3$
$x^2 - mx + m + 3 = 0$

Diskriminante: $D = (-m)^2 - 4 \cdot 1 \cdot (m + 3)$
$D = m^2 - 4m - 12$

Wenn D = 0 gilt, $m^2 - 4m - 12 = 0$
ist t Tangente: $m_1 = -2;\ m_2 = 6$

Tangentengleichungen: t_1 mit $y = -2x - 1$
t_2 mit $y = 6x - 9$

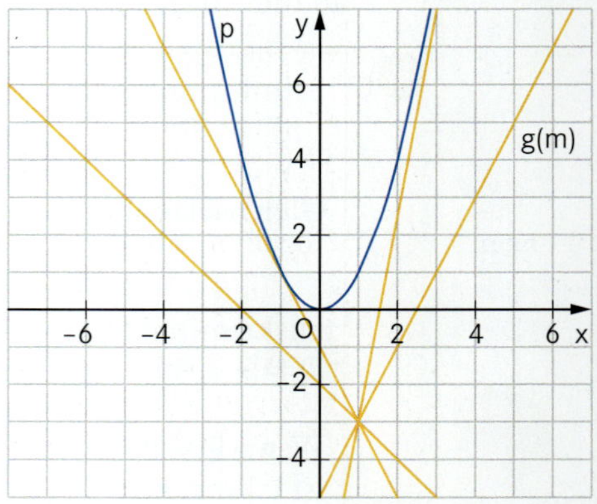

a) p: $y = x^2 + 2{,}5$; g (m): $y = mx - 1{,}5$
b) p: $y = -x^2 - 2x$; g (m): $y = mx + 4$
c) p: $y = 0{,}5x^2 + 2$; g (m): $y = mx + 1$
d) p: $y = x^2 - 4x + 1$; g (m): $y = mx - 3$

Lösungen (nur m): 2; −4; $\sqrt{2}$; 4; −6; 0; $-\sqrt{2}$; 2; −8

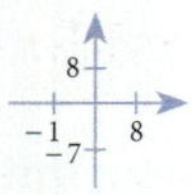

6 Gegeben ist die Parabel p mit $y = -x^2 + 8x - 13$ und das Geradenbüschel g (m) mit $y = mx - 5m + 6$.
a) Zwei Geraden des Büschels sind Tangenten an die Parabel. Berechne ihre Gleichungen. Zeichne die Parabel und die Tangenten in ein Koordinatensystem ein. Bestimme die Koordinaten der Berührpunkte B_1 und B_2.
b) Die Gerade h mit $y = -2x + 8$ schneidet die Parabel p in den Punkten P und Q.
c) Eine zu h parallele Gerade s ist Tangente an die Parabel p.

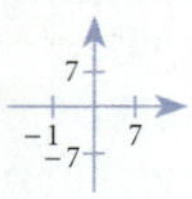

7 Eine Parabel p ist festgelegt durch die Funktionsgleichung $y = x^2 - 8x + 13$. Der Punkt B (3 | −6) ist Büschelpunkt eines Geradenbüschels g (m).
a) Zeichne die Parabel sowie die Geraden des Büschels für $m \in \{-4{,}5;\ 1;\ 4\}$ in ein Koordinatensystem ein.
b) Ermittle rechnerisch die Gleichungen der Tangenten t_1 und t_2 sowie die Koordinaten der Berührpunkte P_1 und P_2.
c) Zeichne die Gerade $h = P_1P_2$ in das Koordinatensystem ein und bestimme ihre Gleichung.
d) Eine Parallele t zur Geraden h ist ebenfalls Tangente an die Parabel p.

8 So kannst du die Gleichung der Parabeln einer **Parabelschar** p (a) bestimmen, die die Gerade t als **Tangente** besitzen. Es gilt: p (a) mit $y = x^2 - ax + 3a$; t mit $y = -2x + 6$

B

Schnittpunktbedingung: $y = x^2 - ax + 3a$
$\wedge\ y = -2x + 6$

Gleichsetzen: $x^2 - ax + 3a = -2x + 6$
$x^2 + 2x - ax + 3a - 6 = 0$

Wenn D = 0 gilt, ist t Tangente: $(2 - a)^2 - 4\,(3a - 6) = 0$
$a_1 = 2;\ a_2 = 14$

Gleichungen der Parabeln: $y_1 = x^2 - 2x + 6$
$y_2 = x^2 - 14x + 42$

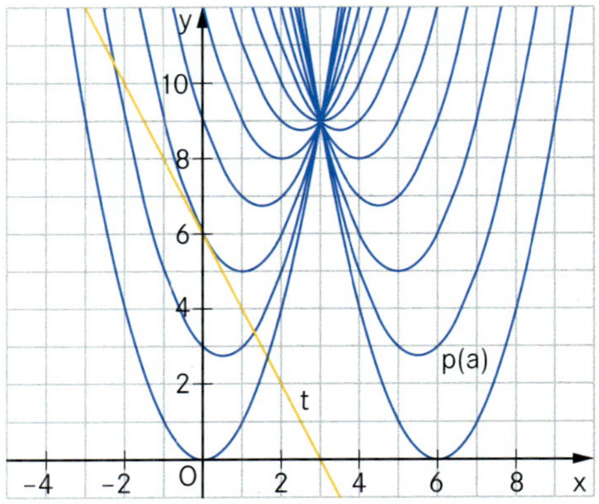

a) p (a) mit $y = -x^2 + 2ax - 0{,}5a^2 - a + 0{,}625$; t mit $y = x + 2$
b) p (a) mit $y = x^2 - 2ax + a^2 - a + 1$; t mit $y = 2x - 1$

Übungen

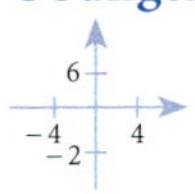

9 Gegeben ist eine Parabelschar p (a) und eine Gerade g.
Es gilt: g mit $y = 0{,}5x - 1$ und p (a) mit $y = x^2 + ax$
a) Zeichne g und die Scharparabeln für $a \in \{1;\ 2;\ -2\}$ in ein Koordinatensystem.
b) Welche der Parabeln besitzen die Gerade g als Tangente? Berechne jeweils die zugehörigen Werte für a und die Koordinaten der Berührpunkte B_1 und B_2.
c) Zeichne die Parabeln aus b) in das Koordinatensystem ein.

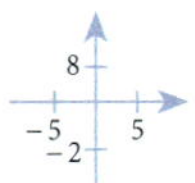

10 Durch die Gleichung $y = -x^2 + 2ax - a^2 + \frac{3}{2}a + 3$ ist für $a \in \mathbb{R}$ eine Parabelschar p (a) festgelegt.
a) Stelle für $a \in [-3;\ 3]_{\mathbb{Z}}$ die Parabeln der Schar grafisch dar.
b) Die Scheitelpunkte aller Parabeln liegen auf einem Graphen. Zeichne diesen Trägergraphen t ein und bestimme seine Gleichung
c) Eine Parallele zu t berührt alle Parabeln der Schar.
d) Eine zu t senkrechte Gerade s ist Tangente an die Parabel p_1 der Schar für a = 1.

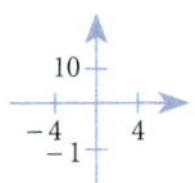

11 Der Punkt $P_0\,(1\,|\,1)$ ist Berührpunkt einer Tangente t an die Normalparabel mit dem Scheitelpunkt $S\,(0\,|\,0)$.
a) Begründe, dass die Tangente t eine Gleichung der Form $y = mx - m + 1$ besitzt.
b) Berechne sodann die Gleichung der Tangente und fertige eine Zeichnung an.
c) Wähle nun andere Punkte P_n auf der Parabel, z. B. $P_1\,(2\,|\,4)$ oder $P_2\,(-3\,|\,9)$ und bestimme die Gleichungen der Tangenten durch diese Punkte.
d) Vergleiche die Koordinaten der gewählten Punkte mit den Steigungen und den y-Achsenabschnitten der jeweiligen Tangenten. Was stellst du fest?
e) Welche der folgenden Gleichungen stellt diesen Zusammenhang für $P_n\,(x_P\,|\,y_P)$ dar?

A $m = -x_P;\ t = 2x_P$ **B** $m = 2x_P;\ t = {x_P}^2$

C $m = -2x_P;\ t = -x_P$ **D** $m = 2x_P;\ t = -{x_P}^2$

f) Gib mit Hilfe des Ergebnisses aus e) die Tangentengleichungen durch die Parabelpunkte A $(-2{,}5\,|\,6{,}25)$ und B $(4\,|\,16)$ an.

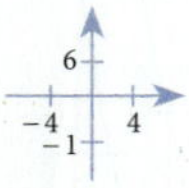

1 In der Minigolfanlage soll ein neues Feld gebaut werden. Das Hindernis ist eine parabelförmige Röhre. Wenn man den Ball tangential in die Röhre spielt, rollt er am Außenrand entlang und verlässt die Röhre wieder tangential.

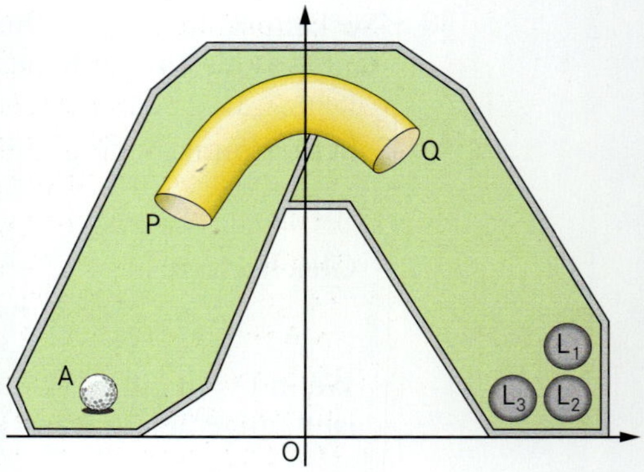

a) Erstelle eine Zeichnung für den Weg des Balles in der Röhre. Lege dazu den Parabelscheitel auf S $(0|5)$ und nimm als Öffnungsfaktor $a = -0{,}5$.
Wähle $x \in [-2;1]$.

b) Bestimme die Gleichung der Tangente am Röhrenanfang P $(-2|y_P)$ und am Ausgang Q $(x_Q|4{,}5)$.

c) Wo muss der Abschlagpunkt A $(x_A\,|\,0{,}5)$ liegen?

d) In welches Loch L rollt der Ball, wenn er den vorgesehenen Weg nimmt?
A L_1 $(4{,}5|2)$ **B** L_2 $(4{,}5|1)$ **C** L_3 $(5|1{,}5)$

2 Der Querschnitt einer Halfpipe ist parabelförmig wie in der Skizze.

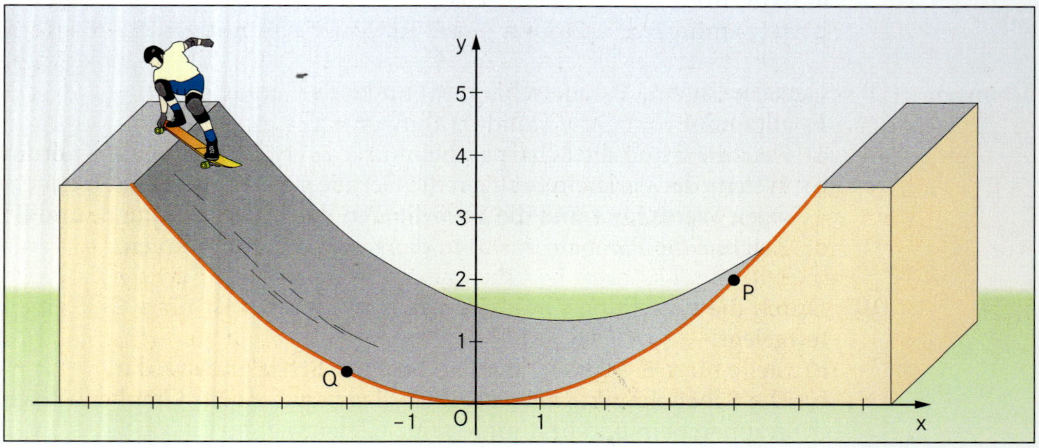

a) Stelle die Gleichung der Parabel p auf mit P $(4|2)$.

b) Berechne die Steigung der Bahn im Punkt P.
Hinweis: Die Tangente an p im Punkt P hat die gleiche Steigung.

c) Welche Steigung gilt für Q $(-2|y_Q)$?

d) Überprüfe durch Rechnung, welche Aussage zutrifft (1 LE $\triangleq$ 2 m): Die Bahnlänge von P nach Q beträgt:
A zwischen 13 m und 17 m **B** weniger als 13 m **C** mehr als 17 m

3 Eine Kröte ist in ein Tongefäß gefallen (siehe Grafik; der Querschnitt des Gefäßes ist eine Parabel).
Man sagt, dass Kröten rund 60 % Steigung überwinden können. Müssen aufmerksame Naturschützer der Kröte helfen?

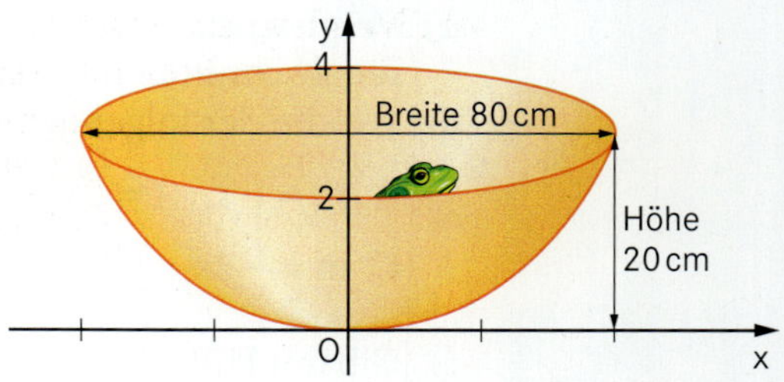

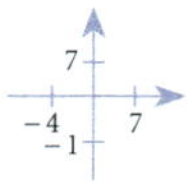

1 Die Eckpunkte D_n $(x\,|\,x^2 + 2)$ von Drachenvierecken AB_nCD_n liegen auf der Parabel p mit der Gleichung $y = x^2 + 2$. Die Strecke [AC] mit A $(0\,|\,0)$ und C $(6\,|\,6)$ liegt auf der Symmetrieachse, die Punkte M_n sind die Schnittpunkte der Diagonalen.

a) Zeichne die Parabel p und die Drachenvierecke AB_1DC_1 für $x = -0{,}5$ und AB_2CD_2 für $x = 2$ mit ihren Diagonalen in ein Koordinatensystem.

b) Ermittle die Gleichung der Geraden B_1D_1 und zeige dann durch Rechnung, das die Gerade B_1D_1 Tangente an die Parabel ist.

c) Zeige rechnerisch, dass man für den Flächeninhalt A aller konvexen Drachenvierecke in Abhängigkeit von x erhält: $A(x) = (6x^2 - 6x + 12)$ FE

d) Unter den Drachenvierecken gibt es ein flächenkleinstes Viereck. Berechne den zugehörigen Wert für x und gib A_{min} an.

e) Das Drachenviereck AB_3CD_3 hat den Flächeninhalt 48 FE. Berechne die Koordinaten des Eckpunktes D_3.

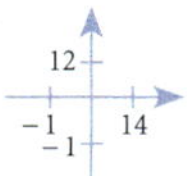

2 Die Parabel p hat die Gleichung $y = 0{,}2x^2 - 2{,}4x + 9{,}2$. Die Gerade g hat die Gleichung $y = 0{,}25x + 6{,}5$.

a) Berechne die Koordinaten des Scheitels S der Parabel und zeichne p und g in ein Koordinatensystem.

b) Die Punkte $A_n(x\,|\,0{,}2x^2 - 2{,}4x + 9{,}2)$ auf der Parabel p und die Punkte $D_n(x\,|\,0{,}25x + 6{,}5)$ auf der Geraden g haben jeweils dieselbe Abszisse x. Die Punkte B_n, deren Abszisse jeweils um 2 größer ist als die Abszisse der Punkte A_n, liegen ebenfalls auf der Parabel p. Die Punkte A_n, B_n und D_n sind zusammen mit Punkten C_n für $x \in [1{,}11;\ 12{,}14]$ die Eckpunkte von Parallelogrammen $A_nB_nC_nD_n$.
Zeichne das Parallelogramm $A_1B_1C_1D_1$ für $x = 3{,}5$ und das Parallelogramm $A_2B_2C_2D_2$ für $x = 8$ in das Koordinatensystem zu a) ein.

c) Zeige, dass für die Koordinaten der Punkte B_n in Abhängigkeit von der Abszisse x der Punkte A_n gilt: B_n $(x + 2\,|\,0{,}2x^2 - 1{,}6x + 5{,}2)$

d) Stelle den Flächeninhalt der Parallelogramme in Abhängigkeit von x dar.
[Ergebnis: $A(x) = (-0{,}4x^2 + 5{,}3x - 5{,}4)$ FE]

e) Bestimme den Flächeninhalt des größtmöglichen Parallelogramms. Berechne sodann die x-Werte, für die man Parallelogramme erhält, deren Flächeninhalt $\frac{3}{7}$ des größtmöglichen Flächeninhalts beträgt.

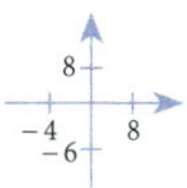

3 Die Parabel p hat den Scheitelpunkt S $(2\,|\,-5)$ und verläuft durch C $(6\,|\,3)$. Die Gerade g hat die Gleichung $y = -0{,}25x + 5{,}5$.

a) Zeige durch Berechnung, dass die Parabel p die Gleichung $y = 0{,}5x^2 - 2x - 3$ hat und zeichne die Parabel p und die Gerade g in ein Koordinatensystem.

b) Die Punkte B_n $(x\,|\,0{,}5x^2 - 2x - 3)$ auf der Parabel p und die Punkte D_n $(x\,|\,-0{,}25x + 5{,}5)$ auf der Geraden g haben dieselbe Abszisse x und sind für $x \in [-2;\ 6]$ die Eckpunkte von Vierecken AB_nCD_n. Es gilt: A $(-2\,|\,3)$
Zeichne das Viereck AB_1CD_1 für $x = -1$ und AB_2CD_2 für $x = 3$ in das Koordinatensystem zu a) ein.

c) Berechne den Flächeninhalt A der Vierecke in Abhängigkeit von x.
[Ergebnis: $A(x) = (-2x^2 + 7x + 34)$ FE]

d) Für welche Belegungen von x erhält man einen Flächeninhalt von 38,5 FE?

e) Unter den Vierecken gibt es zwei Drachenvierecke mit der Symmetrieachse AC. Berechne die zugehörigen Werte für x.

1

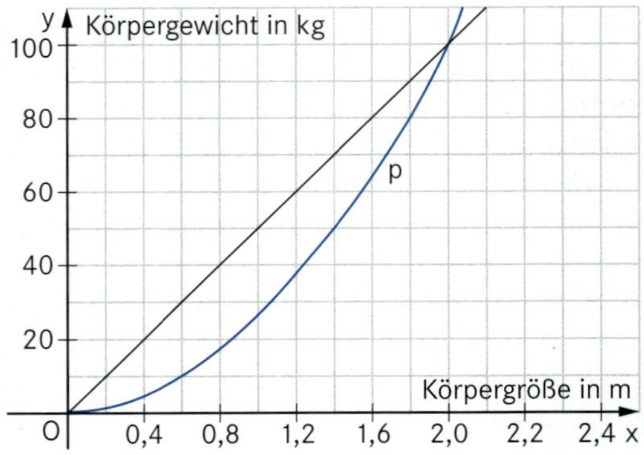

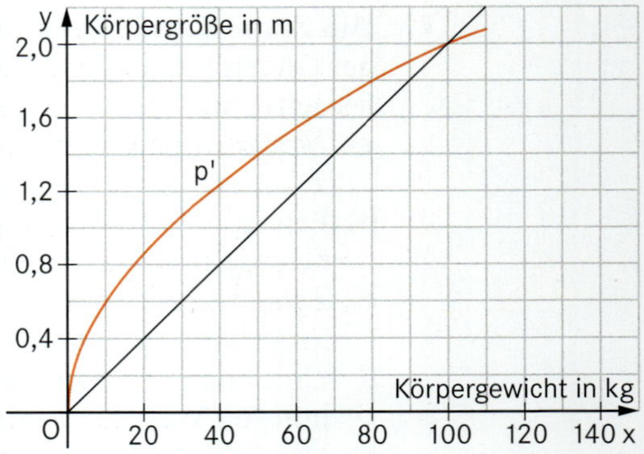

Die linke Abbildung zeigt den Graphen p der Funktion f mit der Gleichung $y = 25x^2$. Dargestellt wird der Zusammenhang zwischen der Körpergröße x m und dem Gewicht y kg bei einem Body-Mass-Index von 25 (siehe Seite 124).

a) Durch welche Abbildung erhält man aus dem Graphen p den Graphen p′?
b) Berechne die nach y aufgelöste Gleichung des Graphen p′.
A $x = 25y^2$ **B** $y = \frac{1}{5}\sqrt{x}$ **C** $y = 5\sqrt{x}$
c) Stellt der Graph p′ eine Funktion dar? Begründe.
d) Vergleiche die in beiden Abbildungen beschriebenen Zusammenhänge.
e) Christian hat einen BMI von 25. Wie groß ist er, wenn er 64 kg wiegt? Berechne.

Wurzelfunktion

M

Die Gleichung $y = \sqrt{x}$ bestimmt eine **Wurzelfunktion**.
Der Graph ist eine „halbe liegende Parabel“.
Es gilt: $\mathbb{D} = \mathbb{R}_0^+$; $\mathbb{W} = \mathbb{R}_0^+$

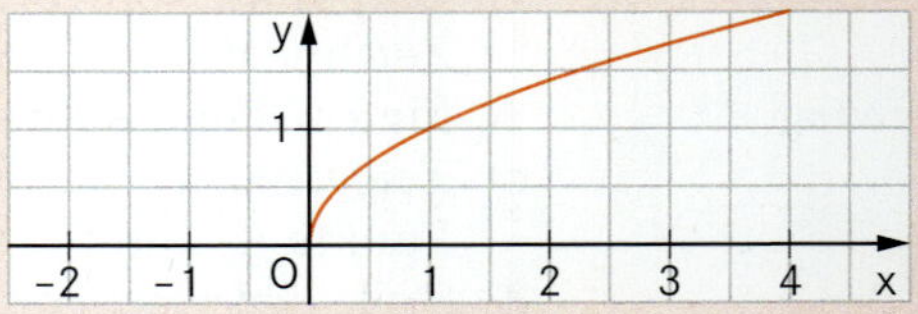

Umkehrrealation

Die **Umkehrung einer quadratischen Funktion f** ist keine Funktion. Es ist eine **Umkehrrelation** R^{-1}.
Der Graph entsteht durch Spiegelung von $y = x^2$ an der Winkelhalbierenden w_1 des 1. und 3. Quadranten.

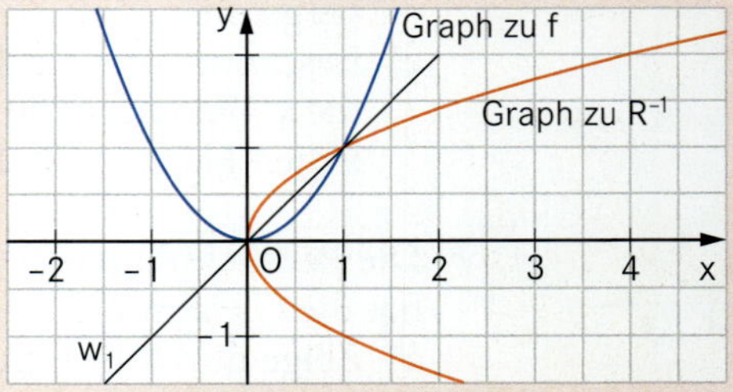

Bestimmung der Gleichung:	f mit $y = x^2$	$\mathbb{G} = \mathbb{R} \times \mathbb{R}_0^+$
x und y sowie Grundmenge vertauschen,	R^{-1} mit $x = y^2$	$\mathbb{G} = \mathbb{R}_0^+ \times \mathbb{R}$
nach y auflösen:	$y = \sqrt{x}$ ∨	$y = -\sqrt{x}$

Übungen

2 Zeichne den Graphen zu $y = -\sqrt{x}$ in ein Koordinatensystem. Gib die Definitions- und Wertemenge an.

3 Durch folgende Gleichungen werden Wurzelfunktionen festgelegt. Erstelle jeweils eine Wertetabelle in einem geeigneten Intervall und zeichne den Graphen. Gib die Definitions- und Wertemenge an.

a) $y = \sqrt{x} + 1{,}5$ b) $y = \sqrt{x + 1{,}5}$ c) $y = \sqrt{2x} - 1$ d) $y = 3 - \sqrt{1 - x}$

1 Auf dem Graphen zu f mit $y = \sqrt{x}$ ($\mathbb{G} = \mathbb{R}_0^+ \times \mathbb{R}_0^+$) liegen die Punkte P $(2 \mid y)$ und Q $(x \mid 2)$.
a) Zeichne den Graphen zu f sowie die Punkte P und Q in ein Koordinatensystem.
b) Berechne die fehlende Koordinate von P.
c) Versuche ebenso die Berechnung von Q. Was stellst du fest?

Wurzelgleichung

M Gleichungen, bei denen eine Variable im Radikanden einer Wurzel vorkommt, heißen **Wurzelgleichungen**.
Da der Radikand nicht negativ sein darf, muss eine Definitionsmenge bestimmt werden.

2 So kannst du die Gleichung $\sqrt{x} - 3 = 0$ ($\mathbb{G} = \mathbb{R}$) lösen.

B
$\sqrt{x} - 3 = 0$ $\qquad \mathbb{D} = \mathbb{R}_0^+$
Isoliere zuerst den Wurzelterm: $\sqrt{x} = 3 \quad |^2$ $\qquad$ keine Äquivalenzumformung!
Quadriere beide Seiten: $x = 9$
Mache die Probe: $\sqrt{9} - 3 = 0$ (w)
$\mathbb{L} = \{9\}$

a) $\sqrt{x} + 8 = 24$	b) $14 - \sqrt{x} = 130$	c) $2\sqrt{x} + 1 = 13$	d) $3\sqrt{x - 4} = 18$
$\sqrt{x + 8} = 24$	$\sqrt{14 - x} = 130$	$2\sqrt{x + 1} = 13$	$4\sqrt{3 + x} = 18$
$\sqrt{8x} = 24$	$\sqrt{14x} = 130$	$2\sqrt{1 - x} = 13$	$\sqrt{3 - 4x} = 18$

Übungen

3 Bestimme die Lösungsmenge. Denke an die Definitionsmenge und die Probe.

a) $x + \sqrt{x} - 1 = 0$
b) $2\sqrt{x} + 3x = 5x + 2$
c) $\sqrt{2 + x} + 4 = x$
d) $3x - \sqrt{3 - 2x} = 2$
e) $-\sqrt{2 + 3x} = 1 - x$
f) $x = \sqrt{x^2 + 2}$
g) $2x = \sqrt{x^2 + x}$
h) $\sqrt{x^2} = -x + 1$

$\sqrt{x + 5} - x + 1 = 0$ $\qquad \mathbb{D} = \{x \mid x \geqq -5\}$
$\sqrt{x + 5} = x - 1 \quad |^2$ $\qquad$ keine Äquivalenzumformung
$x + 5 = (x - 1)^2$
$0 = x^2 - 3x - 4$
$x_{1,2} = \frac{3 \pm \sqrt{9 + 16}}{2}$
$x_1 = 4;\ x_2 = -1$
Probe: $\sqrt{4 + 5} - 4 + 1 = 0$ (w)
$\sqrt{-1 + 5} + 1 + 1 = 0$ (f) $\quad \mathbb{L} = \{4\}$

4 Die Punkte P_n $(x \mid y)$ wandern auf der Geraden g mit $y = -\frac{1}{2}x + 3$.
a) Zeichne die Gerade und die Punkte P_n für $x \in \{-1; 2; 4\}$ in ein Koordinatensystem.
b) Berechne für x = 4 die Länge der Strecke [OP].
c) Zeige, dass man für die Streckenlängen $\overline{OP_n}$ in Abhängigkeit von x erhält:
$\overline{OP_n}(x) = (\sqrt{1{,}25x^2 - 3x + 9})$ LE
d) Für welche Punkte P_4 ist die Strecke 3 LE ? Zeichne P_4 in das Koordinatensystem ein.
e) Berechne x so, dass die Strecke eine kleinste Länge besitzt. Gib diese Länge an.

5 Die Schallgeschwindigkeit c in der Luft wird näherungsweises so berechnet:
$c = 331{,}6\,\frac{m}{s} \cdot \sqrt{\frac{273{,}2 + y}{273{,}2}}$. Dabei ist y °C die Lufttemperatur.
a) Wie schnell ist der Schall bei 0 °C (10 °C; 30 °C)?
b) Im Allgemeinen ist die Schallgeschwindigkeit mit 333 $\frac{m}{s}$ bekannt. Bei welcher Temperatur trifft dies zu?

1

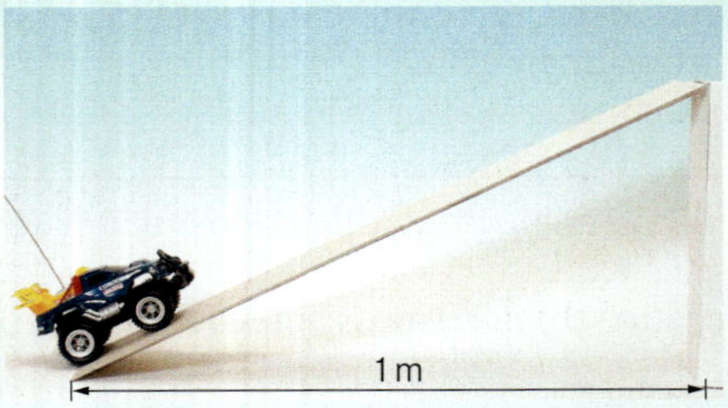

a) Ein ferngesteuertes Spielzeugauto schafft auf einer geraden Rampe eine Steigung von 30 %. Wie hoch kommt es? Runde auf Millimeter.

b) Die Rampe führt jetzt auf die gleiche Höhe wie in a), hängt aber parabelförmig durch. Welche der Gleichungen beschreibt den Verlauf?
A $y = -0{,}32x^2$ **B** $y = 3{,}23x^2$ **C** $y = 0{,}3x^2$

c) Das Auto schafft immer noch 30 % Steigung. Wie weit kommt es jetzt in horizontaler Richtung? Welche Höhe erreicht es?

4

Das „Parabelgesicht“ wurde nur aus Parabeln konstruiert.

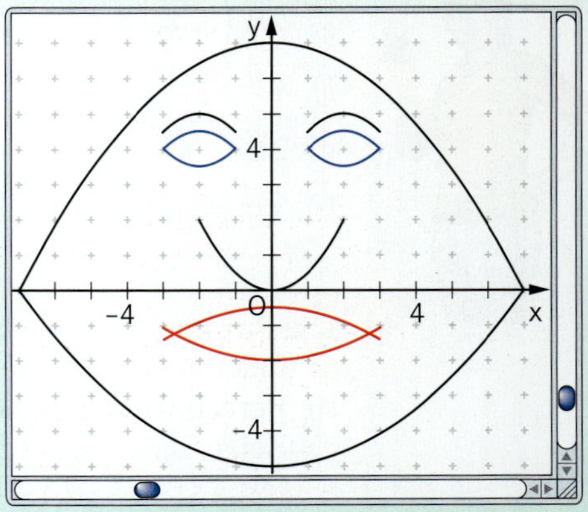

a) Ordne die folgenden Parabelgleichungen richtig zu.
p_1: $y = -0{,}15x^2 + 7$
p_2: $y = -0{,}5\,(x + 2)^2 + 4{,}5$
p_3: $y = 0{,}5\,(x + 2)^2 + 3{,}5$
p_4: $y = -0{,}5\,(x + 2)^2 + 5$

b) Finde für fünf weitere der vorhandenen Parabeln die zugehörigen Gleichungen. Gib jeweils die Intervallgrenzen an.

c) Erfinde selbst eine Parabelfigur. Gib die Gleichungen der zugehörigen Parabeln und die Intervallgrenzen an.

2 Die GFZ (Geschossflächenzahl) eines Baugrundstücks ist ein Grenzwert, der nicht überschritten werden darf. Sie wird von der Gemeinde oder dem zuständigen Landratsamt bei der Aufstellung eines Bebauungsplans festgelegt.

$$GFZ = \frac{\text{Geschossflächeninhalt}}{\text{Grundstücksflächeninhalt}}$$

Als Geschossflächen zählen alle Flächen der Räume eines Hauses über dem Erdboden, die eine Höhe von mindestens 2,30 m aufweisen.

Familie Gassl kauft ein Baugrundstück von 800 m² mit einer vorgeschriebenen GFZ von 0,35. Die Familie möchte ein 10 m x 12 m großes Haus mit einem Erdgeschoss und einem Dachgeschoss, das überall mehr als 2,30 m Raumhöhe hat, errichten. Die GFZ des geplanten Objekts beträgt somit:

$$GFZ = \frac{2 \cdot (10 \cdot 12)}{800} = 0{,}30$$

Da die berechnete GFZ den Wert 0,35 nicht überschreitet, ist die Größenordnung des geplanten Hauses zulässig.

a) Welche Länge müsste das 10 m breite Haus von Familie Gassl im obigen Beispiel haben, wenn die GFZ von 0,35 voll ausgeschöpft würde?

b) Auf dem 600 m² großen Grundstück mit der Flur-Nr. 1723/2 möchte Familie Häusl ein Einfamilienhaus mit zwei Vollgeschossen errichten. Die Hauslänge soll um 2 m größer sein als die Breite. Die GFZ von 0,4 soll voll genutzt werden. Berechne die Länge und Breite des Hauses. Verwende für die Länge x Meter.

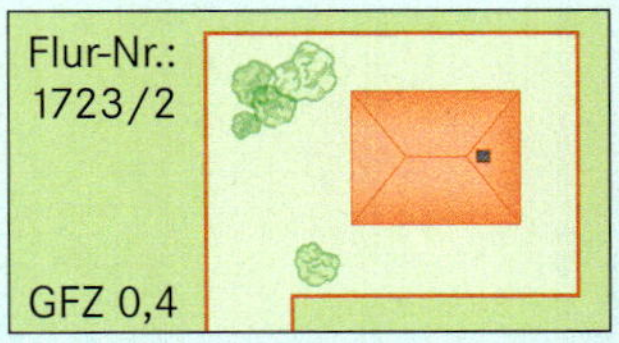

3 Tobias fertigt mit einem Geometrieprogramm die folgende Konstruktion an. Der Punkt A wandert auf der Geraden g mit $x = -1$; $C\,(0|0)$; $[AC] \perp [BC]$; die Strecke $[AB]$ verläuft parallel zur x-Achse.

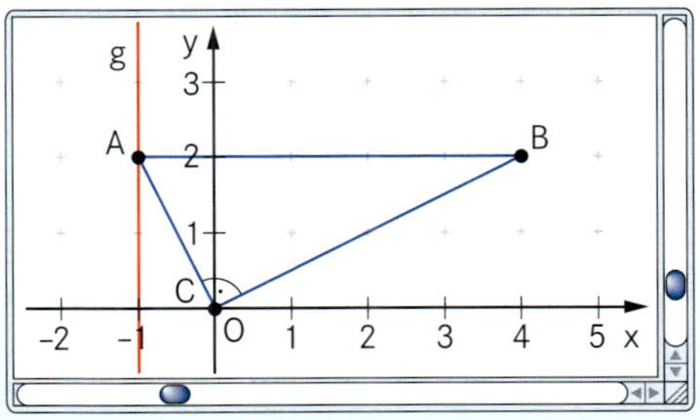

a) Übertrage die Figur in dein Geometrieprogramm. Auf welcher Ortslinie bewegt sich der Punkt B?

b) Begründe mit Hilfe des Höhensatzes im rechtwinkligen Dreieck, dass für die Koordinaten von B gilt: $B\,(x^2|x)$ und somit $x = y^2$.

c) Untersuche, wie sich die Ortslinie verändert, wenn
- du die Gerade g verschiebst,
- die Gerade g parallel zur x-Achse verläuft.

8 Abbildung durch zentrische Streckung

Das rote, das gelbe und das blaue Dreieck sehen ähnlich aus. Finde Gemeinsamkeiten zwischen diesen Dreiecken.
Es gibt weitere Teilflächen, die ähnlich aussehen und somit Gemeinsamkeiten aufweisen. Welche sind das?
Betrachte die beiden mit punktierten Linien begrenzten Flächen. Sehen sie auch ähnlich aus?

Die Abbildung zeigt eine moderne Digitalkamera.
In ihr fängt statt eines Fotofilms ein elektronischer Sensor das vom Objektiv eingefangene Licht auf.

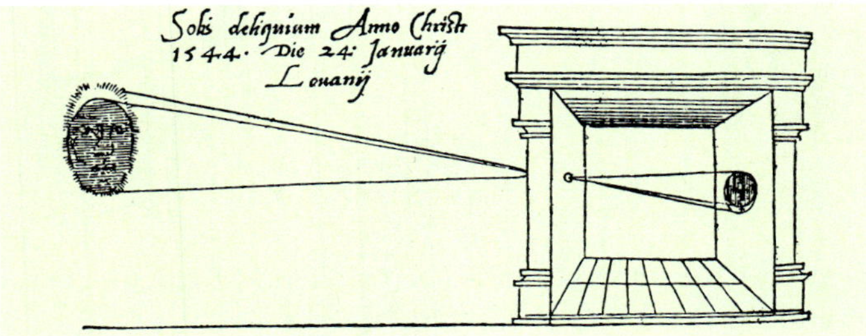

Die Entwicklung der fotografischen Apparate lässt sich auf die Camera obscura (lat.: dunkle Kammer) zurückführen. Auf dem abgebildeten Holzschnitt fallen durch ein Loch in einer der Außenwände Sonnenstrahlen in einen dunklen Raum. Auf der gegenüberliegenden Wand erscheint das Bild der Sonne.

Die lateinische Inschrift lautet übersetzt:
Das Verschwinden der Sonne im Jahre 1544, am 24. Januar, in Louvain.[1]

Maler des 17. und 18. Jahrhunderts benutzten eine tragbare Camera obscura, um Landschaften naturgetreu nachzeichnen zu können. Beschreibe anhand der Abbildung (Kupferstich 1671) das Bild, das der Künstler in der Camera obscura auf einer Leinwand erblickte.

Bereits 1568 empfahl Daniele Barbaro eine Sammellinse in die Öffnung einer Camera obscura einzusetzen. Dadurch wurde das Bild heller und schärfer.

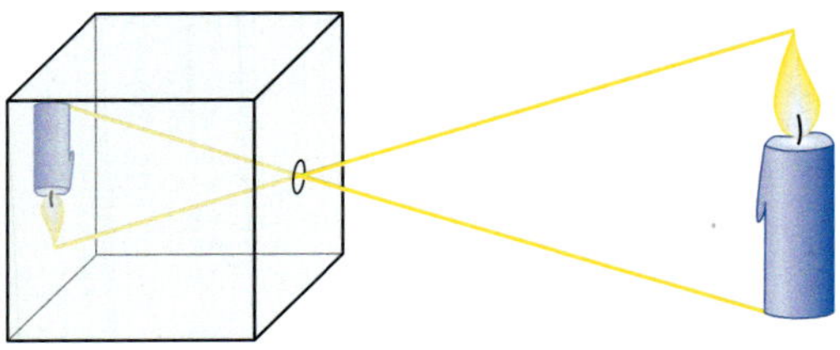

In der Zeichnung siehst du den Strahlenverlauf in einer Camera obscura, die heute auch Lochkamera genannt wird.

[1] Leuven in Belgien

1 a) Erzeuge ein Schattenbild wie im Bild oben. Finde verschiedene Möglichkeiten, die Größe des Schattens zu verändern.
b) Baue dir mit einem Pappkarton (oder einer Chipsdose) eine Lochkamera wie auf Seite 147 unten dargestellt. Erzeuge damit das Bild einer Kerzenflamme.
Hinweis: Das Loch muss recht klein sein, verwende eine Nadel.
c) Beschreibe die Unterschiede der beiden Bilder in a) und b).

2 In der Zeichenebene kann man ebene Figuren auch ohne Lichtquelle auf vergrößerte oder verkleinerte Figuren abbilden. Dazu stellt dir dein Lehrer oder deine Lehrerin die folgende Zeichnung als Arbeitsblatt zur Verfügung.

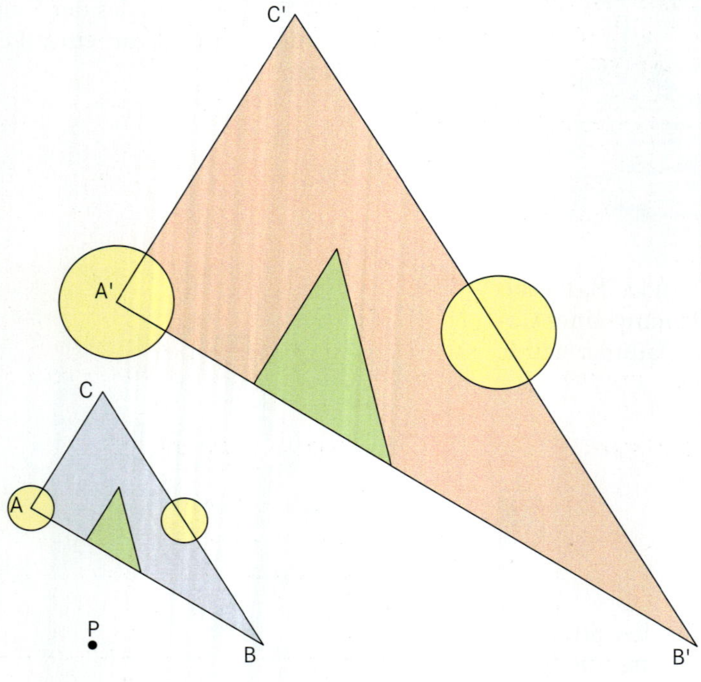

a) Du siehst eine Urfigur und eine Bildfigur. Miss möglichst exakt und ergänze die Tabelle.

$\overline{ZA'}$ in cm	$\overline{ZB'}$ in cm	$\overline{ZC'}$ in cm
▪	▪	▪
$\overline{ZA}$ in cm	$\overline{ZB}$ in cm	$\overline{ZC}$ in cm
▪	▪	▪
$\overline{ZA'}$ = ▪ $\overline{ZA}$	$\overline{ZB'}$ = ▪ $\overline{ZB}$	$\overline{ZC'}$ = ▪ $\overline{ZC}$

b) Konstruiere den Punkt P′. Gib dann eine Vorschrift an, wie man einen Punkt P auf einen Bildpunkt P′ abbilden kann.
c) Gibt es Fixpunkte bei dieser Abbildung?

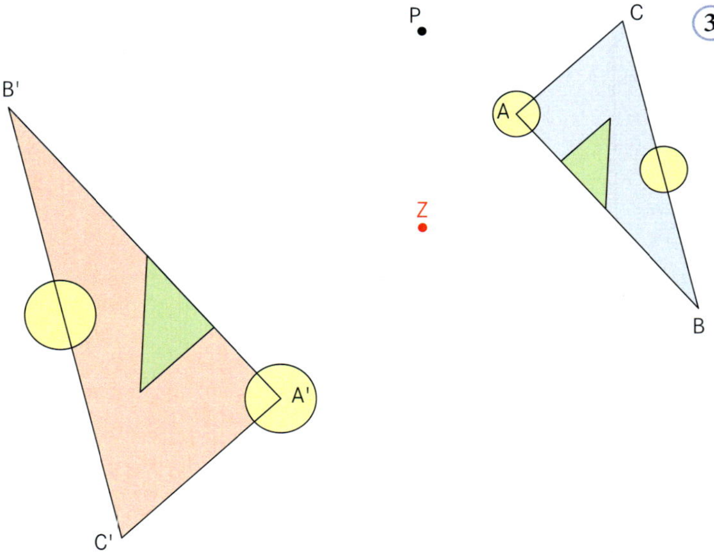

3 In der Abbildung links ist eine weitere Möglichkeit dargestellt, wie man die Größe einer Figur verändern kann.

a) Übertrage die Tabelle in dein Heft und ergänze sie.

$\overline{ZA'}$ in cm	$\overline{ZB'}$ in cm	$\overline{ZC'}$ in cm
$\overline{ZA}$ in cm	$\overline{ZB}$ in cm	$\overline{ZC}$ in cm
$\overline{ZA'} = \quad \overline{ZA}$	$\overline{ZB'} = \quad \overline{ZB}$	$\overline{ZC'} = \quad \overline{ZC}$

b) Nenne Gemeinsamkeiten und Unterschiede zur Aufgabe 2 auf der Seite 148.

c) Formuliere eine passende Abbildungsvorschrift.

M

Zentrische Streckung

Punkte und Figuren der Ebene lassen sich durch **zentrische Streckung** auf Bildpunkte und Bildfiguren der Ebene abbilden. Eine zentrische Streckung wird festgelegt durch Angabe eines **Streckungszentrums Z** und eines **Streckungsfaktors k** mit $k \neq 0$. Dabei wird jedem Punkt P eindeutig ein Bildpunkt P′ zugeordnet.

Man schreibt: $\mathbf{P} \xmapsto{Z;\,k} \mathbf{P'}$

lies: Der Punkt P wird mit dem Zentrum Z und dem Streckungsfaktor k auf den Punkt P′ abgebildet.

Abbildungsvorschrift

Abbildungsvorschrift der zentrischen Streckung:
- Urpunkt, Bildpunkt und Streckungszentrum liegen auf einer Geraden.
- Jeder Strecke [ZP] wird eine Bildstrecke [ZP′] so zugeordnet, dass gilt: $\overline{ZP'} = |k| \cdot \overline{ZP}$
- Das Zentrum Z ist für $k \neq 1$ der einzige Fixpunkt.

k > 0, z. B. k = 2,5

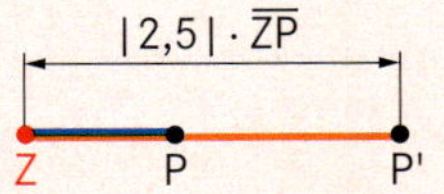

Die Punkte P und P′ liegen auf derselben Seite von Z.

k < 0, z. B. k = − 2,5

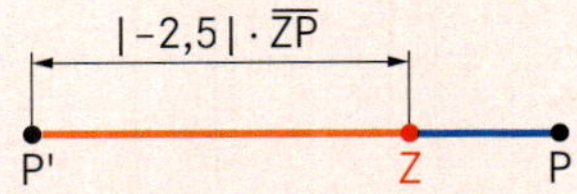

Die Punkte P und P′ liegen auf verschiedenen Seiten von Z.

Übungen

4 Gib für die Abbildung durch zentrische Streckung den Streckungsfaktor k an.

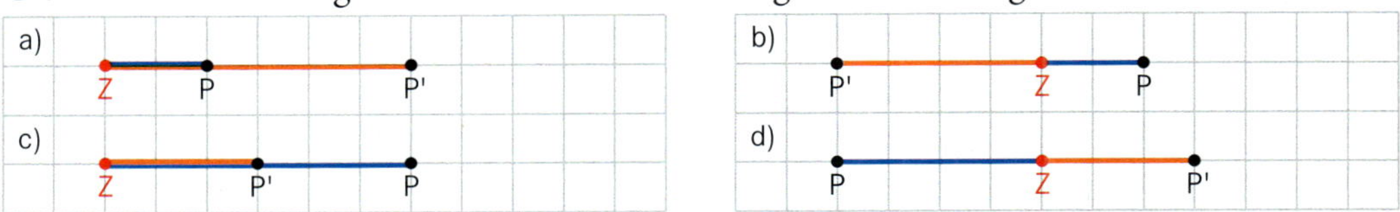

Herr Kugelmeier besucht seinen Enkel Quirin an seinem Geburtstag. Quirin hat zufällig am selben Tag Geburtstag wie sein Opa. Außerdem ist dieser Geburtstag bereits der sechste in Folge, bei dem das Alter des Opas ein Vielfaches des Alters seines Enkels ist.

5 So kannst du einen Punkt durch zentrische Streckung mit dem Zentrum Z und dem Streckungsfaktor k abbilden.

B

Positiver Streckungsfaktor k = 1,5

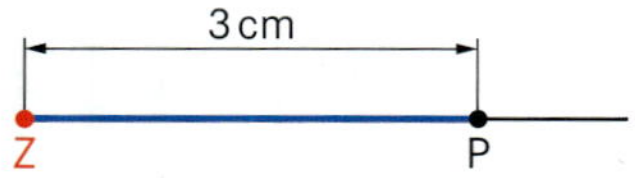

Zeichne die Halbgerade [ZP und miss die Länge $\overline{ZP}$.

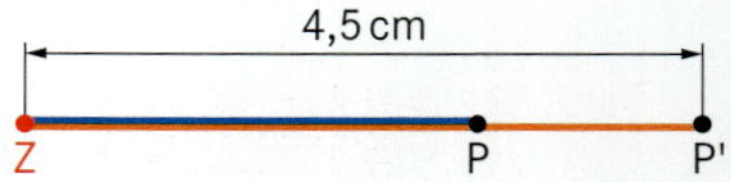

Trage von Z aus die 1,5fache Länge von $\overline{ZP}$ auf der Halbgeraden [ZP ab. Du erhältst den Punkt P′.

Negativer Streckungsfaktor k = – 0,5

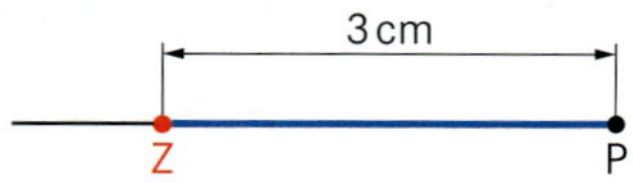

Zeichne die Halbgerade [PZ und miss die Länge $\overline{ZP}$.

Trage von Z aus die 0,5fache Länge von $\overline{ZP}$ auf der Halbgeraden [PZ so ab, dass $P' \notin [ZP]$. Du erhältst den Punkt P′.

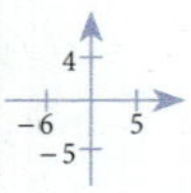

a) P (1 | – 1); Z (– 1 | 0); k = 2,5
b) Q (1 | 0); Z (2 | 4); k = 0,5
c) R (3,5 | 2); Z (1 | 0,5); k = – 2
d) R (0 | 3); Z (– 2 | – 1); $k = -\frac{3}{4}$
e) A (– 4 | 4); Z (2 | 1); $k = -\frac{1}{3}$
f) D (– 2 | 2); Z (0 | 3); k = 3
g) Gib für die Aufgaben a) bis f) jeweils den Streckungsfaktor an, mit dem man den Bildpunkt durch zentrische Streckung wieder auf den Urpunkt abbilden kann.

6 Zeichne die Figur in dein Heft und bilde sie jeweils mit den angegebenen Streckungsfaktoren von Z aus ab. Überlege zunächst, ob die Figur vergrößert oder verkleinert wird und auf welcher Seite von Z sie sich befindet.

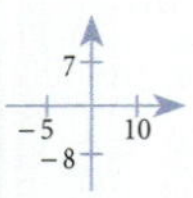

a) $k_1 = 2$; $k_2 = -0,5$

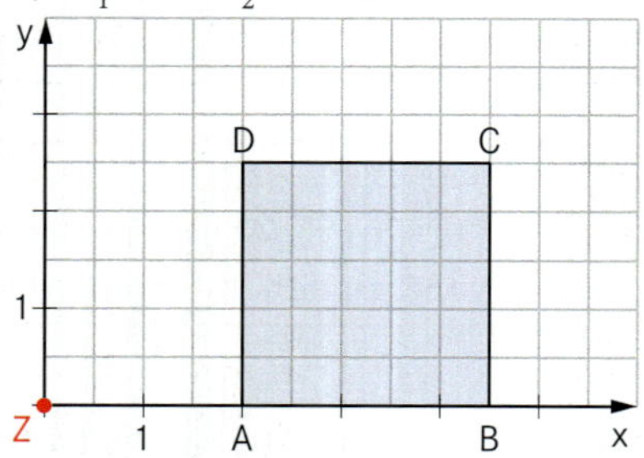

b) $k_1 = -1$; $k_2 = 2,5$

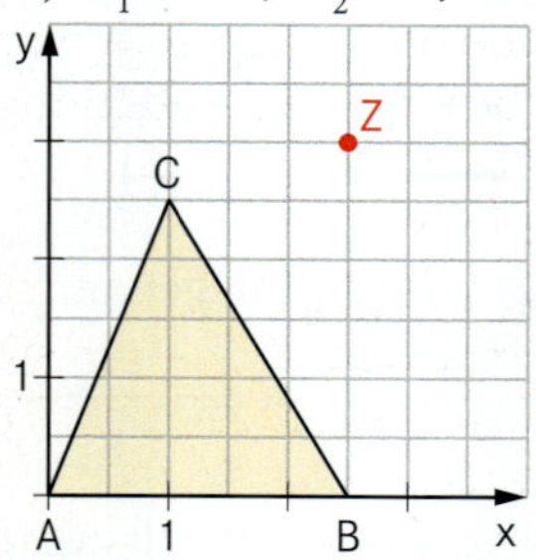

c) $k_1 = 0,5$; $k_2 = -0,8$

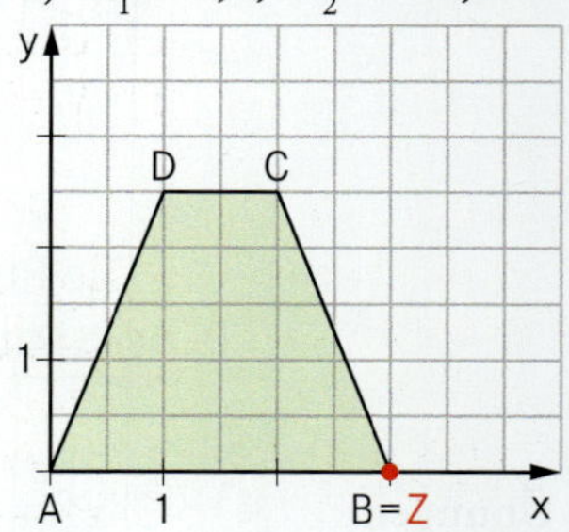

d) Für welche Streckungsfaktoren ergibt sich ein verkleinertes Bild?

A k < 0 **B** k < 1 **C** – 1 < k < 1 **D** k < – 1

7 Das Dreieck ABC wird durch zentrische Streckung auf das Dreieck A′B′C′ abgebildet.
Es gilt: A (– 1 | 3); B (– 3,5 | 0,5); C (– 1 | – 2); B′ (3,5 | 0,5); C′ (2,5 | 1,5)

a) Zeichne die gegebenen Punkte in ein Koordinatensystem ein und bestimme die Lage von Z.
b) Berechne den Streckungsfaktor k und vervollständige das Dreieck A′B′C′.

1 Im Folgenden sollen Eigenschaften der Abbildung durch zentrische Streckung untersucht werden.

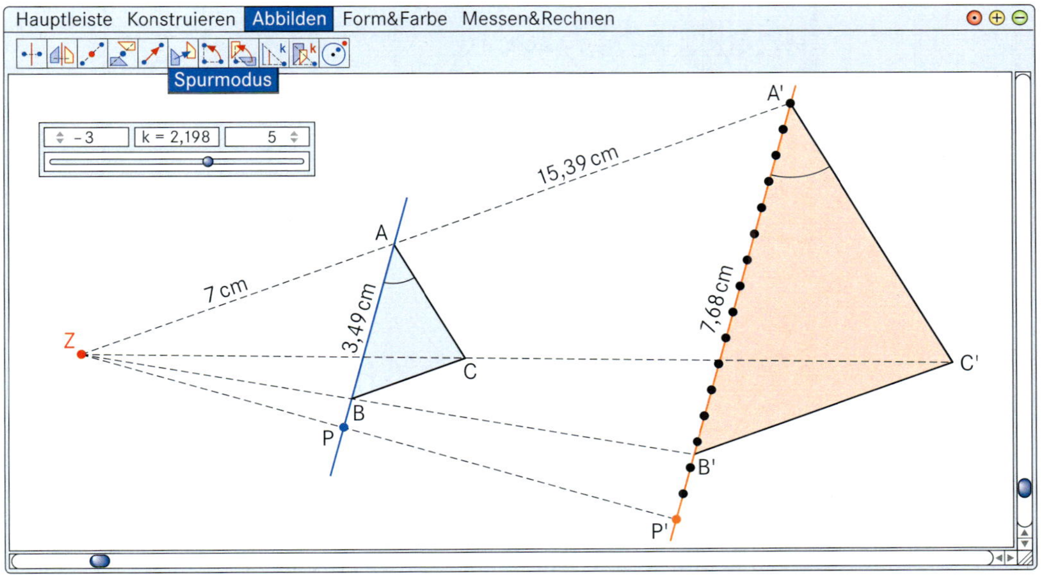

a) Zeichne mit einem Geometrieprogramm ein Dreieck ABC und die Gerade g = AB. Binde einen Punkt P an die Gerade g. Bilde den Punkt P an einem Zentrum Z mit einem beliebigen Streckungsfaktor k auf den Punkt P′ ab.
Bewege mit dem Zugmodus den Punkt P auf der Geraden g und lass die Spur des Punktes P′ aufzeichnen. Was stellst du fest?

b) Bilde das Dreieck ABC durch zentrische Streckung ab. Vergleiche den Verlauf von Urstrecken und Bildstrecken. Was stellst du fest?

c) Miss die Winkelmaße im Ur- und im Bilddreieck. Vergleiche.

d) Miss die Längen $\overline{ZA}$, $\overline{ZA'}$, $\overline{AB}$ und $\overline{A'B'}$.
Verändere mit dem Zugmodus den Streckungsfaktor k oder die Form des Dreiecks ABC. Was stellst du fest?

e) Überprüfe ob es Fixgeraden bei der Abbildung durch zentrische Streckung gibt.

f) Welche besonderen Abbildungen ergeben sich für k = 1 und k = – 1?

2 a) Beurteile die Aussagen von Ricarda und Robin im Bild oben.
Was folgt für den Verlauf von Ur- und Bildgerade bzw. von Ur- und Bildstrecke bei einer zentrischen Streckung? Begründe.

b) Begründe, warum bei einer zentrischen Streckung entsprechende Winkel im Ur- und Bilddreieck gleiches Maß haben.

3 So kannst du zeigen, dass bei einer zentrischen Streckung eine Strecke [AB] auf eine parallele Bildstrecke [A′B′] mit |k|-facher Länge abgebildet wird.

1. Fall: $Z \notin AB$

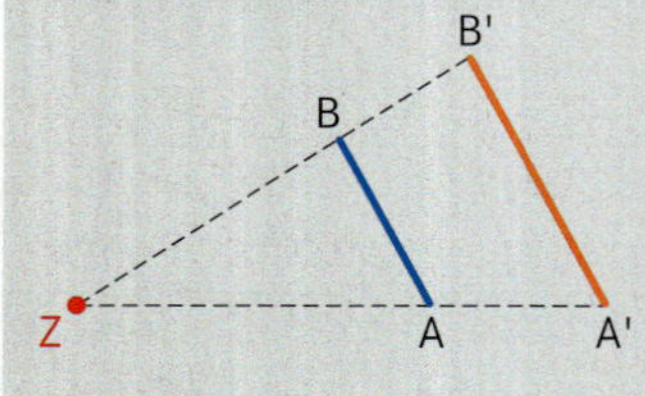

Für **k > 0** gilt: $\overline{ZA'} = k \cdot \overline{ZA}$; $\overline{ZB'} = k \cdot \overline{ZB}$

Zeichne eine Hilfsgerade g‖[AB] durch den Punkt Z sowie Parallelen zu ZA durch die Punkte B und B′. Deren Schnittpunkte mit g sind die Punkte H und H′. Da die Strecke [ZH] ebenfalls durch zentrische Streckung abgebildet wird, gilt: $\overline{ZH'} = k \cdot \overline{ZH}$

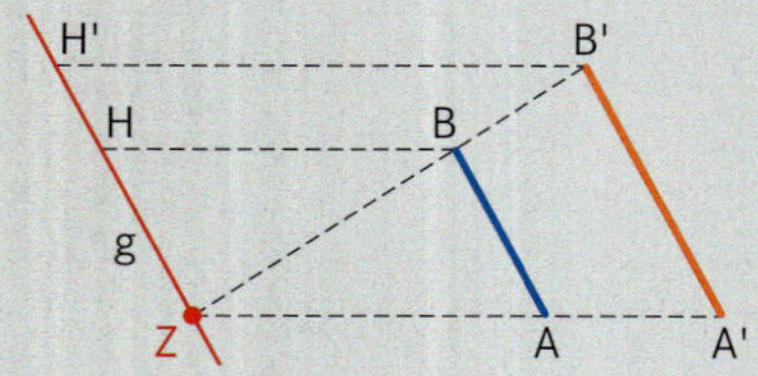

Die Vierecke ZABH und ZA′B′H′ sind Parallelogramme.
Mit $\overline{ZH'} = \overline{A'B'}$ und $\overline{ZH} = \overline{AB}$ folgt:
$\overline{A'B'} = k \cdot \overline{AB}$

2. Fall: $Z \in AB$

Für **k > 0** gilt: $\overline{ZA'} = k \cdot \overline{ZA}$
$\overline{ZB'} = k \cdot \overline{ZB}$

$\overline{A'B'} = \overline{ZB'} - \overline{ZA'} = k \cdot \square - k \cdot \triangle = k \cdot (\square - \triangle) = k \cdot \overline{AB}$

a) Zeige für den 2. Fall im grauen Kasten, dass gilt: $\overline{A'B'} = k \cdot \overline{AB}$
Setze dazu in deinem Heft für die Platzhalter richtig ein.
b) Führe ebenso die Beweise für die beiden Fälle mit $k < 0$ durch.

4 Begründe: Bei einer zentrischen Streckung wird ein Kreis k mit dem Radius r wieder auf einen Kreis k′ mit dem Radius r′ abgebildet. Hinweis: Für alle Punkte P_n auf einem Kreis mit dem Mittelpunkt M und dem Radius r gilt: $\overline{P_nM} = r$

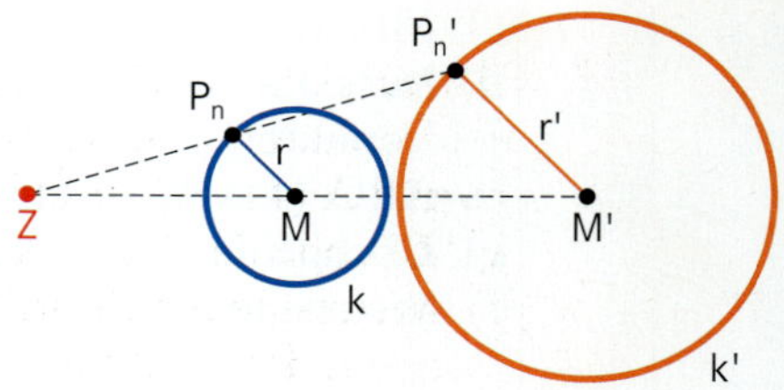

5 Das Dreieck ABC und der Punkt T werden durch zentrische Streckung mit dem Streckungsfaktor k = 0,4 abgebildet.

a) Berechne die Streckenlängen $\overline{A'C'}$ und $\overline{B'C'}$ sowie $\frac{\overline{AC}}{\overline{BC}}$ und $\frac{\overline{A'C'}}{\overline{B'C'}}$.
Was stellst du fest?

b) Begründe allgemein, dass gilt: $\frac{\overline{A'C'}}{\overline{B'C'}} = \frac{\overline{AC}}{\overline{BC}}$

c) Begründe allgemein, dass für den Punkt T gilt: $\frac{\overline{A'T'}}{\overline{T'B'}} = \frac{\overline{AT}}{\overline{TB}}$

d) Begründe: Wenn M der Mittelpunkt der Strecke [BC] ist, dann ist M′ der Mittelpunkt der Strecke [B′C′].

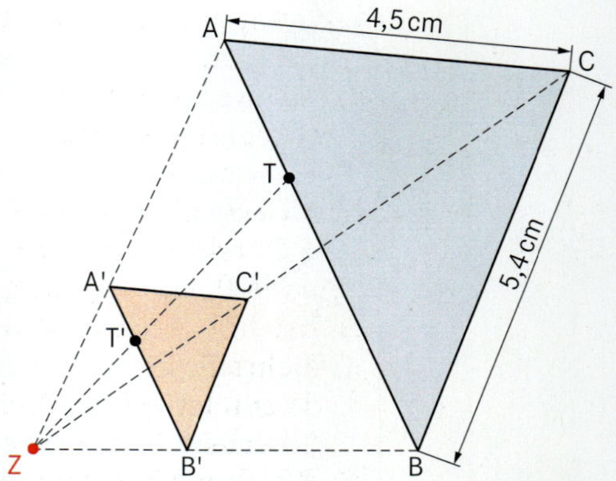

M **Eigenschaften der zentrischen Streckung**

Eigenschaften der zentrischen Streckung:

Die zentrische Streckung ist **geradentreu, winkeltreu** und **kreistreu.**
Ur- und Bildfigur haben gleichen Umlaufsinn.
Die zentrische Streckung ist **verhältnistreu**: Das Verhältnis entsprechender Streckenlängen in der Ur- und Bildfigur bleibt gleich.
Jede Gerade, die durch das Zentrum Z verläuft ist Fixgerade.
Jede Gerade, die nicht durch Z verläuft, wird auf eine parallele Bildgerade abgebildet.
Jede Strecke wird auf eine parallele Bildstrecke mit $|k|$-facher Länge abgebildet.
Für $k \neq -1$ und $k \neq 1$ ist die zentrische Streckung daher keine Kongruenzabbildung.

Übungen

6 Bilde das Drachenviereck ABCD durch zentrische Streckung am Zentrum Z mit dem Streckungsfaktor k ab. Es gilt: A (2|0); B (6|3); C (2|6); D (0|3)
a) Z = D; k = 2 b) Z = B; k = –0,5 c) Z (0|0); k = 0,75

7 Bilde die folgenden Figuren durch zentrische Streckung mit dem Streckungsfaktor k am Zentrum Z ab. Wie verändert sich jeweils der Umfang der Figur?
a) k = –0,8 b) k = 1,5

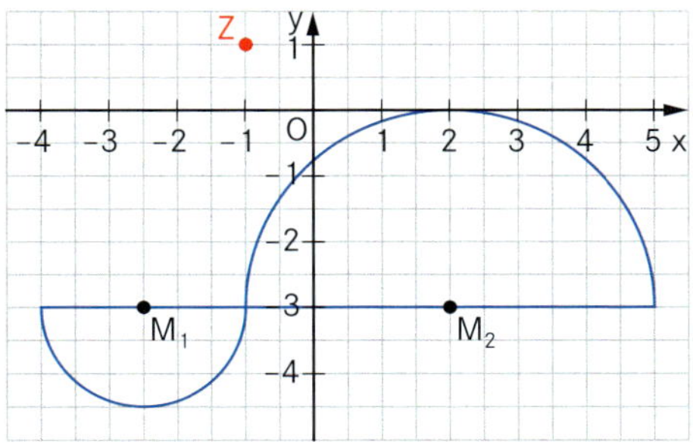

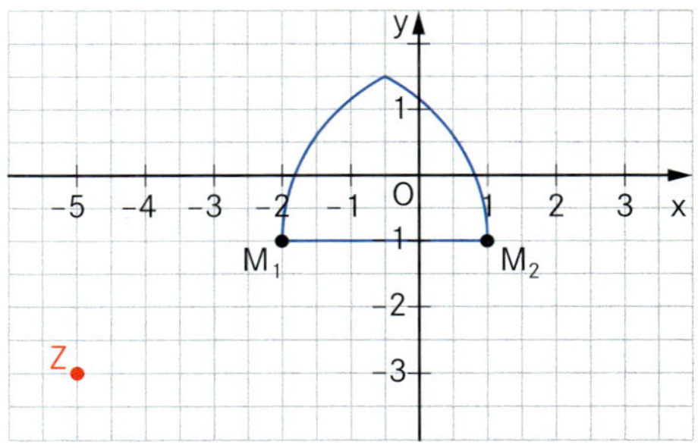

8 Das Dreieck ABC wird durch zentrische Streckung mit dem Zentrum Z und dem Streckungsfaktor k_1 auf das Dreieck $A_1B_1C_1$ abgebildet.
Es gilt: A (1|–1); B (1|–3); C (3,5|1); A_1(4|–1); B_1(4|–6)

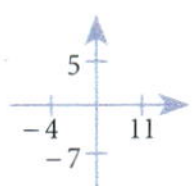

a) Zeichne das Dreieck ABC und die Punkte A_1 und B_1 in ein Koordinatensystem ein.
b) Bestimme die Koordinaten des Zentrums Z, den Streckungsfaktor k_1 und die Koordinaten des Punktes C_1.
c) Das Dreieck ABC wird durch zentrische Streckung mit dem Zentrum Z und dem Streckungsfaktor k_2 auf das Dreieck $A_2B_2C_2$ abgebildet mit B_2(–2|0).
Konstruiere das Dreieck $A_2B_2C_2$ und bestimme die Koordinaten der Punkte A_2 und C_2.
d) Mit welchem Streckungsfaktor k_3 kann das Dreieck $A_2B_2C_2$ auf das Dreieck $A_1B_1C_1$ abgebildet werden?

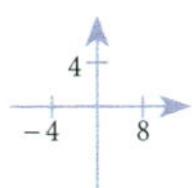

9 Eine Deckenlampe L leuchtet einen auf dem Boden liegenden kreisförmigen Spiegel mit dem Durchmesser $\overline{AB}$ = 50 cm aus. An der Decke des 2,50 m hohen Raumes entsteht durch Reflexion eine kreisförmige Fläche.
a) Zeichne einen verkleinerten Schnitt der Lichtbündel.
Es gilt: L (0|2,5); A (3|0); B (3,5|0)
(x-Achse, y-Achse: 1 cm ≙ 1 m)
b) Welchen Streckungsfaktor könnte man dem Vorgang zuordnen?
c) Die Lampe hängt in einer Höhe von 1,25 m.

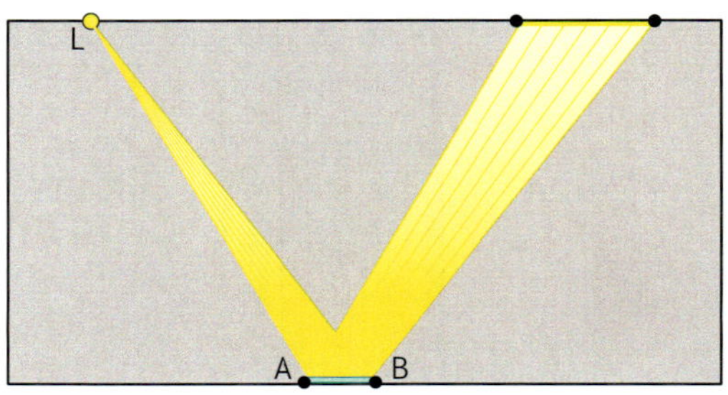

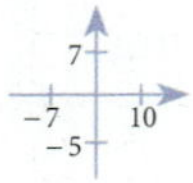

1 a) Beurteile die beiden Antworten oben.

b) Zeichne das Dreieck ABC und bilde es durch zentrische Streckung mit dem Zentrum Z und dem Streckungsfaktor k auf das Dreick A′B′C′ ab. Es gilt: Z (0|0); A (0|1,5); B (2|0); C (3|2); $k_1 = 3$; $k_2 = -2$

c) Ergänze die Platzhalter in deinem Heft.
$A_{\Delta A'B'C'} = \square \cdot A_{\Delta ABC}$
A k **B** 2k **C** k^2

k	3	−2
$A_{\Delta ABC}$ (in FE)	□	□
$A_{\Delta A'B'C'}$ (in FE)	□	□

2 So kannst du den Zusammenhang zwischen den Flächeninhalten A und A′ der Urfigur und der Bildfigur rechnerisch nachweisen. Ergänze die Platzhalter in deinem Heft.

Es gilt: $A_{\Delta ABC} = 0{,}5 \cdot \overline{AB} \cdot h$
$A'_{\Delta A'B'C'} = 0{,}5 \cdot \overline{A'B'} \cdot h'$
$A'_{\Delta A'B'C'} = 0{,}5 \cdot |k| \cdot \square \cdot \square \cdot \square$
$A'_{\Delta A'B'C'} = \square^2 \cdot 0{,}5 \cdot \overline{AB} \cdot h$
$A'_{\Delta A'B'C'} = \square^2 \cdot \square$

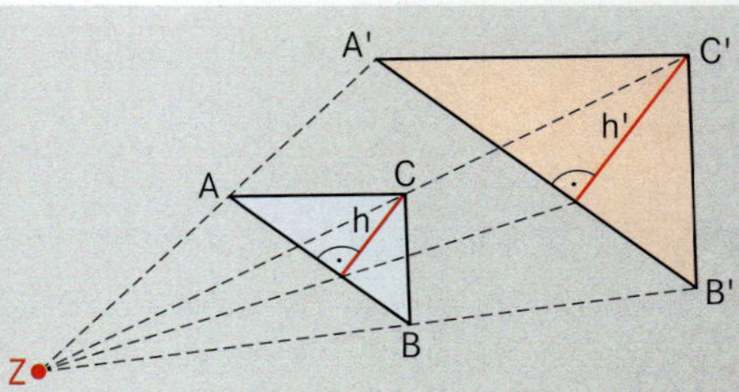

M **Flächeninhalt**

Bei einer zentrischen Streckung beträgt der Flächeninhalt der Bildfigur das **k^2-fache** des Flächeninhalts der Urfigur.
$$\mathbf{A' = k^2 \cdot A}$$

Übungen

3 Berechne die fehlenden Größen in deinem Heft.

	a)	b)	c)	d)	e)	f)	g)
k	3,5	−1,8	□	−0,2	1,3	□	□
A	18 cm²	□	12 cm²	□	5 cm²	50 cm²	5 cm²
A′	□	16,2 cm²	1,92 dm²	2 mm²	□	0,32 dm²	605 cm²

4 Zeichne die Ur- und Bildfigur. Berechne die Werte für die Platzhalter in deinem Heft.

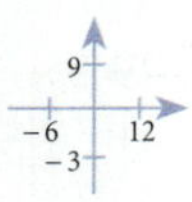

a) $\Delta PQR \xrightarrow{Z;\,k} \Delta P'Q'R'$
Z (□|□); k = □; A_Δ = □ FE; A_Δ' = □ FE
Es gilt: P (−2|−1,5); Q (3|−1,5); R (0|2,5); Q′(3|8,5); R′(7,5|2,5)

b) Trapez PQRS $\xrightarrow{Z;\,k}$ Trapez P′Q′R′S′
k = □; A_{Trapez} = □ FE; A'_{Trapez} = □ FE
Es gilt: Z (−5|−2); P (−3|−2); Q (−1|0); R (−1|1); S (−3|2); P′(0|−2)

1 Ordne die gefundenen Buchstaben richtig an, dann erhältst du ein Lösungswort.

Bei einer zentrischen Streckung mit dem Zentrum Z und dem Streckungsfaktor $k \in \mathbb{Q}$ ($k \neq 0$; $k \neq 1$) gilt:	wahr	falsch
Wenn der Bildpunkt zwischen Z und dem Urpunkt liegt, ist k negativ.	Z	T
Wenn der Bildpunkt zwischen Z und dem Urpunkt liegt, gilt: $0 < k < 1$	R	E
Jede Gerade durch Z ist eine Fixgerade.	U	R
Die Bildstrecke hat stets die $\lvert k \rvert$-fache Länge der Urbildstrecke.	M	K
Die Bildfigur hat den k-fachen Flächeninhalt der Urfigur.	U	Z
Die Bildgerade hat die k-fache Steigung der Urgeraden.	S	E
Mit dem Faktor $\frac{1}{k}$ kann man P′ wieder auf P abbilden.	N	S

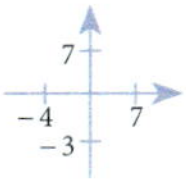

2 $\Delta ABC \xrightarrow{Z;\,k} \Delta A'B'C'$. Zeichne das Ur- und Bilddreieck.
a) A (1,5 | 3,5); B (2,5 | 1); C (3,5 | 3); B′(−2 | 1); Z (0 | 1)
b) A (0 | 1); B (4 | 1); C (2 | 3); C′(2 | 6); B′(6 | 2)

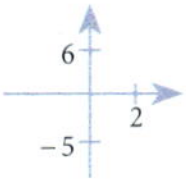

3 Das Trapez ABCD wird durch zentrische Streckung auf das Trapez A′B′C′D′ abgebildet. Es gilt: A (2 | 1); B (4 | 1); C (4 | 2); D (2 | 4); B′(4 | −1); D′(1 | 3,5)
a) Bestimme durch Zeichnung das Zentrum Z und die fehlenden Bildpunkte.
b) Bestimme die Gleichungen der Geraden BB′ und DD′.
c) Zeige durch Rechnung, dass gilt: Z (4 | 5)
d) Berechne den Streckungsfaktor k und die Flächeninhalte der Ur- und Bildfigur.

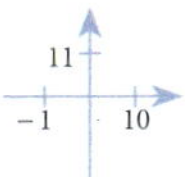

4 Die Punkte B_n (x | −0,5x + 8) von Dreiecken AB_nC liegen auf der Geraden g.
Es gilt: g: y = - 0,5x + 8; A (6 | 0); C (0 | 4)
a) Zeichne die Gerade g und das Dreieck AB_1C für x = 2 in ein Koordinatensystem ein. Berechne den Flächeninhalt des Dreiecks AB_1C.
b) Das Dreieck AB_1C und die Gerade g werden durch zentrische Streckung mit Z (2 | 0) und dem Streckungsfaktor k = 1,5 auf das Dreieck $A'B_1'C'$ bzw. die Gerade g′ abgebildet.
Zeichne die Gerade g′ und das Dreieck $A'B_1'C'$ und bestimme dessen Flächeninhalt.
c) Bestimme die Koordinaten des Punktes B_1' und berechne die Gleichung der Geraden g′. [Ergebnis: g′: y = − 0,5x + 11,5]
d) Der Punkt B* (x | − 0,5x + 11,5) liegt auf der Geraden g′. Das Dreieck AB*C hat einen Flächeninhalt von 26 FE. Berechne die Koordinaten von B*.

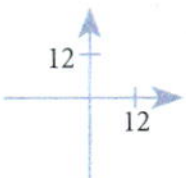

5 Das Dreieck ABC wird durch zentrische Streckung mit dem Zentrum Z und dem Streckungsfaktor k (k < 0) auf das Dreieck A′B′C′ abgebildet. Die Punkte C und Z liegen auf der Geraden g mit y = − x + 13. Es gilt: A(11 | 0); B(12 | 8); C(9 | y_C); A′(2 | 12)
a) Zeichne das Dreieck ABC und den Punkt A′. Ermittle durch Zeichnung das Streckungszentrum Z.
b) Berechne die Koordinaten des Streckungszentrums Z.
c) Berechne den Streckungsfaktor k.
d) Ermittle die Koordinaten der Bildpunkte B′ und C′ durch Zeichnung und Rechnung.
e) Begründe: Die Gerade CC′ ist eine Fixgerade. Gib ihre Gleichung an.
f) Berechne die Flächeninhalte der Dreiecke ABC und A′B′C′.

1 Amelie möchte mit einem Grafikprogramm die Größe von Bildern verändern.
a) Beschreibe, wie sie dabei vorgehen kann.
b) Bei welchen Bildern handelt es sich um eine maßstäbliche Vergrößerung (Verkleinerung), welche Bilder sind bei der Größenänderung verzerrt worden? Wie kannst du eine Verzerrung erkennen?

Original A

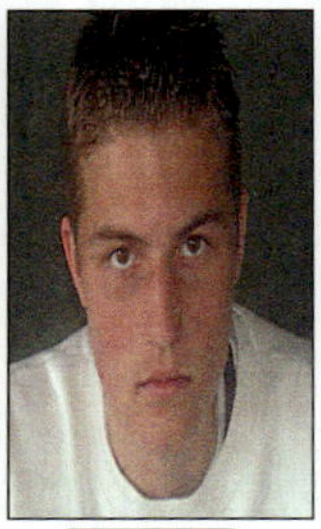
Bild A1

Bild A2

Bild A3

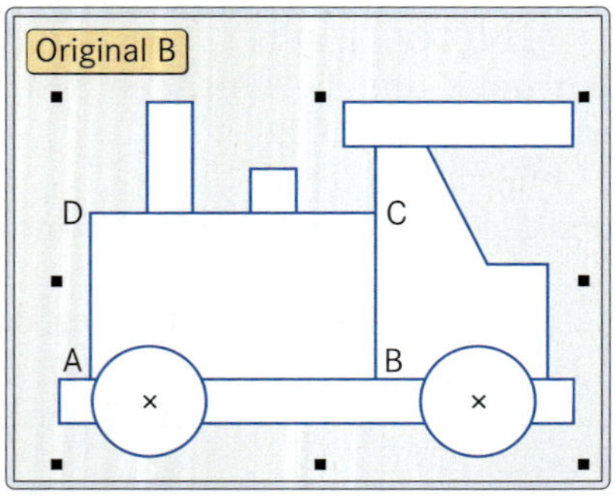

Original B

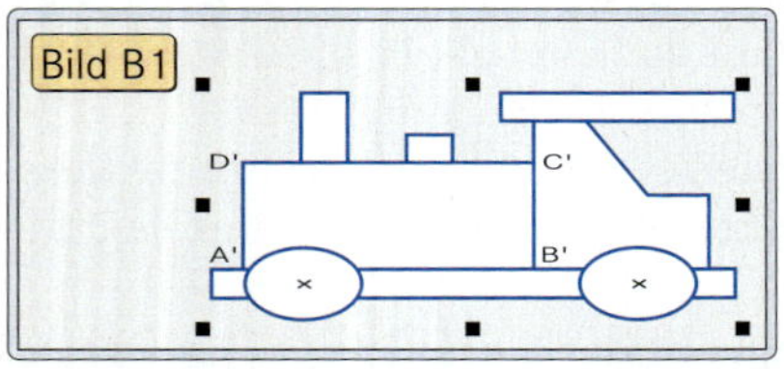

Bild B1

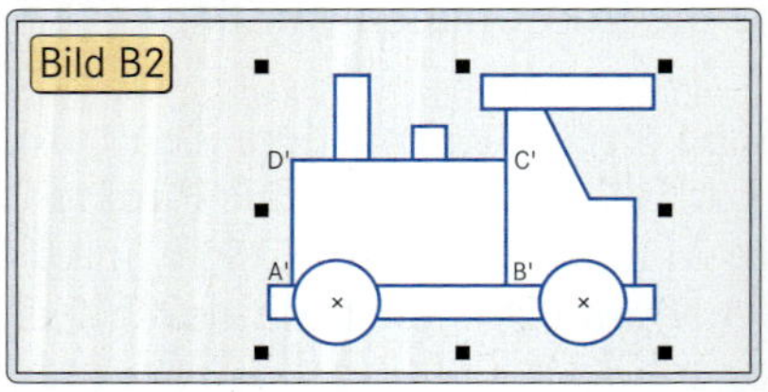

Bild B2

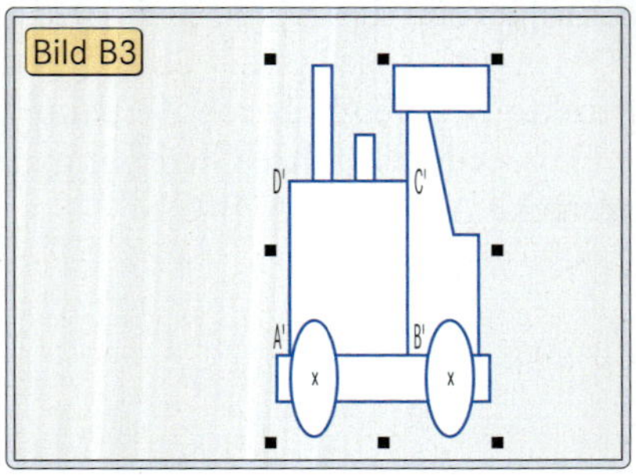

Bild B3

c) Miss im Original B die Längen $\overline{AB}$ und $\overline{BC}$. Bestimme durch Messung in den Bildern B1, B2 und B3 jeweils die Längen $\overline{A'B'}$ und $\overline{B'C'}$. Vergleiche für jedes der Bilder B1, B2 und B3 das Verhältnis $\frac{\overline{A'B'}}{\overline{B'C'}}$ mit dem Verhältnis $\frac{\overline{AB}}{\overline{BC}}$ im Original B. Was stellst du fest?

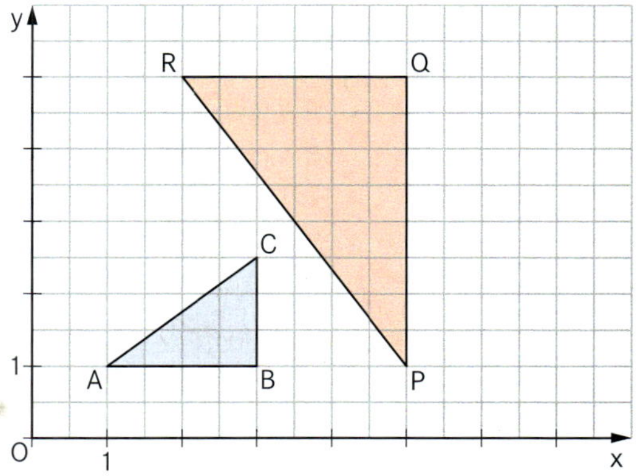

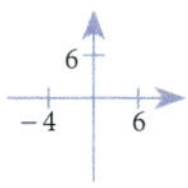

1 a) Übertrage die Zeichnung oben in dein Heft. Überprüfe die Aussagen von Mira und Mesut.
b) Ergänze die Tabelle in deinem Heft. Was stellst du fest? Begründe, warum das so ist.

$\frac{\overline{AB}}{\overline{BC}}$	▪	$\frac{\overline{PQ}}{\overline{QR}}$	▪
$\frac{\overline{AB}}{\overline{AC}}$	▪	$\frac{\overline{PQ}}{\overline{QR}}$	▪
$\frac{\overline{AC}}{\overline{BC}}$	▪	$\frac{\overline{PQ}}{\overline{QR}}$	▪

M

ähnliche Dreiecke

$\Delta ABC \xrightarrow{Z;\ k=-1{,}5} \Delta A^*B^*C^* \xrightarrow{\overrightarrow{A^*A'}} \Delta A'B'C'$

Zwei Dreiecke ABC und A′B′C′ heißen **ähnlich,** wenn man sie durch zentrische Streckung (eventuell noch zusätzlich durch eine Kongruenzabbildung) aufeinander abbilden kann.
Schreibe: $\Delta ABC \sim \Delta A'B'C'$
Lies: Dreieck ABC ist ähnlich zu Dreieck A′B′C′.

In ähnlichen Dreiecken stehen entsprechende Seitenlängen im gleichen Verhältnis.

$$\frac{a'}{b'} = \frac{a}{b}$$

Entsprechende Winkel haben gleiches Maß.

$$\alpha = \alpha'$$

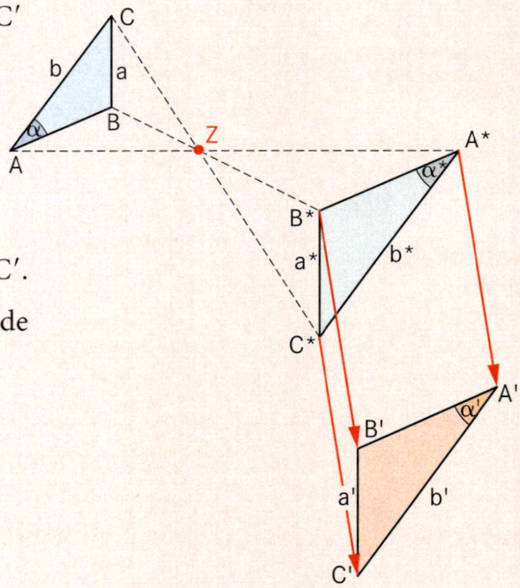

Übungen

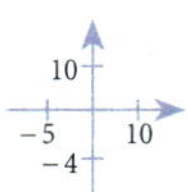

2 Überprüfe mit Hilfe geeigneter Abbildungen, ob die Dreiecke ABC und PQR ähnlich sind.
a) A (4,5 | 1); B (4,5 | – 1,5); C (6 | 1); P (0 | 1); Q (3 | 1); R (0 | 6)
b) A (– 3 | 1); B (– 1 | 1); C (– 2 | 4); P (0 | 0); Q (0 | – 3); R (4,5 | – 1,5)
c) A (– 4 | 2); B (– 2 | 2); C (– 2,5 | 4); P (2 | 2); Q (3 | – 1,5); R (6 | 2)
d) A (– 4 | 1); B (2 | 4); C (– 4 | 4); P (2,5 | 0); Q (2,5 | 1); R (1 | 1)

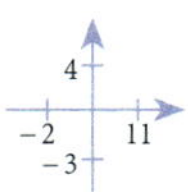

3 Die Dreiecke ABC und DEF sind ähnlich.
Es gilt: A (– 1 | – 2); B (3 | – 2); D (5 | 3); E (5 | – 2); $\alpha = \delta = 40°$; $\overline{AB} : \overline{AC} = 2 : 3$; $\overline{DE} : \overline{DF} = 2 : 3$
Zeichne die beiden Dreiecke ABC und DEF.

4 a) Sind die beiden Dreiecke ABC und PQR ähnlich? Was vermutest du?
b) Wie könnte das Dreieck ABC auf das Dreieck PQR abgebildet werden?
c) Warum genügt es, nur zwei Winkelmaße zu vergleichen, um zu erkennen, ob die Dreiecke ähnlich sind.

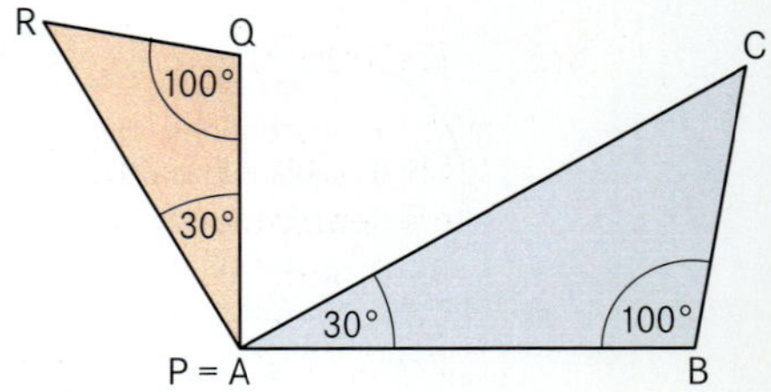

5 So kannst du zeigen, dass zwei Dreiecke ABC und PQR, die in zwei Winkelmaßen übereinstimmen, ähnlich sind.

Voraussetzung: $\beta = \beta'$; $\gamma = \gamma'$
Daraus folgt: $\alpha = \alpha'$
Durch Kongruenzabbildungen kann man die Dreiecke so anordnen, dass sie übereinander liegen.
Mit $\beta = \beta'$ und $\gamma = \gamma'$ (Stufenwinkel) folgt: [BC] || [QR]
Mit A = P als Zentrum einer zentrischen Streckung kann man das Dreieck ABC auf das Dreieck PQR abbilden.
Für k gilt: $k = \frac{\overline{PQ}}{\overline{AB}} = \frac{\overline{PR}}{\overline{AC}} = \frac{\overline{QR}}{\overline{BC}}$
Deshalb sind die Dreiecke ähnlich.

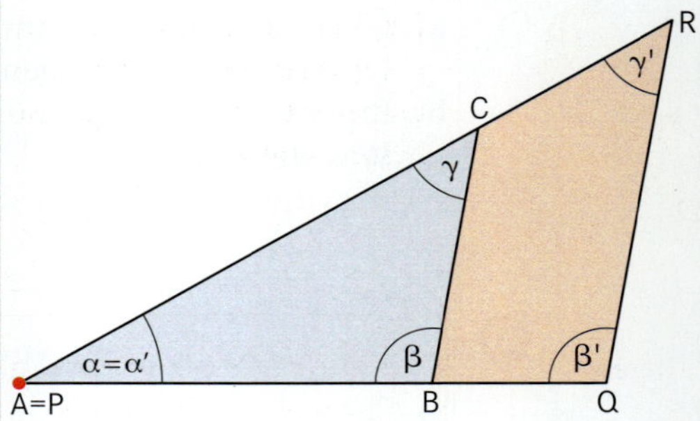

M **Ähnlichkeitssatz für Dreiecke**

Dreiecke sind **ähnlich**, wenn sie in den Maßen von zwei Winkeln übereinstimmen.
$\beta = \beta' \wedge \gamma = \gamma'$

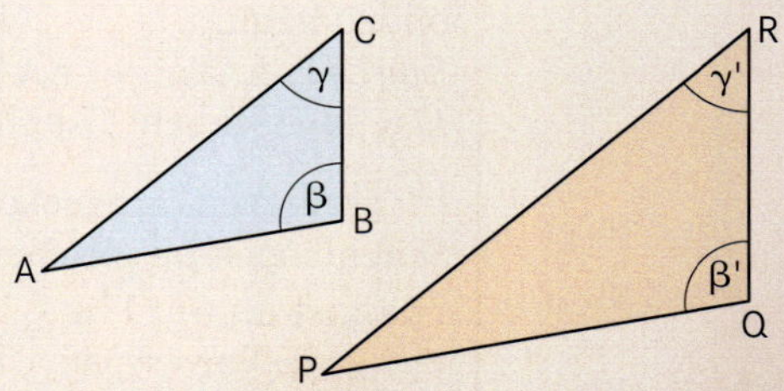

Übungen

6 Welche Dreiecke sind ähnlich? Begründe.

a)
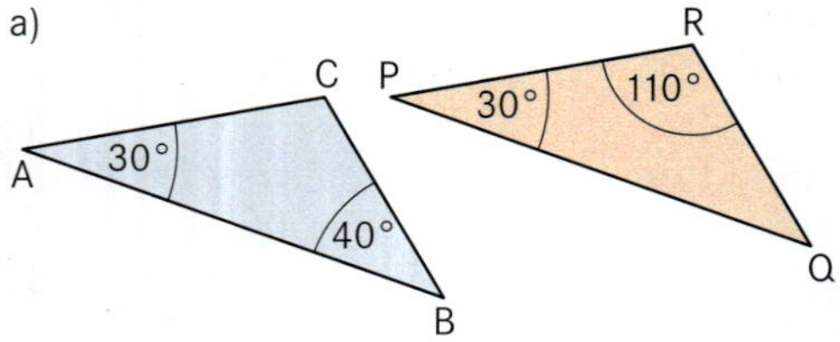

b)
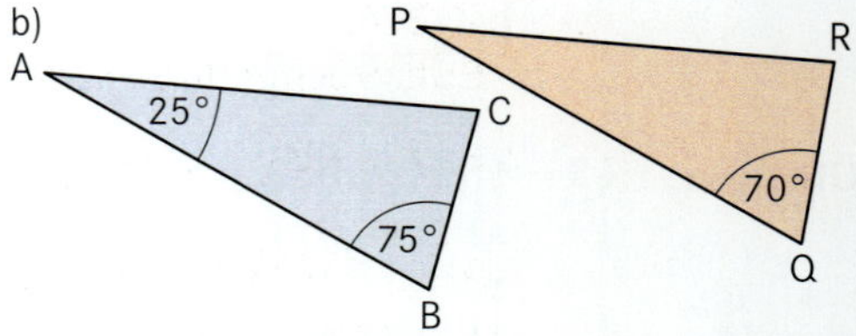

c)
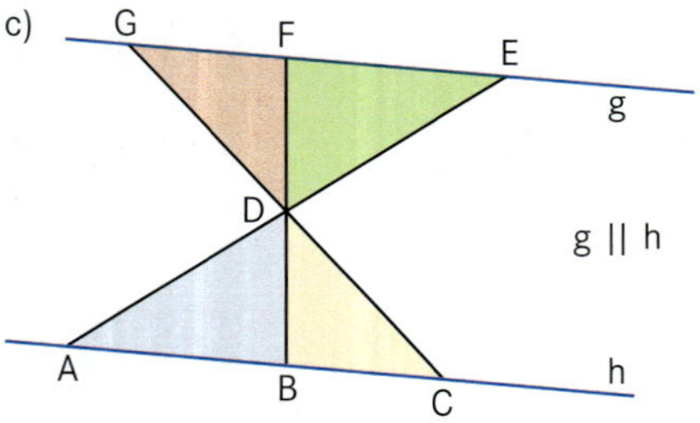

d)
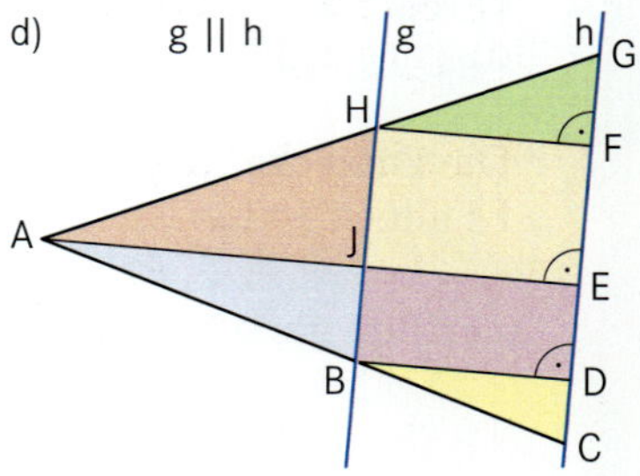

weitere Ähnlichkeitssätze für Dreiecke

M **Weitere Ähnlichkeitssätze für Dreiecke**

Dreiecke sind ähnlich, wenn sie im Verhältnis entsprechender Seitenlängen übereinstimmen.

$\frac{a_1}{b_1} = \frac{a_2}{b_2}$; $\frac{a_1}{c_1} = \frac{a_2}{c_2}$

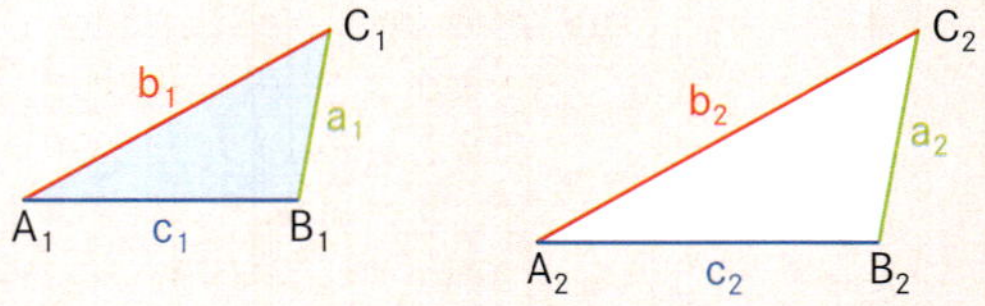

Dreiecke sind ähnlich, wenn sie im Verhältnis zweier Seitenlängen und dem Maß des **eingeschlossenen** Winkels übereinstimmen.

$\frac{b_1}{c_1} = \frac{b_2}{c_2}$; $\alpha_1 = \alpha_2$

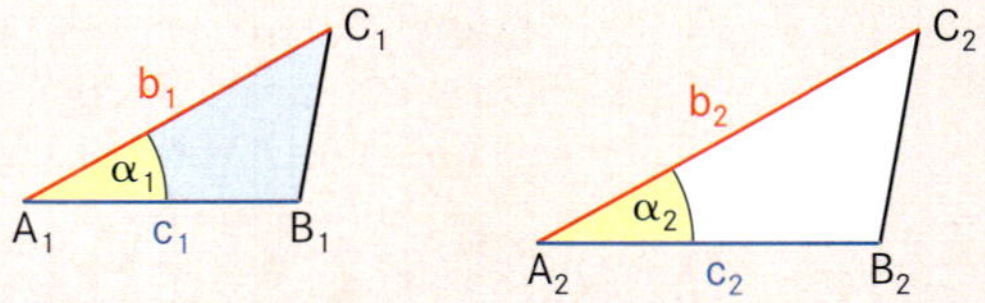

Dreiecke sind ähnlich, wenn sie im Verhältnis zweier Seitenlängen und dem Maß des **Gegenwinkels der größeren der beiden Seiten** übereinstimmen.

$\frac{b_1}{c_1} = \frac{b_2}{c_2}$; $\beta_1 = \beta_2$ mit $b_1 > c_1$

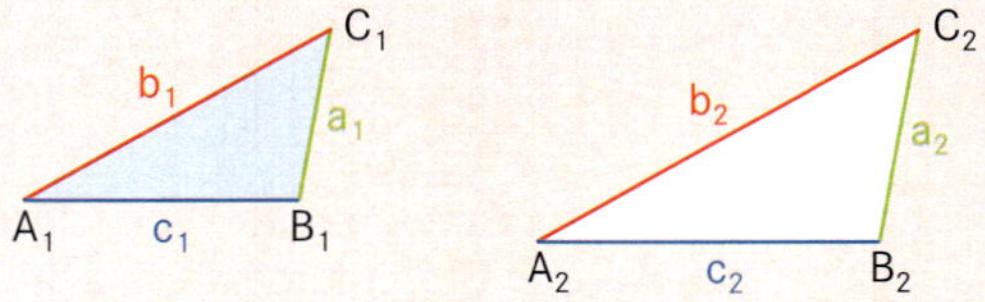

Übungen

7 a) Nenne die den vier Ähnlichkeitssätzen entsprechenden Kongruenzsätze.
b) Für welche Werte von k sind bei zentrischen Streckungen Ur- und Bilddreieck zusätzlich kongruent? Welche Abbildung liegt jeweils vor?

8 Welche der Dreiecke sind ähnlich? Begründe. (Längen in cm)

(1)

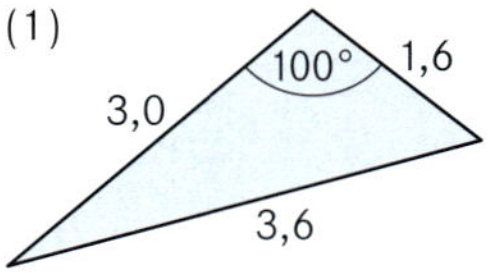

(2)

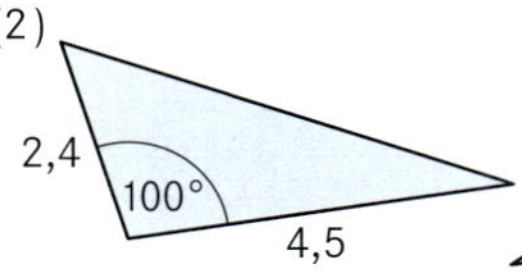

(3)

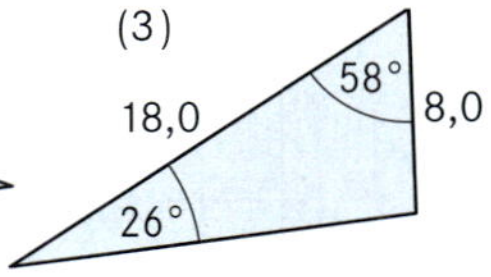

(4)

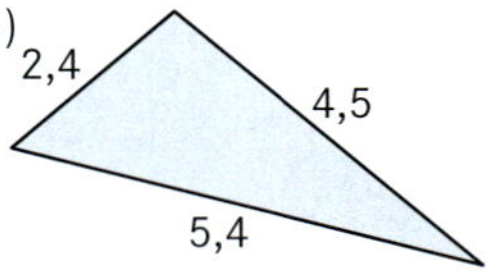

9 So kannst du mit Hilfe der Ähnlichkeit von Dreiecken ein fehlendes Längenmaß $\overline{DE}$ = x cm berechnen.

B Die Dreiecke ABC und DBE sind ähnlich, da sie in zwei Winkelmaßen übereinstimmen:
$\sphericalangle BAC = \sphericalangle BDE = 90°$ und $\beta = \beta$
Entsprechende Strecken stehen im selben Verhältnis.

Somit gilt: $\frac{\overline{AC}}{\overline{AB}} = \frac{\overline{DE}}{\overline{DB}}$

Setze die Maßzahlen ein: $\frac{8}{6} = \frac{x}{2,4}$

Ergebnis: $\overline{DE} = 3,2$ cm

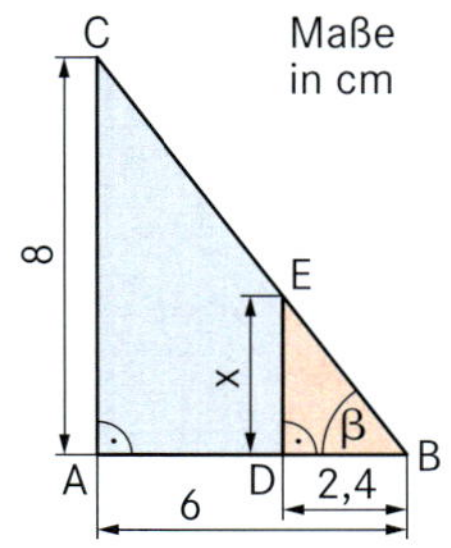

Berechne die Länge der Hypotenuse [BC] und dann wie im Beispiel die Länge $\overline{BE}$.

10 – Berechne die unbekannten Streckenlängen (alle Angaben in cm). Runde auf eine Stelle nach dem Komma.

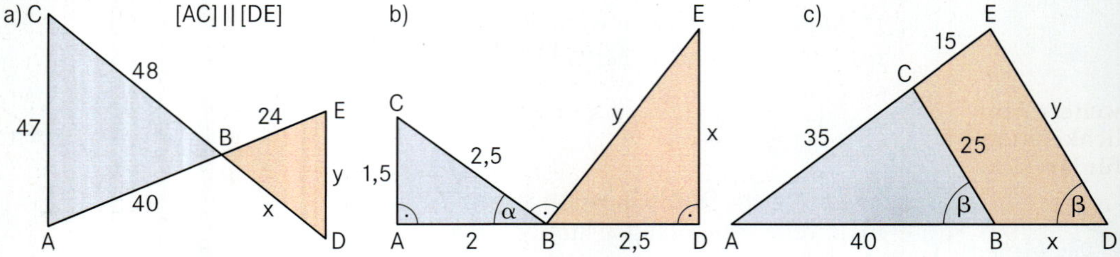

Lösungen (nur Maßzahlen): 41,7; 35,7; 3,3; 28,8; 28,2; 17,1; 4,2

11 – Das Dreieck ABC ist gleichschenklig mit der Basis [AB]. Die Strecken $[P_nQ_n]$ verlaufen parallel zur Basis mit $P_n \in [AC]$ und $Q_n \in [BC]$.

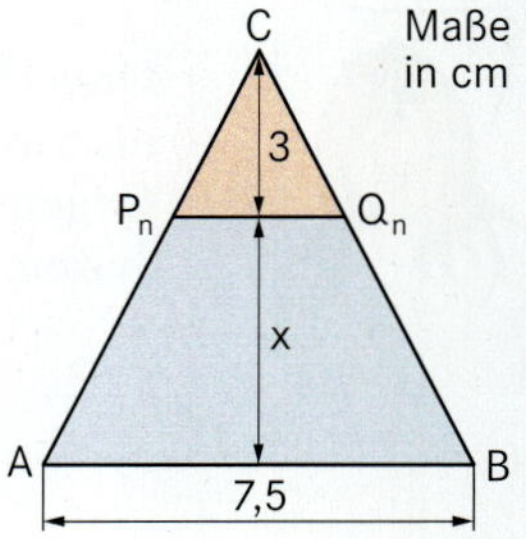

a) Zeige, dass für die Längen der Strecken $[P_nQ_n]$ in Abhängigkeit von x gilt: $\overline{P_nQ_n} = \frac{22,5}{x+3}$ cm

b) Für welchen Wert von x sind die Dreiecke ABC und P_1Q_1C gleichschenklig – rechtwinklig (gleichseitig)?

c) Bestimme die Längen $\overline{P_nQ_n}$ in Abhängigkeit von x für $\overline{AB} = 9,8$ cm.

12 – In einem gleichschenkligen Dreieck ABC wie in der Aufgabe 11 (alle Angaben in cm) verlaufen die Strecken $[P_nQ_n]$ parallel zur Basis [AB]. Es gilt: $\overline{P_nQ_n} = y$ cm; $\frac{12}{8} = \frac{y}{8-x}$

a) Skizziere eine passende Figur.

b) Berechne den Wert von x für $\overline{P_1Q_1} = 3$ cm.

c) Erstelle selbst eine entsprechende Aufgabe und lass sie deinen Nachbarn lösen.

13 – So kannst du mit Hilfe der Ähnlichkeit von Dreiecken ein fehlendes Längenmaß z. B. $\overline{CD} = x$ cm berechnen.

B

Die beiden Dreiecke ABC und BCD sind ähnlich, da sie in zwei Winkelmaßen übereinstimmen.
$\sphericalangle ACB = \sphericalangle BDC = 90°$ und $\beta = \beta$

Ordne entsprechende Strecken einander zu.
[AB] ⟶ [BC]
[AC] ⟶ [CD]

In ähnlichen Dreiecken stehen entsprechende Strecken im selben Verhältnis.
Also gilt: $\frac{\overline{CD}}{\overline{AC}} = \frac{\overline{BC}}{\overline{AB}}$

Setze die Maßzahlen der gegebenen Längen ein: $\frac{x}{8} = \frac{6}{10}$

Ergebnis: $\overline{CD} = 4,8$ cm

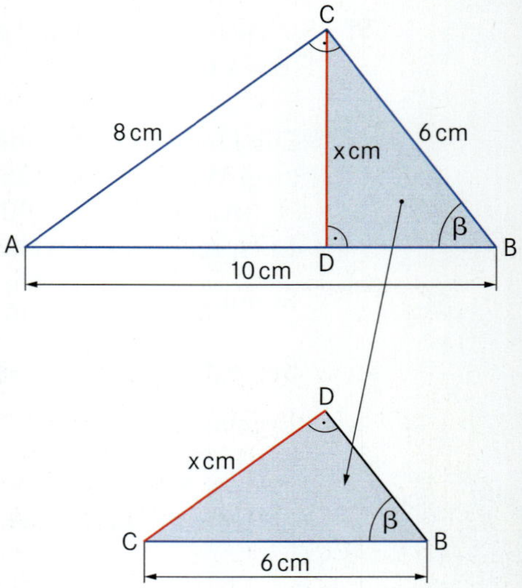

Berechne ebenso die Länge $\overline{BD}$.

1 Eine Metallkonstruktion wird, wie nebenstehende Zeichnung zeigt, im Punkt A verschraubt.

a) Berechne die Grundlänge $\overline{BC}$ der Gesamtkonstruktion.

b) Begründe: Die Dreiecke ACD und AFE sind ähnlich.

c) Welchen Abstand x hat der Punkt A von der Seite [CD]?

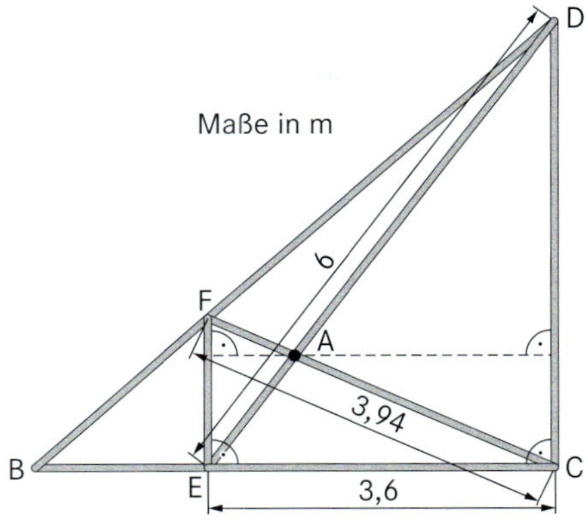

2 Zwei quadratische Platten mit 40 cm Seitenlänge liegen so übereinander, dass die untere Ecke B′ des oben liegenden Quadrats auf der Mittellinie m des unteren Quadrates liegt.

a) Wie weit sind die rechten unteren Eckpunkte B und B′ voneinander entfernt?

b) Die Entfernung dieser Eckpunkte beträgt nun 25 cm. Fertige eine Zeichnung an und berechne den Abstand des Eckpunktes B′ von der rechten Plattenkante [BC].

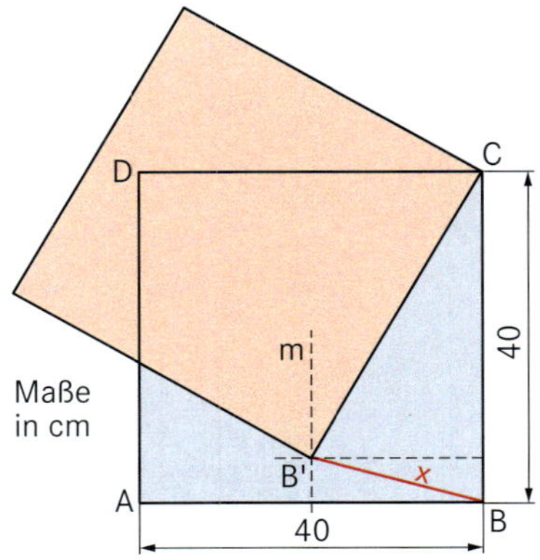

3 Die Abbildung zeigt einen Ausschnitt der Anlaufspur einer Schisprungschanze.
Es gilt: $\overline{AC} = 10{,}5$ m; $\overline{BC} = 3{,}5$ m

a) Begründe: $\gamma = \delta = \varepsilon = 90° - \alpha$

b) Begründe: Die Dreiecke ABC und PQR sind ähnlich.

c) Berechne die Hangabtriebskraft F_H, wenn der Schispringer eine Gewichtskraft von $F_G = 720$ N hat.

d) Ändere die Aufgabe für einen Vorgang in deiner Umgebung geeignet ab.

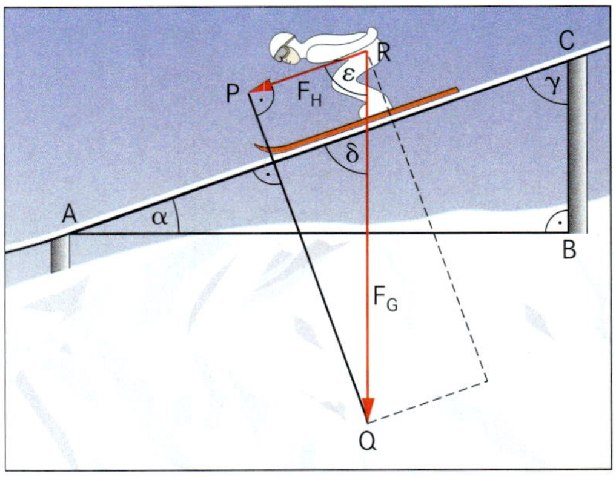

4 Ein längerer und ein kürzerer Zaunpfosten werden mit diagonal verlaufenden Latten verbunden.

a) Berechne, in welcher Höhe y cm sich die diagonal verlaufenden Holzlatten treffen.

b) Verändere den Abstand der Zaunpfosten und berechne wiederum, in welcher Höhe sich die Zaunlatten treffen. Was stellst du fest?

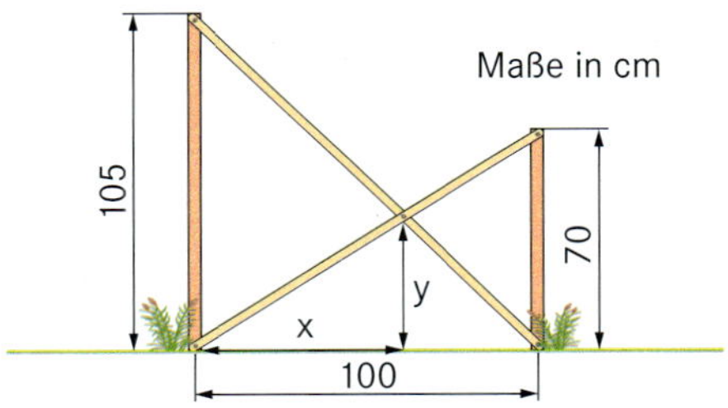

1 Zwei Geraden, die sich in einem Punkt Z schneiden, werden von zwei parallelen Geraden g und h geschnitten.

a) Begründe, dass gilt:

$\frac{\overline{ZA}}{\overline{ZB}} = \frac{\overline{ZC}}{\overline{ZD}}$ und $\frac{\overline{ZA}}{\overline{AB}} = \frac{\overline{ZC}}{\overline{CD}}$

b) Begründe, dass ebenso gilt:

$\frac{\overline{ZA}}{\overline{ZC}} = \frac{\overline{ZB}}{\overline{ZD}}$ und $\frac{\overline{ZA}}{\overline{ZC}} = \frac{\overline{AB}}{\overline{CD}}$

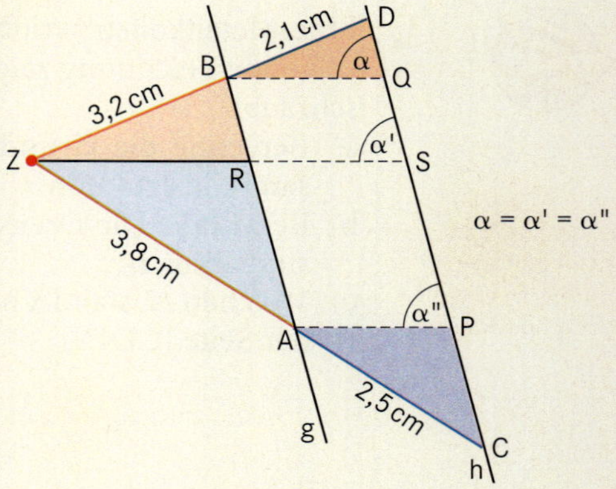

M Werden zwei sich schneidende Geraden von zwei Parallelen geschnitten, gilt:

Vierstreckensätze

1. Die von Z ausgehenden Streckenabschnitte auf der einen Geraden verhalten sich wie die entsprechenden Streckenabschnitte auf der anderen Geraden.

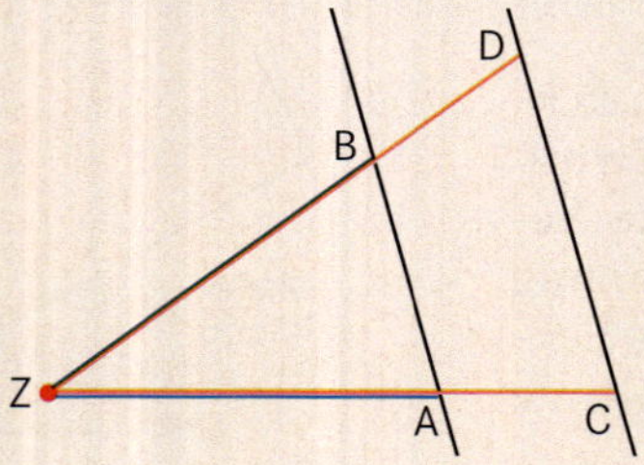

$\frac{\overline{ZA}}{\overline{ZC}} = \frac{\overline{ZB}}{\overline{ZD}}$

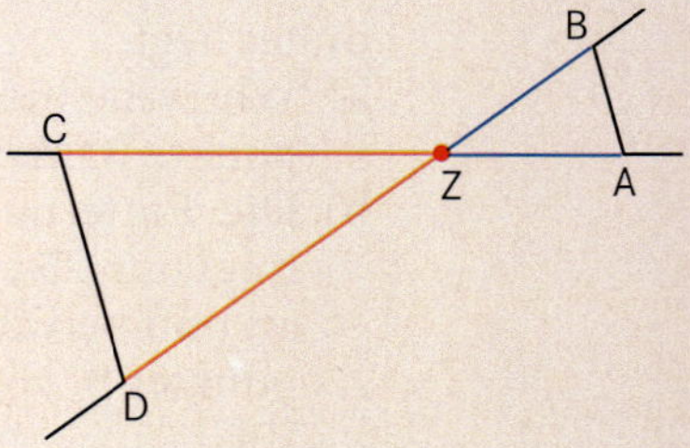

$\frac{\overline{ZA}}{\overline{ZC}} = \frac{\overline{ZB}}{\overline{ZD}}$

2. Die Streckenabschnitte auf den Parallelen verhalten sich wie die von Z ausgehenden zugehörigen Strecken auf einer Geraden.

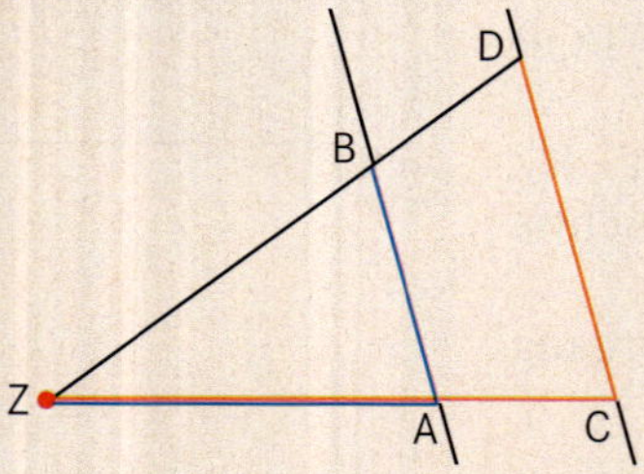

$\frac{\overline{ZA}}{\overline{ZC}} = \frac{\overline{AB}}{\overline{CD}}$

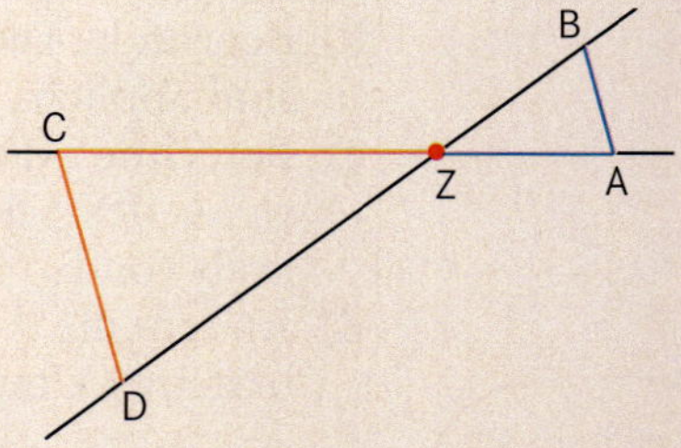

Weil man immer vier Strecken zueinander ins Verhältnis setzen kann, spricht man von **Vierstreckensätzen**.

Übungen

2 Finde weitere Streckenverhältnisse in der Figur zu Aufgabe 1.

3 Ergänze die Platzhalter in deinem Heft.

a) $\frac{\overline{ZA}}{\overline{ZD}} = \frac{\square}{\square} = \frac{\square}{\square}$ b) $\frac{\overline{ZC}}{\overline{ZE}} = \frac{\square}{\square} = \frac{\square}{\square}$

c) $\frac{\overline{ZE}}{\overline{FE}} = \frac{\square}{\square} = \frac{\square}{\square}$ d) $\frac{\overline{AB}}{\overline{EF}} = \frac{\square}{\square} = \frac{\square}{\square}$

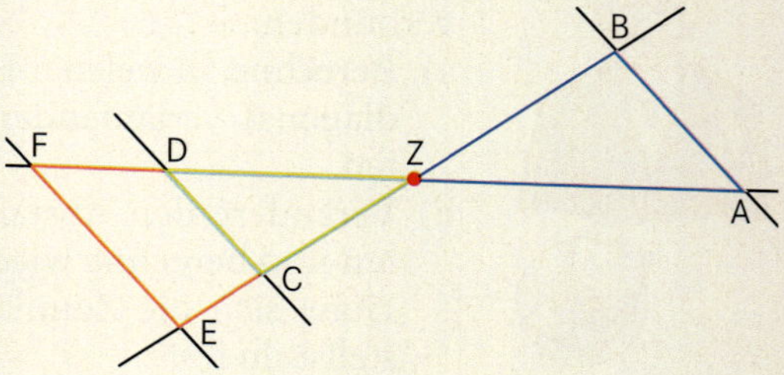

4 So kannst du die Länge der gefärbten Strecke berechnen. Es gilt: [AB] ∥ [CD]

B

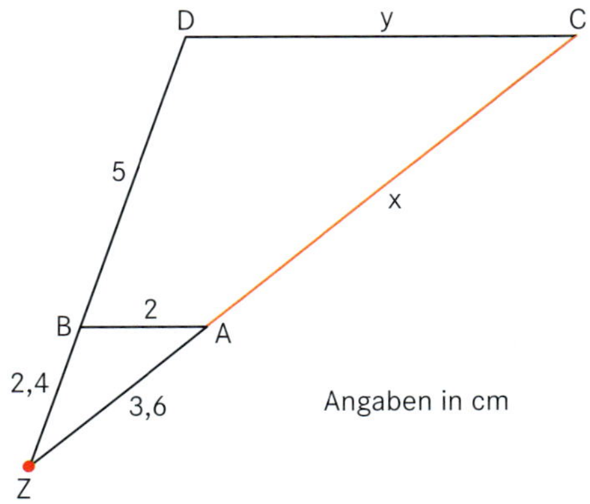

Vierstreckensatz: $\frac{\overline{ZC}}{\overline{ZA}} = \frac{\overline{ZD}}{\overline{ZB}}$

Für die Maßzahlen gilt:

$$\frac{3{,}6 + x}{3{,}6} = \frac{2{,}4 + 5}{2{,}4}$$

$$\frac{3{,}6 + x}{3{,}6} = \frac{7{,}4}{2{,}4}$$

$$3{,}6 + x = \frac{7{,}4}{2{,}4} \cdot 3{,}6$$

$$3{,}6 + x = 11{,}1$$

$$x = 7{,}5$$

Ergebnis: $\overline{AC} = 7{,}5$ cm

Berechne die Belegung für die Variable y.

5 Berechne die Belegungen für x und y (alle Maße in cm). Es gilt: [AB] ∥ [CD]

a)

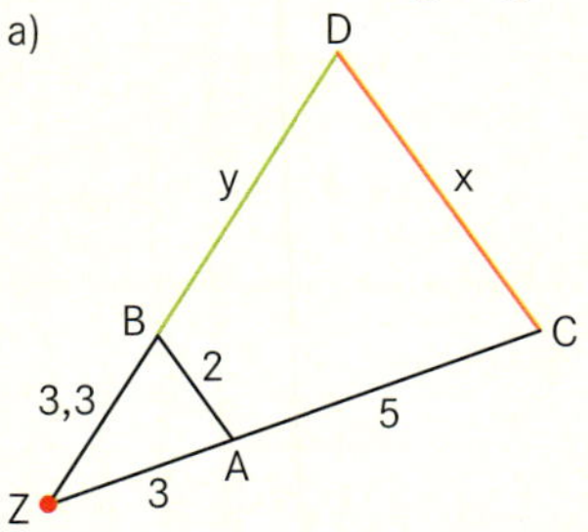

b)

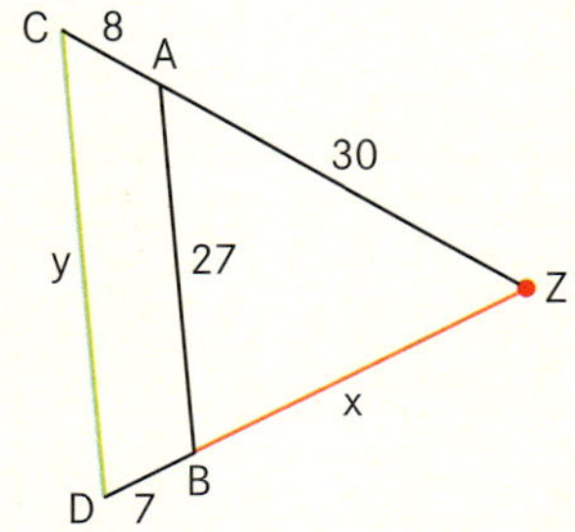

c)

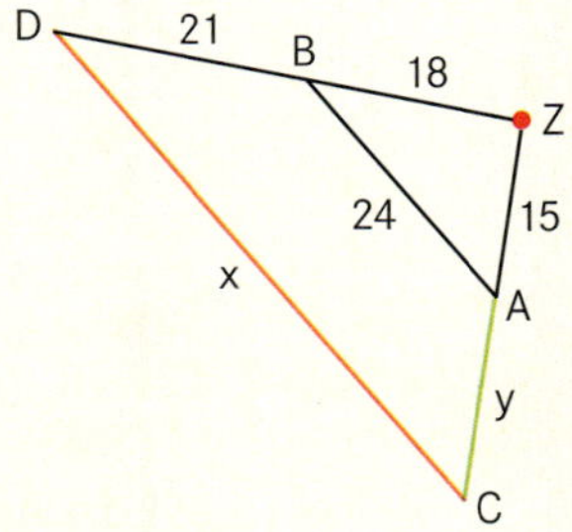

6

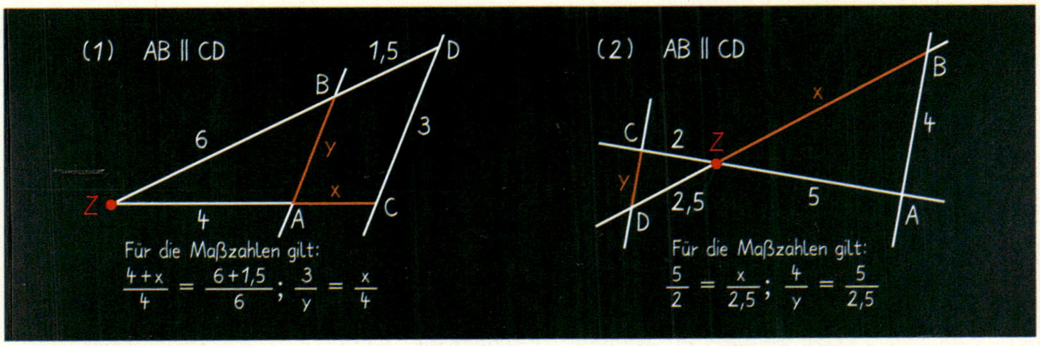

Sarah und Marcel haben zu einigen geometrischen Figuren Verhältnisgleichungen aufgestellt.

a) Suche in den Figuren nach ähnlichen Dreiecken.

b) Überprüfe die Ansätze und korrigiere falls nötig. Berechne die Werte für x und y.

Lösungen zu 5 und 6 (nur Maßzahlen): 1,60; 1; 2,4; 6,25; 34,2; $5\frac{1}{3}$; 26,25; 17,5; 4,5; 52; 6,3; 5,5

1 Auf einer senkrechten Schiene kann eine Lampe zu Beleuchtungszwecken verschoben werden. Von einer 1,70 m hohen Figur werden Schatten an einer 4 m hohen Projektionswand erzeugt (siehe Abbildung). Die Lampe hat von der Wand 3,60 m Abstand.

a) Berechne die Höhe h des Schattens, wenn die Lampe ganz unten an der Schiene montiert wird und 2,40 m Abstand von der Figur hat.

b) Berechne die Höhe des Schattenbildes auf der Projektionswand, wenn die Figur in Aufgabe a) 60 cm näher an die Lampe herangerückt wird.

c) Wie weit darf die Figur in Aufgabe a) an die Lampe herangerückt werden, damit das Schattenbild gerade noch auf die Projektionswand passt?

d) Die Lampe befindet sich in 1,50 m Höhe und hat von der Figur 2,40 m Abstand. Berechne die Schattenhöhe.

e) Die Lampe soll so verstellt werden, dass der Schatten um 20 cm höher ist als in d).

f) Ändere die Aufgabe geeignet ab und ermittle die Lösung.

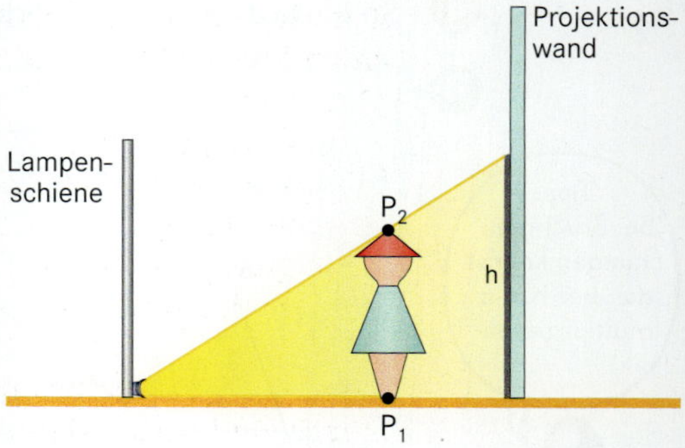

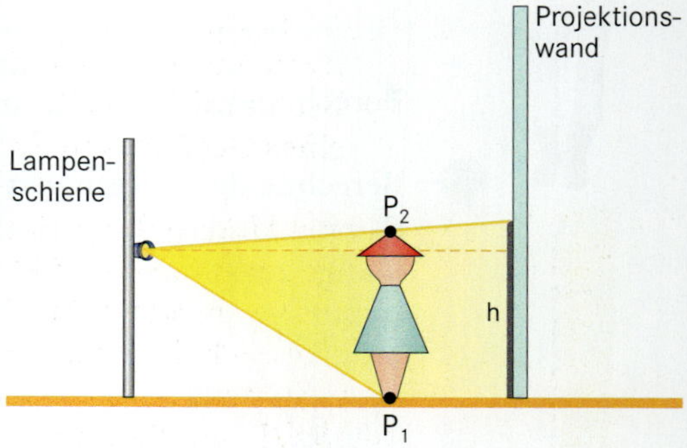

Lösungen: 3,40; 2,55; 1,80; 1,53; 1,10; 0,30; 1,8

2 Damit sich eine Person mit der Größe a ganz im Spiegel sieht, müssen die Lichtstrahlen, die vom Fußpunkt F und vom Scheitelpunkt S auf den Spiegel auftreffen, ins Auge A reflektiert werden.

Die scheinbaren Bildpunkte F′ und S′ erhält man geometrisch durch Achsenspiegelung an der Spiegeloberfläche. Die minimale Spiegelhöhe wird durch die Streckenlänge $\overline{PQ}$ (siehe Abbildung rechts) bestimmt.

a) Zeige durch Rechnung, dass gilt: $\overline{PQ} = 0{,}5a$

b) Reicht eine kleinere Spiegelhöhe, wenn man sich weiter vom Spiegel entfernt? Begründe.

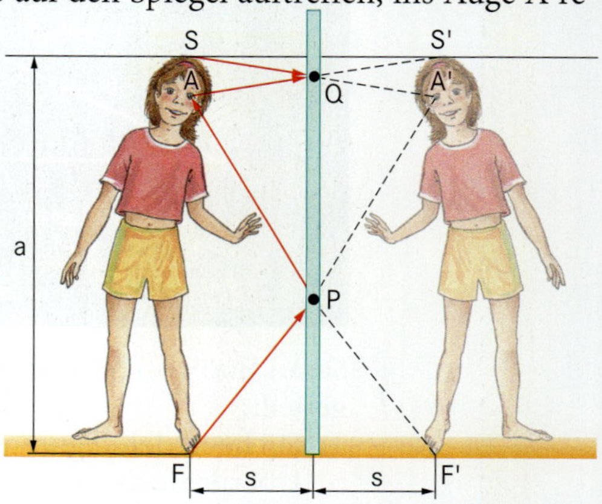

Die Summe der rundum sichtbaren Augenzahlen dreier übereinander stehender Würfel ist 45. Welche Augenzahl muss die obere Fläche tragen?

(1) Zur Messung kleiner Öffnungen kann man einen Messkeil verwenden.

a) Bestimme die Größe x cm der Öffnung in der Abbildung.

b) Begründe das Messverfahren.

c) Baue dir mit selbst gewählten Abmessungen einen solchen Messkeil und probiere ihn aus.

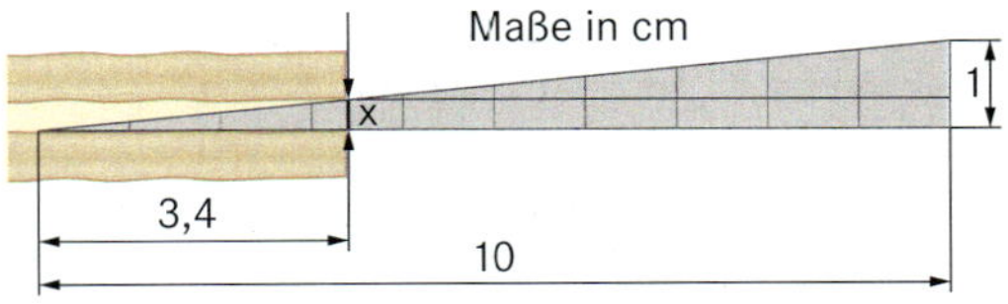

(2) Anna und Frank bestimmen mit einem Spiegel und einem Maßband die Höhe eines Gebäudes. Dazu legen sie den Spiegel auf eine waagrechte Fläche und entfernen sich so weit vom Spiegel, bis sie die Dachkante sehen. Dann bestimmen sie die Größen $h_2 = 1{,}55$ m; $s_1 = 5{,}4$ m; $s_2 = 1{,}8$ m.

a) Berechne die Gebäudehöhe h_1.

b) Bestimme wie Felix und Anna die Höhe eines Gebäudes in deiner Umgebung.

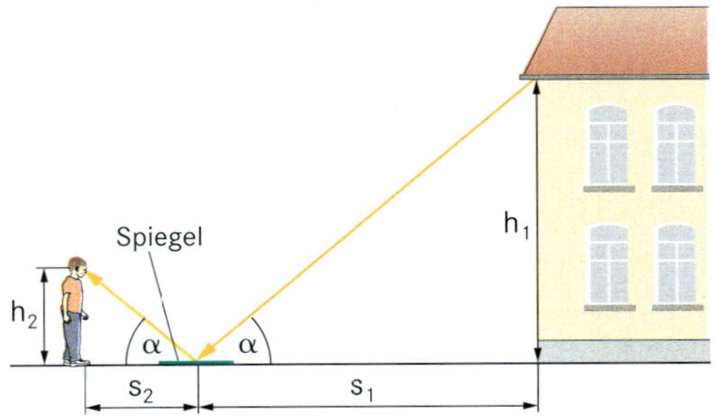

(3) Förster Unterholz bestimmt mit seinem Meterstab die Baumhöhe. Er klappt ihn auf 42 cm Länge zusammen und klebt bei der 4,2 cm-Marke ein Streichholz auf. Den Meterstab hält er mit gestrecktem Arm lotrecht vor sich hin. Anschließend geht er so weit vom Baum weg, bis sich das obere Ende des Meterstabs mit der Baumspitze und das untere Ende mit dem Stammfuß deckt. Dann schaut er, wo für den Streichholzkopf der entsprechende Bildpunkt am Baumstamm ist. Diesen merkt er sich. Nun misst er den zugehörigen Abstand bis zum Boden. Die gemessene Strecke multipliziert er mit 10. Er behauptet, nun habe er in etwa die Baumhöhe.

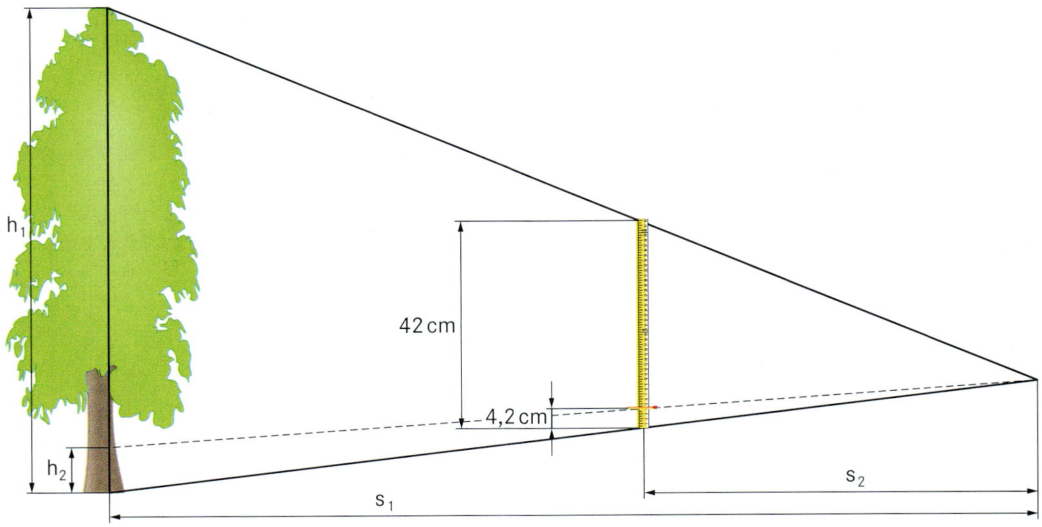

a) Begründe, dass gilt: $\frac{42\text{ cm}}{s_2} = \frac{h_1}{s_1}$; $\frac{4{,}2\text{ cm}}{s_2} = \frac{h_2}{s_1}$

Zeige anschließend: $h_1 = 10 \cdot h_2$

b) Ermittle mit dieser Methode die Höhe eines geeigneten Objekts in deiner Umgebung.

4 Die Gruppen A, B und C der Klasse 9a haben versucht, mit drei unterschiedlichen Methoden die Breite des Inns zu vermessen.

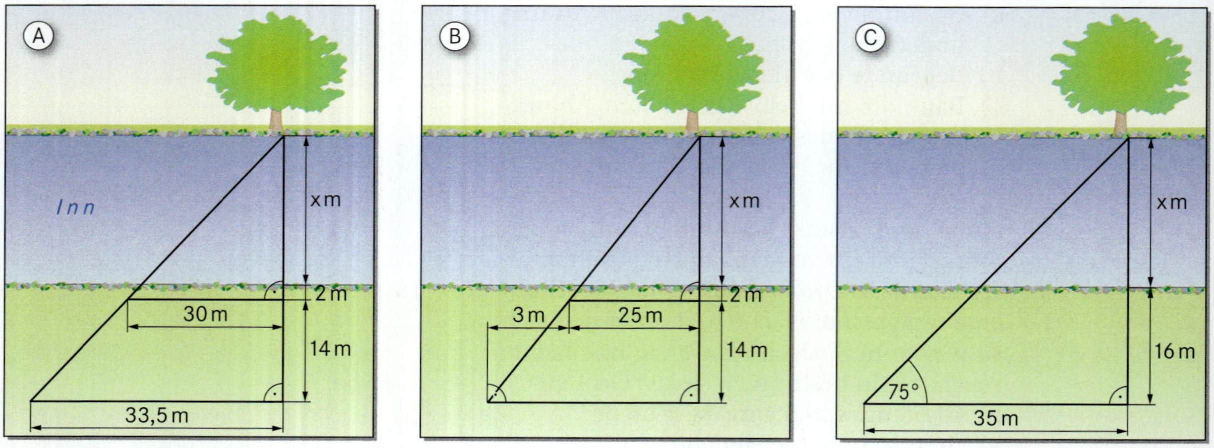

a) Beschreibe, wie die einzelnen Gruppen dabei vorgegangen sein könnten. Welche Messgeräte waren erforderlich? Welche Schwierigkeiten könnten aufgetreten sein?
b) Das Vermessungsamt hat an der Messstelle eine Flussbreite von 125 m ermittelt. Welche Gruppe hat das beste Messergebnis?
c) Versucht die Breite eines Flusses in eurer Umgebung zu bestimmen.

G

Der griechische Mathematiker THALES VON MILET (ca. 640 – 550 v. Chr.) soll ein Verfahren entwickelt haben zur Messung der Höhe von ägyptischen Pyramiden. Darüber schreibt DIOGENES LAERTIUS um 200 n. Chr.:
„Thales hat die Höhen der Pyramiden mittels ihres Schattens gemessen, den er genau zu dem Zeitpunkt abmaß, wo unser Schatten und unser Leib die gleiche Länge haben“.

Dieses beschriebene Verfahren wird aber angezweifelt. Eher glaubwürdig ist, dass THALES einen Stab lotrecht so aufgestellt hat, dass das Ende seines Schattens mit dem Ende des Schattens der Pyramide zusammenfiel.

5 Berechne mit den angegebenen Werten die Höhe der Cheopspyramide.
A 115 m **B** 146 m **C** 165 m

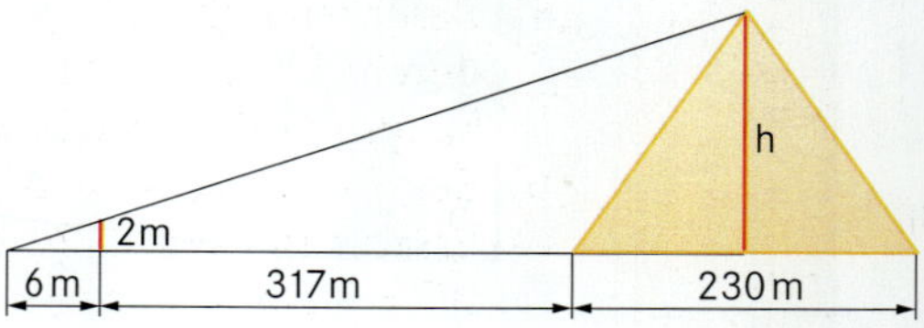

Ein Ausflugsschiff fährt auf dem Inn eine 3,6 km lange Strecke flussabwärts mit 12 $\frac{km}{h}$. Auf dem Rückweg flussaufwärts ist es mit 8 $\frac{km}{h}$ unterwegs.
Wie groß ist die Durchschnittsgeschwindigkeit für die Gesamtstrecke?

1 Berechne die Inhalte aller farbig markierten Flächen, auf zwei Stellen nach dem Komma gerundet (alle Angaben in cm).

a)

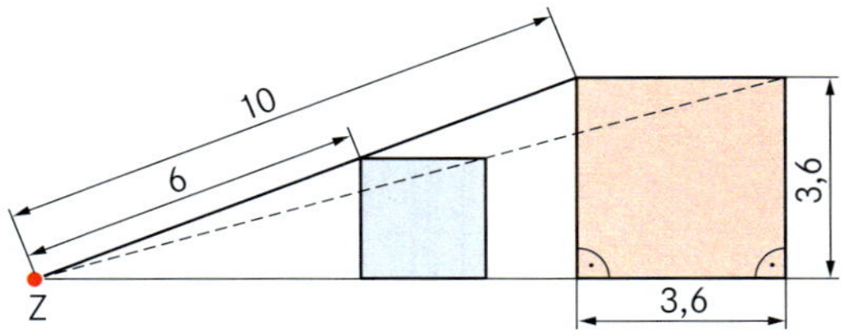

b)

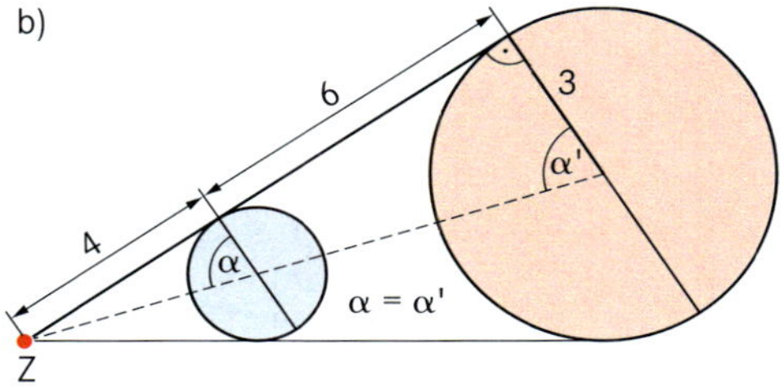

2 Der Flächeninhalt A_2 des Trapezes ACDB beträgt das Achtfache des Flächeninhalts A_1 des Dreiecks ZAB. Es gilt: $\overline{AB} = 6$ cm; $\overline{AZ} = 15$ cm.

a) Begründe: Das Dreieck ZAB kann durch zentrische Streckung auf das Dreieck ZCD abgebildet werden.
[Teilergebnis: k = 3]

b) Berechne die Längen $\overline{AC}$ und $\overline{CD}$.

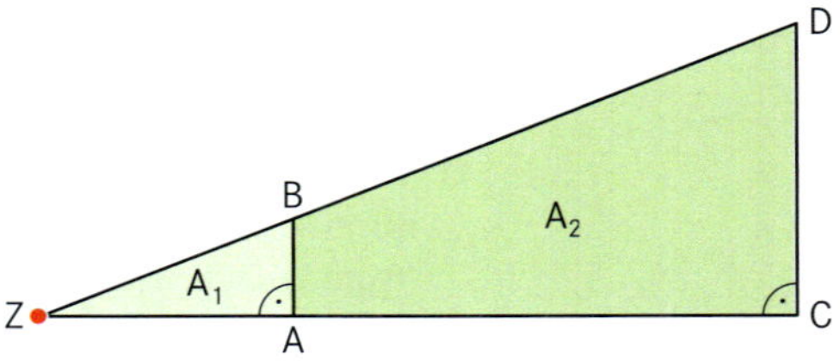

Lösungen zu 1 und 2 (nur Maßzahlen):
4,52; 4,83; 4,67; 12,96; 18; 30; 36; 28,27

3 Im Quadrat ABCD schneiden sich die Geraden g, h und w in den Punkten S_1 und S_2.
Es gilt: A (0|0); B (6|0); Q (6|3); g = DQ; h = PR; w = AC; g||h; $\overline{PQ} = 2$ LE

a) Ermittle die Gleichungen der Geraden g, h und w.

b) Berechne die Koordinaten der Punkte S_1 und S_2.

c) Begründe: Dreieck AS_1R ~ Dreieck CS_2Q

d) Das Dreieck AS_1R kann durch zentrische Streckung auf das Dreieck CS_2Q abgebildet werden. Bestimme den Streckungsfaktor k < 0 und ermittle das Streckungszentrum Z.

e) Berechne die Flächeninhalte der Dreiecke AS_1R und CS_2Q.

f) Berechne die Flächeninhalte der Trapeze ABPR und RS_1S_2D.

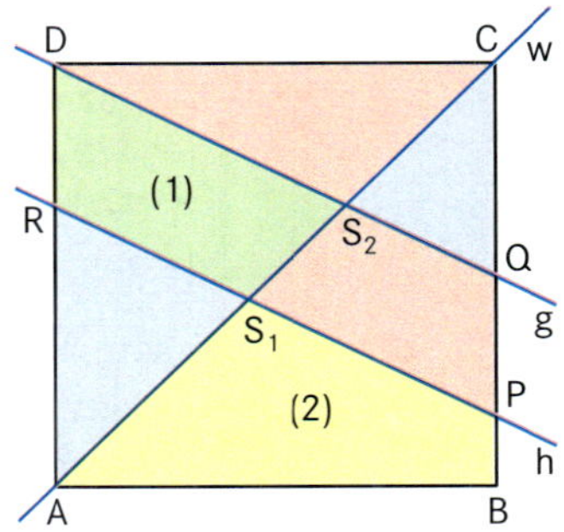

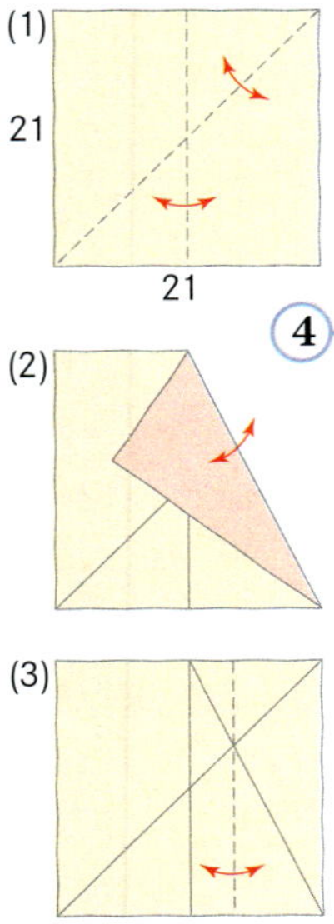

4 Ein schlauer Mathematiker behauptet, durch vier Faltungen die Seitenlänge eines Quadrats in drei gleich lange Strecken teilen zu können. Die Faltvorgänge sind in den Abbildungen (1), (2) und (3) an einem Quadrat mit der Seitenlänge eines DIN A4 Blatts dargestellt.

a) Beschreibe die Faltvorgänge. Führe die Faltungen selbst durch. Überprüfe dann durch Messung, ob obige Behauptung richtig sein könnte.

b) Begründe: ΔCMS ~ ΔBMD

c) Ersetze in deinem Heft die Platzhalter und begründe: $\overline{BC} = 7$ cm $(= \frac{21}{3}$ cm)

d) Im Bild rechts findest du mindestens vier verschiedene Trapeze. Berechne jeweils ihren Flächeninhalt.

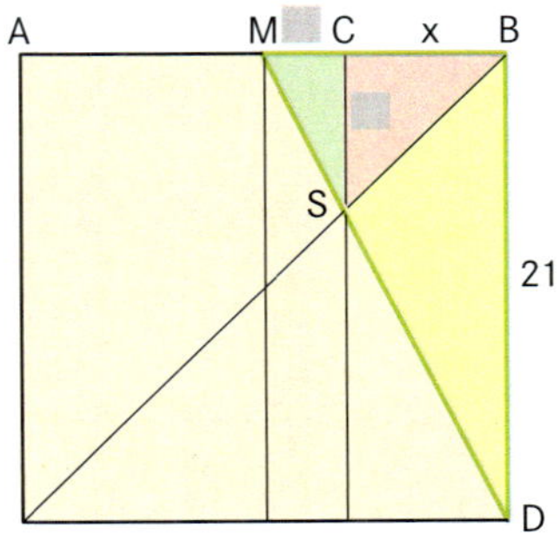

1 Dem Dreieck ABC wird ein Rechteck PQRS so einbeschrieben, dass die Seite [PQ] auf der Strecke [AB], der Punkt R auf [BC] und der Punkt S auf [AC] liegt. Die Seite [PQ] des Rechtecks ist doppelt so lang wie die Seite [QR]. Es gilt: A (1 | 1); B (9 | 1); C (3 | 6)

So kannst du diese Aufgabe durch Zeichnung lösen.

B

A Notiere alle Bedingungen, die in dieser Aufgabe erfüllt werden müssen.
(1) $[PQ] \subseteq [AB]$
(2) $\overline{PQ} : \overline{QR} = 2 : 1$
(3) $R \in [BC]$
(4) $S \in [AC]$

B Probiere systematisch, d. h. zeichne Rechtecke $P_nQ_nR_nS_n$, die die Bedingungen (1), (2) und (3) erfüllen.

C Aus der Zeichnung erkennst du: Die Rechtecke $P_2Q_2R_2S_2$, $P_3Q_3R_3S_3$, … erhält man durch zentrische Streckung des Rechtecks $P_1Q_1R_1S_1$ mit dem Zentrum B. Somit liegen alle Punkte S_n auf der Halbgeraden $[BS_1$.

D Der Eckpunkt S ergibt sich als Schnittpunkt von $[BS_1$ mit [AC]. Durch Zeichnen entsprechender Parallelen zu den Seiten des Rechtecks $P_1Q_1R_1S_1$ erhältst du die weiteren Eckpunkte P, Q und R. Da alle Rechtecke ähnlich sind, verhalten sich die Längen $\overline{PQ}$ und $\overline{QR}$ wie 2 : 1.

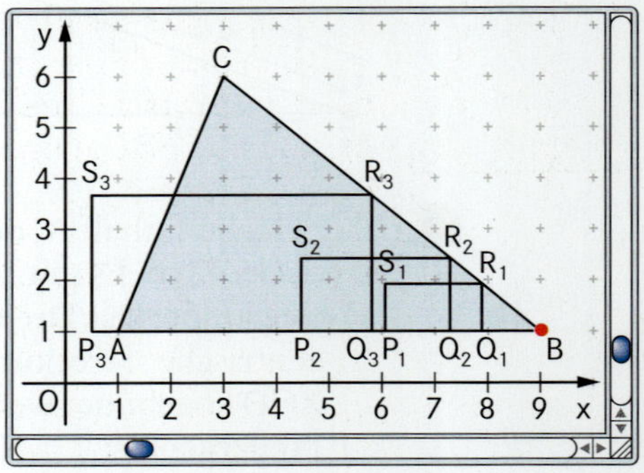

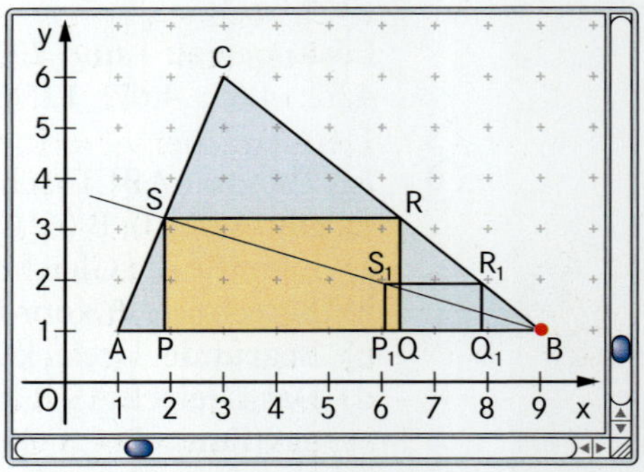

So kannst du durch Rechnung die Längen $\overline{PQ}$ und $\overline{QR}$ ermitteln.

B

Bezeichne die Längenmaßzahlen von $\overline{PQ}$ mit 2x und die von $\overline{QR}$ mit x.
Trage alle weiteren Maßzahlen, die du mit Hilfe der Koordinaten der Eckpunkte A, B und C ermitteln kannst, in die Zeichnung ein.
Die Dreiecke ABC und SRC sind ähnlich. Somit sind entsprechende Streckenverhältnisse gleich.

Also gilt: $\frac{h^*}{\overline{RS}} = \frac{h}{\overline{AB}}$

Für die Maßzahlen gilt: $\frac{5-x}{2x} = \frac{5}{8}$

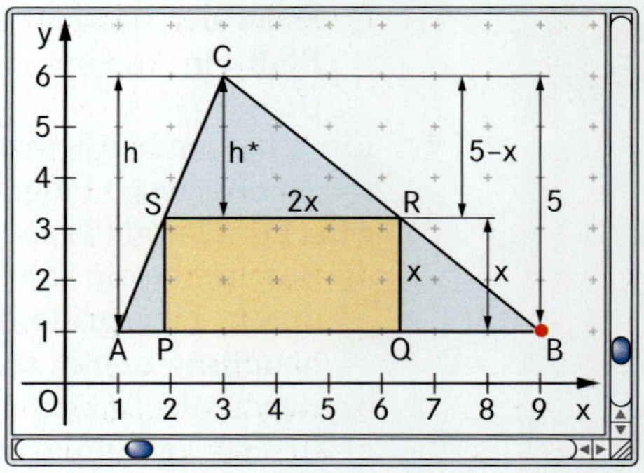

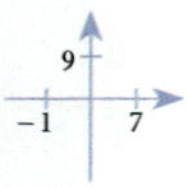

a) Löse die Verhältnisgleichung und zeige, dass gilt: $\overline{PQ} = 4{,}4$ LE und $\overline{QR} = 2{,}2$ LE
b) Löse obige Aufgabe für A (0 | 8); B (0 | 0); C (6 | 3) zeichnerisch. Berechne $\overline{PQ}$ und $\overline{QR}$.

2 Löse die Aufgabe 1 auf Seite 168 zeichnerisch. Erfülle zunächst:
a) Bedingung (1), (2) und (4)
b) Bedingung (2), (3), (4) und $[P_nQ_n] \| [AB]$.

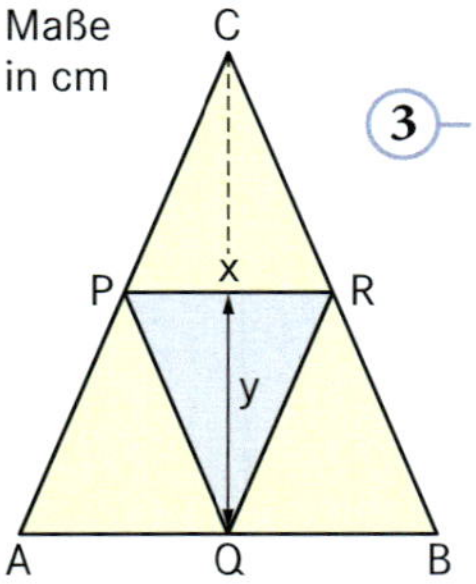

3 Dem gleichschenkligen Dreieck ABC soll wie in der Abbildung ein ebenfalls gleichschenkliges Dreieck PQR einbeschrieben werden.
Es gilt: $\overline{AB} = 12$ cm; $\overline{CQ} = 9$ cm; $\overline{PR} = x$ cm
a) Zeige, dass sich die Höhe h des einbeschriebenen Dreiecks PQR wie folgt in Abhängigkeit von x darstellen lässt: $h(x) = (-0{,}75x + 9)$ cm
b) Das einbeschriebene Dreieck ist rechtwinklig. Bestimme x.
c) Gib den Flächeninhalt A(x) der einbeschriebenen Dreiecke in Abhängigkeit von x an. Bestimme A_{max}.

4 Dem Dreieck ABC soll ein Quadrat PQRS so einbeschrieben werden, dass die Strecke [PQ] auf der Strecke [AB], der Punkt R auf [BC] und der Punkt S auf [AC] liegt.
Es gilt: A (0|1); B (10|1); C (6|7)
a) Zeichne das Dreieck ABC und konstruiere das Quadrat PQRS.
b) Berechne die Seitenlänge des Quadrats [Ergebnis: $\overline{PQ} = 3{,}75$ LE].
c) Begründe, dass für den Punkt S gilt: S (x_S|4,75).
d) Berechne die Gleichung der Geraden AC, die Koordinate x_S und die Koordinaten der Eckpunkte P, Q und R.

5 Dem Drachenviereck ABCD werden Rechtecke PQRS so einbeschrieben, dass die Rechtecksseiten parallel zu den Diagonalen des Drachenvierecks verlaufen (siehe Abbildung).
Es gilt: A (0|0); B (8|4); C (0|8); D (−4|4); d (P; [AC]) = x LE
a) Zeichne mit einem Geometrieprogramm das Drachenviereck ABCD und ein Rechteck PQRS (z. B. für x = 2).
b) Miss d(P; [AC]), d(R; [AC]) und den Flächeninhalt des Rechtecks PQRS. Verändere mit dem Zugmodus das Rechteck PQRS. Was stellst du fest?
c) Bestimme die Steigungen der Geraden AB und AD.
Begründe anschließend: d(R; [AC]) = 0,5x LE
d) Zeige, dass mit $\overline{PQ} = y$ LE folgt: $y = 8 - x$
e) Berechne die Belegung von x, für die eines der Rechtecke zugleich ein Quadrat ist. Berechne den zugehörigen Flächeninhalt.
f) Stelle den Flächeninhalt der Rechtecke PQRS in Abhängigkeit von x dar.
[Ergebnis: $A(x) = (-1{,}5x^2 + 12x)$ FE]
Berechne anschließend, um wie viel Prozent der maximale Flächeninhalt größer ist als der Flächeninhalt des Quadrats in Aufgabe e).
g) Die Koordinaten eines Eckpunktes des Drachenvierecks sollen so verändert werden, dass die einbeschriebenen Rechtecke symmetrisch zur y-Achse sind.

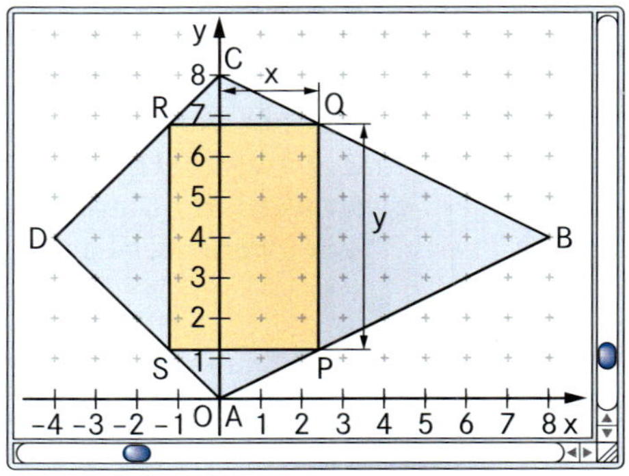

G

1603 erfuhr CHRISTOPH SCHEINER in Dillingen von einem Maler, der ein Gerät besaß, das jedes Bild genau nachzeichnen und zusätzlich sogar im Maßstab vergrößern oder verkleinern konnte. Wie das Gerät funktionierte, verriet der Maler nicht. Dies veranlasste SCHEINER, selbst nach einer Lösung zu suchen. Er erfand den so genannten Pantograf[1] oder „Storchenschnabel". Das Gerät besteht aus vier Holz- oder Metallstäben, die durch Gelenke zu einem veränderbaren Parallelogramm verbunden sind. Der so genannte Schwenkpunkt Z bleibt fest.

1 Mit dem Fahrstift P fährt man die Linien einer Zeichnung nach. Der Zeichenstift Q erstellt dann ein im Maßstab vergrößertes Bild. Vertauscht man Fahrstift und Zeichenstift, kann man ein im Maßstab verkleinertes Bild zeichnen.
Pantografen werden immer noch von technischen Zeichnern und Architekten verwendet, sie werden eingesetzt in Graviermaschinen und in Pantografstickmaschinen für Buntstickereien.

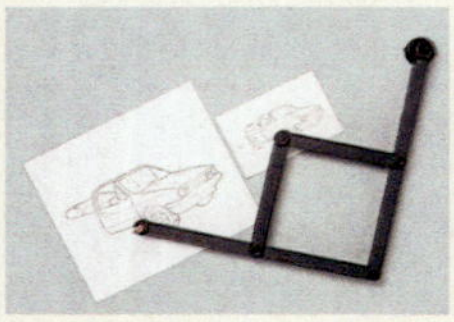

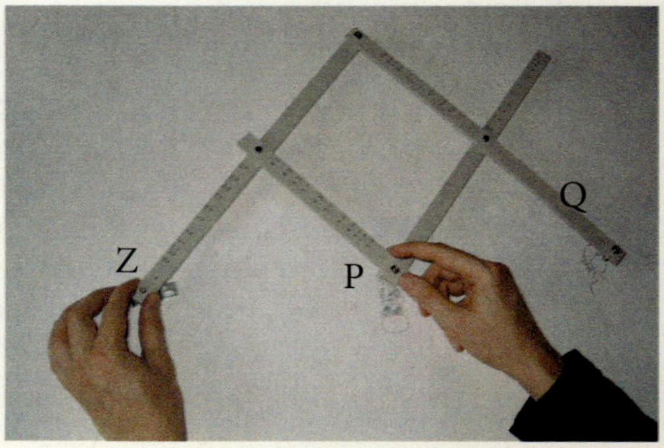

a)

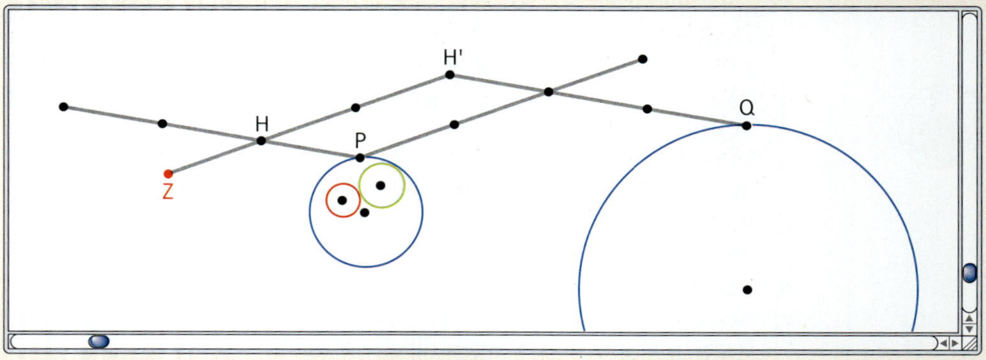

Begründe: Die Punkte Z, P und Q müssen auf einer Geraden liegen

b) Bei dem mit einem Geometrieprogramm erstellten Pantografen im Bild oben beträgt die Länge $\overline{ZH'}$ das Dreifache der Länge $\overline{ZH}$. Der Punkt P simuliert den Fahrstift. Begründe, dass der Pantograf auf das Dreifache vergrößert, dass also gilt: $\overline{ZQ} = 3 \cdot \overline{ZP}$ (Hinweis: Betrachte die Dreiecke ZPH und ZQH′).

c) In welchem Maßstab vergrößert bzw. verkleinert der dargestellte Pantograf unten im Bild, wenn der Fahrstift im Punkt P montiert ist?

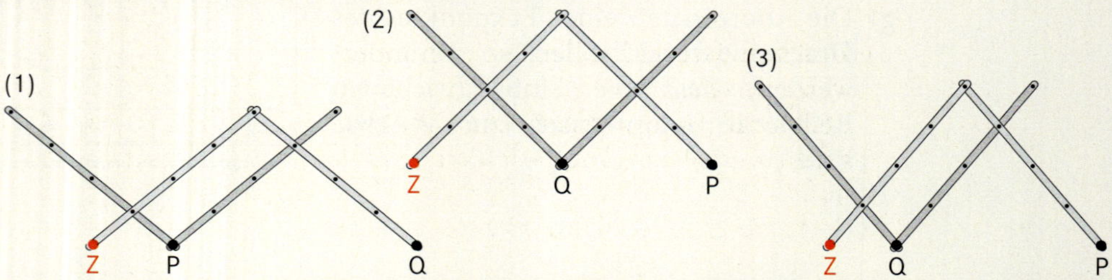

d) Baue dir selbst einen Pantografen z. B. mit Hilfe von Metallbauteilen und Schrauben oder festen Folienstreifen und Druckknöpfen.

e) Versuche mit einem Geometrieprogramm einen Pantografen zu konstruieren, der einen gegebenen Kreis im Maßstab 3 : 1 verkleinert.

[1] Allesschreiber

G

Mit dem Jakobsstab kannst du z. B. die Höhe eines Turms bestimmen, auch wenn er nicht zugänglich ist. Er ist seit dem 15. Jahrhundert ein beliebtes Messinstrument zur Winkel- und Streckenmessung. Benutzt wurde er vor allem in der Seefahrt. Der Name rührt von seiner Ähnlichkeit mit dem Wanderstock, den die Pilger auf dem Jakobsweg benutzen.

1 Einen solchen Messstab kannst du leicht bauen. Bohre dazu in eine ca. 35 cm lange Holzleiste 30 cm von einem Ende entfernt ein Loch so groß, dass du gerade noch einen Teleskopzeigestab hindurch schieben kannst.

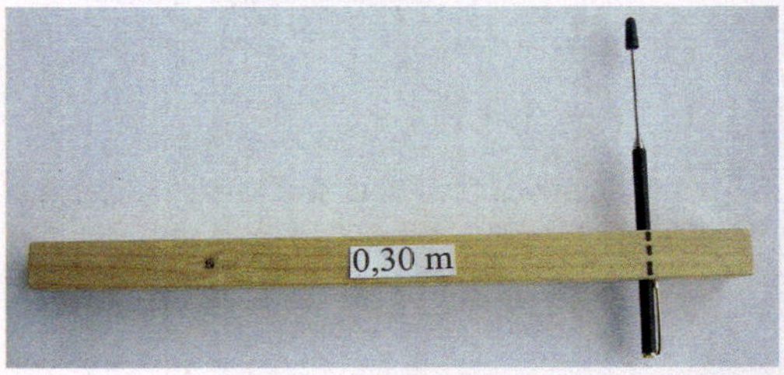

Beschreibung des Messvorgangs:
Halte den Jakobsstab an dein Auge (setze ihn dazu am besten am Jochbein auf).
Dein Mitschüler kontrolliert mit einer Wasserwaage, ob du den Stab waagrecht hältst.
Ziehe den Teleskopzeigestab soweit aus, bis seine Spitze und die Spitze des Turms zusammen mit deinem Auge auf einer Linie liegen. Bestimme für diesen Fall die Länge des ausgezogenen Teilstücks, z. B. 0,25 m.
Gehe nun eine bestimmte Strecke, z. B. 10 m, weiter vom Turm weg. Führe nun wieder – wie oben beschrieben – eine Messung mit dem Jakobsstab durch.

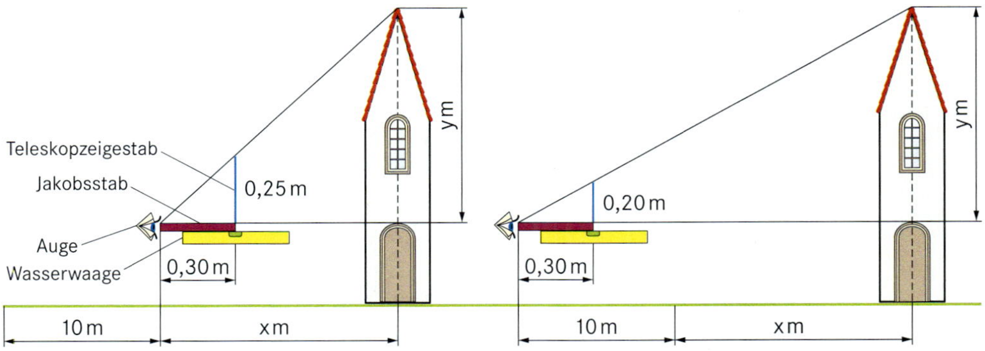

a) Bestimme die Höhe des Turms für eine Augenhöhe von 1,50 m.

1. Möglichkeit
Stelle mit Hilfe ähnlicher Dreiecke zwei Gleichungen mit den Variablen x und y auf.
Setze für die Platzhalter richtig ein.

$$\frac{y}{\square} = \frac{\square}{\square} \quad \wedge \quad \frac{y}{x + 10} = \frac{\square}{\square}$$

2. Möglichkeit
Erstelle mit den Messwerten je eine Geradengleichung.

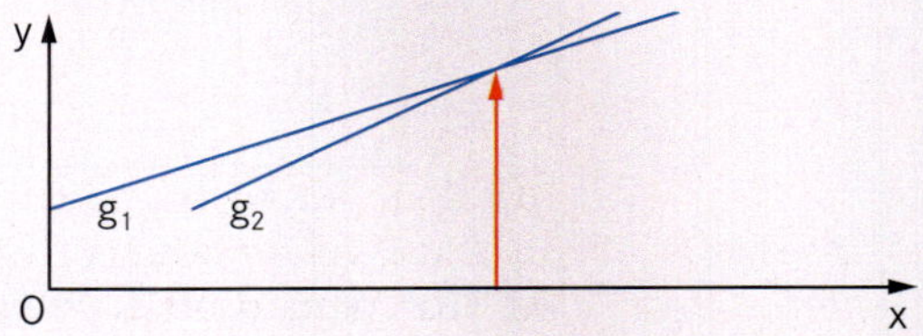

b) Messt mit einem selbstgebauten Jakobsstab die Höhe eures Schulgebäudes.

1 Die Abbildung zeigt: 64 cm^2 = 65 cm^2
Dabei sind die in der Abbildung verwendeten Zahlen die aufeinander folgenden Fibonaccizahlen 3, 5 und 8 (siehe S. 77).

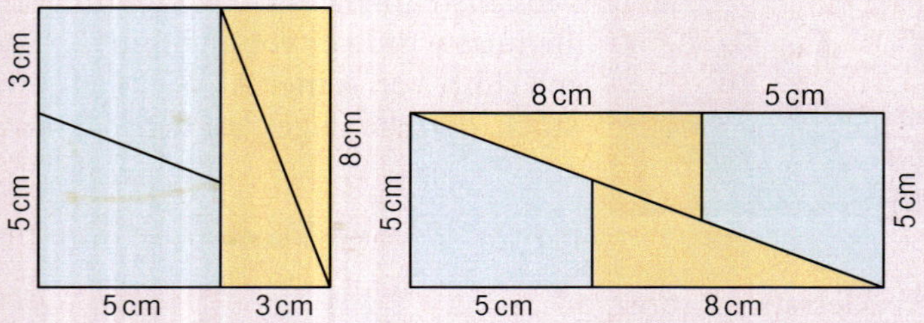

a) Zeichne das Quadrat auf kariertes Papier (in wahrer Größe) und zerschneide es in die einzelnen Teilflächen. Lege diese wie in der Abbildung rechts. Was stellst du fest?
b) Wo steckt der Fehler?

1. Möglichkeit:
Untersuche, ob die Dreiecke PQR und SRT ähnlich sind.

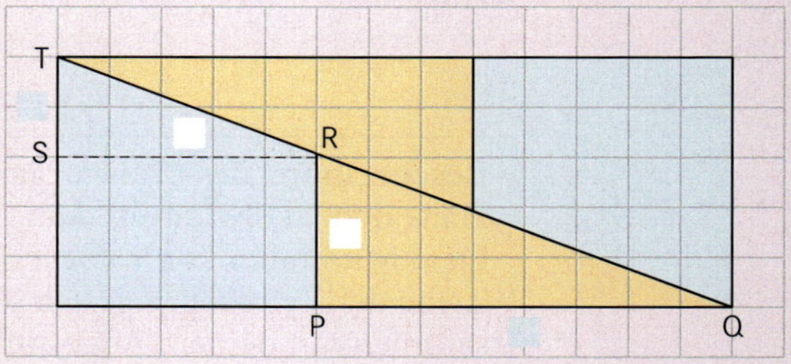

2. Möglichkeit:
Lege die Figur in ein Koordinatensystem. Ordne den Punkten Koordinaten zu.
Bestimme dann den Flächeninhalt des Vierecks TRQU mit Hilfe der Determinantenmethode als Summe der Dreiecksflächen TRU und RQU.

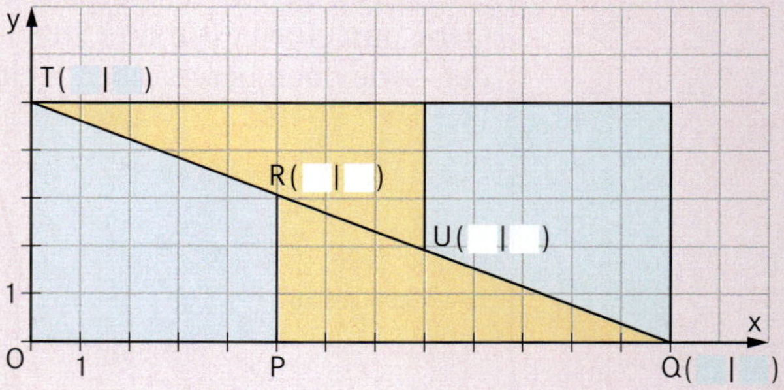

3. Möglichkeit:
Auch hier musst du den Punkten Koordinaten zuordnen. Bestimme dann die Gleichungen der Geraden TR und TU.

c)

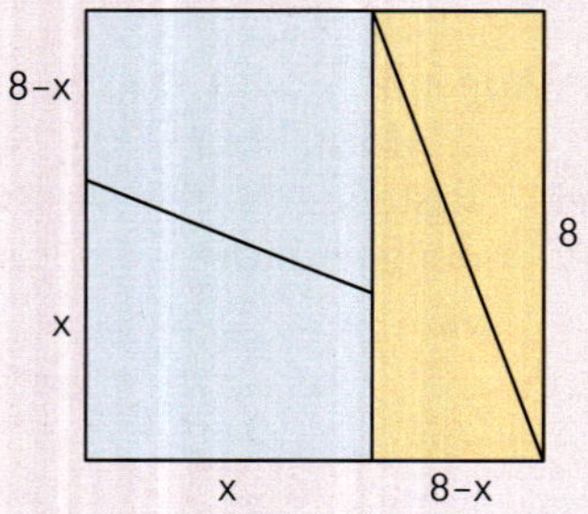

Zeige, dass sich kein Unterschied der Flächeninhalte ergibt, wenn die Quadratseite im goldenen Schnitt (siehe Seite 76) geteilt wird, das heißt, wenn gilt: $\frac{x}{8-x} = 1{,}618$

Berechne dazu x und setze für die Platzhalter in b) richtig ein. (Runde auf wenigstens drei Stellen nach dem Komma.)

d) Untersuche, ob der obige Trick mit „1 cm^2 Differenz“ auch mit drei anderen aufeinander folgenden Fibonaccizahlen funktioniert.

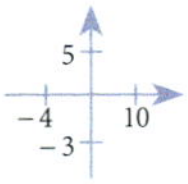

1 a) Der Punkt P (7 | 3) wird durch zentrische Streckung mit dem Zentrum Z (3 | 1) und dem Streckungsfaktor k = 1,5 (k = − 1,5) auf den Punkt P′ abgebildet.
Ermittle die Koordinaten der Pfeile $\overrightarrow{ZP}$ und $\overrightarrow{ZP'}$ durch Zeichnung.

b)

Wie beurteilst du die Aussage von Sabrina?

c) Ergänze jeweils die Platzhalter in deinem Heft.

(1) P (6 | 3) $\xrightarrow{Z(4|2);\ k = 2}$ P′ (x′ | y′)

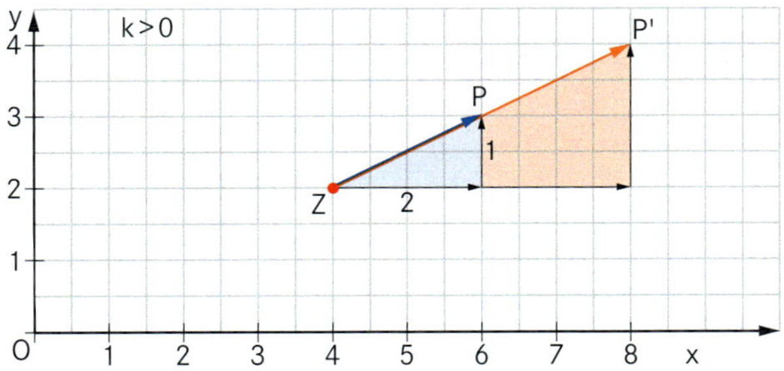

$\overrightarrow{ZP} = \binom{\ }{\ }$; $\overrightarrow{ZP'} = ▼ \cdot \binom{\ }{\ } = \binom{▼\cdot\ }{▼\cdot\ } = \binom{\ }{\ }$

(2) P (6 | 3) $\xrightarrow{Z(4|2);\ k = -2}$ P′ (x′ | y′)

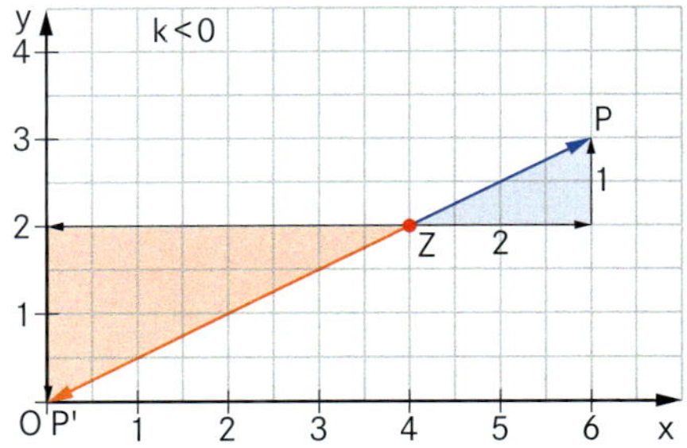

$\overrightarrow{ZP} = \binom{\ }{\ }$; $\overrightarrow{ZP'} = ▼ \cdot \binom{\ }{\ } = \binom{▼\cdot\ }{▼\cdot\ } = \binom{\ }{\ }$

(3) $\overrightarrow{PQ} \xrightarrow{Z(1|1);\ k = 2,5} \overrightarrow{P'Q'}$

Es gilt: P (2 | 2); Q (4 | 3)

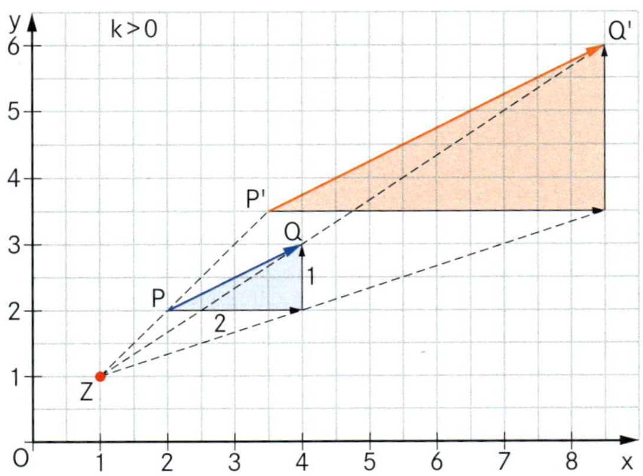

$\overrightarrow{PQ} = \binom{\ }{\ }$; $\overrightarrow{PQ'} = ▼ \cdot \binom{\ }{\ } = \binom{▼\cdot\ }{▼\cdot\ } = \binom{\ }{\ }$

(4) $\overrightarrow{PQ} \xrightarrow{Z(4|4);\ k = -0,5} \overrightarrow{P'Q'}$

Es gilt: P (3 | 1); Q (−1 | 3)

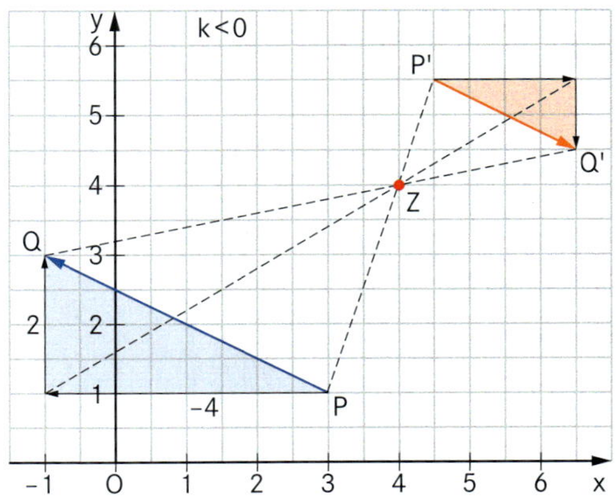

$\overrightarrow{PQ} = \binom{\ }{\ }$; $\overrightarrow{PQ'} = ▼ \cdot \binom{\ }{\ } = \binom{▼\cdot\ }{▼\cdot\ } = \binom{\ }{\ }$

d) Wie erhält man die Koordinaten des Bildpfeils aus den Koordinaten des Urpfeils?

e) Welche Richtung haben Ur- und Bildpfeil für k > 0 und für k < 0?

zentrische Streckung mit Hilfe eines Vektors

M Durch eine zentrische Streckung mit dem Streckungsfaktor k wird der Pfeil $\overrightarrow{PQ} = \begin{pmatrix} v_x \\ v_y \end{pmatrix}$ auf den Bildpfeil $\overrightarrow{P'Q'}$ abgebildet. Die Koordinaten des Bildpfeils erhält man durch Multiplikation der Koordinaten des Urpfeils mit dem Faktor k.

$\overrightarrow{P'Q'} = k \cdot \overrightarrow{PQ}$

$\begin{pmatrix} v_x' \\ v_y' \end{pmatrix} = k \cdot \begin{pmatrix} v_x \\ v_y \end{pmatrix} = \begin{pmatrix} k \cdot v_x \\ k \cdot v_y \end{pmatrix}$

Mit $\overrightarrow{PQ} \in \vec{v}$ und $\overrightarrow{P'Q'} \in \vec{v}'$ folgt für die zentrische Streckung eines Vektors v:

$\vec{v}' = k \cdot \vec{v}$

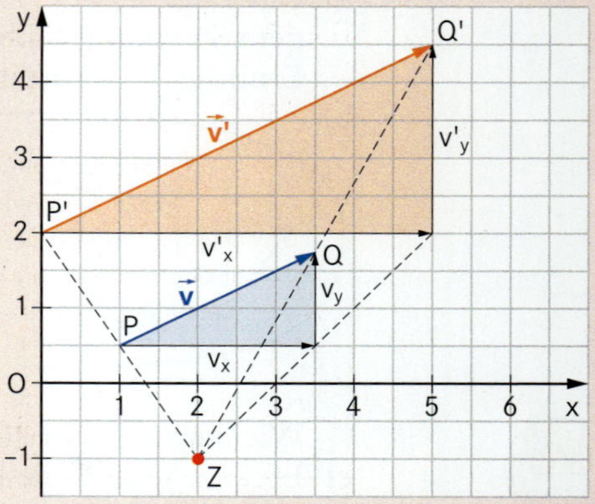

Übungen

2 Ermittle die fehlenden Koordinaten bzw. den fehlenden Wert für k.

a) $\begin{pmatrix} x \\ y \end{pmatrix} = 2 \cdot \begin{pmatrix} 3 \\ -1 \end{pmatrix}$ b) $\begin{pmatrix} x \\ y \end{pmatrix} = -1{,}5 \cdot \begin{pmatrix} 3 \\ 2{,}5 \end{pmatrix}$ c) $\begin{pmatrix} -5 \\ 4 \end{pmatrix} = k \cdot \begin{pmatrix} 2 \\ y \end{pmatrix}$

d) $\begin{pmatrix} 6 \\ y \end{pmatrix} = -3 \cdot \begin{pmatrix} x \\ 3{,}5 \end{pmatrix}$ e) $\begin{pmatrix} -7{,}5 \\ 2{,}1 \end{pmatrix} = -0{,}5 \cdot \begin{pmatrix} x \\ y \end{pmatrix}$ f) $\begin{pmatrix} x \\ -8{,}1 \end{pmatrix} = k \cdot \begin{pmatrix} \frac{1}{3} \\ 2{,}7 \end{pmatrix}$

Lösungen −2; −2,5; −4,5; −1,6; 6; −2; −3,75; 15; −4,2; −1; −3; −10,5; 3

3 Der Punkt P(−3 | 1) wird durch zentrische Streckung mit dem Zentrum Z(−5 | −2) und dem Streckungsfaktor k = 1,5 auf den Punkt P′(x′ | y′) abgebildet.
So kannst du die Koordinaten von P′ berechnen.

Berechnung der Koordinaten von Punkten

B

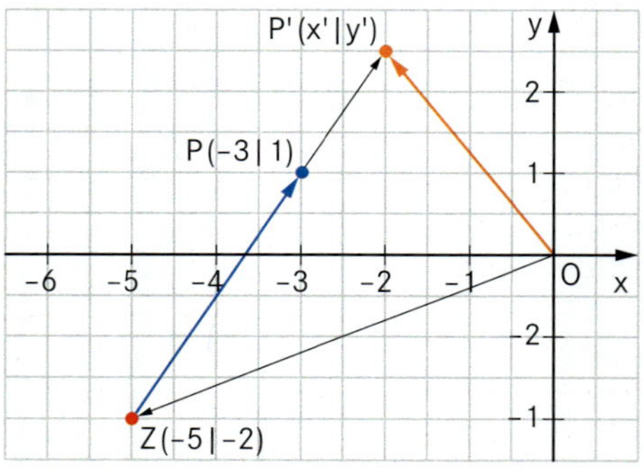

1. Möglichkeit: Pfeilkette

$\overrightarrow{OP'} = \overrightarrow{OZ} \oplus \overrightarrow{ZP'}$

$\overrightarrow{OP'} = \overrightarrow{OZ} \oplus k \cdot \overrightarrow{ZP}$

$\begin{pmatrix} x' \\ y' \end{pmatrix} = \begin{pmatrix} -5 \\ -2 \end{pmatrix} \oplus 1{,}5 \cdot \begin{pmatrix} -3+5 \\ 1+2 \end{pmatrix}$

$x' = -5 + 1{,}5 \cdot 2$

$\wedge\ y' = -2 + 1{,}5 \cdot 3$

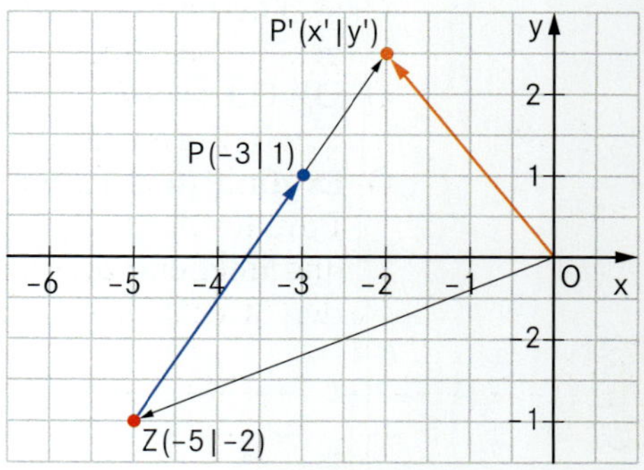

2. Möglichkeit: Abbildungsvorschrift

$\overrightarrow{ZP'} = k \cdot \overrightarrow{ZP}$

$\begin{pmatrix} x'+5 \\ y'+2 \end{pmatrix} = 1{,}5 \cdot \begin{pmatrix} -3+5 \\ 1+2 \end{pmatrix}$

$x' + 5 = 1{,}5 \cdot 2$

$\wedge\ y' + 2 = 1{,}5 \cdot 3$

a) Zeige durch Rechnung, dass sich folgende Koordinaten für P′ ergeben: P′(−2 | 2,5)
b) Berechne die Koordinaten von P′ für k = −3; Z(0,5 | 1); P(−1 | 2).

4 Der Punkt P wird durch zentrische Streckung mit dem Zentrum Z und dem Faktor k auf den Punkt P′ abgebildet. Berechne die fehlenden Werte in deinem Heft.

	$Z(x_Z \mid y_Z)$	k	$P(x \mid y)$	$P'(x' \mid y')$
a)	$(1 \mid 1)$	2	$(3 \mid 0)$	$(\quad \mid \quad)$
b)	$(-3 \mid -1)$	−3	$(\quad \mid \quad)$	$(-6 \mid 0{,}5)$
c)	$(-4 \mid 1)$		$(-1 \mid 2{,}5)$	$(0 \mid 3)$
d)	$(\quad \mid \quad)$	$\frac{1}{3}$	$(0 \mid 8)$	$(6 \mid 2)$
e)	$(2 \mid \quad)$	−1,5	$(\quad \mid -2)$	$(0{,}5 \mid 3)$
f)	$(-4 \mid 1)$		$(-1 \mid 2{,}5)$	$(\quad \mid 3)$
g)	$(-4 \mid 5)$	0,75	$(\quad \mid 3{,}5)$	$(-4 \mid \quad)$

5 Die Strecken $[AB_n]$ werden durch zentrische Streckungen mit den Streckungszentren Z_n und dem Streckungsfaktor k ($k > 0$) auf die Strecke $[A'B']$ abgebildet. Die Punkte $B_n(x \mid 3)$ liegen auf der Geraden g mit $y = 3$.
Es gilt: $A(-1 \mid 3)$; $B_n(x \mid 3)$; $A'(1 \mid -1)$; $B'(6 \mid -1)$

a) Zeichne mit einem Geometrieprogramm die Strecken $[A'B']$; $[AB_1]$ und $[AB_2]$ für $x = 0$ und für $x = 2$. Markiere die zugehörigen Zentren Z_1 und Z_2.

b) Berechne jeweils den Streckungsfaktor k in Aufgabe a) und die Koordinaten der zugehörigen Zentren Z_1 und Z_2.

c) Stelle den Streckungsfaktor k in Abhängigkeit von x dar.
[Ergebnis: $k = \frac{5}{x+1}$]

d) Für welche Belegungen von x lassen sich keine zentrischen Streckungen angeben? Begründe.

e) Die Zentren Z_n liegen auf einer Geraden h. Bestimme deren Gleichung.

f) Ermittle durch Zeichnung die Lage des Punktes B_3 für $Z_3(-3 \mid 7)$. Berechne anschließend dessen x-Koordinate und den Streckungsfaktor k.

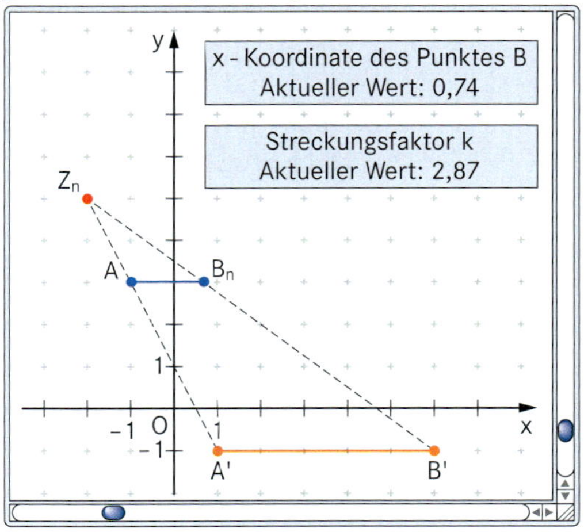

Einer der vier Ganoven Atze, Bodenlos, Convex oder Dodl hat einen Münzautomaten aufgebrochen und das Geld in seinen Hosentaschen versteckt. Deshalb hat er das größte Gewicht. Kannst du dem Detektiv Knödlmeier helfen ihn zu finden?

1 Die Gerade g mit der Gleichung $y = 0{,}5x + 1$ wird durch zentrische Streckung mit dem Zentrum $Z(2\,|\,1)$ und dem Streckungsfaktor $k = 2{,}5$ auf die Bildgerade g′ abgebildet. So kannst du die Gleichung von g′ berechnen.

B Für alle Punkte $P(x\,|\,y)$ auf der Geraden g mit $y = 0{,}5x + 1$ gilt: $P(x\,|\,0{,}5x + 1)$

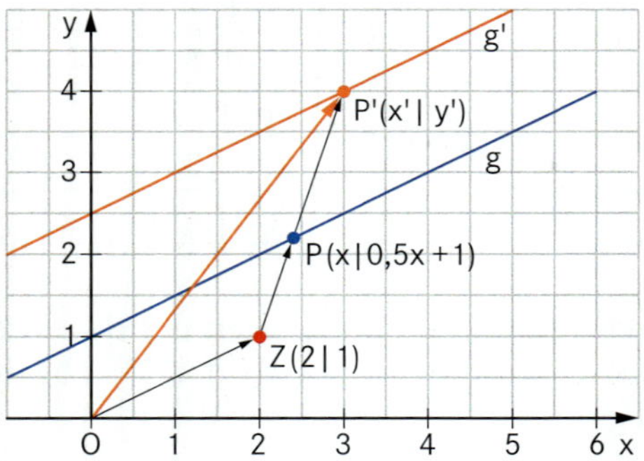

Mit der Pfeilkette folgt:

$\overrightarrow{OP'} = \overrightarrow{OZ} \oplus \overrightarrow{ZP'}$

$\overrightarrow{OP'} = \overrightarrow{OZ} \oplus k \cdot \overrightarrow{ZP}$

$\begin{pmatrix} x' \\ y' \end{pmatrix} = \begin{pmatrix} 2 \\ 1 \end{pmatrix} \oplus 2{,}5 \cdot \begin{pmatrix} x - 2 \\ 0{,}5x + 1 - 1 \end{pmatrix}$

$x' = 2 + 2{,}5x - 5$

$\wedge\ y' = 1 + 1{,}25x$

$x' = 2{,}5x - 3$

$\wedge\ y' = 1{,}25x + 1$

Mit dem Parameterverfahren ermittelst du die Gleichung der Bildgeraden.

Dazu löst du eine Gleichung nach x auf. $\frac{x' + 3}{2{,}5} = x$

Den Term für x setzt du in die andere Gleichung ein. $\wedge\ y' = 1{,}25 \cdot \frac{x' + 3}{2{,}5} + 1$

$y' = 0{,}5\,(x' + 3) + 1$

$y' = 0{,}5x' + 2{,}5$

Lässt du die Apostrophen weg, dann lautet die Gleichung der Bildgeraden: g': $y = 0{,}5x + 2{,}5$

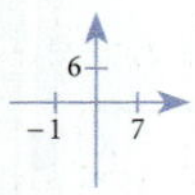

a) Bilde die Gerade g: $y = -\frac{1}{3}x + 3$ mit derselben zentrischen Streckung ab und berechne die Gleichung der Bildgeraden g′.

b) Berechne die Gleichung der Bildgeraden im Beispiel und in a) mit Hilfe der Vorschrift $\overrightarrow{ZP'} = k \cdot \overrightarrow{ZP}$.

Übungen

2 Die Gerade g wird durch zentrische Streckung auf die Gerade g′ abgebildet. Zeichne die Geraden g und g′. Berechne die Gleichung der fehlenden Geraden.

a) g: $y = x - 1$; $Z(0\,|\,-1)$; $k = -2$
g: $y = 2x$; $Z(3\,|\,0)$; $k = -\frac{1}{3}$

b) g: $y = -0{,}5x + 1$; $Z(2\,|\,3)$; $k = 1{,}5$
g: $4x - 2y + 5 = 0$; $Z(1\,|\,2)$; $k = -0{,}5$

c) g′: $y = x - 1$; $Z(0\,|\,1)$; $k = -2$
g′: $y = 0{,}5x - 1$; $Z(2\,|\,3)$; $k = -1{,}5$

d) g′: $y = 2x$; $Z(3\,|\,0)$; $k = -\frac{1}{3}$
g′: $2x + 8y - 5 = 0$; $Z(2\,|\,1)$; $k = 0{,}5$

Lösungen (nur y-Achsenabschnitte): −0,5; −1,25; −1; −8; −4; 4; −0,25; 2; −24

3 Eine Gerade g mit $y = -0{,}25x + 3$ wird zweimal durch zentrische Streckung mit dem Streckungsfaktor $k = 2{,}5$ abgebildet: $g \xmapsto{Z_1(4|-1);\,k} g_1$, $g \xmapsto{Z_2(-4|2);\,k} g_2$

a) Führe die Abbildungen zeichnerisch durch. Berechne die Gleichungen von g_1 und g_2.

b) Die Gerade g_1 kann durch zentrische Streckung mit $Z_3(0\,|\,7)$ auf g_2 abgebildet werden. Begründe, dass für diese Abbildung gilt: $k = -2$

4 Die Parabel p mit der Gleichung $y = (x + 4)^2 + 2$ soll mit dem Zentrum $Z(-3 \mid 1)$ und dem Faktor $k = 2$ durch zentrische Streckung abgebildet werden.

$$p\colon y = (x+4)^2 + 2 \xmapsto{Z(-3\mid 1);\ k=2} p'$$

So kannst du die Gleichung der Bildparabel p′ berechnen.

B Für alle Punkte $P(x \mid y)$ auf der Parabel p mit $y = (x + 4)^2 + 2$ gilt:
$P(x \mid (x+4)^2 + 2)$

Mit $\overrightarrow{ZP'} = k \cdot \overrightarrow{ZP}$ folgt:

$$\begin{pmatrix} x'+3 \\ y'-1 \end{pmatrix} = 2 \cdot \begin{pmatrix} x+3 \\ (x+4)^2 + 2 - 1 \end{pmatrix}$$

$$x' = 2x + 3 \qquad \text{(I)}$$
$$\wedge\ y' = 2(x+4)^2 + 3 \qquad \text{(II)}$$

Mit dem Parameterverfahren ermittelst du die Gleichung der Bildgeraden.

$$\frac{x'-3}{2} = x \qquad \text{(I)}$$
$$\wedge\ y' = 2\left(\frac{x'-3}{2} + 4\right)^2 + 3 \qquad \text{(II)}$$
$$y' = 2\left(\frac{x'-3+8}{2}\right)^2 + 3$$
$$y' = \frac{2}{2^2}(x'+5)^2 + 3$$
$$y' = \frac{1}{2}(x'+5)^2 + 3$$

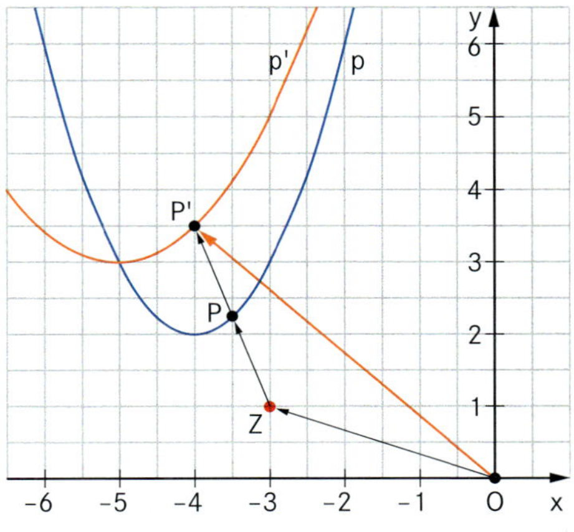

Gleichung der Bildparabel:
$p'\colon y = \frac{1}{2}(x+5)^2 + 3$

a) Bilde die Parabel p mit $y = 0{,}5(x-1)^2 - 2$ mit derselben zentrischen Streckung wie im Beispiel ab und berechne die Gleichung der Bildparabel p′.
b) Berechne die Gleichung der Bildparabel p′ aus dem Beispiel und aus Teilaufgabe a) mit Hilfe der Pfeilkette.

Übungen

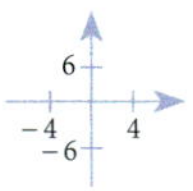

5 Bilde die Parabel p durch zentrische Streckung mit dem Zentrum Z und dem Streckungsfaktor k auf die Parabel p′ ab. Berechne ihre Gleichung mit dem Parameterverfahren. Überprüfe mit einer Zeichnung. Wähle dazu geeignete Punkte.

a) p: $y = (x-1)^2 + 1$; $Z(2 \mid 0)$; $k = 2$
b) p: $y = -x^2 - 2$; $Z(0 \mid 1)$; $k = -0{,}5$
c) p: $y = 0{,}5x^2 + 1$; $Z(0 \mid -1)$; $k = -1$
d) p: $y = x^2 + 4x + 1$; $Z(2 \mid -3)$; $k = \frac{1}{4}$

Lösungen: $y = -0{,}5x^2 - 3$; $y = 0{,}5x^2 + 2$; $y = -2x^2 + 2$; $y = 4x^2 - 8x + 1$; $y = 2x^2 + 2{,}5$

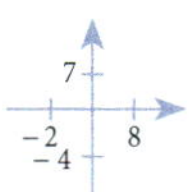

6 Gegeben sind die Parabel p mit der Gleichung $y = -\frac{1}{2}x^2 + 4x - 2$ sowie das Dreieck SPQ mit $P(2 \mid 4)$ und $Q(7 \mid 1{,}5)$.

a) Zeige, dass P und Q auf der Parabel p liegen. Berechne die Koordinaten des Scheitels S. Zeichne p und das Dreieck SPQ in ein Koordinatensystem.
b) Bestimme den Flächeninhalt A des Dreiecks SPQ.
c) Die Parabel p und das Dreieck SPQ werden durch zentrische Streckung mit dem Zentrum $Z(4 \mid 0)$ und dem Streckungsfaktor $k = -\frac{1}{2}$ abgebildet.
d) Ermittle die Gleichung der Bildparabel p′ und ergänze die Zeichnung
e) Welchen Flächeninhalt hat das Bilddreieck S′P′Q′? Berechne.

1 a) Schneide aus Pappe ein Dreieck ABC aus. Finde einen Punkt S so, dass das Dreieck im Gleichgewicht ist, wenn du es mit einem Bleistift in diesem Punkt unterstützt. Einen solchen Punkt nennt man **Schwerpunkt.**

b) Zeichne die Halbgeraden [AS, [BS und [CS. Diese schneiden die Dreiecksseiten in besonderen Punkten. Welche Eigenschaften haben diese?

c) Jede Dreiecksfläche kann man durch eine Summe vieler Rechtecksflächen annähern. Die Schwerpunkte der Rechtecksflächen kann man leicht finden. Begründe, dass der Schwerpunkt des Dreiecks ABC auf der Strecke $[CM_c]$, der so genannten Seitenhalbierenden s_c, auch **Schwerlinie** genannt, liegen muss. Der Punkt M_c ist Mittelpunkt der Strecke [AB].

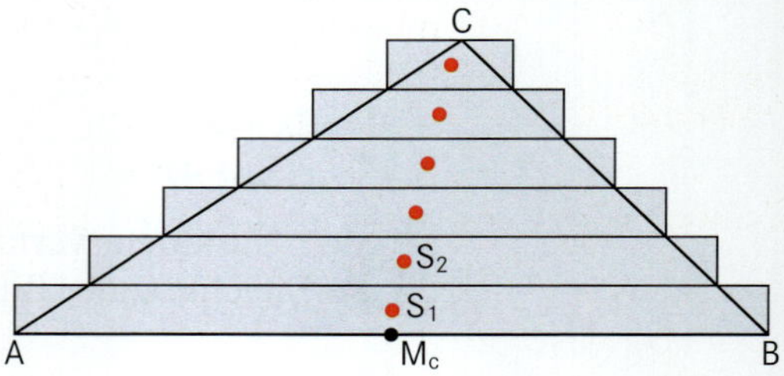

d) Stelle Überlegungen an, auf welchen weiteren Strecken der Schwerpunkt noch liegen muss.

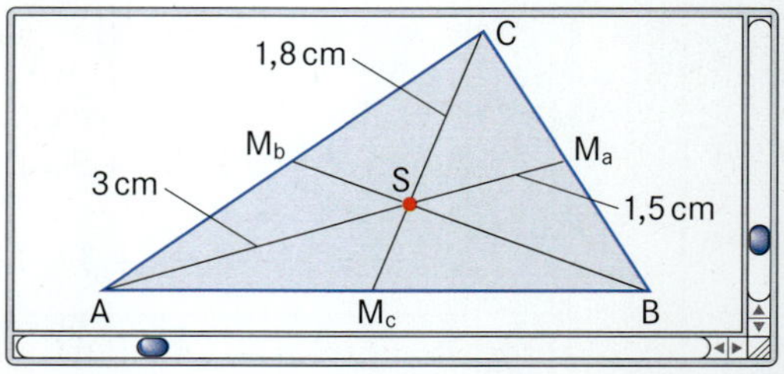

2 a) Zeichne mit einem Geometrieprogramm ein Dreieck ABC und die drei Seitenhalbierenden.

b) Übertrage die Tabelle in dein Heft und ergänze sie. Was stellst du fest?

$\overline{SA}$ in cm	$\overline{SM_a}$ in cm	$\overline{SB}$ in cm	$\overline{SM_b}$ in cm	$\overline{SC}$ in cm	$\overline{SM_c}$ in cm	$\frac{\overline{SA}}{\overline{SM_a}}$	$\frac{\overline{SB}}{\overline{SM_b}}$	$\frac{\overline{SC}}{\overline{SM_c}}$

3 Die Punkte M_a und M_b sind Mittelpunkte der Seiten [BC] und [AC] eines Dreiecks ABC.

a) Begründe: Das Dreieck M_bM_aC kann durch zentrische Streckung mit dem Zentrum C und k = 2 auf das Dreieck ABC abgebildet werden.

b) Begründe mit Hilfe von a), dass gilt: $[M_bM_a] \parallel [AB]$ und $\overline{M_bM_a} = 0{,}5 \cdot \overline{AB}$

c) Begründe mit Hilfe von b): Das Dreieck M_aM_bS kann durch zentrische Streckung mit dem Zentrum S und dem Faktor k* auf das Dreieck ABS abgebildet werden. Gib k* an.

d) Begründe mit Hilfe von b), dass gilt:

$$\frac{\overline{SA}}{\overline{SM_a}} = \frac{2}{1} \text{ und } \frac{\overline{SB}}{\overline{SM_a}} = \frac{2}{1}$$

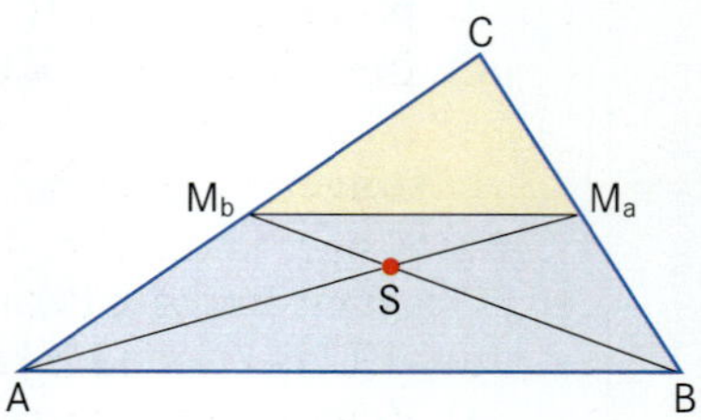

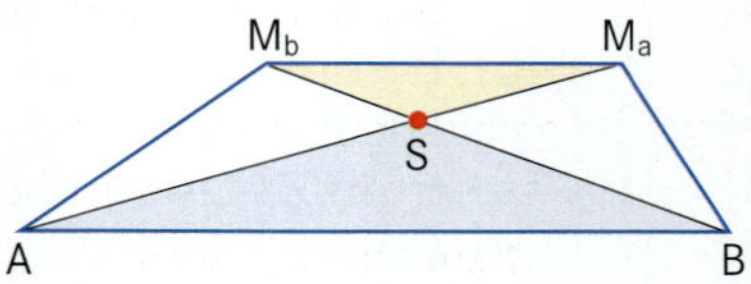

4 Die Punkte M_b und M_c sind Mittelpunkte der Seiten [AC] und [AB] des Dreiecks ABC.

a) Zeige wie in Aufgabe 3 Seite 178, dass gilt:

$$\frac{\overline{S^*B}}{\overline{S^*M_b}} = \frac{2}{1}$$

b) Begründe, dass aus a) und aus Aufgabe 3d) auf Seite 178 folgt: S = S*

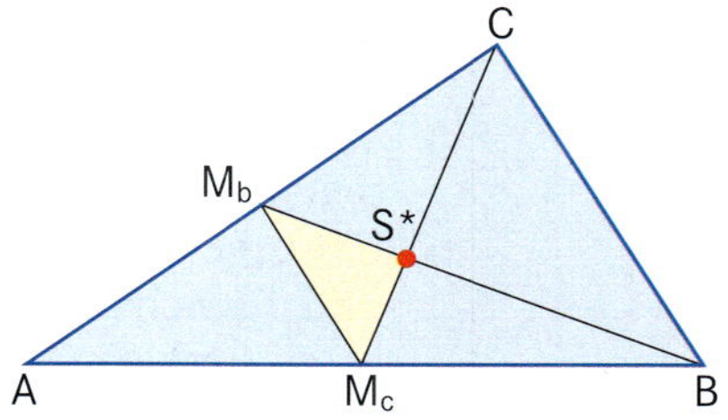

M

Seitenhalbierende

Schwerpunkt

Die Verbindungsstrecken der Seitenmittelpunkte mit den gegenüberliegenden Eckpunkten bezeichnet man als **Seitenhalbierende** (Schwerlinien). Diese schneiden sich in einem Punkt, dem **Schwerpunkt S.** Er teilt jede Seitenhalbierende im Verhältnis 2:1.

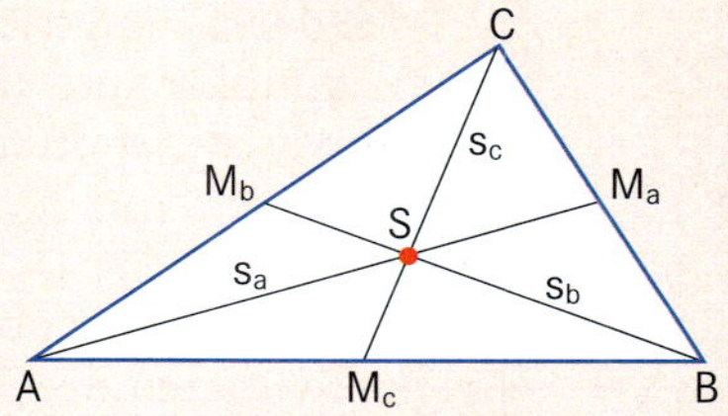

Übungen

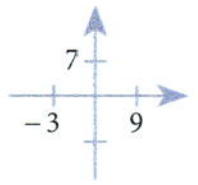

5 Zeichne das Dreieck ABC und konstruiere den Schwerpunkt.

a) a = 6 cm; b = 5 cm; c = 8 cm

b) b = 6,4 cm; c = 7 cm; α = 60°

c) A (1 | −2); B (7 | 0); C (5 | 5)

d) A (4 | 0); B (8 | 3); C (5,5 | 6)

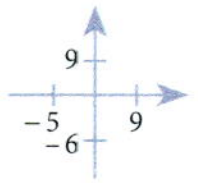

6 Der Punkt S ist Schwerpunkt des Dreiecks ABC. Ermittle durch Zeichnung die Koordinaten der fehlenden Eckpunkte.

a) A (0 | −4); B (6 | −2); S (3 | 0)

b) A (−4 | 1); C (0 | 6); S (−1 | 2,5)

c) A (−4 | −4); $M_{[AB]}$ (−1 | −5); S (−1 | −3)

d) A (2,5 | 2); $M_{[AC]}$ (4 | 5); S (5,5 | 4)

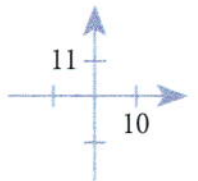

7 Die Punkte A_n, B_n und C_n sind Eckpunkte von gleichseitigen Dreiecken $A_nB_nC_n$. Die Punkte A_n (x | 1) liegen auf der Geraden g mit y = 1. Die Punkte M_n (x | 3x + 1) auf der Geraden h mit y = 3x + 1 sind Mittelpunkte der Dreiecksseiten $[B_nC_n]$. Sie haben die gleiche Abszisse x wie die Punkte A_n.

a) Zeichne für x = 1 und für x = 2 die zugehörigen Dreiecke $A_1B_1C_1$ und $A_2B_2C_2$ und die zugehörigen Schwerpunkte S_1 und S_2.

b) Welche Belegung von x darf nicht angenommen werden?

c) Berechne die Koordinaten von S_1 und S_2 mit Hilfe der Pfeile $\overrightarrow{A_1S_1}$ bzw. $\overrightarrow{A_2S_2}$ und $\overrightarrow{A_1M_1}$ bzw. $\overrightarrow{A_2M_2}$.

d) Zeige, dass für die Koordinaten der Schwerpunkte gilt: S_n (x | 2x + 1).

e) Gib die Gleichung des Graphen s an, auf dem die Schwerpunkte S_n liegen. Zeichne den Graphen s ein.

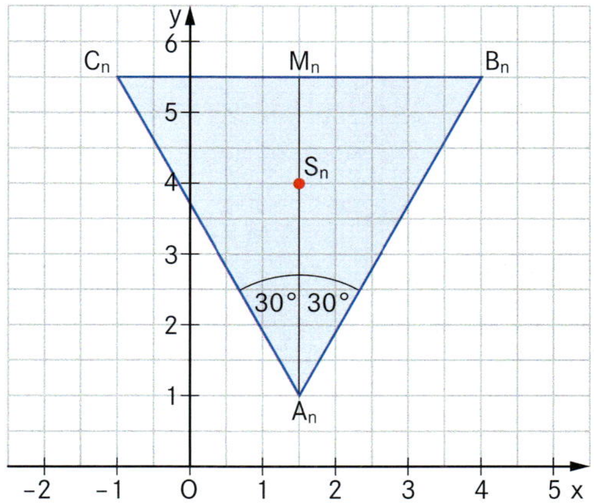

Römische Streichholzgleichung
Lege ein Streichholz um, sodass eine „richtige“ Gleichung entsteht.

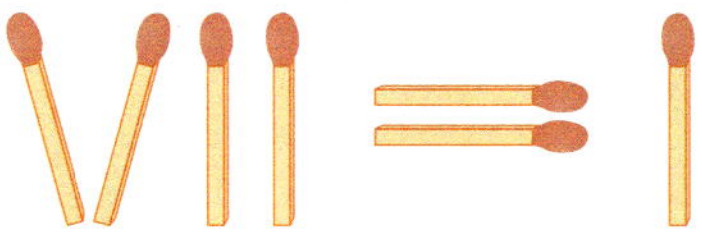

1 a) Zeichne mit einem Geometrieprogramm ein Dreieck ABC und den zugehörigen Schwerpunkt S.
Es gilt: A (1 | 2); B (10 | 0); C (4 | 7)
Vergleiche die Koordinaten von S mit den Koordinaten der Eckpunkte.

b) Lass die Koordinaten der Eckpunkte und des Schwerpunktes S anzeigen. Hebe die Fixierung z. B. des Eckpunktes C an das Gitter auf und verändere mit dem Zugmodus dessen Lage. Beobachte wieder die angezeigten Koordinaten der Eckpunkte und die des Schwerpunktes S. Was stellst du fest?

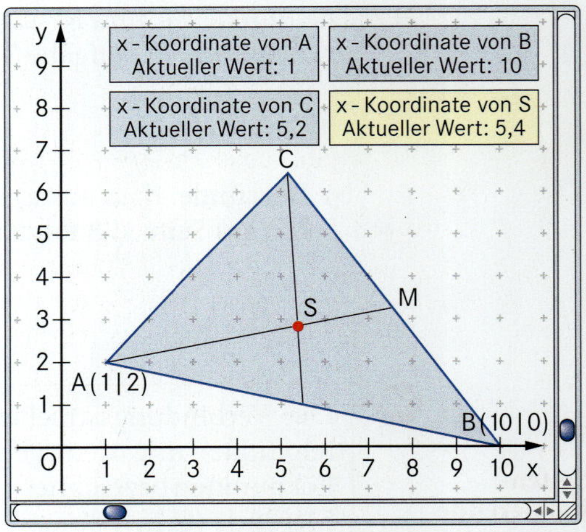

2 So kannst du die Koordinaten des Schwerpunktes S $(x_s | y_s)$ eines Dreiecks ABC in Abhängigkeit von den drei Eckpunktskoordinaten berechnen.

B

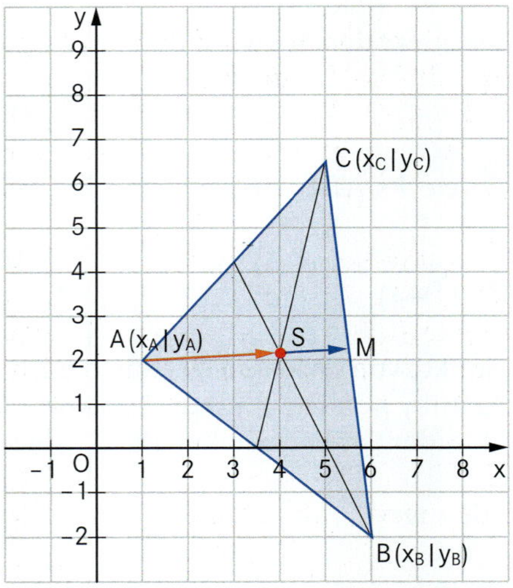

Für den Mittelpunkt M $(x_M | y_M)$ der Strecke [BC] gilt:

$$M\left(\frac{x_B + x_C}{2} \,\middle|\, \frac{y_B + y_C}{2}\right)$$

Der Schwerpunkt S teilt die Strecke [AM] im Verhältnis 2:1

Es gilt: $\overrightarrow{AS} = \square \cdot \overrightarrow{SM}$

$$\begin{pmatrix} x_S - x_A \\ y_S - y_A \end{pmatrix} = \square \begin{pmatrix} \frac{x_B + x_C}{2} - x_s \\ \frac{y_B + y_C}{2} - y_s \end{pmatrix}$$

$x_S - x_A = \square$

$\wedge\ y_S - y_A = \square$

…

$$x_S = \frac{x_A + x_B + x_C}{3};\quad y_S = \frac{y_A + y_B + y_C}{3}$$

Setze in deinem Heft für die Platzhalter richtig ein und ergänze die fehlenden Teilschritte.

M **Koordinaten des Schwerpunktes eines Dreiecks**

Für die Koordinaten des Schwerpunktes S $(x_S | y_S)$ eines Dreiecks ABC gilt:

$$S\left(\frac{x_A + x_B + x_C}{3} \,\middle|\, \frac{y_A + y_B + y_C}{3}\right)$$

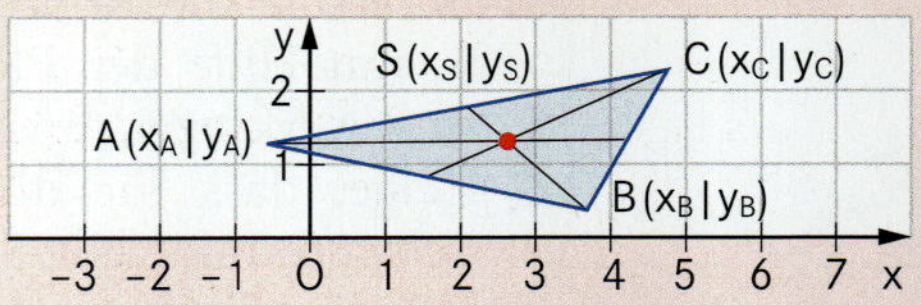

Übung

3 Der Punkt S ist Schwerpunkt des Dreiecks ABC. Berechne die fehlenden Koordinaten.

a) A (−3 | 1); B (−0,5 | 2); C (−1 | 4,5); S $(x_S | y_S)$
b) A (2,5 | 2); B (5 | 4); C (0 | 9); S $(x_S | y_S)$
c) A (−5 | −3); B (−2 | 1); C (−1,5 | y_C); S (x_S | 1)
d) A (0,5 | 1); B (x_B | 3); C (3 | 5); S (1 | y_S)

1 a) Begründe: Im gleichseitigen Dreieck fallen die Höhen und die Schwerlinien zusammen.
b) Was bedeutet die Aussage von a) für die Lage des Höhenschnittpunktes auf einer Dreieckshöhe?
c) In welchen Dreiecken fällt zumindest eine Höhe mit einer Schwerlinie zusammen?

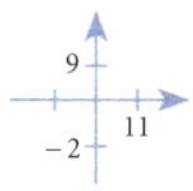

2 Im Dreieck ABC mit dem Schwerpunkt S gilt: $A(1|2)$; $B(10|-1)$; $S(5|3)$
a) Zeichne das Dreieck ABC.
b) Berechne die Koordinaten des Eckpunktes C.
c) Berechne die Koordinaten der Mittelpunkte M_a, M_b und M_c der Seiten des Dreiecks.
d) Berechne den prozentualen Anteil des Flächeninhalts des Dreiecks $M_aM_bM_c$ am Flächeninhalt des Dreiecks ABC.

3 Gegeben sind die Dreiecke ABC_n, deren Eckpunkte $C_n\ (x|y)$ auf der Parabel p mit $y = 0{,}5x^2 + 7$ liegen. Es gilt: $A(-2|0)$; $B(5|-1)$
a) Auf welcher geometrischen Ortslinie befinden sich die Schwerpunkte der Dreiecke ABC_n? Zeichne den Sachverhalt mit Hilfe eines Geometrieprogramms.

b) Bestimme die Funktionsgleichung des Trägergraphen der Schwerpunkte der Dreiecke ABC_n.

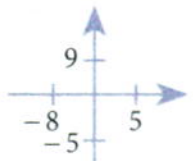

4 Das Dreieck ABC wird durch zentrische Streckungen mit den Streckungszentrum Z_1 und dem Streckungsfaktor k_1 auf das Dreieck $A^*B^*C^*$ abgebildet.
Es gilt: $A(1|2)$; $B(3|0{,}5)$; $C(4|3)$; $Z_1(4|5)$; $k_1 = 2$
a) Zeichne das Dreieck ABC und das Dreieck $A^*B^*C^*$. Berechne die Koordinaten der Bildpunkte A^*, B^* und C^*.
b) $\Delta A^*B^*C^* \xrightarrow{Z_2(-2|3);\ k_2 = -0.75} \Delta A'B'C'$
Berechne die Koordinaten der Bildpunkte A', B' und C'.
[Ergebnis: $A'(-2|6)$; $B'(-5|8{,}25)$; $C'(-6{,}5|4{,}5)$]
c) Das Dreieck ABC lässt sich mit einem Zentrum Z und einem Streckungsfaktor k direkt auf das Dreieck $A'B'C'$ abbilden. Ermittle durch Zeichnung die Koordinaten von Z.
d) Berechne den Streckungsfaktor k und vergleiche mit den Faktoren k_1 und k_2. Was stellst du fest?
e) Berechne die Koordinaten von Z.
f) Ermittle Beziehungen zwischen den Flächeninhalten der drei Dreiecke ABC, $A^*B^*C^*$ und $A'B'C'$.

5 Die Punkte C_n von gleichschenkligen Dreiecken AB_nC_n mit der Basis $[AB_n]$ liegen auf der Geraden g mit $y = 6$. Die Dreiecke AB_nC_n werden durch zentrische Streckung auf Dreiecke $A'B'_nC'_n$ abgebildet.
Es gilt: $A(0|0)$; $B_n(x|0)$; $Z(6|-3)$; $k = -\frac{1}{3}$

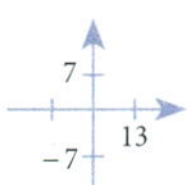

a) Zeichne für $x = 6$ und für $x = 9$ die Dreiecke AB_1C_1 und AB_2C_2 und die zugehörigen Bilddreiecke. Berechne die Koordinaten der Eckpunkte.
b) Stelle die Koordinaten der Bildpunkte B'_n und C'_n in Abhängigkeit von x dar.
c) Zeichne in den Dreiecken aus Aufgabe a) die Schwerpunkte ein und berechne deren Koordinaten. Gib die Gleichungen der Geraden an, auf denen die Schwerpunkte S_n bzw. die Schwerpunkte S'_n liegen.
d) Berechne die Koordinaten der Umkreismittelpunkte M_1 des Dreiecks AB_1C_1 und M_1' des Dreiecks $A'B'_1C'_1$.
e) Was meinst du zu Tinas Aussage im Bild rechts?

1 Nicht nur auf den engen Wasserstraßen in Küstennähe, sondern auch auf den riesigen Weiten der offenen See kann es zu Kollisionen zwischen Schiffen kommen.

a) Nenne mögliche Gründe.

b) Das geradlinig nach Osten fahrende Schiff A peilt ein Schiff B an. Der Radarschirm zeigt die Entfernung der beiden Schiffe und den Winkel zwischen Fahrtrichtung und Peilung an. Die Ergebnisse von drei Peilvorgängen sind – anders als in Wirklichkeit – durch die drei Vektoren dargestellt.

$\vec{v}_1 = \begin{pmatrix} 3{,}6 \text{ sm Ost} \\ 12{,}6 \text{ sm Süd} \end{pmatrix}$, $\vec{v}_2 = \begin{pmatrix} 1{,}6 \text{ sm Ost} \\ 5{,}6 \text{ sm Süd} \end{pmatrix}$ und $\vec{v}_3 = \begin{pmatrix} 0{,}8 \text{ sm Ost} \\ 2{,}8 \text{ sm Süd} \end{pmatrix}$

Ein Zusammenstoß droht dann, wenn die Peilung „steht" ist, d. h. der Winkel zwischen den Fahrtrichtungen der beiden Schiffe immer gleich bleibt. Ist dies für die Schiffe A und B der Fall? Begründe.

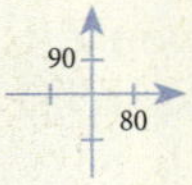

1 sm (Seemeile) ≈ 1,9 km
1 Knoten = 1 $\frac{\text{sm}}{\text{h}}$

2 Die beiden Schiffe Pommern (P) und Bavaria (B) sind in der Ostsee unterwegs.
Die *Pommern* befindet sich um 10:00 Uhr in Position P (20 sm Ost | 15 sm Nord).
Sie bewegt sich mit konstanter Geschwindigkeit pro Stunde in Richtung des Vektors

$\vec{w} = \begin{pmatrix} 10 \text{ sm Ost} \\ 7{,}5 \text{ sm Nord} \end{pmatrix}$

Die *Bavaria* hat um 11:00 Uhr die Position B (30 sm Ost | 75 sm Nord). Sie fährt mit konstanter Geschwindigkeit Richtung Südost.

a) Zeichne die Positionen der beiden Schiffe um 10:00 Uhr bzw. um 11:00 Uhr und die Kursrichtung der *Pommern* in ein Koordinatensystem ein (für die Zeichnung: 10 sm ≙ 1 cm; y-Achse zeigt nach Norden).

b) Ermittle durch Zeichnung und Rechnung die Position der *Pommern* um 12:00 Uhr. Ermittle mit Hilfe der Maße in der Zeichnung die Geschwindigkeit in Knoten.

c) Um 12:00 Uhr führt die *Pommern* eine Peilung durch. Sie ortet die *Bavaria* in Richtung des Vektors $\vec{v} = \begin{pmatrix} 5 \text{ sm Ost} \\ 30 \text{ sm Nord} \end{pmatrix}$
Ermittle mit Hilfe der Maße in der Zeichnung die Geschwindigkeit der *Bavaria* in Knoten.

d) Ermittle durch Zeichnung und durch Rechnung die Koordinaten des möglichen Kollisionspunktes S, wenn beide Schiffe ihre Fahrtrichtung konstant beibehalten.
[Ergebnis: S (60 sm Ost | 45 sm Nord)]

e) Warum muss es nicht zum Zusammenstoß kommen?

f) Kommt es zum Zusammenstoß der beiden Schiffe, wenn sie jeweils ihren Kurs und ihre Geschwindigkeit beibehalten? Begründe.

9 Kreis

Levi Strauss, wurde 1829 in Buttenheim bei Bamberg geboren. Aus wirtschaftlichen Gründen wanderte er mit seiner Familie nach Amerika aus. Dort stieg er in den Textilhandel ein. Für Goldgräber ließ er strapazierfähige Hosen aus Segeltuch anfertigen. Die Nähte der Hosen wurden durch Nieten von Pferdegeschirr verstärkt. Daraus entwickelten sich später die uns bekannten Jeans.
Zu Ehren von Levi Strauss fertigte der Künstler Stefan Sagmeister das Bild oben. Beschreibe es.

a ≙ außen
i ≙ innen

1 In jedem Kreis des Bildes auf Seite 183 befindet sich ein weiß gefärbter Innenkreis.
a) Welche Abbildungen bilden die inneren Kreislinien auf die äußeren Kreislinien ab?
b) Welcher Zusammenhang gilt für die Verhältnisse der Kreisradien $\frac{r_a}{r_i}$ und der Kreisumfänge $\frac{u_a}{u_i}$?

2 Der Einheitskreis k_1 mit dem Radius $r_1 = 1$ LE wird durch zentrische Streckung abgebildet.
a) Gib die Streckungsfaktoren an, die zu den Bildkreisen k_2 und k_n führen.
b) Welche Längen haben Durchmesser und Umfang der Bildkreise k_2 und k_n im Vergleich zum Durchmesser d_1 und Umfang u_1 des Einheitskreises?
c) Begründe, dass gilt: $\frac{u_1}{d_1} = \frac{u_2}{d_2} = \frac{u_n}{d_n}$

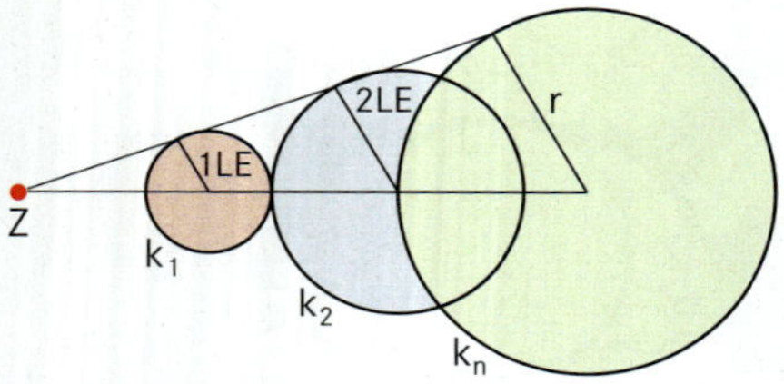

d) Welche Flächeninhalte haben die Kreise k_2 und k_n im Vergleich zum Flächeninhalt A_1 des Einheitskreises.
e) Begründe, dass gilt: $\frac{A_1}{r_1^{\,2}} = \frac{A_2}{r_2^{\,2}} = \frac{A_n}{r_n^{\,2}}$
f) Ersetze die Platzhalter in deinem Heft durch dir bekannte Werte.
$u_n = d_n \cdot$ ▢; $A_n = r_n^{\,2} \cdot$ ▢

M

Kreiszahl

Kreisumfang

Flächeninhalt des Kreises

Das Verhältnis des Umfangs u eines Kreises zu seinem Durchmesser d ist bei allen Kreisen gleich. Der Quotient $\frac{u}{d}$ wird als **Kreiszahl π** (lies: *pi*) bezeichnet.
Bisher kannten wir dafür den Näherungswert 3,14.

Kreisumfang: $u = d \cdot \pi$ $u = 2r\pi$ **Flächeninhalt des Kreises:** $A = r^2\pi$

Die Kreiszahl π ist eine irrationale Zahl: π = 3,1415926535897932384…

Übungen

3 Berechne in deinem Heft die fehlenden Werte für die Platzhalter.
a) $A = 25\pi\ \text{cm}^2$; $u =$ ▢
b) $u = 32\pi$ mm; $A =$ ▢
c) $A = 0{,}04\pi\ \text{m}^2$; $u =$ ▢
d) $A_1 : A_2 = 1 : 4$; $r_1 = 2{,}5$ cm; $u_2 =$ ▢
e) $u_1 : u_2 = 2 : 3$; $r_2 = 1{,}8$ cm; $A_1 =$ ▢
f) $A_1 : A_2 = 9 : 16$; $u_1 : u_2 =$ ▢

4 Berechne die fehlenden Größen eines Kreises. Runde auf eine Stelle nach dem Komma.

	a)	b)	c)	d)	e)
r in cm	4,5	▢	▢	▢	▢
d in cm	▢	5,2	▢	▢	▢
u in cm	▢	▢	15π	▢	▢
A in cm²	▢	▢	▢	6,25π	4,52

$A = 15\ \text{cm}^2$; $r = x$ cm
Für die Maßzahlen gilt: $15 = x^2\pi$
Umformen: $x = \sqrt{\frac{15}{\pi}}$
Tastenfolge: [√] [(] 15 [÷] [π] [)] [=]
Ergebnis: r = 2,2 cm

Lösungen (nur Maßzahlen):
1,2; 7,5; 15,7; 2,5; 5; 2,4; 176,7; 2,6; 63,6; 9; 28,3; 16,3; 21,2; 7,5; 15; 6,8

1 In der Bibel wird im Alten Testament im ersten Buch der Könige der Bau des Palastgebäudes von König SALOMON (965 – 926 v. Chr.) beschrieben.

„An seinem Palast baute König Salomon dreizehn Jahre, bis er ihn vollendet hatte“ (1, Könige, 7,1).
„Dann machte er das „Meer“ (Bezeichnung für ein kreisrundes Becken). Es wurde aus Bronze gegossen und maß zehn Ellen von einem Rand zum anderen, es war völlig rund und fünf Ellen hoch. Eine Schnur von dreißig Ellen konnte es rings umspannen“ (1, Könige, 7,23).

Welcher Nährungswert für π wird in dem Bibeltext verwendet? Begründe.

2 ARCHIMEDES stellte um 250 v. Chr. systematische Berechnungen an, um einen genauen Näherungswert für die Kreiszahl π zu erhalten.
Der Franzose VIETA (1540 – 1603) benutzte das Archimedische Verfahren, um den Wert von π auf neun Nachkommastellen genau zu bestimmen.
Er stellte folgende Ungleichung auf: $3{,}1415926535\ldots < \pi < 3{,}1415926537\ldots$

EULER verwendete erstmals den griech. Buchstaben „pi“ (von perimetros, dt. Umfang).

Dass π eine irrationale Zahl ist, konnte als erster LAMBERT (1728 – 1777) nachweisen.

ISAAC NEWTON
1643 – 1727

$$\frac{\pi}{4} = 1 - \frac{1}{3} + \frac{1}{5} - \frac{1}{7} + \frac{1}{9} - \frac{1}{11} + \ldots$$

LEONARD EULER
1707 – 1783

$$\frac{\pi^2}{6} = \frac{1}{1^2} + \frac{1}{2^2} + \frac{1}{3^2} + \frac{1}{4^2} + \frac{1}{5^2} + \ldots$$

In der zweiten Hälfte des 17. Jahrhunderts wurden Formeln erarbeitet, mit denen immer bessere Näherungen für π berechnet werden konnten. Stelle die Formeln von NEWTON und EULER jeweils nach π um. Versuche anschließend einen Näherungswert von π zu berechnen, der auf zwei Nachkommastellen genau ist.

3

Mathematiker	Computer Typ	Jahr	Anzahl der Nachkommastellen
REITWIESNER	ENIAK	1949	2037
GENUYS	IBM 704	1958	10 000
GUILLOD	CDC 7600	1973	1 Million
KANADA	Hitachi	2002	1,24 Billionen
KONDO	Kondo	2011	10 Billionen

Die Tabelle zeigt, dass sich mit Hilfe elektronischer Rechenanlagen die Anzahl der Nachkommastellen für den Näherungswert von π ständig erhöhen lässt. Für praktische Berechnungen ist allerdings die auf deinem Taschenrechner angezeigte Stellenzahl vollkommen ausreichend.
Suche im Internet, wie viele Nachkommastellen der Kreiszahl π bekannt sind.

1
a) Beurteile die Behauptung von Steffi.
b) Beschreibe das Verfahren mit Hilfe der Bilder (1) und (2), mit dem der Näherungswert des Flächeninhalts des Einheitskreises ermittelt werden soll.

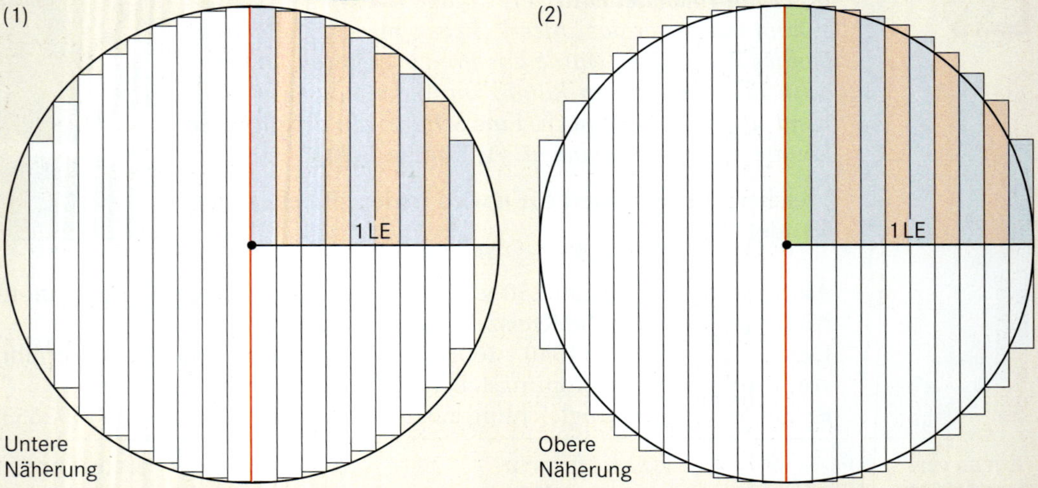

c) Begründe, warum es ausreichend ist, den Nährungswert für den Flächeninhalt eines Viertelkreises zu bestimmen.
d) Vergleiche den Flächeninhalt des Einheitskreises mit den in den Bildern (1) und (2) dargestellten Nährungen.
e) Wie kann man die Näherungswerte verbessern?

2

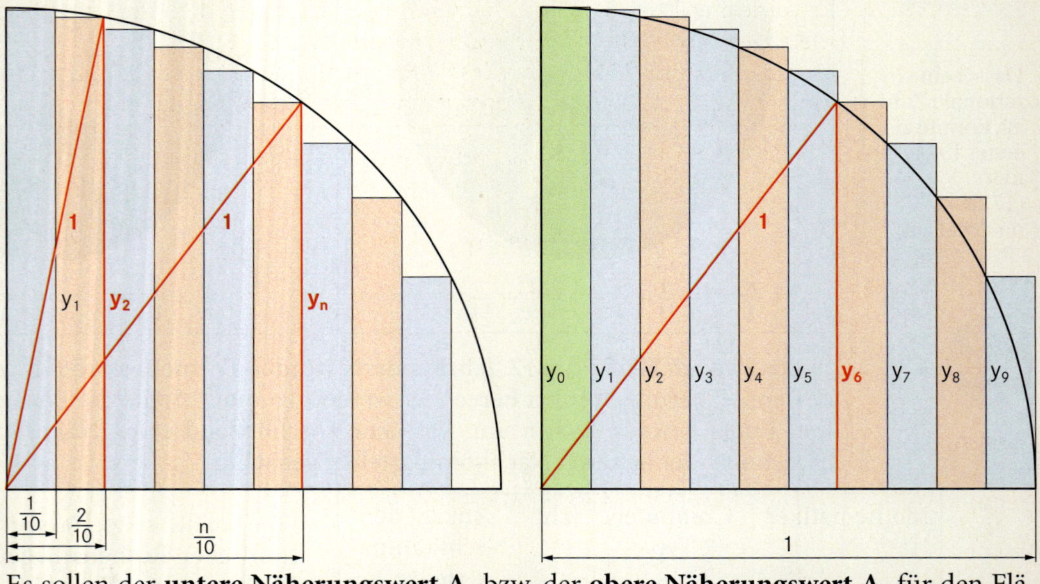

Es sollen der **unterer Näherungswert A_u** bzw. der **obere Näherungswert A_o** für den Flächeninhalt des Einheitskreises und damit für π bestimmt werden. Dazu werden einem Viertel des Einheitskreises Rechtecke mit gleicher Breite ein- bzw. umbeschrieben. Alle Angaben im Bild sind in LE.
Erkläre die Berechnung des Wertes für y_2 und für y_n.

$y_2 = \sqrt{1 - \left(\frac{2}{10}\right)^2} = 0{,}979\ldots$; $y_n = \sqrt{1 - \left(\frac{n}{10}\right)^2}$

3 Verwende bei den folgenden Teilaufgaben die Ergebnisse aus S. 186 Nr. 1 und S. 186 Nr. 2.

a) Übertrage die Tabelle in dein Heft und ergänze sie.

y_n	y_0	y_1	y_2	y_3	y_4	y_5	y_6	y_7	y_8	y_9
$y_n = \sqrt{1 - \left(\frac{n}{10}\right)^2}$			0,980							

b) Führe in deinem Heft die Berechnung für den **unteren Näherungswert** des Viertelkreises $A_{u\ \text{Viertelkreis}}$ durch und begründe die Berechnung.

$A_{u\ \text{Viertelkreis}} = \frac{1}{10}(y_1 + y_2 + \ldots + y_9)$ FE $= \frac{1}{10}(\square + 0{,}980 + \square + \ldots + \square)$ FE $= \square$ FE

c) Berechne mit dem Ergebnis in b) den unteren Näherungswert A_u für den Flächeninhalt des Einheitskreises bzw. für π [Hinweis: $A_u = 4 \cdot A_{u\ \text{Viertelkreis}} = \square$ FE].

d) Begründe, dass man bei der Berechnung des **oberen Näherungswertes**

$A_{o\ \text{Viertelkreis}} = \frac{1}{10}(y_0 + y_1 + y_2 + \ldots + y_9)$ FE lediglich zu $A_{u\ \text{Viertelkreis}}$ den Flächeninhalt des Rechtecks mit der Länge y_0 LE (= 1 LE) addieren muss. Berechne $A_{o\ \text{Viertelkreis}}$.

e) Berechne mit Hilfe von d) den oberen Näherungswert A_o für den Flächeninhalt des Einheitskreises bzw. für π.

f) Begründe mit Hilfe der Ergebnisse in den Aufgaben 3 c) und 3 e), dass gilt:
$2{,}90 \text{ FE} < A_{\text{Einheitskreis}} < 3{,}30 \text{ FE}$ bzw. $2{,}90 < \pi < 3{,}30$

4 Die in den Aufgaben 3 c) und 3 e) berechneten Näherungswerte kann man verbessern, indem man dem Viertelkreis z. B. 499 Rechtecke einbeschreibt bzw. 500 Rechtecke umbeschreibt. Die Breite eines Rechtecks beträgt nur noch $\frac{1}{500}$ LE.

Dann gilt zum Beispiel: $A_{u\ \text{Viertelkreis}} = \frac{1}{500}(y_1 + y_2 + y_3 + \ldots + y_{499})$ FE

Es wäre allerdings äußerst zeitaufwändig, die Längen der einzelnen Rechtecke zu bestimmen, um anschließend damit die Flächeninhalte $A_{u\ \text{Viertelkreis}}$ bzw. $A_{o\ \text{Viertelkreis}}$ zu berechnen. Der GTR hat ein Menü, das diese Rechenvorgänge automatisch durchführt.

a) Erkundige dich über die entsprechenden Tastenfolgen.

(1) (1 ÷ 500) * sum[1] (seq[2] (√(1 − (x ÷ 500)²), x, 1, 499,1) =
LIST MATH   LIST OPS

(2) (1 ÷ 500) * Σ[3] (√(1 − (x ÷ 500)²), 1, 500) =
MATH CALC

(3) (1 ÷ 500) * Σ (√(1 − (x ÷ 500)²), x, 1, 499, 1) =
RUN OPTN F4 F6 F3

b) Zeige, dass sich folgende Näherungen ergeben:
$A_u = 4 \cdot 0{,}784\ldots$ FE $= 3{,}137$ FE; $A_o = 4 \cdot 0{,}786\ldots$ FE $= 3{,}145$ FE
bzw. $3{,}137 < \pi < 3{,}145$

c) Versuche, die Näherungen für π weiter zu verbessern.

[1]sum … Summe; [2]seq … Folge; [3]Σ … Zeichen für Summe

1 Das Dart-Spiel wurde in England erfunden. 1896 ordnete der Zimmermann BRIAN GAMLIN Zahlen auf einem Holzbrett so an, wie es auch heute noch beim Dart der Fall ist.
Einem Wirt wurde von einem Gericht zunächst untersagt, Dart in seiner Wirtschaft zu erlauben. Vor Gericht zeigt der Wirt sein großes Können. Er traf mit drei Pfeilen dreimal die 20. Ein Richter, der es ebenfalls versuchte, verfehlte sogar jedes Mal die ganze Scheibe. Als Folge entschied das Gericht: „This is no game of chance". „Das ist kein Glücksspiel". 1908 wurde Dart erstmals als Geschicklichkeitsspiel anerkannt.

a) Pia behauptet: Der Flächeninhalt des Double-Rings beträgt das 2fache des Triple-Rings.
Information: Ein Double-Ring und ein Triple-Ring sind jeweils 8 mm dick.
b) Zeichne um einen Mittelpunkt M zwei Kreise mit den Radien r_a und r_i ($r_a > r_i$). Markiere die Fläche zwischen den beiden Kreislinien farbig. Zeige, dass für den Flächeninhalt des entstandenen Kreisringes gilt: $A = \pi\,(r_a{}^2 - r_i{}^2)$
Begründe, dass für den Flächeninhalt des Kreisrings nicht gilt: : $A = \pi\,(r_a - r_i)^2$.
c) Berechne den Flächeninhalt des grünen Bull-Rings.

Kreisring

M **Flächeninhalt eines Kreisringes:**

$A = \pi\, r_a{}^2 - \pi\, r_i{}^2$

$A = \pi\,(r_a{}^2 - r_i{}^2)$

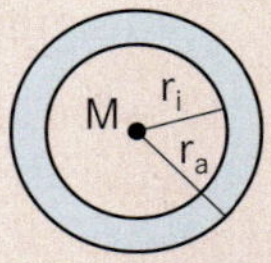

Übungen

2 Berechne die fehlenden Größen eines Kreisrings. Runde sinnvoll.

	a)	b)	c)	d)
r_i in cm	2,5	1,2	1,5	▪
r_a in cm	4,5	3,6	▪	2,0
A in cm²	▪	▪	13,75π	6,28

Lösungen (nur Maßzahlen): 1,4; 4; 44,0; 36,2; 2

$A_{Kreisring} = 21\text{ cm}^2$; $r_i = 1{,}5$ cm; $r_a = x$ cm
Für die Maßzahlen gilt: $21 = \pi\,(x^2 - 1{,}5^2)$
Umformen: $\frac{21}{\pi} = x^2 - 1{,}5^2$
$x = \sqrt{\frac{21}{\pi} + 1{,}5^2}$
Tastenfolge:
[√] [(] 21 [÷] [π] [+] 1.5 [x²] [)] [=]
Ergebnis: $r_a \approx 3{,}0$ cm

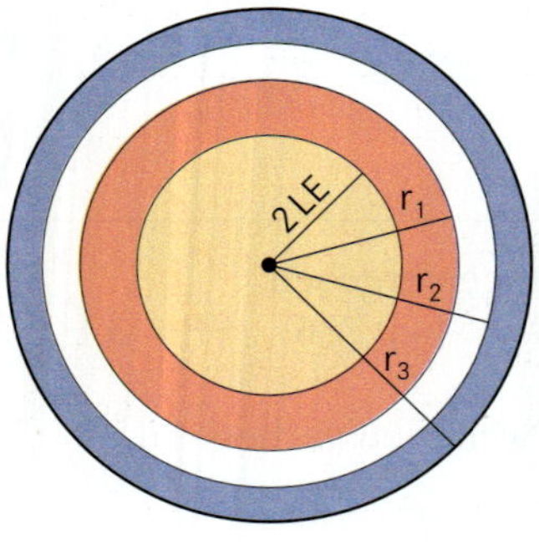

3 Berechne die Radien r_1, r_2 und r_3 so, dass die Flächeninhalte der Kreisringe genau so groß sind wie der Flächeninhalt des gelben Kreises in der Mitte.

1 Betrachte noch einmal die Dartscheibe auf Seite 188.
a) Berechne den Flächeninhalt des Sektors, in dem der Wert 20 oder ein Vielfaches von 20 erzielt werden kann.
b) Bestimme die Länge des äußeren Kreisbogens, der zum Sektor mit dem Wert 20 gehört.

2 Mit Hilfe des Mittelpunktswinkels kannst du den Flächeninhalt eines Kreissektors und die Länge des zugehörigen Kreisbogens bestimmen.

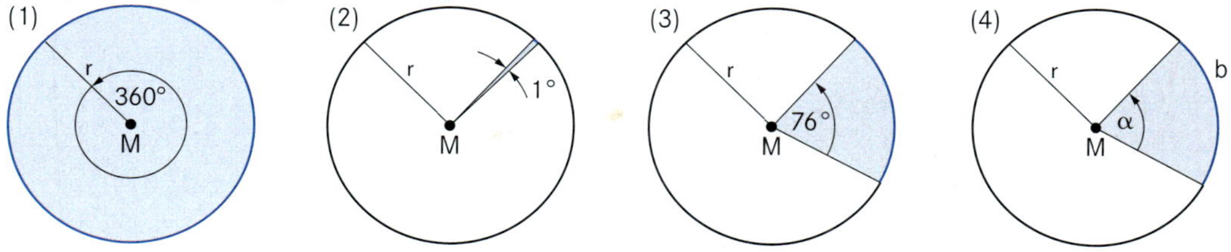

Mittelpunktswinkel α	360°	1°	76°	α
Flächeninhalt A_S des farbig markierten Kreissektors	(1) $r^2\pi$	(2) $1° \cdot \frac{r^2\pi}{\square}$	(3)	(4)
Länge b des zugehörigen Kreisbogens				

a) Übertrage die Tabelle in dein Heft und ergänze sie.
b) Zeige, dass aus $A_S = r^2\pi \cdot \frac{\alpha}{360°} = \frac{r}{2} \cdot \frac{\alpha r \pi}{180°}$ und $b = \frac{\alpha r \pi}{180°}$ folgt: $A_S = \frac{r}{2} \cdot b$

Kreisbogen **Kreissektor** **Kreissegment** (M)

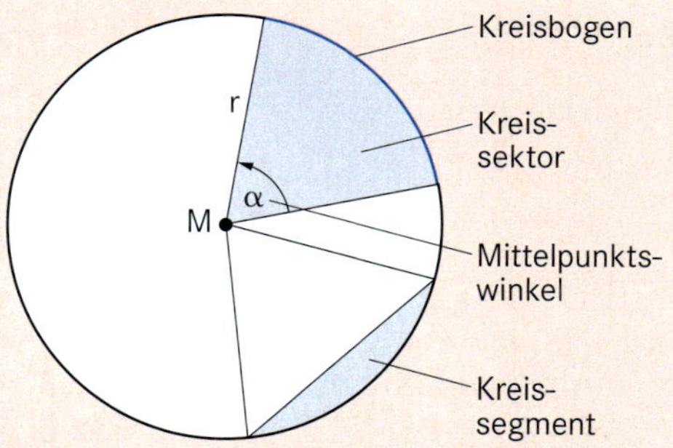

Länge des Kreisbogens:
$b = \frac{\alpha}{360°} 2r\pi$ bzw. $b = \frac{\alpha}{180°} r\pi$

Flächeninhalt des Kreissektors:
$A_S = \frac{\alpha}{360°} r^2\pi$; $A_S = \frac{1}{2} r \cdot b$

Flächeninhalt des Kreissegments:
$A_{Segment} = A_{Kreissektor} - A_{Dreieck}$

Übungen

3 Berechne die fehlenden Größen in deinem Heft. Runde sinnvoll.

	a)	b)	c)	d)	e)	f)	g)	h)
r in cm	5,0	6,0		4,0				4,0
α	60°	120°				72°	30°	90°
b in cm			6,4		6,5	1,4π		
A_{Sektor} in cm^2			16,0	2π	26		$\frac{4}{3}\pi$	
$A_{Segment}$ in cm^2		–	–	–	–	–	–	

4 Ein ungeübter Spieler wirft auf die Dartscheibe (siehe Abbildung Seite 188).
a) Ist es wahrscheinlicher, dass er eine Teilfläche eines Sektors zwischen Double-Ring und Triple-Ring oder eine Teilfläche innerhalb des Triple-Rings trifft? Begründe.
b) Finde weitere drei mögliche Aufgaben. Stelle sie deinem Nachbarn. Kontrolliere dessen Lösung.

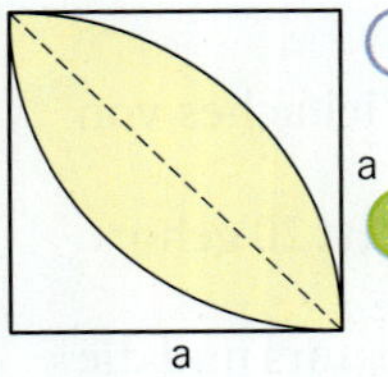

1 So kannst du den Flächeninhalt der farbig markierten Figur in Abhängigkeit von a berechnen.

B Suche nach geeigneten Figuren, deren Flächeninhalt und Umfang du berechnen kannst. Im Beispiel erhältst du mit Hilfe der Diagonalen ein Kreissegment, dessen Flächeninhalt sich aus einem Kreissektor und einem Dreieck bestimmen lässt.

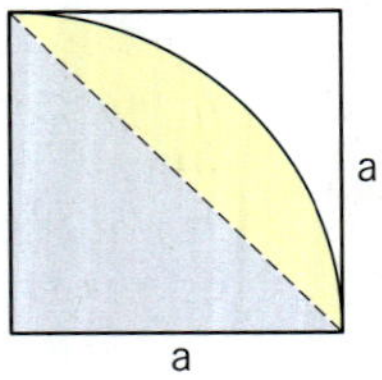

$$A_{Segment} = A_{Kreissektor} - A_{Dreieck}$$

$$A_{Segment} = \frac{1}{4} \cdot a^2\pi - \frac{1}{2} \cdot a^2$$

$$A_{Segment} = a^2 \left(\frac{1}{4}\pi - \frac{1}{2}\right)$$

Der Flächeninhalt der farbigen Figur beträgt das Doppelte des Flächeninhalts des Segments.

$$A_{Figur} = 2 \cdot A_{Segment}$$

$$A_{Figur} = a^2 \left(\frac{1}{2}\pi - 1\right) \approx 0{,}57a^2$$

Zeige, dass für den Umfang der farbig markierten Figur gilt: $u_{Figur} = a\pi$

2 Die Abbildung zeigt einen Ausschnitt eines ESCHER-Parketts.

a) Beschreibe, wie du dieses Parkett herstellen könntest.
b) Bestimme den Inhalt der gelb markierten Fläche für a = 4 cm.
c) Stelle den Inhalt der gelb markierten Fläche in Abhängigkeit von a dar.

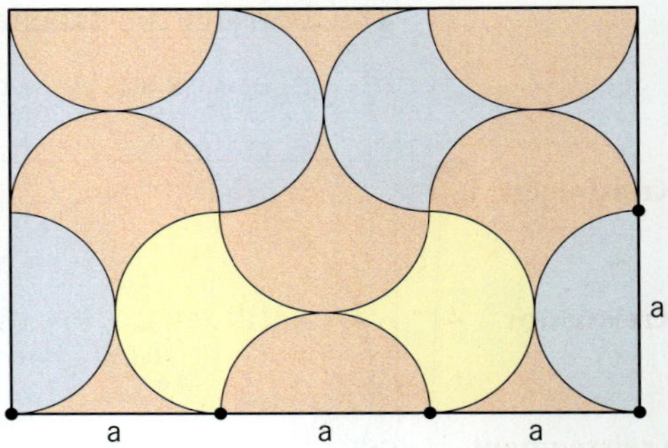

3 Berechne den Inhalt und Umfang der gelb markierten Flächen für a = 4 cm. Stelle anschließend den Umfang und Flächeninhalt in Abhängigkeit von a dar.

a)
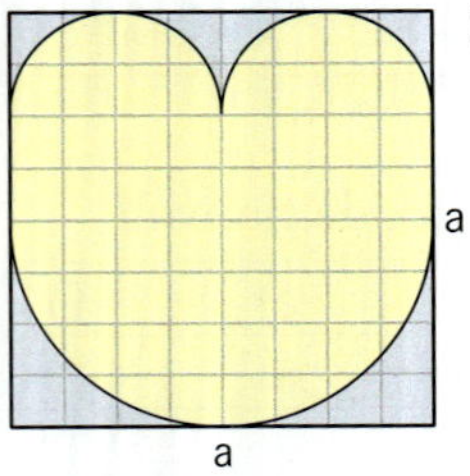

b)
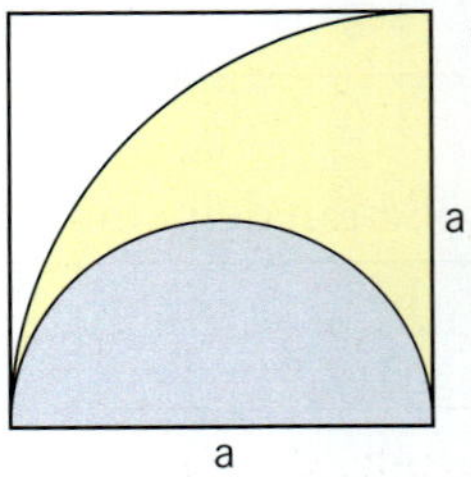

c)
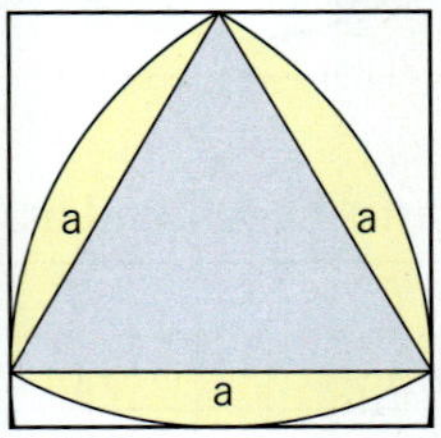

d)
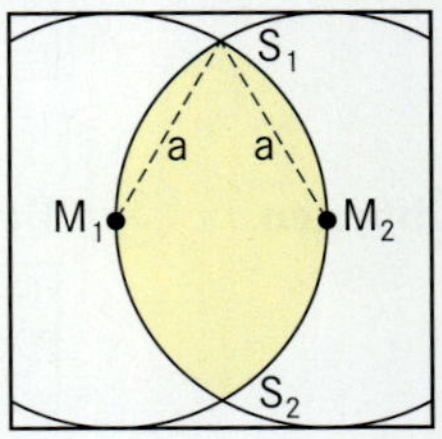

e)
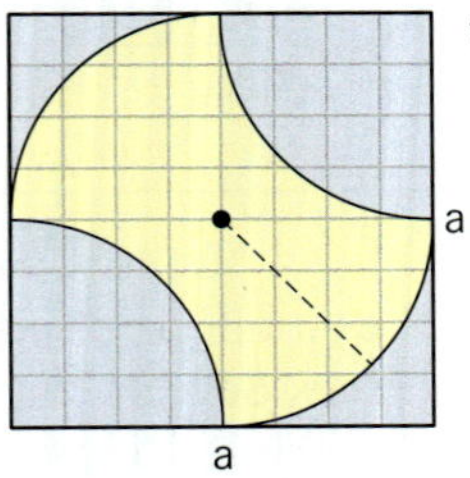

f)
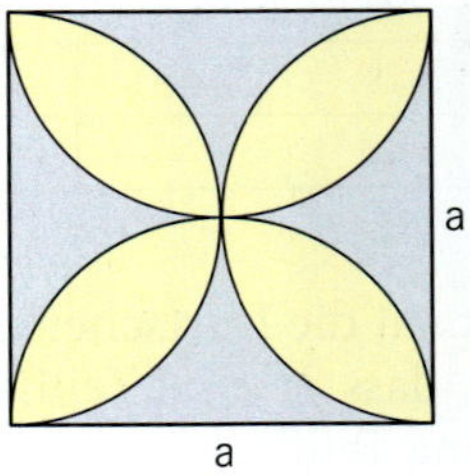

g)
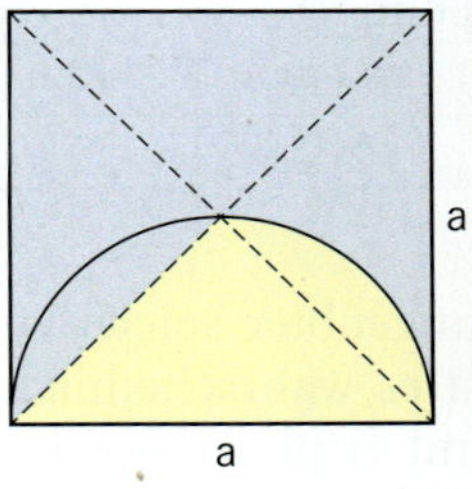

h)
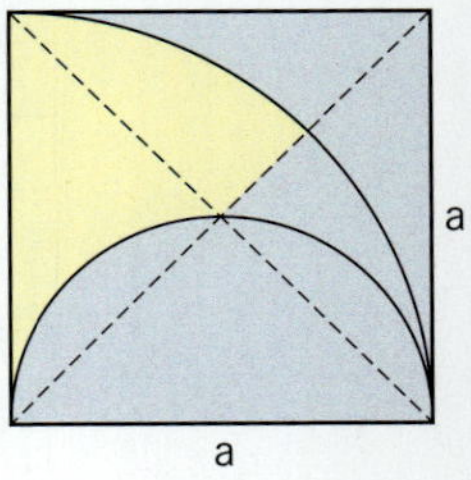

1

Geldstrafe für Lieferservice
0,00431969 m² zu wenig Pizza
(OVB 19. März 2008)

Immer wieder mal bestellen die Mitarbeiter im Landratsamt (Landsberg) eine Pizza beim Lieferservice. Doch ein Herr von der Lebensmittelüberwachung wurde offenbar nicht satt – die Pizza kam ihm zu klein vor.
Er maß nach: Die Pizza hatte weniger Umfang als im Prospekt versprochen. Jetzt soll der Lieferant 5000 € Bußgeld zahlen. Sechs weitere Unternehmen bekamen ebenfalls eine Geldstrafe.

Im Prospekt wurden Pizzas mit 28 cm Durchmesser versprochen. Das Landratsamt vermaß über einen längeren Zeitraum die tatsächlichen Durchmesser.

a) Passt das Bild zum Text des Autors? Begründe.
b) Warum gibt der Autor die Flächenminderung in m^2 an?
c) Berechne, welcher Durchmesser für die Pizzas tatsächlich im Durchschnitt gemessen wurde.

2 Die Grafik zeigt, wie lange man in den Jahren 1958 und 2010 arbeiten musste, um sich Dinge des täglichen Lebens leisten zu können.

a)

b) Welches Produkt hat sich am stärksten verbilligt?
c) Überprüfe, ob die Darstellung der Kreisflächen beim Fernseher das Verhältnis in etwa richtig wiedergeben.

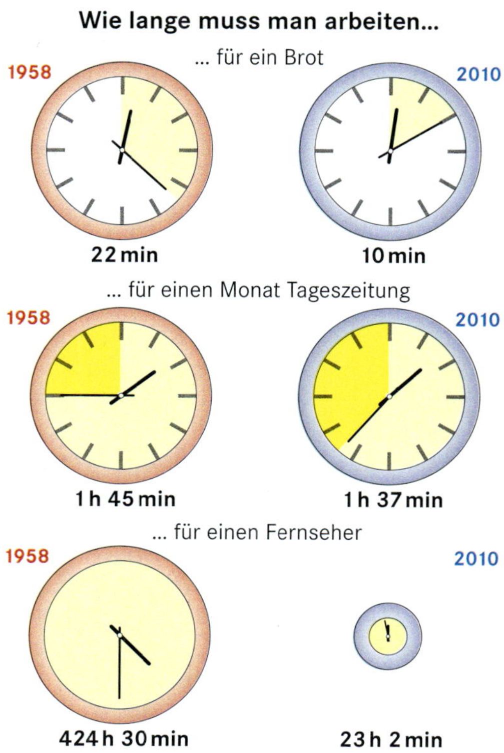

1 Laut Norm sind die Geraden der 400 m Bahn 84,40 m lang und der Radius der Innenbahn beträgt 36,50 m.

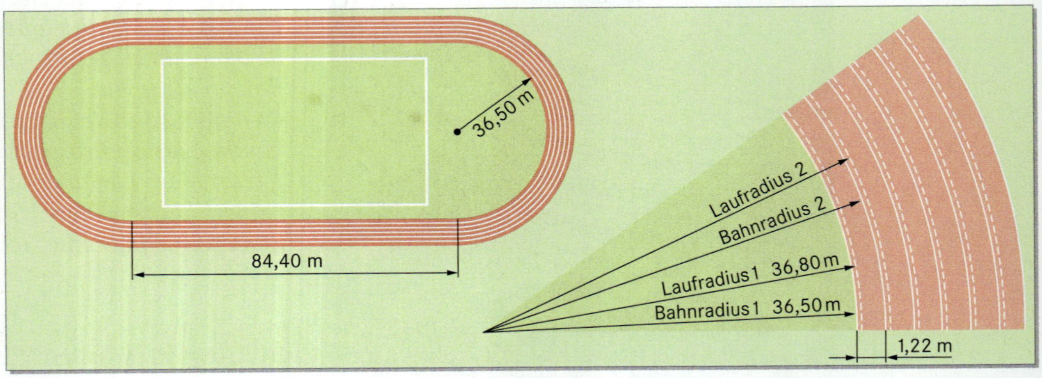

a) Rechne nach, ob Nikolai Recht hat.

b) Direkt auf der Innenseite der Innenbahn (Bahn 1) zu laufen, ist gar nicht möglich, da diese Linie meist eine erhöhte Begrenzung ist. Man nimmt deshalb an, dass die Athleten in einem Abstand von x cm von der Begrenzung laufen. Diese Lauflinie nennt man Normlinie.
Berechne den Wert von x so, dass die Normlinie 400 m lang ist.

c) Beim 400 m Lauf starten die Läufer gleichzeitig auf den ihnen zugelosten Bahnen. Damit jeder gleich weit laufen muss, erhalten die Sportler auf den Bahnen weiter außen Kurvenvorgaben. Berechne die Kurvenvorgabe für Bahn 2.
Information: Jede Bahn ist 1,22 m breit. Die Normlinie der Bahnen 2 – 8 ist nun 20 cm von der Begrenzungslinie entfernt.
A 2 m **B** 4 m **C** 7 m **D** 12 m

d) Berechne die Kurvenvorgabe für die Bahn 8.

2 Beim Hammerwerfen muss der Hammer innerhalb des markierten Wurfsektors landen (S. Skizze rechts, nicht maßstabsgetreu). Zum Schwungholen hat der Athlet einen Kreis mit sieben englischen Fuß Durchmesser (2,135 m) zur Verfügung. Der Mittelpunktswinkel des Wurfsektors beträgt 40°. Sein Scheitelpunkt stimmt mit dem Mittelpunkt des Wurfkreises überein.

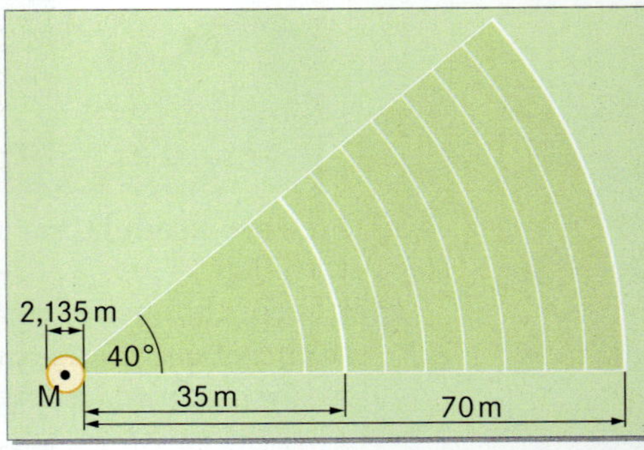

a) Welche Längen haben die Kreisbögen für Wurfweiten von 35 m und 70 m?

b) Der Werfer Kraftmeier schleudert den Hammer mit einer Anfangsgeschwindigkeit von 27 $\frac{m}{s}$ und unter einem Winkel von 45° gegenüber der Horizontalen aus dem Wurfkreis. Sein Wurf kann durch folgende Funktion beschrieben werden.
$y = -0{,}0137x^2 + x + 1{,}6$. Dabei bedeutet y m die Höhe des Hammers über dem Boden und x m die Wurfweite. Überprüfe durch Rechnung, ob er die 70 m-Marke übertrifft. Welche maximale Höhe über dem Boden erreicht der Hammer?

1

Die Abbildung zeigt Kunststoffleitungen, die im Boden verlegt werden.
Welche Gesamtlänge könnten die fünf schwarzen und drei blauen Windungen besitzen?

2 Auf die Straße soll eine neue Teerdecke aufgetragen werden. Für den schraffierten Bereich fallen 4900 € Asphaltierungskosten an.

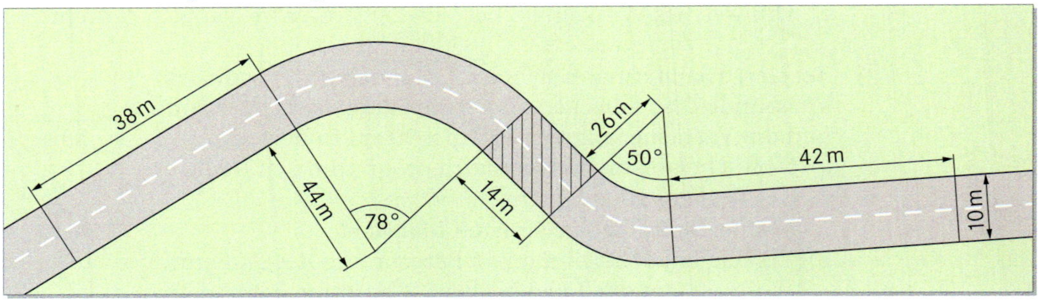

Berechne die Asphaltierungskosten für den dargestellten Bereich der Straße.

3 Ein neuer Autoreifen hat ca. 8 mm Profil. Nach der Vorschrift muss ein Reifen mindestens 1,6 mm Profil aufweisen. Bei der Fahrweise von Herrn Gaser verliert ein Autoreifen bei einer Umdrehung ca. zwei Atomdurchmesser ($4 \cdot 10^{-10}$ m) an Profil.

a) Berechne den Umfang des Autoreifens.
A 0,61 m **B** 1,89 m **C** 2,04 m
Ermittle dann, nach wie vielen Kilometern der Reifen abgefahren ist.

b) Berechne, wie oft sich ein Reifen drehen muss, wenn er sich auf dem in Aufgabe 2 dargestellten Teilstück der Straße bewegt. Sein Abstand zum unteren Fahrbahnrand soll immer 0,5 m betragen.

c) Die Aufschrift S auf dem Autoreifen bedeutet, dass er für Höchstgeschwindigkeiten von 180 $\frac{\text{km}}{\text{h}}$ geeignet ist. Bei einer Autobahnfahrt von Herrn Gaser macht der Reifen 1700 Umdrehungen pro Minute.

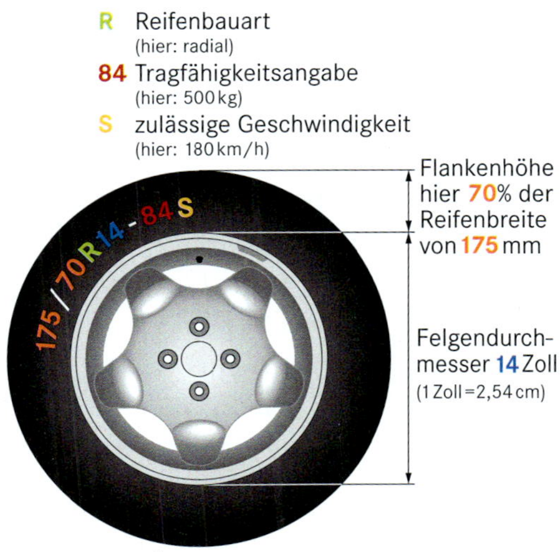

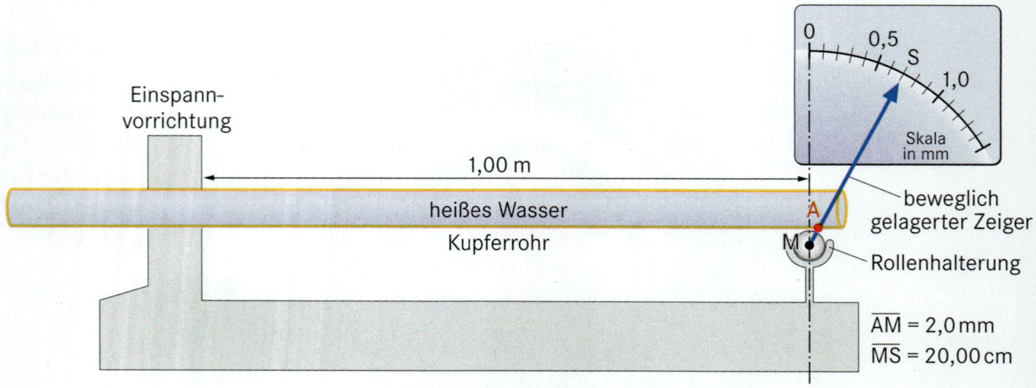

4 Durch ein auf der linken Seite fest eingespanntes Kupferrohr fließt heißes Wasser, das um 42,0 °C wärmer ist als die Umgebungstemperatur. Dabei dehnt sich das 1,000 m lange Kupferrohr um 0,7 mm aus.

a) Beschreibe, wie die Längenänderung des Kupferrohres im Versuch gemessen werden kann.

b) Welche Streckenlänge hat die Zeigerspitze S im Versuch tatsächlich zurückgelegt?
A 7,0 mm **B** 0,7 mm **C** 70,0 mm

c) Um welches Winkelmaß hat sich der Zeiger im Versuch gedreht?

5 Bei Herrn Saubermann steht im Keller neben der Sauna ein kreisrundes Tauchbecken. Es berührt die zwei Kellerwände und die Vormauerung von 15 cm x 30 cm in der Ecke.

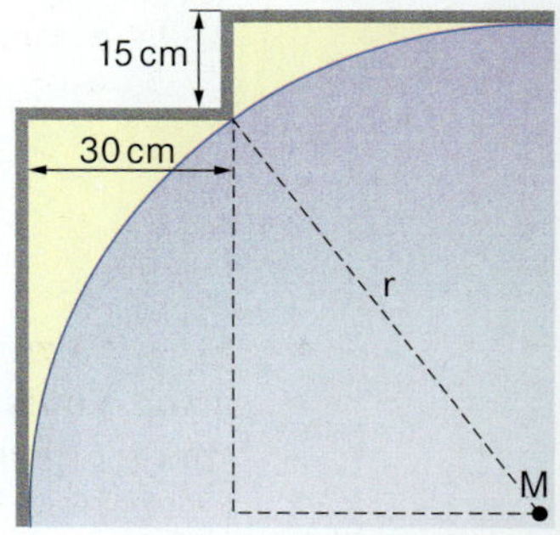

a) Versuche mit einem Geometrieprogramm den Radius r des Beckens zu ermitteln.
Wähle dazu einen geeigneten Maßstab.

b) Erstelle eine Gleichung zur Berechnung des Außenradius r = x cm des Tauchbeckens. Bestimme damit dann den Radius r.
A $x^2 = (x - 15)^2 + 30^2$ **B** $x^2 = (x - 15)^2 + (x - 30)^2$
C $(x + 30)^2 = (x + 15)^2 + x^2$

6 Aus einem rechteckigen Papierstreifen mit den Seitenlängen 25 cm und 5,5 cm wird der Kofferanhänger herausgestanzt.

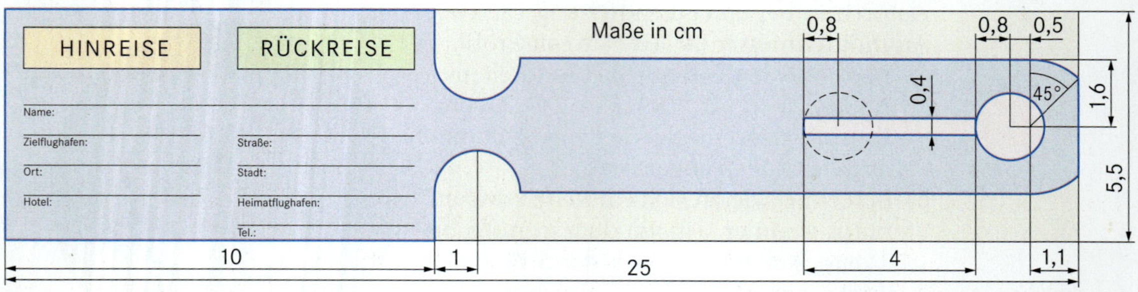

a) Lass dir vom Lehrer/von der Lehrerin eine Kopie des Kofferanhängers geben und schneide ihn aus.

b) Berechne den Flächeninhalt des Abfalls. Runde auf halbe cm^2.
A 35,0 cm^2 **B** 41,5 cm^2 **C** 51,5 cm^2

c) Berechne, wie viel Prozent Abfall entstehen.

d) Es werden 10 Millionen Kofferanhänger gefertigt. Vergleiche den Flächeninhalt des gesamten Abfalls mit dem Flächeninhalt eines Fußballfeldes.

e) Versuche selbst einen Kofferanhänger zu gestalten.

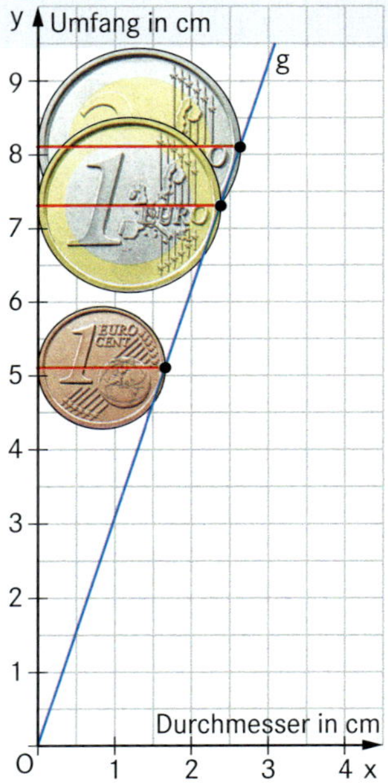

1 Wahr oder falsch? Begründe.

a) Ein Kreis und ein Quadrat haben jeweils den Umfang 18π.
Behauptung: Beide haben den gleichen Flächeninhalt.

b) Ein gleichseitiges Dreieck hat die Seitenlänge 2a, ein Kreis den Radius a.
Behauptung 1: Der Flächeninhalt des gleichseitigen Dreiecks ist größer als der des Kreises.
Behauptung 2: Der Umfang des gleichseitigen Dreiecks ist größer.

c) In der Abbildung ist der Umfang $u = y$ cm von Euromünzen in Abhängigkeit vom Durchmesser $d = x$ cm dargestellt.
Behauptung: Die Gleichung der Halbgeraden g ist $y = \pi x$.

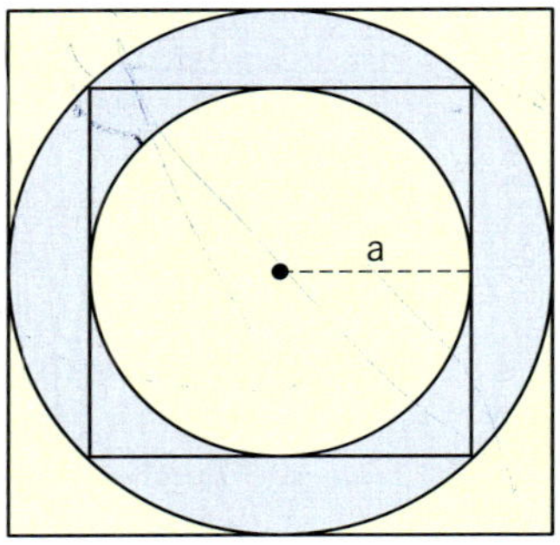

2 Das innere Quadrat hat die Seitenlänge 2a.

a) Berechne den Flächeninhalt des blau markierten Kreisringes in Abhängigkeit von a.

b) Wie viel Prozent des Flächeninhalts des äußeren Quadrats beträgt der Flächeninhalt des Kreisrings?

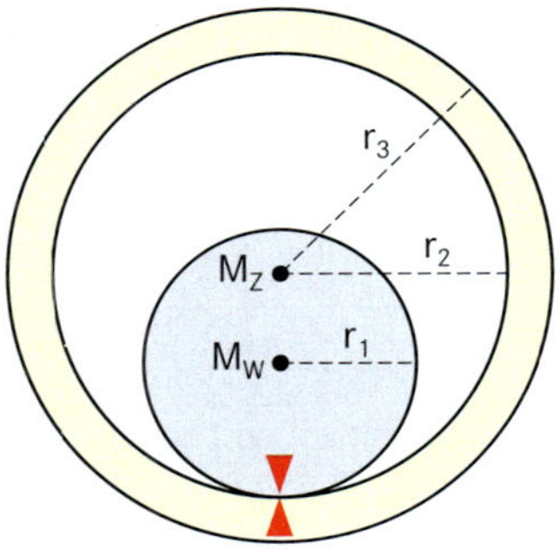

3 Eine Walze mit dem Radius r_1 rollt an der Innenwand eines großen Zylinders mit den Radien r_2 und r_3 herum.
Es gilt: $r_1 = 9$ mm; $r_2 = 15$ mm; $r_3 = 18$ mm

a) Berechne den Inhalt der Querschnittsfläche der Zylinderwand.

b) Nach wie vielen Umdrehungen der Walze treffen die farbigen Markierungen an Walze und Zylinder wieder aufeinander? Welchen Weg hat bis dahin die Spitze der roten Markierung an der Walze zurückgelegt?

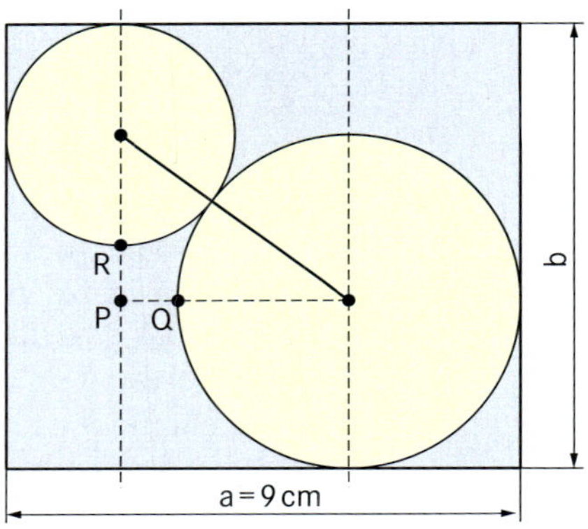

4 Einem Rechteck mit der Länge $a = 9$ cm und der Breite b werden zwei Kreise mit den Radien 3 cm und 2 cm wie in der Abbildung einbeschrieben. Es soll ermittelt werden, wie breit das Rechteck mindestens sein muss.

a) Löse die Aufgabe durch Konstruktion.

b) Begründe, dass gilt: $\overline{PQ} = 1$ cm

c) Berechne die Länge $\overline{PR}$.

d) Berechne die Breite b des Rechtecks.

e) Berechne den prozentualen Anteil der beiden Kreisflächeninhalte am Flächeninhalt des Rechtecks.

5 Aus einem Rechteck ABCD mit den Seitenlängen $\overline{AB} = 8$ cm und $\overline{BC} = 4$ cm wird ein Halbkreis mit dem Radius 2x cm herausgeschnitten und ein Halbkreis mit dem Radius (x + 1,5) cm angefügt. Die Mittelpunkte der Halbkreise sind zugleich Mittelpunkte der Strecken [AB] bzw. [CD] (siehe Abbildung).

a) Zeichne eine Figur für x = 1. Berechne deren Flächeninhalt und deren Umfang.

b) Aus welchem Intervall kann man x wählen?
A $0 < x \leqq 2$ **B** $0 < x < 2{,}5$ **C** $0 < x < 4$

c) Stelle den Umfang und den Flächeninhalt der Figur in Abhängigkeit von x dar.
[Ergebnis: $u(x) = (3x\pi - 6x + 21 + 1{,}5\pi)$ cm
$A(x) = (-1{,}5x^2\pi + 1{,}5x\pi + 32 + 1{,}125\pi)$ cm²]

d) Berechne die Belegung von x, für die der Flächeninhalt $7{,}2\pi$ cm² beträgt.

e) Berechne die Belegung von x, für die sich ein maximaler Flächeninhalt ergibt.

f) Ergibt sich für den maximalen Flächeninhalt auch zugleich ein maximaler Umfang?

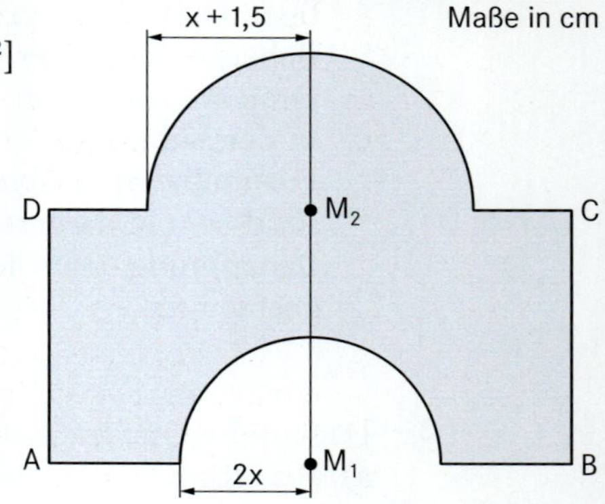

6 Gegeben ist das gleichseitige Dreieck ABC mit der Seitenlänge a. Aus diesem Dreieck wird ein Halbkreis mit dem Radius r herausgeschnitten (siehe Abbildung).

a) Zeige durch Rechnung, dass gilt: $s = \frac{a}{4}$
Hinweis: Verwende geeignete ähnliche Dreiecke.

b) Stelle den Radius r in Abhängigkeit von a dar. [Ergebnis: $r = \frac{a}{4}\sqrt{3}$]

c) Berechne die Länge des Kreisbogens $\widehat{PQ}$ in Abhängigkeit von a.

d) Berechne den Inhalt der Fläche, die vom Kreisbogen $\widehat{PQ}$ und den Strecken [CP] und [CQ] begrenzt wird.

W 12

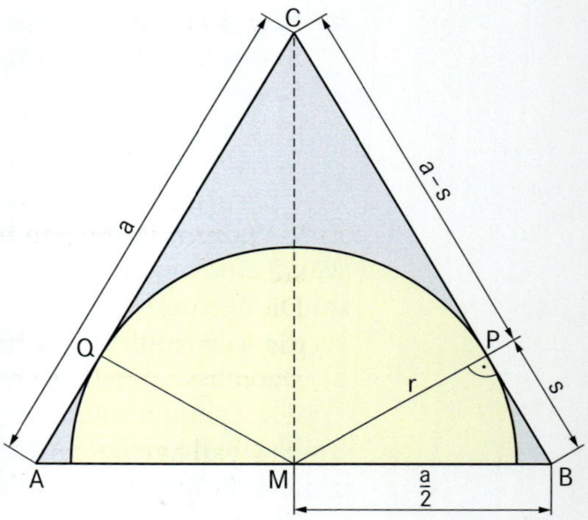

7 Der Punkt M (3 | 0) ist Mittelpunkt von Kreisen k_n mit den Radien $r_n = \overline{MP_n}$.
Die Punkte P_n (x | 0,5x + 2) liegen auf der Geraden g mit y = 0,5x + 2.

a) Zeichne die Kreise k_1 und k_2 für x = – 0,5 und x = 5. Bezeichne die Schnittpunkte mit der Geraden g mit P_1 und Q_1 bzw. P_2 und Q_2.

b) Stelle die Länge $r_n = \overline{MP_n}$ in Abhänigkeit von x dar.
[Ergebnis: $r_n = \sqrt{1{,}25x^2 - 4x + 13}$ LE]

c) Berechne den Flächeninhalt und Umfang des Kreises k_3 für x = 4.

d) Der Kreis k_4 hat minimalen Flächeninhalt. Berechne diesen Flächeninhalt und die Koordinaten des zughörigen Punktes P_4.

e) Der Kreis k_5 mit dem Radius $r_5 = \sqrt{13}$ LE schneidet die Gerade g in den Punkten P_5 und Q_5. Zeichne den Kreis k_5 und die Punkte P_5 und Q_5. Berechne anschließend deren Koordinaten.

f) Zeichne die Gerade h mit y = – x + 6 und den Kreis k* mit dem Mittelpunkt M (3 | 0), der die Gerade h berührt. Berechne den Flächeninhalt von k*.

1 Das Gradnetz der Erde dient der Orientierung und Ortsbestimmung auf der Erde. Die **Meridiane** oder **Längenkreise** verlaufen durch die beiden Pole und sind gleich lang. Sie werden vom Nullmeridian (0°), dessen Verlauf 1884 durch Greenwich (frühere Hauptsternwarte von London) festgelegt wurde, nach Osten bzw. nach Westen gezählt.
Die Breitenkreise zählt man vom Äquator (0°) aus nach Norden bzw. Süden hin. Sie haben unterschiedliche Länge.

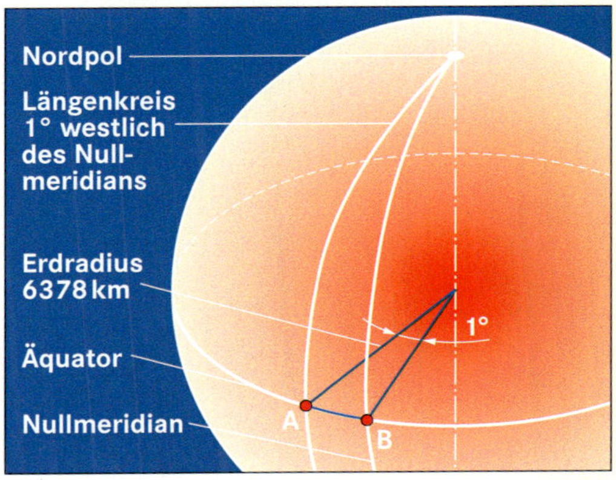

a) Berechne die Entfernung zweier Orte A und B, die sich auf dem Äquator ($r = 6378$ km) befinden und für die der Winkel zwischen den beiden Längenkreisen das Maß 1° hat.
b) Die Bogenlänge, die auf dem Äquator zu einem Mittelpunktswinkel $\frac{1}{60}°$ gehört, heißt **Seemeile** (sm).
Berechne die Länge einer Seemeile.
c) Die Städte Regensburg und Rostock liegen auf dem gleichen Längenkreis. Berechne die Entfernungen der beiden Städte. Die geographischen Breiten sind:
Regensburg 49° nördlicher Breite,
Rostock 54,1° nördlicher Breite
Überprüfe dein Ergebnis mit dem Atlas.

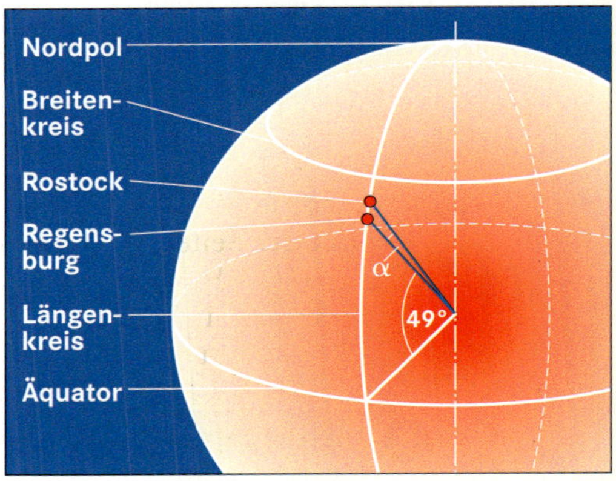

d) Stellt euch Aufgaben wie in c) und löst sie.
e) Die Erde dreht sich einmal am Tag um sich selbst. Eigentlich fahren wir auf ihr ständig Karussell. Wie schnell fährt man auf dem Äquator „Karussell"? Fährst du zuhause genau so schnell „Karussell" wie jemand auf dem Äquator? Begründe.

2 Ein Fußball hat einen Umfang von 70 cm. Um den Ball wird ein Seil gelegt, dessen Umfang um 1 m länger ist als der Umfang des Balls.
a) Kann eine Katze zwischen Seil und Ball hindurchkriechen, wenn das Seil überall gleich weit vom Ball absteht?
b) Überprüfe durch Rechnung dieselbe Frage wie in a) für den Fall, dass um den Äquator ein Seil gelegt wird, dessen Länge 1 m mehr beträgt als die Länge des Äquators.
c) Vergleiche die beiden Ergebnisse in den Aufgaben a) und b). Was stellst du fest?
d) Um eine Kugel mit dem Radius r wird ein Reifen montiert, der überall gleich weit absteht. Der Reifenumfang ist um a länger als der Kugelumfang. Zeige durch Rechnung, dass für den Abstand d zwischen dem Reifen und der Kugeloberfläche gilt: $d = \frac{a}{2\pi}$

1 Wie könnte das Foto der beiden Autos entstanden sein?
Das rote Modell ist 23 cm lang. Es wurde aus 1,50 m Entfernung fotografiert.
Das silberfarbige Original hat eine Länge von 4,14 m.
Erkläre und bestätige durch Rechnung.

4 Gegeben ist ein gleichseitiges Dreieck ABC mit der Seitenlänge a cm und dem Schwerpunkt S.

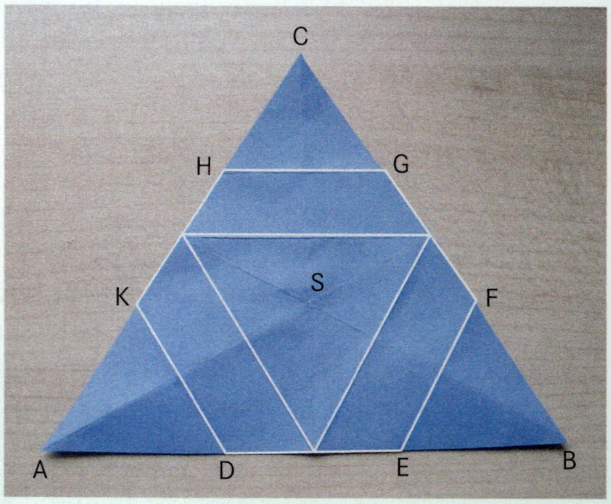

a) Zeichne ein gleichseitiges Dreieck ABC für a = 12 und schneide es aus. Konstruiere durch Falten den Schwerpunkt S.
b) Führe nun folgende Faltungen durch, öffne jede Faltung wieder:
(1) Der Punkt C liegt auf dem Mittelpunkt der Seite [AB].
(2) B auf dem Mittelpunkt der Seite [AC].
(3) A auf dem Mittelpunkt der Seite [BC].
(4) Falte nun die Punkte A, B und C auf den Schwerpunkt S des Dreiecks ABC.
Es entstehen verschiedene Teilfiguren.
c) Begründe, dass gilt: $\overline{HG} = \frac{1}{3}a$
d) Berechne den prozentualen Anteil des Flächeninhalts des inneren Dreiecks am Inhalt der Sechseckfläche.
e) Berechne den Flächeninhalt eines der trapezförmigen Streifen in Abhängigkeit von a.

2 Nach statistischen Untersuchungen gibt es pro Spielminute ca. 20 Ballkontakte, also einen Ballkontakt in drei Sekunden. Die Durchschnittsgeschwindigkeit der Spieler beträgt $5\,\frac{m}{s}$.

a) Berechne die Fläche, die ein Spieler in drei Sekunden abdecken kann.
Beachte: Der Spieler kann in jede Richtung rennen.
A $5\ m^2$ **B** $15\ m^2$
C $45\ m^2$ **D** $700\ m^2$

b) Vergleiche die Fläche, die zehn Feldspieler abdecken können mit der Fläche eines Fußballfeldes. Was würdest du Felix antworten?

3 An der Tafel ist ein Quadrat mit der Seitenlänge 80 cm gezeichnet. Darin befinden sich vier kongruente Kreise.

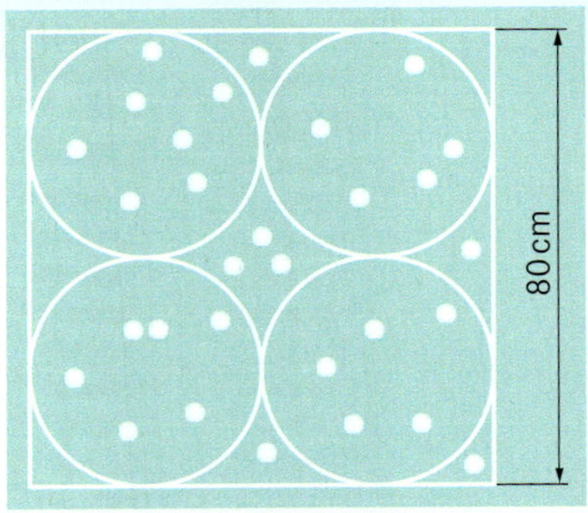

a) Ergänze die Platzhalter in deinem Heft.
$A_{Quadrat} = \square\ cm^2$; $A_{4\ Kreise} = 4\ \square^2\pi$

b) Auf die Zeichnung an der Tafel werfen die Schüler der Klasse 9a Kreidestücke. Sie zählen die Treffer auf den Kreisflächen und auf der Quadratfläche.
In der Abbildung rechts siehst du das Ergebnis des Experiments. Berechne damit den Näherungswert von π.
Benutze zur Erfassung der Daten in deinem Heft eine Tabelle, wie sie unten dargestellt ist.

	(1)	(2)
Anzahl **m** der Treffer in den vier Kreisen	$\square$	$\square$
Anzahl **n** der Treffer im gesamten Quadrat	$\square$	$\square$
Verhältnis $\frac{m}{n}$	$\square$	$\square$

c) Führt das Experiment in eurer Klasse durch.

d) Warum zeichnet man anstelle der 4 kleinen Kreise nicht einen einzigen großen Kreis?

10 Raumgeometrie

Bundeskunsthalle, Bonn

Wetterstation Brocken, Harz

Die Gebäude ohne Bildunterschrift stehen in Bayern. Kennst du die Gebäude? Wo genau stehen sie?
Um welche geometrischen Körper handelt es sich auf den vier Fotos?

1 Durch eine Ebene senkrecht zur Grundfläche werden zwei Quader mit gleicher Breite und Höhe jeweils in zwei gerade Prismen zerlegt.

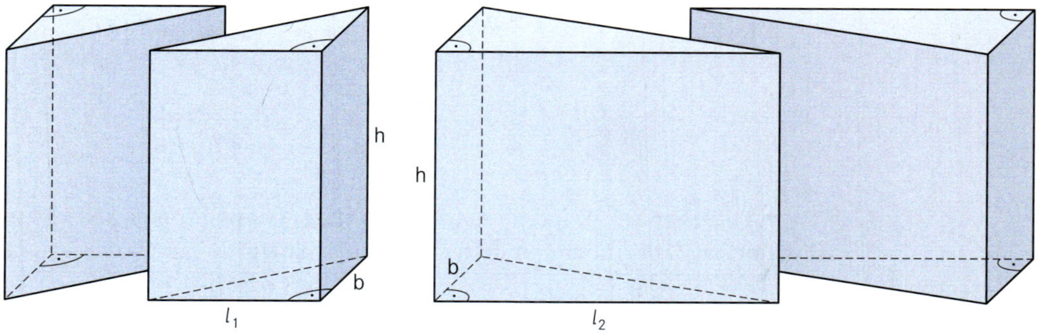

a) Welche Eigenschaft haben Grund- und Deckfläche?
b) Wie verlaufen die Kanten der Prismen?
c) Was kann man über die Seitenflächen aussagen?
d) Zeichne das Netz des Prismas mit $l_1 = 4$ cm; $b = 3$ cm und $h = 6$ cm.
e) Welche Aussage kannst du über das Volumen der Prismen im Vergleich zum Volumen der Quader machen? Ergänze dazu in deinem Heft: $V_{Prisma} = \square \cdot V_{Quader}$

2 Zwei Prismen aus Aufgabe 1 werden zu einem neuen Dreiecksprisma zusammengesetzt.

a) Für die beiden ursprünglichen Prismen gilt: $V_1 = \frac{1}{2} \cdot l_1 \cdot b \cdot h$ und $V_2 = \frac{1}{2} \cdot l_2 \cdot b \cdot h$ Begründe.
b) Welche Aussage kannst du über das Volumen V_3 des neuen Dreiecksprismas machen? Ergänze dazu in deinem Heft:

$$V_3 = \frac{1}{2} \cdot l_1 \cdot b \cdot h + \frac{1}{2} \cdot l_2 \cdot b \cdot h$$
$$= \frac{1}{2} \cdot (\square + \square) \cdot b \cdot h = \square$$

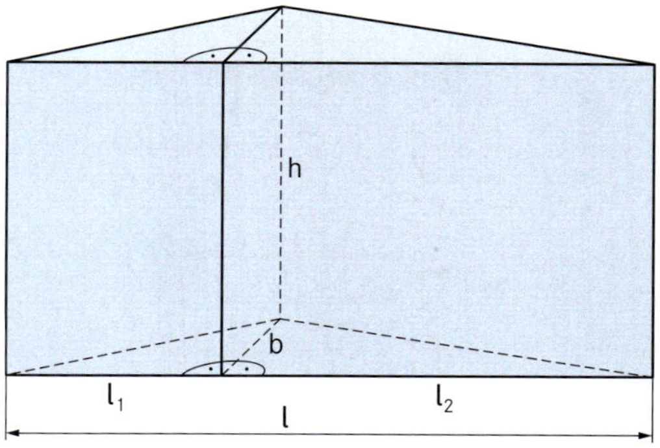

Prisma

M In einem Prisma liegen Grund- und Deckflächen parallel zueinander und sind kongruent.

Stehen die Kanten des Prismas nicht senkrecht zur Grundfläche, so spricht man von einem **schiefen Prisma**.

Für ein **gerades Prisma** gilt:
Die Mantelflächen sind Rechtecke.
Der Abstand von Grund- und Deckfläche heißt **Höhe.**

Mantelfläche

Oberfläche

Volumen

Inhalt der Mantelfläche	$M = u \cdot h$
Inhalt der Oberfläche	$O = 2 \cdot A_G + M$
Volumen	$V = A_G \cdot h$

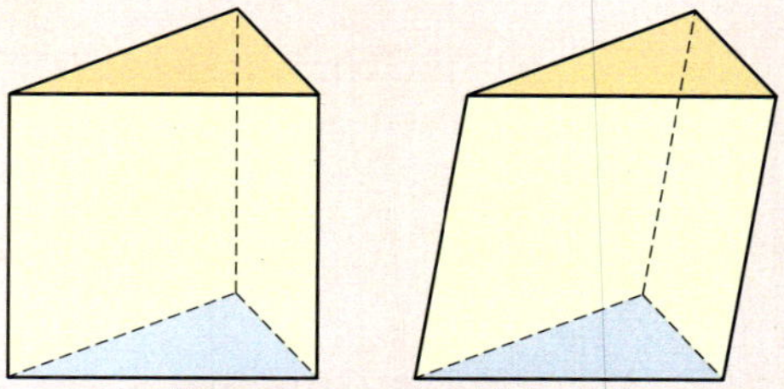
gerades Prisma schiefes Prisma

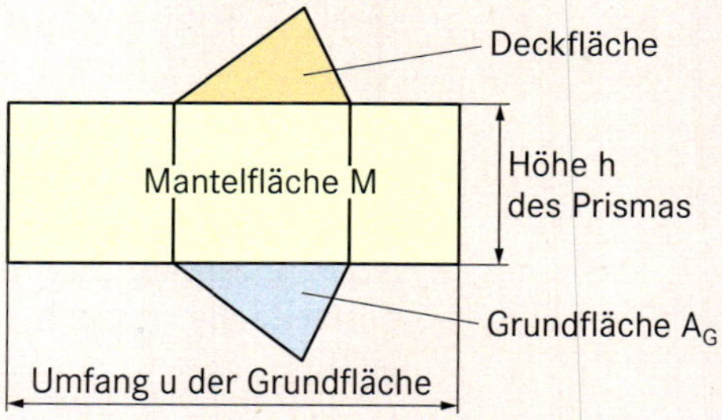

Übungen

3 Berechne das Volumen und den Inhalt der Oberfläche des geraden Prismas.

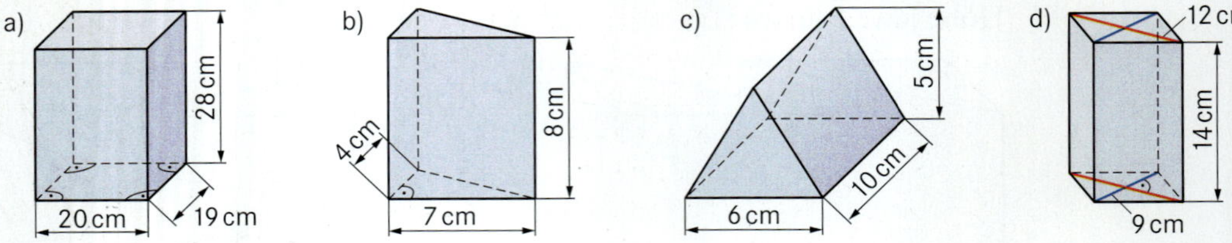

4 Wie viele Ecken (e), Kanten (k) und Flächen (f) haben folgende Prismen?

a) Übertrage die Tabelle in dein Heft und ergänze.

	e	k	f
dreiseitiges Prisma	6	9	
vierseitiges Prisma			
fünfseitiges Prisma			
sechsseitiges Prisma			
n-seitiges Prisma			

b) LEONHARD EULER (1707 – 1783) hat folgende Beziehung gefunden: $e + f = k + 2$. Überprüfe diese Beziehung.

5 Berechne die fehlenden Größen eines geraden Prismas.

	Grundfläche A_G in cm^2	Höhe h in cm	Umfang der Grundfläche in cm	Oberfläche O in cm^2	Volumen V in cm^3
a)	3,5	9	15,5		
b)	12		24		60
c)	0,5	0,6		6,82	
d)		0,4		1	0,044
e)	0,25	3		2,96	

Lösungen: 146,5; 31,5; 0,3; 144; 1,25; 5; 0,75; 0,82; 0,11; 1,95; 9,7

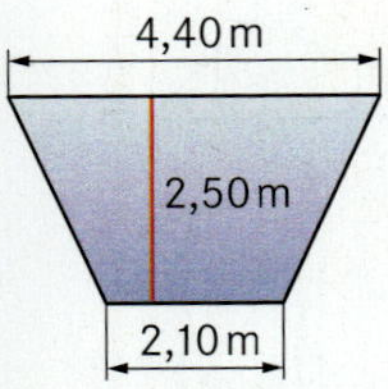

6 Ein Graben soll 2,50 m tief und 90 m lang werden. Oben soll er 4,40 m und unten 2,10 m breit sein.
a) Wie viel Kubikmeter Erdreich enthält der Graben?
b) Durch das Ausbaggern wird das Erdreich lockerer. Sein Volumen erhöht sich um 20 %. Wie viel Kubikmeter müssen wegtransportiert werden?

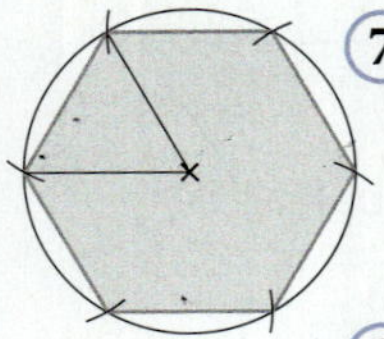

7 Die Grundfläche eines Blechkastens ist ein regelmäßiges Sechseck. Wie viel Quadratmeter Blech werden benötigt, wenn der Kasten 1 m^3 Wasser fassen und 0,5 m hoch sein soll?

8 Ein Würfel hat die Kantenlänge 10 cm. Es wird ein Prisma mit einem gleichschenklig-rechtwinkligen Dreieck als Grundfläche abgeschnitten. Wie groß ist x, wenn die Würfeloberfläche doppelt so groß sein soll wie die Oberfläche des Prismas?

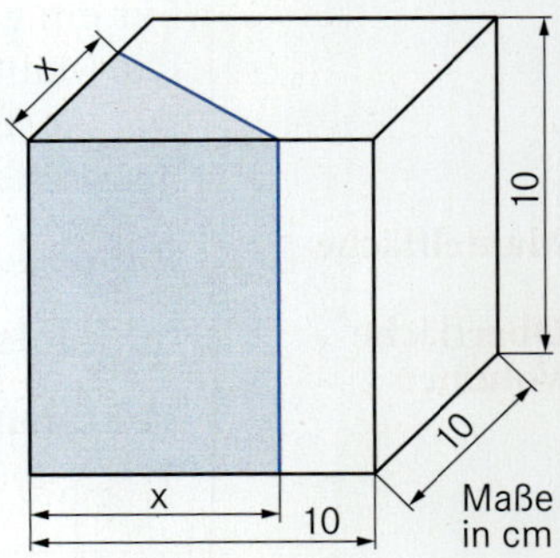

9 Beim Hausbau werden die Baukosten erst einmal grob geschätzt. Man geht dabei vom Volumen des Hauskörpers, dem umbauten Raum, aus. Im Internet wird ein kleines Haus für 380 € pro Kubikmeter umbauten Raumes angeboten, ohne Grundstück, ohne Außenanlage und sonstige Baunebenkosten. Der Keller ist 2,5 m hoch.

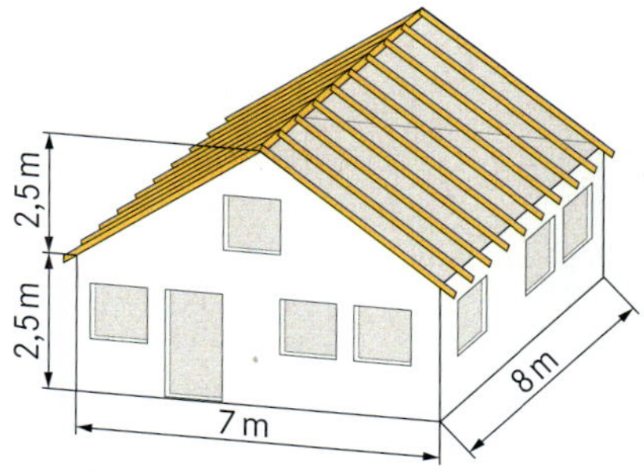

a) Wie viel kostet das abgebildete Haus?
b) Eine Verbesserung der Wärmedämmung der Wände ab Oberkante Keller kostet zusätzlich 22 € pro Quadratmeter. Dafür spart man aber 130 € an Heizkosten pro Jahr. Nach wie vielen Jahren lohnt sich diese Investition?

10 Frau Becker findet ihr Traumhaus in einer Bauzeitschrift.
a) Berechne das Volumen des umbauten Raumes.
b) Welchen Betrag verlangt die Baufirma für einen Kubikmeter umbauten Raum?
c) Auf dem Nachbargrundstück wird der gleiche Haustyp zur Miete für 9,80 € pro Quadratmeter Wohnfläche angeboten. Das ausgebaute Dachgeschoss hat ein Drittel der Wohnfläche vom Erdgeschoss.

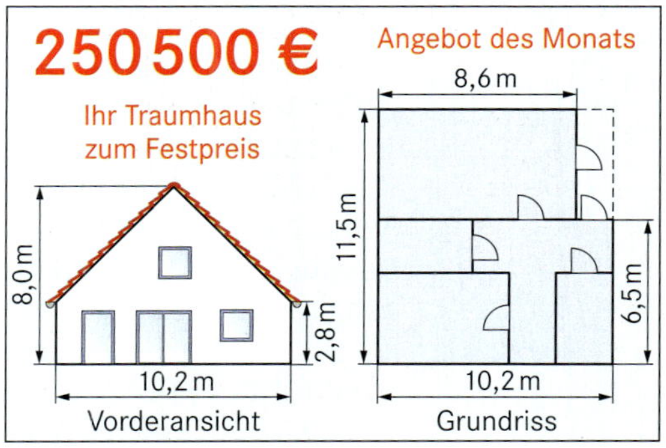

11 Die Stadt plant mit dem Bau einer Umgehungsstraße auch einen Lärmschutzwall. Es stehen 78 400 m³ Erde zur Verfügung.
a) Wie lang wird der Wall?
b) Wie viele LKW-Fuhren sind notwendig?
c) Überlege, wie hoch die zu veranschlagenden Kosten werden.

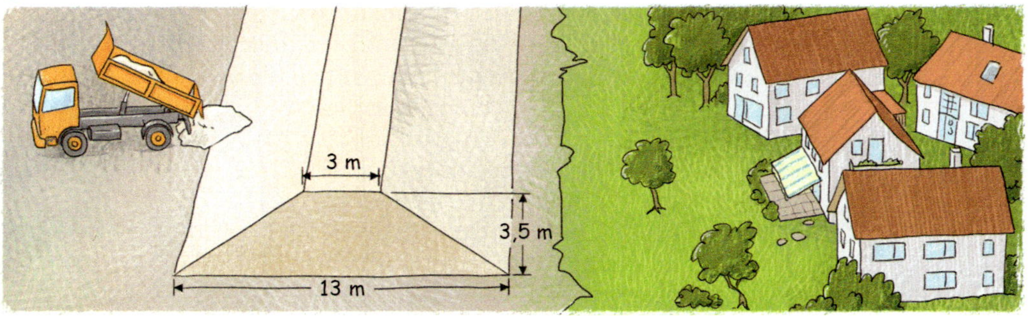

12 In einem Steinmetzbetrieb wird von einer Sandsteinsäule mit quadratischer Grundfläche an jeder Ecke ein gleichschenklig-rechtwinkliges Dreieck weggeschliffen. Die Höhe der Säule beträgt 60 cm.
a) Zeichne ein räumliches Bild der Säule.
b) Berechne das Volumen der entstandenen achteckigen Steinsäule.
c) Berechne die Masse der Säule. (Dichte von Sandstein: $2{,}6\,\frac{g}{cm^3}$)
d) Wie viel Prozent Abfall erhält man?

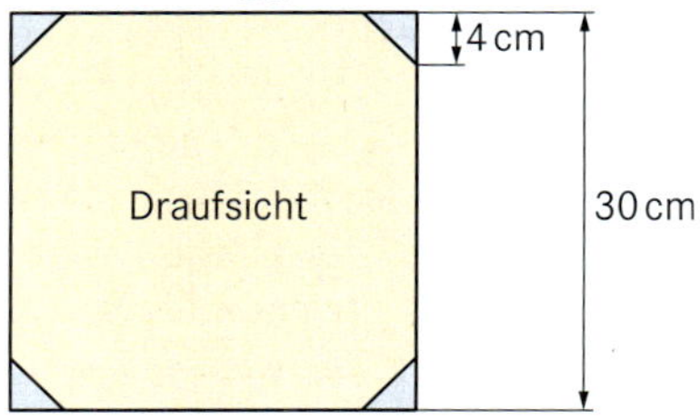

1 Gegeben ist ein Quader mit a = 15 cm, b = 5 cm und h = 10 cm. Es entstehen neue Quader, wenn man die Länge a um x cm verkürzt und die Höhe h um x cm verlängert.

a) Zeichne ein geeignetes Schrägbild.
b) Aus welchem Intervall darf man x wählen?
c) Stelle die Länge der Raumdiagonalen in Abhänigkeit von x dar.
d) Zeige, dass man für das Volumen der Quader in Abhängigkeit von x folgendes Ergebnis erhält: $V(x) = (-5x^2 + 25x + 750)\ cm^3$
e) Stelle die Oberfläche der Quader in Abhängigkeit von x dar. [Ergebnis: $O(x) = (-2x^2 + 10x + 550)\ cm^2$]
f) Untersuche, ob der Quader mit dem größten Volumen auch die größte Oberfläche besitzt.
g) Führe die Aufgaben a) bis f) durch, indem du die Länge um x cm verkürzt und die Höhe um 0,5x cm verlängerst.

2 Ein gleichschenklig-rechtwinkliges Dreieck ABC mit den Katheten [AC] und [BC] ist Grundfläche eines geraden Prismas ABCDEF.
Verkürzt man [AC] von A aus um x cm und verlängert [BC] über B hinaus um 2x cm, so erhält man neue Prismen $A_nB_nCD_nE_nF$.
Es gilt: $\overline{AC} = \overline{BC} = 5$ cm; $\overline{CF} = 4$ cm

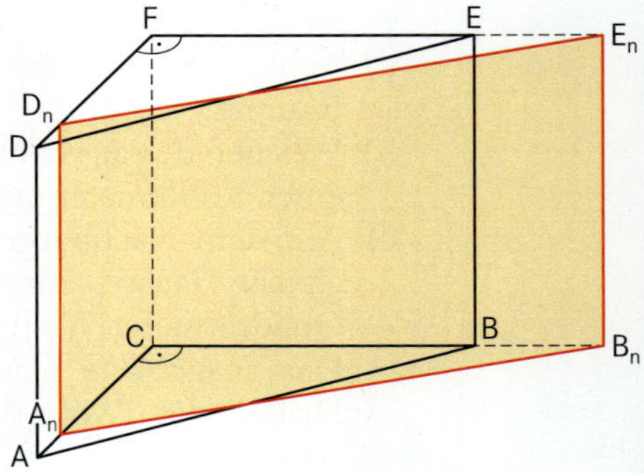

a) Zeichne ein Schrägbild des Prismas ABCDEF und des neuen Prismas für x = 2.
Es gilt: q = 0,5; ω = 45°; [BC] liegt auf der Schrägbildachse.
b) Welche Belegungen für x sind zulässig?
c) Für welche Belegung von x erhält man ein Prisma mit maximalem Volumen? Gib V_{max} an.

d) Überprüfe mit Hilfe einer Wertetabelle, ob das Prisma mit dem größten Volumen auch die größtmögliche Oberfläche besitzt.
[Teilergebnis: $O(x) = (-2x^2 + 9x + 65 + 4 \cdot \sqrt{5x^2 + 10x + 50})\ cm^2$]
e) Führe die Aufgaben a) bis d) durch, indem du [AC] über A hinaus um 2x cm verlängerst und [BC] von B aus um x cm verkürzt.

3 Die Grundfläche des geraden Prismas ABCDEF ist ein gleichschenkliges Dreieck.

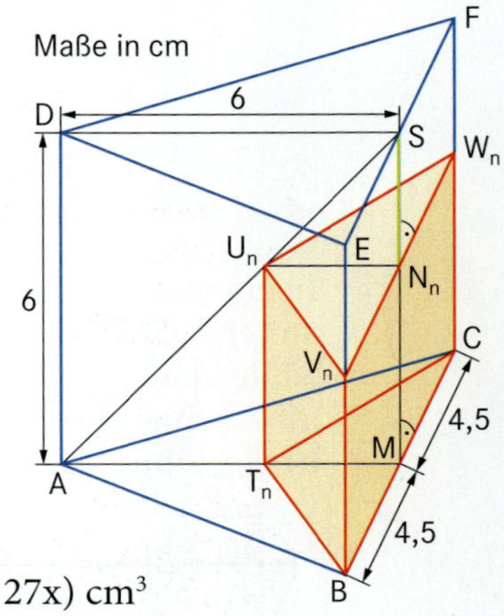

a) Zeichne ein Schrägbild des Prismas. Für die Zeichnung: [AM] liegt auf der Schrägbildachse; $q = \frac{2}{3}$; ω = 60°.
b) Zur Grundfläche ABC parallele Ebenen schneiden [AS] im Punkt U_n, [BE] im Punkt V_n, [CF] im Punkt W_n und [MS] im Punkt N_n.
Es gilt: $\overline{SN_n} = x$ cm
Zeichne das Prisma $T_1BCU_1V_1W_1$ für x = 2,5 in das Schrägbild ein.
c) Zeige, dass man für das Volumen der Prismen $T_nBCU_nV_nW_n$ erhält: $V(x) = (-4{,}5x^2 + 27x)\ cm^3$
d) Für welche Werte von x ist das Volumen 36 cm³ groß?
e) Berechne die Belegung für x, für die man ein maximales Volumen erhält. Gib V_{max} an.

1 a) Verändere einen Stapel Notizblöcke, wie in der Abbildung dargestellt.

b) Vergleiche die Höhen der Stapel.
c) Was kannst du über die Volumina der drei Körper aussagen?

M

Satz des Cavalieri

Satz des Cavalieri (Cavalierisches Prinzip)

Zwei Körper haben gleiches Volumen, wenn sie folgende Bedingungen erfüllen:
- Die Grundflächen haben gleichen Inhalt.
- Die Körperhöhen sind gleich hoch.
- Alle Schnittflächen im gleichen Abstand zur Grundfläche sind inhaltsgleich.

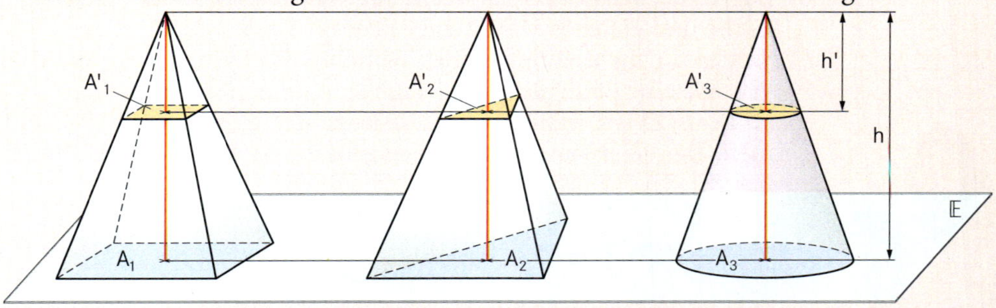

Übung

2 Aus einem Quader mit quadratischer Grundfläche wird ein Quader mit ebenfalls quadratischer Grundfläche herausgeschnitten. Der Restkörper soll das gleiche Volumen besitzen wie ein Prisma mit einem gleichschenklig-rechtwinkligen Dreieck als Grundfläche. Quader und Prisma sind gleich hoch. Wie groß ist x?

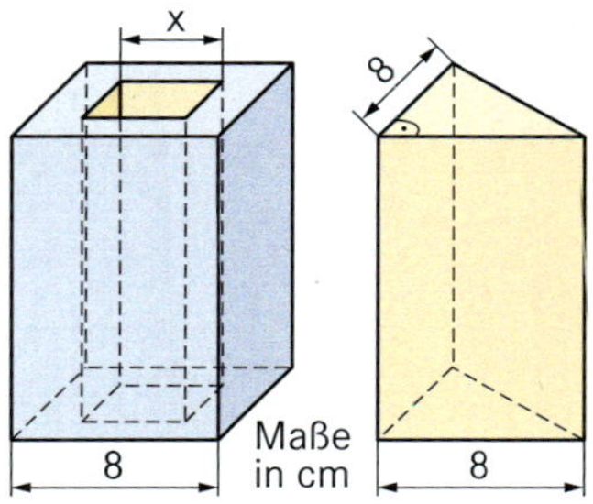

G

CAVALIERI, FRANCESCO BONAVENTURA, italienischer Mathematiker (Geboren 1598 in Mailand, gestorben 1647 in Bologna).

CAVALIERI wurde 1629 Professor in Bologna. Sein 1629 fertig gestelltes Hauptwerk über Geometrie wurde zu einem der einflussreichsten Bücher in der Entwicklung der Mathematik. Er verknüpfte die von ARCHIMEDES und KEPLER entwickelten Methoden der Körper- und Flächenberechnungen. So ist jede geometrische Figur aus unendlich dünnen Scheiben oder Fäden aufgebaut, die ihren Inhalt ausschöpfen. Er formulierte das nach ihm benannte, mit elementaren Hilfsmitteln nicht beweisbare, Cavalierische Prinzip.

1 Um das Volumen der Pyramide zu bestimmen, füllt Tina die Pyramide mit Wasser und schüttet es in ein Prisma mit gleicher Grundfläche und Höhe wie die Pyramide. Vergleiche das Volumen der Pyramide und des Prismas.
Was stellst du fest?

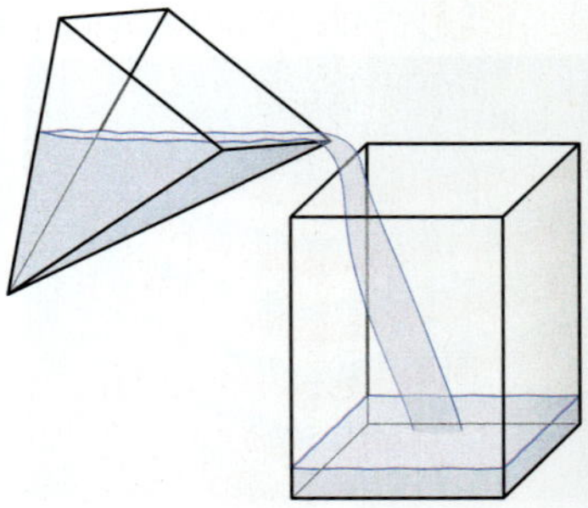

2 Die Darstellungen zeigen zwei Folgen von „Würfelpyramiden“.

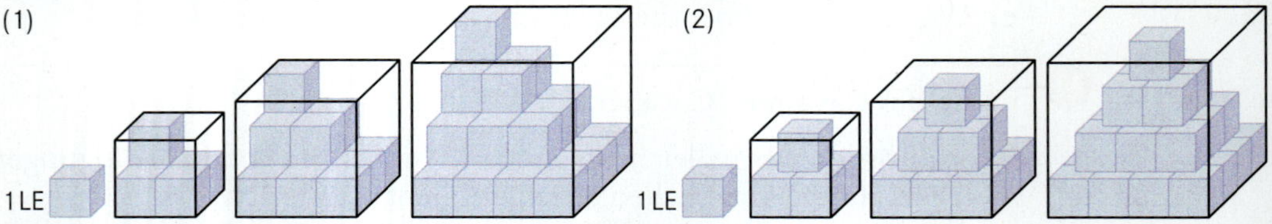

a) Beschreibe, wie die beiden Folgen aufgebaut sind.
b) Begründe, dass zwei entsprechende „Würfelpyramiden“ gleiche Höhe, gleiche Grundfläche und gleiches Volumen besitzen.
c) Welchen Bruchteil nimmt das Volumen der Pyramiden vom Volumen des schwarzen Würfels ein? Fülle hierzu die Tabelle in deinem Heft aus.
Hinweis: Es ist zeitaufwändig, die Anzahl n der blauen Würfel der Pyramide zu bestimmen. Der GTR kann es schneller, z. B. für die Kantenlänge 100 LE:

So mache ich das mit dem GTR:	Mit meinem GTR geht das so:
sum (seq(x^2, x, 1, 100,1)) = LIST MATH LIST OPS	Σ (x^2, x, 1, 100, 1) = RUN OPTN F4 F6 F3

Kantenlänge schwarzer Würfel in LE	Anzahl blaue Würfel in der Grundfläche	Anzahl n blaue Würfel in der Pyramide	Anzahl m blaue Würfel im schwarzen Würfel	$\frac{n}{m}$
2	4	5	8	$\frac{5}{8} = 0{,}625$
3	9	14	27	$\frac{14}{27} = 0{,}519$
4				
5				
100				
200				
300				

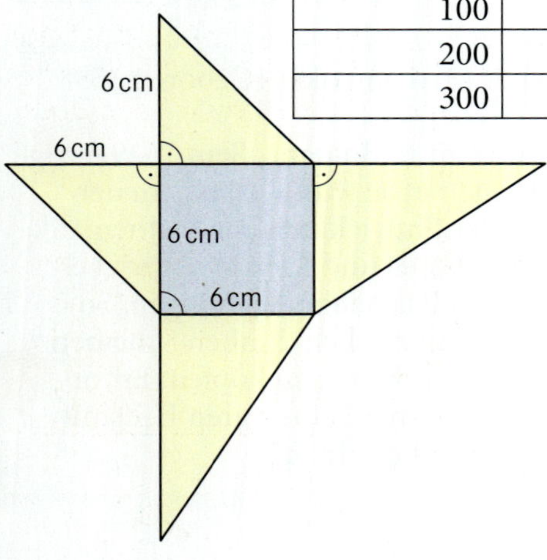

3 Die Abbildung links zeigt das Netz einer Pyramide.
a) Erstelle aus dem Netz die Pyramide. Du erhältst von deinem Lehrer eine Vorlage.
b) Bildet Dreiergruppen. Zeigt, dass man aus drei dieser Pyramiden einen Würfel bauen kann.
c) Was kannst du über das Volumen der Pyramiden im Verhältnis zum Würfelvolumen aussagen?

Pyramide
Volumen
Oberfläche

M — Für das **Volumen** einer Pyramide mit der Höhe h und der Grundfläche A_G gilt:

$$\mathbf{V = \tfrac{1}{3} \cdot A_G \cdot h}$$

Die **Oberfläche** der Pyramide besteht aus der Grundfläche A_G und der Mantelfläche M:

$$\mathbf{O = A_G + M}$$

Übungen

4 Berechne die fehlenden Größen der Pyramide mit rechteckiger Grundfläche. Runde sinnvoll.

$a = 8{,}5\ \text{cm};\ b = 3{,}7\ \text{cm};\ h_b = 9{,}3\ \text{cm}$

$h^2 + (4{,}25\ \text{cm})^2 = (9{,}3\ \text{cm})^2;\ h = 8{,}3\ \text{cm}$

$h_a = \sqrt{8{,}3^2 + 1{,}85^2}\ \text{cm} = 8{,}5\ \text{cm}$

$O = (8{,}5 \cdot 3{,}7 + 2 \cdot \frac{1}{2} \cdot 8{,}5 \cdot 8{,}5 + 2 \cdot \frac{1}{2} \cdot 3{,}7 \cdot 9{,}3)\ \text{cm}^2$

$O = 138{,}11\ \text{cm}^2$

$V = \frac{1}{3} \cdot (8{,}5 \cdot 3{,}7) \cdot 8{,}3\ \text{cm}^3 = 87\ \text{cm}^3$

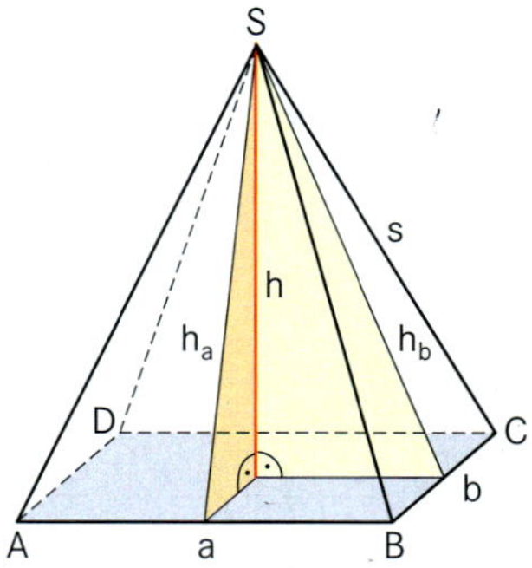

	a in cm	b in cm	h in cm	h_a in cm	h_b in cm	s in cm	V in cm³	O in cm²
a)	5,5	3,5		4,8				
b)	8,3	4,8			5,3			
c)	3,5		7,4	7,5				
d)	3,70	7,2	12	12,53	12,14		106,6	160,41
e)	3,84	5,31	1,6	3,1	2,5	3,65	10,87	45,57

5 Berechne das Volumen und den Inhalt der Oberfläche der Pyramide.

a) a = 5 cm
h = 4 cm

b) a = 3 cm; c = 5 cm
h = 7 cm

c) $\overline{AC} = \overline{BD} = 6$ cm
h = 4 cm

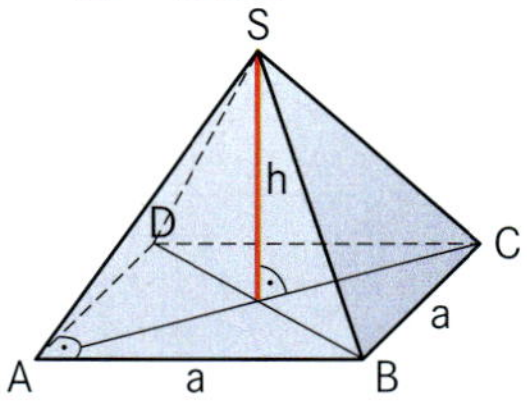

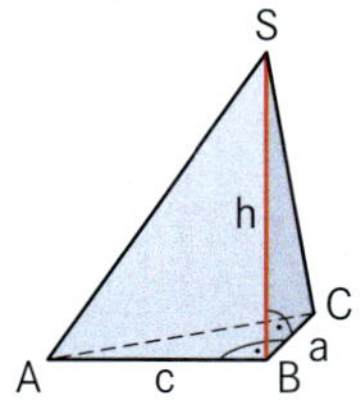

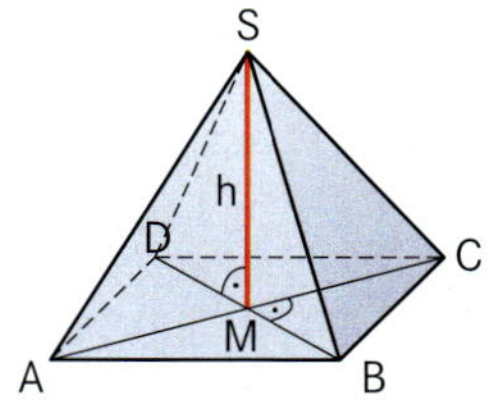

6 Die Grundfläche einer dreiseitigen Pyramide ABCS ist das gleichseitige Dreieck ABC mit der Seitenlänge a = 6 cm. Die Spitze S liegt senkrecht über dem Mittelpunkt E der Seite [BC]. Die Höhe h beträgt 8 cm. Es gilt: [AE] liegt auf der Schrägbildachse; q = 0,5; ω = 45°. Zeichne ein Schrägbild der Pyramide, berechne das Volumen und den Inhalt der Oberfläche.

7 Rechts siehst du das Netz einer räumlichen Figur.

a) Übertrage es mit den angegebenen Maßen auf ein Blatt Papier, schneide es aus und falte es entlang der gestrichelten Linien zu einem Körper.
Beschreibe die entstandene Figur.

b) Berechne das Volumen.

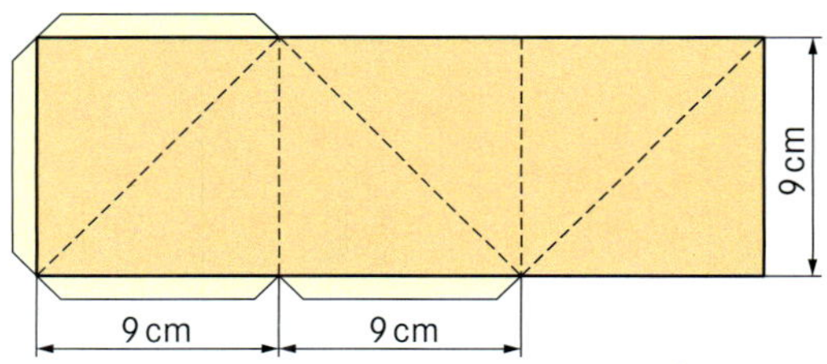

8 Frau Meier will für ihren Sohn Max ein Zimmer im Dachboden ausbauen lassen. Dazu beauftragt sie eine Firma das Dach zu isolieren, das Dach neu einzudecken und ein möglichst großes Zimmer ohne schräge Wände und mit einer Mindestdeckenhöhe von 2,30 m einzurichten. Der Dachüberstand bleibt unberücksichtigt.

a) Wie viel Quadratmeter Isolierung werden benötigt?

b) Wie viele Dachziegel müssen bestellt werden, wenn 15 Ziegel pro Quadratmeter benötigt werden und mit 1 % „Bruch“ und 12 % Verschnitt gerechnet wird?

c) Wie viel Quadratmeter wird das Zimmer haben?

d) Die Firma schlägt Frau Meier vor, einen Heizkörper einzubauen. Die Größe richtet sich nach dem Raumvolumen. Welchen Heizkörper soll Frau Meier wählen?

A bis 30 m^3 **B** bis 60 m^3 **C** bis 90 m^3

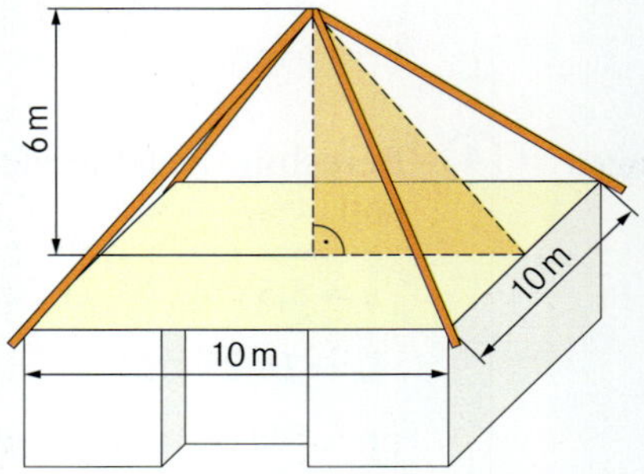

9 In einer Schrebergartenanlage darf wegen einer Bauvorschrift der umbaute Raum höchstens 50 m^3 betragen.

a) Prüfe, ob der Pavillon dieser Vorschrift genügt. Die Grundfläche des sechseckigen Pavillons ist ein regelmäßiges Sechseck.

b) Das Dach soll eine Isolierung und einen Belag aus Titanzinkblech erhalten. Der Dachdecker verlangt für das Eindecken einschließlich Material 100 € pro Quadratmeter. Für Verschnitt rechnet er noch 10 % hinzu. Erstelle eine detaillierte Rechnung für das Dacheindecken.

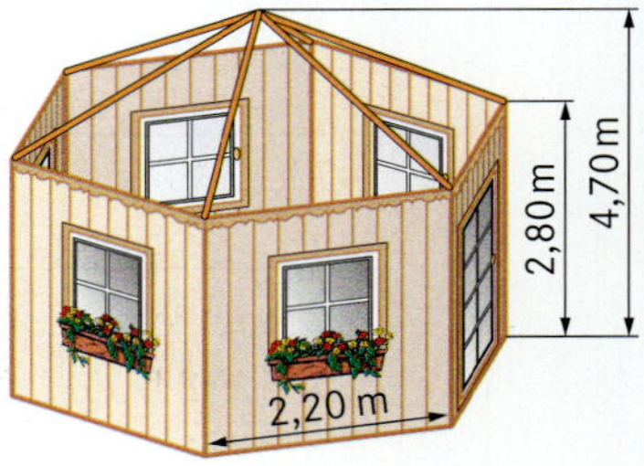

10 Eine Sandschütte hat eine quadratische Öffnung (Maße in m).

a) Zeige, dass gilt: x = 0,625

b) Berechne das Volumen der Schütte.

c) Welcher Bruchteil des Volumens der Schütte passt auf einen PKW-Anhänger?

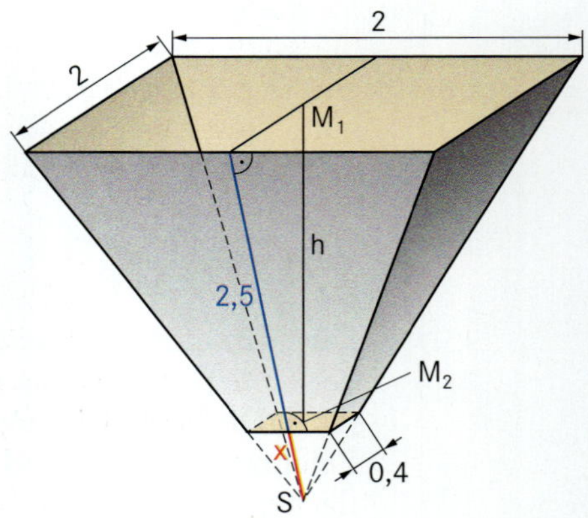

11

Eine Getränketüte hat die Form einer dreiseitigen Pyramide. Alle Seiten dieser Pyramide bestehen aus gleichseitigen Dreiecken mit der Kantenlänge 12 cm. Eine solche Pyramide nennt man **Tetraeder**.

a) Wie viele ml Saft passen in die Tüte?

b) Wie viel Material benötigt man zur Herstellung von einer Tüte, wenn 5 % der Fläche für Falzkanten zusätzlich einkalkuliert werden müssen?

1 Die Grundfläche einer Pyramide ist ein Quadrat ABCD mit der Seitenlänge 6 cm. Die Spitze steht senkrecht über dem Punkt A mit $\overline{AS} = 8$ cm. Es entstehen neue Pyramiden AB′C′DS′, wenn man die Kanten [AB] und [CD] über B und C hinaus jeweils um x cm verlängert und die Höhe gleichzeitig um x cm verkürzt.

a) Aus welchem Intervall kann man x wählen?
b) Zeichne ein räumliches Bild der ursprünglichen Pyramide und für x = 2.
c) Zeige, dass sich das Volumen V wie folgt in Abhängigkeit von x darstellen lässt:
$V(x) = (-2x^2 + 4x + 96)\ \text{cm}^3$
d) Für welche Belegung von x ist das Volumen einer neuen Pyramide um 50 % kleiner als das Volumen der Ausgangspyramide? Schätze zunächst, wie hoch die neue Pyramide wird. Bastle anschließend die beiden Pyramiden.
e) Berechne den Inhalt der Oberfläche der neuen Pyramide aus d).

2 Eine Pyramide ABCDS hat eine quadratische Grundfläche ABCD. Die Spitze S liegt senkrecht über dem Diagonalenschnittpunkt M. Die Diagonalen der Grundfläche werden jeweils über A und C sowie über B und D um x cm verlängert und gleichzeitig wird die Höhe h der Pyramide um x cm verkürzt.
Es gilt: $\overline{AB} = \overline{BC} = 6$ cm; $h = 9$ cm

a) Stelle das Volumen V der neuen Pyramiden in Abhängigkeit von x dar.
[Ergebnis:
$V(x) = (-\frac{2}{3}x^3 + 0{,}34x^2 + 38{,}91x + 108)\ \text{cm}^3$]
b) Tabellarisiere V (x) in Schritten $\Delta x = 1$ für $x \in [0;\ 9]$ und stelle V (x) in einem Koordinatensystem grafisch dar.
c) Entnimm der Zeichnung den Wert für x für das maximale Volumen und bestätige diesen mit dem GTR.

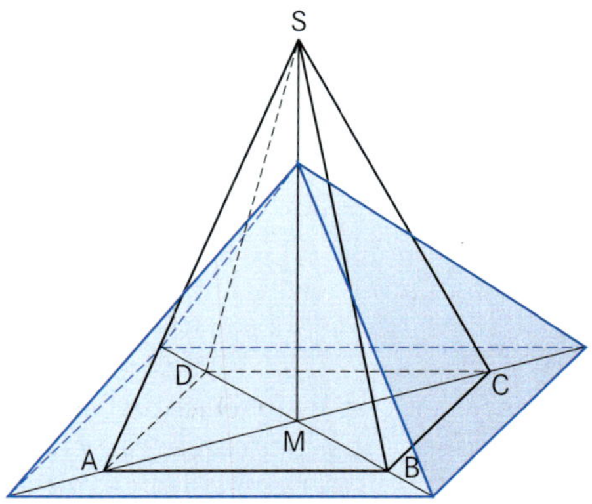

3 Zwei gleich große gleichseitige Dreiecke bilden die Grundfläche ABC und Seitenfläche BCD einer Pyramide ABCD. Die Flächen dieser beiden gleichseitigen Dreiecke stehen senkrecht aufeinander.
Es gilt: $\overline{AB} = 8$ cm, $[AE] \perp [DE]$; E ist der Mittelpunkt von [BC].

a) Zeichne ein Schrägbild der Pyramide. [AE] liegt auf der Schrägbildachse, $q = 0{,}5$; $\omega = 45°$.
b) Verlängert man [AE] um x cm und verkürzt gleichzeitig [DE] um x cm, so entstehen neue Pyramiden ABE_nCD_n. Ergänze das Schrägbild aus Aufgabe a) für x = 1 und stelle das Volumen V (x) der neuen Pyramiden dar.
c) Tabellarisiere V (x) für $x \in [0;\ 6]$ mit $\Delta x = 1$ und stelle V (x) grafisch dar.

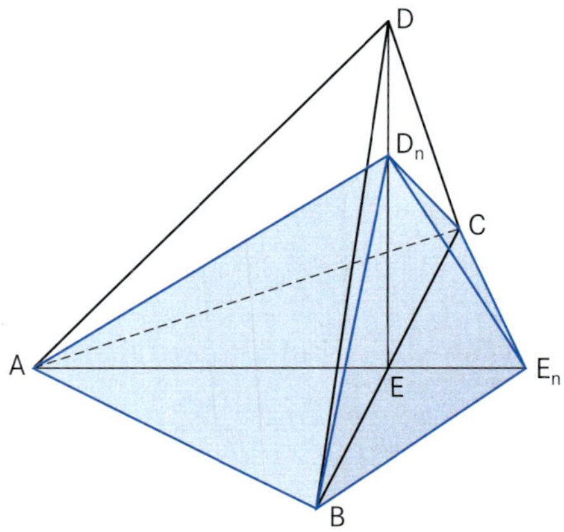

Lösungen: $-\frac{4}{3}x^2 + 64$; $-\frac{16}{3}x^2 + 256$; 0; 4,58; 8; 164,4; 229,3; 6

1

2 Alle Körper haben gleichen Grundflächeninhalt und gleiche Höhe.

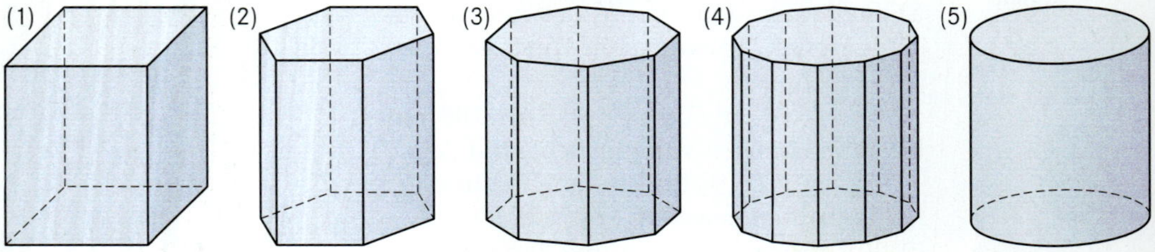

Für das Volumen eines Prismas gilt: $V = A_G \cdot h$

a) Begründe mit Hilfe der abgebildeten Körper, dass diese Formel auch für das Volumen des Zylinders gilt.

b) Nimm Stellung zu den Aussagen der beiden Schüler aus Aufgabe 1.

M

Zylinder

Durch Rotation eines Rechtecks um eine Symmetrieachse oder eine Seite entsteht ein **Zylinder.**

Mantelfläche

Inhalt der Mantelfläche

$\mathbf{M = 2 \cdot \pi \cdot r \cdot h}$

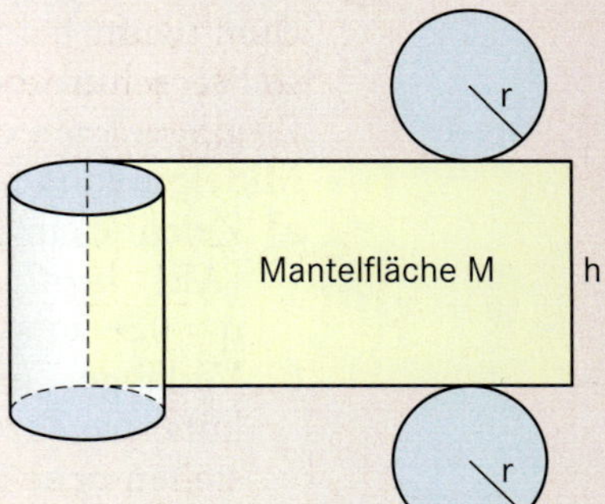

Oberfläche

Inhalt der Oberfläche

$\mathbf{O = 2 \cdot A_G + M}$
$\mathbf{O = 2 \cdot \pi \cdot r^2 + 2 \cdot \pi \cdot r \cdot h}$
$\mathbf{O = 2 \cdot \pi \cdot r \cdot (r + h)}$

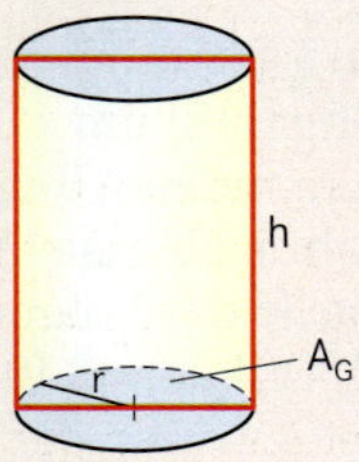

Volumen

Volumen

$\mathbf{V = A_G \cdot h}$
$\mathbf{V = r^2 \cdot \pi \cdot h}$

Jeder Schnitt entlang der Rotationsachse heißt **Axialschnitt.**
Der Axialschnitt des Zylinders ist ein Rechteck.

Übungen

$V = 200\pi\ cm^3;\ h = 8\ cm;\ O = $

$200\pi\ cm^3 = r^2\pi \cdot 8\ cm$

$r = \sqrt{\frac{200\pi\ cm^3}{8\pi\ cm}} = \sqrt{25\ cm^2} = 5\ cm$

$O = 2 \cdot 5\ cm \cdot \pi \cdot (5\ cm + 8\ cm)$
$= 130\pi\ cm^2$

3 Berechne die fehlenden Größen. Runde sinnvoll.

	a)	b)	c)	d)	e)
r in cm	5,6			12	
d in cm		3,7	4,3		
h in cm	8,2	4,8			12,4
M in cm²			9,89π		
O in cm²					149,965π
V in cm³				1094,4π	

4 Ein DIN-A4-Blatt mit 21,1 cm Breite und 29,6 cm Länge soll zu einem Zylinder geformt werden. Dabei wird ein 0,5 cm breiter Streifen überklebt. Welchen Durchmesser und welches Volumen hat der fertige Zylinder (zwei Möglichkeiten)?

5 Berechne mit Hilfe der nebenstehenden Tabelle die Masse und den Inhalt der Oberfläche der dargestellten Körper.

Material	Dichte $\frac{g}{cm^3}$
Gold	19,3
Kupfer	8,9
Eisen	7,8
Glas	2,4

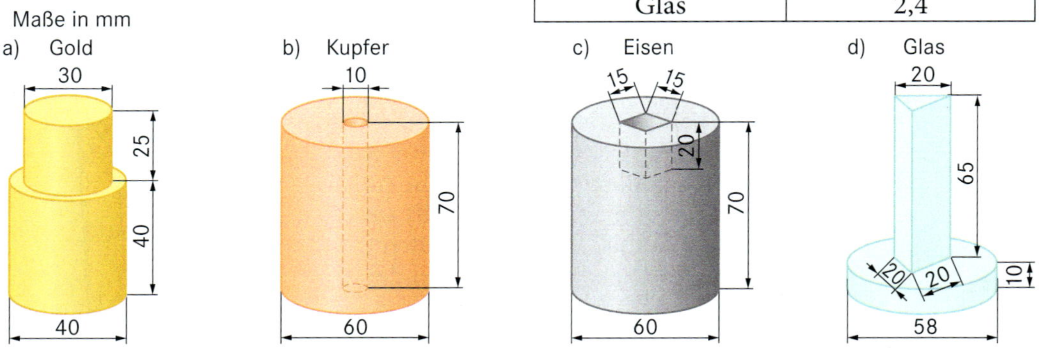

6 Der Hubraum eines Verbrennungsmotors ist der Raum, den der Kolben im Zylinder durchläuft.

a) Berechne jeweils die Größe des Hubraums in Liter. Runde auf eine Nachkommastelle.

	4-Zylinder-Ottomotor	
	Bohrung	Hub
1	75,0 mm	72,0 mm
2	79,5 mm	95,5 mm
3	81,0 mm	90,3 mm

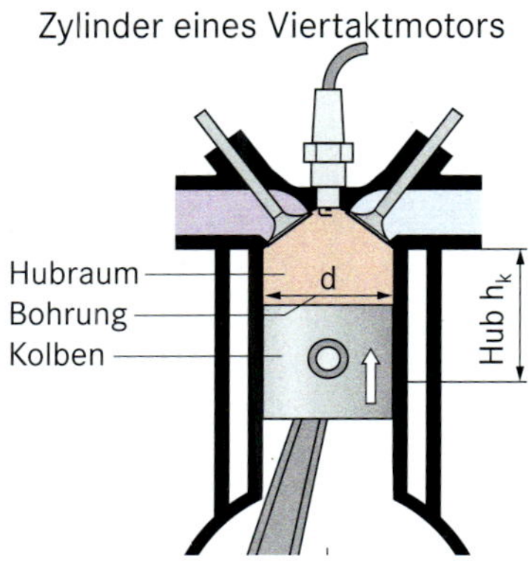

b) Die Firma Gaser hat Fahrzeuge mit verschiedenem Hubraum. Für die Fahrt zur Firma benötigt Frau Gaser eine halbe Stunde. Wie viel Kubikmeter Verbrennungsgase werden weniger ausgestoßen, wenn Frau Gaser statt eines Fahrzeuges mit 79,5-mm-Bohrung eines mit 75,0-mm-Bohrung wählt und der Ottomotor durchschnittlich 2400 Umdrehungen pro Minute macht?

1 Das Volumen einer zylinderförmigen Dose soll 785 cm^3 betragen, die Größe der Oberfläche aber so klein wie möglich sein.

a) Ergänze die Tabelle in deinem Heft. Was stellst du fest?

r in cm	d in cm	h_Z in cm	V in cm^3	O in cm^2
1	2	249,9	785	1576,45
2	4	62,5	785	810,53
3			785	
4			785	
5			785	
6			785	
7			785	

b) Stelle den Inhalt der Oberfläche in Abhängigkeit vom Radius grafisch dar. Für welchen Radius ergibt sich die kleinste Oberfläche?

c) Verbessere mit Hilfe des Taschenrechners den aus dem Graphen abgelesenen Radius auf eine Stelle nach dem Komma gerundet.

d) Stelle einen Term auf für den Inhalt der Oberfläche in Abhängigkeit von Radius und Volumen.

2 Ein DIN-A4-Karton rotiert um die Achse AD.

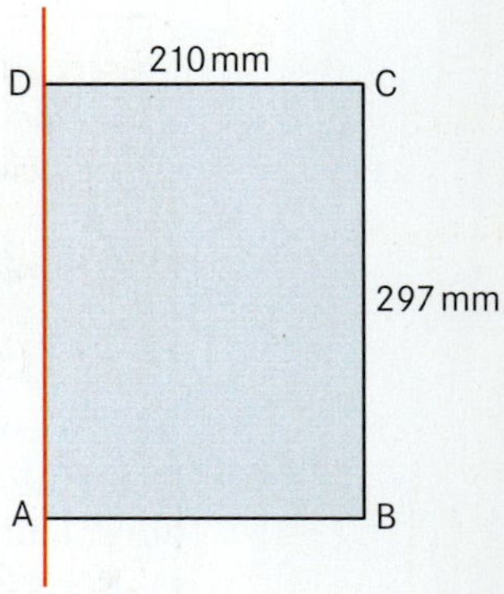

a) Berechne das Volumen des Rotationskörpers.

b) Ändert sich das Volumen, wenn der Karton um die Achse DC rotiert? Bestätige deine Aussage rechnerisch.

c) Verlängert man die Seiten [AB] und [DC] um x cm und verkürzt gleichzeitig die Seiten [AD] und [BC] um 0,5x cm, so entstehen neue Zylinder. Aus welchem Intervall darf x gewählt werden?

d) Zeige, dass für die Mantelfläche gilt:
$M(x) = 2\pi(-0{,}5x^2 + 19{,}2x + 623{,}7)\ cm^2$

e) Tabellarisiere M (x) für $x \in [0;\ 25]$ mit $\Delta x = 5$ und entnimm dem Graphen den Wert für x, für den der Inhalt der Mantelfläche maximal wird.

f) Zeige, dass das Volumen für den Wert von x aus Aufgabe e) nicht maximal wird.

3 In einem Kreiszylinder wird der Radius r um x cm verlängert und gleichzeitig die Höhe h um x cm verkürzt. Es gilt: r = 5 cm; h = 10 cm

a) Stelle das Volumen V in Abhängigkeit von x dar.

b) Tabellarisiere V (x) im Intervall $x \in [0; 10]$ mit $\Delta x = 1$ und zeichne den Graphen.

c) Für welche Belegung von x erhält man eine maximale Mantelfläche?

d) Überprüfe, ob für die maximale Mantelfläche auch das Volumen maximal wird.

e) Warum werden für x die Intervallgrenzen 0 und 10 gewählt? Beschreibe hierfür jeweils den Kreiszylinder.

1 a) Beschreibe den dargestellten Rotationskörper.
b) Welche Figur rotiert?
c) Welche Figuren entstehen, wenn ein gleichschenklig-rechtwinkliges Dreieck um eine Kathete oder um die Hypotenuse rotiert?

2 Alle Körper haben gleichen Grundflächeninhalt und gleiche Höhe.

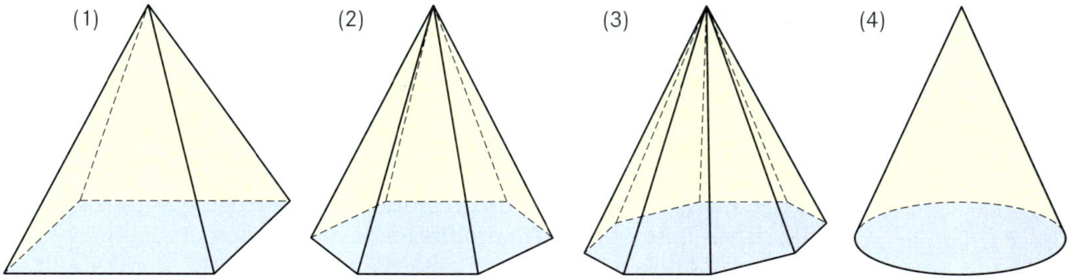

Begründe, dass die Formel $V = \frac{1}{3} A_G \cdot h$ auch für das Volumen des Kegels gilt.

Kegel

Volumen

M Durch Rotation eines gleichschenkligen Dreiecks um die Symmetrieachse oder eines rechtwinkligen Dreiecks um eine Kathete entsteht ein **Kegel**.

Volumen des Kegels

$$V = \frac{1}{3} \cdot A_G \cdot h$$

$$V = \frac{1}{3} \cdot r^2 \cdot \pi \cdot h$$

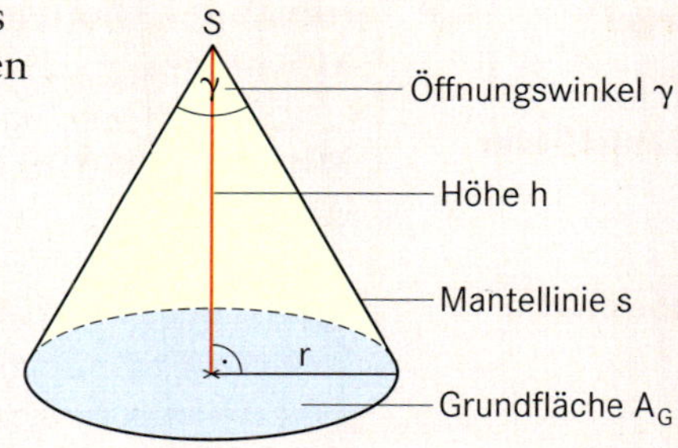

Der Axialschnitt des Kegels ist ein gleichschenkliges Dreieck.

Übungen

3 Der Turm hat ein kegelförmiges Dach. Der Radius der Grundfläche beträgt 3,75 m. Die Länge eines Dachsparrens beträgt 7,50 m.

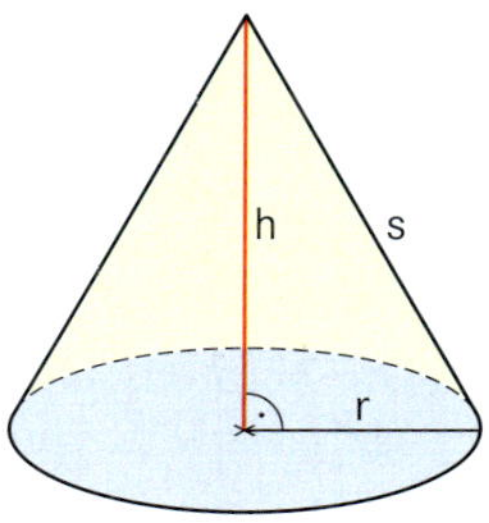

a) Zeichne den Axialschnitt und gib den Öffnungswinkel an.
b) Berechne das Volumen des Dachraums.
c) Welche Höhe müsste das Dach haben, wenn der Öffnungswinkel 90° beträgt? Berechne für diesen Fall die Länge der Dachsparren und das Volumen des Dachraums.

1 Wird der Mantel des Kegels längs einer Mantellinie aufgeschnitten, so entsteht das Netz des Kegels.

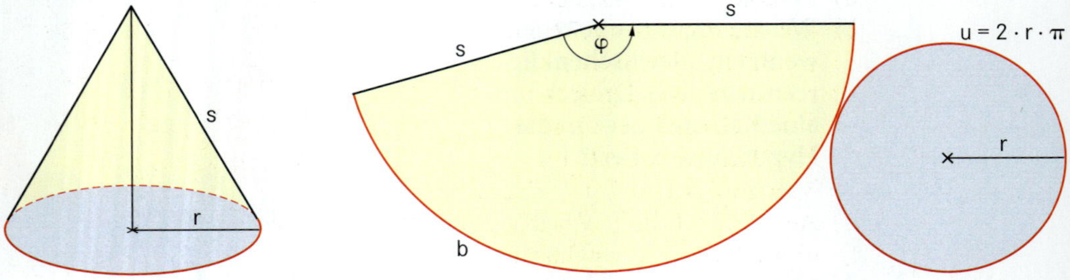

Die Mantelfläche ist ein Kreissektor mit dem Mittelpunktswinkel φ.

a) Was wird aus der Mantellinie s und aus dem Umfang u der Grundfläche, wenn man das Netz des Kegels herstellt?

b) Begründe, dass sich die Bogenlänge auf zwei Arten darstellen lässt:
$b = 2r\pi$; $b = \frac{2s\pi \cdot \varphi}{360°}$

c) Zeige, dass aus b) für den Mittelpunktswinkel folgt: $\varphi = \frac{r}{s} \cdot 360°$

d) Begründe, dass für die Mantelfläche des Kegels folgende Formel gilt: $M = \frac{1}{2}bs$.
Zeige mit Hilfe der Teilaufgabe b), dass gilt: $M = r\pi s$.

e) Entwickle eine Formel für den Inhalt der Oberfläche.

Kegel

Mantelfläche

Oberfläche

M

Inhalt der Mantelfläche
$\mathbf{M = r \cdot \pi \cdot s}$

Mittelpunktswinkel des Mantels
$\boldsymbol{\varphi = \frac{r}{s} \cdot 360°}$

Inhalt der Oberfläche
$\mathbf{O = r^2 \cdot \pi + r \cdot \pi \cdot s = r \cdot \pi \cdot (r + s)}$

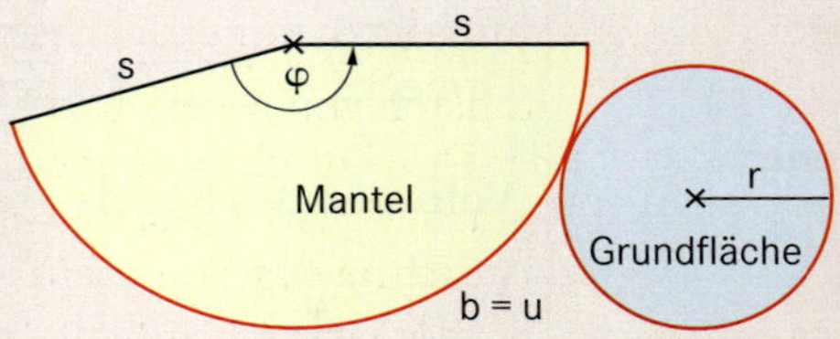

Übungen

2 Berechne den Flächeninhalt des Mantels und den Oberflächeninhalt des Kegels sowie das Maß des Mittelpunktswinkels φ.

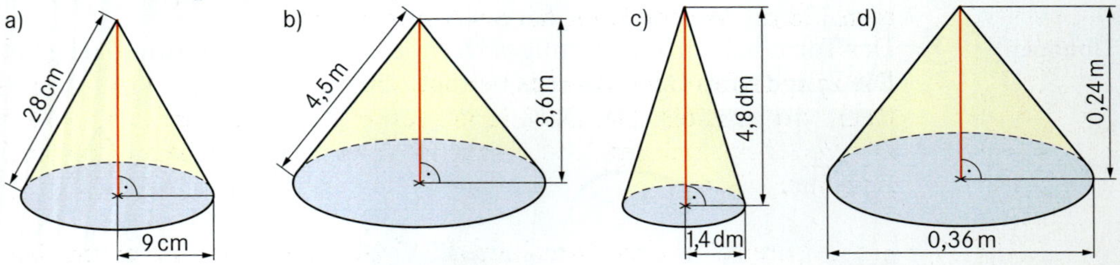

3 Die Mantelfläche eines Kegles ist dreimal so groß wie seine Grundfläche. Berechne das Maß des Mittelpunktswinkels φ.

4 Der Grundkreisradius eines Kegels beträgt 5 cm. Berechne das Volumen und den Inhalt der Oberfläche, wenn die Abwicklung des Mantels ein Halbkreis (Viertelkreis) ist.

1 Berechne die fehlenden Größen (r, s, h, V, O) eines Kegels.

a) $r = 6{,}4\ \text{cm};\ h = 12{,}8\ \text{cm}$
b) $d = 21{,}6\ \text{dm};\ h = 6{,}72\ \text{dm}$
c) $s = 87\ \text{cm};\ r = 63\ \text{cm}$
d) $s = 4{,}0\ \text{m};\ h = 2{,}4\ \text{m}$
e) $V = 9{,}12\ \text{dm}^3;\ h = 1{,}8\ \text{dm}$
f) $V = 21{,}11\ \text{m}^3;\ r = 2{,}4\ \text{m}$
g) $M = 4662{,}12\ \text{cm}^2;\ r = 28\ \text{cm}$
h) $A_G = 437{,}44\ \text{dm}^2;\ V = 10\,323{,}58\ \text{dm}^3$
i) $O = 628{,}32\ \text{m}^2;\ r = 8{,}0\ \text{m}$

Gegeben: $V = 1675{,}52\ \text{cm}^3$, $h = 16\ \text{cm}$
Gesucht: r

$$V = \frac{1}{3} \cdot \pi \cdot r^2 \cdot h$$
$$1675{,}52\ \text{cm}^3 = \frac{1}{3} \cdot \pi \cdot r^2 \cdot 16\ \text{cm}$$
$$100\ \text{cm}^2 \approx r^2$$
$$10\ \text{cm} \approx r$$

Der Radius beträgt ungefähr 10 cm.

2 Berechne den Inhalt der Oberfläche und die Masse der dargestellten Körper.

a) Blei: $\rho = 11{,}3\,\frac{\text{g}}{\text{cm}^3}$ b) Zink: $\rho = 7{,}1\,\frac{\text{g}}{\text{cm}^3}$ c) Kupfer: $\rho = 8{,}9\,\frac{\text{g}}{\text{cm}^3}$ d) Eisen: $\rho = 7{,}8\,\frac{\text{g}}{\text{cm}^3}$

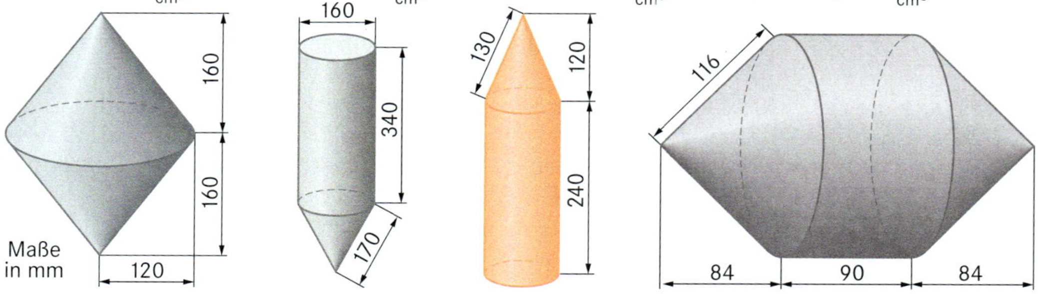

3 In einigen Ländern wird Salz durch Verdunsten von Meerwasser gewonnen.

a) Der Durchmesser eines Salzkegels beträgt 5,40 m, seine Höhe 1,90 m. Berechne das Volumen.
b) Wie viele Packungen Salz zu 500 g erhält man aus so einem Salzkegel?

$(\rho_{\text{Salz}} = 2{,}16\,\frac{\text{g}}{\text{cm}^3})$

4 Der Umfang eines kegelförmig aufgeschütteten Sandhaufens beträgt 35,4 m, sein Volumen 128 m³. Welche Höhe hat der Sandhaufen?

5 Ein zylinderförmiger Turm hat einen Umfang von 31 m. Das 12 m hohe kegelförmige Dach wird erneuert. Der Dachdecker verlangt für das Eindecken 145 € pro Quadratmeter. Für Verschnitt müssen 13 % hinzugerechnet werden. Wie viel kostet das Eindecken der gesamten Fläche?

6 Ein Geodreieck rotiert einmal um die Hypotenuse und einmal um eine Kathete. Welches Volumen ist größer?

7 Ein Kegel wird auf halber Höhe parallel zur Grundfläche durchgeschnitten.

a) Wie groß ist der Radius der Grundfläche des kleinen Kegels im Vergleich zum Radius der Grundfläche des ursprünglichen Kegels?
b) Welcher Bruchteil des Volumens des ursprünglichen Kegels entspricht dem Volumen des kleinen Kegels?

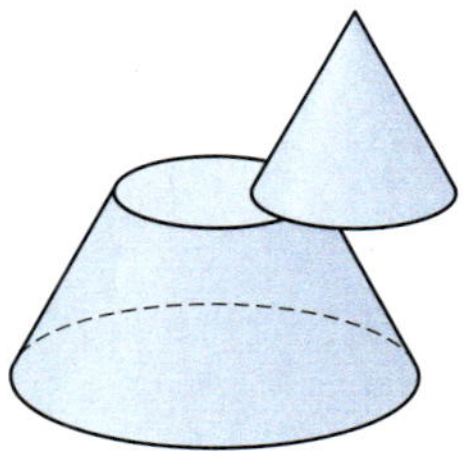

Strategie
Lösung

1 Einem Kegel K mit dem Grundkreisradius r = 2,5 cm und der Höhe h = 6 cm werden Kegel K_n mit dem Grundkreisradius x cm und der Höhe h (x) cm einbeschrieben.
Es gilt: Die Spitze der einbeschriebenen Kegel liegt auf dem Mittelpunkt des Grundkreises. Die Grundflächen der Kegel sind parallel.

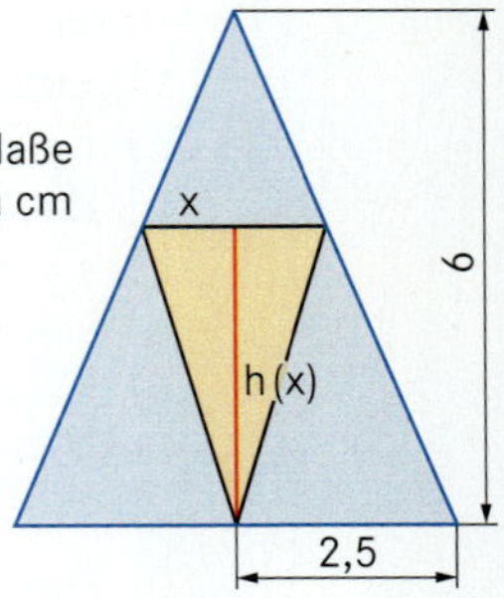

a) Zeichne einen Axialschnitt des Kegels K und des einbeschriebenen Kegels K_1 für x = 1 ein. Berechne das Volumen V_1 dieses einbeschriebenen Kegels K_1.
b) Bestimme die Höhe h der einbeschriebenen Kegel in Abhängigkeit vom Grundkreisradius x. [Ergebnis: $h(x) = (-2{,}4x + 6)$ cm]
c) Unter den einbeschriebenen Kegeln gibt es einen Kegel K_2, dessen Axialschnitt ein rechtwinkliges Dreieck ist. Berechne x.
d) Der Axialschnitt des einbeschriebenen Kegels K_3 ist ein gleichseitiges Dreieck. Berechne hierfür den Wert von x.
e) Zeige, dass sich das Volumen V_n der einbeschriebenen Kegel wie folgt in Abhängigkeit von x darstellen lässt: $V_n(x) = -0{,}8\,\pi x^2 (x - 2{,}5)$ cm³
f) Der einbeschriebene Kegel hat ein maximales Volumen.

2 Ein rechtwinkliges Dreieck ABC rotiert um die Achse AC.

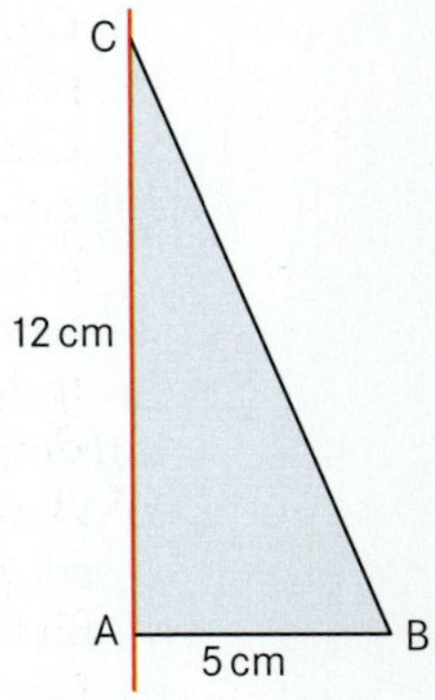

a) Berechne das Volumen des Rotationskörpers.
b) Verlängert man die Kathete [AB] über B hinaus um x cm und verkürzt man gleichzeitig die Hypotenuse [BC] um 0,5x cm, so entstehen neue Kegel. Zeichne einen Axialschnitt für x = 2 und gib das Intervall für x an.
c) Berechne die Belegung für x, für die Durchmesser und Mantellinie gleiche Maßzahlen haben. Wie groß ist der Mittelpunktswinkel des Kegelmantels?
d) Für welche Werte von x beträgt der Oberflächeninhalt der Kegel 156π?
[Zwischenergebnis: $O(x) = \pi(0{,}5x^2 + 20{,}5x + 90)$ cm²]
e) Bearbeite die Teilaufgaben a) bis c), wenn das Dreieck um die Achse AB rotiert.

3 Blumenampeln können die Form von Kegeln haben. Blumentöpfe haben die Form eines Kegelstumpfes, können aber für die Berechnung als zylindrisch angenommen werden. Die Ampel hat den Grundkreisradius x cm und die Höhe h. Sie soll für Blumentöpfe mit 10 cm Durchmesser und 7 cm Höhe passen.

a) Stelle die Höhe h in Abhängigkeit von x dar.
[Ergebnis: $h(x) = \frac{7x}{x-5}$ cm]
b) Die Höhe der Ampel soll 25 cm nicht überschreiten. Gib das Intervall für x an.
c) Eine ansprechende Form hat die Blumenampel, wenn sich die Höhe zum Radius wie 2 : 1 verhält. Für welche Maße ist dies der Fall?
d) Gewünscht wird auch gerne eine Kegelform mit rechtwinkligem Axialschnitt. Ist das hier sinnvoll?
e) Die Blumenampel wird bepflanzt. Stelle dazu das Volumen in Abhängigkeit vom Radius x dar und untersuche mit dem GTR, für welchen Wert von x am wenigsten Erde benötigt wird.

Frühlingserwachen

Zutaten:
12 cl Orangensaft, 4 cl Ananassaft, 4 cl Maracujasaft, 4 cl Kirschnektar, 1 cl Mangosirup, 1 cl Zitronensaft, 4 Eiswürfel

Zubereitung:
6 cl Orangensaft, Ananassaft, Maracujasaft, Mangosirup und zwei Eiswürfel in einen Shaker geben, gut schütteln und in ein Glas geben. Nun die restlichen Zutaten ebenfalls im Shaker gut schütteln und dann langsam über die Eiswürfel, die sich schon im Glas befinden, einfüllen, sodass zwei Schichten entstehen.

1 Um unterschiedliche kegelförmige Gefäße herzustellen, braucht man verschiedene Kreissektoren. Es soll untersucht werden, wie sich das Volumen der Gefäße in Abhängigkeit vom Mittelpunktswinkel φ des Kegelmantels ändert.

a) Stellt aus Kreissektoren mit 10 cm Radius verschieden große kegelförmige Gefäße her. Entnehmt der Tabelle unten die Mittelpunktswinkel φ. Sprecht euch in der Klasse ab.

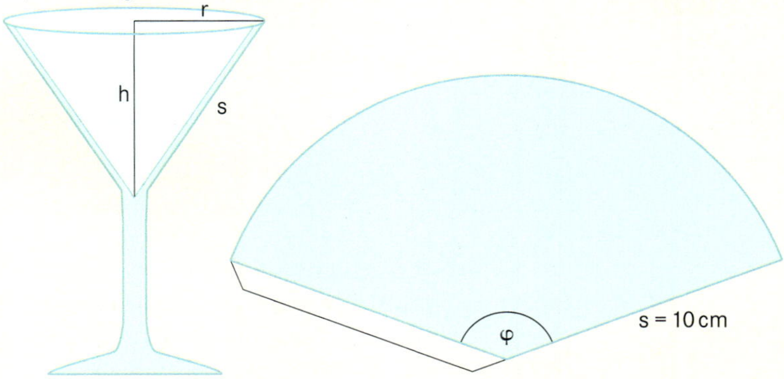

b) Betrachtet die Kegel und schätzt ab, für welchen Mittelpunktswinkel φ das Volumen am größten ist.

c) Ergänzt in eurem Heft die Tabelle.

φ	0°	30°	60°	90°	270°	300°	330°	360°
r in cm								
h in cm								
V in cm³								

d) Stellt das Volumen V der Kegel in Abhängigkeit vom Mittelpunktswinkel φ grafisch dar. Entnehmt dem Graphen das maximale Volumen und den Mittelpunktswinkel, bei dem es angenommen wird. Vergleicht mit eurer Schätzung aus Teilaufgabe b).

2 Das grafisch gewonnene Ergebnis aus Aufgabe 1 soll nun rechnerisch überprüft werden. Hierzu muss das Kegelvolumen in Abhängigkeit vom Mittelpunktswinkel φ berechnet werden.

a) Begründe, dass sich die Bogenlänge b des Kreissektors mit 10 cm Radius wie folgt darstellen lässt: $b = 2\pi \cdot 10 \cdot \frac{\varphi}{360°}$ cm
Zeige hiermit, dass für den Radius r der Grundfläche des Kegels gilt: $r = \frac{\varphi}{36°}$ cm.

b) Zeige, dass sich das Kegelvolumen wie folgt darstellen lässt: $V = \frac{\pi \cdot \varphi^2}{3888} \cdot \sqrt{100 - \left(\frac{\varphi}{36°}\right)^2}$ cm³
[Zwischenergebnis: $h = \sqrt{100 - \left(\frac{\varphi}{36°}\right)^2}$ cm]

c) Berechne nun mit dem GTR das maximale Volumen und gib die zugehörige Belegung für φ an.

(1) Der Kegel ist mit Wasser gefüllt. Wie oft passt der Inhalt des Kegels in die Halbkugel? Probiere es aus.

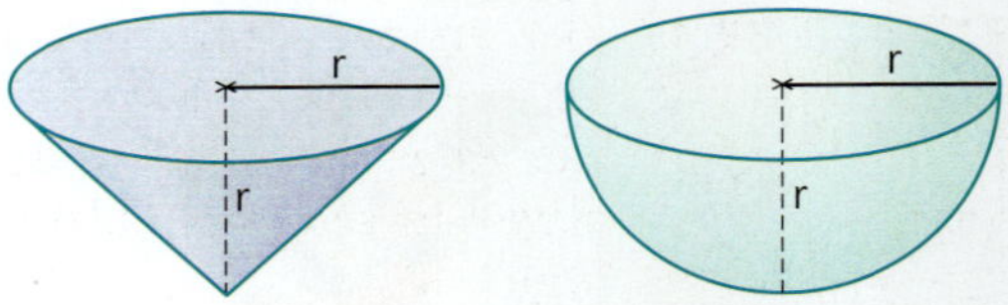

(2) Haben zwei Körper gleiche Höhe, gleichen Inhalt der Grundfläche und auf jeder Höhe eine gleich große Schnittfläche, so haben die beiden Körper nach dem Satz des Cavalieri gleiches Volumen.
Wir vergleichen das Volumen einer Halbkugel mit Radius r mit dem Volumen eines Zylinders, aus dem ein Kegel herausgebohrt wurde. Die Höhe und der Radius der Grundfläche des Zylinders und des Kegels ist ebenfalls r.

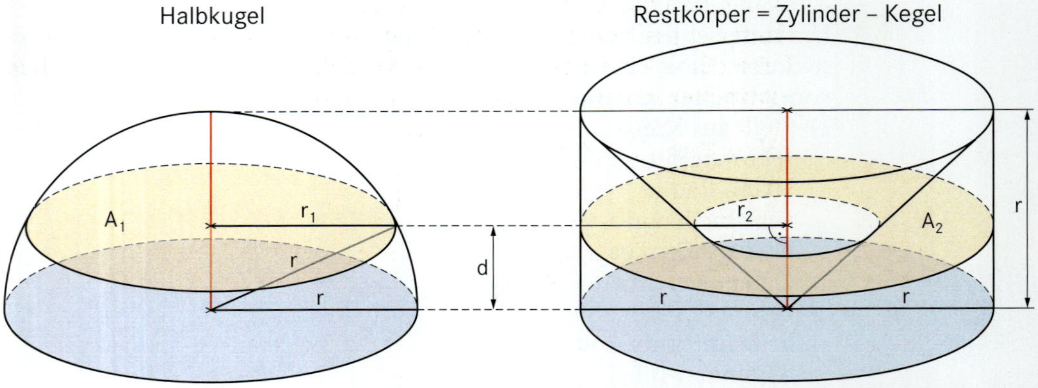

Eine zur Grundfläche parallele Ebene schneidet im beliebigen Abstand d die Halbkugel in einem Kreis mit dem Radius r_1. Den Restkörper schneidet die Ebene in einem Kreisring mit den Radien r und r_2.

a) Zeichne einen Axialschnitt für jeden Körper und beschrifte die Zeichnung mit d, r, r_1 und r_2.
b) Begründe mit Hilfe der Zeichnung aus a), dass gilt: $r_2 = d$
c) Zeige mit Hilfe der Zeichnung und der Teilaufgabe b), dass gilt: $r_1 = \sqrt{r^2 - r_2^2}$
d) Zeige, dass die Schnittflächen gleich groß sind. Ersetze dazu in deinem Heft die Platzhalter.

$A_1 = \square^2 \cdot \pi = (\square - \square) \cdot \pi \qquad A_2 = \square^2 \cdot \pi - \square^2 \pi = (\square - \square) \cdot \pi \qquad A_1 \square A_2$

e) Gib eine Formel für das Volumen der Halbkugel an. Ersetze dazu in deinem Heft die Platzhalter.

$V_{Halbkugel} = V_{\square} - V_{\square} \qquad V_{Halbkugel} = \square^2 \cdot \pi \cdot \square - \frac{1}{3} \cdot \square^2 \cdot \pi \cdot \square \qquad V_{Halbkugel} = \square \cdot r^3 \cdot \pi$

Kugel

Volumen

(M) Durch Rotation eines Kreises um eine Symmetrieachse entsteht eine **Kugel**.

Volumen der Kugel

$\mathbf{V = \frac{4}{3} \cdot r^3 \cdot \pi}$

Der Axialschnitt der Kugel ist ein Kreis.

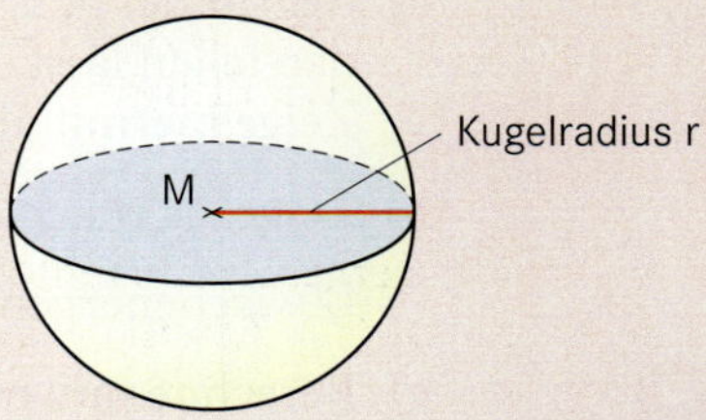

1 Bei einem Zylinder und einem Kegel kann man die Mantelfläche eben abrollen und berechnen. Dies gelingt bei einer Kugel nicht. Um die Formel für den Oberflächeninhalt der Kugel herzuleiten, denkt man sich die Kugel in sehr viele kleine Pyramiden zerlegt.

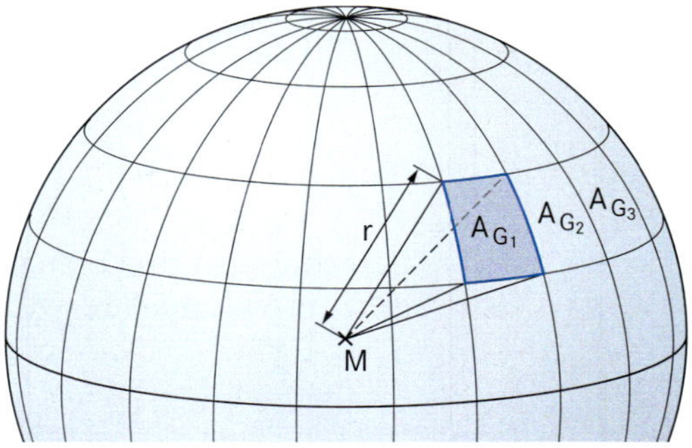

a) Was unterscheidet diese Pyramiden von richtigen Pyramiden?
b) Wie kann man diesen Unterschied möglichst klein machen?
c) Wie groß ist die Summe der Flächeninhalte aller Grundflächen der Pyramiden in der Kugel?
d) Wählt man die Grundfläche sehr klein, dann entspricht die Höhe der Pyramiden fast dem Radius der Kugel. Leite damit eine Formel für den Oberflächeninhalt der Kugel her. Ersetze dazu die Platzhalter in deinem Heft.

$$V_1 + V_2 + \ldots + V_n = \square$$

$$\frac{1}{3} \cdot A_{G1} \cdot r + \frac{1}{3} \cdot A_{G2} \cdot r + \ldots + \frac{1}{3} \cdot A_{Gn} \cdot r = \square$$

$$\square \cdot \underbrace{(A_{G1} + A_{G2} + \ldots + A_{Gn})}_{O_{Kugel}} = \frac{4}{3} \cdot r^3 \cdot \pi$$

$$\square \cdot O_{Kugel} = \frac{4}{3} \cdot r^3 \cdot \pi$$

$$O_{Kugel} = \square$$

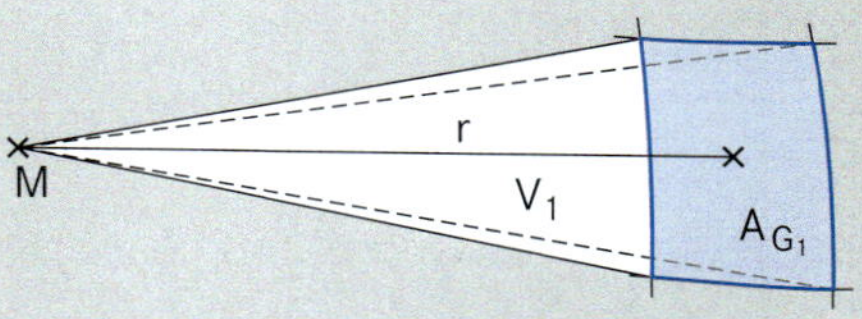

M

Kugel
Oberfläche

Inhalt der Oberfläche

$$\mathbf{O = 4 \cdot r^2 \cdot \pi}$$

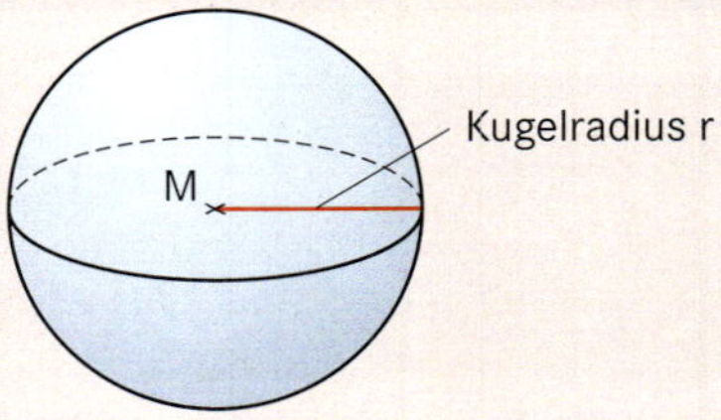

Übungen

2 Aus der Schale einer Mandarine wurden vier gleich große Kreise gelegt.
a) Welcher Zusammenhang besteht zwischen dem Kreisradius und dem Radius der Mandarine, wenn man sie als Kugel annähert?
b) Das Foto rechts stellt die Formel für den Oberflächeninhalt einer Kugel bildlich dar. Erkläre.

3 Berechne die fehlenden Größen (r, d, O, V) der Kugel. Runde sinnvoll.
a) r = 7,5 cm b) d = 2,1 dm c) O = 87,45 cm^2 d) V = 36π cm^3 e) O = 49π cm^2

Lösungen (Maßzahlen): 36π; 1,05; 3; 7; 2,64; 1,5435π; 15; 24,53π; 225π; 5,28; 57,17π; 4,41π; 562,5π; 6; 3,5

4 Aus dem abgebildeten Holzwürfel soll eine möglichst große Kugel gedrechselt werden.
a) Berechne Oberflächeninhalt und Volumen der Kugel.
b) Gib den Abfall in Prozent an.

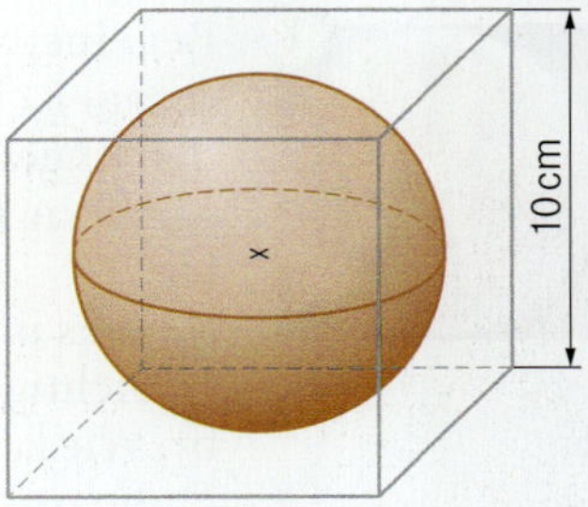

5 Berechne den prozentualen Anteil des Volumens der Kugeln am Volumen des Würfels mit der Kantenlänge a.

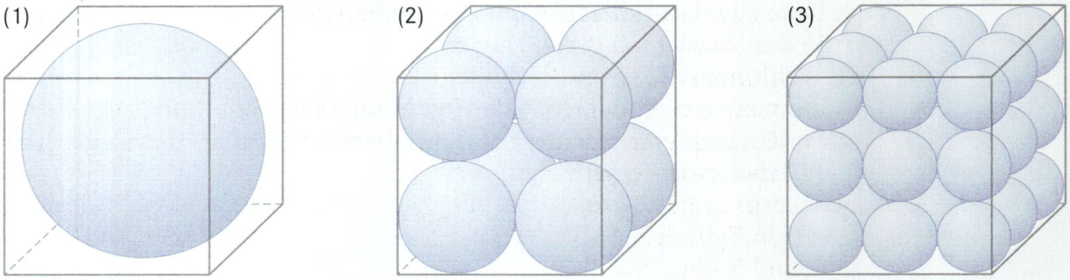

6 Das Atomium in Brüssel wurde anlässlich der Weltausstellung 1958 gebaut.
Jede der neun Kugeln hat einen Durchmesser von 18 m.
a) Berechne den Oberflächeninhalt einer Kugel. Berücksichtige für Fenster und Röhrenöffnungen 8 %.
b) Schätze die Masse einer dieser Kugeln.

7 Ein kugelförmiger Wassertropfen mit einem Durchmesser von 0,5 cm kommt auf dem Boden auf und verteilt sich auf einem kreisförmigen Fleck, der als Zylinder mit einer Höhe von 0,15 mm angenommen wird. Wie groß ist der Durchmesser des Wasserflecks?

8 Aus einer zylinderförmigen Arzneimittelflasche mit 30 ml Inhalt und einem Durchmesser der Grundfläche von 3 cm werden täglich 30 Tropfen Flüssigkeit entnommen.
a) Die Flüssigkeitstropfen sind kugelförmig und haben einen Durchmesser von 4 mm. Wie viel Prozent der Arznei sind nach 10 Tagen entnommen worden?
b) Nach wie vielen Tagen ist das Fläschchen leer?

9 Eine Christbaumkugel aus Glas hat einen Außendurchmesser von 12 cm und eine Wanddicke von 0,6 mm.
a) Wie groß ist der Innendurchmesser der Kugel?
b) Wie viel cm^3 Glas werden zur Herstellung benötigt?
c) Wie schwer ist eine Kugel ($\rho_{Glas} = 2{,}7\ \frac{g}{cm^3}$)?

10 Ein Ball mit einer Oberfläche von 20 dm^2 schwimmt auf einer Wasseroberfläche. Die Wasseroberfläche zeichnet auf der Oberfläche des Balls einen Kreis mit einem Umfang von 76 cm. Mit wie viel Prozent seines Durchmessers ist der Ball im Wasser eingetaucht?

G

ARCHIMEDES (ca. 287 – 212 v. Chr.) beschäftigte sich unter anderem auch mit dem Volumen und der Oberfläche einer Kugel. Ein griechischer Geschichtsschreiber berichtet, dass sich ARCHIMEDES zur Dekoration seines Grabmals nebenstehende Figur gewünscht habe. Der Grund dafür ist, dass ARCHIMEDES besonders stolz auf die Entdeckung des Verhältnisses der Volumina von Zylinder und Kugel war.

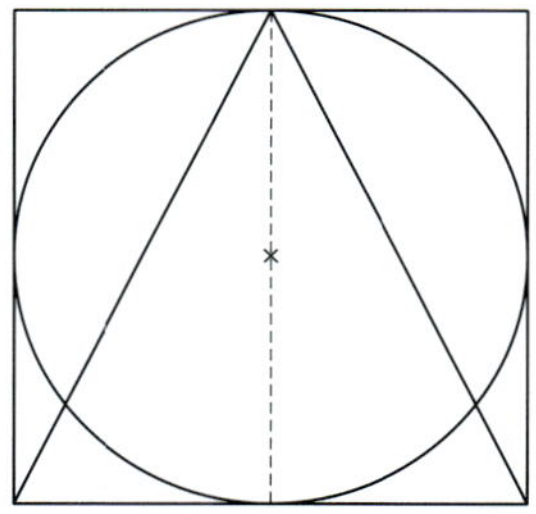

1 Die Volumina von Kegel und Zylinder waren Archimedes schon bekannt, als er versuchte, das Volumen einer Kugel zu bestimmen.

Zur Bestimmung des Kugelvolumens verwendete er eine Kugel mit Radius r, einen Kegel, dessen Höhe und Radius 2r betrugen, und einen Zylinder, dessen Höhe und Radius ebenfalls 2r betrugen. Die drei Körper bestanden alle aus dem gleichen Material, d. h. sie hatten die gleiche Dichte.

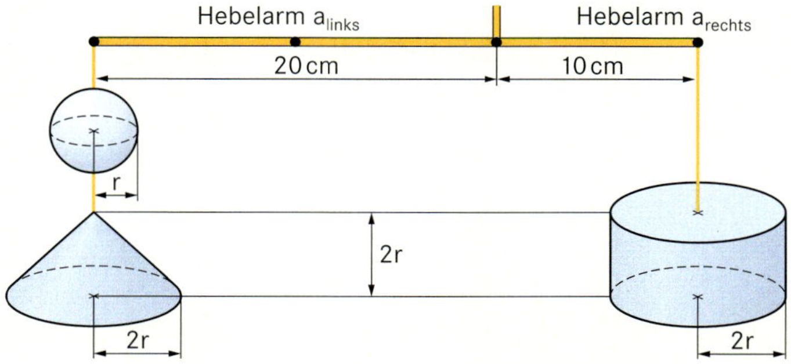

a) Für einen Hebel im Gleichgewicht gilt das Hebelgesetz: $F_{links} \cdot a_{links} = F_{rechts} \cdot a_{rechts}$
Verwende die Formeln für die Gewichtskraft $F = m \cdot 10\,\frac{N}{kg}$ und der Dichte $\rho = \frac{m}{V}$ und zeige damit, dass aus dem Hebelgesetz folgt: $V_{links} \cdot a_{links} = V_{rechts} \cdot a_{rechts}$

b) Mit Hilfe der Informationen in der Skizze und der Teilaufgabe a) erhält man $(V_{Kugel} + \square) \cdot 20\text{ cm} = \square \cdot 10\text{ cm}$.
Erkläre, setze in deinem Heft für die Platzhalter passend ein und löse nach V_{Kugel} auf.

2 In seiner Abhandlung „Über Kugel und Zylinder" schrieb ARCHIMEDES:
„… ist mir der Gedanke gekommen, dass die Oberfläche einer Kugel viermal so groß ist wie deren größter Kreis, indem ich mir vorgestellt habe, dass wie ein Kreis einem Dreieck gleich ist, dessen Grundlinie der Kreisumfang und dessen Höhe der Kreisradius ist, ebenso die Kugel einem Kegel gleich ist, dessen Grundfläche die Kugeloberfläche und dessen Höhe der Kugelradius ist."
Ordne die Aussagen des ARCHIMEDES den Darstellungen richtig zu. Formuliere sie mit eigenen Worten und ergänze die Platzhalter im Heft.

(1)

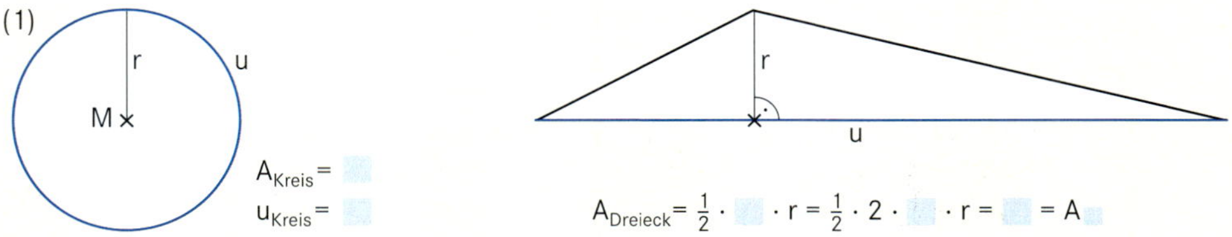

(2)

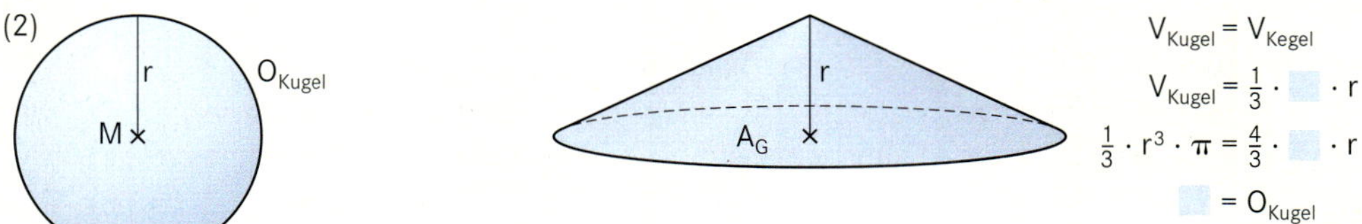

1 Einem geraden Kegel wird ein gerader Zylinder einbeschrieben.
Es gilt: $r_{Kegel} = 8$ cm; $h_{Kegel} = 12$ cm; $r_{Zylinder} = 5$ cm
a) Zeichne einen Axialschnitt.
b) Berechne das Volumen und den Inhalt der Mantelfläche des einbeschriebenen Zylinders.

2 Einem Kegel ist ein Zylinder einbeschrieben.
Es gilt: Radius des Kegels r = x cm, Höhe des Kegels h = 2r
Der Durchmesser des Zylinders ist gleich dem Radius des Kegels, die Höhe des Zylinders ist gleich dem doppelten Radius des Zylinders.
Stelle das Volumen und den Inhalt der Mantelfläche von Zylinder und Kegel in Abhängigkeit von x dar.

3 Der Axialschnitt eines Kegels mit dem Durchmesser a ist ein gleichseitiges Dreieck ABS. An der Spitze S befindet sich eine Kugel mit dem Radius r, die den Mantel des Kegels berührt. Der Mittelpunkt M der Kugel teilt die Höhe des Kegels im Verhältnis 1 : 2.
a) Stelle $h = \overline{SD}$ in Abhängigkeit von a dar.
b) Zeige, dass die Dreiecke EMS und ADS ähnlich sind.
c) Zeige, dass gilt: $\overline{SM} = 2r$
d) Bestätige, dass für den Radius r gilt: $r = \frac{a}{12} \cdot \sqrt{3}$

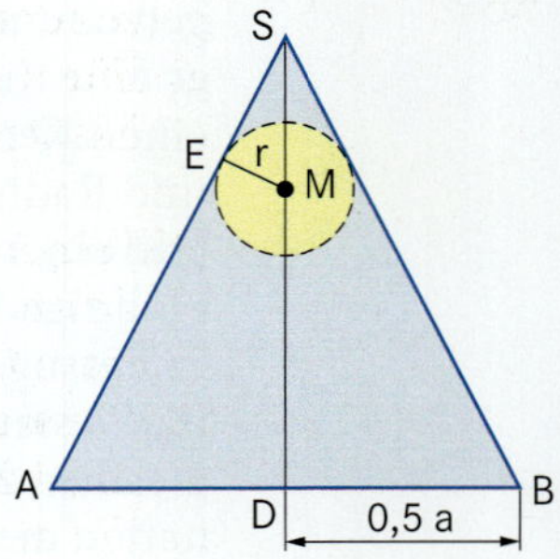

4 Einem Kreiskegel ist eine Halbkugel einbeschrieben. Der Mittelpunkt der Halbkugel und der Mittelpunkt der Grundfläche des Kegels fallen zusammen. Entnimm die Maße der Skizze.
a) Berechne den Radius r = x cm der Halbkugel.
[Ergebnis: x = 4,62]
b) Berechne das Volumen und den Oberflächeninhalt der Halbkugel.
c) Eine kleinere Halbkugel mit dem Radius r = 0,5 x cm wird aus dem Boden des Kegels gefräst. Welche Oberfläche hat der Restkörper?

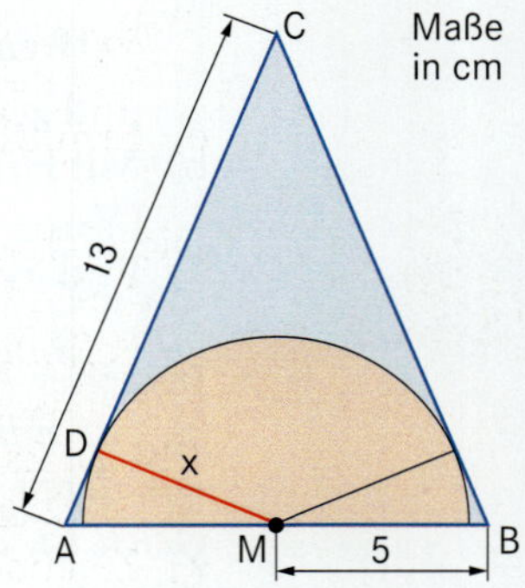

5 Das Bild zeigt den Axialschnitt eines Kegels, dem zwei Kugeln einbeschrieben sind.
Es gilt: $r_1 = 5$ cm; $r_2 = 3$ cm
a) Berechne das Volumen der Kugeln.
b) Welches Volumen hat der Kegel?
[Teilergebnis: x = 9]
c) Berechne den prozentualen Anteil des nicht von den Kugeln gefüllten Raums.

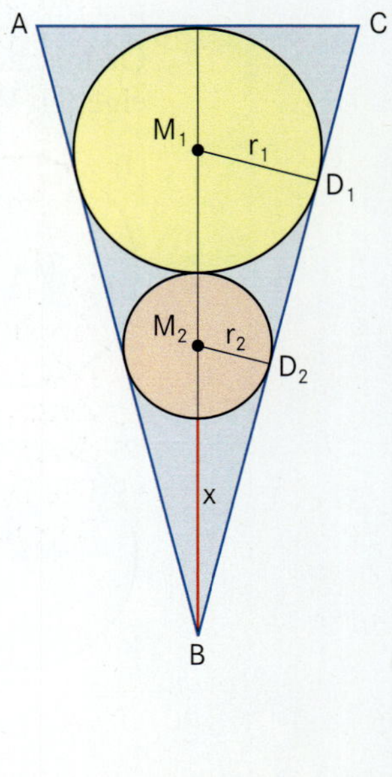

1 Einem geraden Kreiskegel werden Zylinder einbeschrieben.
Es gilt: $r_{Kegel} = 6$ cm; $h_{Kegel} = 10$ cm;
$r_{Zylinder} = x$ cm; $h_{Zylinder} = y$ cm

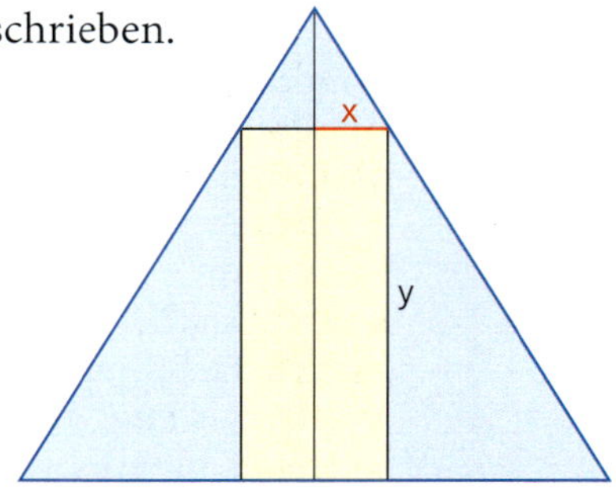

a) Zeichne einen Axialschnitt für $x = 3$ cm.
b) Stelle das Volumen V der Zylinder in Abhängigkeit von x dar.
[Ergebnis: $V(x) = (-\frac{5}{3}x^3 + 10x^2) \cdot \pi$ cm³]
c) Tabellarisiere $V(x)$ für $x \in [0;\ 6]$ mit $\Delta x = 0{,}5$.
d) Stelle das Volumen $V(x)$ grafisch dar. Lies das maximale Volumen sowie den dazu gehörigen Wert von x ab.

e) Überprüfe mit dem GTR den Wert für V_{max} in Aufgabe d).
f) Bestätige rechnerisch, dass die Fläche des Axialschnitts des Zylinders nicht für $x = 4$, sondern für $x = 3$ einen Extremwert besitzt und gib diesen an.
g) Für welche Belegung von x ist der Radius des Zylinders gleich der halben Länge der Mantellinie s des Kegels?

2 Die Figur aus Aufgabe 5 Seite 196 rotiert um die Achse M_1M_2.
a) Zeige, dass sich der Inhalt der Oberfläche wie folgt in Abhängigkeit von x darstellen lässt: $O(x) = \pi(5x^2 + 3x + 66{,}25)$ cm²
b) Für welche Belegung von x ist der Inhalt der Oberfläche im zulässigen Intervall maximal bzw. minimal? Gib O_{max} und O_{min} an.
c) Für welche Belegung von x ist der Inhalt der Oberfläche des Rotationskörpers größer als 82π cm²?
d) Zeige, dass für das Volumen des Rotationskörpers in Abhängigkeit von x gilt:
$V(x) = \pi[\frac{2}{3}(x + 1{,}5)^3 - \frac{16}{3}x^3 + 64]$ cm³
e) Ermittle mit dem GTR das minimale Volumen des Rotationskörpers.

3 Die Grundfläche einer Pyramide ABCDS ist die Raute ABCD. Die Spitze der Pyramide befindet sich senkrecht über dem Diagonalenschnittpunkt M der Grundfläche ABCD. Es gilt:
$\overline{AC} = 12$ cm; $\overline{BD} = 8$ cm; $\overline{MS} = 10$ cm

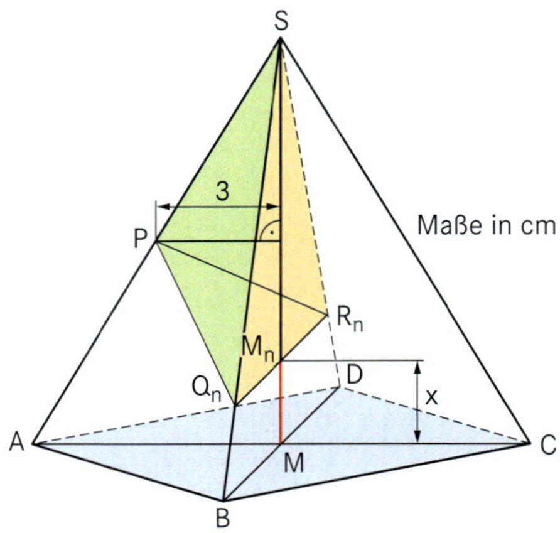

a) Zeichne ein Schrägbild der Pyramide. Berechne das Volumen.
[Ergebnis: V = 160 cm³]
b) In der Abbildung verlaufen die Strecken $[Q_nR_n]$ mit den Mittelpunkten M_n parallel zur Diagonalen [BD]. Die Grundflächen von Pyramiden Q_nR_nSP sind die Dreiecke Q_nR_nS, die Spitze ist der Punkt P.
Die Höhen der Pyramiden betragen stets 3 cm. Außerdem gilt: $\overline{MM_n} = x$ cm.
Zeichne für $x = 2$ die Pyramide Q_1R_1SP in das Schrägbild ein.
c) Aus welchem Intervall kann man x wählen?
d) Zeige, dass sich das Volumen der Pyramiden Q_nR_nSP wie folgt in Abhängigkeit von x darstellen lässt: $V(x) = (0{,}4x^2 - 8x + 40)$ cm³
e) Die Pyramide Q_2R_2SP hat 6,75 % des Volumens der Pyramide ABCDS.
Berechne die zugehörige Belegung von x.

1 Die nebenstehende Abbildung zeigt den Wassertank von Bauer Huber aus Stadl. Die Abbildung ist nicht maßstabsgerecht.

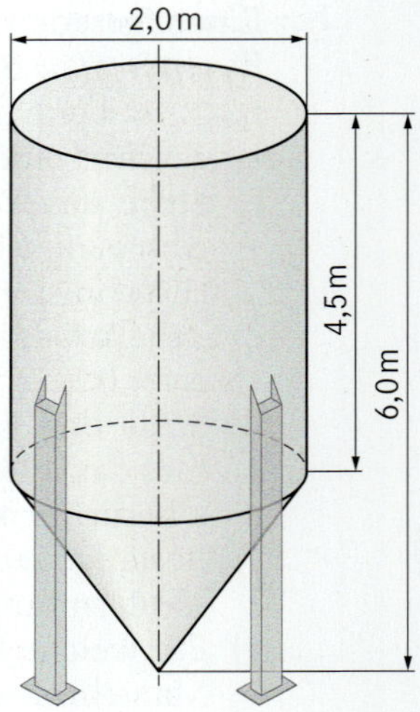

a) Überschlage das Gesamtvolumen des Tanks.
   A 5 m^3 **B** 15 m^3
   C 35 m^3 **D** 45 m^3
b) Wie viel Kubikmeter Wasser enthält der Tank, wenn der kegelförmige Teil des Tanks bis zu seiner halben Höhe gefüllt ist?
c) Der leere Tank wird gleichmäßig mit Wasser gefüllt. Welcher der folgenden Graphen zeigt, wie sich die Höhe des Wasserspiegels mit der Zeit ändert? Begründe deine Entscheidung.

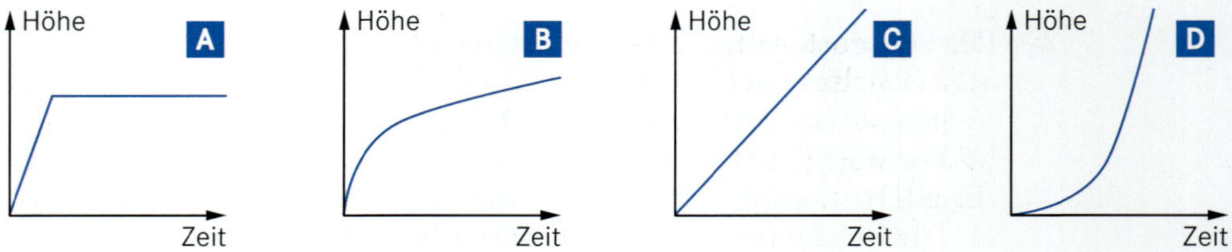

2 In einen Heißluftballon wird mit einem Gasbrenner heiße Luft geblasen. Ein Kubikmeter dieser Heißluft hat eine Gewichtskraft von 9 N, während bei der kälteren Außenluft ein Kubikmeter 12 N Gewichtskraft hat. Das Volumen des Heißluftballons kann man durch einen Kegel und eine aufgesetzte Halbkugel näherungsweise bestimmen.

Eine Masse von 1 kg hat auf der Erde eine Gewichtskraft von etwa 10 N.

a) Ermittle mit Hilfe der Abbildung den Durchmesser d der Halbkugel und die Höhe h des Kegels.
   A d = 21 m; h = 14 m
   B d = 16 m; h = 20 m
   C d = 32 m; h = 25 m
b) Für die Auftriebskraft F_A gilt:
   $F_A = F_{G\ \text{verdrängte Außenluft}}$
   Berechne die Auftriebskraft des Ballons.
c) Berechne die Gewichtskraft der heißen Luft im Ballon.
d) Ballonhülle, Korb, Gasbrenner und Gasflaschen haben zusammen eine Gewichtskraft von 5000 N. Der Ballon schwebt. Wie viele Personen fahren im Ballon?

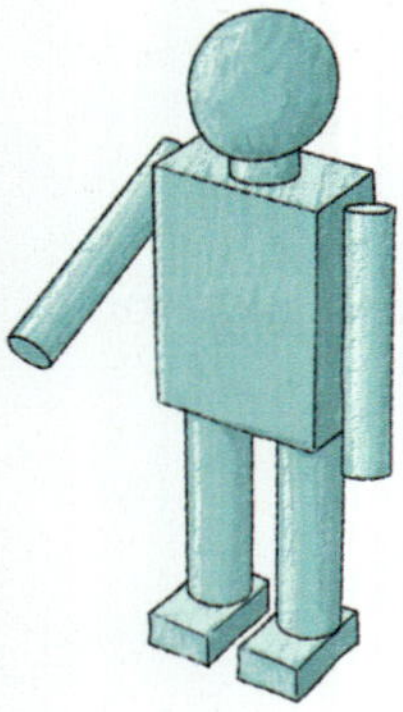

3 Alle Bayern springen in den Chiemsee. Wie viele Zentimeter steigt der Wasserspiegel? Schätze dazu zunächst das Volumen eines Menschen mit nebenstehender Skizze ab.

1 Die nebenstehende Skizze zeigt ein Schrägbild des geraden Prismas ABCDEF mit dem gleichseitigen Dreieck ABC als Grundfläche. Die Strecke [GH] mit $G \in [DE]$ und $H \in [FE]$ ist parallel zur Strecke [DF]. Die Punkte K und L sind die Mittelpunkte der Strecken [DF] und [GH]. Die Fläche DGHF ist die Grundfläche der Pyramide DGHFB mit der Spitze B.

Es gilt: $\overline{AB} = 6$ cm; $\overline{AD} = 6$ cm; $\overline{KL} = 2$ cm

a) Berechnen Sie das Volumen der Pyramide DGHFB.

b) Das Dreieck GEH ist die Grundfläche der Pyramide GEHB mit der Spitze B. Berechnen Sie die Oberfläche dieser Pyramide.

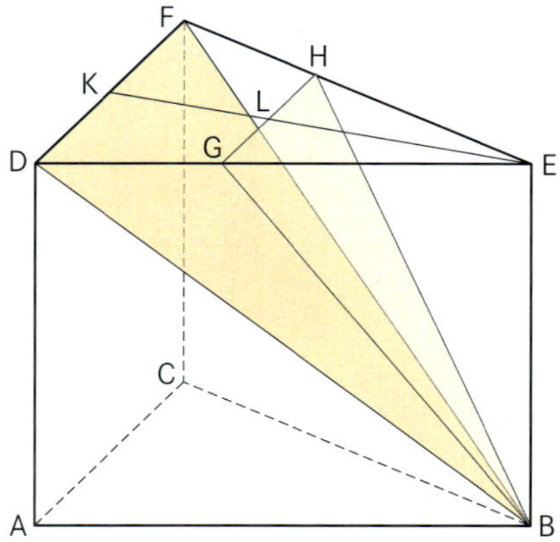

2 Die nebenstehende Skizze zeigt den Axialschnitt des Grundkörpers eines Stehaufmännchens. MS ist die Symmetrieachse.

Es gilt:

$\overline{MB} = 6{,}0$ cm; $r = \overline{MB} = \overline{MC}$;

$\overline{AB} = 1{,}4$ cm; $\overline{MS} = 12{,}9$ cm

Berechnen Sie das Volumen V des Grundkörpers.

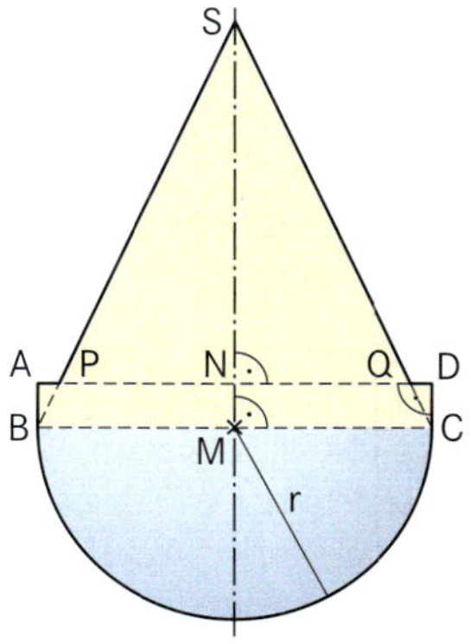

3 Die nebenstehende Skizze zeigt den Axialschnitt eines oben offenen Gefäßes. OM ist die Symmetrieachse.

Es gilt: $\overline{OM} = 10{,}0$ cm; $\overline{ON} = 4{,}0$ cm;

$\overline{FN} = 1{,}8$ cm; $\overline{SN} = 2{,}0$ cm

a) Berechnen Sie den Durchmesser des Gefäßbodens.

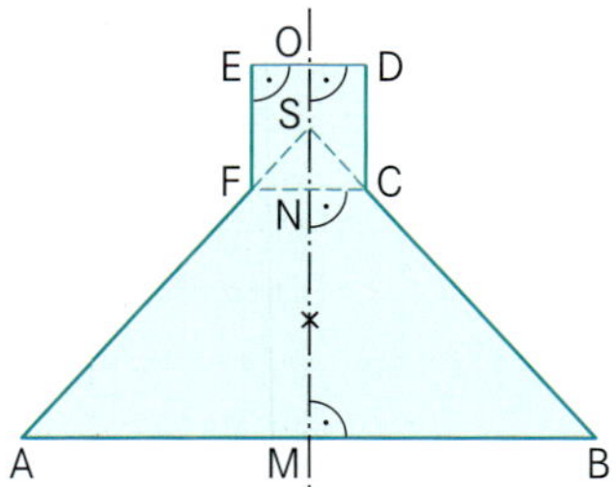

b) Das waagrecht stehende Gefäß ist bis zu einer Höhe von 6 cm mit Wasser gefüllt. Ermitteln Sie rechnerisch das Volumen des Wassers im Gefäß.

c) In das mit Wasser gefüllte Gefäß aus Aufgabe b) wird eine massive Eisenkugel mit dem Radius r = 1,7 cm hineingelegt. Berechnen Sie die Zunahme h der Höhe des Wasserstandes.

d) In das leere Gefäß aus der Angabe fließt gleichmäßig Wasser. Geben Sie an, welches der Diagramme zeigt, wie sich die Höhe des Wasserstandes mit der Zeit ändert. Begründen Sie Ihre Wahl.

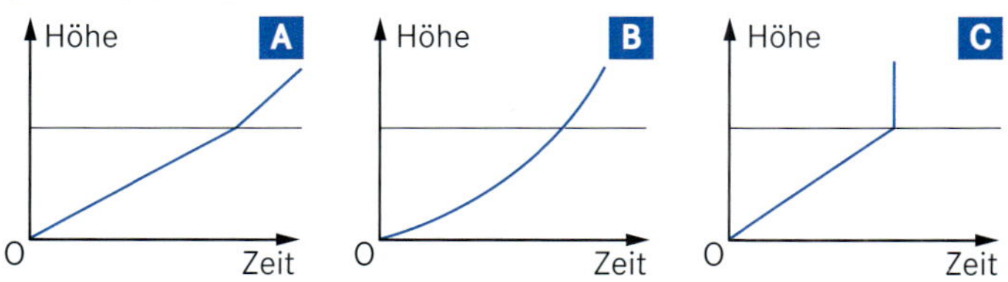

G

„Fermi"-Probleme sind nach Enrico Fermi (ital. Physiker 1901 – 1954) benannt. Er ist dafür bekannt, dass er auf einfache und schnelle Weise Abschätzungen verschiedener Größen vornehmen konnte. Bekannt ist Fermis berühmte Frage „Wie viele Klavierstimmer hat Chicago?", die er unkonventionell ohne weitere Informationen größenordnungsmäßig richtig abschätzen konnte.

1 Fasse folgende Aufgabe als „Fermi"-Problem auf:
Wie viele Arbeiter waren beim Bau der Cheops-Pyramide zum Transport der Steine vom Steinbruch bis zur Pyramide eingeteilt?

Die Cheops-Pyramide hat eine quadratische Grundfläche mit der Seitenlänge 230 m und eine Höhe von 137 m; die Entfernung Steinbruch-Pyramide betrug ca. 500 m, die Bauzeit 20 Jahre, die Größe der Steinblöcke ca. 1 m³. Runde alle Zahlen sinnvoll.

Ein Arbeiter kann ca. 30 kg heben.

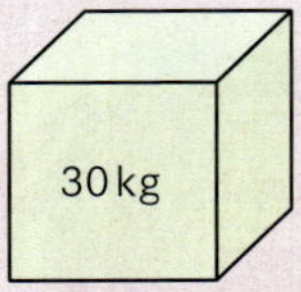

$\rho_{Stein} = 2{,}7\,\frac{t}{m^3}$

$F_R = \mu \cdot m \cdot g$

$\mu_{Haft} = 0{,}3$

$\mu_{Gleit} = 0{,}2$

$P = \frac{W}{t} = \frac{F_{Gleit} \cdot s}{t} = F_{Gleit} \cdot v$

a) Berechne das Volumen der Pyramide.
b) Wie viele Steinblöcke wurden zum Bau benötigt?
c) Wie viele Steinblöcke mussten pro Stunde herbeigeschafft werden?
Annahme: Im Jahr wurde 5 Monate gearbeitet, 10 Stunden pro Tag.
d) Die Steinblöcke wurden auf „Schlitten" gezogen. Rad und Rolle waren bei den Ägyptern noch nicht bekannt. Welche Zugkraft kann ein Arbeiter aufbringen?
e) Welche Kraft war zur Überwindung der Haftreibung nötig?
f) Wie viele Arbeiter zogen an einem Schlitten?
g) Welche Kraft war zur Überwindung der Gleitreibung nötig?
h) Wie schnell waren die Schlitten? Annahme: Dauerleistung eines Menschen ca. 75 Watt.
i) Wie lange dauerte es, einen Steinblock vom Steinbruch bis zur Pyramide zu ziehen? (Verdopple die Zeit wegen Unebenheiten, Rückweg …).
k) Wie viele Steinblöcke konnten bei einer Arbeitszeit von 10 Stunden pro Tag von einem Schlittenteam herbeigeschafft werden?
l) Wie viele Schlittenteams bzw. Arbeiter waren notwendig, um 1000 Steinblöcke pro Tag herbeizuschaffen?

2 Wie viele aufgeblasene Luftballons passen in dein Klassenzimmer?

3 Wie groß ist die Oberfläche deiner Haut?

11 Zufallsexperimente – Statistik

Begründe mit Hilfe eines Baumdiagramms, dass Dafor mit seiner Frage immer eine Antwort erhält, die ihm den Weg in die Freiheit zeigt, egal welchen der beiden Wächter er fragt.

1 Aus dem nebenstehenden Gefäß soll erst eine rote Kugel und dann eine blaue Kugel gezogen werden. Die erste Kugel wird nicht zurückgelegt. Stefan und Lea unterhalten sich über die Wahrscheinlichkeiten.

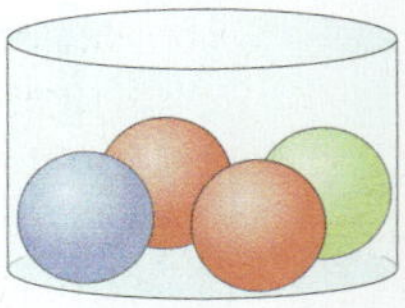

Was meinst du zu den Aussagen von Stefan und Lea? Schätze die Wahrscheinlichkeit selbst.

2 So kannst du die Wahrscheinlichkeit für das Ziehen einer roten Kugel und anschließend einer blauen Kugel aus nebenstehendem Gefäß bestimmen. Die erste Kugel wird nicht zurückgelegt.

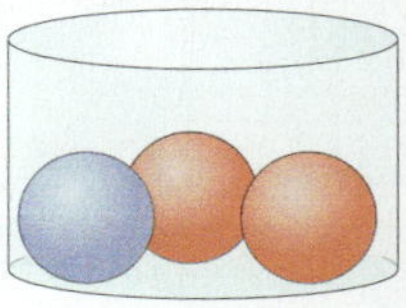

B

1. Möglichkeit:
Baumdiagramm mit allen Ergebnissen

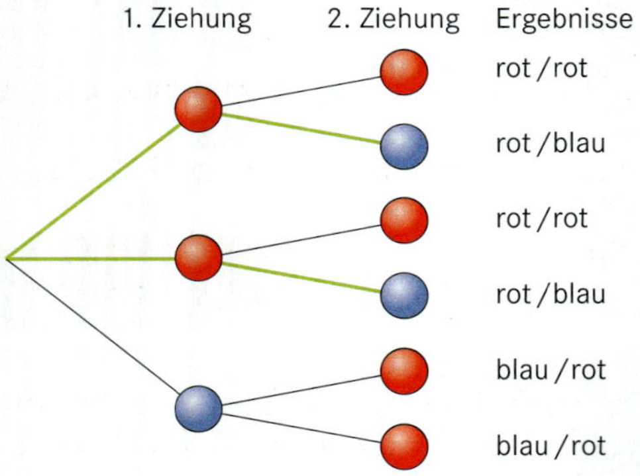

Für die Ziehung zweier Kugeln gibt es sechs Möglichkeiten (Pfade), zwei Pfade führen zu rot/blau:
P(rot; blau) $= \frac{2}{6} = \frac{1}{3} = 33{,}3\,\%$

2. Möglichkeit:
Verkürztes Baumdiagramm nur mit unterschiedlichen Ergebnissen

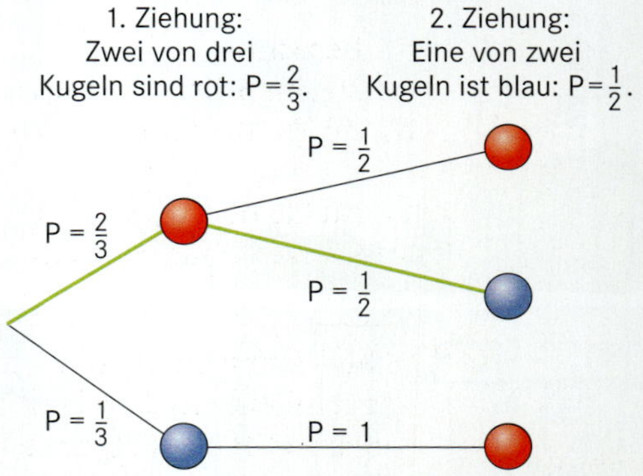

Die Wahrscheinlichkeiten entlang der „Pfade“ werden eingetragen.
Ein Pfad führt zu rot/blau.
Die Wahrscheinlichkeiten entlang dieses Pfades werden multipliziert.
P(rot; blau) $= \frac{2}{3} \cdot \frac{1}{2} = \frac{1}{3} = 33{,}3\,\%$

a) Bestimme die Wahrscheinlichkeit, dass die erste Kugel blau und die zweite Kugel rot ist.
b) Wie groß ist die Wahrscheinlichkeit, dass beide Kugeln rot sind?

3 a) Überprüfe deine Schätzung aus Aufgabe 1.
b) In Aufgabe 1 soll nun erst eine grüne, dann eine rote Kugel gezogen werden. Bestimme die Wahrscheinlichkeit für diese Zugfolge.

4 Aus einem Gefäß mit drei roten und zwei blauen Kugeln sollen je eine rote und eine blaue Kugel gezogen werden. Dabei soll die Reihenfolge, in der die Kugeln gezogen werden, nicht berücksichtigt werden.
So kannst du die Wahrscheinlichkeit für das Ereignis „eine Kugel ist rot, eine blau“ bestimmen.

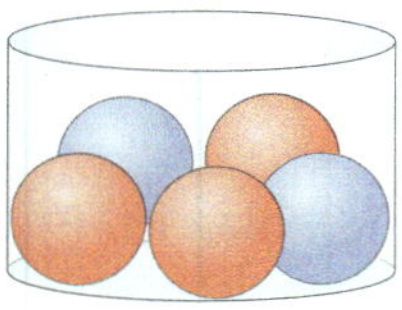

B

ohne Zurücklegen

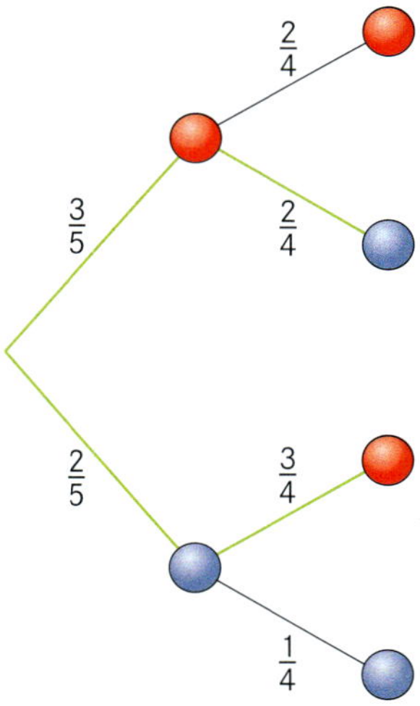

Die Wahrscheinlichkeit, erst rot, dann blau zu ziehen ist

$P = \frac{3}{5} \cdot \frac{2}{4} = \frac{6}{20}$ $\quad$ $P = \frac{3}{5} \cdot \frac{2}{5} = \frac{6}{25}$

Die Wahrscheinlichkeit, erst blau dann rot zu ziehen ist

$P = \frac{2}{5} \cdot \frac{3}{4} = \frac{6}{20}$ $\quad$ $P = \frac{2}{5} \cdot \frac{3}{5} = \frac{6}{25}$

Die Wahrscheinlichkeit für das Ziehen einer roten und blauen Kugel ist

$P = \frac{6}{20} + \frac{6}{20} = \frac{3}{5} = 60\,\%$ $\quad$ $P = \frac{6}{25} + \frac{6}{25} = \frac{12}{25} = 48\,\%$

mit Zurücklegen

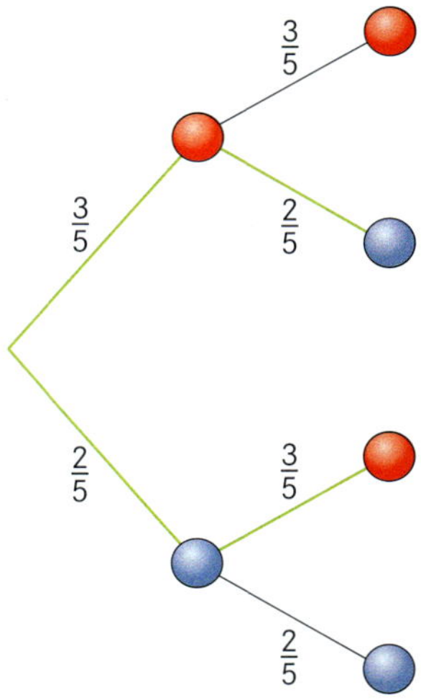

a) Berechne für beide Fälle die Wahrscheinlichkeit, dass mindestens eine der beiden gezogenen Kugeln blau ist.
b) Zeige: Die Summe aller Wahrscheinlichkeiten ist für beide Fälle jeweils 1.

5 Betrachte noch einmal Stefans Einschätzung in Aufgabe 1 auf Seite 228. Könnte sie richtig sein, wenn ohne Berücksichtigung der Reihenfolge gezogen würde?

M

Pfadregeln

Die Wahrscheinlichkeit für ein Ergebnis erhält man durch Multiplikation der Wahrscheinlichkeiten entlang des zugehörigen Pfades (**Multiplikationsregel**). Gehören mehrere Pfade (Ergebnisse) zu einem Ereignis, werden die Wahrscheinlichkeiten der Pfade addiert (**Additionsregel**).

Beispiel: Bestimme die Wahrscheinlichkeit, aus einem Gefäß mit drei roten und einer blauen Kugel bei zwei Ziehungen ohne Zurücklegen eine blaue Kugel zu ziehen.

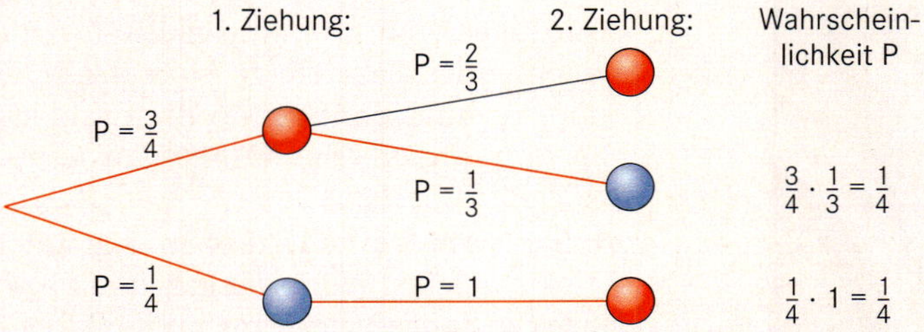

$P\,(\text{blau}) = \frac{1}{4} + \frac{1}{4} = \frac{1}{2}$

Ziehen ohne Zurücklegen

1 In einem Gefäß sind drei rote, drei blaue und zwei grüne Kugeln. Es werden nacheinander zwei Kugeln ohne Zurücklegen gezogen. Bestimme die Wahrscheinlichkeiten für folgende Ereignisse.

a) Es wird keine rote Kugel gezogen.
b) Es wird mindestens eine rote Kugel gezogen.
c) Erfinde weitere Aufgaben und stelle sie deinem Nachbarn.

2 In einem Gefäß liegen fünf Kugeln. Es werden nacheinander zwei Kugeln ohne Zurücklegen gezogen.

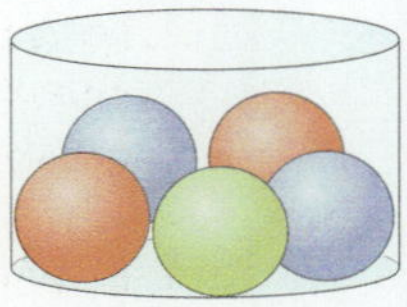

a) Bestimme folgende Wahrscheinlichkeiten. Gib auch in Prozentschreibweise an.
   (1) Die erste Kugel ist blau, die zweite rot.
   (2) Die erste Kugel ist grün, die zweite blau.
   (3) Beide Kugeln sind rot.
b) Sind folgende Aussagen wahr oder falsch? Begründe.
   (1) Die Wahrscheinlichkeit, dass die erste Kugel rot und die zweite Kugel blau ist, ist genauso groß wie die Wahrscheinlichkeit, dass die erste Kugel blau und die zweite Kugel rot ist.
   (2) Die Wahrscheinlichkeit, dass die erste Kugel rot und die zweite grün ist, ist genauso groß wie die Wahrscheinlichkeit, dass die erste Kugel rot und die zweite blau ist.
   (3) Die Wahrscheinlichkeit, dass die erste Kugel blau und die zweite grün ist, beträgt 10 %.

3 Aus einem Gefäß mit nummerierten Kugeln werden nacheinander zwei Kugeln ohne Zurücklegen gezogen. Zeichne einen Behälter mit möglichen Kugeln für folgende Ereignisse:

a) Die Wahrscheinlichkeit, dass die erste Kugel die 1 ist und die zweite Kugel die 2, beträgt 10 %.
b) Mit einer Wahrscheinlichkeit von 30 % werden eine 1 und eine 2 gezogen.

4 Bei einem Schulfest werden für einen guten Zweck Lose verkauft. Da man noch Restbestände nutzen konnte, sind 30 % der 400 Lose rot, die restlichen sind blau. Bei den roten Losen sind 65 % Gewinne, bei den blauen Losen nur 35 % .

a) Bei welcher Losfarbe ist die Wahrscheinlichkeit für einen Gewinn größer?
b) Mit welcher Wahrscheinlichkeit zieht man auf jeden Fall eine Niete?
c) Welches Ergebnis musst du erhalten, wenn du alle Wahrscheinlichkeiten addierst?

5 Zur Überprüfung der Sicherheitsausstattung der Fahrräder von Jugendlichen führte die Polizei eine Fahrradkontrolle vor einem Freibad durch. Von den 564 kontrollierten Fahrrädern gab es bei 73 % keine Beanstandungen. Die restlichen Fahrräder entsprachen nicht den verkehrsrechtlichen Anforderungen. Über die Hälfte von ihnen (54 %) hatte eine fehlende oder defekte Lichtanlage, 32 % eine nicht einwandfrei funktionierende Bremsanlage, die übrigen wiesen unterschiedliche Mängel auf wie z. B. einen „Achter“ im Rad.

a) Das Fahrrad von Hannes war unter den überprüften. Mit welcher Wahrscheinlichkeit hat er kein Licht?
b) Felix’ Rad wurde beanstandet. Mit welcher Wahrscheinlichkeit war sein Licht jedoch in Ordnung?

Ziehen mit Zurücklegen

6 Aus dem Gefäß rechts werden nacheinander zwei Kugeln gezogen. Jede Kugel wird nach der Ziehung wieder zurückgelegt. Welche der folgenden Aussagen sind wahr? Begründe.

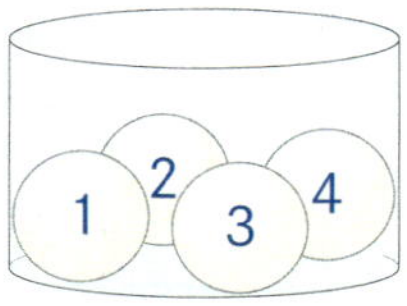

a) Die Wahrscheinlichkeit für das Ereignis „erste Kugel ist keine 4“ ist $\frac{3}{4}$ und die Wahrscheinlichkeit für das Ereignis „erste Kugel ist keine 4 und zweite Kugel ist eine 3“ ist $\frac{1}{4}$ von $\frac{3}{4}$, also 18,75 %.

b) Die Wahrscheinlichkeit für das Ereignis „erste Kugel ist eine 4 und zweite Kugel ist ebenfalls eine 4“ ist $2 \cdot \frac{1}{4} = \frac{1}{2}$.

c) Die Wahrscheinlichkeit für das Ereignis „erste Kugel ist eine 4 und zweite Kugel ist keine 4“ ist $3 \cdot \frac{1}{4} \cdot \frac{1}{4} = \frac{3}{16}$.

d) Die Wahrscheinlichkeit für das Ereignis „erste Kugel ist keine 4 und zweite Kugel ist keine 4“ ist $3 \cdot (\frac{1}{16} + \frac{1}{16} + \frac{1}{16}) = \frac{9}{16}$.

e) Die Wahrscheinlichkeit für das Ereignis „erste Kugel ist eine 3 und zweite Kugel ist keine 2“ ist $\frac{1}{4} \cdot \frac{3}{4} = \frac{3}{16}$.

7 Hier siehst du zwei Glücksräder.

a) Bestimme die Wahrscheinlichkeit, dass beide Räder auf der 1 stehen bleiben.

b) Beide Räder drehen sich gleichzeitig. Gib die Wahrscheinlichkeit dafür an, dass mindestens eines der Räder auf der 1 stehen bleibt.

c) Was stimmt? Die Wahrscheinlichkeit, dass beide Räder auf einer ungeraden Zahl stehen bleiben beträgt: **A** 25 % **B** 50 % **C** 75 %

8 Aus dem Gefäß von Aufgabe 2 auf Seite 230 werden erneut zwei Kugeln gezogen. Nun wird die erste Kugel wieder zurückgelegt.

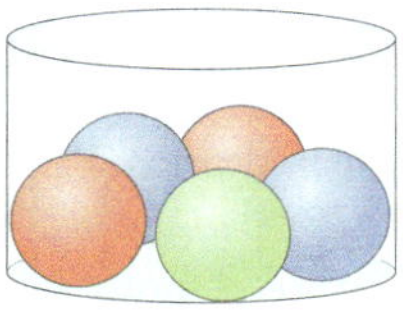

a) Zeichne ein Baumdiagramm und trage die Wahrscheinlichkeiten für jeden Pfad ein. Beachte, dass die gezogene Kugel wieder zurückgelegt wird.

b) Berechne die Wahrscheinlichkeiten für die folgenden Ereignisse. Vergleiche auch mit den Ergebnissen von Seite 230.
(1) Die erste Kugel ist blau, die zweite rot.
(2) Die erste Kugel ist grün, die zweite blau.
(3) Beide Kugeln sind rot.

c) „Die Wahrscheinlichkeit, eine rote und eine blaue Kugel zu ziehen ist gleich, egal ob die Kugel nach dem Ziehen zurückgelegt wird oder nicht. Hauptsache die Reihenfolge wird nicht berücksichtigt.“ Ist diese Aussage richtig? Begründe.

9 Die Firma Pumptech fertigt Tauchpumpen mittlerer Größe an. Montage- und Materialfehler führen zu einem Ausschuss von 3,5 %. Im Lager werden zwei von 100 Pumpen entnommen. Wie groß ist die Wahrscheinlichkeit, dass beide defekt sind?

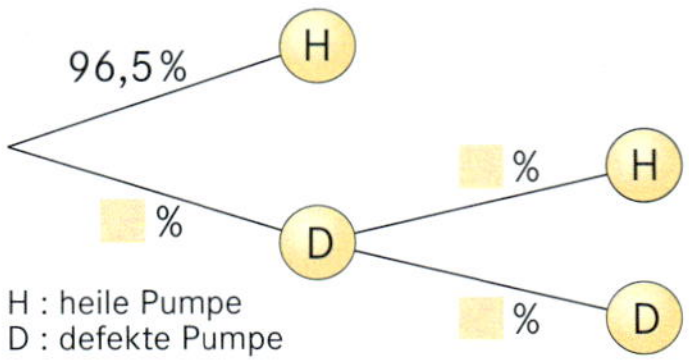

1 Du bist Teilnehmer einer Fernsehshow. Hinter einem von drei verschlossenen Toren verbirgt sich ein Auto als Gewinn. Hinter den anderen beiden Toren steht jeweils eine Ziege als Niete.

Es gelten folgende Spielregeln:
Du wählst das Tor, hinter dem du das Auto vermutest. Dein Tor bleibt verschlossen.
Anschließend öffnet der Fernsehmoderator eines der beiden anderen Tore, hinter dem eine Ziege steht.
Nun darfst du nochmals die Wahl des Tores ändern, du musst aber nicht!

a) Diese Fernsehshow lief in den USA unter dem Namen „Let's make a deal". Monatelang gab es Diskussionen darüber, ob sich die Gewinnchancen verbessern oder nicht, wenn man seine Wahl nach dem Öffnen eines Tores durch den Moderator nochmals ändert.

Marillyn vos Savant – eine Frau mit dem damals höchsten IQ (Intelligenzquotient) – stellte sich in einer Zeitschrift den Fragen von Lesern.
Auf eine Anfrage von Mr. Craig I. Whitacker aus Columbia antwortete sie am 9. September 1990: „Dear Graig, you should switch. ...."
Ein Dozent einer Universität aus Florida schrieb daraufhin: „... Whether you change your selection or not, the chances are the same. There is enough mathematical illiteracy in this country, and we don't need the world highest IQ propagating more. Shame."

b) Was ist eure Meinung?
Bildet Gruppen mit je zwei Schülern. Einer ist der Moderator, der andere der Kandidat. Spielt das Spiel aus der Fernsehshow nach. Ihr könnt dazu auch drei Spielkarten verwenden, auf die ihr die Bilder eines Autos und zweier Ziegen klebt. Gewinnt man öfter durch Wechseln oder nicht?

c) Ihr könnt die Gewinnchancen auch berechnen. Übertragt dazu das Baumdiagramm in euer Heft und ergänzt die fehlenden Wahrscheinlichkeiten. Berechnet jeweils die Gewinnwahrscheinlichkeit. Beachtet, dass der Moderator vor der 2. Wahl immer ein Ziegentor öffnet.

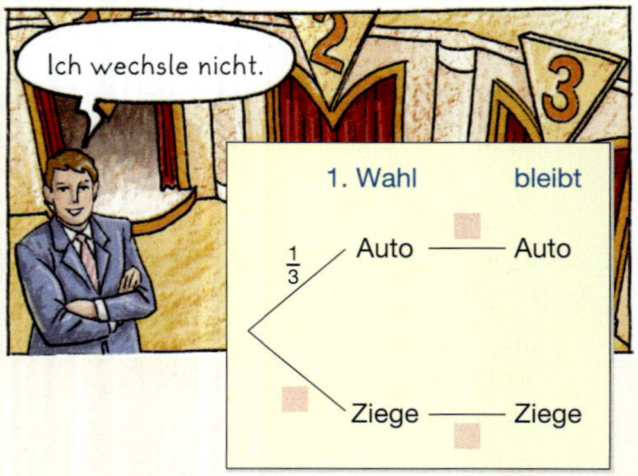

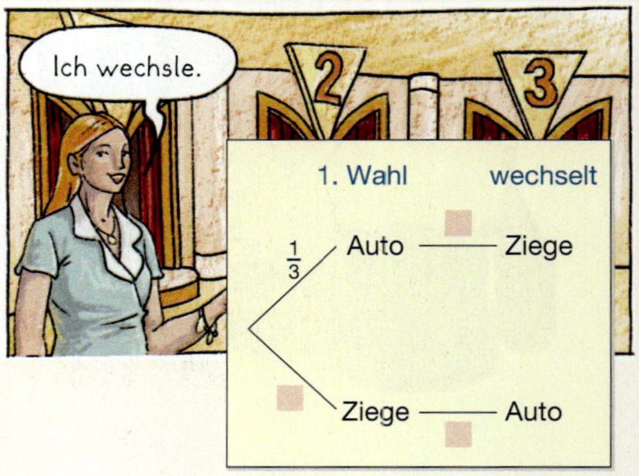

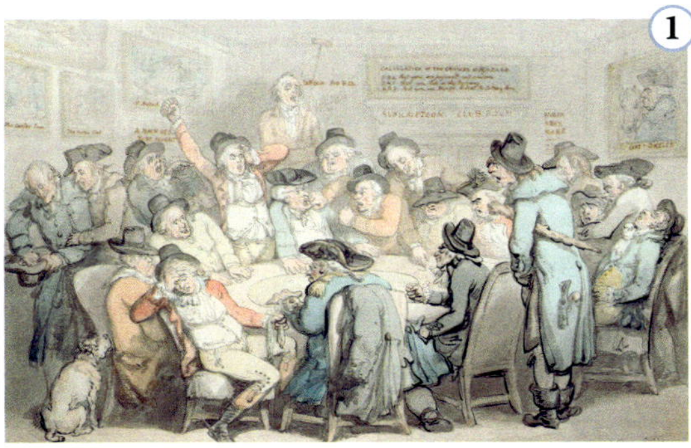

1 Chevalier de Méré, ein Edelmann aus dem 17. Jahrhundert, liebte das Würfelspiel, nicht zuletzt, um damit seine Finanzen aufzubessern. Dazu übernahm er gerne die Bank, wenn er glaubte, dass diese im Vorteil sei. Eines der Spiele lautete im Prinzip folgendermaßen:
„Ich wette mit dir, dass du, wenn du vier Würfel einmal wirfst, auf jeden Fall eine Sechs dabei hast."
Der Spieler, der dagegen hält, darf also keine Sechs würfeln. Begründe, dass die Wahrscheinlichkeit zu gewinnen für die Bank, also den Chevalier, größer ist als für den Gegenspieler.

2 Zu den Würfelspielen des Chevalier de Méré zählten viele Varianten, z. B. folgende: „Du würfelst mit zwei Würfeln gleichzeitig 24-mal. Wetten, dass wenigstens einmal ein Sechserpasch gewürfelt wird?"
Allerdings stellte er fest, dass bei dieser Wette die Bank bedenklich oft verlor.

So kannst du mit dem GTR das 24malige Werfen eines Würfels simulieren und in einer Tabelle festhalten.

B

Wähle auf deinem GTR den passenden Befehl:

MATH – PRB	STAT – eine Liste, z. B. List1 markieren
	OPTN – PROB

und den Unterpunkt

RandInt	RAND – INT

Gib nun den Bereich für die gewünschten Zufallszahlen und die Anzahl ein,

hier (1,6,24)

Nun musst du die Zufallszahlen erzeugen und speichern (z.B in Liste 1):
ENTER STO 2nd L1

{1 3 5 2 6 6 3 3 ....

Die zufälligen Zahlen sind jetzt in der Liste L1 gespeichert. Dort kannst du sie für die Auswertung abrufen.
Hinweis: Auf manchem GTR gibt es RandInt nicht. Dann musst du mit dem Befehl INT(RAND*6+1) die Zahlen einzeln erzeugen und in die Liste eingeben.

Erstelle eine zweite Simulation für 24 Würfe und speichere sie in einer zweiten Tabelle (L2). Nun kannst du durch Vergleich der Tabellen feststellen, wie oft ein Sechserpasch auftritt und die zugehörige relative Häufigkeit berechnen.

G

Der Chevalier de Méré zog den berühmten Mathematiker und Philosophen Blaise Pascal (1632 – 1662) zu Rate. Pascal beschäftigte sich unter anderem mit Fragen über Entscheidungen bei Ereignissen, die als unsicher angesehen werden müssen und gilt somit als Vater der Wahrscheinlichkeitsrechnung, obwohl er seine Überlegungen nie mit dem Begriff Wahrscheinlichkeit in Verbindung brachte.

1

Beim „Lotto der kleinen Leute“ werden aus fünf Kugeln mit den Zahlen 1 bis 5 zwei Gewinnkugeln gezogen. Henry hat am 5. Januar Geburtstag, seine Glückszahlen sind daher 1 und 5.

a) Vervollständige in deinem Heft das Baumdiagramm für Gewinn G und Nicht-Gewinn $\overline{G}$.
b) Mit welcher Wahrscheinlichkeit werden Henrys Gewinnzahlen gezogen?
c) Welche Wahrscheinlichkeit ergibt sich für keinen Gewinn?

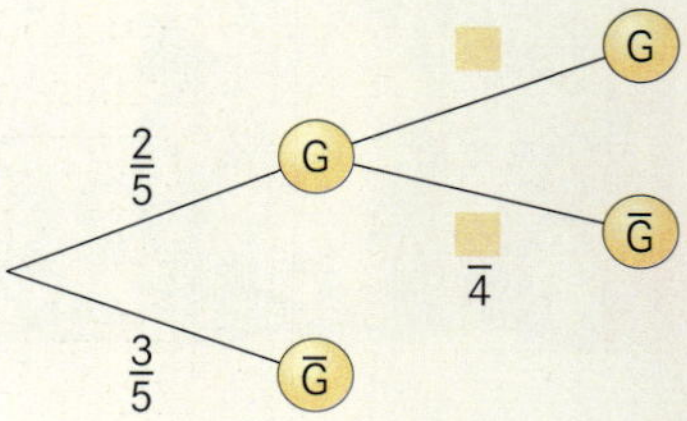

2 Verändere nun die Ziehung beim „Lotto der kleinen Leute“ und ermittle jeweils die Wahrscheinlichkeiten.

a) Ziehe drei aus fünf Kugeln. Damit gibt es drei Gewinnkugeln (G), die anderen beiden Kugeln bedeuten Nichtgewinn ($\overline{G}$). Ergänze in deinem Heft im Baumdiagramm die fehlenden Platzhalter und begründe:
$P(G) = \frac{3}{5} \cdot \frac{2}{4} \cdot \frac{1}{3}$

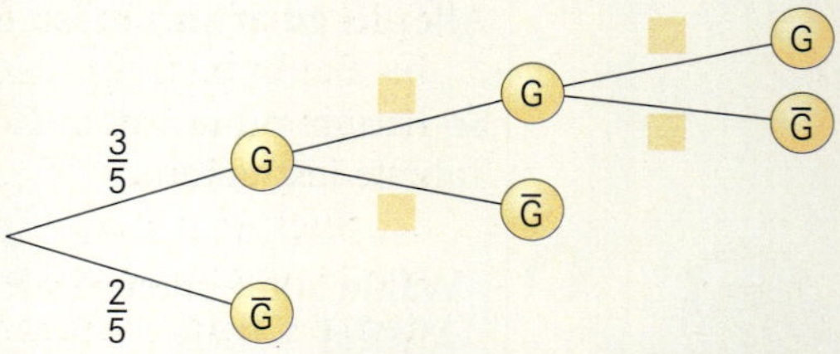

b) Ziehe vier aus fünf Kugeln. Wie groß ist die Wahrscheinlichkeit für vier „Richtige“?
c) Erstelle ein Baumdiagramm für drei aus zehn Kugeln und berechne die Wahrscheinlichkeit für „drei Richtige“.

3 Mit den Überlegungen zum „Lotto der kleinen Leute“ kannst du nun die Gewinnchancen für das Lotto „6 aus 49“ berechnen.

a) Der Reihe nach werden 6 Kugeln gezogen. Bei der ersten Kugel gibt es 6 von 49 Möglichkeiten, die richtige Zahl zu ziehen. Zeichne ein verkürztes Baumdiagramm und bestimme die Wahrscheinlichkeiten. Ersetze dazu in deinem Heft die Platzhalter:
$P = \frac{6}{49} \cdot \frac{\square}{48} \cdot \frac{4}{\square} \cdot \frac{\square}{\square} \dots$

LOTTO 6 aus 49

b) Gewinnchancen werden oft als Verhältnis wie 1 : 1000 angegeben. Dies entspricht einer Gewinnwahrscheinlichkeit von P = 0,001. Gib die Wahrscheinlichkeit für einen „Sechser“ im Lotto (Aufgabe a) als Verhältnis an. Warum stimmt dein Wert nicht mit dem Wert in der Abbildung links überein? Wenn du nicht weiterkommst, erkundige dich nach dem Begriff „Superzahl“.

1 Die Klasse 9a hofft, auf dem Schulfest Geld durch ein Spiel mit einem Zufallsversuch einzunehmen. Eine Arbeitsgruppe schlägt das Spiel rechts vor.

a) Lukas befürchtet: „Bei einer Auszahlung von 1,50 € für jede gezogene rote Kugel zahlen wir drauf.“ Was meinst du?

Spiel	1	2	3
Anzahl gezogene rote Kugeln	2	0	1
Auszahlung in €	3,00	0	1,50

durchschnittliche Auszahlung pro Spiel in €: ■

b) Überprüft mit Hilfe eines Experiments, ob Lukas' Bedenken berechtigt sind.

c) Nun soll ohne Experiment geklärt werden, welche durchschnittliche Auszahlung pro Spiel zu erwarten ist, wenn das Spiel sehr oft durch geführt wird.
Im Baumdiagramm sind alle Kombinationsmöglichkeiten für das Ziehen von zwei Kugeln dargestellt. Anna meint: „Ordnet man den Ergebnissen die passende Anzahl an roten Kugeln und dann den passenden Auszahlungsbetrag zu, so ergibt das zusammen einen Betrag von 18 €. Jetzt kann ich ausrechnen, dass im Durchschnitt pro Spiel eine Auszahlung von 2 € zu erwarten ist.“
Stimmt das? Begründe.
Vergleiche mit dem Ergebnis in eurem Experiment in Aufgabenteil b).

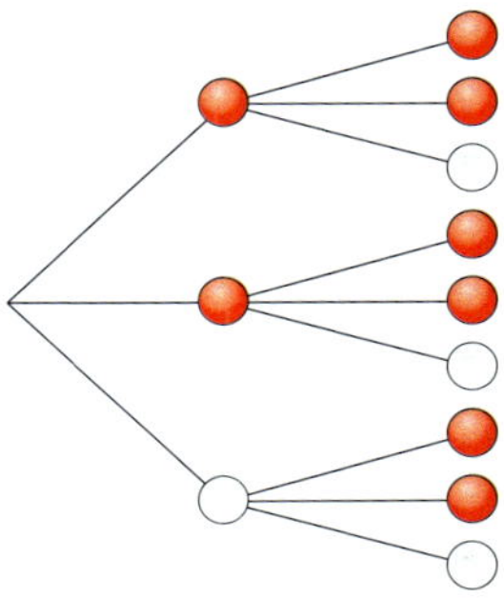

Ergebnis	rote Kugeln	Auszahlung
(r,r)	2	3,00 €
(r,r)	2	3,00 €
(r,w)	1	1,50 €
(r,r)	2	3,00 €
(r,r)	2	3,00 €
(r,w)	1	1,50 €
(w,r)	1	1,50 €
(w,r)	1	1,50 €
(w,w)	0	0 €
	Summe:	■ €

2 So kannst du in Aufgabe 1 mit einem verkürzten Baumdiagramm und mit Hilfe der Pfadregeln berechnen, welche Auszahlung pro Spiel zu erwarten ist.

B

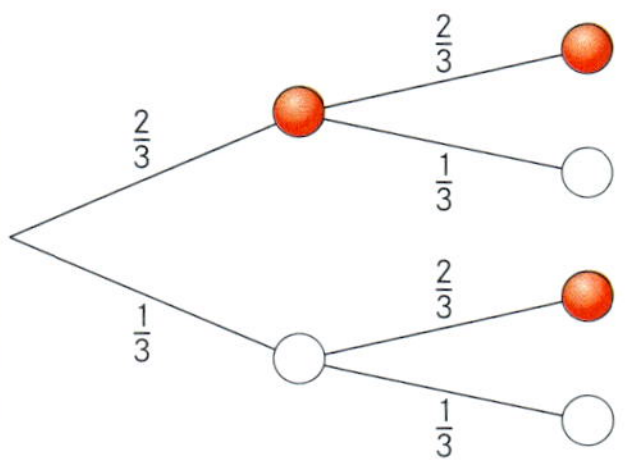

Ergebnis	rote Kugeln	Wahrscheinlichkeit	erwartete Auszahlung
(r,r)	2	$\frac{2}{3} \cdot \frac{2}{3} = \frac{4}{9}$	$2 \cdot 1{,}50\,€ \cdot \frac{4}{9} = \frac{4}{3}\,€$
(r,w)	1	$\frac{2}{3} \cdot \frac{1}{3} = \frac{2}{9}$	$1 \cdot 1{,}50\,€ \cdot \frac{2}{9} = \frac{1}{3}\,€$
(w,r)	1	■	■
(w,w)	0	■	■
		erwarteter Auszahlungsbetrag pro Spiel:	■ €

a) Begründe die erwartete Auszahlung von $\frac{4}{3}$ € für das Ergebnis (r, r) und $\frac{1}{3}$ € für (r, w).

b) Übertrage das Baumdiagramm in dein Heft und ergänze die Platzhalter. Vergleiche mit dem Ergebnis in Aufgabe 1c). Sollte sich die Klasse auf das geplante Spiel einlassen? Begründe.

c) Berechne die erwartete Auszahlung, wenn es – statt für jede gezogene rote Kugel – nun für jede weiße Kugel 1,50 € gibt.

Erwartungswert

M Jedem Ergebnis eines Zufallsversuchs wird ein Wert zugeordnet (im Beispiel die Anzahl der gezogenen roten Kugeln). Nun multipliziert man jeden Wert mit dem versprochenen Geldbetrag und der zugehörigen Wahrscheinlichkeit. Addiert man die Produktwerte, so erhält man den **Erwartungswert E.**

Beispiel:
Zweimal eine Kugel mit Zurücklegen ziehen.
Für jede gezogene rote Kugel gibt es 2,00 €.

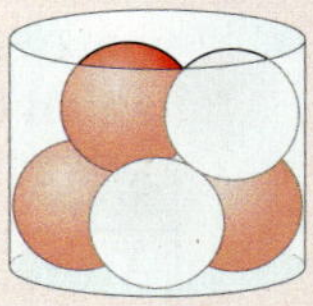

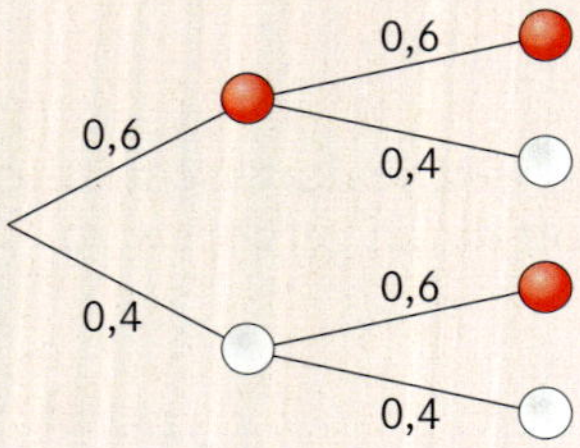

Ergebnis	rote Kugeln	Wahrscheinlichkeit	erwartete Auszahlung
(r,r)	2	0,36	2 · 2,00 € · 0,36 = 1,44 €
(r,w)	1	0,24	1 · 2,00 € · 0,24 = 0,48 €
(w,r)	1	0,24	1 · 2,00 € · 0,24 = 0,48 €
(w,w)	0	0,16	0 €
	Summe:	1	2,40 €

Im Beispiel beträgt der Erwartungswert 2,40 €, d. h. man kann bei einem Spiel, das sehr oft durchgeführt wird, im Durchschnitt eine Auszahlung von 2,40 € erwarten.

Übungen

3 a) Gib für das Beispiel im roten Kasten den Erwartungswert für das Ziehen einer weißen Kugel an.
b) Bestimme den Erwartungswert, wenn für eine weiße Kugel 2 € ausbezahlt werden.

4 Die 9a ändert ihr Spiel zum Schulfest (Seite 235, Aufgabe 1). In dem Gefäß sind nun drei rote und sieben weiße Kugeln. Für jede gezogene rote Kugel werden 1,50 € ausbezahlt.
a) Berechne den Erwartungswert.
A 1,10 € **B** 0,90 € **C** 1,50 € **D** 1,80 €
b) Welchen Gewinn kann die Klasse pro Spiel erwarten?

5 Auch die 9b plant zum Schulfest ein Spiel mit einem Zufallsversuch. Einen Vorschlag siehst du rechts.

a) Zeichne ein Baumdiagramm. Bestimme den Erwartungswert für einen Gewinn.
b) Welchen Gewinn oder Verlust kann die 9b pro Spiel erwarten?
A −1,75 € **B** −0,25 €
C 0,75 € **D** 0,50 €
c) Felix behauptet: Wenn man das Spiel so ändert, dass für jede oben liegende Zahl 2 € ausbezahlt werden, erhält man den gleichen Erwartungswert wie in Aufgabe a).
d) Einige Schüler der Klasse 9b überlegen, was man bei dem Spiel ändern müsste, damit man auf Dauer weder gewinnt noch verliert. Der Erwartungswert sollte gleich dem Einsatz sein. Man spricht in diesem Fall von einem fairen Spiel.

6 Beim Roulette wirft der Croupier eine Kugel gegen die Drehrichtung der Roulettescheibe. Die Kugel bleibt in einem der Fächer mit den Zahlen 0 bis 36 liegen, wobei die Wahrscheinlichkeit für jedes der 37 Nummernfächer gleich ist.
Eine beliebte Wettart ist, auf eine der 37 Zahlen zu setzen. Hat man richtig gesetzt, so erhält man das 36-fache des Einsatzes. Setzt man nur auf die Farben rot oder schwarz – man legt dazu im Spielplan den Einsatz in das Feld mit der roten bzw. schwarzen Raute – so erhält man im Falle des Gewinns den doppelten Einsatz. Es gibt 18 rote und 18 schwarze Zahlen sowie eine grüne Zahl, die Null.

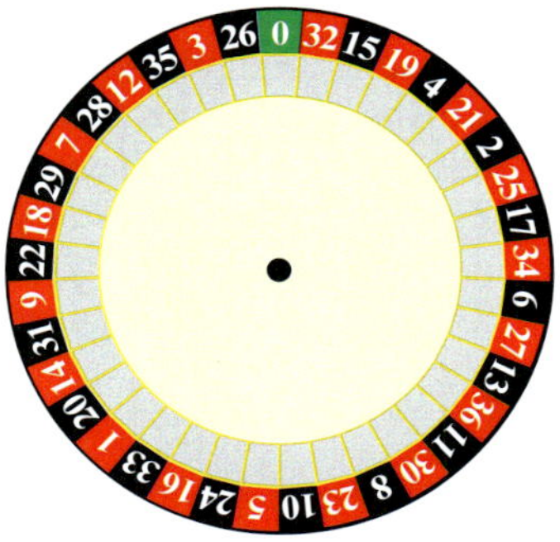

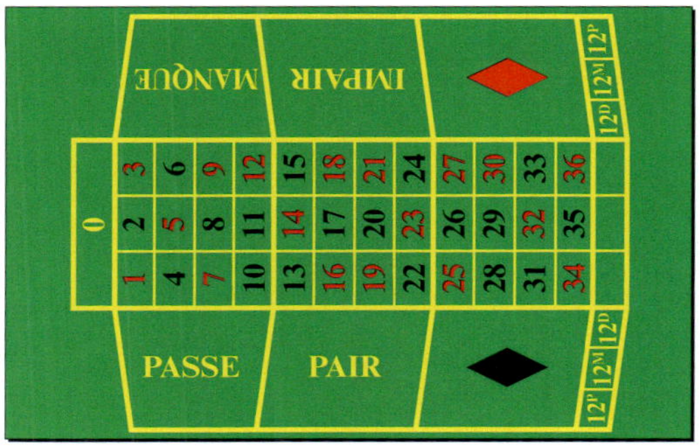

Herr Poker setzt seinen weißen Chip mit dem Wert 5 € auf die Zahl 13 und Herr Vorsicht seinem gelben Chip mit ebenfalls 5 € Wert auf die Farbe Schwarz.

a) Für welchen Herrn passt das Baumdiagramm rechts? Zeichne das fehlende Baumdiagramm.
b) Welchen Gewinn bzw. Verlust kann jeder der beiden Herren bei 5 € Einsatz erwarten?
c) Würdest du eher auf eine Zahl oder auf eine Farbe setzen? Begründe.

7 Der Leiter des Supermarktes „Nah und Günstig" plant eine vierwöchige Sonderaktion, um weitere Kunden anzulocken. Jeder Kunde, der für mindestens 50 € einkauft, darf an einem extra eingerichteten Stand aus einer Trommel zwei Lose ziehen, die er allerdings sofort wieder einlösen muss. Die Lose haben die Aufdrucke 20 oder 10 oder Niete.

Wer zwei Lose mit dem Aufdruck 20 zieht, erhält einen Einkaufsgutschein von 20 €.
Bei zwei Losen mit dem Aufdruck 10 gibt es einen Gutschein von 10 €.
Die Verteilung der Lose in der Trommel ist folgendermaßen: 20 % der Lose haben den Aufdrucke 20 und 30 % den Aufdruck 10. Der Rest sind Nieten.

a) Am ersten Tag rechnet man mit 500 Kunden. Schätze, was den Supermarkt die obige Aktion am ersten Tag kosten könnte.
b) Frau Kundig hat für mehr als 50 € eingekauft. Sie darf deshalb zwei Lose ziehen. Bestimme die Wahrscheinlichkeit, dass sie einen Gutschein gewinnt.
A 50 % **B** 30 % **C** 20 % **D** 13 % **E** 5 %
c) Berechne den Erwartungswert beim Ziehen von zwei Losen.
A 4,00 € **B** 3,20 € **C** 1,70 € **D** 1,20 € **E** 0,50 €
d) Ändere die Verteilung der Lose in der Trommel so, dass sich die Gewinnwahrscheinlichkeit verringert. Es sollen aber weiterhin alle Losarten vorkommen.

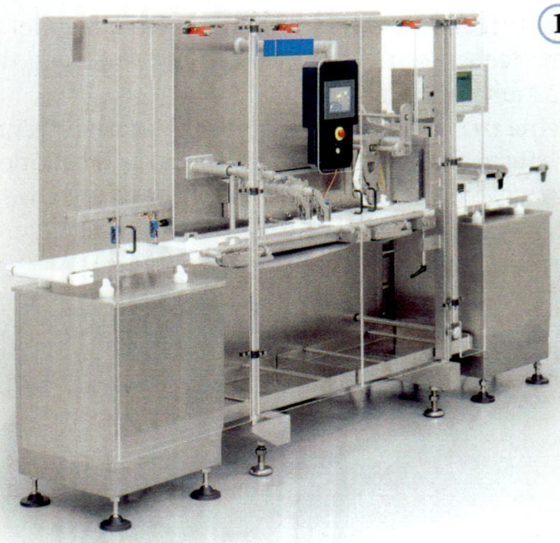

1 Bei der Firma *Alpenmaschinen* bestellt eine Käsefabrik aus der Schweiz eine Schneidemaschine. Die Maschine soll Käsestücke mit immer gleicher Masse zurechtschneiden können, trotz der Löcher im Käse, die ja von außen nicht sichtbar sind.
Das Diagramm unten zeigt das Ergebnis aus dem Testlauf einer neu entwickelten Maschine, die eine bestimmte Anzahl Käsestücke geschnitten hatte. Anschließend wurden die Stücke gewogen und die erfassten Massen in Klassen eingeteilt.
Zudem ergab die Testauswertung ein arithmetisches Mittel von 201,9 g.
Gib die Anzahl der geschnittenen Käsestücke an.

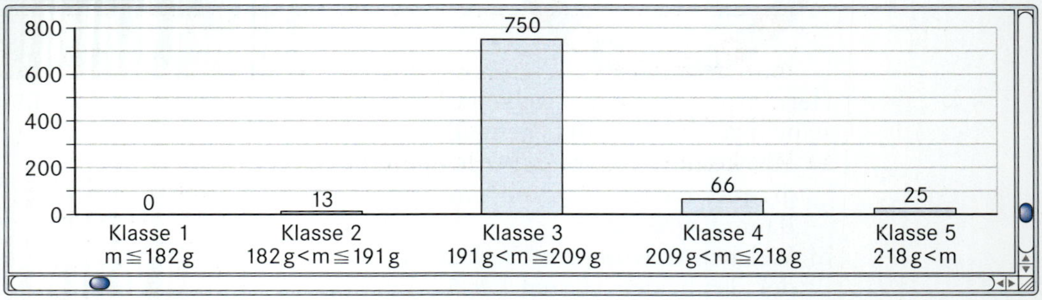

2 Von den Gewichtsdaten aus dem Testlauf sind in der Tabelle rechts fünf Werte ausgewählt.

Masse m in g	192,4	211,0	204,0	190,8	202,2

a) Berechne das arithmetische Mittel der Masse der Käsestücke.
[Ergebnis: 200,1 g]

b) Den Konstrukteur der Maschine interessiert die Abweichung der Einzelwerte vom arithmetischen Mittel.

Masse m in g	192,4	211,0	204,0	190,8	202,2
Abweichung vom arithmetischen Mittel in g	– 7,7	■	■	■	■

c)

Wie könnten die unterschiedlichen Ergebnisse zustande kommen?

3 Ein Nachteil des Verfahrens in Aufgabe 2c) auf Seite 238 ist, dass sich bei der Differenzbildung positive und negative Werte ergeben. Zum Aufsummieren muss von den negativen Werten erst der Betrag genommen werden. Dies ist umständlich.
Deshalb quadriert man die Differenzwerte. Alle Werte sind dann sofort positiv. Anschließend berechnet man die **mittlere quadratische Abweichung** oder **Varianz s^2** und die Quadratwurzel aus der Varianz, die so genannte **Standardabweichung s.**

a) Übertrage die Tabelle in dein Heft und ergänze die Platzhalter.

Einzelwerte x_n	Differenz zum arithmetischen Mittel $\overline{x} = 200{,}1$ $x_n - \overline{x}$	Quadrat des Differenzwertes $(x_n - \overline{x})^2$
192,4	192,4 – 200,1 = –7,7	59,29
211,0	211,0 – 200,1 = 10,9	118,81
204,0		
190,8		
202,2		

mittlere quadratische Abweichung *oder* Varianz s^2 $\qquad s^2 = \frac{59{,}29 + 118{,}81 + \ldots}{5} = \ldots$

Standardabweichung s $\qquad s = \sqrt{\ldots} \approx \ldots$

b) Wie kommt Luca zu der Behauptung?

Varianz Standardabweichung

M Ein Maß für die Streuung der Daten x_n ist die mittlere quadratische Abweichung.
Sie heißt **Varianz s^2.**
Die Quadratwurzel aus der Varianz s^2 heißt **Standardabweichung s.**

Daten:

x_n	3,1	3,6	3,4	3,5

arithmetisches Mittel: $\overline{x} = 3{,}4$

$$s^2 = \frac{(3{,}1 - 3{,}4)^2 + (3{,}6 - 3{,}4)^2 + (3{,}4 - 3{,}4)^2 + (3{,}5 - 3{,}4)^2}{4} = 0{,}035$$

$$s = \sqrt{0{,}035} \approx 0{,}2$$

Die Daten liegen somit hauptsächlich im Intervall [3,4 – 0,2; 3,4 + 0,2] bzw. [3,2; 3,6].

Übungen

4 Beim Testlauf der Firma Alpenmaschinen in Aufgabe 1 Seite 238 wurden 854 Käsestücke geschnitten. Die Standardabweichung betrug 6,9 g.

a) Vergleiche mit dem Ergebnis in 3b). Begründe dann, welches Ergebnis aussagekräftiger ist.

b) Die Tabelle zeigt Massenangaben von geschnittenen Käsestücken.
Berechne die Standardabweichung.

Masse in g	200,9	204,6	202,5	199,6	197,4	192,7	199,9	206,8	215,8	201,8

c) Ändere in Aufgabe b) zwei Massen so, dass die Standardabweichung unter 5,0 g liegt.
Berechne dann die Standardabweichung.

5 Eine gesunde Ernährung ist heute für viele Menschen selbstverständlich und hilft Übergewicht zu vermeiden. Zur Kontrolle des Gewichts dient häufig der Body-Mass-Index (BMI).

Hier die Formel: $\text{BMI} = \frac{y}{x^2}$

Dabei bedeuten x die Maßzahl für die Körpergröße in m und y die Maßzahl für das Gewicht in kg. In der Klasse 9a wurden von einem Lehrer und zehn Schülerinnen und Schülern die in der Tabelle aufgelisteten Daten erfasst.

Gewicht y kg	78	65	65	62	70	50	48	55	66	54	73
Körpergröße x m	1,76	1,78	1,92	1,86	1,72	1,65	1,59	1,68	1,81	1,55	1,88
BMI	25										

a) Berechne jeweils die Standardabweichung für Gewicht, Körpergröße und BMI. Wo ist sie deiner Meinung nach sehr groß?

b) Ändere beim Gewicht einen Wert so, dass hier die Standardabweichung kleiner wird. Welche Auswirkungen hat das auf die übrigen zwei Standardabweichungen?

6 Ein Wohnungsmakler möchte zur schnellen Überprüfung von Wohnungsmaßen ein einfaches Ultraschalllängenmessgerät kaufen. Er hat zwei Geräte zu Auswahl.
In einem Test wurde die Länge einer bestimmten Strecke mit beiden Geräten mehrfach gemessen. Der Makler findet in einer Zeitschrift den Testbericht mit den Messwerten.

Messwerte Gerät 1 in m	8,63	8,64	8,66	8,64	8,63	8,66	8,65	8,64	8,63	8,64
Messwerte Gerät 2 in m	8,62	8,65	8,68	8,66	8,62	8,64	8,65	8,61	8,66	8,63

a) Berechne jeweils das arithmetische Mittel der gemessenen Strecken und die Standardabweichungen.

b) Beide Messgeräte kosten gleich viel. Welches Messgerät würdest du kaufen? Begründe.

7 Kathi und Johannes haben mit dem Luftgewehr auf Scheiben geschossen. Links siehst du das Blatt von Kathi, rechts das von Johannes.

a) Wer schießt besser? Begründe.

b) Trage in deinem Heft zehn Schüsse in zwei Zielscheiben ein, bei denen das arithmetische Mittel der erzielten Punkte 8,0 ist. Die Standardabweichungen sollen aber unterschiedlich sein.

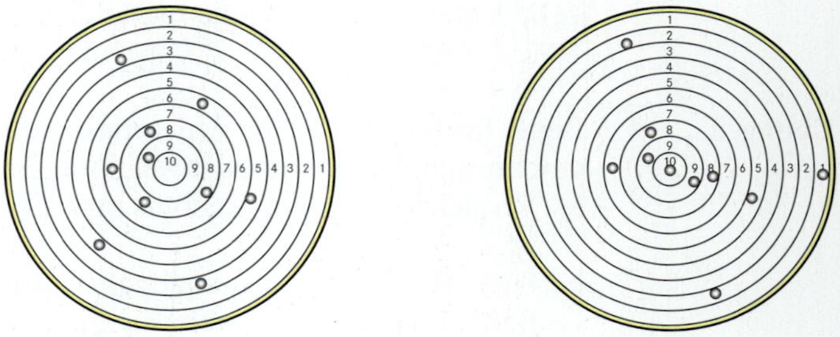

Rendite

Drift

Volatilität

Aktien sind Papiere, mit denen man sich an der Entwicklung eines Unternehmens beteiligen kann. Unter der **einfachen Rendite** einer Aktie versteht man das Verhältnis zwischen Gewinn (oder Verlust) und dem Kaufpreis in einem bestimmten Zeitraum. Charakteristisch für die Entwicklung einer Aktie sind der **Drift** und die **Volatilität**. Der Drift R beschreibt die durchschnittliche Entwicklung der Renditen R_n. Unter Volatilität versteht man die Standardabweichung s. Sie ist ein Maß für die Kursschwankungen.

1 Die Tabelle zeigt die Berechnung der Renditen für die Aktien *Windkraft* und *Raubank*.

Aktie	Kaufkurs	Kurs nach 6 Monaten	Gewinn / Verlust	Rendite
Windkraft	22,40 €	24,50 €	2,10 €	$\frac{2,10}{22,40} = 9,4\,\%$
Raubank	58,70 €	56,70 €	−2,00 €	$\frac{-2,00}{58,70} = -3,4\,\%$

Obwohl die Beträge für Gewinn und Verlust der beiden Aktien annähernd gleich sind, unterscheiden sich die Beträge für die Renditen erheblich. Begründe.

2 Um Drift und Volatilität zu berechnen, bestimmt man zunächst die Entwicklung der Renditen in konstanten Zeitabständen, z. B. in Monatsabständen.

nach Monaten	0	1	2	3	4	5	6
Kurs der Aktie Windkraft in €	22,40	21,90	22,30	22,90	23,60	23,80	24,50
Rendite R_n	0	$\frac{-0,50}{22,40} = -2,2\,\%$	$\frac{0,40}{21,90} = 1,8\,\%$				$\frac{0,70}{23,80} = 2,9\,\%$

a) Berechne die fehlenden Werte in der Tabelle und den Drift R der Aktie *Windkraft* in den 6 Monaten der Beobachtung.

$$R = \frac{-2,2 + 1,8 + \ldots + 2,9}{6}\,\% = \square\,\%$$

b) Die Rendite der Aktie *Windkraft* in Aufgabe 1 beträgt nach 6 Monaten 9,4 %, der Drift dieser Aktie 1,5 %. Wie kommt der Unterschied zustande?

c) Berechne die Volatilität s der Aktie *Windkraft* im Beobachtungszeitraum.

$$s = \sqrt{\frac{(-2,2 - 1,5)^2 + (1,8 - 1,5)^2 + \ldots + (2,9 - 1,5)^2}{6}}\,\% = \square\,\%$$

d) Die Abbildung zeigt die Entwicklung der Aktien *Windkraft* und *Biotac* im Zeitraum von 6 Monaten. Bestimme den Drift und die Volatilität der Aktie *Biotac*. Vergleiche mit der Aktie *Windkraft*.

e) Welche der beiden Aktien würdest du kaufen? Begründe.

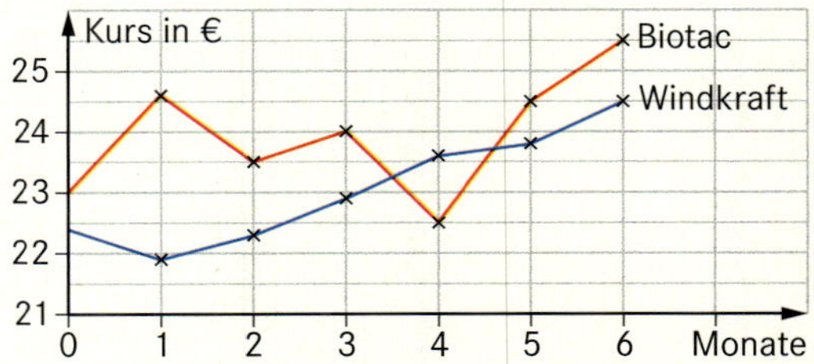

1 Aus einem DIN A4-Blatt kannst du einen Tetraeder falten.

a) Falte das DIN A4-Blatt in der Mitte und wieder zurück. Falte nun die beiden längeren Seiten des DIN A4-Blattes zu der entstandenen Faltkante. Das gefaltete Papier besitzt nun eine obere und eine untere Faltkante (Bild 1).
Falte nun wie im Bild (2) die linke untere Ecke zur Mitte und fahre wie in den Bildern (3), (4) und (5) dargestellt fort. Stelle aus dem Faltgebilde einen Tetraeder her.

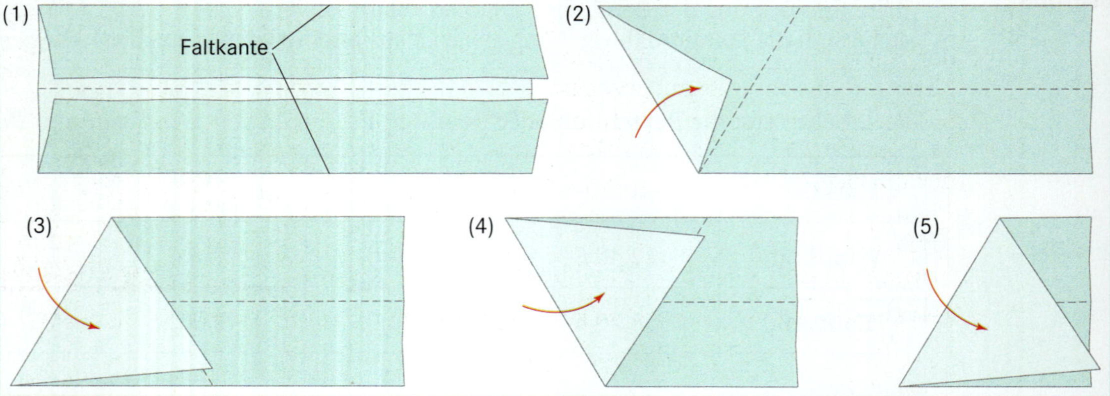

b) Berechne die Länge der Seitenkante des Tetraeders.
c) Berechne den Inhalt der Oberfläche und das Volumen.

4 Die Abbildung zeigt den Axialschnitt durch die Innenwand eines Thermosgefäßes.
Es gilt: $h_1 = 2$ cm; $h_2 = 2$ cm; $h_3 = 10$ cm;
$r_1 = 2$ cm; $r_2 = 4$ cm

a) Erkläre die Bau- und Funktionsweise eines Thermosgefäßes.
b) Zeichne den Axialschnitt im Maßstab 1 : 2.
c) Berechne das Volumen des Thermosgefäßes.
[Ergebnis: $V = 229\frac{1}{3}\pi\ \text{cm}^3$]
d) In das Thermosgefäß werden 0,5 *l* heißer Tee gefüllt. Berechne die Füllhöhe $h = \overline{HH_O}$.

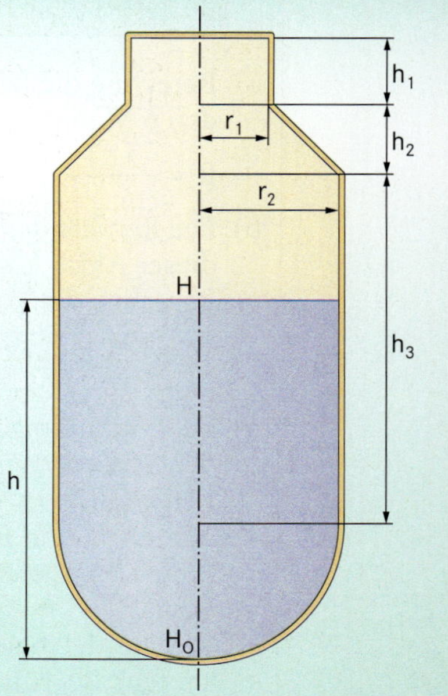

2 Auf dem Tisch liegen verdeckt die abgebildeten Karten. Es werden nacheinander zwei Karten ohne Zurücklegen gezogen.
Felix: „Da mache ich mit, denn bei jedem gewonnenen Spiel ist die Auszahlung größer als der Einsatz."

Einsatz:	5 €	
Auszahlung:	15 €	bei zwei „Gleichen"

3 

In eine quaderförmige Schachtel mit quadratischer Grundfläche (Innenmaß der Seiten: 10 cm) und 1 cm Höhe werden gleich große Murmeln mit dem Radius r = 0,5 cm gelegt.

a) In wie vielen Reihen sind die Kugeln angeordnet, wenn genau 100 Stück hineingelegt werden?

b) Eine mögliche Anordung der Kugeln zeigt die nebenstehende Skizze. In einer Reihe sind 10 Kugeln, in der nächsten 9 Kugeln, dann wieder 10 Kugeln usw. Zeige, dass die eingezeichnete Länge a der Höhe im gleichseitigen Dreieck entspricht. Berechne a.

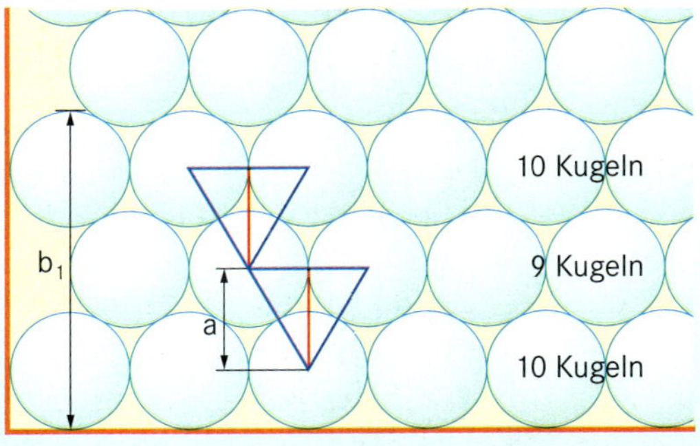

c) Zeige, dass bei drei Reihen für die Breite b_1 gilt: $b_1 = 2r \cdot (\sqrt{3} + 1)$
Berechne b_1 für r = 0,5 cm.

d) Zeige auf die gleiche Weise, dass bei 11 Reihen die Breite b_2 von 10 cm nicht überschritten wird. Wie viele Kugeln passen in diesem Fall in die Schachtel?

e) Wenn man eine Reihe mit 9 Kugeln durch eine mit 10 Kugeln ersetzt, so passen 106 Murmeln in die Schachtel. Zeige, dass auch jetzt die Breite b_3 von 10 cm nicht überschritten wird.

12 Teste dein Grundwissen

Flächeninhalt ebener Vielecke

1 Berechne in den folgenden Figuren die in Klammern angegebenen Größen.
a) Dreieck ABC mit c = 47 cm; h_c = 3 dm (A)
b) Raute ABCD mit A = 22,75 cm²; f = 7 cm (e)
c) Parallelogramm ABCD mit a = 6,2 m; A = 15,5 m² (h_a)
d) Dreieck ABC mit a = 5 cm; $\alpha = 90°$; b = c (A)
e) Trapez ABCD mit a = 1,2 dm; h = 5,4 cm; A = 33,48 cm² (c)
f) Drachenviereck ABCD mit A = 22,5 dm²; f = 60 cm (e)
g) Dreieck ABC mit a = c = 0,6 m; $\beta = 90°$ (A)

2 Das Walmdach soll begrünt werden. Die Kosten werden mit 45 € je Quadratmeter Dachfläche veranschlagt. Wie teuer kommt die Dachbegrünung?

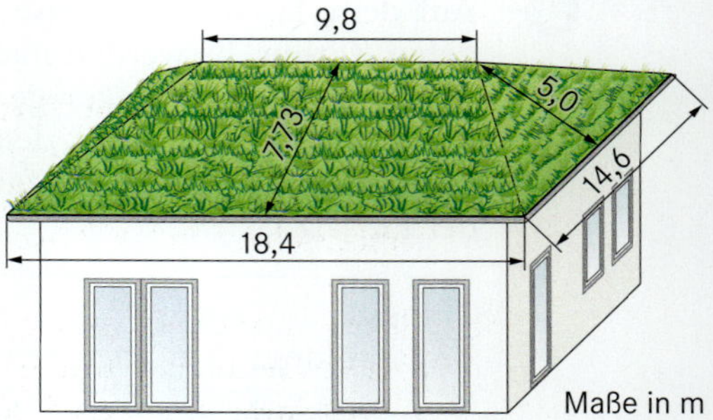

3 In der Figur rechts haben die beiden grauen Flächen gleichen Inhalt.
a) In welcher Entfernung x m von der Ecke liegt der Punkt L?
b) Wie groß ist die gelbe Fläche?

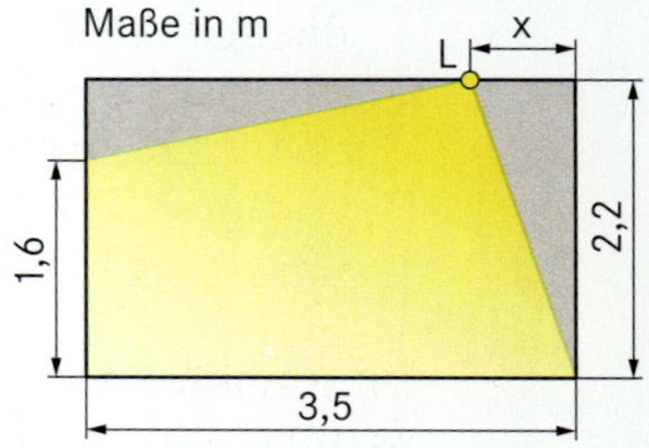

4 Gegeben ist ein gleichschenkliges Dreieck ABC mit der Grundlinie $\overline{AB}$ = 12 cm und der Höhe h = 7 cm. Es entstehen neue Dreiecke $A_nB_nC_n$, indem man die Höhe um 2x cm verlängert und gleichzeitig die Grundlinie von A und B aus um je x cm verkürzt.
a) Zeichne das Dreieck ABC und ein neues Dreieck $A_1B_1C_1$ für x = 1,5 ein. Um wie viel Prozent ist der Flächeninhalt des neuen Dreiecks größer?
b) Welche Werte kann x annehmen?
c) Zeige, dass sich der Flächeninhalt der neuen Dreiecke $A_nB_nC_n$ wie folgt in Abhängigkeit von x darstellen lässt: $A(x) = (-2x^2 + 5x + 42)$ cm².
d) Für welchen Wert von x ergibt sich eine maximale Dreiecksfläche? Berechne A_{max}.
e) Gibt es unter der Schar der Dreiecke $A_nB_nC_n$ ein gleichschenklig-rechtwinkliges Dreieck $A_2B_2C_2$. Zeige durch Rechnung.

5 Berechne den Flächeninhalt folgender Dreiecke ABC.
a) A (−5 | −4); B (3 | −1); C (−7 | 1)
b) A (−1 | 0); C (0 | 4); $\overrightarrow{CB} = \binom{1}{2}$

6 Der Flächeninhalt des Parallelogramms ABCD beträgt 22 FE, der Eckpunkt B befindet sich auf der y-Achse. Es gilt: A (−6 | 1,5); D (−7 | 4,5). Berechne die Koordinaten von B.

7 Gegeben sind die Drachenvierecke A_nBC_nD. Die Punkte A_n (x | y) liegen auf der Geraden g mit der Gleichung $y = -\frac{1}{2}x + 2$. Die Gerade BD ist die Symmetrieachse.
Es gilt: B (−3 | −2); D (3 | 1)
a) Zeichne die Gerade g und ein Drachenviereck A_1BC_1D für x = −2 ein und berechne dessen Flächeninhalt A_1.
b) Der Flächeninhalt A_2 des Drachenviereck A_2BC_2D beträgt 33 FE. Berechne die Koordinaten des Eckpunktes A_2.

Lineare Gleichungssysteme

1 Bestimme die Lösungsmenge grafisch. Mache die Probe, indem du die Koordinaten des Schnittpunktes in beide Ausgangsgleichungen einsetzt ($\mathbb{G} = \mathbb{Q} \times \mathbb{Q}$).

a) $y = 0{,}5x + 3$ $\wedge\ y = -2{,}5x$ b) $2y = -2x + 3$ $\wedge\ 4y + 4x = 14$ c) $2y + 4 = x$ $\wedge\ 4y - 16 = 10x$

2 Bestimme die Lösung des Gleichungssystems. Wähle dazu ein geeignetes rechnerisches Lösungsverfahren ($\mathbb{G} = \mathbb{Q} \times \mathbb{Q}$).

a) $2y = -2x + 3$ $\wedge\ x = 4y$ b) $2y - 8x = -14$ $\wedge\ 12x - 21 = 3y$ c) $y + x = 8$ $\wedge\ 14x + 14y = 28$

3 Für eine Reise in die USA und nach Kanada tauscht Frau Neumann 500 US-Dollar und 600 kanadische Dollar ein. Die Bank berechnet 890,50 €. Sohn Benedikt zahlt für 100 US-Dollar und 100 kanadische Dollar 162 €. Wie viel € kostet ein US-Dollar und wie viel ein kanadischer Dollar? Löse die Aufgabe mit einem linearen Gleichungssystem.

4 Gegeben ist die Gerade $g_1 = AB$ mit A (0|5), B (10|0).

a) Die Geraden g_1 und g_2 schneiden sich im Punkt S. Dabei steht g_2 senkrecht zu g_1 und verläuft durch den C (0|2). Gib ein lineares Gleichungssystem an, mit dem die Koordinaten des Punktes S berechnet werden können. Berechne die Koordinaten von S.

b) Ändere die Aufgabe in a) so, dass es keine Lösung gibt.

c) Die Gerade h mit $y = mx + t$ ($m \neq 0$; $t \neq 0$) schneidet die Gerade AB im Punkt T (6|2). Bestimme eine mögliche Gleichung für h.

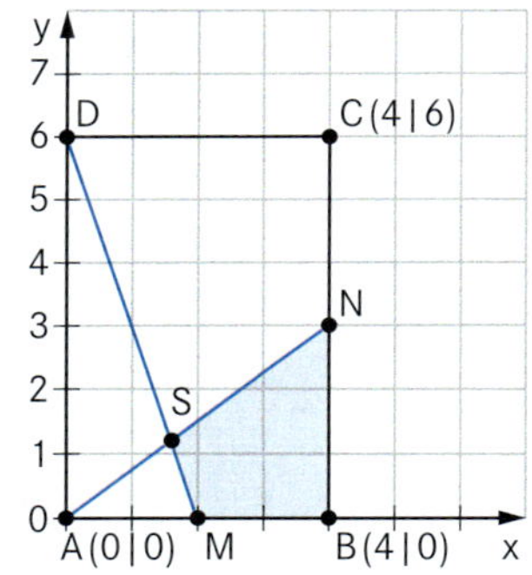

5 Die Punkte M und N sind Mittelpunkte der Seiten des Rechtecks ABCD. Die Mittelpunkte werden, wie in der Abbildung dargestellt, mit den gegenüberliegenden Eckpunkten verbunden. Es entsteht ein Viereck MBNS.

a) Zeichne das Rechteck ABCD und das Viereck MBNS .

b) Zeige, dass für die Koordinaten von S gilt: S (1,6|1,2)

c) Berechne den Flächeninhalt des Vierecks MBNS.

Reelle Zahlen

1 Belege die Variable so, dass eine wahre Aussage entsteht. Ist eine Belegung nicht möglich, so begründe es ($\mathbb{G} = \mathbb{R}$).

a) $x^2 - 0{,}64 = 0$ b) $x^2 + 0{,}09 = 0$ c) $x^2 + 0{,}09 = 0{,}18$ d) $x^2 - 625 = 0$

2 Fasse soweit wie möglich zusammen. Alle Variablen sind aus $\mathbb{R}_0^+$.

a) $8\sqrt{a} + 5\sqrt{x} - 7\sqrt{a} + 4\sqrt{a} - 6\sqrt{x}$ b) $7\sqrt{x^2} - 4\sqrt{x} + 6\sqrt{x} - 6\sqrt{x^2} + \sqrt{16x}$

3 Vereinfache soweit wie möglich. Alle Variablen sind aus $\mathbb{R}^+$.

a) $\frac{\sqrt{9x^5}}{x^2}$ b) $\sqrt{\frac{81b^4}{a^4}}$ c) $\sqrt{2a^2} \cdot \sqrt{2a}$ d) $\sqrt{xy} \cdot \sqrt{x^3y^3}$ e) $\sqrt{2ab} \cdot \sqrt{18a^3b}$

f) $(\sqrt{8a} + \sqrt{18a} - \sqrt{32a^3}) \cdot \sqrt{2a}$ g) $(\sqrt{49x} - \sqrt{25x}) : \sqrt{x}$ h) $(2\sqrt{x} + \sqrt{y}) \cdot (2\sqrt{x} - \sqrt{y})$

4 Gegeben ist eine Raute mit den Diagonalenlängen e = 40,5 cm und f = 16 cm. Welche Seitenlänge muss ein Quadrat mit gleichem Flächeninhalt haben?

5 Wahr oder falsch? Begründe. Es gilt: $x > 6$

a) $\sqrt{x^2 - 12x + 36} = x - 6$ b) $\sqrt{x^2 - 36} = x - 6$ c) $\frac{\sqrt{18x} - \sqrt{10x}}{\sqrt{8x}} = 1$ d) $\frac{\sqrt{x^2 - 2x + 1}}{x - 1} = 1$

Flächensätze im rechtwinkligen Dreieck

1 Ein Rechteck und ein Quadrat haben die gleiche Diagonalenlänge d = 17,5 cm.
a) Berechne die Länge des Rechtecks, wenn es 10,5 cm breit ist.
b) Berechne die Seitenlänge des Quadrats. (Runde auf zwei Stellen nach dem Komma.)
c) Um wie viel Prozent ist der Flächeninhalt des Quadrats größer als der Flächeninhalt des Rechtecks?

2 Berechne die Länge der Raumdiagonalen in einem Quader mit den Kantenlängen a = 7 cm, b = 0,5 dm und c = 3 cm.

3 Berechne Oberfläche und Volumen eines Würfels, wenn die Länge seiner Raumdiagonalen $4\sqrt{3}$ cm beträgt.

4 Ein rechtwinkliges Dreieck ABC soll in zwei kleinere Dreiecke ABD und ADC aufgeteilt werden.
a) Berechne die Seitenlängen der Dreiecke ABD und ADC.
b) Berechne ihre Flächeninhalte.

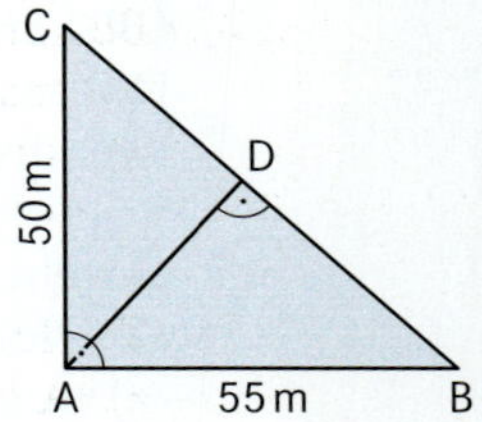

5 Einem Kreis mit Radius 3,25 cm werden Dreiecke ABC_n mit $\overline{AB}$ = 6 cm einbeschrieben.
a) Zeichne den Kreis und das einbeschriebene Dreieck ABC_1 mit $\beta = 90°$. Berechne die fehlenden Seitenlängen.
b) Das einbeschriebene Dreieck ABC_2 ist gleichschenklig mit der Basis [AB]. Zeichne es ein und berechne die Schenkellänge.

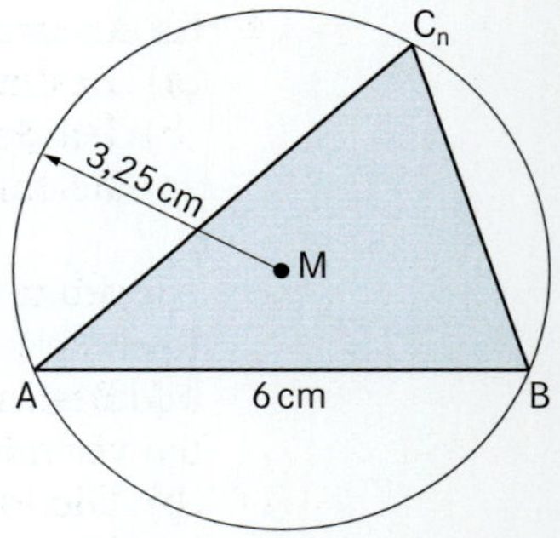

6 Ein Gummiball (d = 18 cm) taucht mit einem Fünftel des Durchmessers in Wasser ein. Berechne den Radius des Kreises, den die Wasseroberfläche auf ihm abzeichnet.

7 Gegeben ist das Rechteck ABCD mit $\overline{AB}$ = 8,2 cm, $\overline{BC}$ = 58 mm. Der Punkt F liegt auf [AB] mit $\overline{FB}$ = 5 cm.
a) Zeichne das Rechteck ABCD und den Punkt F.
b) Berechne den Unterschied zwischen den Streckenlängen $\overline{AF} + \overline{FC}$ und $\overline{AC}$.

8 Die Punkte A, B, C und D sind Spitzen von Vektoren, deren Fußpunkt M ist.
Es gilt: A (−5 | −3); B (2 | 1); C (−2 | 3); M (−1,5 | −1); D (0,5 | y)
a) Zeige durch Rechnung: Das Dreieck ABC ist rechtwinklig. Berechne seinen Flächeninhalt.
b) Das Dreieck ADB ist gleichschenklig mit der Basis [AB]. Berechne die Koordinaten des Punktes D.
c) Was haben die beiden Dreiecke gemeinsam? Bestätige deine Vermutung durch Rechnung.

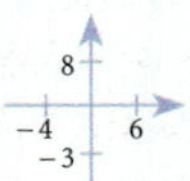

9 Gegeben ist eine Schar von rechtwinkligen Dreiecken AB_nC mit der Hypotenuse [AC] und dem Höhenfußpunkt D_n. Es gilt: A (3 | −2); C (−3 | 6); D_1 (1,5 | 0)
a) Konstruiere das Dreieck AB_1C und berechne die Längen der Dreiecksseiten.
b) Das Dreieck AB_2C hat die Kathetenlänge $\overline{AB_2}$ = 6 LE. Zeichne es ein. Berechne $\overline{CB_2}$ und die Länge der Hypotenusenabschnitte.

Quadratische Funktionen

1 Bestimme aus dem Graphen die Gleichung der Parabel.

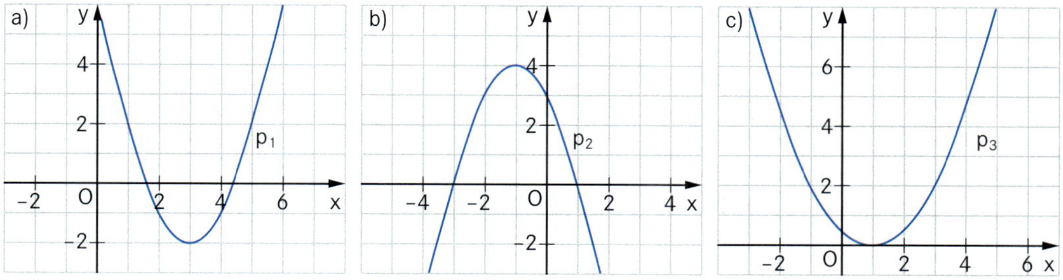

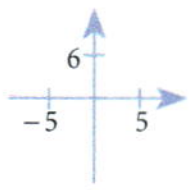

2 Bestimme die Koordinaten des Scheitelpunktes und zeichne die Parabel p in ein Koordinatensystem.

a) p_1: $y = x^2 - 4$
p_2: $y = x^2 - 4x$

b) p_1: $y = 0{,}5\,(x + 3{,}5)^2$
p_2: $y = -0{,}5x^2 + x + 3{,}5$

c) p_1: $y = -3x^2 + 6x$
p_2: $2y - 3x^2 - 6x + 1 = 0$

3 Die Parabel p verläuft durch die Punkte A und B. Bestimme ihre Gleichung.

a) $A\,(-1\,|\,-3)$; $B\,(2\,|\,3)$; $a = -2$

b) $A\,(-8\,|\,0)$; $B\,(-5\,|\,-0{,}75)$; $a = \frac{1}{4}$

4 Eine Parabel p mit dem Scheitelpunkt $S\,(-4\,|\,0{,}5)$ verläuft durch den Punkt $P\,(-1\,|\,-8{,}5)$.

a) Bestimme die Gleichung der Parabel.

b) Die Parabel p wird mit dem Vektor $\vec{v} = \binom{5}{-2{,}5}$ auf die Parabel p_1 verschoben. Bestimme die Gleichung von p_1.

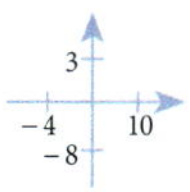

5 Gegeben ist eine Parabel p mit der Gleichung $y = -0{,}25x^2 + 1{,}5x - 0{,}25$ und eine Gerade g mit der Gleichung $y = 0{,}5x - 5{,}5$.

a) Bestimme den Scheitelpunkt der Parabel p. Zeichne sodann die Parabel und die Gerade für $x \in [-3;\,9]$ in ein Koordinatensystem ein.

b) Die Punkte A_n und B_n auf der Geraden g und die Punkte C_n auf der Parabel p bilden Dreiecke $A_nB_nC_n$. Die Punkte A_n und C_n haben die gleiche Abszisse x, die Punkte B_n haben eine um 4 größere Abszisse. Zeichne zwei Dreiecke $A_1B_1C_1$ für $x = -2$ und $A_2B_2C_2$ für $x = 2{,}5$ in das Koordinatensystem zu a) ein.

c) Stelle die Koordinaten der Punkte B_n in Abhängigkeit von der Abszisse x der Punkte A_n dar.

d) Zeige, dass sich der Flächeninhalt der Dreiecke $A_nB_nC_n$ wie folgt in Abhängigkeit von der Abszisse x der Punkte A_n darstellen lässt: $A(x) = (-0{,}5x^2 + 2x + 10{,}5)$ FE

e) Bestimme die Koordinaten des Dreiecks $A_0B_0C_0$ mit maximalem Flächeninhalt.

6 Das Hauptkabel einer Hängebrücke (siehe Skizze) hat die Form einer Parabel. Um diese zu beschreiben, legt man den Ursprung des Koordinatensystems auf den Scheitel.

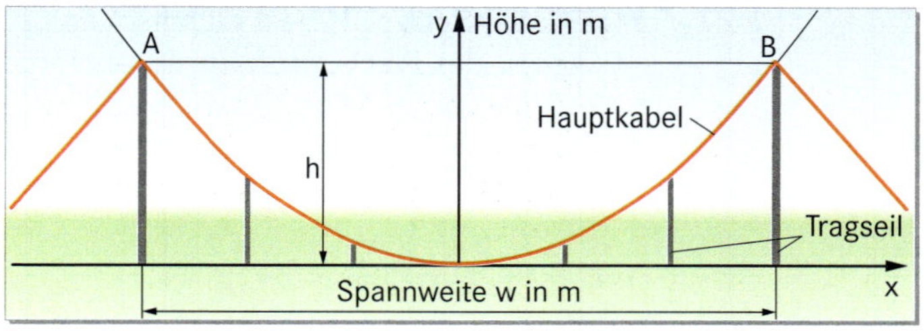

a) Für die Golden-Gate-Bridge in San Franzisco gelten folgende Maße: h = 144 m; w = 1280 m. Ermittle zunächst die Koordinaten der „Pfeilerspitzen“ A und B und bestimme dann die Gleichung der Parabel (berechne auf 5 Stellen nach dem Komma).

b) Bei einer anderen Brücke hat das Hauptkabel eine Form, die der Gleichung $y = \frac{1}{125}x^2$ entspricht. Welche Spannweite hat die Brücke bei einer Höhe von 85 m?

Quadratische Gleichungen und -systeme

1 Bestimme die Lösungsmenge der Gleichung in der Grundmenge $\mathbb{R}$.
a) $x^2 + 8x + 12 = 0$ b) $2x^2 - 8x + 24 = 0$ c) $-1{,}5x^2 + 3x + 12 = 0$

2 Durch die folgende Gleichung ist eine Menge quadratischer Gleichungen mit dem Parameter $a \in \mathbb{R}$ gegeben. Bestimme a so, dass die Gleichung genau eine Lösung besitzt.
a) $x^2 + ax + 2a - 4 = 0$ b) $-2ax^2 - 4ax - 4a - 6 = 0$

3 Die Graphen der Funktionen f_1 und f_2 haben gemeinsame Punkte. Bestimme deren Koordinaten.
a) f_1: $y = (x - 2)^2 - 1$ f_2: $y = x - 1$
b) f_1: $y = -(x + 2)^2 + 5$ f_2: $y = -0{,}5x^2 - x + 5{,}5$

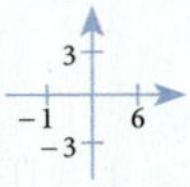

4 Gegeben ist die Parabel p mit $y = x^2 - 6x + 7$ und die Gerade g mit $y = -x + 0{,}75$.
a) Zeichne die Parabel p und die Gerade g in ein Koordinatensystem.
b) Zeige durch Rechnung, dass g Tangente an die Parabel p ist.

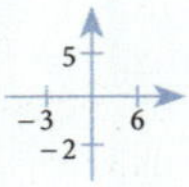

5 Gegeben ist die Parabel p mit $y = x^2 - 8x + 14$ und ein Geradenbüschel g(m) mit $y = m\,(x - 1) + 3$.
a) Zeichne die Parabel p und einige Geraden des Büschels in ein Koordinatensystem.
b) Ermittle rechnerisch die Gleichungen der Geraden, die Tangenten an die Parabel p sind. Zeichne die Tangenten ein.
c) Für welche Steigungen m haben die Geraden des Büschels keine Schnittpunkte mit der Parabel?

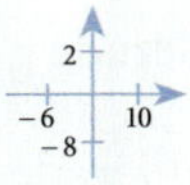

6 Eine Parabelschar ist bestimmt durch die Gleichung $y = -0{,}5x^2 - 2ax - 2a^2 - a - 2$.
a) Bestimme die Koordinaten der Scheitel S in Abhängigkeit vom Scharparameter a.
b) Zeichne die Parabeln der Schar für $a \in \{-4;\ -2;\ 0;\ 2\}$ in ein Koordinatensystem.
c) Berechne die Gleichung der Trägergraphen aller Scheitelpunkte.

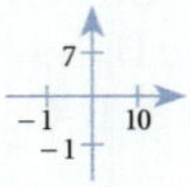

7 Gegeben sind die Dreiecke ABC_n. Die Punkte $C_n\,(x \mid -0{,}5\,(x - 4)^2 + 6)$ liegen auf der Parabel p mit $y = -0{,}5\,(x - 4)^2 + 6$. Es gilt: $A\,(2 \mid 3)$; $B\,(6 \mid 1)$
a) Zeichne die Dreiecke ABC_1 für $x = 2$ und ABC_2 für $x = 5$ in ein Koordinatensystem.
b) Berechne den Flächeninhalt A_1 des Dreiecks ABC_1.
c) Für welche Belegungen von x gibt es Dreiecke ABC_n?
d) Stelle den Flächeninhalt A aller Dreiecke ABC_n in Abhängigkeit von x dar.
[Ergebnis: $A(x) = (-x^2 + 9x - 12)$ FE]
e) Berechne x so, dass das Dreieck ABC_3 einen maximalen Flächeninhalt besitzt.
Gib A_{max} an.
f) Das Dreieck ABC_4 ist gleichschenklig mit der Basis [AB]. Berechne den prozentualen Anteil des Flächeninhalts dieses Dreiecks von A_{max}.

Zentrische Streckung

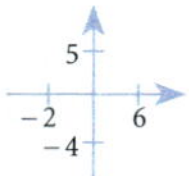

(1) Das Dreieck ABC wird durch zentrische Streckung mit dem Zentrum Z und dem Streckungsfaktor k auf das Bilddreieck A′B′C′ abgebildet.
Es gilt: A (0 | 2); B (4 | 0); C (2 | 4); A′ (1,5 | −2,5); B′ (−0,5 | −1,5)
a) Zeichne die Dreiecke ABC und A′B′C′.
b) Berechne den Streckungsfaktor k und die Koordinaten der Punkte Z und C′.
c) Berechne den Flächeninhalt des Dreiecks ABC und des Dreiecks A′B′C′.
d) Zeichne die Schwerpunkte S und S′ der Dreiecke und berechne deren Koordinaten.
e) Die Gerade g = AB wird durch zentrische Streckung mit dem Zentrum Z* (1 | 4) und dem Streckungsfaktor k* = 2 auf die Gerade g* abgebildet. Berechne die Gleichung von g*.

(2) Das gleichschenklig-rechtwinklige Dreieck ABC wird durch zentrische Streckung mit dem Streckungsfaktor k (k < 0) auf das Dreieck A′B′C′ abgebildet.
Für die Basislänge $\overline{AB}$ gilt: $\overline{AB} = 6$ cm
a) Berechne den Flächeninhalt des Dreiecks ABC.
b) Das Bilddreieck A′B′C′ hat einen Flächeninhalt, der um 47,25 cm² größer ist als der des Dreiecks ABC. Berechne den Streckungsfaktor k.

(3) Die Parabel p mit $y = -x^2 - 8x - 15{,}5$ wird durch zentrische Streckung mit dem Streckungszentrum Z (−1 | −2) und dem Streckungsfaktor k = −2 auf die Parabel p′ abgebildet. Bestimme die Gleichung von p′.

(4) Berechne die Längen der farbig markierten Strecken (alle Angaben in cm).

a)

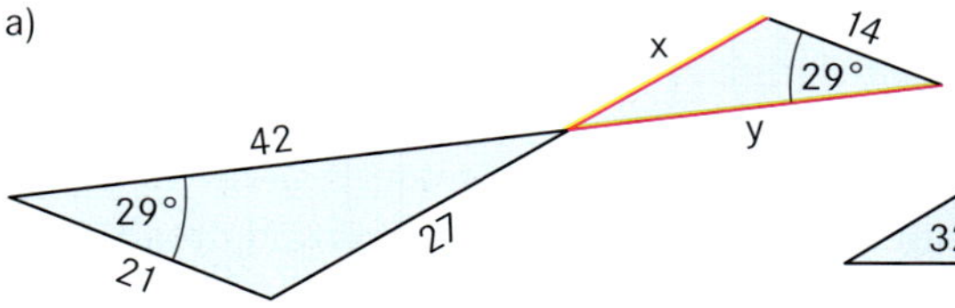

b)

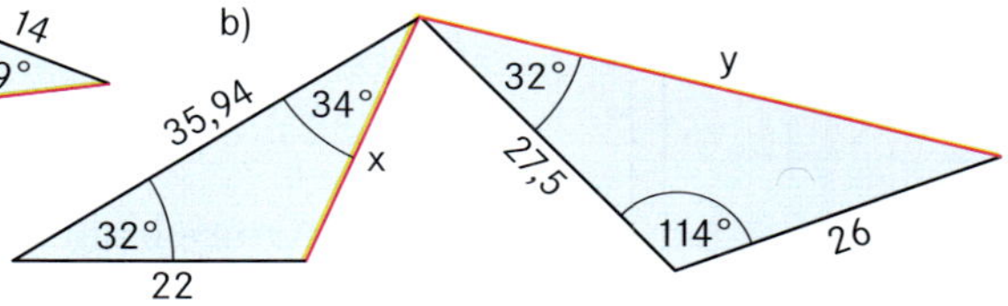

(5) Einem gleichschenkligen Dreieck ABC ist ein Halbkreis so einbeschrieben, dass er die Basis [AB] in deren Mittelpunkt F und die Seiten [AC] und [BC] in den Punkten D und E berührt.
Es gilt: $\overline{AB} = 6$ cm; $\overline{CF} = 7$ cm
a) Bestimme den Radius $\overline{DM} = x$ cm des Halbkreises.
b) Berechne den prozentualen Anteil des Flächeninhalts des Halbkreises an der Dreiecksfläche.

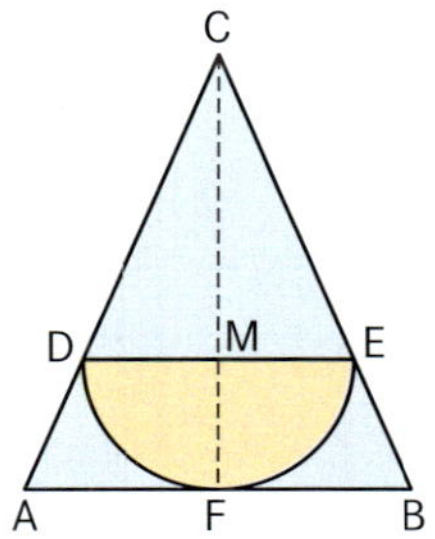

(6) In einem rechtwinkligen Dreieck ABC (γ = 90°) beträgt die längere Kathete 15 cm, H ist der Höhenfußpunkt (siehe Abbildung). Die Höhe $\overline{CH}$ ist dreimal so lang wie der Hypotenusenabschnitt $\overline{HB}$.
a) Bestimme die Länge y cm der Kathete [BC].
b) Zeige, dass gilt: $x = \frac{1}{2}\sqrt{10}$

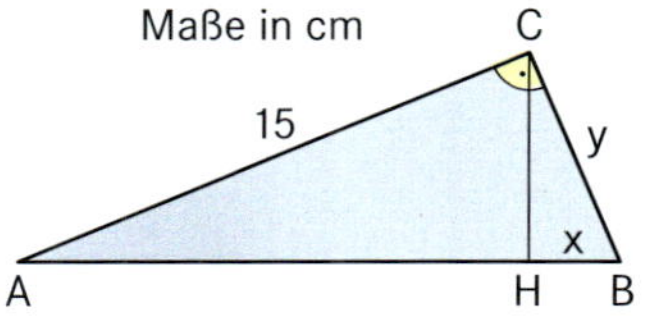

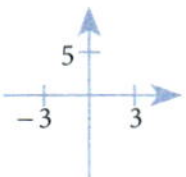

(7) Dem Dreieck ABC soll ein Rechteck PQRS so einbeschrieben werden, dass gilt:
[PQ] ⊆ [AB]; R ∈ [BC]; S ∈ [AC] und $\overline{PQ} : \overline{QR} = 3 : 2$
Es gilt: A (−6 | −2); B (2 | −2); C (−3 | 4)
a) Konstruiere das Rechteck PQRS.
b) Berechne die Längen $\overline{PQ} = x$ cm und $\overline{QR} = y$ cm. Runde auf eine Stelle nach dem Komma.

Kreis

1. Berechne in deinem Heft die fehlenden Größen im Kreis bzw. im Kreissektor.

	a)	b)	c)
r in cm	2,8		
d in cm			
u in cm		$1{,}8\pi$	
A in cm²			20

	d)	e)	f)	g)
r in cm	3,0		4,0	
α	150°			45°
b in cm		3,2		
A_S in cm²		8	4π	$1{,}5\pi$

2. Die Seiten des Quadrates ABCD sind 8 cm lang. Der Schnittpunkt M der Diagonalen ist Mittelpunkt des Kreises. Die beim Schnitt zwischen dem Kreis und den Seiten des Quadrates entstehenden Kreissehnen sind halb so lang wie die Seiten des Quadrates.
   a) Zeige durch Rechnung, dass für den Kreisradius r gilt: $r = 2\sqrt{5}$ cm
   b) Überprüfe durch Rechnung, ob der Kreis oder das Quadrat den größeren Flächeninhalt hat.
   c) Berechne den Flächeninhalt des Kreissegments, das durch die Strecke [OP] und den Kreisbogen $\overset{\frown}{OP}$ begrenzt wird.

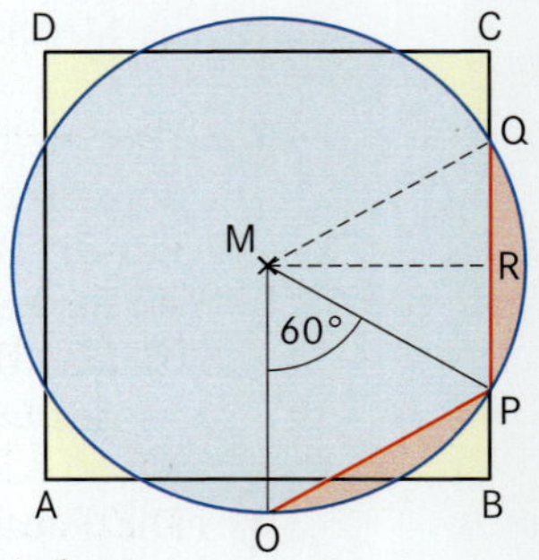

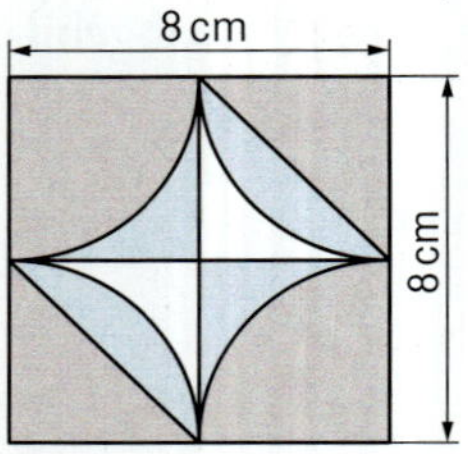

3. Die Abbildung zeigt das Logo der Autofirma Bavaria.
   a) Berechne den Anteil der weiß gefärbten Fläche und den Anteil der blau gefärbten Fläche an der Fläche des Quadrats.
   b) Berechne den Umfang der weiß-blau gefärbten Figur.

Zufallsexperimente – Statistik

1. Aus einem Gefäß mit 4 blauen und 3 weißen Kugeln werden drei Kugeln gezogen. Erstelle ein Baumdiagramm und berechne die Wahrscheinlichkeit für folgendes Ereignis:
   a) Eine blaue und zwei weiße Kugeln ohne Zurücklegen.
   b) Drei weiße Kugeln ohne Zurücklegen.
   c) Zwei blaue und eine weiße Kugel mit Zurücklegen.

2. Bei der Herstellung von Bauteilen beträgt die Fehlerwahrscheinlichkeit 4 %. Aus 500 Teilen werden nun drei Teile entnommen. Wie groß ist die Wahrscheinlichkeit, dass alle drei fehlerhaft sind?

3. Ein Spielautomat hat zwei Räder. Auf jedem Rad stehen die Zahlen 1 bis 6. Wirft man 50 Cent in den Automaten, drehen sich die beiden Räder unabhängig voneinander. Nach einer bestimmten Zeit werden die Räder angehalten. Das gelbe Fenster zeigt dann eine zweistellige Zahl an.

Bei den Zahlen 11, 22, 33, 44 und 55 werden 2,20 € ausbezahlt, bei 66 gibt es 3,40 €.
Berechne den Erwartungswert pro Spiel.
Wie viel Prozent Gewinn oder Verlust macht der Glücksspieler im Durchschnitt?

4. Eine Kontrolle in einem Bierzelt überprüft, ob die Maßkrüge richtig eingeschenkt sind. Die Tabelle zeigt einen Auszug des Testergebnisses.

Maßkrug	1	2	3	4	5	6	7	8	9	10
Inhalt in l	0,95	1,06	0,87	1,08	0,94	1,01	0,81	0,96	1,01	0,92

Berechne das arithmetische Mittel des Inhalts, die Varianz und die Standardabweichung.

Raumgeometrie

(1) Berechne die Größe der Oberfläche und das Volumen des Prismas (Maße in mm).

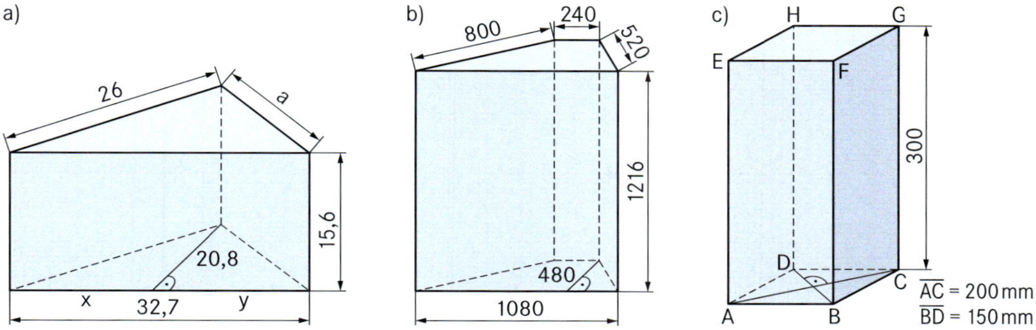

(2) Die Grundfläche der Pyramide ABCDS ist das Rechteck ABCD. Die Spitze S liegt senkrecht über dem Diagonalenschnittpunkt M.
Es gilt: $\overline{AB}$ = 8 cm; $\overline{BC}$ = 6 cm; $\overline{MS}$ = 7 cm
a) Zeichne ein Schrägbild der Pyramide.
b) Berechne die Länge der Seite [AS].
c) Berechne das Volumen und die Oberfläche.

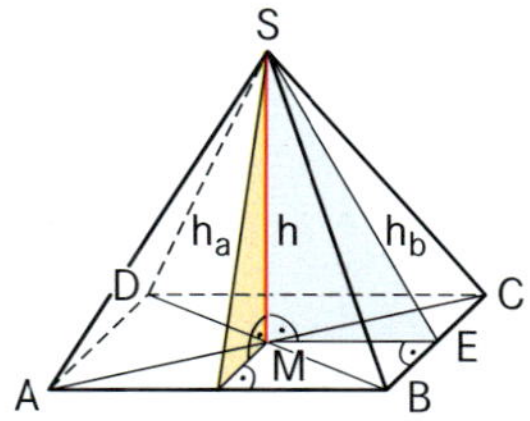

(3) a) Welche Masse hat das Werkstück aus Eisen?
$\rho_{\text{Eisen}} = 7{,}6\,\frac{\text{kg}}{\text{dm}^3}$
b) Das Werkstück erhält einen zweifarbigen Anstrich wie im Bild rechts. Berechne die Oberfläche.

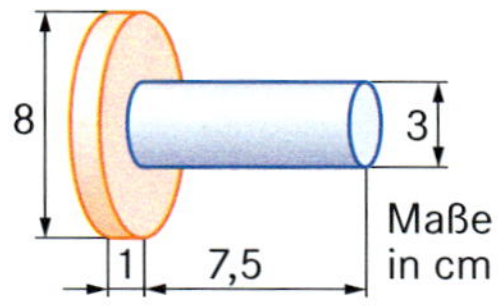

(4) a) Der Axialschnitt eines Kegels ist ein gleichschenkliges Dreieck. Berechne Oberfläche und Volumen des Kegels.
Es gilt: $\overline{AB}$ = 20,8 cm; $\overline{BS}$ = 26,0 cm
b) Dem Kegel ist ein Zylinder mit der Höhe h_Z = 18 cm einbeschrieben. Berechne dessen Mantelfläche und das Volumen.

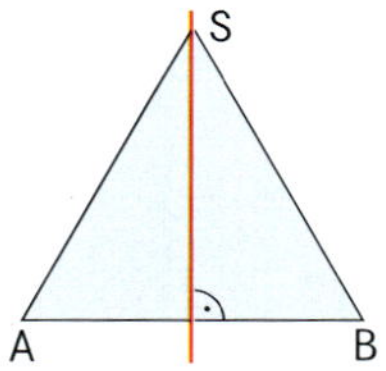

(5) Einem Würfel mit der Raumdiagonalenlänge $5\sqrt{3}$ cm ist je eine Kugel ein- und umbeschrieben. Berechne das Volumen und den Inhalt der Oberfläche der beiden Kugeln.

(6) Welchen Radius muss eine Kugel haben, bei der die Maßzahl des Volumens doppelt so groß ist wie die Maßzahl der Oberfläche?

(7) Einem Zylinder mit dem Radius r und der Höhe h sind Kegel einbeschrieben. Die Grundkreisradien und die Höhen der beiden Körper stimmen überein. Verlängert man den Radius um x cm und verkürzt gleichzeitig die Höhe um x cm, so entstehen neue Zylinder mit einbeschriebenen Kegeln. Es gilt: r = 4 cm; h = 6 cm
a) Zeichne einen Axialschnitt für $x_1 = 1$ und gib an, welche Werte x annehmen darf.
b) Gib die Mantelflächen vom Zylinder M_Z und Kegel M_K in Abhängigkeit von x an.
c) Für welche Belegung von x wird der Flächeninhalt des Zylindermantels 50π? Berechne den Flächeninhalt des zugehörigen Kegelmantels.
d) Kann der Axialschnitt des Kegels ein gleichseitiges (rechtwinkliges) Dreieck sein?
e) Wann verhält sich die Höhe des Kegels zur Grundlinie wie 1 : 2?

zu Seite 7
Prozentrechnung, Zinsrechnung

1 b) $\frac{3}{4}$ **0,75** **75 %** **18** von 24

c) $\frac{1}{4}$ **0,25** **25 %** 9 von 36

d) $\frac{1}{100}$ 0,01 **1 %** 17 von **1 700**

e) $\frac{1}{3}$ **$0,\overline{3}$** $33\frac{1}{3}$ % 15 von **45**

f) $\frac{7}{8}$ **0,875** **87,5 %** 7 von **8**

2 $33\frac{1}{3}$ % sind Mädchen.

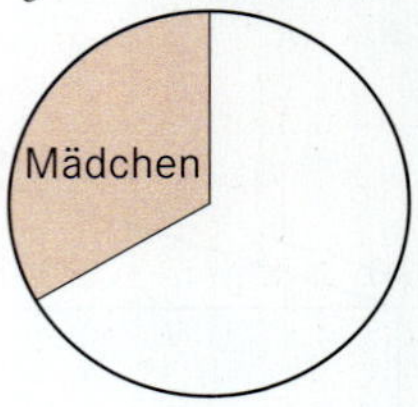

3 a) 6 h ≙ 25 %
25 % + 7,5 % + 10 % + 37,5 % = 80 %
20 % bleibt für die Freizeit.
c) 10 % ≙ 2,4 h = 2 h 24 min
d) 0,375 · 24 h = 9 h

b)

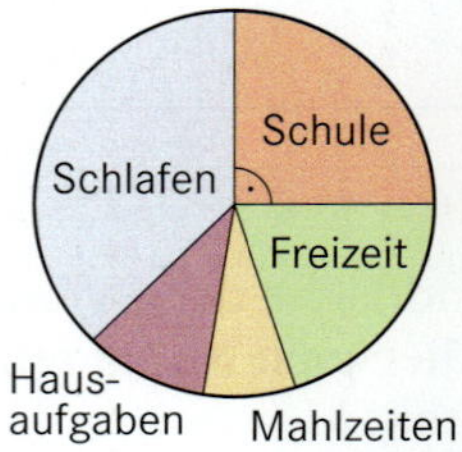

Schlafen:	37,5 %	≙ 135°
Schule:	25 %	≙ 90°
Freizeit:	20 %	≙ 72°
Hausaufgaben:	10 %	≙ 36°
Mahlzeiten:	7,5 %	≙ 27°

4

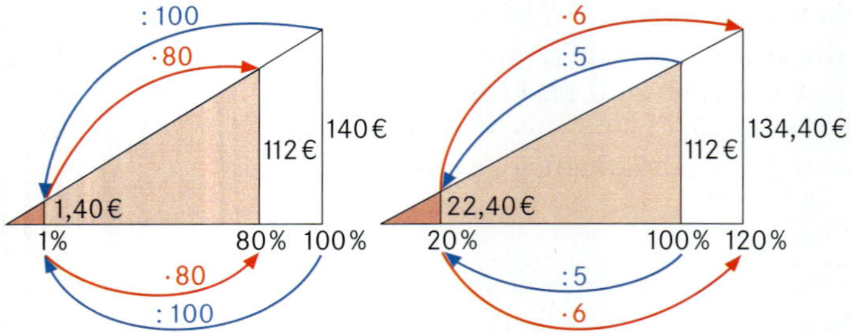

134,40 € kostet der DVD-Player nach der Aktionswoche.

5 a) 0,6 · 200 000 = 120 000 abgegebene Stimmen,
0,7 · 120 000 = 84 000 haben Herrn Baum gewählt.

b) 84 000 von 200 000 sind 42 %

6 a) (1 h + 1,5 h + 0,5 h + 2 h + 1,5 h) : 5 = 1,3 h

b) Sa: 4,5 h – 1,3 h = 3,2 h ≙ 246 %
So: 3,5 h – 1,3 h = 2,2 h ≙ 169 %

---

zu Seite 8
Terme umformen

1 a) $5x$ b) $-4x^2$ c) $4x + 12$ d) $3x^2 - 1{,}2x$
e) $x^3 + 2x^2$ f) $0{,}2x^2 - 2x$ g) $-x^2$ h) $4x^4 - 4x^2$

2 **C**

3 a) $3x + 0{,}5y$
$27x^2y^2$
b) $-0{,}5a - 1{,}2ab$
$-0{,}6a^4b^2$
c) $4{,}7x^3 + 2{,}5x$
$2{,}25x^8$
d) $-\frac{1}{6}x^2 - 0{,}25cx$
$\frac{5}{16}c^2x^6$

4 a) $-x + y$ b) $-x$ c) $-y + 1$ d) x
e) $2x^3 - 10$ f) $x^2 - 4x - 3$ g) $x^2 + 0{,}3x + 0{,}7$ h) $2x^3 - 10x$

5 a) $2b + 4ab$ b) $15x - 33x^2$ c) $12x + 8y - 4z$ d) $-8y + 2y^2 - 6xy$
e) $-36x^3 + 12x^2$ f) $-4y^2 + ay^2 - y^3$

6 a)

·	$4x$	-3	
$2x$	$8x^2 = 4x \cdot 2x$	$-6x = -3 \cdot 2x$	
			$2x \cdot (4x - 3)$

b)

·	$3a$	$-4b$	
6	$18a = 3a \cdot 6$	$-24b = -4b \cdot 6$	
			$6 \cdot (3a - 4b)$

c)

·	$6y$	$5x$	
$2y$	$12y^2 = 6y \cdot 2y$	$10xy = 5x \cdot 2y$	
			$2y \cdot (6y + 5x)$

d)

·	$2y^2$	$5x^2$	
$3xy$	$6xy^3 = 2y^2 \cdot 3xy$	$15x^3y = 5x^2 \cdot 3xy$	
			$3xy \cdot (2y^2 + 5x^2)$

7 a) $5x\,(3x + 7)$ b) $-3\,(x^2 + 4x - 6)$ c) $-6y\,(y + 0{,}5)$ d) $8\,(2a - 3{,}5 + a^2)$ e) $6\,(y^2 + 2y - 1)$
f) $-4(x^2 - \frac{1}{4}x + 1)$

8 a) $u\,(x) = (3x + 16{,}6)$ cm; $A\,(x) = (8{,}8x + 10)$ cm² b) $u\,(x) = (6x - 2)$ cm; $A\,(x) = (2x^2 - 3{,}5x + 3{,}75)$ cm²

---

zu Seite 9
Multiplikation von Summen, Binomische Formeln

1 (1) $A\,(x) = (x + 1)(x + 2)$ cm²
$A\,(x) = (x \cdot x + 1 \cdot x + 1 \cdot 2 + x \cdot 2)$ cm²
$A\,(x) = (x^2 + 3x + 2)$ cm²

(2) $A\,(x) = (2 + x + 1)(1 + 0{,}8x)$ cm²
$A\,(x) = [2 \cdot 1 + (x + 1) \cdot 1 + (x + 1) \cdot 0{,}8x + 2 \cdot 0{,}8x]$ cm²
$A\,(x) = (0{,}8x^2 + 3{,}4x + 3)$ cm²

2 a) $x^2 + 5x + 6$ b) $6x^2 - 24$ c) $a^2 + ab + 2a + 2b$ d) $yz + 4y - 3z - 12$
e) $-2x^2 - 2{,}6x + 6$ f) $-3z^2 + 7xz - 28x + 12z$ g) $-x^2 - 4{,}5x - 2$ h) $-13{,}5x - 6$

3 a) $x^2 - 9$ b) $4 + 4y + y^2$ c) $25 - 10x + x^2$ d) $9x^2 + 12x + 4$
e) $25x^2 - 1$ f) $0{,}25x^2 - x + 1$ g) $(2x + 3)^2$ h) $(0{,}1x - 7)^2$
i) $(6 - x^2)(6 + x^2)$ k) $(5x - 0{,}2)^2$

4 a) $(3 + \mathbf{x})^2 = \mathbf{9} + \mathbf{6x} + x^2$ b) $(x - \mathbf{5})^2 = \mathbf{x^2} - \mathbf{10x} + 25$ c) $(\mathbf{x} + 1)(x - 1) = \mathbf{x^2} - 1$ d) $\mathbf{4} + 8x + \mathbf{4x^2} = (\mathbf{2} + 2x)^2$

5 a) $T_{max} = 5$ für $x = 0$ b) $T_{min} = 5$ für $x = 0$ c) $T_{max} = 5$ für $x = -2$ d) $T_{min} = 5$ für $x = -2$
e) $T_{max} = 0$ für $x = -3$ f) $T_{min} = -7$ für $x = -3$ g) $T_{max} = 3$ für $x = 8$ h) $T_{min} = 9$ für $x = 1$

6 a) $T\,(x) = (x + 3)^2 - 6$; $T_{min} = -6$ für $x = -3$
b) $T\,(x) = 2\,(x + 1)^2 + 3$; $T_{min} = 3$ für $x = -1$
c) $T\,(x) = -3\,(x - 1{,}5)^2 + 6{,}75$; $T_{max} = 6{,}75$ für $x = 1{,}5$
d) $T\,(x) = 0{,}5\,(x + 1)^2 + 0{,}5$; $T_{min} = 0{,}5$ für $x = -1$
e) $T\,(x) = -(x + 0{,}5)^2 + 2{,}75$; $T_{max} = 2{,}75$ für $x = -0{,}5$
f) $T\,(x) = 3\,(x + 0{,}2)^2 + 2{,}88$; $T_{min} = 2{,}88$ für $x = -0{,}2$

7 a) $V = 0{,}25a^3 - 0{,}5ab^2$ b) $V_{blau} = V_{gesamt} - V_{gelb}$
$V = 0{,}25a^3 - 0{,}5ab^2 - (a - b) : 2 \cdot a \cdot 0{,}25a$
$V = 0{,}125a^3 - 0{,}5ab^2 + 0{,}125a^2b$

---

zu Seite 10
Lineare Gleichungen und Ungleichungen, Bruchgleichungen

1 a) $\mathbb{L} = \{4\}$ b) $\mathbb{L} = \{-2{,}6\}$ c) $\mathbb{L} = \{-3\}$ d) $\mathbb{L} = \{x \mid x < 2\}$ e) $\mathbb{L} = \{x \mid x < -16\}$ f) $\mathbb{L} = \{-\frac{1}{20}\}$

2 a) $\mathbb{L} = \{4\frac{2}{3}\}$ b) $\mathbb{L} = \{2\}$ c) $\mathbb{L} = \{-12{,}6\}$ d) $\mathbb{L} = \{-\frac{1}{13}\}$

3 a) $3x - 14 - 5x = -6x + 56x - 12 + 11$
$x = -0{,}25$; $\mathbb{L} = \{-0{,}25\}$

b) $3x + x^2 - 3 - x = 8x - 48 + x^2 - 6x$
$-3 = -48$ (f); $\mathbb{L} = \emptyset$

c) $0{,}5x - 2x^2 + 1{,}25 - 5x \geqq 1{,}25 - 5x + 0{,}5x - 2x^2$
$0 \geqq 0$ (w); $\mathbb{L} = \mathbb{Q}$

d) $x^2 - 0{,}09 = x^2 - 1{,}8x + 0{,}81$
$x = 0{,}5$; $\mathbb{L} = \{0{,}5\}$

e) $25x^2 + 40x + 16 + 56x^2 - 20x - 36 + 108x - 81x^2 > 0$
$128x > 20$
$x > 0{,}15625$; $\mathbb{L} = \{x \mid x > 0{,}15625\}$

4 a) $10\,(x - 9) = 4x - 12$
$x = 13$

b) $3x - 6 = \frac{1}{2}(10 - (2x - 6))$
$x = 3{,}5$

c) $\frac{4}{17 + x} = \frac{1}{2 + x}$ $\mathbb{D} = \mathbb{Q} \setminus \{-17;\ -2\}$
$x = 3$

5

	Vater	Kind 1	Kind 2	Kind 3
Alter jetzt	42	8	9	11
Alter in x Jahren	42 + x	8 + x	9 + x	11 + x

$42 + x = 8 + x + 9 + x + 11 + x$ $\mathbb{G} = \mathbb{N}$
$x = 7$ $\mathbb{L} = \{7\}$
In 7 Jahren werden die Kinder von Herrn Glück zusammen genau so alt sein wie Herr Glück selber.

6 $2 \cdot 18 + 2 \cdot (18 - x) = 40{,}4$ $\mathbb{G} = \mathbb{Q}_0^+$
$31{,}6 = 2x$
$x = 15{,}8$ $\mathbb{L} = \{15{,}8\}$

Umfang und Flächeninhalt des unteren Rechtecks:
$u = (2 \cdot 18 + 2 \cdot 15{,}8)$ cm $A = 18 \cdot 15{,}8$ cm²
$u = 67{,}6$ cm $A = 284{,}4$ cm²

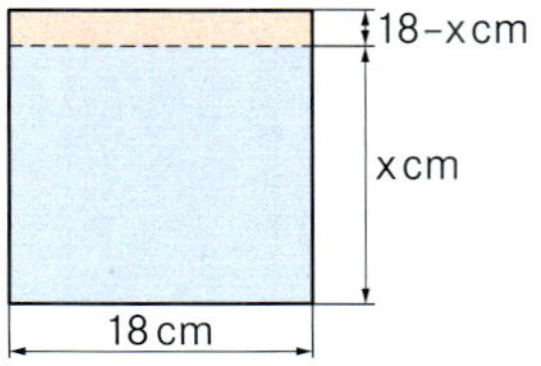

7 a) $13 \cdot 3 = -1 \cdot (4x - 7)$
$x = -8$
$\mathbb{D} = \mathbb{Q} \setminus \{1\frac{3}{4}\}$
$\mathbb{L} = \{-8\}$

b) $-6 \cdot (x - 2) = 4 \cdot (8 - x)$
$x = -10$
$\mathbb{D} = \mathbb{Q} \setminus \{2;\ 8\}$
$\mathbb{L} = \{-10\}$

c) $2x - 5 = 3 + 4x$
$x = -4$
$\mathbb{D} = \mathbb{Q} \setminus \{-\frac{3}{4}\}$
$\mathbb{L} = \{-4\}$

d) $20 = 5(3x - 2)$
$x = 2$
$\mathbb{D} = \mathbb{Q} \setminus \{\frac{2}{3}\}$
$\mathbb{L} = \{2\}$

e) $(x + 1) \cdot x = (x + 2)(x - 2)$
$x = -4$
$\mathbb{D} = \mathbb{Q} \setminus \{0;\ 2\}$
$\mathbb{L} = \{-4\}$

f) $(x - 1) \cdot (4x + 5) = (2x - 3) \cdot (2x + 3)$
$x = -4$
$\mathbb{D} = \mathbb{Q} \setminus \{-1{,}5;\ -1{,}25\}$
$\mathbb{L} = \{-4\}$

---

zu Seite 11
Dreiecke, Strecken im Koordinatensystem

1 **B** 5 cm **C** 9 cm **D** 90 cm

2 Nein, da der größeren Seite der größere Winkel gegenüberliegen muss.
Es muss gelten: $\alpha > 92°$ Das ist wegen der Innenwinkelsumme von 180° nicht möglich.

3 a) $c_1 = 4{,}5$ cm; $b_2 = 4{,}5$ cm; $\triangle A_1B_1C_1 = \triangle A_2B_2C_2$ nach SSS
b) $\triangle A_1B_1C_1$ nicht kongruent zu $\triangle A_2B_2C_2$ (nach WSW)
c) $\triangle A_1B_1C_1$ nicht kongruent zu $\triangle A_2B_2C_2$ (nach SsW)

4 a) $\beta = 180° - (40° + 80°) = 60°$;
Lösung eindeutig nach WSW

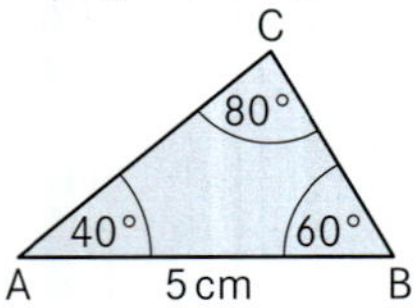

b) Lösung eindeutig nach SWS

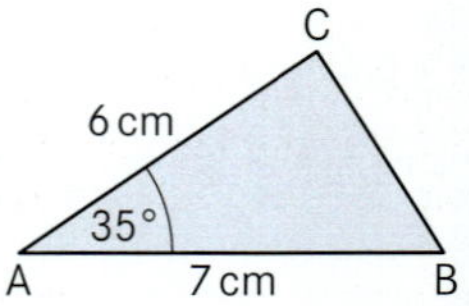

c) Lösung eindeutig nach SSWg

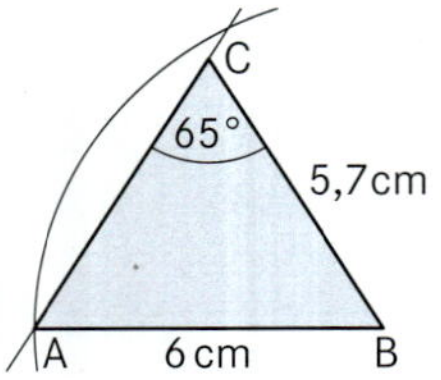

d) Lösung nicht eindeutig, da der gegebene Winkel nicht der größeren der gegebenen Seiten gegenüberliegt.

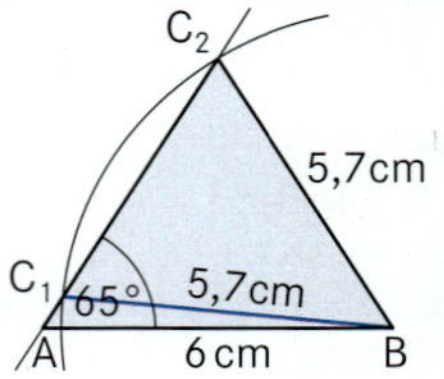

5 a) (1) gleichschenkliges Dreieck (2) rechtwinkliges Dreieck
b) (1) $b = a$; $\gamma = 180° - 2\alpha$; (2) $b > a$ und $b > c$; $\gamma = 90° - \alpha$

6 Es gilt: $\overline{AM} = \overline{PM}$; $\sphericalangle AMB = \sphericalangle PMQ$; $\overline{BM} = \overline{QM}$
Damit sind die Dreiecke AMB und MPQ kongruent nach SWS. Es folgt: $\overline{AB} = \overline{PQ}$

7 a) $\overrightarrow{AB} = \binom{-2}{-4}$; $\overrightarrow{PQ} = \binom{2}{4}$ Die beiden Strecken sind gleich lang und parallel.

b) $\overrightarrow{AB} = \binom{6}{2}$; $\overrightarrow{PQ} = \binom{6}{4}$ Die beiden Strecken sind nicht gleich lang und nicht parallel.

zu Seite 12
Thaleskreis

1 a)
b)

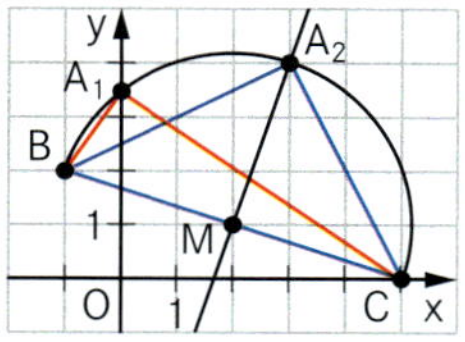

2 a)
b)

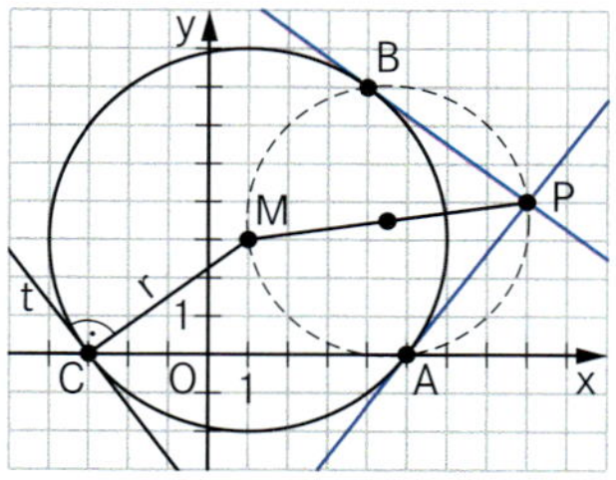

c) Die Parallele zur x-Achse durch den Punkt (0 | 3) schneidet den Kreis zweimal.

3 a) Die Punkte B und D liegen auf dem Thaleskreis über [AC]
c) Für $D_2(x \mid 3)$ gibt es zwei Rechtecke, da die Parallele zur x-Achse den Thaleskreis zweimal schneidet, für $B_3(x \mid -3)$ gibt es keinen Schnittpunkt.

3 b)
d)

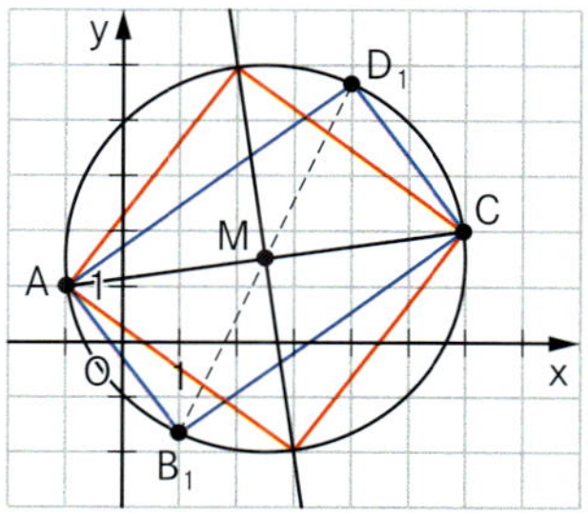

---

zu Seite 12
Zufallsexperimente

1 $\Omega = \{8;\ 12;\ 16;\ 24;\ 32;\ 48\}$
a) $E = \Omega$; $\overline{E} = \emptyset$
b) $E = \{32;\ 48\}$; $\overline{E} = \{8;\ 12;\ 16;\ 24\}$
c) $E = \{12;\ 16;\ 24\}$; $\overline{E} = \{8;\ 32;\ 48\}$
d) zu a) $P(E) = 100\,\%$ $P(\overline{E}) = 0\,\%$
zu b) $P(E) = \frac{2}{6} = \frac{1}{3} = 33{,}3\,\%$; $P(\overline{E}) = 66{,}7\,\%$

2 a) Bei der Überprüfung sind 215 Lastwagen in Ordnung.
b) Mehr als 4 Schüler kommen nicht regelmäßig zu Fuß in die Schule.
c) Bei der letzten Stegreifarbeit gab es keine Eins.

3 a) Die Summe 4 ist zweimal möglich: $P = \frac{2}{6} = \frac{1}{3} = 33{,}3\,\%$
b) Das Produkt 0 ist viermal möglich: $P = \frac{4}{6} = \frac{2}{3} = 66{,}7\,\%$

4 a)

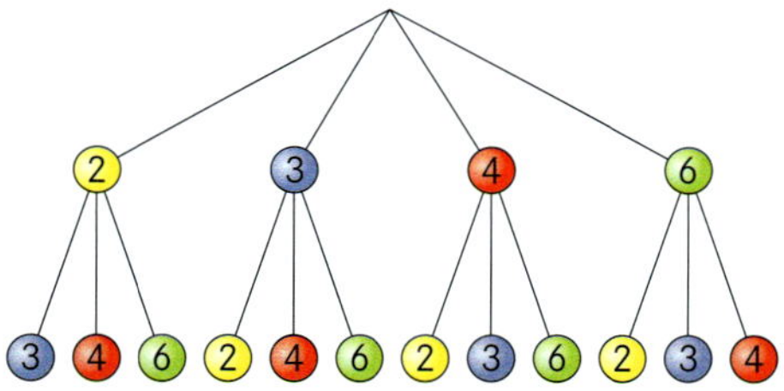

b) Summe 8: $P = \frac{2}{12} = \frac{1}{6} = 16{,}7\,\%$
Produkt 12: $P = \frac{4}{12} = \frac{1}{3} = 33{,}3\,\%$

---

zu Seite 13
Vierecke

1 a) Rechteck, Quadrat
b) Drachen
c) Parallelogramm, Raute, Rechteck, Quadrat
d) Raute, Quadrat
e) wie c)
f) Parallelogramm, Raute, Rechteck, Quadrat
g) Drachen, Raute, Quadrat

2 ABGH; ACFH; ADEH BCFG; BDEG; CDEF

3 a)

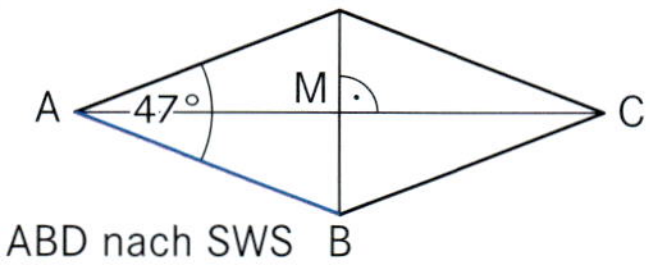

△ ABD nach SWS

d)

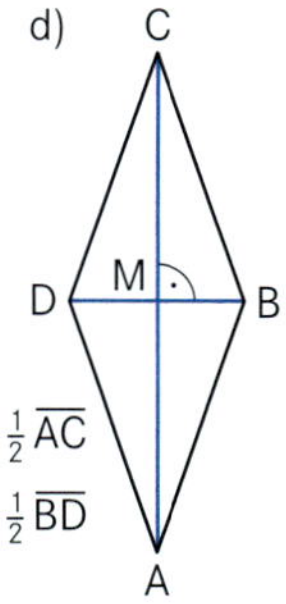

$\overline{AM} = \frac{1}{2}\overline{AC}$
$\overline{BM} = \frac{1}{2}\overline{BD}$

b)

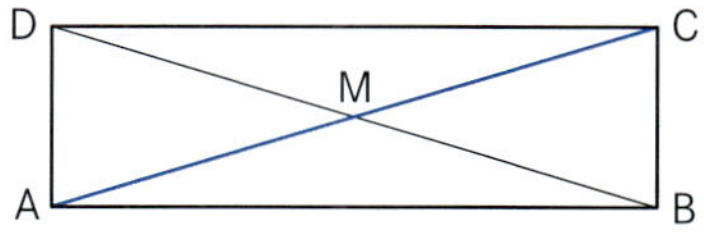

c)
$\overline{AC} = \overline{BD}$

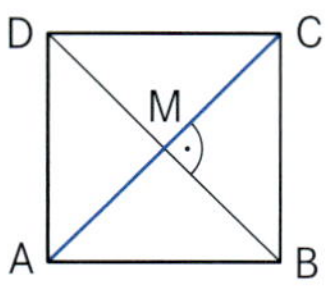

e)

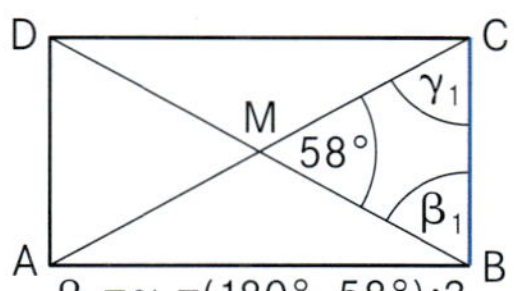

$\beta_1 = \gamma_1 = (180° - 58°) : 2$

4 $\sphericalangle$ DCA = $\sphericalangle$ BAC = 35°
$\sphericalangle$ ACB = β (das Dreieck ABC ist gleichschenklig) 2β + 35° = 180°; β = 72,5°

5 a)
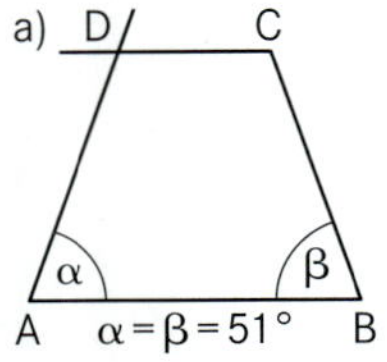

b)
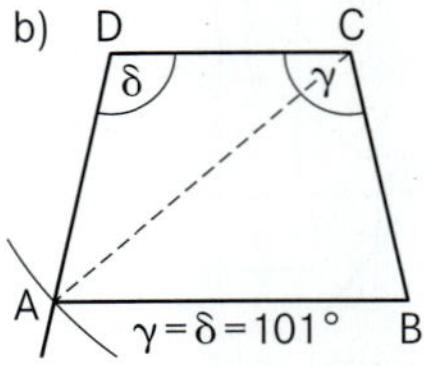

6 a)
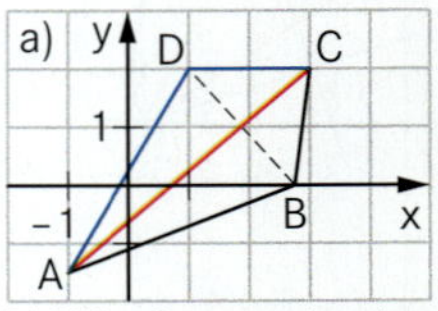

[AC] ist Symmetrieachse

b)
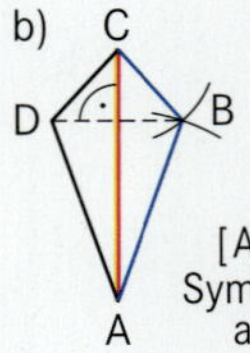

[AC] ist Symmetrie-achse

7 a)
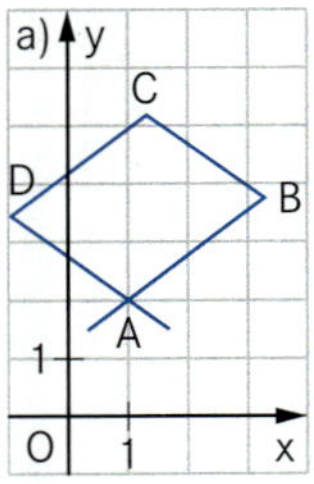

$\overrightarrow{DA} = \overrightarrow{CB} = \begin{pmatrix} 1,9 \\ -1,4 \end{pmatrix}$

$D(-0,9 \mid 3,4) \xmapsto{\begin{pmatrix} 1,9 \\ -1,4 \end{pmatrix}} A(1 \mid 2)$

b)
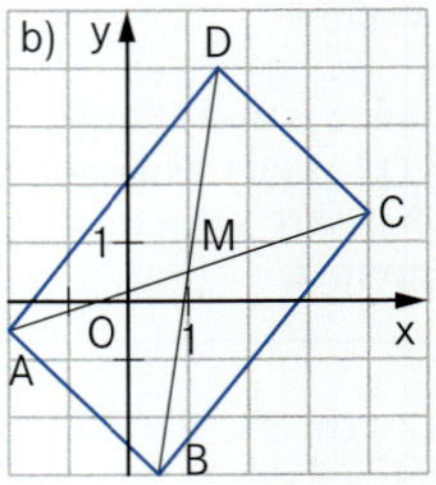

$\overrightarrow{AM} = \begin{pmatrix} 3 \\ 1 \end{pmatrix}$;

$M(1 \mid 0,5) \xmapsto{\begin{pmatrix} 3 \\ 1 \end{pmatrix}} C(1+3 \mid 0,5+1)$
$C(4 \mid 1,5)$

Entsprechend: B (0,5 | 3)

8 $\overrightarrow{PQ} = \begin{pmatrix} 2,5 + 1,5 \\ -0,5 + 1,5 \end{pmatrix} = \begin{pmatrix} 4 \\ 1 \end{pmatrix}$ $\overrightarrow{SR} = \begin{pmatrix} 4 \\ 1 \end{pmatrix}$ Es folgt: [PQ] ∥ [SR] und $\overline{PQ} = \overline{SR}$

$\overrightarrow{PS} = \begin{pmatrix} 1 \\ 3 \end{pmatrix}$ $\overrightarrow{QR} = \begin{pmatrix} 1 \\ 3 \end{pmatrix}$ Es folgt: [PS] ∥ [QR] und $\overline{PS} = \overline{QR}$

---

zu Seite 14
Funktionen

1 R mit $y = -0,5x^2 + 3$

a) für x = −4 einsetzen: $y = -0,5 \cdot (-4)^2 + 3$
usw. $y = -5 \in \mathbb{Z}$
R = {(−4 | −5); (−2 | 1); (0 | 3); (2 | 1); (4 | −5)}

c) R ist eine Funktion, da zu jedem x-Wert nur ein y-Wert existiert.

b)
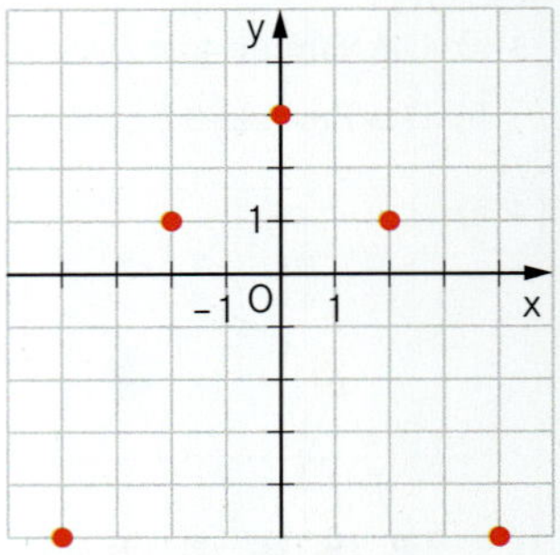

2 a)
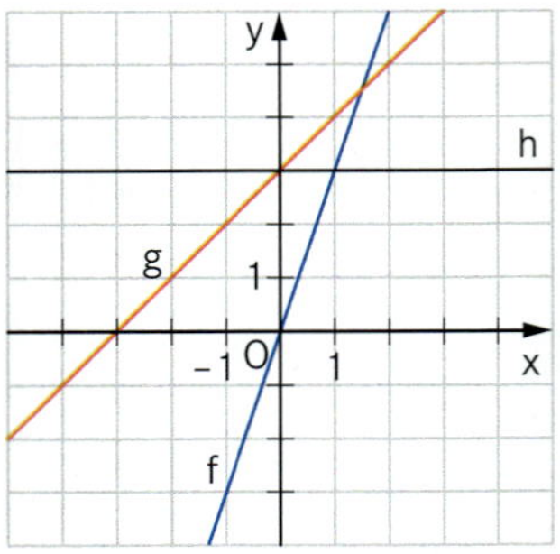

b) f : y = −1,5x + 2
g : y = 1,5x + 2
h : y = −4x − 4

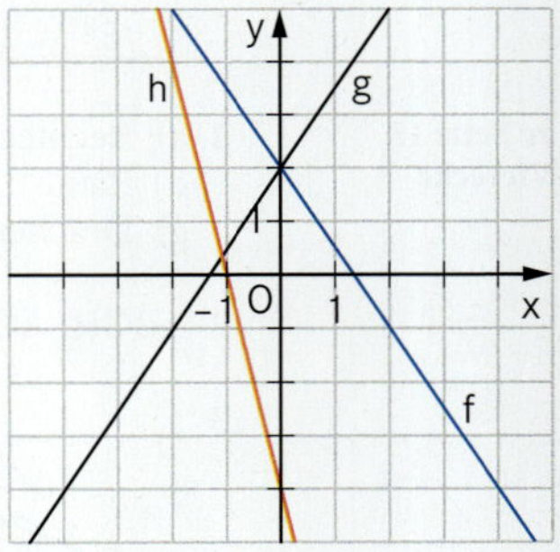

3 g_1: y = 3x − 2
g_2: y = 2
g_3: y = −x + 2
g_4: y = −2x

4 a) $\overrightarrow{AB} = \begin{pmatrix} 7 \\ -2 \end{pmatrix}$; $m = -\frac{2}{7}$; g: $y = -\frac{2}{7}(x - 2) + 1$ bzw. g: $y = -\frac{2}{7}x + \frac{11}{7}$

b) g: y = −x + 5,5 c) g: y = −12x + 5,5 d) g: $y = \frac{5}{3}x + \frac{25}{3}$

5 a) b) c)

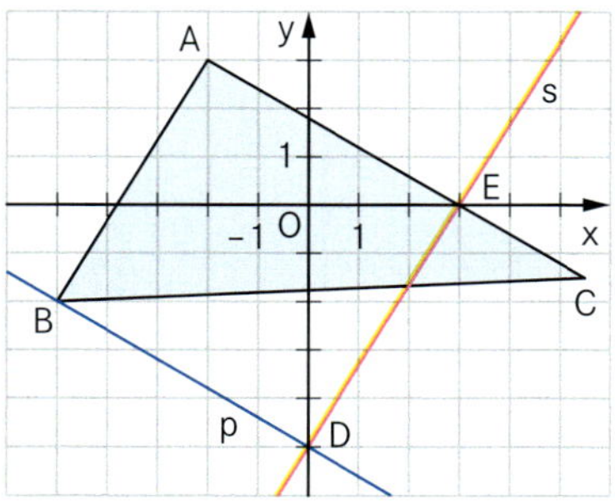

$\overrightarrow{AB} = \begin{pmatrix} -3 \\ -5 \end{pmatrix}$; $m_1 = \frac{5}{3}$

$\overrightarrow{AC} = \begin{pmatrix} 7{,}5 \\ -4{,}5 \end{pmatrix}$; $m_2 = -\frac{9}{15} = -\frac{3}{5}$

$m_1 \cdot m_2 = -1$, also $[AB] \perp [AC]$

b) p mit $y = -\frac{3}{5}(x + 5) - 2$

$y = -\frac{3}{5}x - 5$; also D (0 | −5)

c) s mit $y = \frac{5}{3}(x - 3)$

$y = \frac{5}{3}x - 5$; also $D \in s$

6 a) Koordinaten von A einsetzen in p (t)

$4 = 0{,}5 \cdot (-1) + t$

$4{,}5 = t$

p_1: $y = 0{,}5x + 4{,}5$

Ebenso in g (m) einsetzen:

$4 = m(-1 - 3) + 1$

$m = -\frac{3}{4}$

g_1 mit $y = -\frac{3}{4}(x - 3) + 1$

$y = -\frac{3}{4}x + \frac{13}{4}$

b) m = 0,5 in g (m) einsetzen

g mit $y = 0{,}5(x - 3) + 1$

$y = 0{,}5x - 0{,}5$

c) z. B.

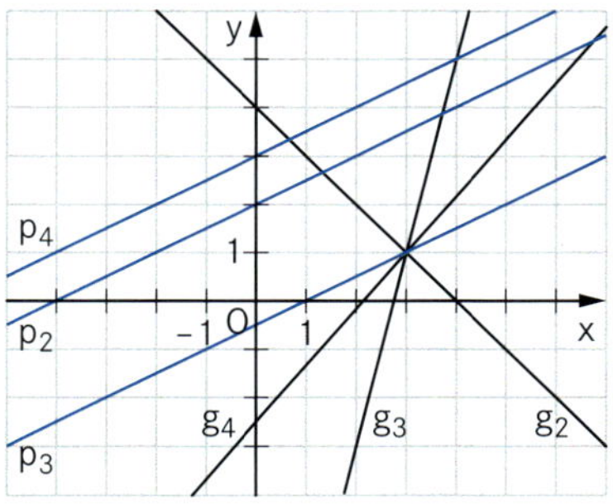

---

zu Seite 15
Schrägbild

1 Es wurden verschiedene Verzerrungswinkel und unterschiedliche Verkürzungsfaktoren verwendet.

2 a), c)

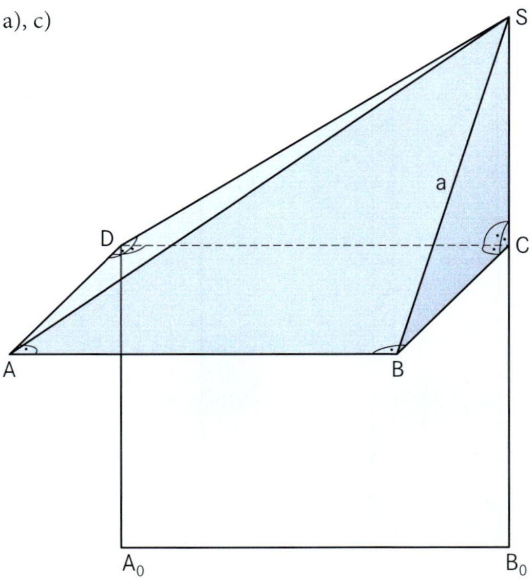

b) $\alpha = 90°$

d) Winkel: ∢SCD; ∢CDS; ∢DSC

Strecken: [AB], [CD], [CS], [DS]

3

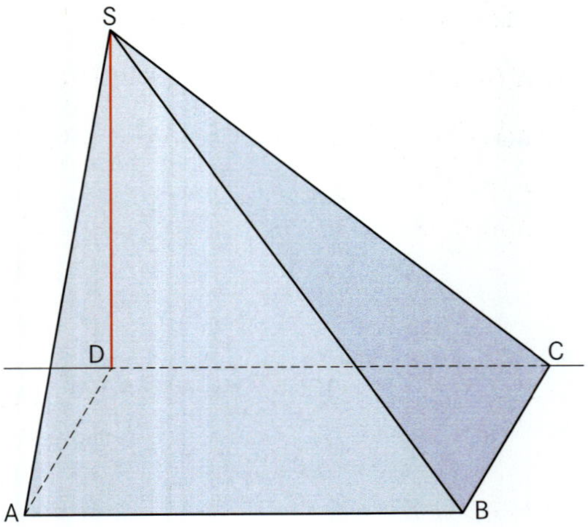

4 a), b), c)

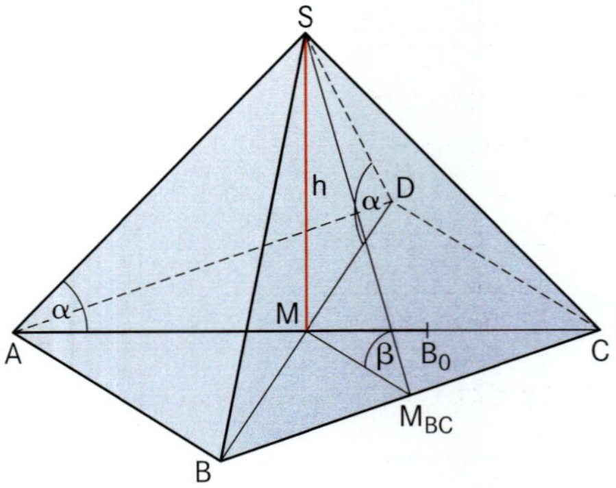

d) Winkel: ∢MAS, ∢SCM, ∢SMA, ∢CMS, ∢ASC, ∢ASM, ∢MSC
Strecken: [AC], [AS], [CS], [MS]

---

zu Seite 244
Flächeninhalt ebener Vielecke

1 a) $A = \frac{1}{2} \cdot 4{,}7\ \text{dm} \cdot 3\ \text{dm}$ $A = 7{,}05\ \text{dm}^2$ b) $e = 6{,}5$ cm c) $h_c = 2{,}5$ m d) $A = 6{,}25\ \text{cm}^2$
e) $c = 0{,}4$ cm f) $e = 7{,}5$ dm g) $A = 0{,}18\ \text{m}^2$

2 a) Dachfläche: $A = 2\,[0{,}5 \cdot (18{,}4\ \text{m} + 9{,}8\ \text{m}) \cdot 7{,}73\ \text{m}] + 2\,[0{,}5 \cdot 14{,}6\ \text{m} \cdot 5{,}0\ \text{m}] = 291\ \text{m}^2$
Kosten: 291 · 45 € = 13 095 €

3 a) $\frac{1}{2} \cdot 0{,}6 \cdot (3{,}5 - x) = \frac{1}{2} \cdot x \cdot 2{,}2$ b) $A = 6{,}05\ \text{m}^2$
$x = 0{,}75$; 75 cm Abstand

4 a)

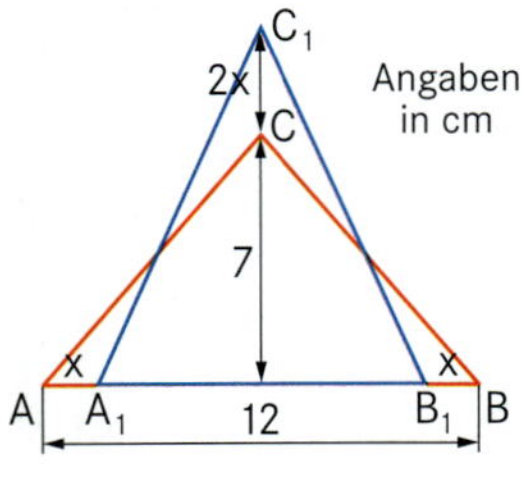

b) $x \in [0;\ 6[$

c) $A(x) = \frac{1}{2}(12 - 2x)(7 + 2x)\ \text{cm}^2$

$A(x) = (-2x^2 + 5x + 42)\ \text{cm}^2$

d) $A(x) = (-2\,[x^2 - 2{,}5\,x + \left(\frac{5}{4}\right)^2 - \frac{25}{16}] + 42)\ \text{cm}^2$

$A_{max} = 45{,}125\ \text{cm}^2$ für $x = 1{,}25$

$A_1 = 42\ \text{cm}^2$, $A = 45\ \text{cm}^2$ A ist um 7 % größer e) $7 + 2x = 6 - x$; $x = -\frac{1}{3}$ da $x < 0$ → nein

5 a) $\overrightarrow{AB} = \begin{pmatrix} 8 \\ 3 \end{pmatrix}$ $\overrightarrow{AC} = \begin{pmatrix} -2 \\ 5 \end{pmatrix}$ $A = \frac{1}{2}\begin{vmatrix} 8 & -2 \\ 3 & 5 \end{vmatrix}$ FE; $A = 23$ FE

b) $\overrightarrow{CA} = \begin{pmatrix} -1 \\ -4 \end{pmatrix}$ $A = \frac{1}{2}\begin{vmatrix} -1 & 6 \\ -4 & 3 \end{vmatrix}$ FE; $A = 10{,}5$ FE

6 B(0|y); $\overrightarrow{AB} = \begin{pmatrix}6\\y-1{,}5\end{pmatrix}$; $\overrightarrow{AD} = \begin{pmatrix}-1\\3\end{pmatrix}$ $22\text{ FE} = \begin{vmatrix}6 & -1\\y-1{,}5 & 3\end{vmatrix}\text{ FE}$; $22 = 18 + y - 1{,}5$; $y = 5{,}5$ B(0|5,5)

7

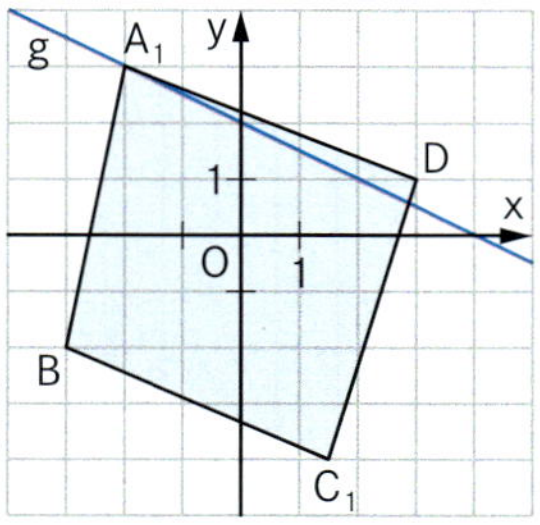

a) $A_1(-2|3)$

$\overrightarrow{BD} = \begin{pmatrix}6\\3\end{pmatrix}$; $\overrightarrow{BA_1} = \begin{pmatrix}1\\5\end{pmatrix}$

$A_1 = 2 \cdot \frac{1}{2} \cdot \begin{vmatrix}6 & 1\\3 & 5\end{vmatrix}$ FE

$A_1 = 27$ FE

b) $A_n(x|-\frac{1}{2}x + 2)$

$\overrightarrow{BA_n} = \begin{pmatrix}x+3\\-\frac{1}{2}x+4\end{pmatrix}$

$33\text{ FE} = 2 \cdot \frac{1}{2} \cdot \begin{vmatrix}6 & x+3\\3 & -\frac{1}{2}x+4\end{vmatrix}\text{ FE}$

$33 = -3x + 24 - 3x - 9$

$x = -3$

$A_2(-3|3{,}5)$

---

zu Seite 245 Lineare Gleichungssysteme

1 a) $\mathbb{L} = \{(-1|2{,}5)\}$ b) $\mathbb{L} = \emptyset$ c) $\mathbb{L} = \{(-3|-3{,}5)\}$

2 a) $\mathbb{L} = \{(1{,}2|0{,}3)\}$ b) $\mathbb{L} = \{(x|y)\,|\,y = 4x - 7\}$ c) $\mathbb{L} = \emptyset$

3

	US-Dollar	CAN-Dollar
Preis pro Dollar (€)	x	y
Preis für 500 US-Dollar (€)	500x	
Preis für 600 CAN-Dollar (€)		600y
Preis für 100 US-Dollar (€)	100x	
Preis für 100 CAN-Dollar (€)		100y

A: Ein USD kostet 0,815 € und ein CAD 0,805 €.

(1) $500x + 600y = 890{,}5$
(2) $\wedge$ $100x + 100y = 162$ $|\cdot(-5)$

(1) + (2*) $100y = 80{,}5$
$y = 0{,}805$ in (2)
$100x + 100 \cdot 0{,}805 = 162$
$x = 0{,}815$

4 a) $g_1 = AB$ mit $y = -0{,}5x + 5$ g_2 mit $y = 2x + 2$
(1) $y = -0{,}5x + 5$
(2) $\wedge$ $y = 2x + 2$
$\mathbb{L} = \{(1{,}2|4{,}4)\}$ → S(1,2|4,4)

b) Die Gerade g_2 durch den Punkt C(0|2) verläuft parallel zu g_1.
(1) $y = -0{,}5x + 5$
(2) $\wedge$ $y = -0{,}5x + 2$
$\mathbb{L} = \emptyset$

c) h: $y = \frac{1}{3}x$

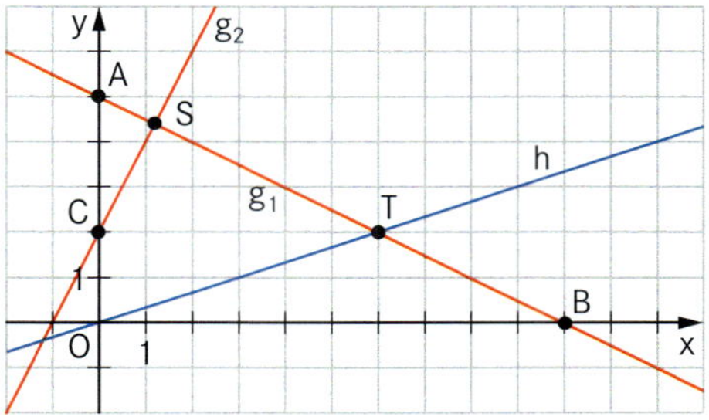

5 a) –
b) AN mit $y = 0{,}75x$ DM mit $y = -3x + 6$
(1) $y = 0{,}75x$
(2) $\wedge$ $y = -3x + 6$
$\mathbb{L} = \{(1{,}6|1{,}2)\}$ → S(1,6|1,2)

c) $A_{MBNS} = A_{ABN} - A_{AMS}$
$A_{MBNS} = (0{,}5 \cdot 4 \cdot 3 - 0{,}5 \cdot 2 \cdot 1{,}2)$ FE = 4,8 FE

---

zu Seite 245 Reelle Zahlen

1 a) $x = 0{,}8$; $x = -0{,}8$ b) nicht definiert c) $x = 0{,}3$; $x = -0{,}3$ d) $x = 25$; $x = -25$

2 a) $5\sqrt{a} - \sqrt{x}$ b) $x + 6\sqrt{x}$

3 a) $3\sqrt{x}$ b) $9\frac{b^2}{a^2}$ c) $2a\sqrt{a}$ d) x^2y^2
e) $6a^2b$ f) $10a - 8a^2$ g) 2 h) $4x - y$

4 $A_{Raute} = \frac{1}{2}e \cdot f$ $A_{Raute} = 324\text{ cm}^2$ → Seitenlänge des Quadrats: 18 cm

5 a) $\sqrt{x^2 - 12x + 36} = \sqrt{(x-6)^2} = x - 6$ (w)

b) $\sqrt{x^2 - 36} = \sqrt{(x+6)(x-6)} = x - 6$ (f)

c) $\frac{\sqrt{18x} - \sqrt{10x}}{\sqrt{8x}} = \frac{\sqrt{9 \cdot 2x} - \sqrt{5 \cdot 2x}}{\sqrt{4 \cdot 2x}} = \frac{(\sqrt{9} - \sqrt{5})\sqrt{2x}}{\sqrt{4}\sqrt{2x}} = \frac{3 - \sqrt{5}}{2} = 1$ (f)

oder: $\frac{\sqrt{18x} - \sqrt{10x}}{\sqrt{8x}} = \frac{\sqrt{18x}}{\sqrt{8x}} - \frac{\sqrt{10x}}{\sqrt{8x}} = \sqrt{\frac{18x}{8x}} - \sqrt{\frac{10x}{8x}} = \sqrt{2{,}25} - \sqrt{1{,}25} = 1$ (f)

d) $\frac{\sqrt{x^2 - 2x + 1}}{x} = \frac{\sqrt{(x-1)^2}}{(x-1)} = \frac{(x-1)}{(x-1)} =$ 1 (w)

---

zu Seite 246
Flächensätze

1 a) $(17{,}5\text{ cm})^2 - (10{,}5\text{ cm})^2 = l^2$; $l = 14$ cm

b) $(17{,}5\text{ cm})^2 = 2 \cdot a^2$; $a = 12{,}37$ cm

c) $A_Q = (12{,}37\text{ cm})^2 = 153{,}02\text{ cm}^2$; $A_{RE} = 147\text{ cm}^2$ $\triangle A = 6{,}02\text{ cm}^2$; $\frac{6{,}02 \cdot 100\,\%}{153{,}02} = 4\,\%$

2 $d = \sqrt{a^2 + b^2 + c^2}$ $d = \sqrt{7^2 + 5^2 + 3^2}\text{ cm} = \sqrt{83}\text{ cm} = 9{,}11$ cm

3 $a = 4$ cm; $V = 64\text{ cm}^3$; $O = 96\text{ cm}^2$

4 a) $\overline{BC} = \sqrt{50^2 + 55^2}$ m; $\overline{BC} = 74{,}33$ m

$\overline{DC} = 33{,}63$ m;

Kathetensatz: $(55\text{ m})^2 = 74{,}33\text{ m} \cdot \overline{BD}$; $\overline{BD} = 40{,}7$ m

Höhensatz: $\overline{AD}^2 = 40{,}7\text{ m} \cdot 33{,}63\text{ m}$; $\overline{AD} = 37{,}0$ m

b) $A_{ABD} = \frac{1}{2} \cdot 40{,}7 \cdot 37\text{ m}^2$; $A_{ABD} = 753\text{ m}^2$; $A_{ADC} = 622\text{ m}^2$

5 a)

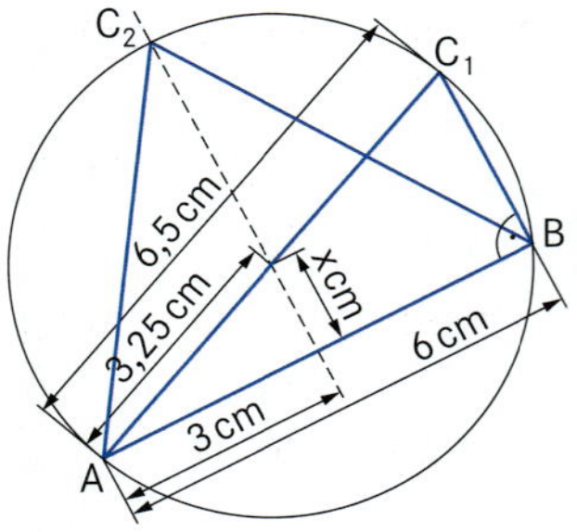

$\overline{AC_1} = 2 \cdot 3{,}25$ cm

$\overline{AC_1} = 6{,}5$ cm

$\overline{BC_1}^2 = (6{,}5\text{ cm})^2 - (6\text{ cm})^2$

$\overline{BC_1} = 2{,}5$ cm

b) $x^2 = 3{,}25^2 - 3^2$;
$x = 1{,}25$; $h = 4{,}5$ cm

$\overline{AC_2}^2 = (3\text{ cm})^2 + (4{,}5\text{ cm})^2$;

$\overline{AC_2} = 5{,}41$ cm

6

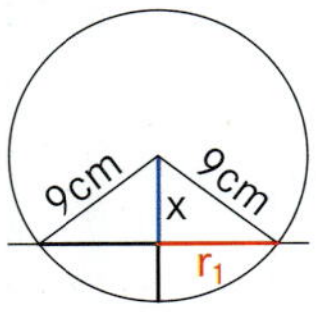

Eintauchtiefe: $\frac{1}{5}d = \frac{18\text{ cm}}{5} = 3{,}6$ cm

$x = (9 - 3{,}6)\text{ cm} = 5{,}4$ cm

$r_1^2 = (9\text{ cm})^2 - (5{,}4\text{ cm})^2$

$r_1 = 7{,}2$ cm

7 a)

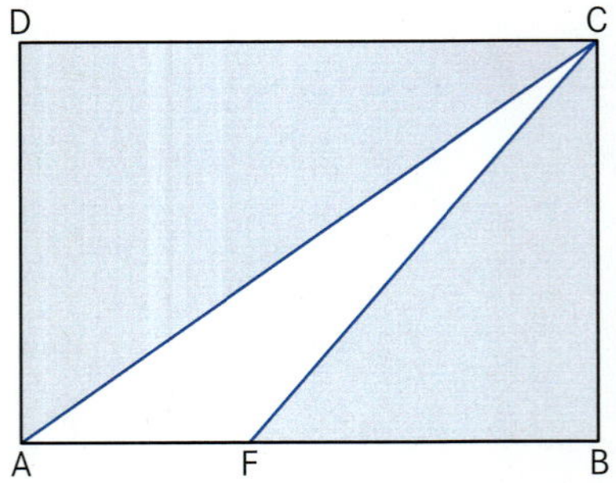

b) $\overline{AC} = \sqrt{\overline{AB}^2 + \overline{BC}^2} = \sqrt{82^2 + 58^2}$ mm

$= \sqrt{10\,088}\text{ mm} = 100{,}44\text{ mm} = 10{,}04$ cm

$\overline{FC} = \sqrt{\overline{FB}^2 + \overline{BC}^2} = \sqrt{50^2 + 58^2}$ mm

$= \sqrt{5864}\text{ mm} = 76{,}58\text{ mm} = 7{,}66$ cm

$\overline{AF} + \overline{FC} = 3{,}2\text{ cm} + 7{,}66\text{ cm} = 10{,}86$ cm

10,86 cm − 10,04 cm = 0,82 cm = 8,2 mm

8

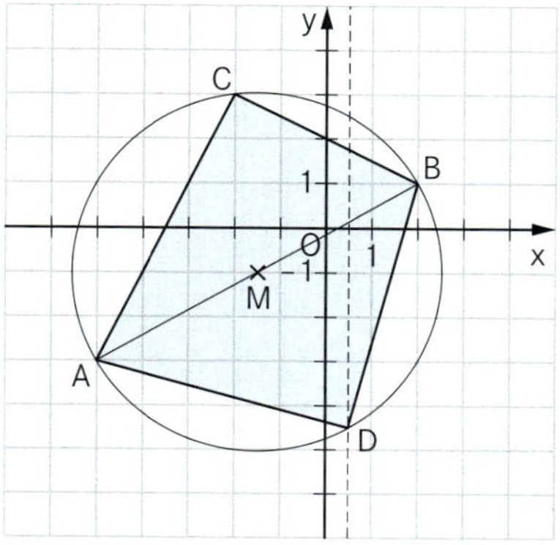

b) $\overline{AD} = \overline{BD}$;

$\sqrt{5{,}5^2 + (y+3)^2} = \sqrt{(-1{,}5)^2 + (y-1)^2} \quad |^2$

$y^2 + 6y + 39{,}25 = y^2 - 2y + 3{,}25$

$y = -4{,}5 \qquad D\,(0{,}5\,|\,-4{,}5)$

c) gemeinsamer Umkreis:

$\overline{MA} = \overline{MB} = \overline{MC} = \overline{MD} = \sqrt{16{,}25}$ LE

a) $\overline{AB} = \sqrt{7^2 + 4^2}$ LE $= \sqrt{65}$ LE

$\overline{AC} = \sqrt{9 + 36}$ LE $= \sqrt{45}$ LE

$\overline{BC} = \sqrt{16 + 4}$ LE $= \sqrt{20}$ LE

$\overline{AB}^2 =? \ \overline{AC}^2 + \overline{BC}^2$

$\sqrt{65}^2 =? \ \sqrt{45}^2 + \sqrt{20}^2$

$65 = 65$ (w) $\Rightarrow$ rechtwinklig

$A_{ABC} = \frac{1}{2} \cdot \overline{AC} \cdot \overline{BC}$

$= \frac{1}{2} \cdot \sqrt{45} \cdot \sqrt{20}$ FE

$= 15$ FE

9 a)

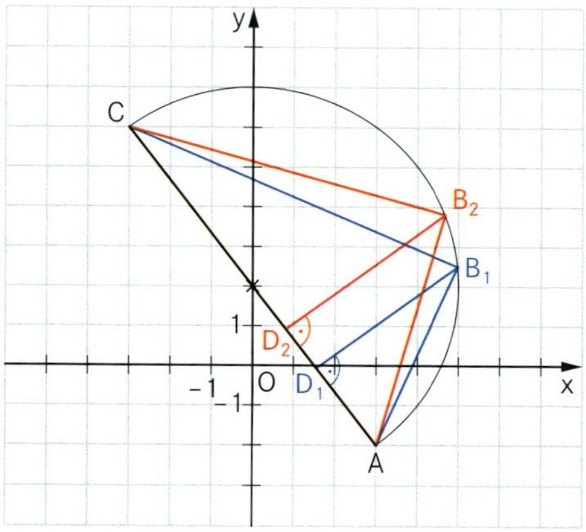

$\overline{AC} = 10$ LE

$\overline{AD_1} = 2{,}5$ LE

Kathetensatz:

$\overline{AB_1}^2 = 2{,}5 \text{ LE} \cdot 10 \text{ LE}$

$\overline{AB_1} = 5$ LE

$\overline{B_1C}^2 = (10 \text{ LE})^2 - (5 \text{ LE})^2$

$\overline{B_1C} = 8{,}66$ LE

b) $\overline{CB_2}^2 = (10 \text{ LE})^2 - (6 \text{ LE})^2$

$\overline{CB_2} = 8$ LE

$\overline{AB_2}^2 = \overline{AD_2} \cdot \overline{AC}$

$(6 \text{ LE})^2 = \overline{AD_2} \cdot 10$ LE

$\overline{AD_2} = 3{,}6$ LE; $\quad \overline{CD_2} = 6{,}4$ LE

---

zu Seite 247
Quadratische Funktionen

1 a) p_1: $y = (x-3)^2 - 2$ b) p_2: $y = -(x+1)^2 + 4$ c) p_3: $y = 0{,}5(x-1)^2$

2 a) $S_1\,(0\,|\,-4)$; $S_2\,(2\,|\,-4)$ b) $S_1\,(-3{,}5\,|\,0)$; $S_2\,(1\,|\,4)$ c) $S_1\,(1\,|\,3)$; $S_2\,(-1\,|\,-2)$

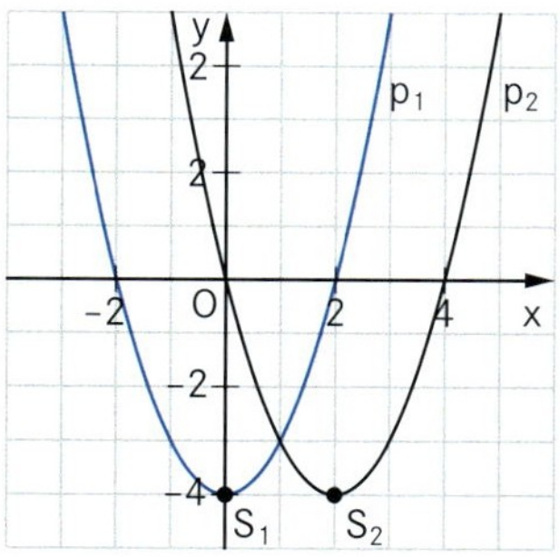

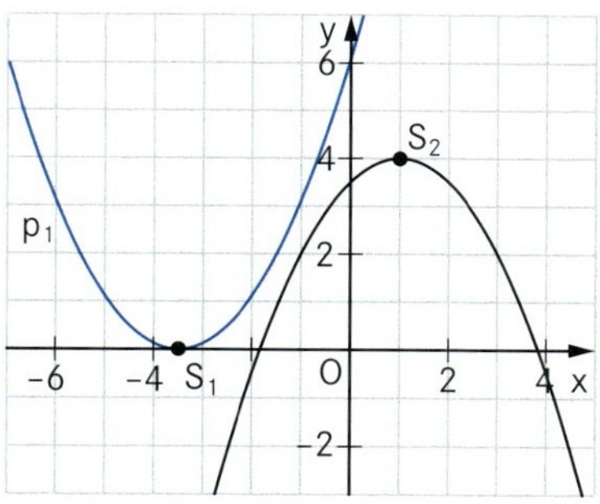

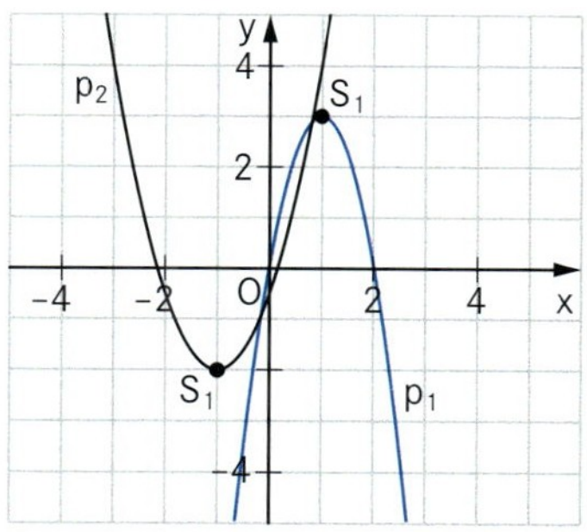

3 a) $y = -2x^2 + bx + c$

$-3 = -2 \cdot (-1)^2 - 1b + c$

$\wedge \ 3 = -2 \cdot 2^2 + 2b + c$

$b = 4$; $c = 3$

p: $y = -2x^2 + 4x + 3$

b) $y = \frac{1}{4}x^2 + bx + c$

$0 = \frac{1}{4} \cdot 64 - 8b + c$

$\wedge \ -0{,}75 = \frac{1}{4} \cdot 25 - 5b + c$

$b = 3$; $c = 8$

p: $y = \frac{1}{4}x^2 + 3x + 8$

4 a) mit S: $y = a(x + 4)^2 + 0{,}5$
mit P: $-8{,}5 = a(-1 + 4)^2 + 0{,}5$
$a = -1$
p: $y = -(x + 4)^2 + 0{,}5$ bzw. $y = -x^2 - 8x - 15{,}5$

b) $S(-4\,|\,0{,}5) \xrightarrow{\binom{5}{-2{,}5}} S_1(1\,|\,-2)$
p_1: $y = -(x - 1)^2 - 2$

5 a) $x_S = -\frac{1{,}5}{2 \cdot (-0{,}25)} = 3$; $y_S = -0{,}25 - \frac{1{,}5^2}{4 \cdot (-0{,}25)} = 2$; S (3|2)

b)

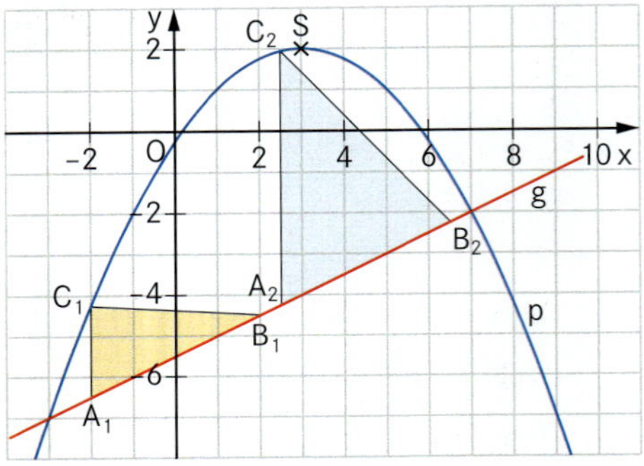

c) $y_B = 0{,}5(x + 4) - 5{,}5$
$y_B = 0{,}5x - 3{,}5$; $B_n(x + 4\,|\,0{,}5x - 3{,}5)$

d) $\overline{A_nC_n} = (-0{,}25x^2 + 1{,}5x - 0{,}25 - (0{,}5x - 5{,}5))$ LE
$\overline{A_nC_n} = (-0{,}25x^2 + x + 5{,}25)$ LE
$A(x) = (0{,}5 \cdot 4 \cdot (-0{,}25x^2 + x + 5{,}25))$ FE
$A(x) = (-0{,}5x^2 + 2x + 10{,}5)$ FE

e) $x_S = -\frac{2}{2 \cdot (-0{,}5)} = 2$; $y_S = 10{,}5 - \frac{4}{-2} = 12{,}5$
$A_{max} = 12{,}5$ FE für x = 2
Somit: $A_0(2\,|\,-4{,}5)$; $B_0(6\,|\,-2{,}5)$; $C_0(2\,|\,1{,}75)$

6 a) A (−640|144); B (640|144)
$y = ax^2$; Koordinaten von A einsetzen:
$144 = a \cdot (-640)^2$
$a = 0{,}00035$; p mit $y = 0{,}00035x^2$

b) $85 = \frac{1}{125}x^2$
$x^2 = 10625$;
$x_1 = 103{,}08$; $x_2 = -103{,}08$
Spannweite w ≈ 206 m

---

zu Seite 248 Quadratische Gleichungen und -systeme

1 a) $x_{1,2} = \frac{-8 \pm \sqrt{64 - 4 \cdot 1 \cdot 12}}{2 \cdot 1}$; $x_1 = -2$; $x_2 = -6$; $\mathbb{L} = \{-6;\ -2\}$

b) $\mathbb{L} = \emptyset$

c) $\mathbb{L} = \{-2;\ 4\}$

2 a) $D = a^2 - 4 \cdot 1 \cdot (2a - 4) = a^2 - 8a + 16$
Eine Lösung, wenn D = 0: $a^2 - 8a + 16 = 0$
$(a - 4)^2 = 0$ $\quad a = 4$

b) $D = -16a^2 - 48a$
$a_1 = 0$; $a_2 = -3$

3 a) $y = x^2 - 4x + 3$
$\wedge\ y = x - 1$
$\Rightarrow x^2 - 4x + 3 = x - 1$
$x_1 = 4$ $\quad x_2 = 1$
$\Rightarrow y_1 = 3$; $y_2 = 0$ $\quad S_1(4\,|\,3)$; $S_2(1\,|\,0)$

b) $y = -x^2 - 4x + 1$
$\wedge\ y = -0{,}5x^2 - x + 5{,}5$
$\Rightarrow -x^2 - 4x + 1 = -0{,}5x^2 - x + 5{,}5$
$-0{,}5x^2 - 3x - 4{,}5 = 0$ $\quad x = -3$
$\Rightarrow y = 4$ $\quad S(-3\,|\,4)$

4 a) p mit $y = (x - 3)^2 - 2$ $\quad$ S (3|−2)

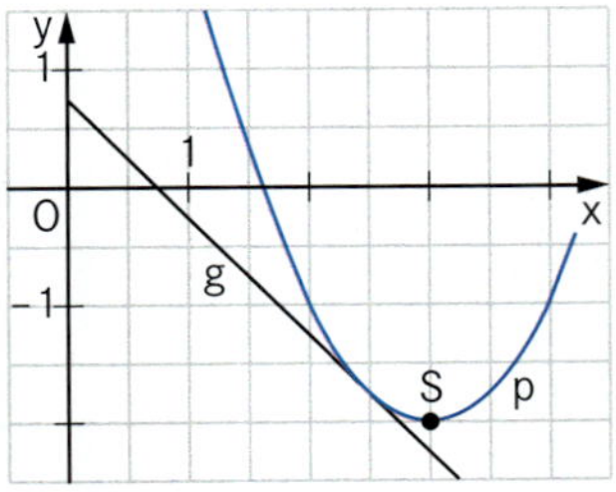

b) $y = x^2 - 6x + 7$
$\wedge\ y = -x + 0{,}75$
$\Rightarrow x^2 - 5x + 6{,}25 = 0$
$D = 25 - 4 \cdot 6{,}25 = 0$
also ist g Tangente an p.

5 a) $y = (x - 4)^2 - 2$
S (4|−2); B (1|3)

b) $y = x^2 - 8x + 14$
$\wedge\ y = mx - m + 3$
$\Rightarrow x^2 - 8x - mx + m + 11 = 0$
$D = 0$: $(-8 - m)^2 - 4(m + 11) = 0$
$m^2 + 12m + 20 = 0$
$m_1 = -10$; $m_2 = -2$
t_1: $y = -10x + 13$ $\quad t_2$: $y = -2x + 5$

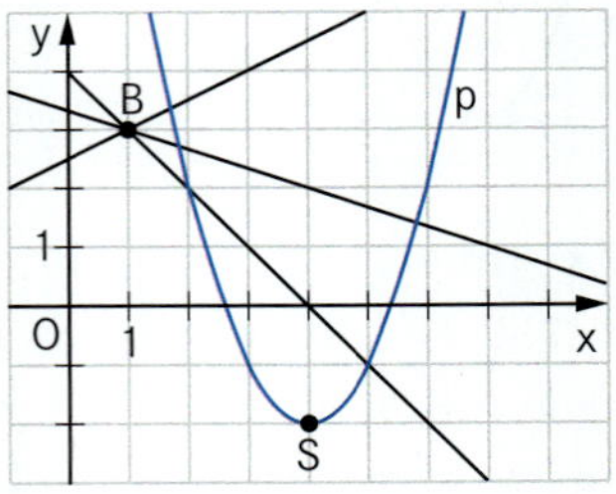

c) keine Schnittpunkte, wenn D < 0
$m^2 + 12m + 20 < 0$
$(m + 10)(m + 2) < 0$
$-10 < m < -2$

6 b)

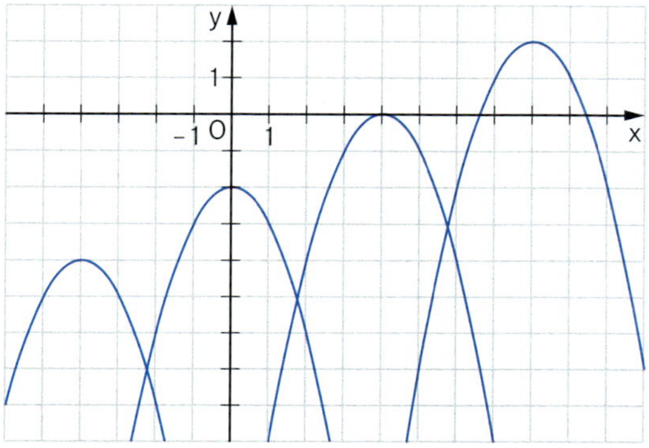

a) $y = -0{,}5\,(x^2 + 4ax + 4a^2) - a - 2$

$y = -0{,}5\,(x + 2a)^2 - a - 2 \quad S\,(-2a\,|-a-2)$

c) $x = -2a \quad \Rightarrow a = -\frac{1}{2}x$

$\wedge\ y = -a - 2$

$\Rightarrow y = -(-\frac{1}{2}x) - 2$

Trägergraph mit $y = \frac{1}{2}x - 2$

7 a)

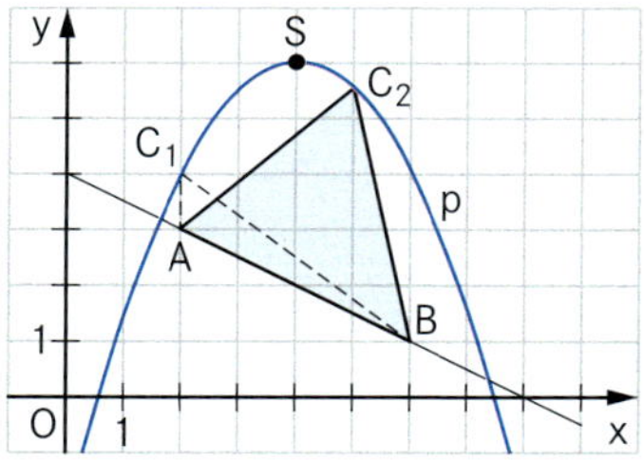

b) $A = \frac{1}{2}\begin{vmatrix} 4 & 0 \\ -2 & 1 \end{vmatrix}$ FE = 2 FE

c) $p \cap AB$:

$y = -0{,}5x^2 + 4x - 2$

$\wedge\ y = -0{,}5x + 4$

$\Rightarrow -0{,}5x^2 + 4{,}5x - 6 = 0$

$x_1 = 1{,}63;\ x_2 = 7{,}37$

$1{,}63 < x < 7{,}37$

d) $A\,(x) = \frac{1}{2}\begin{vmatrix} 4 & x-2 \\ -2 & 0{,}5x^2 + 4x - 5 \end{vmatrix}$ FE

$= (-x^2 + 9x - 12)$ FE

e) $A\,(x) = [-(x^2 - 9x + 4{,}5^2 - 20{,}25 + 12)]$ FE

$= [-(x - 4{,}5)^2 + 8{,}25]$ FE; $A_{max} = 8{,}25$ FE für $x = 4{,}5$

f) $\{C_4\} = p \cap m_{[AB]}$ $\qquad m_{[AB]}$ mit $y = 2\,(x - 4) + 2$

$y = -0{,}5x^2 + 4x - 2$

$\wedge\ y = 2x - 6$

$\Rightarrow y = -0{,}5x^2 + 2x + 4 = 0$

$x_1 = 5{,}46;\ x_2 = -1{,}46$

$\Rightarrow C_4\,(5{,}46\,|\,4{,}92)$ Flächeninhalt $A_4 = \frac{1}{2}\begin{vmatrix} 4 & 3{,}46 \\ -2 & 1{,}92 \end{vmatrix}$ FE = 7,3 FE

Der Flächeninhalt ist um 11,5 % kleiner als A_{max}.

---

zu Seite 249
Zentrische Streckung

1 a)

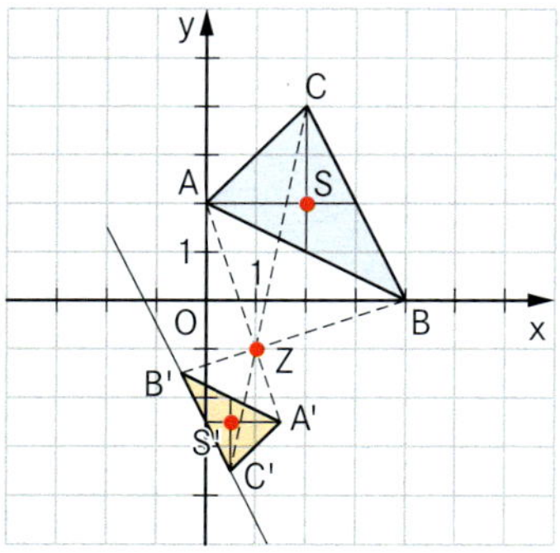

b) $\overrightarrow{A'B'} = k \cdot \overrightarrow{AB}$

$\begin{pmatrix} -0{,}5 - 1{,}5 \\ -1{,}5 + 2{,}5 \end{pmatrix} = k \cdot \begin{pmatrix} 4 - 0 \\ 0 - 2 \end{pmatrix}$

$k = -0{,}5$

$\overrightarrow{OA'} = \overrightarrow{OZ} \oplus k \cdot \overrightarrow{ZA}$

$\begin{pmatrix} 1{,}5 \\ -2{,}5 \end{pmatrix} = \begin{pmatrix} x_Z \\ y_Z \end{pmatrix} \oplus (-0{,}5) \cdot \begin{pmatrix} 0 - x_Z \\ 2 - y_Z \end{pmatrix}$

$1{,}5 = x_Z + 0{,}5x_Z$

$\wedge\ -2{,}5 = y_Z - 1 + 0{,}5y_Z$

$x_Z = 1$

$\wedge\ y_Z = -1 \quad Z\,(1\,|-1)$

$\overrightarrow{OC'} = \overrightarrow{OZ} \oplus k \cdot \overrightarrow{ZC}$

$\begin{pmatrix} x' \\ y' \end{pmatrix} = \begin{pmatrix} 1 \\ -1 \end{pmatrix} \oplus (-0{,}5) \cdot \begin{pmatrix} 2 - 1 \\ 4 + 1 \end{pmatrix} \quad C'\,(0{,}5\,|-3{,}5)$

c) $A_{\triangle ABC} = \frac{1}{2}\,|\overrightarrow{AB}\ \ \overrightarrow{AC}|$ FE

$A_{\triangle ABC} = \frac{1}{2}\begin{vmatrix} 4 & 2 \\ -2 & 2 \end{vmatrix}$ FE

$A_{\triangle ABC} = 6$ FE

$A_{\triangle A'B'C'} = (-0{,}5)^2 \cdot 6$ FE

$A_{\triangle A'B'C'} = 1{,}5$ FE

d) $x_S = \frac{0+4+2}{3} = 2$

$y_S = \frac{2+0+4}{3} = 2$

$S\,(2\,|\,2)$

$x_S{}' = \frac{1{,}5+(-0{,}5)+0{,}5}{3} = 0{,}5$

$y_S{}' = \frac{-2{,}5+(-1{,}5)+(-3{,}5)}{3} = -2{,}5$

$S'\,(0{,}5\,|\,-2{,}5)$

e) $g = AB;\ m_{AB} = \frac{0-2}{4-0} = -0{,}5$

Mit $A\,(0\,|\,2)$:

$g\colon y = -0{,}5x + 2$

Mit $P \in g$ folgt: $P\,(x\,|\,-0{,}5x+2)$

$\overrightarrow{ZP^*} = k \cdot \overrightarrow{ZP}$

$\begin{pmatrix} x^*-1 \\ y^*-4 \end{pmatrix} = 2 \cdot \begin{pmatrix} x-1 \\ -0{,}5x+2-4 \end{pmatrix}$

$x^* - 1 = 2x - 2 \qquad x^* = 2x - 1 \qquad \frac{x^*+1}{2} = x$

$\wedge\ y^* - 4 = -x - 4 \qquad \wedge\ y^* = -x \qquad \wedge\ y^* = -\frac{x^*+1}{2}$

Ergebnis: g^* mit $y = -0{,}5x - 0{,}5 \qquad y^* = -0{,}5x^* - 0{,}5$

2 a) $A_{\triangle ABC} = 0{,}5 \cdot 6\text{ LE} \cdot 3\text{ LE} = 9\text{ FE}$

b) $A'_{\triangle A'B'C'} = k^2 \cdot A_{\triangle ABC}$

$56{,}25 = k^2 \cdot 9$

$k^2 = 6{,}25$

$k_1 = -2{,}5;\ (k_2 = 2{,}5)$

3 $P\,(x\,|\,-x^2-8x-15{,}5) \xrightarrow{Z\,(-1\,|\,-2);\ k=-2} P'$

$\overrightarrow{ZP'} = k \cdot \overrightarrow{ZP};\ \begin{pmatrix} x'+1 \\ y'+2 \end{pmatrix} = -2 \cdot \begin{pmatrix} x+1 \\ -x^2-8x-15{,}5+2 \end{pmatrix}$

$x' + 1 = -2x - 2$

$\wedge\ y' + 2 = 2x^2 + 16x + 27$

$x = -0{,}5x' - 1{,}5$

$\wedge\ y' = 2x^2 + 16x + 25$

$y' = 2\,(-0{,}5x' - 1{,}5)^2 + 16(-0{,}5x' - 1{,}5) + 25$

$y' = 2(-0{,}5x' - 1{,}5)^2 - 8x' - 24 + 25$

$y' = 2(0{,}25x'^2 + 1{,}5x' + 2{,}25) - 8x' + 1$

$y' = 0{,}5x'^2 - 5x' + 5{,}5$

$p'\colon y = 0{,}5x^2 - 5x + 5{,}5$

4 a) $\frac{x}{14} = \frac{27}{21};\ x = 18$

$\frac{y}{14} = \frac{42}{21};\ y = 28$

b) $\frac{x}{22} = \frac{26}{27{,}5};\ x = 20{,}80$

$\frac{y}{27{,}5} = \frac{35{,}94}{22};\ y = 44{,}93$

5 a) $\frac{x}{7-x} = \frac{3}{7};\ x = 2{,}1$

b) $A_{HK} = 6{,}93\text{ cm}^2;\ A_{ABC} = 21\text{ cm}^2$

proz. Anteil 33 %

Zu 5

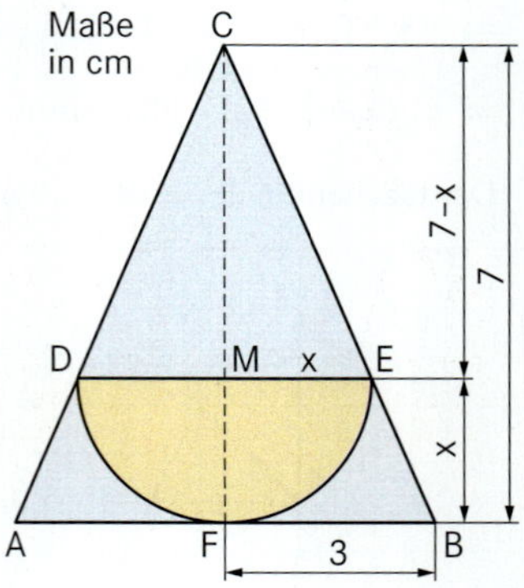

6 a) $\frac{y}{15} = \frac{x}{3x};\ \frac{y}{15} = \frac{1}{3};\ y = 5\text{ cm}$

b) $x^2 + 9x^2 = 25;\ x = \sqrt{\frac{5}{2}} = \sqrt{\frac{5 \cdot 2}{2 \cdot 2}} = \frac{1}{2}\sqrt{10}$

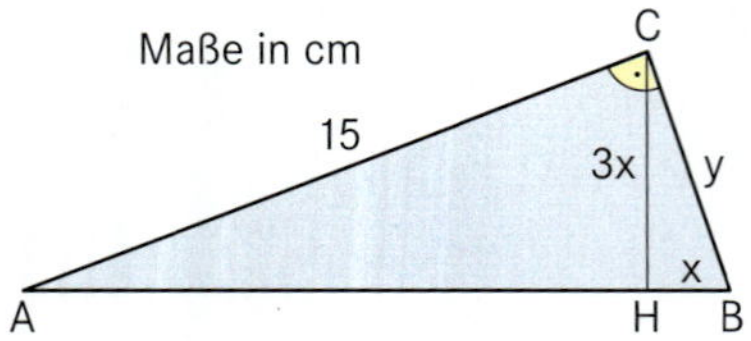

7 a)

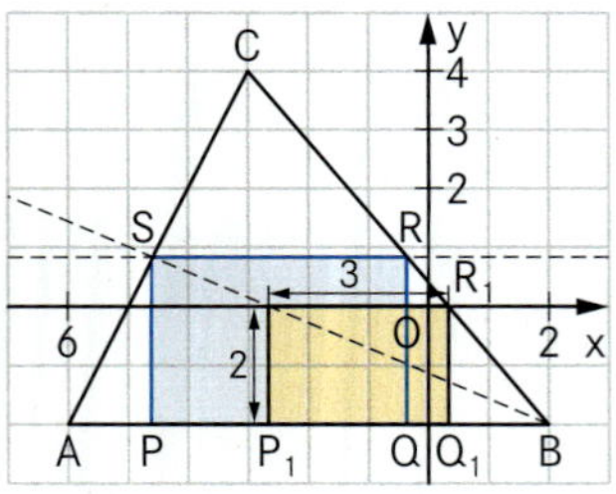

b) $\frac{x}{y} = \frac{3}{2}$

$\wedge\ \frac{8}{6} = \frac{x}{6-y} \qquad (\triangle ABC \sim \triangle SRC)$

$x = 1{,}5y$ in $\frac{8}{6} = \frac{x}{6-y}$ ergibt:

$\frac{8}{6} = \frac{1{,}5y}{6-y}$

$8(6-y) = 9y$

$y = 2{,}8;\ x = 1{,}5y;$

$x = 4{,}2$

$\overline{PQ} = 4{,}2\text{ LE};\ \overline{QR} = 2{,}8\text{ LE}$

zu Seite 250
Kreis

1 a) $d = 5{,}6\ \text{cm};\ \ u = 17{,}6\ \text{cm};\ \ A = 24{,}6\ \text{cm}^2$

b) $r = 0{,}9\ \text{cm};\ \ d = 1{,}8\ \text{cm};\ \ A = 2{,}5\ \text{cm}^2$

c) $20\ \text{cm}^2 = r^2\pi;\ \ r = 2{,}5\ \text{cm};\ \ d = 5{,}0\ \text{cm};\ \ u = 15{,}7\ \text{cm}$

d) $b = 2 \cdot 3\pi \frac{150°}{360°}\ \text{cm};\ \ b = 7{,}9\ \text{cm};\ \ A_S = 3^2\pi \cdot \frac{150°}{360°}\ \text{cm}^2;\ \ A_S = 11{,}8\ \text{cm}^2$

e) $8{,}0\ \text{cm}^2 = \frac{1}{2} \cdot 3{,}2\ \text{cm} \cdot r;\ \ r = 5{,}0\ \text{cm};\ \ 8{,}0\ \text{cm}^2 = 5^2\pi \cdot \frac{\alpha}{360°}\ \text{cm}^2;\ \ a = 36{,}7°$

f) $4\pi\ \text{cm}^2 = 4^2\pi \cdot \frac{\alpha}{360°}\ \text{cm}^2;\ \ a = 90°;\ \ b = 2 \cdot 4{,}0\ \text{cm} \cdot \pi \cdot \frac{90°}{360°};\ \ b = 6{,}3\ \text{cm}$

g) $1{,}5\pi\ \text{cm}^2 = r^2\pi \cdot \frac{45°}{360°};\ \ 1{,}5 \cdot 8\ \text{cm}^2 = r^2;\ \ r = 3{,}5\ \text{cm};\ \ b = 2 \cdot 3{,}5\ \text{cm} \cdot \pi \cdot \frac{45°}{360°};\ \ b = 2{,}75\ \text{cm}$

2 a) $\overline{MR} = 4\ \text{cm};\ \ \overline{RQ} = 2\ \text{cm};\ \ r^2 = (4^2 + 2^2)\ \text{cm}^2;\ \ r = \sqrt{20}\ \text{cm} = \sqrt{4 \cdot 5}\ \text{cm} = 2\sqrt{5}\ \text{cm}$

b) $A_{Kreis} = (\sqrt{20})^2\pi\ \text{cm}^2;\ \ A_{Kreis} = 62{,}8\ \text{cm}^2;\ \ A_{Quadrat} = 8^2\ \text{cm}^2;\ \ A_{Quadrat} = 64\ \text{cm}^2;\ \ A_{Kreis} < A_{Quadrat}$

c) Das Dreieck MOP ist gleichseitig mit der Seitenlänge $\sqrt{20}$ cm.

$A_{\triangle MOP} = \frac{(\sqrt{20})^2}{4}\sqrt{3}\ \text{cm}^2;\ \ A_{\triangle MOP} = 8{,}7\ \text{cm}^2;\ \ A_{Sektor} = (\sqrt{20})^2\pi \cdot \frac{60°}{360°};\ \ A_{Sektor} = 10{,}5\ \text{cm}^2;$

$A_{Segment} = A_{Sektor} - A_{\triangle MOP};\ \ A_{Segment} = 1{,}8\ \text{cm}^2$

3 a) $A_{weiß} = 2\,(A_{Viertelquadrat} - A_{Viertelkreis})$
$= 2\,(4^2 - 0{,}25 \cdot 4^2\pi)\ \text{cm}^2 = 6{,}87\ \text{cm}^2$

$A_{blau} = A_{weiß} + 2\,A_{Viertelquadrat} - A_{weiß} - 2\,A_{Dreieck}$
$= [6{,}87 + 2 \cdot 4^2 - 6{,}87 - 2 \cdot 0{,}5 \cdot 4^2]\ \text{cm}^2 = 16\ \text{cm}^2$

oder $2\,A_{Viertelquadrat} - 2\,A_{Dreieck}$
$= [2 \cdot 4^2 - 2 \cdot 0{,}5 \cdot 4^2]\ \text{cm}^2$
$= 16\ \text{cm}^2$

Anteile: $\frac{A_{weiß}}{A_{Quadrat}} = \frac{6{,}87}{64} = 11\,\%\qquad \frac{A_{blau}}{A_{Quadrat}} = \frac{16}{64} = 25\,\%$

b) Umfang: $u = 2\,(\sqrt{4^2 + 4^2} + 2 \cdot 4 \cdot \frac{90°}{360°} \cdot \pi)\ \text{cm} = 23{,}88\ \text{cm}$

---

zu Seite 250
Zufalls-experimente – Statistik

1 a) $P = \frac{4}{7} \cdot \frac{3}{6} \cdot \frac{2}{5} + \frac{3}{7} \cdot \frac{2}{6} \cdot \frac{4}{5} + \frac{3}{7} \cdot \frac{4}{6} \cdot \frac{2}{5} = \frac{12}{35} = 34{,}3\,\%$

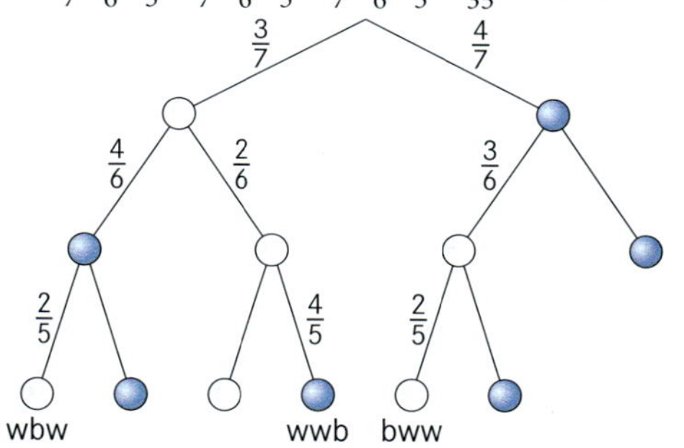

b) $P = \frac{3}{7} \cdot \frac{2}{6} \cdot \frac{1}{5} = \frac{1}{35} = 2{,}9\,\%$

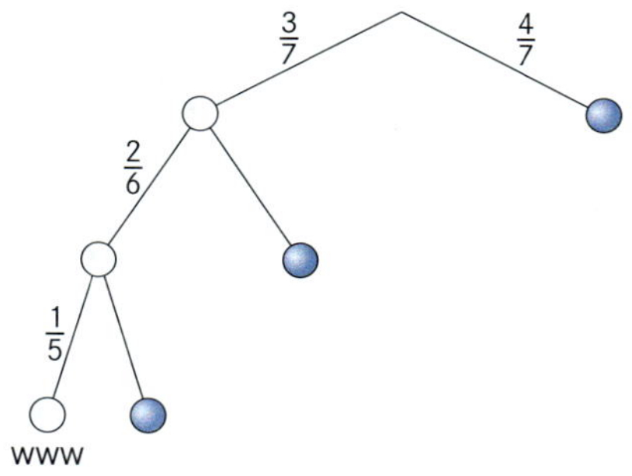

c)

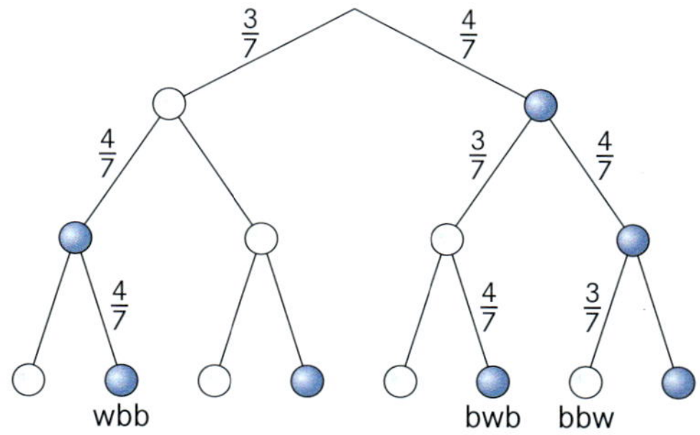

$P = \frac{4}{7} \cdot \frac{4}{7} \cdot \frac{3}{7} \cdot 3 = \frac{144}{343} = 42\,\%$

2 $P = 0{,}04 \cdot 0{,}04 \cdot 0{,}04 = 0{,}000064 = 0{,}0064\,\%$

3 Es gibt 36 verschiedene Zahlen. Davon führen fünf zur Auszahlung von 2,20 € und eine zur Auszahlung von 3,40 €.

$\frac{5}{36} \cdot 2{,}20\ € + \frac{1}{36} \cdot 3{,}40\ € = 0{,}40\ €$

Pro Spiel macht der Glücksspieler durchschnittlich 10 Cent Verlust, das sind 20 %.

4 Arithmetisches Mittel: $\overline{V} = (0{,}95 + 1{,}06 + 0{,}87 + 1{,}08 + 0{,}94 + 1{,}01 + 0{,}81 + 0{,}96 + 1{,}10 + 0{,}92)\,l : 10 = 0{,}97\,l$
Varianz: $[(0{,}95 - 0{,}97)^2 + (1{,}06 - 0{,}97)^2 + (0{,}87 - 0{,}97)^2 + (1{,}08 - 0{,}97)^2 + (0{,}94 - 0{,}97)^2 + (1{,}01 - 97)^2 + (0{,}81 - 0{,}97)^2 + (0{,}96 - 0{,}97)^2 + (1{,}01 - 0{,}97)^2 + (0{,}92 - 0{,}97)^2] : 10 = 0{,}00629$
Standardabweichung: $s = \sqrt{0{,}00629}\,l = 0{,}08\,l$

zu Seite 251
Raumgeometrie

1 a) $A_G = 340{,}08\text{ mm}^2$; $x = 15{,}6\text{ mm}$; $y = 17{,}1\text{ mm}$; $a = 26{,}93\text{ mm}$;
$M = (32{,}7 + 26{,}93 + 26{,}0)\text{ mm} \cdot 15{,}6\text{ m} = 1335{,}83\text{ mm}^2$; $O = 2015{,}99\text{ mm}^2$; $V = 5305{,}25\text{ mm}^3$

b) $M = 3\,210\,240\text{ mm}^2$; $A_G = \frac{1}{2}(1080 + 240)\text{ mm} \cdot 480\text{ mm} = 316\,800\text{ mm}^2$
$O = 3\,843\,840\text{ mm}^2$; $V = 385\,228\,800\text{ mm}^3$

c) $\overline{AB} = 125\text{ mm}$ $(= \overline{BC} = \overline{DC} = \overline{AD})$; $M = 150\,000\text{ mm}^2$; $O = (\frac{1}{2}\overline{AC} \cdot \overline{BC}) \cdot 2 + M = 180\,000\text{ mm}^2$;
$V = 4\,500\,000\text{ mm}^3$

2 a) Schrägbild siehe Aufgabe;
b) $\overline{AS}^2 = \overline{MS}^2 + (\frac{1}{2}\overline{AC})^2$; $\overline{AS} = \sqrt{74}\text{ cm}$
c) $V = 112\text{ cm}^3$; $h_a = \sqrt{58}\text{ cm}$; $h_b = \sqrt{65}\text{ cm}$; $O = 157{,}30\text{ cm}^2$

3 a) $m = \rho \cdot V$; $V = 103{,}28\text{ cm}^3$; $m = 784{,}93\text{ g}$
b) $O_{rot} = (4\text{ cm})^2\pi + 8\text{ cm} \cdot 1\text{ cm} \cdot \pi + [(4\text{ cm})^2 \cdot \pi - (1{,}5\text{ cm})^2 \cdot \pi] = 118{,}6\text{ cm}^2$; $O_{blau} = 77{,}75\text{ cm}^2$

4 a) $h_K^2 = (26\text{ cm})^2 - (10{,}4\text{ cm})^2$; $h_K = 23{,}83\text{ cm}$

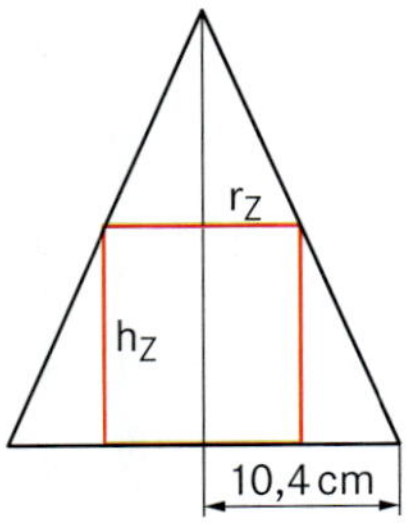

$A_G = 339{,}79\text{ cm}^2$; $M = r\pi s = 849{,}49\text{ cm}^2$; $O = 1189{,}28\text{ m}^2$; $V = 2699{,}10\text{ cm}^3$

b) $\frac{r_Z}{23{,}83\text{ cm} - 18\text{ cm}} = \frac{10{,}4\text{ cm}}{23{,}83\text{ cm}}$; $r_Z = 2{,}54\text{ cm}$

$M = 2r_Z\pi h = 287{,}27\text{ cm}^2$; $V_Z = r_Z^2\pi h_Z = 364{,}83\text{ cm}^3$

5 $d = a\sqrt{3}$; $a = \frac{5\sqrt{3}\text{ cm}}{\sqrt{3}} = 5\text{ cm}$; $V_{ein} = 65{,}45\text{ cm}^3$; $O_{ein} = 78{,}54\text{ cm}^2$;
$V_{um} = 340{,}09\text{ cm}^3$; $O_{um} = 235{,}62\text{ cm}^2$

6 $V_{Ku} = 2 \cdot O_{Ku}$; $\frac{4}{3}r^3\pi = 2 \cdot 4 \cdot r^2\pi$; $r = 6\text{ cm}$

7

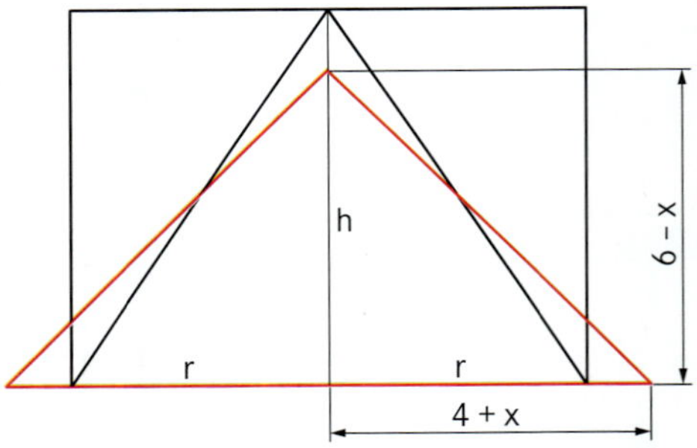

a) $x \in \,]0;\ 6[$

b) $M_Z = 2\,(4 + x) \cdot \pi \cdot (6 - x)$ FE
$= 2\pi\,(24 + 6x - 4x - x^2)$ FE
$= 2\pi\,(-x^2 + 2x + 24)$ FE

$M_K = (4 + x)\,\pi s = \pi\,(4 + x) \cdot \sqrt{(2x^2 - 4x + 52)}$ FE
mit $s = \sqrt{(4 + x)^2 + (6 - x)^2}$ LE
$= \sqrt{16 + 8x + x^2 + 36 - 12x + x^2}$ LE
$= \sqrt{2x^2 - 4x + 52}$ LE

c) $2\pi\,(-x^2 + 2x + 24) = 50\pi$
$x^2 - 2x + 1 = 0$
$(x - 1)^2 = 0$
$x = 1 \qquad \mathbb{L} = \{1\}$

Kegelmantel:
$M = (4 + x) \cdot \pi \cdot \sqrt{2x^2 - 4x + 52}\text{ cm}^2$
für $x = 1 \quad M = 111{,}07\text{ cm}^2$

d) Gleichseitig, dann $2r = s$; $2\,(4 + x) = \sqrt{2x^2 - 4x + 52} \Rightarrow x_1 = -0{,}34$; $x_2 = -17{,}66$
$\Rightarrow$ nicht möglich;
Rechtwinklig, dann $h = r$; $6 - x = 4 + x \Rightarrow x = 1$

e) $h : d = 1 : 2$; $\frac{6 - x}{2\,(4 + x)} = \frac{1}{2} \Rightarrow x = 1$

Innendeckel vorn: Kopfrechnentraining

linke Seite:

1 320; 1,2; 0,75; 20; 3,4; 400; 8; 10 000; 0,03; 400

2 11,2; 3; 64; 150; 45; 1 050; 4 800; 500; 200 000

3 14; 14 400; 6,25; 2,89; 2,4; 0,81; 0,3; 16; 1 000

4 0,8; 1 700; 1; 40; 48; 0,002; 25; 177 000

5 7; 12,5; 5; 5; 10; 17,5; 8

6 $(-1{,}5\,|\,2)$; $(10\,|\,4)$; $(-8\,|\,-5)$; $(3\,|\,10)$; $(4\,|\,2)$

7 d_{Kreis}: **A**; $A_{\text{rotes Dreieck}}$: **B**; $u_{\text{rotes Dreieck}}$: **D**; $u_{\text{blaues Dreieck}}$: **C**; $A_{\text{blaues Dreieck}}$: **B**

8 1 710 000; 90 000 000; 8 800 000; 2 400 000; 6 500 000; 6 000 000; 3 400 000; 13 600 000; 10 000 000; 1 440 000; 1 500 000; $2{,}1 \cdot 10^{10}$

9 0,305; 10^2; 840; 10^5; 0,00785; 10^{-4}; 0,004; 10^{-6}; 2 030; 3 500

rechte Seite:

1 2,5 € pro Tag; 20 %; 10 %; 30 %; 50 %; 40 %

2 $\alpha + \beta = 180°$ $\quad \frac{\alpha}{2} + \frac{\beta}{2} = 90°$ $\quad \varepsilon + \frac{\alpha}{2} + \frac{\beta}{2} = 180°$ $\quad \varepsilon = 90°$

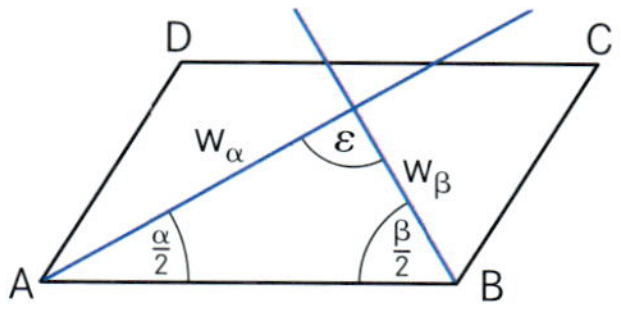

3 Bild: a) $\frac{40 + 2x}{70 + 2x} = \frac{2}{3}$; $x = 10$ b) $5\,400\ \text{cm}^2 = 0{,}54\ \text{m}^2$

4 Abfahrtslauf: b

5 Körper: (1) **B**; (2) **D**; (3) **A**; (4) **C**

Innendeckel hinten: Testaufgaben zum Berufseinstieg

1 a) 2; 37 b) 7; 26 c) 3; 3 d) 26; 145

2 a) **B** Kegel b) **C** Parallelogramm

3 Reverend Grün

4 a) 2; b) 3

5 5

6 a) **D** b) 81 %

7 **D**

Mengen

$\mathbb{N}$	Menge der natürlichen Zahlen
$\mathbb{N}_0$	Menge der natürlichen Zahlen einschließlich der Null
$\mathbb{Z}$	Menge der ganzen Zahlen
$\mathbb{Q}$	Menge der rationalen Zahlen
$\mathbb{R}$	Menge der reellen Zahlen
$\mathbb{R}\setminus\{0\}$	Menge der reellen Zahlen ohne das Element 0
$\in$	„… Element von …“
$\subseteq$	„… Teilmenge von …“
$\mathbb{G}$	Grundmenge
$\mathbb{L}$	Lösungsmenge
$\emptyset$	Leere Menge
$\{a; b; c\}$	aufzählende Form der Mengendarstellung „Menge mit den Elementen a, b und c“
$\{x \mid \ldots\}$	beschreibende Form der Mengendarstellung „Menge aller x für die gilt …“
$\notin$	„… nicht Element von …“
$\nsubseteq$	„… nicht Teilmenge von …“

Beziehungen zwischen Zahlen

$=$	„… gleich …“
$>$	„… größer als …“
$\geqq$	„… größer oder gleich …“
$\approx$	„… ungefähr gleich …“
$\triangleq$	„… entspricht …“
$a \mid b$	„a ist Teiler von b“
$\lvert a \rvert$	Betrag der Zahl a
$T_1, T_2, \ldots$	Terme
$\wedge$	und zugleich
$\neq$	„… nicht gleich …“
$<$	„… kleiner als …“
$\leqq$	„… kleiner oder gleich …“
$\sim$	„… direkt proportional …“
$\mapsto$	„… ist zugeordnet (hat als Bild) …“
$a \nmid b$	„a ist nicht Teiler von b“
a^n	Potenzschreibweise für $\underbrace{a \cdot a \cdot a \ldots \cdot a}_{n \text{ Faktoren}}$
$(3 \mid 4)$	geordnetes Zahlenpaar
$\vee$	oder auch

Geometrie

A, B, C …	Punkte
[AB]	Strecke mit den Endpunkten A und B
$\overline{AB}$	Länge der Strecke [AB]
k (M; r)	Kreis mit dem Mittelpunkt M und dem Radius r
$\overset{\frown}{AB}$	positiv orientierter Kreisbogen vom Punkt A zum Punkt B
g, h, …	Geraden
d (P; g)	Abstand des Punktes P von der Geraden g
[AB	Halbgerade durch B mit dem Anfangspunkt A
AB	Gerade durch die Punkte A und B
$g \parallel h$	g ist parallel zu h
$g \perp h$	g ist senkrecht zu h
$\triangle ABC \cong \triangle A'B'C'$	Dreieck ABC ist kongruent zu Dreieck A′B′C′
$\triangle ABC \sim \triangle A'B'C'$	Dreieck ABC ist ähnlich zu Dreieck A′B′C′
$\triangle ABC \xrightarrow{Z;\,k} \triangle A'B'C'$	Zentrische Streckung des Dreiecks ABC mit dem Zentrum Z und dem Streckungsfaktor k
P (3 | 4)	Punkt im Gitternetz mit dem x-Wert 3 (Abszisse) und dem y-Wert 4 (Ordinate)
α, β, γ	Winkel und Winkelmaß
$\sphericalangle ASB$, $\sphericalangle (a, b)$	Winkel
$\triangle ABC$	Dreieck ABC
$\overrightarrow{PQ}$	Pfeil von P (Fuß) nach Q (Spitze); Vektor, dessen Vertreter der Pfeil $\overrightarrow{PQ}$ ist
$\vec{a}$	Vektor
$\begin{pmatrix} x \\ y \end{pmatrix}$	Vektor mit den Koordinaten x und y
$\vec{a} \oplus \vec{b}$	Summe der Vektoren $\vec{a}$ und $\vec{b}$
$\begin{vmatrix} a_x & b_x \\ a_y & b_y \end{vmatrix}$	zweireihige Determinante

Bildquellenverzeichnis

7.1: vario images, Bonn; 16.1: VG BILD-KUNST, Bonn (Wassily Kandinsky „Balance“, 1925); 19.1, 21.1, 23.1, 24.1, 26.1: Franz-Josef Götz, Weilersbach; 37.1: wikipedia.org (CC-Lizenz 3.0); 41.1, 109.1: Druwe & Polastri, Cremlingen/Weddel; 53.1: wikipedia.org; 55.1-2: adpic Bildagentur, Bonn (beide M. Baumann); 56.1, 56.2 (Georg Wagner): Deutsche Bahn AG/Mediathek, Berlin; 57.1: Caro Fotoagentur GmbH, Berlin (Riedmiller); 58.1: Outdoor-Archiv, Hamburg (Kerstin Enderlein); 60.1: Picture-Alliance GmbH, Frankfurt/M. (ZB); 64.1: OKAPIA KG, Frankfurt/M. (Robert Lehmann/imagebroker); 67.1: Franz-Josef Götz, Weilersbach; 68.1: bpk - Bildagentur für Kunst, Kultur und Geschichte, Berlin; 68.2: wikipedia.org (cc-Lizenz 3.0/OFTW); 69.1: akg-images GmbH, Berlin; 75.1: Peter Roggenthin, Nürnberg; 76.1: akg-images GmbH, Berlin; 76.2: Punctum Fotografie GmbH, Leipzig; 77.1: fotolia.com, New York (LeitnerR); 77.2: Blickwinkel, Witten (P. Frischknecht); 77.3: wikipedia.org (cc-Lizenz 2.5/Hans-Peter Postel); 78.1: Eugen Jost, Thun (Magische Quadrate, Acryl auf Leinwand, 60 x 60 cm); 81.1: Eugen Jost, Thun (Quattro stagioni, Acryl auf Leinwand, 40 x 40 cm); 81.2: Visum Foto GmbH, Hamburg (Andia); 81.3: J. Heitzer, Mönchengladbach; 85.1: Helga Lade Fotoagenturen GmbH, Frankfurt/M.; 85.2-3: Druwe & Polastri, Cremlingen/Weddel; 90.1, 93.1 (imagebroker), 93.2 (Vidler): mauritius images GmbH, Mittenwald; 101.1: Christa Englmaier, Trostberg; 102.1: F1online digitale Bildagentur GmbH, Frankfurt (Score. by Aflo); 102.2: Picture-Alliance GmbH, Frankfurt/M. (dpa); 102.3: Picture-Alliance GmbH, Frankfurt/M. (dpa/Ansa Salvatore Ragonese); 108.1: Picture-Alliance GmbH, Frankfurt/M. (Photoshot); 109.2: ddp images GmbH, Hamburg; 113.1: Christa Englmaier, Trostberg; 116.1: Gemeinde St. Josef in der Propstei St. Augustinus (Kirche Heilig Kreuz), Gelsenkirchen; 116.2: Rainer Jahns, Siegsdorf; 116.3: fotolia.com, New York (Andreas Edelmann); 117.1: Druwe & Polastri, Cremlingen/Weddel; 120.1: OKAPIA KG, Frankfurt/M.; 121.1 (AP Photo), 121.2 (ZUMAPRESS.com): Picture-Alliance GmbH, Frankfurt/M.; 121.3: Red Bull Media House GmbH, Wals bei Salzburg (Sven Hoffmann/Red Bull Content Pool); 127.1: M.i.S. Sportpressefoto, Mindelheim ; 127.2: Hans Tegen, Hambühren; 129.1: Picture-Alliance GmbH, Frankfurt/M. (augenklick/firo Sportphoto); 131.1: Druwe & Polastri, Cremlingen/Weddel; 135.1: Picture-Alliance GmbH, Frankfurt/M. (dpa-Sportreport); 135.2: EG-SOLAR e.V., Altötting; 144.1-2: Druwe & Polastri, Cremlingen/Weddel; 146.1: Stephanie Armbrust, Wiesbaden (Zentrische Streckung – Kurt Armbrust, Wiesbaden (1924-2009)); 147.1: Caro Fotoagentur GmbH, Berlin (Baertels); 147.2-4: Deutsches Museum, München; 156.1-4: Druwe & Polastri, Cremlingen/Weddel; 156.5: adpic Bildagentur, Bonn (R. Jegg); 163.1: Druwe & Polastri, Cremlingen/Weddel; 170.1: akg-images GmbH, Berlin; 170.2: Druwe & Polastri, Cremlingen/Weddel; 170.3: Keith Gerecke, Hannover; 171.1: akg-images GmbH, Berlin; 171.2: Josef Widl, Vogtareuth; 178.1: Christa Englmaier, Trostberg; 183.1: Sagmeister & Walsh, New York (The Levi‘s Button Fly/Stafan Sagmeister, Design Richard The, Joe Shouldice, 2008); 184.1: Christine Weitzer, Schwindegg; 185.1 (Erich Lessing), 185.2 (Nimatallah), 185.3: akg-images GmbH, Berlin; 187.1: Druwe & Polastri, Cremlingen/Weddel; 188.1: Picturefile David Graham, Hampshire; 191.1: Oliver Bodmer, München; 193.1: Josef Widl, Vogtareuth; 198.1: Druwe & Polastri, Cremlingen/Weddel; 198.2: Christa Englmaier, Trostberg; 199.1: mauritius images GmbH, Mittenwald (imagebroker); 200.1: Franz-Josef Götz, Weilersbach; 200.2: ARTUR IMAGES GmbH, Stuttgart (Rainer Rehfeld); 200.3 (dpa), 200.4 (ZB): Picture-Alliance GmbH, Frankfurt/M.; 205.1-3: Johannes Dlugosch, Friedberg; 205.4: Deutsches Museum, München; 208.1: Picture-Alliance GmbH, Frankfurt/M. (dpa-Zentralbild); 213.1-2: Johannes Dlugosch, Friedberg; 213.3: vario images, Bonn; 215.1: mauritius images GmbH, Mittenwald; 215.2: Schadach, Goslar; 216.1: Christa Englmaier, Trostberg; 217.1: fotolia.com, New York (PhotoSG); 218.1-2: Johannes Dlugosch, Friedberg; 219.1: Kulkafoto – Mathias Kulka, Berlin; 219.2-3: Katja Mohr, Gössenheim; 220.1: iStockphoto.com, Calgray (mozcann); 220.2: Superbild – Your Photo Today, Taufkirchen (Alaska-Stock); 220.3: bildagentur-online GmbH, Burgkunstadt (Chromorange); 224.1: Josef Widl, Vogtareuth; 225.1: mauritius images GmbH, Mittenwald; 226.1: Keystone Pressedienst, Hamburg; 226.2: Superbild - Your Photo Today, Taufkirchen; 226.3: Getty Images, München (Farjana K. Godhuly, AFP); 230.1: Caro Fotoagentur GmbH, Berlin (Teich); 233: akg-images GmbH, Berlin; 233: bpk – Bildagentur für Kunst, Kultur und Geschichte, Berlin; 234.1: vario images, Bonn; 237.1: Druwe & Polastri, Cremlingen/Weddel; 238.1: ALPMA Alpenland Maschinenbau GmbH, Rott am Inn; 240.1: Druwe & Polastri, Cremlingen/Weddel; 241.1: adpic Bildagentur, Bonn (H. Richter); 243.1: Josef Widl, Vogtareuth; 243.2: F1online digitale Bildagentur GmbH, Frankfurt (Ikon Images).

Testaufgaben .....

Lösungen auf S. 267

1

Ergänze die Zahlenfolgen links und rechts jeweils um eine Zahl.

a)	■	4	7	11	16	22	29	■
b)	■	5	10	8	16	14	28	■
c)	■	9	1	7	−1	5	−3	■
d)	■	37	50	65	82	101	122	■

2

Welches Wort passt anstelle des Platzhalters?

a) **Quadrat : Pyramide** wie **Kreis : ■**

A Quader **B** Kegel
C Radius **D** Durchmesser

b) **Raute : Quadrat** wie ■ **: Rechteck**

A Diagonale **B** Trapez
C Parallelogramm
D Drachen

3

Löse Schritt für Schritt mit Hilfe der gegebenen Informationen.
Einer der vier Verdächtigen ist der Mörder. Dieser hat den Dolch, aber nicht den Revolver, das Seil oder die Rohrzange. Jeder Verdächtige besitzt eines der Werkzeuge oder Waffen.
Wer ist der Mörder?

A Professor Bloom **B** Reverend Grün
C Fräulein Gloria **D** Baronin von Porz

Informationen
1. Fräulein Gloria besitzt einen Revolver.
2. Baronin von Porz ist nicht im Besitz des Dolches.
3. Weder Reverend Grün noch Professor Bloom haben das Seil.
4. Wenn Professor Bloom nicht das Seil hat, dann gehört ihm die Rohrzange.

4

Welcher der vier Körper kann aus dem abgebildeten Karton gefaltet werden?

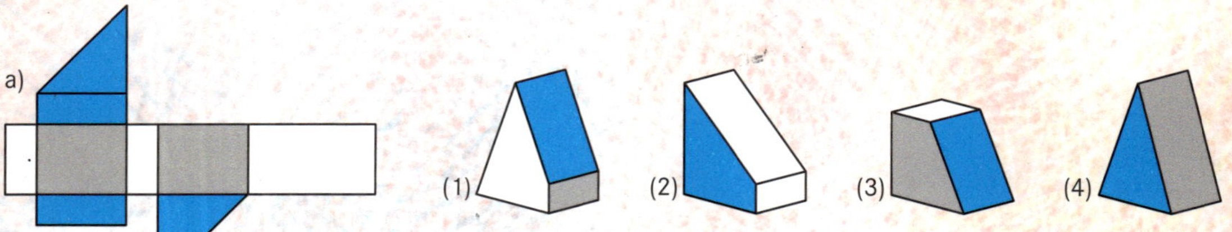

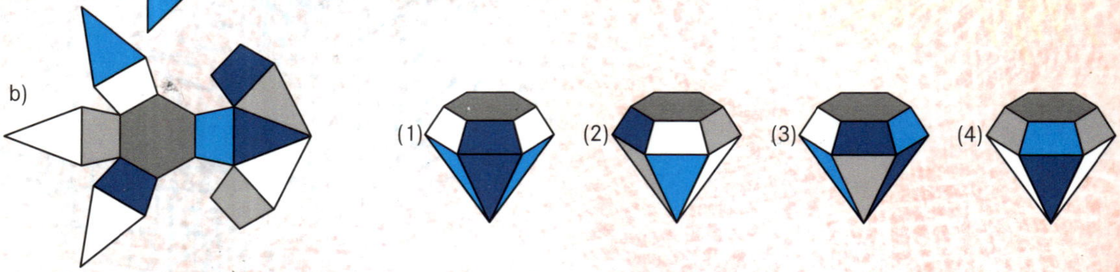